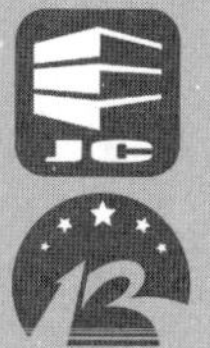

高等学校生物工程专业教材

中国轻工业“十三五”规划教材

中国轻工业优秀教材一等奖

微生物学

(第二版)

路福平　李　玉　主编

中国轻工业出版社

图书在版编目（CIP）数据

微生物学/路福平，李玉主编．—2版．—北京：中国轻工业出版社，2020.12
中国轻工业“十三五”规划教材
ISBN 978-7-5184-3053-6

Ⅰ.①微…　Ⅱ.①路…　②李…　Ⅲ.①微生物学—高等学校—教材　Ⅳ.①Q93

中国版本图书馆CIP数据核字（2020）第113166号

责任编辑：马　妍　　责任终审：白　洁　　整体设计：锋尚设计
策划编辑：马　妍　　责任校对：吴大鹏　　责任监印：张　可

出版发行：中国轻工业出版社（北京东长安街6号，邮编：100740）
印　　刷：三河市国英印务有限公司
经　　销：各地新华书店
版　　次：2020年12月第2版第1次印刷
开　　本：787×1092　1/16　印张：21
字　　数：470千字
书　　号：ISBN 978-7-5184-3053-6　定价：55.00元
邮购电话：010-65241695
发行电话：010-85119835　传真：85113293
网　　址：http：//www.chlip.com.cn
Email：club@chlip.com.cn
如发现图书残缺请与我社邮购联系调换
170142J1X201ZBW

前言（第二版） | Preface

进入 21 世纪以来，随着生物技术的广泛应用，微生物学对现代与未来人类的生产生活产生了巨大影响。作为生物工程、食品科学等研究领域的专业基础理论，微生物学及其相关研究方法也在不断改进、加深和拓宽，同时也快速渗透到生物学的各个领域。

《微生物学》第一版自出版以来，已连续印刷多次，得到了国内高校教师、学生以及相关企业研发人员的认可，荣获中国轻工业优秀教材一等奖。本书以基础理论和实践应用并重，突出微生物在发酵工程、食品加工和食品质量与安全、环境保护等领域的应用，并在此基础上不断深入和拓展，引入一些前沿的研究动态和研究成果，旨在进一步提高学生的学习兴趣，培养学生的综合素质，发挥学生学习和进行科研工作的创造性、自主性。

本书内容全面、系统，图文并茂，兼顾理论性、科学性、系统性和实用性，作为普通高校生物工程、生物制药、食品科学与工程、生物技术、食品质量与安全等相关专业的使用教材，以及作为相关行业科研人员的参考教材，自出版后收到一些反馈意见和改进建议。本次编写工作是根据教育部颁布的教学标准相关要求，满足微生物学科发展需要，并结合授课老师及读者的反馈建议，对上一版教材进行了全面修订。

本教材秉承上一版的编写宗旨、编写风格和基本框架，补充和完善细胞壁的特殊结构、基因工程育种流程、微生物的工业应用以及食品微生物检测等内容，删减动物和植物病毒特点及复制方式、动物抗原抗体，以及传统的微生物鉴定方法等内容，突出工业微生物和食品微生物特色，便于学生学习和掌握最基本的基础理论知识的同时，能够了解本领域的最新研究进展和研究方法。在内容编排上由浅入深，由基础理论到应用开发，从微生物的基本形态特征入手，再到营养、代谢、生长控制、遗传育种、生态及工业应用，符号学生和相关工作人员的学习习惯，提高学习效率。另外，在每个章节的后面都补充了学习重点和思考题。“本章学习重点”提纲挈领地总结了每章需要掌握的重要知识点，方便学生和科研人员结合老师讲解、课件以及书上的文字和图片，更好地理解和掌握相关内容；“思考题”除了包含基础性的考核知识点外，还包括拓展性题目，帮助学生灵活掌握和运用相关知识点解决实际问题，这些往往也是期末试卷和考研试卷中经常出现的考核方式，可调动学生学习的积极性。

为顺利完成对上一版教材的修订，《微生物学》编写组集中了多个高校教师和科研人员的智慧和力量，对教材的编改工作做了明确、细致的分工。具体编写分工如下：第一章由天津科技大学路福平、李玉负责编写；第二章由齐齐哈尔大学邓永平负责编写；第三章由齐鲁工业大学肖静负责编写；第四章由天津科技大学毛淑红负责编写；第五章由天津农学院黄亮负责编写；第六章由陕西科技大学龚国利负责编写；第七章由天津科技大学刘逸寒负责编写；第八章由大连工业大学唐文竹和天津科技大学李玉负责编写；第九章由天津科技大学毛淑红、齐威负责编写；第十章由齐齐哈尔大学王晓杰负责编写。天津科技大学杜连祥教授、王春霞高级工程师，齐齐哈尔大学刘晓兰教授等对本教材进行了审查和修订，并提出许多宝贵意见。天津科技大学刘业学、胡小妍、赵雅童、何光明、李登科、曹雪、史超硕等研究生对教材中的图表、附录等内容进行了修改和完善。天津科技大学以及生物工程学院的各级领导在本书的编写过程中给予了大力支持。在本书出版之际，对上述所有人员表示诚挚的谢意！

承担本教材的主要编写人员基本为从事微生物教学与科研工作的高校教师，均具有一定的专业背景、知识技能与教学经验，在本次教材编写工作中，齐心协力，尽职尽责，发挥了积极作用。尽管如此，因教材编写经验和个人能力水平有限，教材中难免出现错误或不妥之处，恳请读者谅解和批评指正。

编者

2020 年 9 月

目录 | Contents

CHAPTER 1

第一章 绪论

本章学习重点

1. 微生物的定义和微生物共性；
2. 微生物和人类的关系，微生物在食品和发酵行业中的作用；
3. 微生物学定义和发展趋势，与其他学科的相互促进和协调发展；
4. 微生物发展史上的重要人物及突出贡献；
5. 微生物的命名和分类鉴定方法。

地球于45亿年前形成，在接下来的10亿年里，出现了第一个细胞生命形式——微生物。从那时起，微生物不断进化，呈现出多样性，并且它们几乎占据了地球上所有的栖息地。微生物细胞的多样性主要体现在它们的代谢能力上，一些微生物可以像动物一样进行呼吸作用，另一些可以像植物一样通过光合作用形成有机物。微生物的生存能力主要体现在：一些特殊微生物可以在无氧、高温、高压、高渗透压等极端条件下存活。微生物的这些非同寻常的代谢过程以及超强的生存能力引起了科学家们的高度重视，也为探知其他星球上的生命提供了依据。

微生物在人们生活和生态系统中所起的作用非常重要。微生物是地球上有机物质的主要分解者，人们呼吸的氧离不开微生物的代谢，日常生活中的许多食品、药品和日用化学品都是微生物代谢的产物，例如，味精、白酒、啤酒、面包、酱油、食醋、腐乳、酸奶、干酪、面酱、泡菜、抗生素、维生素、激素、有机酸、酶等。当然也有些微生物会危害人体健康，可导致人们食物中毒或引发传染病，如可引起腹泻、神经麻痹、肝炎、腮腺炎、SARS（severe acute respiratory syndromes，非典型肺炎）、典型肺炎、结核病、伤寒、霍乱等疾病。

第一节　微生物特点及微生物学发展历程

一、 微生物及其特点

微生物是指绝大多数凭肉眼看不见或看不清，必须借助显微镜才能看见或看清，以及少数能直接通过肉眼看见的单细胞、多细胞或无细胞结构的微小生物的总称。微生物最初被认为是直径小于 1mm 或更小的有机体，然而现代微生物的发展，发现一些藻类和真菌个体大到肉眼可以直接看见，甚至还有一些细菌如纳米比亚嗜硫细菌（*Thiomargarita namibiensis*）和费氏刺尾鱼菌（*Epulopiscium fishelsoni*）也不需要显微镜就可看到。因此，随着微生物种类的不断扩大，其领域的界定不能仅从形体和大小来判断，必须考虑其细胞结构、生存方式和功能。

微生物一般包括：不具有细胞结构的病毒、亚病毒和类病毒等；没有真正细胞核的原核微生物，如细菌、放线菌、蓝细菌、立克次氏体、衣原体和支原体；具有完整细胞核和能进行有丝分裂的真核微生物，如酵母、霉菌、蕈菌、原生动物和显微藻类等。图 1-1 所示为微生物学家研究的生物体的类型。

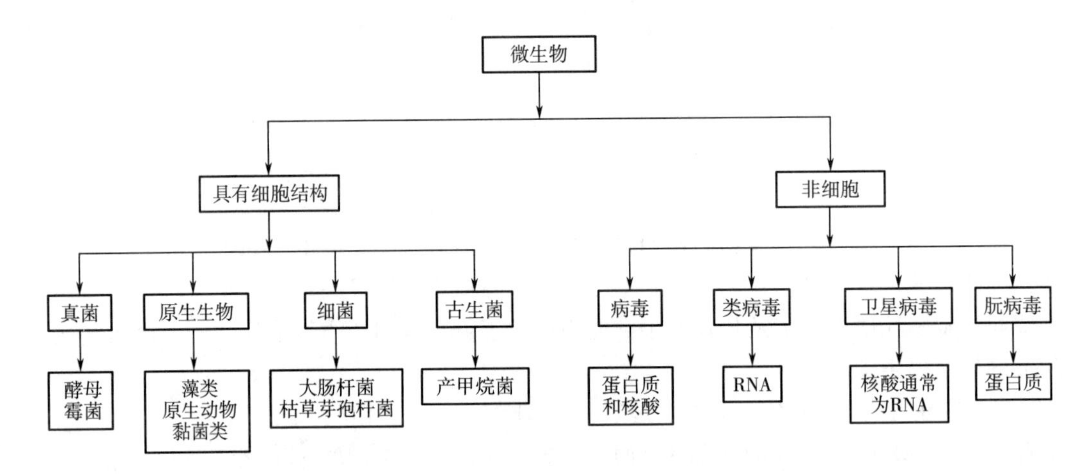

图 1-1　微生物学家研究的生物体的类型

微生物由于其体形微小，因而具有五个特性：①体积小，比表面积大；②吸收多，代谢快；③生长旺盛，繁殖快；④适应性强，容易变异；⑤分布广，种类多。

1. 体积小，比表面积大

比表面积为某一物体单位体积所占有的表面积，即物体的体积越小，其比表面积就越大。微生物的长度一般在几个微米甚至纳米范围之内，如此小的个体使得其在单位体积中的数量增加，单位体积内所有的微生物个体的表面积之和也越大。微生物体积小而比表面积大的特点，使得微生物和外界进行物质交换的面积增大，加快了营养吸收和个体生长，为其适应性增强和分布广奠定了基础。

2. 吸收多，代谢快

微生物由于比表面积大而使其吸收营养成分速度增加。有资料表明，大肠杆菌在1h内可分解其自重的1000~10000倍的乳糖，同时释放大量的代谢产物，这一特性使得人们可以利用微生物代谢来获得所需的目的产物。

3. 生长旺盛，繁殖快

微生物在快速代谢的过程中，必然加速其细胞分裂和生长的速度，大肠杆菌一般在20~30min可以繁殖一代，如果以20min一代来计算，若维持这样的繁殖速度，24h内一个大肠杆菌可以繁殖72代，可生成4.7×10^{18}个后代。但是实际上，微生物在代谢过程中由于营养的限制和代谢产物过分积累使得微生物以几何级数增殖的速度只能维持几个小时，所以一般微生物在一定的容器中培养无法达到以上数值，一般可达到10^{8}~10^{11}个/mL。

4. 适应性强，容易变异

微生物在不同的环境中，为了抵抗外界环境的变化，即使少数细胞的基因自发突变，也能在很短的时间内繁殖出大量的抗外界环境的变异个体，这种变异使其呈现出适应能力强的特点，如大量耐药菌株和新型病毒的出现。

5. 分布广，种类多

微生物细胞由于其体积小、质量轻可以到处传播，在适宜的环境中随遇而安，地球上不论在土壤、河流、空气还是在动植物体内，甚至渗透压极高的盐湖、酸性矿井等极端环境中都有微生物的活动。目前发现除了火山中心区域少数地方外，其他地方均有微生物的踪迹。微生物种类多主要体现在物种的多样性，据估计微生物的总数在50万~500万种。此外微生物的多样性还体现在微生物生理代谢类型的多样性、代谢产物的多样性、遗传基因的多样性和生态类型的多样性。微生物的分布广、种类多有利于人们开发新的微生物资源。

二、　微生物学及其发展简史

微生物学是一门生物科学，研究微生物在一定条件下的生活规律及其应用，包括微生物的形态、结构、生长和代谢、遗传和变异、生态分布、分类进化等生命活动基本规律及其在人类生活、自然界、食品加工贮藏和医药卫生等方面的应用。微生物细胞具有生物有机体的共同特性，它们是揭示自然界生命过程、进行生物化学和遗传学研究的最简单材料，也是了解高等有机体最合适的模型。

1. 微生物的发现

微生物在被看见之前，人们在生产实践中已经开始利用有益微生物为人类造福。我国人民在距今8000年至4500年间，就有酿酒工艺的记载。在农业方面于公元6世纪开始利用根瘤菌为农业生产服务。从公元7世纪起，开始人工栽培食用菌。在医学方面，公元前597年，有利用麦曲治腹泻记载，甚至早在公元998—1022年，我国就有描述利用种人痘以防天花的方法，并传于世，比18世纪英国乡村医生琴纳（Jenner）提出的牛痘法早了几百年。但由于牛痘法比人痘法安全简单，所以取代了人痘法。

国外的研究人员如罗马哲学家Lucretius（公元前98—前55年）和物理学家Girolamo Fracastoro（1478—1583）为寻找引起某些疾病的原因曾推测疾病是由某些看不见的生物所引起的。直到17世纪后半叶，荷兰的显微镜学家列文虎克（Antony van Leeuwenhoek，1632—1723）利用自己制造的简单显微镜第一个看见并描述了微生物的形态。他所制造的显微镜是由两个银盘支撑的双凸面玻璃棱镜组成（图 1-2），显微镜放大倍数在 50~300。可把液体标本放在两片玻璃之间，在 45°角用光线照射标本片，微生物能被清楚地看见。

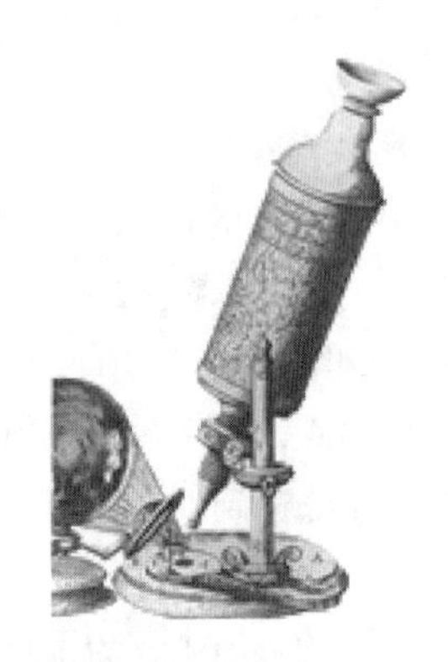

图 1-2 列文虎克（1632—1723 年）和他最早使用的光学显微镜

（引自 *Brock Biology of Microorganisms*. 9th ed. 1999）

微生物学作为一门科学，直到 19 世纪后半叶才得到发展。这门学科长期停滞的原因，除了显微镜有待改良外，还因为研究微生物的一些基本技术发展缓慢。在 19 世纪，关于“自然发生学说”和“传染病发生本质”这两个令人困惑问题的解决推动了微生物学的发展，并且奠定了微生物学的基础。巴斯德（Louis Pasteur，1822—1895 年）和柯赫（Robert Koch，1843—1910 年）为回答上述两个问题做出了重大贡献，被称为微生物学和细菌学的奠基人。

2. 微生物学奠基人巴斯德的贡献

（1）驳斥自然发生说　自然发生学说是指生物有机体能够从没有生命的物质发展而来。在和自然发生说辩驳的过程中，法国化学家巴斯德开展了一系列的实验，其中最著名的就是曲颈瓶试验（图 1-3）。他首先将曲颈瓶里的营养液加热至沸腾，当烧瓶冷却后，空气能够再次进入烧瓶，但是烧瓶的弯颈能够阻挡含有微生物的颗粒物质进入到烧瓶的营养液中，烧瓶中煮沸过的营养液不会再发生腐败。但如果将烧瓶倾斜，滞留在瓶颈中的微生物会和加热过的液体接触，液体中会很快滋生微生物，发生腐败。这个简单的曲颈瓶实验有效地解决了围绕自然发生说展开的争论，证实了引起有机质腐败是空气中所含的微生物感染所致。

（2）免疫学-预防接种　巴斯德在微生物学和药物学上还取得了许多业绩，其中主要在鸡霍乱病、炭疽病、狂犬病等疾病的高发期（1880—1890 年）时，发明了接种减毒菌苗预防鸡霍乱病和牛、羊炭疽病，并首次制成狂犬疫苗用于防治狂犬病。这些医学方面的突破不但为捍卫其观点提供重要支撑，而且巩固了关于疾病微生物学理论的概念，这一领域后来被柯赫发展起来。

（3）证实发酵由微生物所引起　乙醇发酵是一个由微生物引起的生物过程还是一个纯粹的化学反应过程，曾是化学家和微生物学家激烈争论的问题。巴斯德在否定自然发生说的基础上，认为一切发酵过程都可能和微生物的生长繁殖有关。经过不断的努力，巴斯德终于分离到了许多引起发酵的微生物，并证实乙醇发酵是由酵母菌引起的。此外，巴斯德还发现了厌氧微生物，这类微生物只能在缺氧的条件下生存，而另一类兼性厌氧微生物在好氧和厌氧条件下都能生长。巴斯德还发现乳酸发酵、醋酸发酵和丁酸发酵都是由不同细菌所引起的，为进一步研究微生物的生理生化奠定了基础。

巴斯德（1822—1895年）

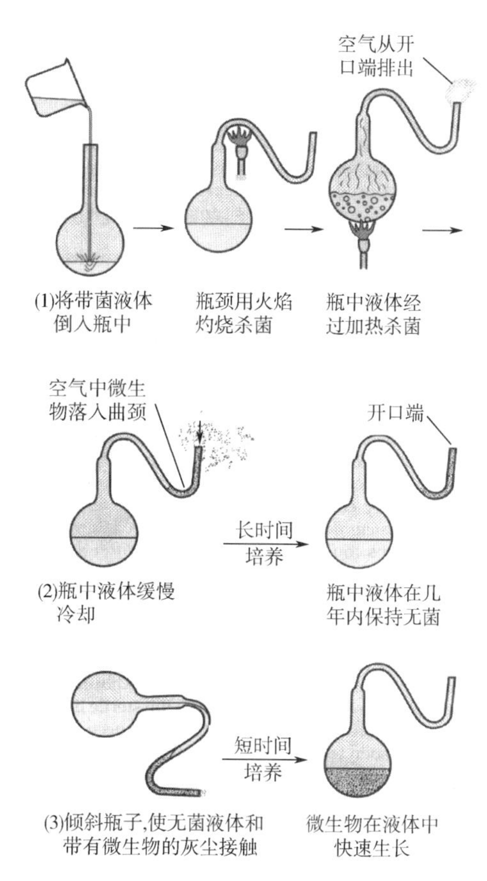

图 1-3　巴斯德和曲颈瓶试验

（引自 *Brock Biology of Microorganisms*. 9th ed. 1999）

（4）巴氏消毒法　19 世纪，随着法国葡萄酒酿造生产规模的不断扩大，为了防止酿酒过程中的酸败，巴斯德通过认真观察和反复实验，发现引起葡萄酒变酸的原因是由于杂菌落入酒桶中造成的，他将酿好的酒加热到 63℃，维持 30min，就可以消灭那些杂菌，这种方法就是至今仍然应用在牛奶、啤酒、果汁等食品中的巴氏消毒法。

（5）其他贡献　随着巴斯德关于发酵研究的成功，法国政府邀请他研究严重影响蚕丝工业的“蚕的微粒子病”。经过多年的研究，巴斯德提出该病是由一种寄生性原生动物引起，可通过提高健康蛾所产卵孵出的幼虫比例控制“蚕的微粒子病”，拯救了法国的丝绸工业。

3. 柯赫和疾病微生物学理论

最早人们认为疾病是由超自然力、被称为瘴毒的毒气以及四种体液（血液、黏液、黄胆汁、黑胆汁）之间的失调而引起的。一直到 19 世纪早期，人们才开始积累支持病原菌理论的证据。微生物导致人类疾病的间接证据来自于英国外科医生李斯特（Joseph Lister）防止伤口感染的研究。李斯特受巴斯德关于微生物参与发酵和腐败研究结果的启发，建立了防腐措施来阻止微生物感染伤口的外科手术方法。提出手术器械需要进行热灭菌处理，外科手术服、包扎物等要用石炭酸消毒，并对外科手术区经常用石炭酸喷雾消毒。1867 年，李斯特发表了他的研究结果，使外科手术发生了质的飞跃。因为消毒所使用的石炭酸可以杀死细菌，同样也可以阻止伤口感染，这一观点为微生物可引发疾病提供了间接证据。

（1）柯赫定律　第一个细菌和疾病直接关系的证明来自于德国医生柯赫对炭疽菌的研究。他在1876年发表的著作里，阐述了炭疽是由能形成芽孢的炭疽杆菌引起的，这种细菌的大量繁殖可使动物血液被感染。柯赫通过实验证明炭疽杆菌不仅在动物体中繁殖，也可在营养液中离体培养，甚至经过几次传代后，再接种到动物中仍可引起疾病。从患病动物和培养液中取出的菌可引起相同的疾病症状。在此基础上，他提出了柯赫定律：①病原微生物存在于患病动物中，健康个体中不存在；②该微生物可在动物体外纯培养生长；③当培养物接种健康的敏感动物时产生特定的疾病症状；④该病原微生物可从患病的实验动物中重新分离到，且在实验室能够再次培养，最终具有与原始菌株相同的性状。

柯赫定律不仅证明了特定微生物可引发特定的疾病，并通过强调微生物培养的重要性，为微生物学的发展提供了巨大的推动力。以柯赫理论作为指导，科学家们相继揭示了人类和动物许多重要疾病的起因，为预防和治愈传染性疾病起到了促进作用，为临床医学奠定了科学的基础。

（2）固体培养基分离纯化微生物　为研究特定微生物的致病力，必须分离出纯的可疑病原菌，即培养液中该微生物必须是纯种，他尝试了多种方法来获得纯培养物，提出采用固体平板分离单菌落获得纯种的方法。一开始柯赫采用土豆片作为培养基，但发现很难满足所有微生物的生长，他又设计了在营养液中添加明胶和琼脂作为凝固剂的固体培养基。这些贡献为20世纪初细菌生物学和微生物学理论的发展发挥了重要作用。

柯赫在用固体培养基培养细菌时，为避免染菌，固体培养基上盖一钟形盖子或玻璃盒子（图1-4）。随着研究工作的进行，柯赫的一个助手Richard Petri对实验中所采用的玻璃盒子提出改进，发明了今天我们仍在使用的培养皿。后来该平皿以他的名字命名，称作Petri平皿（Petri dish）。这种平皿可用玻璃制作，重复利用并能干热灭菌；也可用塑料制作，用气体杀菌剂氧化乙烯灭菌。

柯赫（1843—1910年）

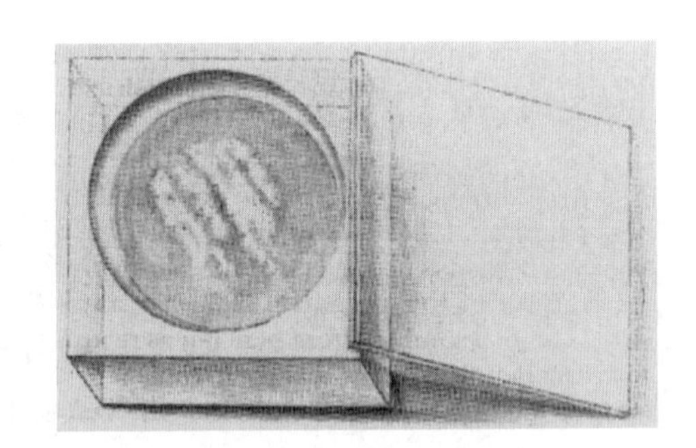

柯赫最早使用的培养皿

图1-4　柯赫和他最早使用的培养皿

（引自 *Brock Biology of Microorganisms*. 9th ed. 1999）

柯赫在大量的实验中发现固体培养基表面形成的不同菌落，可通过菌落特征（颜色、形态、大小）将其区分开。柯赫提出“所有的细菌在相同的培养基、培养条件下可根据不同的特征指定为种、属或进行其他合适的命名”，他的发现为细菌分类学、基因学和相关学科的发展提供了强有力的工具。

（3）柯赫和结核杆菌　柯赫在医学微生物方面最伟大的成就是对结核杆菌的分离和观察。

当时（1881年），死亡人口中有1/7是由结核病引起的，但在患病组织或培养液中却从未看到可疑微生物。柯赫为了寻找结核病的起因，他利用并发展了显微镜技术、纯培养分离技术、动物接种技术和组织染色技术。柯赫设计的一种染色技术：用碱性美蓝配合俾斯麦棕二次染色。柯赫的染色方法是今天用于结核分枝杆菌这类抗酸菌染色的Ziehl-Nielsen染色法的基础。柯赫在1882年柏林发布了其对结核分支杆菌的发现结果，他不仅发现了病原体，而且还发展了特殊的染色方法，发现了对结核病诊断很有用的一种物质，即结核菌素，因此在他去世前五年的1905年获得了诺贝尔生理学和医学奖。

（4）柯赫的其他贡献　柯赫还发现和分离了引起霍乱的微生物——霍乱弧菌，发现了水过滤在控制霍乱传播时的重要性，发展了疾病"载体"的概念，发表了第一张细菌的光学显微镜照片。

4. 微生物学的分科和发展

巴斯德和柯赫的杰出贡献使微生物学作为一门独立的学科开始形成，到20世纪40年代，随着生物学的发展，许多生物学难以解决的理论和技术问题十分突出，特别是遗传学领域，使得结构简单的生命活体微生物成了研究的模型。1941年Beadle和Tatum用粗糙链孢菌（*Neurospora crassa*）分离出一系列生化突变株，将遗传学和生物化学紧密结合起来，不仅促进微生物学本身的纵深发展，而且形成了微生物遗传学。同时也使生物化学、生理学在20世纪50年代发展起来。到60年代，众多微生物学的分支学科迅速形成，包括细菌学、真菌学、微生物分类学、工业微生物学、土壤微生物学、医学微生物学、病毒学、免疫学、植物病理学、环境微生物学和微生物生态学等。进入70年代，有关微生物生理学、生物化学、基因学的发展，人们可以把外源遗传物质（DNA）引入细菌并控制其复制、转录、翻译和表达，促成了基因工程学科的建立。同时该时期核酸序列测定技术的成熟促进了微生物分类学的发展，使人们第一次真正理解了微生物的进化史。80年代，在基因工程的带动下，传统的微生物工程（即发酵工程）从多方面发生了质的变化，成为现代生物技术的重要组成部分。

微生物在工业领域的应用被称为工业微生物学，是系统地、有意识地利用微生物形成工业规模的研究领域，该领域的研究最早很大一部分来自巴斯德的工作——酒精发酵。另一个重要进展是1929年英国细菌学家亚历山大·弗莱明发现了可以产生抑杀金黄色葡萄球菌的青霉素，1943年澳大利亚病理学家瓦尔特·弗洛里与美国军方签订了首批青霉素生产合同，使青霉素在美国实现了大规模生产，在第二次世界大战抢救伤员中发挥了重要作用，之后科学家们又陆续发现了能够产生其他抗生素的多个微生物菌株。工业微生物学家还利用微生物制造疫苗、类固醇、维生素、氨基酸、酶、醇类和其他溶剂等产品。

表1-1所示为从Van Leeuwenhoek开始至今在微生物领域的部分重要发现。

表1-1　　微生物学发展过程中的部分重要发现

时间	人物	主要进展
1684	Antoni van Leeuwenhoek	细菌的发现
1798	Edward Jenner	天花疫苗
1857	Louis Pasteur	乳酸发酵的微生物学
1860	Louis Pasteur	酒精发酵中酵母的作用

续表

时间	人物	主要进展
1861	Louis Pasteur	解决自然发生的争论
1864	Louis Pasteur	建立巴氏消毒法
1867	Robert Lister	手术中的抗感染原理
1881	Robert Koch	微生物纯培养的方法研究
1882	Robert Koch	发现肺结核的病因
1884	Robert Koch	柯赫定律
1884	Christian Gram	革兰氏染色方法
1889	Sergei Winogradsky	无机化能营养的概念
1889	Martinus Beijerinck	病毒概念
1890	Sergei Winogradsky	无机化能营养的自养生长
1901	Martinus Beijerinck	富集培养的方法
1908	Paul Ehrlich	化学治疗剂
1928	Frederick Griffith	发现肺炎球菌存在的转化作用
1929	Alexander Fleming	青霉素的发现
1944	Oswald Avery，Colin Macleod	对 Griffith 工作的解释，证明 DNA 是遗传物质
1944	Selman Waksman，Albert Schatz	研制出链霉素
1946	Edward Tatum，Joshua Lederberg	细菌的接合作用
1951	Barbara McClintock	转座因子的发现
1953	James Watson，Francis Crick	DNA 结构
1959	Arthur Pardee，Francois Jacob	阻遏蛋白的发现
1959	Rodney Porter	免疫球蛋白结构
1960	Francois Jacob，David Perrin	操纵子概念
1960	Rosalyn Yalow，Solomon Bernson	放射免疫分析（RIA）的发展
1966	Marshell Nirenberg，H. G bind Khorana	遗传密码的发现
1967	Thomas Brock	发现在沸腾热矿泉里生长的细菌
1969	Howard Temin，David Baltimore	发现逆转录病毒
1969	Thomas Brock，Hudson Freeze	栖热水生菌的分离，TaqDNA 聚合酶的来源
1970	Hamilton Smith	限制酶的作用特征
1975	Georges Kohler，Cesar Milstein	单克隆抗体
1976	Susumu Tonegawa	免疫球蛋白基因的重排
1977	Carl Woese，George Fox	古生菌的发现

续表

时间	人物	主要进展
1977	Fred sanger, Steven Niklen	DNA 测序方法
1981	Stanley Prusiner	朊病毒的发现
1982	Karl Stetter	分离出第一株最适温度高于 100℃的原核生物
1983	Luc Montagnier	发现艾滋病的起因——HIV
1988	Kary Mullis	聚合酶链式反应（PCR）的创建
1995	Craig Venter	细菌基因组的全序列分析
2003	Jahe Saunders	阐明了细菌跨膜转运机理
2003	Sheilagh Clarkson	Borna 病毒反向遗传学技术的应用
2004	Jane Saunders	揭示细菌囊泡在细菌致病性的作用
2004	Sheilagh Clarkson	首个捕食型细菌基因组学测序
2004	David O'Connell	揭示病毒翻译中致病机制
2004	Sheilagh Clarkson	病毒先天性逃避机制
2004	Susan Jones	研制出一种抗 SARS 感染药物
2004	Jenny Bangham	真菌遗传学历史顺序的确定
2005	Susan Jones	沉积岩中首次发现存活微生物
2005	Susan Jones	发现艾滋病病毒的阻断途径
2005	James B. Anderson	揭示了抗真菌药物进化机制与病原适应性
2005	Susan Jones	HCV 研究取得突破性进展
2006	Alice C. Ortmann	揭示热衰退病毒的深层进化关系
2006	Stuart A. West	微生物的社会进化理论
2006	Susan Jones	病毒持久性机制的发现
2007	Edward Wawrzynczak	全球性的海洋病毒宏基因组测序
2007	Jan Balzarini	一种抗病毒治疗的新方式
2008	Francesca Cesari	一种操纵细菌的新方法
2009	Rachel David	发现 RNA-L 酶的新作用
2010	Olivier Schwartz	发现基孔肯雅病毒的发病机制
2011	Christiaan van Ooij	揭晓了遗传密码的性质
2012	Rachel David	发现了致病弧菌的致病新基因
2012	Andrew Jermy	报道了古生菌跨物种融合新方法
2013	Brett D. Lindenbach	发现了丙型肝炎病毒进入和装配途径
2014	Christina Tobin Kåhrström	首次发现逆转录病毒标记

续表

时间	人物	主要进展
2015	Christina TobinKåhrström	揭示了微生物共生复原机制
2015	Naomi Attar	发现一种新的产甲烷古生菌
2016	Public Health Agency of Canada	研制出高效抗埃博拉病毒疫苗
2017	Ashley York	揭示了 RNA 病毒的遗传进化规律

三、 微生物学的研究和应用发展趋势

目前，随着越来越多的学科交叉，数学、物理、化学、信息、计算机等学科在微生物学研究中的广泛应用，将不断拓宽微生物学的研究领域，加速微生物学的发展，同时也将为整个生命科学乃至世界的发展作出重大贡献。

1. 组学技术将在微生物研究中全面展开

21 世纪以来，生命科学的发展日新月异，与其他基础科学如数学、物理、化学、计算科学等融合交叉的步伐也越来越快，基因组学、转录组学、蛋白质组学、代谢组学等各种组学研究体系不断出现，把单个生命体作为一个复杂系统、把生态系统作为一个有机整体进行研究，已经是当今生命科学研究的主要特征。利用组学的研究方法来研究微生物以及微生物与其他生物之间相互作用的关系，是这些年微生物学研究中的一个重要发展，这些方法使得微生物学正处于发展的另一个黄金时期，微生物组学的概念也应运而生，它以微生物组（包括人体微生物组、环境微生物组、农作物微生物组、家养动物肠道微生物组、工业微生物组、海洋微生物组等）为对象，研究其结构与功能、内部群体间的相互关系和作用机制，研究其与环境或与宿主的相互关系，并最终能够调控微生物群体生长、代谢等，为人类健康和社会可持续发展服务。

2. 合成生物学将促进微生物学的发展

合成生物学是以系统生物学和生物信息学为基础，使用工程化的设计思路，构建标准化的元器件和模块，改造生物体内已存在的天然系统以获得具有新功能的生物体系，或者从头合成全新的人工生物体系。微生物与其他生物相比，基因组小，易于培养，更适合作为合成生物学研究的宿主细胞。同时，通过利用基因工程、代谢工程等方法改造微生物的基因组，研究微生物遗传和产物合成规律，将进一步帮助人们从分子水平上认识和利用微生物，构建更具有应用价值的生产菌株，为拓宽微生物的研究和应用领域开辟新的途径。

3. 极端微生物将成为研究开发的重点

极端微生物根据生存环境不同可分为嗜热、嗜冷、嗜酸、嗜碱、嗜盐、嗜压以及抗辐射、耐干燥、抗高浓度金属离子和极端厌氧的微生物等类群，包括了绝大多数古生菌和少部分细菌，它们构成了地球生命形式的独特风景线，是这个星球留给人类独特的生物资源宝库和极其珍贵的科研素材。极端微生物在细胞构造、生命活动和种系进化上的突出特性，以及存在的原理与意义，为更好地认知生命现象、发展生物技术提供了宝贵的知识源泉。极端微生物及其特殊的产物有可能形成新的产业方向，其特殊的功能和适应机制，将是改造传统生产工艺和提升生物技术的有效途径。

4. 微生物产业发展和不断壮大

当今的微生物学既有基础研究也有应用研究，基础研究方面主要针对微生物本身的生物学，应用方面涉及到疾病、水和废水处理、食品生产和食品腐败、以及微生物在工业、农业等领域的应用。微生物学的基础研究和应用研究交织在一起，密不可分，基础研究通常是在应用领域开展，而微生物的应用则常常产生于基础研究。基础研究的各种新技术和新方法的出现，促进了微生物产业的形成和完善，微生物在工业、农业、医学、能源、环保等各个行业的应用将出现崭新的局面，性能优良的工业生产菌株的发掘和构建，新型药物的筛选、开发和生产，以及生物可降解材料和可再生生物能源的持续开发等关键核心问题，将不断被攻克和完善，21 世纪也必将出现一批崭新的微生物工业，为全球的经济和社会发展将做出更大的贡献。

第二节 微生物的进化及三域学说

20 世纪 60 年代以前，生物类群间的亲缘关系主要是依据形态结构、生理生化、行为习性等表型特征以及少量的化石资料来判断。而对于原核微生物，由于其形态微小、结构简单、缺少有性繁殖，化石资料更是凤毛麟角，所以尽管微生物分类学家也根据少量的表型特征来推测微生物的亲缘关系而提出过许多分类系统，但随着时间推移而不断地被否定。直到 20 世纪 60-70 年代，随着分子测序技术的出现，使得微生物进化成了可以进行实验研究的科学领域，而不再单凭想象和推测。越来越多的证据表明进化速度缓慢、线性序列比较保守的生物大分子是生物进化的时钟，即两个物种间的进化距离可以用两个同源大分子的核苷酸或氨基酸的序列差异进行衡量，这是因为这些分子的序列差异数目与固定在两个物种中编码该分子的 DNA 中稳定突变的数目成正比，这种大分子序列的比较可以真正反映微生物进化的变化程度，是微生物系统发育分类系统建立的主要指标。

一、 进化计时器的选择

虽然 RNA，DNA 和蛋白质序列在进化过程中具有进化速率相对恒定的显著特点，但并不等于所有这些大分子都适合用于生物系统发育的研究。我们将可反映生物物种间真正进化关系的生物大分子称作计时器或进化钟，这些分子序列进化的改变量（氨基酸或核苷酸替换数或替换百分率）与分子进化的时间成正比，真实地记录了各种生物进化的过程。

大量的研究表明，作为分子计时器的大分子满足以下条件：① 必须普遍存在于所研究的各个生物类群中，且在各种生物中的功能同源。② 计时器分子在生物的演变过程中要有变化，且这种变化是随机的。但序列变化太多也不适合用于进化关系的测定，因为序列变化速度高的分子，在其进化过程中共同的序列已经消失。③ 选定的分子序列变化率应当与测得的进化距离相一致，可准确记录生物进化的过程。④ 计时器分子要有足够的信息。在进化过程中，功能重要的大分子或者大分子中功能重要的区域，比功能不重要的分子或分子区域进化变化的速度低。因此，我们可以通过比较不同类群的生物大分子序列的改变量来确定它们彼此系统发育相关性或进化距离。在两群生物中，如果同一种分子的序列差异很大时，表示它们进化距离远，这两群生物在进化过程中很早就分支了。如果两群生物同一来源的大分子的序列相同，说明它们处在同一进化水平上。

二、 用作进化分子计时器的 rRNA 基因

大量的实验研究证实核糖体 RNA 基因（rDNA）是揭示各类生物亲缘关系最适合的分子，尤其是原核生物的 16S rRNA（真核生物的 18S rRNA）基因。究其原因主要有以下几方面：① rRNA基因普遍存在于原核生物和真核生物，具有高度的功能保守性和结构保守性。在生物进化的漫长历史中其功能不变，表现了功能高度保守的特征；rRNA 的碱基组成在各类生物中相对恒定，且有很大一部分碱基序列保守，这些保守的部分可以为序列的线性排列与比较提供基础。② 在 rRNA 基因分子中，既含有高度保守的序列区域，又有中度保守和高度变化的序列区域，因而它适用于进化距离不同的各类生物亲缘关系的研究。③ 在 rRNA 基因中，16S rRNA（真核生物中为 18S rRNA）基因约含 1600 个核苷酸，相对分子质量大小适中，便于序列分析。5S rRNA 基因约含 120 个核苷酸，虽然它可以作为一种信息分子加以利用，但由于其信息量小，应用上受很大限制；23S rRNA 基因虽蕴藏着大量的信息，但由于其分子约含 2900 个核苷酸，序列测定和分析比较的工作量偏大，不具有实用性；另外在 16S rRNA 基因分子的其他区域还含有大量的序列变化也可满足用于比较各类生物的信息量，因此原核生物的 16S rRNA 基因和真核生物的 18S rRNA 基因是重要的系统发育时钟。

三、 由 rRNA 基因测序揭示的生物系统发育

16S rRNA（18S rRNA）基因序列测定和分析方法有两种：全序列分析法和寡核苷酸编目法。目前随着 16S rRNA（18S rRNA）基因，即 16S rDNA 或 18S rDNA 的一级结构和二级结构数据与信息的不断积累，以及 DNA 测序技术的快速发展和成本的不断降低，计算机软件也在不断地创新与升级，使得 16S rRNA（18S rRNA）基因全序列测定与分析已成为微生物分类及系统发育分析的主要方法。

1. 16S rRNA（18S rRNA）基因的全序列分析

rRNA 基因的全序列分析首先需制备待测菌株的基因组 DNA，根据所要扩增的目的基因设计合适的引物，利用 PCR 技术扩增获得 16S rRNA（18S rRNA）基因，然后利用 DNA 测序技术对基因的全序列进行测定；将获得的序列输入数据库（Genbank，MycoBank，EzTaxon 等数据库）进行分析比对，根据相似性确定待测菌株的分类地位。

2. 系统发育树

16S rRNA（18S rRNA）基因测序后在数据库中进行系统发育分析。根据基因序列的比对分析结果，应用 MEGA version 5.0 软件进行系统发育的分析，分别应用邻位相接法（neighbor-joining，NJ）、最大似然法（maximum-likelihood，ML）和最大简约法（maximum-parsimony，MP）初筛和比对，经计算得到相应的系统发育树（phylogenetic tree）。这种系统发育树是生物进化和微生物系统学研究中常用的一种类似树状分支图，可概括各种（类）生物之间的亲缘关系，这种树状图也称为系统树或进化树。系统进化树分无根树（unrooted tree）和有根树（rooted tree）两大类。无根树是指不能确定树系中代表最早时间的部位（最早的共同祖先），它只是表示生物类群之间亲缘关系的远近，而不能反映出进化途径；而有根树不仅表示出不同

生物的亲疏程度，而且显示出它们有共同的起源以及进化的方向。图 1-5 所示为基于 16S rRNA 基因序列用邻位相接法构建的沙福芽孢杆菌的系统发育树。

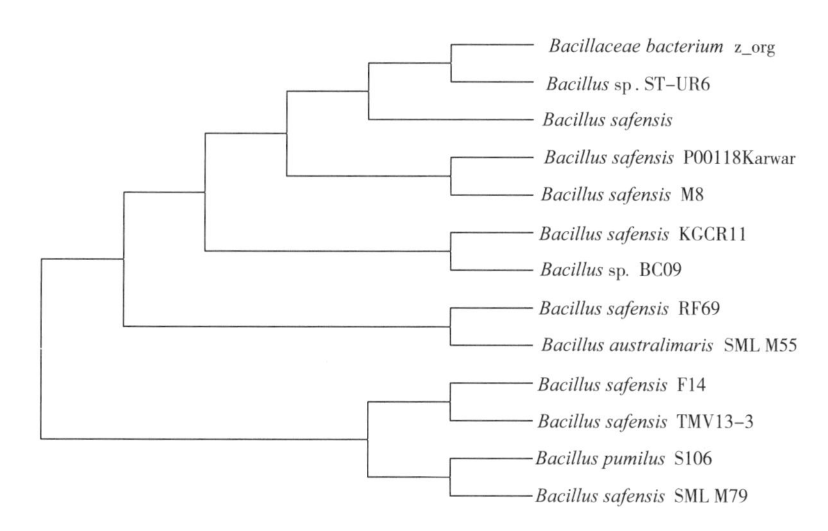

图 1-5　从土壤中分离的一株沙福芽孢杆菌的系统发育树

四、 三域学说及三域生物的主要特征

1. 三域学说

20 世纪 70 年代，Carl Woese 最先利用 16S rRNA 基因作为系统发育的工具，采用寡核苷酸编目法对 60 多种不同细菌的 16S rRNA 基因序列进行了测定，利用计算机将序列资料排序，使各分子的序列同源位点一一对应，然后计算相似性或进化距离，在此基础上，使用适当的计算机软件完成树状图谱，并由此构建了一个宇宙生命进化树（系统发育树）来概括各类（种）生物之间的亲缘关系，显示生物主要类群的相对进化位置（图 1-6）。

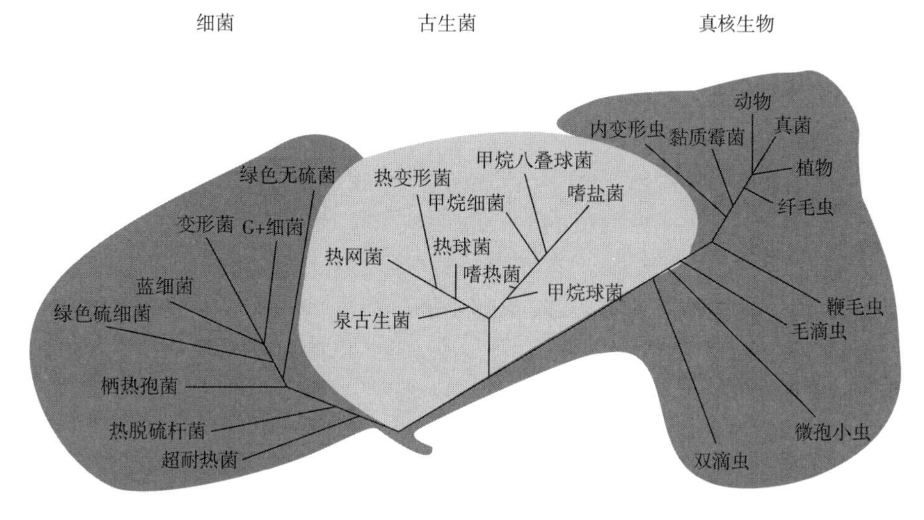

图 1-6　生命世界的系统发育树和进化关系图

（引自 *Brock Biology of Microorganisms*，14th ed. 2015）

图 1-6 所示系统进化树清楚地表明，从共同祖先开始的进化最初先分成两支：一支发展成为今天的细菌（真细菌），另一支是古细菌和真核生物分支，它进一步分叉分别发展成古细菌和真核生物。因此，从该系统树所反映的进化关系，表明作为原核生物的古细菌与真核生物属为姐妹群，它们之间的亲缘关系比较近，而与作为原核生物的真细菌亲缘关系较远。另外从该系统发育树还可以看出，在三个域的生物中，古细菌和极端微生物分支的结点离根部较近，其分支距离也较短，表明它们是现存生物中进化程度较低的类群，而真核生物现在已远离最早的根部，它的原始特征最少，是进化程度最高的生物种类。

1990 年 Woese 等人正式提出了地球上的细胞生命是沿着三个主要谱系进化的，生命系统是由细菌（Bacteria）域、古生菌（Archaea）域和真核生物（Eukarya）域所构成的三域学说。除了将 16S rRNA 基因序列差异作为研究生物系统发育的指标外，人们也将其他序列保守的生物大分子，如 RNA 聚合酶的亚基、延伸因子 EF-Tu，ATPase 等平行同源基因（Paralogous）用于生物进化树的研究，其结果显示古生菌进化上与真核生物更接近。

2. 三域生物的主要特征

在 Woese 提出细胞生命的三域学说之后，国际上掀起了生物系统发育研究的高潮，发现除了 rRNA 基因序列差异外，每个生物域都有区别于其他领域的特有特征，这些特征也在一定程度上支持了三域生物的划分，表 1-2 所示为三域生物的一些突出特征。

表 1-2　细菌、古生菌和真核生物的特征比较

特征	真细菌	古生菌	真核生物
有核仁、核膜的细胞核	无	无	有
共价闭合环状的 DNA	有	有	无
复杂内膜细胞器	无	无	有
细胞壁肽聚糖	有	无	无
膜脂特征	酯键脂、直链脂肪酸	醚键脂、支链烃	酯键脂、直链脂肪酸
启动 tRNA 携带的氨基酸	甲酰甲硫氨酸	甲硫氨酸	甲硫氨酸
多顺反子 mRNA	有	有	无
mRNA 剪接、加帽、加尾	无	无	有
核糖体大小	70S	70S	80S
延伸因子 2 与白喉杆菌毒素反应	无	有	有
对链霉素、氯霉素、卡那霉素敏感性	敏感	不敏感	不敏感
对茴香霉素敏感性	不敏感	敏感	敏感
依赖 DNA 的 RNA 聚合酶	单一类型、含 4 个亚基	复杂、含 8~12 个亚基	复杂、含 12~14 个亚基
聚合酶Ⅱ型启动子	无	有	有
有产甲烷的种类	无	有	无

续表

特征	真细菌	古生菌	真核生物
有固氮的种类	有	有	无
有以叶绿素为基础的光合生物	有	无	有
有化能自养的种类	有	有	无
有贮存聚-β-羟基丁酸颗粒的种类	有	有	无
有在细胞中含气泡的种类	有	有	无

第三节 微生物的分类及命名

人类对地球上生物物种的认识是十分有限的，尤其对微生物物种的了解更为缺乏，保守地估计，地球上真菌的种类大约是150万种，细菌可能有4万种，病毒约130万种。到目前为止，我们认识的微生物仅是估计数量的5%～10%，15万～20万种，新种类的发现正以惊人的速度递增。面对如此繁杂的物种多样性，一个微生物学工作者必须掌握分类学的基本知识和理论，对庞大的微生物类群有一个清晰的认识，才能对未知的微生物对象进行分类、鉴定、命名等工作，在此基础上才能研究微生物的生命特征和规律，才有可能去发掘新的微生物资源，以达到利用有益微生物为人类服务，控制有害微生物的目的。

一、 微生物的分类单元

与高等动、植物一样，微生物分类也采用界、门、纲、目、科、属、种等由大到小不同的七级分类单元，必要时在这七个主要级别中可以补充辅助单元，包括加上“亚”或“超”，如在科与属之间的亚科、门与纲之间的超纲等。

二、 种的概念

种是微生物分类等级的最基本单元，通常认为微生物种是一大群表型特征高度相似、亲缘关系极其接近、与同属内其他物种有着明显差异的一大群菌株的总称。这个定义没有一个量化的指标，通常用一个典型菌株当作一个种的具体代表，这一菌株称为模式菌株。例如在大量的豌豆根瘤菌（*Rhizobium leguminosarum*）菌株中，只有菌株USDA2370才是模式菌株，一个新的分离物必须与模式菌株比较，才能确定是否可以归为这个种。由此可见，微生物学中的“种”是一个非常抽象的概念，具有该种典型性状的模式菌株才是具体的种。

以16S rRNA（18S rRNA）基因序列为基础的系统发育分析结果可为种属的界定提供重要的指导作用，如果未知菌的16S rRNA（18S rRNA）基因序列与模式种或其他已知种的相似性低于97%，将该未知菌定为“疑似新种”是可信的，但如果高于97%，情况就比较复杂了，尽管目前很多实验数据支持16S rRNA基因序列同源性大于97%的两个原核生物很可能是同一个种，但这种观点在微生物学中还未得到广泛的接受。结合系统发育信息，对未知菌株进行表型和生理生化特性的分析，仍是微生物种、属确定的主要途径。另外，全基因组信息目前已成为人们期待界定中的决定性依据。

三、常用的术语

除上述分类单元的等级外，在微生物分类尤其是细菌分类中还常使用一些非正式的类群术语。

（1）亚种或变种　一个种内的不同菌株存在少数明显而稳定遗传的变异特征，这种差异又不足以区分成新种时，可以将它们细分成两个或多个更小的分类单元“亚种”或“变种”。

（2）型　亚种以下的一个常用术语，指具有相同或相似特性的一个或一组菌株，如生物型（biovar）表示具有特殊的生物化学或生理特性的菌株群，化学型（chemovar）表示能产生特殊化学物质的菌株群，培养型（cultivar）表示具有特殊培养性状的菌株群，血清型（serovar）表示具有特殊抗原特征的菌株群。

（3）菌株或品系　从自然界分离纯化得到的纯培养后代都可称为菌株或品系，由于生活环境的不同，即使同一种内的菌株之间会出现一些性状的微小差异，如从不同环境中获得的枯草芽孢杆菌，都可称为不同的菌株。菌株的名称可以随意确定，一般用字母加编号表示，字母多是表示实验室、产地或特征的名词，编号则表示序号。如枯草芽孢杆菌菌株 *Bacillus subtilis* AS 1.398，“AS”为“Academia Sinica”（中国科学院）的缩写，1.398 为编号。

（4）群　在两个不同种微生物之间，常出现一些介于两个菌种之间的中间过渡类群。通常把这两种微生物和介于它们之间的微生物类群称为群，如大肠菌群就是指大肠杆菌（*Escherichia coli*）、产气杆菌（*Enterobacter aerogenes*）以及介于它们之间的中间类群。

（5）培养物　指一定时间一定空间内微生物的细胞群或生长物。如微生物的斜面培养物、摇瓶培养物等。

四、微生物的命名

微生物菌种命名是按照“国际命名法规”而产生的，为国际学术界公认的通用正式名称——学名。任何一个生物学工作者对新物种的命名都必须遵守命名法规，以保证分类单元的正确命名。

物种的学名是用拉丁词或其他词源经拉丁化的词组成，最常用的学名是对种命名时的双名法和亚种命名时的三名法。

1. 双名法

微生物种名的命名采用林奈创立的双名制系统，即由前面一个属名和后面一个种名加词两部分构成，属名拉丁词的第一个字母要大写，如果同属的两个或两个以上微生物学名连排在一起时，除第一个属名需要全称外，其他可以缩写为单个或几个字母表示，印刷体为斜体，书写时在名称下划线。种名加词代表一个物种的次要特征，通常是表示形态、生理或生态特征的形容词，也可以是人名、地名或其他名词，其第一个字母不大写，也不能缩写。例如芽孢杆菌属（*Bacillus*）中的几个种：枯草芽孢杆菌（*B. subtilis*）、蜡状芽孢杆菌（*B. cereus*）和嗜热脂肪芽孢杆菌（*B. stearothermophilus*），它们的种名加词的分别表示“细长的”“蜡质的”和“嗜热的”。有时在种名后面附有命名人的姓氏和命名年代，如果该菌以前曾被他人命名过，则把原命名人的姓氏写在括号内，例如 *B. subtilis*（Ehrenberg）Cohn 1872，它表示 Ehrenberg 是该菌的原命名人，他曾在1835年将枯草芽孢杆菌命名为*Vibrio subtilis*，1872年Cohn修改此菌的学名，将它转入*Bacillus*。如果某一细菌没有种名，或不特指某一个种时，可在属名后加sp.或spp.表示，它们分别代表species缩写的单数或复数，sp.或spp.在书写时不需要斜体，例如*Pseudomonas* sp.表示某一种假单胞菌，*Micrococcus* spp.表示微球菌属的一些种。在发表新的分类单元名称时，要在学名后加相应新分类单元缩写词，例如新属加gen. nov.，新种加sp. nov.等。

2. 三名法

当某种微生物是一个亚种（subspecies，简称subsp）时，学名就应该按三名法命名，即：

学名 = 属名+种名加词（排斜体） + 符号subsp（排正体（可省略）） + 亚种的加词（排斜体）

例：酿酒酵母椭圆亚种的学名为*Saccharomyces cerevisiae*（subsp.）ellipoideus

3. 新菌种学名的有效发表

按照“国际命名法规”，新的微生物分类单元（学名）必须在国际公认的刊物发表才能有效，如细菌新分类单元必须在“International Journal of Systematic and Evolutionary microbiology”杂志发表，才被学术界承认。新的分类单元在发表时要指定新分类单元的模式，如发表新属时要有模式种，发表新种时要有模式菌株，分类单元的模式培养物要存放在国际公认的菌种保藏机构，以便科学界的交流使用。

第四节 微生物的分类鉴定技术

微生物分类学近年来发生了巨大变化，这种变化主要表现在分类方法和分类系统两个方面，尤其是基因组测序、核酸杂交、rRNA同源性分析等分类鉴定方法的迅速发展，揭示了微生物在遗传物质基础上的更本质的区别和联系，将微生物分类学推向以系统发育进化关系为基础的阶段。

分类特征是进行分类的基础，我们根据分类特征通常把微生物分类分成四个不同的水平：①微生物细胞形态和习性水平；②细胞组分分析水平；③蛋白质水平；④核酸水平。以第一水平测定内容为主要分类依据的阶段称为传统分类学，以其他水平为主要分类依据的阶段称为分子分类学。

一、 传统的微生物分类鉴定方法

传统微生物分类是相对于现代分类而言的。从分类方法的角度看，传统分类的显著特点是采用经典的研究方法，在形态和生理生化性状描述的基础上，经过主观判断和性状选择建立分类系统。如对于丝状真核微生物以观察其形态结构特征为分类的主要依据，如菌丝横隔的有无、孢子丝的形态和着生方式、孢子的颜色和形状、特化菌丝等；对于结构简单的单细胞微生物，由于可用于分类的形态特征很少，所以也同时考察酶反应特点、营养要求、生长条件、抗原性和生态学特征等（表 1-3）；对于非细胞生物病毒除形态特征、生化特征和免疫特性分析外，还将致病性作为很重要的指标。传统分类方法建立的分类体系对于人们认识和区分细菌很有效，但不能准确反映微生物之间的系统发育关系。

表 1-3　　　　　　　　　　传统分类中采用的经典指标

	形态特征		生理、生化反应				生态特征			
	个体	群体	营养	酶	代谢产物					
经典分类指标	形态、大小、排列、运动性、特殊构造和染色反应等	菌落形态、在半固体或液体培养基中的生长状态	能源、碳源、氮源和生长因子	产酶种类和反应特性	种类、产量、颜色和显色反应等	对药物的敏感性	生长温度，与氧、pH、渗透压的关系，宿主种类，与宿主关系等	有性生殖情况	血清学反应	对噬菌体的敏感性

采用传统的生理生化实验指标对某一未知培养物进行鉴定，不仅工作量大，而且对技术熟练度的要求也高，现在已有多种商品化的产品极大地缩短了时间，降低了成本，并提高了准确性，目前采用的生理生化鉴定系统包括 API 系统、BIOLOG 系统、VITEK 系统等。其中 BIOLOG 系统是美国 BIOLOG 公司从 1989 年推出的一套自动微生物鉴定系统，该系统是根据细菌对糖、醇、酸、酯、胺和一些大分子聚合物等 95 种碳源的利用情况进行生理生化特性的鉴定。细菌利用碳源进行呼吸会将四唑类物质（TTC 或 TV）从无色还原成紫色，从而在鉴定微孔平板上表现出实验的特征性反应模式或指纹图谱，然后通过比较分析结果予以鉴定。最早进入商品化应用的是革兰氏阴性好氧细菌鉴定数据库，而后陆续推出革兰氏阳性好氧细菌、酵母菌、厌氧菌和丝状真菌鉴定数据库。目前，最新的 BIOLOG 系统可鉴定包括细菌、酵母和丝状真菌在内共 2650 种微生物：好氧菌数据库 1548 种，其中包含革兰氏阴性细菌 6208 种，革兰氏阳性细菌 928 种，厌氧菌 361 种，酵母菌 267 种，丝状真菌 708 种，并提供真菌图片库。

二、 现代微生物分类鉴定技术

从 20 世纪 60 年代起，微生物分类学开始进入分子生物学时期，细胞化学成分快速分析、DNA 杂交、蛋白电泳和基因测序等技术的发展，以及计算机的应用，使我们有可能从本质上探索微生物之间的亲缘关系，微生物分类学也逐渐从原有的按微生物表型进行的经典分类学发展为以亲缘关系和进化规律为基础进行分类的微生物系统分类学。目前采用的主要分类技术包括核酸分析、微生物全基因组序列测定、化学组分分析等。

1. 核酸分析

核酸分析主要包括 DNA 碱基比例、DNA 分子杂交和 rRNA 基因序列等分析方法。

（1）DNA 碱基比例　DNA 碱基比例是指（G+C）mol% 值，简称“GC”比，它是微生物的一个重要的固有特征，是目前描述种、属的一项必需特征，是发表微生物新种的必要指标。大量的研究结果表明，亲缘关系很近的菌株，GC 比也很接近，在一般情况下，同种内菌株之间

GC 比的差值≤5%；GC 比相差很大的菌株肯定不属于同一个种；GC 比相差很小的菌株可能会由于碱基排列顺序的不同也属于不同的种。因此 DNA 碱基比的主要作用是排除不确定的分类单元，而不是用它去建立新的分类单元。DNA 碱基比测定的方法很多，包括纸层析法、热变性、高效液相色谱法和浮力密度法等。

（2）DNA 分子杂交　DNA 分子杂交是近年来迅速发展起来的一种高灵敏度的研究手段。不仅应用于微生物的分类鉴定，而且广泛应用于分子遗传学、基因工程及病毒学等方面的研究领域。由于 DNA 是遗传信息的物质载体，不同的生物具有不同的 DNA 顺序，生物的亲缘关系越近，其 DNA 碱基序列的差别就越小，反之亦然。因此，通过微生物 DNA 碱基序列的同源性分析，可以做出种、属亲源关系的分类鉴定。

Doty 和 Marmur 等人在 1960 年分别建立了检查核苷酸顺序相似性的技术。Schildkraut 等人 1961 年最先用杂交的方法测定了不同细菌 DNA 碱基顺序的相似性。目前 DNA 分子杂交已成为微生物分类的一种非常关键的基本方法，其结果对解决“种”水平上的分类问题和确定新种十分有效，它对于新菌种、或表型性状差别很小而难于肯定的菌株做出比较可靠的判断，并可以修正其他方法的分类鉴定错误。1987 年国际系统细菌学委员会规定，DNA 同源性≥70%，杂交分子的热解链温度相差（ΔT_m）≤5℃为细菌种的界限。

（3）rRNA 基因序列同源性分析　rRNA 分子的变异程度是一种很好的度量生物进化关系的分子钟。通过比较生物之间 rRNA 基因（rDNA）序列的同源性，可以很好地判断它们的亲源关系，现在普遍应用的方法是高度自动化的 rRNA 基因序列分析。根据测序得到的碱基排列顺序，计算出不同微生物之间的碱基差异，并计算出以碱基差异百分数表示的遗传距离，根据遗传距离常采用邻接法进行聚类分析，得到系统发育树状图。

2. 微生物全基因组序列测定

全基因组的核苷酸序列全面准确反映了微生物的遗传本质。从 1990 年起，微生物作为人类基因组计划的模式生物，全基因组测序得到了快速的发展。1995 年首次报道流感嗜血杆菌（*Haemophilus influenzae* Rd KW20）基因组图谱以来，不断有新的微生物的基因组信息被公布，涉及的主要是与人类健康关系密切的致病菌、进化等基础理论研究领域中的模式生物和有明显应用前景的特殊生理类型，包括细菌、古生菌和真核微生物。2017 年由世界微生物数据中心和中国科学院微生物研究所牵头，联合全球 12 个国家的微生物资源保藏中心共同发起的全球微生物模式菌株基因组和微生物组测序合作计划正式启动，该计划将建立超过 20 个国家 30 个主要微生物资源保藏中心共同参与的微生物基因组、微生物组测序和功能挖掘合作网络，5 年内将完成超过 1 万种的微生物模式菌株基因组测序，覆盖超过目前已知 90% 的细菌模式菌株，完成超过 1000 个微生物组样本测序，包括人体、环境、海洋等主要方向。

3. 化学组分分析

（1）细胞壁组成成分分析　细胞壁组分具有较重要的分类价值，肽聚糖的存在与否可以区分细菌和古生菌；肽聚糖成分变化是 G^+ 分类的重要指标，其中氨基酸组分可用于属的区分，糖组分则用于种的区分。在放线菌分类中，一般分析全细胞水解物组分，氨基酸种类、糖的种类和分支菌酸的有无是重要的分类指标，可以说明化学组分分析对放线菌分类的作用。纯细胞壁组分或全细胞水解物组分分析通常采用纸层析或薄层层析技术。

（2）脂肪酸组成及代谢产物分析　脂肪酸的组成在某些细菌的分类中具有一定的分类价值，如分支酸是分支杆菌等固酸菌的特有成分，其结构的差别是这些菌群分类和鉴定的重要指标；多不饱和脂肪酸是蓝细菌的特征，甲基化的分支脂肪酸是G^+菌（革兰氏阳性菌）的特征，羟基化的脂肪酸是G^-菌（革兰氏阴性菌）的特征。借助于气相色谱测定的脂肪酸指纹图是细菌分类和鉴定的一项十分有用的技术。

代谢产物分析采用气相色谱或液相色谱技术，主要用于乳酸菌、拟杆菌和梭菌等厌养细菌的分类与鉴定，分析的主要代谢产物是有机酸和醇类。不同的细菌种或属在一定培养条件下，代谢产生的有机酸、醇的种类和数量不同，它们的分析是区分种、属的重要表型特征。

（3）蛋白质序列分析和电泳　大量的研究表明，许多具有特定功能的生物蛋白变异的幅度较小，也可作为生物进化的时钟，其理论基础是大多数结构蛋白均可能是由古老蛋白演化而来的。用于该研究领域的蛋白质主要有铁氧还蛋白、黄素氧还蛋白、蓝素蛋白、质体蓝素和细胞色素。在rRNA基因测序技术成熟之前，人们进行了大量的蛋白质序列分析工作，例如非光合型细菌与真核生物线粒体的细胞色素C的序列与结构，为线粒体的起源提供了很有力的证据。

在微生物分类领域，除了比较功能相同蛋白的氨基酸序列外，还常比较不同生物的蛋白图谱，因为关系密切的生物应该具有相似的细胞蛋白质。蛋白图谱的比较可以采用电泳法或色谱法，常用的是单向或双向聚丙烯酰胺凝胶电泳。

思考题

1. 依据微生物学发展过程中典型人物的重要贡献，结合实际生活中遇到的一些事情，阐述这些人物对我们生活的贡献。

2. 一些个体可以被一种病原体感染但不会发展成疾病，某些人可能成为了病原体的长期携带者。这个现象是如何影响科赫法则的呢？这些假设是如何被修改来解释慢性病的存在的？

3. 列表说明微生物可作为较好实验模型的优势。

4. 为什么说没有微生物就不可能有基因工程的快速发展？

5. 你认为对微生物学的发展最重要的是什么？为什么？

6. 什么是纯培养物？为什么纯培养技术在医学、工业和食品微生物学等领域都非常重要？

7. 从自然界分离获得一株细菌或真菌，如何对它们进行分类鉴定？可采用哪些不同的方法？

8. 以一株未知细菌菌株为例，对其进行鉴定，是否一种方法就可以鉴定到种？如果不能，如何鉴定到种？

9. 生物信息学在微生物学发展中的作用是什么？举例说明。

10. 微生物的种和菌株的差别是什么？

CHAPTER 2

第二章

原核生物细胞的形态与结构

本章学习重点

1. 真细菌和古生菌的细胞壁、细胞膜、内含物及染色体DNA的结构特点和功能。

2. 细菌的特殊结构糖被、鞭毛、菌毛和芽孢等所具有的特点和在实际工作中的应用价值。

3. 细菌革兰氏染色、荚膜和芽孢染色的方法和原理。

4. 菌落的概念及表示方法，具有不同特殊结构细菌的菌落特征。

5. 古生菌的特点及开发应用价值。

6. 放线菌的菌体形态和菌落形态特征，以及工业应用价值。

7. 蓝细菌特点及在生物进化中的地位和作用。

8. 真细菌的最适生长条件、繁殖方式以及可作为种、属鉴定依据的特征。

9. 缺壁细胞的特点及用途。

10. 食品和发酵行业中常用的细菌及用途。

细胞包括原核细胞和真核细胞，二者之间最本质的区别在于真核细胞具有包括核膜和核仁的完整细胞核。原核细胞没有核膜包裹遗传物质的真正细胞核，只有包含遗传信息的细胞核区（nuclear region），一般称为类核或拟核。

原核生物包括真细菌（eubacteria）和古生菌（archaea）两大类群，真细菌又包括细菌（狭义）、放线菌、蓝细菌、立克次氏体、衣原体、支原体等微生物。古生菌是地球进化早期产生的微生物，大多能适应极端环境，由于其没有真正的细胞核而被列入原核细胞。本章将对原核生物的细胞形态和结构进行介绍。

第一节　细菌

细菌（bacteria）是生物的主要类群之一，属于真细菌域，是一类结构简单，多以二分裂方式进行繁殖的原核生物，是自然界中分布最广、个体数量最多的有机体，在大自然的物质循环中扮演重要角色。细菌也会对人类活动产生很大的影响。一方面，细菌是许多疾病的病原体，肺结核、淋病、炭疽病、梅毒、鼠疫、沙眼等疾病都是由细菌所引发。另一方面，细菌也能造福人类，例如乳酪及酸奶的制作，抗生素、酶制剂和氨基酸的生产，废水和固体废弃物的处理等都与细菌有关。

一、细菌的形态、大小和排列方式

1. 细菌的基本形态

细菌包括三种基本形态：球状、杆状、螺旋状，分别称为球菌、杆菌和螺旋菌，除此之外，还有一些特殊形态的细菌（图 2-1）。

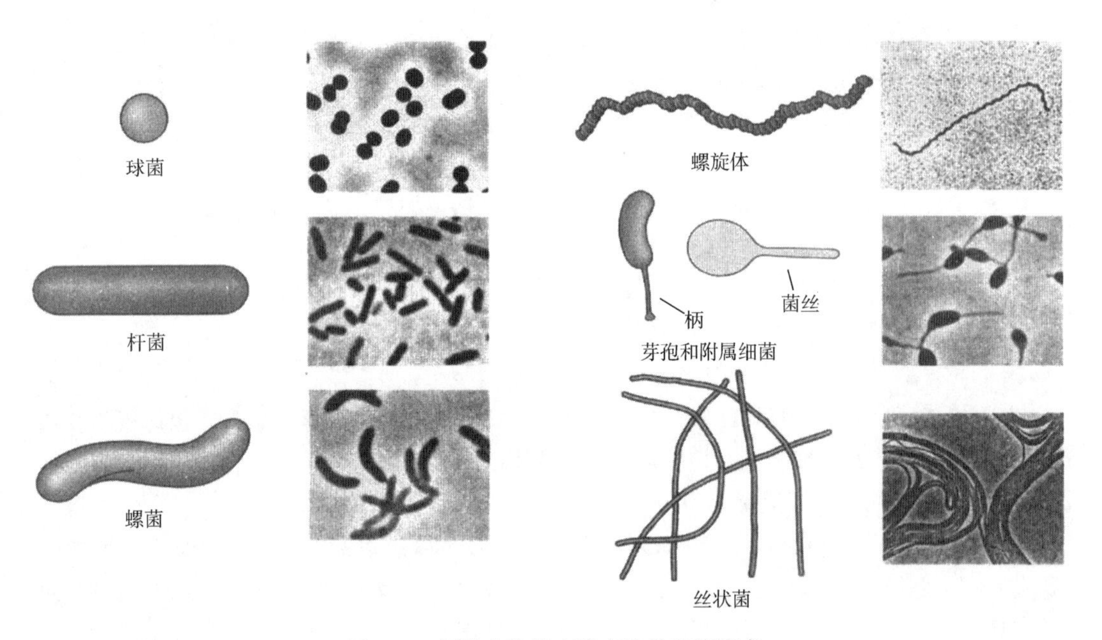

图 2-1　原核生物具有代表性的细胞形态

（引自 *Microbiology*. 4th ed. 1999）

（1）球菌　球菌是外形呈圆球形或椭球形的细菌，直径 0.5～1μm，通常以单个细胞存在，也可以独特的排列方式相连。球菌分裂后产生的子细胞的排列方式在分类鉴定上有重要意义。根据细胞分裂的方向及分裂后的子细胞空间排列状态不同，可将球菌分为以下几种。

单球菌：细胞沿一个平面进行分裂，子细胞分散而单独存在。如尿素微球菌

(*Micrococcus ureae*)。

双球菌：细胞沿一个平面进行分裂，子细胞成双排列，形成双球菌。如脑膜炎双球菌(*Neisseria meningitidis*)。

四联球菌：球菌沿着两个垂直的平面分裂后，形成四个细胞连在一起的呈田字型的四联球菌。如四联微球菌（*Micrococcus tetregenus*)。

八叠球菌：球菌沿着三个相互垂直的平面分裂后，形成八个细胞连在一起的正方体称为八叠球菌。通常情况下，通过光学显微镜一般只能看到正方体一面的四个细胞。如尿素八叠球菌（*Sarcina ureae*)。

链球菌：细胞沿一个平面分裂而第二次细胞分裂与第一次分裂面平行，子细胞呈链状排列，称链球菌。如乳酸链球菌（*Streptococcus lactis*)。

葡萄球菌：细胞在不同的平面进行分裂，形成大量不规则的葡萄状的菌团。如金黄色葡萄球菌（*Staphylococcus aureus*)。

(2) 杆菌　杆菌细胞一般呈正圆柱形，也有近卵圆形的，菌体大多平直，也有稍弯曲的，菌体两端多钝圆，少数是平截状或尖突状。根据其排列情况，可分为单杆菌（大肠杆菌，*Escherichia coli*)、双杆菌（鼠疫杆菌，*Yersinia pestis*)、链杆菌（志贺菌，*Shigella castellani*)、球杆菌（多杀性巴氏杆菌，*Pasteurella multocida*)、棒状杆菌（白喉棒状杆菌，*Corynebacterium diphtheriae*)、分枝杆菌（结核分枝杆菌，*Mycobacterium tuberculosis*)、双歧杆菌（两歧双歧杆菌，*Bifidobacterium bifidus*）等。

杆菌一般无一定排列形式，偶有成对状或链状，个别呈特殊的排列如栅栏状或 V，Y，L 字样，同一种杆菌往往可以有不同种形态同时存在，其排列特征远不如球菌那样固定，因此，杆菌的排列特征不能作为其分类鉴定的依据。

(3) 螺旋菌　螺旋菌又分为弧菌和螺菌。当弯曲不能形成一个完整的螺旋时称为弧菌。当弯曲形成一个或一个以上的螺旋时称为螺菌（图 2-2)。

弧菌菌体短小，弯曲成弧形，多数为单生鞭毛的革兰氏阴性菌，如霍乱弧菌（*Vibrio cholerae*)。螺菌体形弯曲呈螺旋形，细胞坚韧，一端或两端有单鞭毛或丝鞭毛，革兰氏染色阴性，如幽门螺杆菌（*Helicobacter pylori*)。

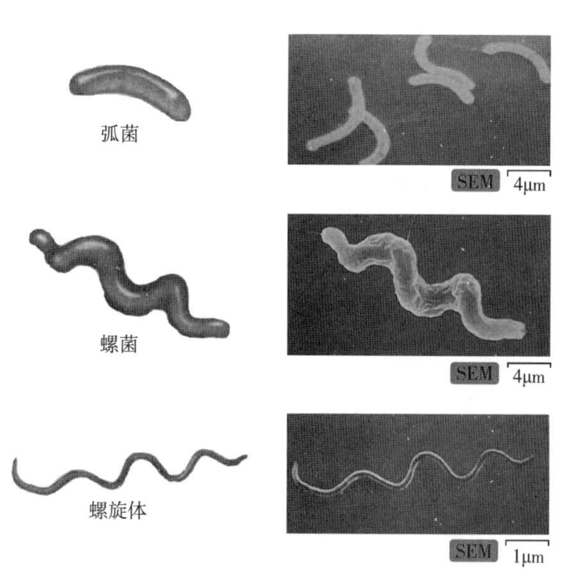

图 2-2　螺旋菌的形式

（引自《食品微生物学教程》. 李平兰，2011)

除了简单的球状、杆状或螺旋状外，少数细菌还具有其他形状。如螺旋体（spirochaeta）广泛分布在自然界和动物体内，是细长、柔软、弯曲呈螺旋状的原核单细胞生物，全长 3～500nm，不能通过细胞滤器，具有细菌细胞的所有内部结构，在生物学上的进化地位介于细菌和原生动物之间。它与细菌的相似之处是：具有与细菌相似的细胞壁，内含脂多糖和胞壁酸，以二分裂方式繁殖，无定型核（属原核型细胞），对抗生素敏感；与原生动物的相似之处有：体态柔软，胞壁与胞膜之间绕有弹性轴丝，借助它的屈曲和收缩能活泼运动，易被胆汁或胆盐溶解。在分类学上由于更接近于细菌而归属在细菌的范畴，因此螺旋体属于细菌的特殊形态。

另外一些细菌如柄杆菌属（*Caulobacter*）的细菌，其呈杆状或梭状，同时具有一根细柄。还有球衣菌属（*Sphaerotilus*）的细菌，能形成衣鞘，杆状的菌体在衣鞘内呈链状排列。一些在菌体内部产生内生孢子的细菌，当孢子直径大于菌体直径时，会出现卵状、梭状等。另外一些菌，例如披毛菌（*Gallionella*）还能生成一些无活性的茎。有的细菌呈扁平状，例如：Anthony E. Walsby 曾在盐池中发现生长着的矩形细菌，这些菌形状扁平、方形或长方形，长宽为 2×（2~4）μm，厚度只有 0.25μm。还有一些细菌形状多变，例如棒状菌一般为杆状，但也存在其他形态。

细菌的形态明显会受环境条件的影响，培养时间、培养温度、培养基的组成与浓度等的变化，均能引起细菌形态的改变。一般处于幼龄阶段和生长条件适宜时，细菌形态正常、整齐，表现出特定的形态。在较老的培养物中，或不正常的条件下，细胞常出现不正常形态，尤其是杆菌，有的细胞膨大，有的出现梨形，有的产生分枝，有时菌体显著伸长以至呈丝状等，这些不规则的形态统称为异常形态。若将其转移到新鲜培养基中或适宜的培养条件下又可恢复原来的形态。

2. 细菌的大小

细菌的大小可以通过显微测微尺测量，量度细菌大小的单位是 μm（微米，10^{-6}m），而量度其亚细胞结构则用 nm（纳米，10^{-9}m）为单位。一般球菌以直径表示，大小为 0.5~1μm；杆菌以长度和宽度来表示，大小为（1~3）μm×（0.5~1）μm；螺旋菌的长度以菌体两端点间距离而定，因此螺旋菌大小的表示不是其真正的长度，它的真正长度应按其螺旋的直径和圈数来计算。

细菌大小差异较大。最小的直径只有 0.3μm，与最大的病毒（痘病毒）相近。近来，有报道发现了更小的细菌，如纳米细菌或超微细菌，直径范围在 0.2μm 左右，甚至小于 0.05μm。人们熟悉的大肠杆菌（*Escherichia coli*）宽 1.1~1.5μm、长 2.0~6.0μm，是一种大小适中的细菌。而有些细菌相当大，例如，蓝藻类细菌（*Cyanobaterium oscillatoria*）直径约为 7μm（与血红细胞相当）、长 50μm。在一种深海鱼肠内寄生的雪茄形的大型细菌费氏刺尾鱼菌（*Epulopiscium fishelsoni*），最大可到 600μm×80μm，通常长度为 200~500μm，体积是大肠杆菌的 10^6 倍。2004 年德国麦斯宾克海洋微生物学院（Max Planck Institute for Marine Microbiology）的生物学家舒尔斯（Heide Schulz）在非洲西南面的纳米比亚海岸的海底沉积物中发现了一种球形的超大型细菌，称为纳米比亚嗜硫珠菌（*Thiomargarita namibiensis*），直径 0.1~0.3mm，有些可达 0.75mm，常形成细胞链，其体积大约是 *E. fishelsoni* 的 100 倍，这些细菌比真核生物细胞的平均尺寸还要大很多（典型的植物、动物细胞直径在 10~15μm，最小的真核细胞如 *Nanochlorum eukaryotum*，其直径仅有 1~2μm）。同种细菌在不同生理状态时大小也不同，一般幼龄细菌比成熟的或老龄的细菌大。

二、 细菌细胞的一般构造及功能

细菌具有一般原核生物的细胞结构，如图 2-3 所示。

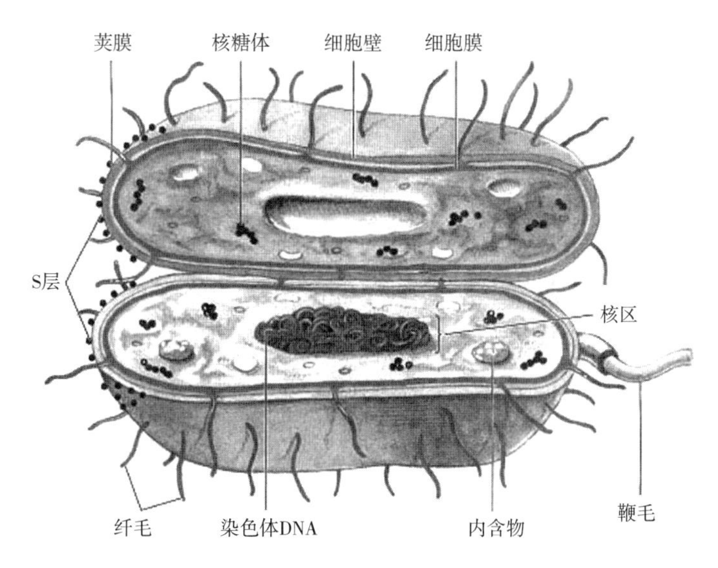

图 2-3　原核生物的细胞结构

（引自 *Microbiology*. 5th ed. 2002）

细菌细胞结构有一般结构和特殊结构，一般结构是指一般细菌都具有的结构，包括细胞壁、细胞膜、细胞质和拟核；特殊结构并非一般细菌共有的结构，而是部分种类才有的或者是在特定环境下才形成的构造，包括细菌的芽孢、糖被、鞭毛和菌毛等。

1. 细胞壁

细胞壁是位于细胞膜外的一层较为坚韧、略具弹性的结构，占细胞干重的 10% ~ 25%。细菌细胞壁可以通过电子显微镜观察细菌超薄切片，或在光学显微镜下通过适当的染色、质壁分离等来进行研究；也可通过制备原生质体，观察细胞形态的变化来证实细菌细胞壁的存在与否。

细胞壁的主要功能包括：①维持细胞固有形状和提高机械强度；②是细胞的生长、分裂和鞭毛运动所必需；③渗透屏障，阻拦酶蛋白和某些抗生素等大分子物质（相对分子质量大于 800）进入细胞，保护细胞免受损伤；④细菌特定的抗原性、致病性以及对抗生素和噬菌体的敏感性的物质基础。

1884 年，丹麦医师 Gram 创立了一种重要的细菌染色鉴别方法——革兰氏染色法，其染色步骤依次为结晶紫初染、碘液媒染、95% 乙醇或丙酮脱色和番红复染，经过这 4 步染色可以将细菌分为革兰氏阳性菌（G^+细菌）和革兰氏阴性菌（G^-细菌）两大类。G^+细菌不能被 95% 乙醇或丙酮脱色，从而保留紫红色；G^-细菌中的紫色能被 95% 乙醇或丙酮脱去，随后被番红复染为红色。造成染色结果不同的原因是两类细菌的细胞壁结构不同。

革兰氏阳性菌细胞壁由位于细胞膜外的 20 ~ 80nm 厚的均一肽聚糖（其中含胞壁酸）组成；革兰氏阴性菌细胞壁结构却十分复杂，是由一层 2 ~ 7nm 厚的肽聚糖层和其外 7 ~ 8nm 厚的外膜组成（图 2-4）。

在许多方面古生菌与细菌细胞不同，它们的细胞壁在结构和化学组成上很特殊。细胞壁缺乏肽聚糖，由蛋白质和其他多糖组成。

（1）G^+细菌细胞壁构造　G^+细菌细胞壁较厚（20 ~ 80nm），其主要成分是肽聚糖

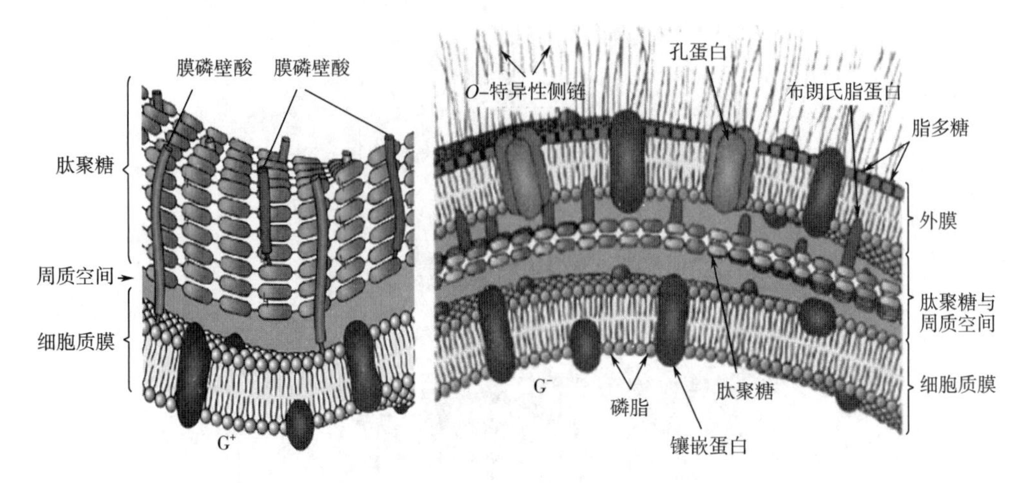

图 2-4 革兰氏阳性细菌 G^+（左）与革兰氏阴性细菌 G^-（右）细胞壁比较图

（引自 *Microbiology*. 5th ed. 2002）

（peptidoglycan）和磷壁酸（teichoic acid）。

①肽聚糖：G^+细菌肽聚糖层结构致密，层次较多（15~50层，金黄色葡萄球菌约10层，枯草杆菌约20层）。肽聚糖（peptidoglycan）是一种大分子聚合物（图2-5），又称黏肽、胞

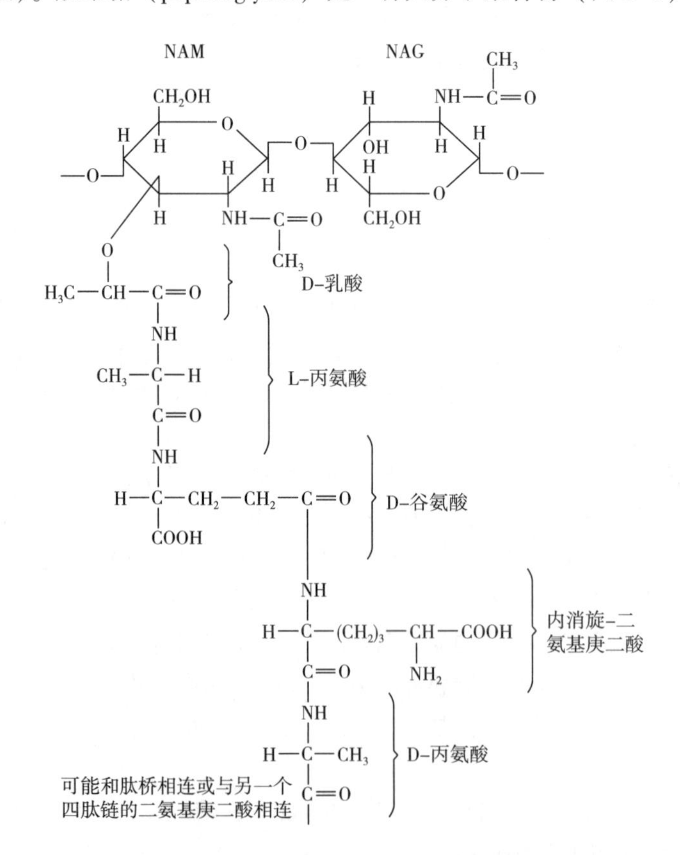

图 2-5 肽聚糖的单体结构：大肠杆菌、大部分革兰氏阴性菌和许多革兰氏阳性菌的肽聚糖单体结构

壁质，是细菌细胞壁特有成分。在革兰氏阳性菌金黄色葡萄球菌中肽聚糖层厚度为20~80nm，占细胞壁干重的50%~80%。肽聚糖亚单位由一个双糖单位、短肽尾和肽桥组成，这些亚单位相互连接，交织成网状结构，形成坚硬的肽聚糖。肽聚糖中的双糖单位由*N*-乙酰葡糖胺和*N*-乙酰胞壁酸通过β-1,4糖苷键连接而成，该键可被溶菌酶所水解。短肽尾大多是L-丙氨酸-D-谷氨酸-L-赖氨酸-D-丙氨酸（L-Ala-D-Glu-L-Lys-D-Ala），短肽尾中的第一个氨基酸残基L-丙氨酸连接在双糖单位的*N*-乙酰胞壁酸的羧基上（图2-6）。短肽尾中的三种氨基酸D-谷氨酸、D-丙氨酸和内消旋-二氨基庚二酸在一般的蛋白质中不存在，它们可以保护肽聚糖免受肽酶的水解作用。短肽尾之间的连接可由第四个氨基酸残基D-丙氨酸的羧基通过肽键与相邻另一短肽尾中的第三个氨基酸的氨基直接连接，也可以通过一个短肽作为肽桥连接，例如金黄色葡萄球菌中的肽桥由5个甘氨酸残基组成。这样穿梭连接就形成了巨大肽聚糖网套，如图2-6（2）所示。

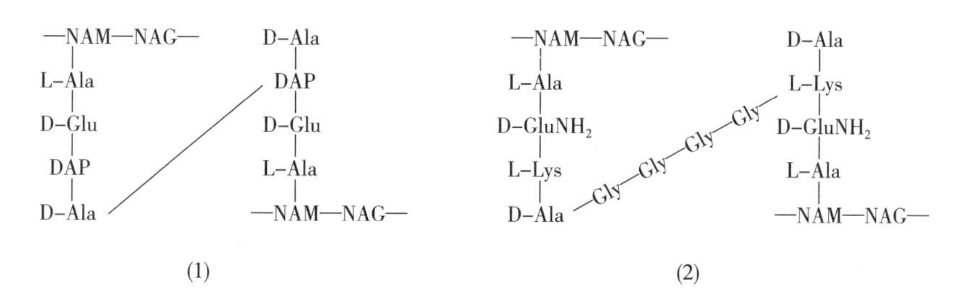

图2-6　G$^-$和G$^+$细菌肽聚糖单层结构模式图

（1）大肠杆菌肽聚糖无肽桥　（2）金黄色葡萄球菌的肽桥为甘氨酸五肽

（引自 *Microbiology*. 5th ed. 2002）

NAG是*N*-乙酰葡糖胺，NAM是*N*-乙酰胞壁酸。四个氨基酸连起来的短肽是按L型和D型交替排列的方式连接而成。

②磷壁酸：G$^+$细菌的细胞壁除坚硬厚实的均一肽聚糖外，还含有一种称为磷壁酸或垣酸（teichoic acid）、胞壁质（murein）的物质。磷壁酸是革兰氏阳性菌所特有的成分，对保持壁的结构很重要。

磷壁酸是一种酸性多糖，根据其主链的化学结构不同可分为甘油醇型磷壁酸和核糖醇型磷壁酸（图2-7）。二者通过磷酸二酯键连接于*N*-乙酰胞壁酸的第六位碳原子上。在甘油或核糖醇的一些碳原子上可以连接D-丙氨酸或葡萄糖、半乳糖和*N*-乙酰葡萄糖胺。磷壁酸根据其连接的部位不同又可分为壁磷壁酸和膜磷壁酸，壁磷壁酸完全位于细胞壁中，同细胞壁中的肽聚糖以共价键相连。而一些甘油醇型磷壁酸可分布于细胞膜中，被称为膜磷壁酸，与细胞膜中的糖脂共价结合，因此膜磷壁酸又称脂磷壁酸。除了个别球菌外，革兰氏阳性菌的细胞壁中都只含有一种类型的磷壁酸。

磷壁酸带负电荷，它在细胞表面能调节阳离子浓度，以提高细胞膜上一些合成酶的活性；贮藏磷元素；磷壁酸可以调节自溶素（autolysin）的活力，防止细胞因自溶而死亡；磷壁酸抗原性很强，是革兰氏阳性菌的重要表面抗原，因而可用于菌种鉴定；磷壁酸是噬菌体的特异性吸附受体；某些细菌的磷壁酸，能黏附在人类细胞表面，其作用类似菌毛，可能与致病性有关，可增强某些致病菌对宿主细胞的黏连，避免被白细胞吞噬，并有抗补体作用。

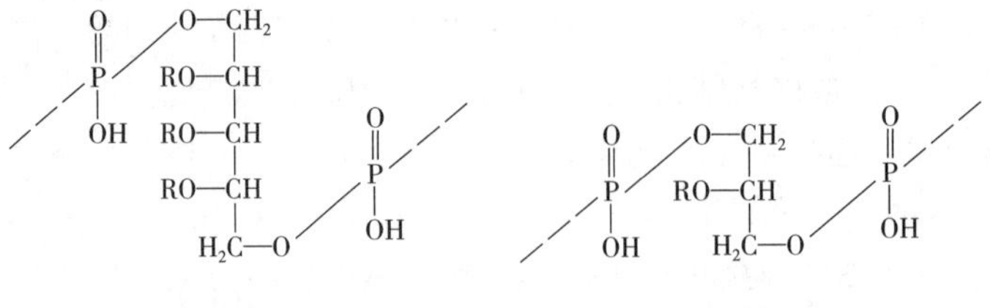

(1)　　(2)

图 2-7　磷壁酸类型及基本结构

（1）核糖醇型磷壁酸　（2）甘油型磷壁质酸

（引自 *Microbiology*. 5th ed. 2002）

（2）G^-细菌细胞壁构造　革兰氏阴性菌细胞壁结构复杂，是由 2~7nm 厚的肽聚糖层和其外 7~8nm 厚的外膜组成。

①肽聚糖：G^-细菌肽聚糖层薄，可能只占整个细胞壁质量的 5%~10%。在 *E. coli* 中，只有 2nm 厚，且只包含 1~2 层肽聚糖。

G^-细菌肽聚糖构成与G^+细菌相似，区别在于：革兰氏阴性菌中的短肽尾大多为 L-丙氨酸-D-谷氨酸-meso-二氨基庚二酸-D-丙氨酸（L-Ala-D-Glu-meso-DAP-D-Ala）。G^-细菌没有短肽构成的特殊的肽桥，而是由前后两个肽聚糖单体通过 D-丙氨酸羧基和碱性氨基酸的氨基形成肽键相连而成，如图 2-6（1）所示。

革兰氏阳性菌和革兰氏阴性菌肽聚糖的厚度不仅不同，而且交联度也存在很大的差异，一般情况下，革兰氏阳性菌肽聚糖的交联度为 75% 左右，而革兰氏阴性菌的肽聚糖的交联度仅为 30% 左右，因此，革兰氏阴性菌细胞壁比革兰氏阳性菌机械强度低。

②外膜：外膜（outer membrane）又称外壁，位于肽聚糖层外，表面不规则，切面呈波浪形。外膜又可分为内、中、外三层，分别为脂蛋白、磷脂和脂多糖层（图 2-8）。

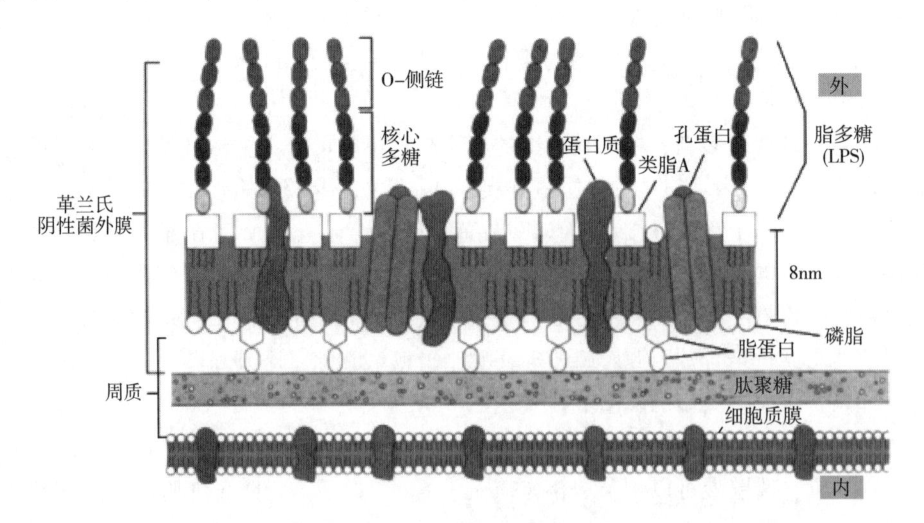

图 2-8　G^-细菌细胞壁的构成

（引自 *Microbiology*. 5th ed. 2002）

内层为脂蛋白，与肽聚糖层共价连接并通过疏水尾端埋在外膜中。外膜与肽聚糖通过这种脂蛋白紧密相连，甚至可以作为一个单元被分离。外膜有时可以通过一些特殊的结构和细胞膜直接连接，这种结构被称为黏合位点（adhesion site）。在 *E. coli* 质壁分离的细胞中可以看到外膜和细胞膜两层膜之间存在 20~100nm 的接触区域。黏合位点可能是膜的直接接触区域，也可能是真正的膜融合部位。因此有人推测许多营养物质可能通过这些黏合位点直接进入细胞内部。

外膜的中间是磷脂层，最外层为脂多糖（LPS）。脂多糖层厚 8~10nm，结构非常复杂，是革兰氏阴性菌细胞外膜中的主要成分，也是革兰氏阴性菌细胞壁特有的成分。脂多糖由类脂 A、核心多糖（core polysaccharide）、*O*-特异侧链（*O*-specific side chain，又称 *O*-多糖或 *O*-抗原）三部分组成。类脂 A 是以酯化的葡萄糖胺二糖为单位，通过焦磷酸键组成的一种独特的糖脂化合物。类脂 A 的结构在不同细菌中有所不同，它是革兰氏阴性细菌内毒素的毒性中心。核心多糖在有关菌株内是恒定的，由庚糖、半乳糖、2-酮基-3-脱氧辛酸等组成，所有革兰氏阴性细菌都有此结构。*O*-特异侧链是高度可变的，暴露在细菌表面，由若干个低聚糖的重复单位组成，由于具有抗原性，故又称 *O*-抗原或菌体抗原。不同种或属的细菌，*O*-侧链的组成和结构（如多糖的种类和序列）均有变化，构成了各自的特异性抗原。

鼠伤寒沙门氏菌（*Salmonella typhimurium*）中的 LPS 被研究的最多。其类脂 A 部分包含 2 个葡萄糖胺的糖衍生物，每个二葡萄糖胺聚合物又与 3 个脂肪酸、磷酸或焦磷酸相连。核心多糖与类脂 A 相连，在鼠伤寒沙门氏菌中，核心多糖是由 5~10 个糖基、乙醇胺和磷酸组成，其中 2-酮-3-脱氧辛酸（KDO）和 L-甘油-D-甘露庚糖（HEP）是其特有的成分。核心多糖的另一端连接 *O*-侧链。*O*-侧链根据其组成和结构不同，构成了不同菌株的特异性抗原（*O*-抗原），根据 *O*-抗原的变化可再细分为 1000 多个血清型，这些血清型使之在免疫学和临床诊断中具有重要意义。

总之，脂多糖的主要功能：①脂多糖结构多变，决定了革兰氏阴性细菌细胞表面抗原决定簇的多样性；②LPS 中的核心多糖通常包含一些带电荷的糖基和磷酸，在细菌表面形成负电荷，有利于稳定细胞膜结构，同时可以吸附金属离子，其中 Ca^{2+} 是 LPS 结构稳定的必要离子，如果用 EDTA 将 Ca^{2+} 螯合后，LPS 很容易解体；③LPS 是革兰氏阴性菌内毒素的主要成分，其中主要毒性组分为类脂 A；④是许多噬菌体在细胞表面的吸附受体；⑤具有控制某些物质进出细胞的部分选择性屏障功能，可以防止或减缓伤害细胞的胆盐、抗生素或其他有毒成分进入菌体。

细菌的外膜比细胞膜的透过性高，由于含有一些孔蛋白，每三个孔蛋白分子聚在一起可以在外膜上形成一条窄的通道，允许小分子如葡萄糖或其他单糖进入，而一些大分子如维生素 B_{12} 必须通过其他方式运送才能穿过外膜，外膜也可阻止周质空间中酶的流失。

（3）周质空间　通过电子显微镜观察革兰氏阴性菌可以看到在细胞膜和细胞壁之间存在一连续空间，而革兰氏阳性菌虽然也存在这种间隙，但相比革兰氏阴性菌要小得多，这一空间称作周质空间（periplasmic space）或称壁膜间隙。最新证据显示周质空间中充满松散网状肽聚糖。革兰氏阴性菌的周质空间在 1~71nm，占整个细胞体积的 20%~40%，其中包含了很多参与获得营养的蛋白质，例如水解核酸和磷酸分子的酶、化能自养菌的电子传递蛋白等。周质空间中也包含参与肽聚糖合成的酶以及可以破坏对细胞具有危害作用物质的酶。例如，大肠杆菌的壁膜间隙宽度为 12~15nm，呈胶胨态，其间含有三类蛋白质：水解酶，催化大分子营养成分的初步降解；结合蛋白，启动物质转运过程；化学受体（chemoreceptors），在趋化性中起作用的蛋白。

革兰氏阳性菌不含有明显的周质空间，也没有类似革兰氏阴性菌的壁膜蛋白，它能将革兰氏阴性菌中原本存在于周质空间中的酶分泌到胞外。

（4）革兰氏染色原理　革兰氏染色反应的结果与细菌细胞壁的化学组成和结构相关。如果将革兰氏阳性菌的细胞壁移去，它就成为阴性菌。细菌首先被结晶紫染色后，结晶紫进入细胞，通过碘液媒染剂处理使细胞内的结晶紫和碘形成复合物。当被乙醇或丙酮脱色时，由于革兰氏阳性菌的肽聚糖厚而致密，有机溶剂的脱水作用使肽聚糖的孔隙收缩，在短时间的脱色步骤中，结晶紫和碘复合物被滞留在细胞内，然后番红复染，由于结晶紫的颜色遮盖了红色，结果呈现紫红色。相反，革兰氏阴性菌细胞壁中肽聚糖疏松且薄，孔隙较大，同时还含有大量脂类物质。酒精或丙酮脱色时，起脂溶剂的作用，将脂类物质溶出，孔径变得更大，结晶紫和碘的复合物被酒精或丙酮洗出，因而革兰氏阴性菌通过复染后呈现复染剂的红色。

（5）抗酸细菌　抗酸细菌（acid-fast bacteria）其细胞壁结构不同于革兰氏阳性菌和革兰氏阴性菌，难以用革兰氏染色法鉴别，需用抗酸染色法鉴别。抗酸细菌细胞壁上含有大量分枝菌酸（mycolic acid）等蜡质，被酸性复红染色后不能被盐酸乙醇脱色，故称为抗酸细菌，其抗酸染色结果显阳性。分枝杆菌属尤其是结核分枝杆菌（*Mycobacterium tuberculosis*）和麻风分枝杆菌（*Mycobacterium leprae*）是最常见的抗酸细菌。

分枝菌酸是含60~90个碳的分枝长链的α-烃基β-羟基脂肪酸，在细胞壁上整齐的排成两层，亲水头在外部，疏水尾在内侧，形成一种高度有序的膜，同时也嵌埋着许多有透水孔的蛋白质，用于物质运输。抗酸细菌的细胞壁中含有类脂外壁层和肽聚糖层，含约60%的类脂（包括分枝菌酸和索状因子），肽聚糖含量很少，同时含有被分枝菌酸酯化的阿拉伯半乳聚糖，两种聚糖通过共价键结合多聚复合体，细胞壁结构类似于革兰氏阴性菌。索状因子（cord factor）是细胞表层的一种糖脂，成分为6,6-双分枝菌酸海藻糖，存在细胞外层，能使结核分枝杆菌相互黏连，在液体培养基中呈索状排列而得名（图2-9）。

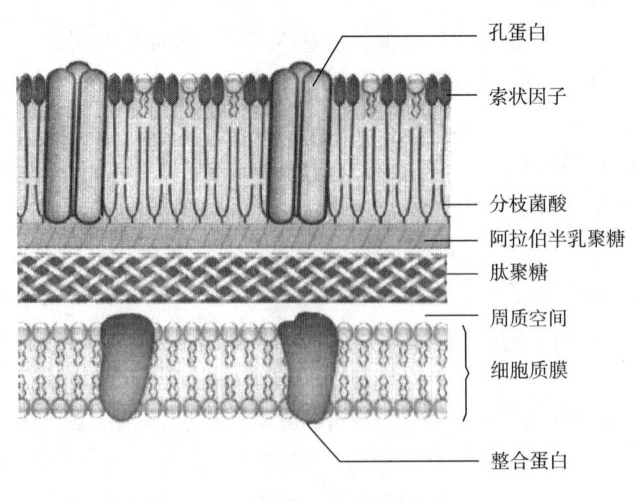

图2-9　抗酸细菌细胞壁结构

（引自《微生物学教程》，第三版，周德庆，2011）

（6）细胞壁缺陷细菌　当用溶菌酶处理细菌或在含有青霉素的培养基中培养细菌时，由于溶菌酶可以水解 *N*-乙酰葡糖胺与 *N*-乙酰胞壁酸相连的 β-1,4 糖苷键而使细胞壁水解，而青霉素作为短肽尾五肽前体［L-Ala-D-Glu-L-Lys（meso-DAP）-D-Ala-D-Ala］末端的 D-Ala-D-Ala 结构类似物对肽聚糖合成中转肽酶起竞争性抑制作用导致了肽聚糖中肽桥不能交联，肽聚糖合成受阻，细胞壁不能形成，最终使细菌丧失了细胞壁中的肽聚糖，而成为细胞壁缺陷细菌，通常包括原生质体和球状体。此外，由于突变而导致细胞壁无法合成的 L-型细菌，以及支原体也属于细胞壁缺陷细菌。

①原生质体（protoplast）：革兰氏阳性菌的细胞壁主要由肽聚糖组成，经过溶菌酶或青霉素处理，细胞壁完全缺失后剩下的以细胞膜包裹着的部分称为原生质体（图 2-10）。原生质体由于没有细胞壁的束缚，在高渗或等渗溶液中细胞呈球形，对外力如离心力、搅拌、振荡等非常敏感，同时原生质体由于缺少了噬菌体的吸附位点而不再感染噬菌体。具有鞭毛的细菌形成原生质体后，仍然保留着鞭毛，但无法运动。原生质体的其他生物活性仍然存在，它可以在适宜的条件下继续生长繁殖，并形成菌落。

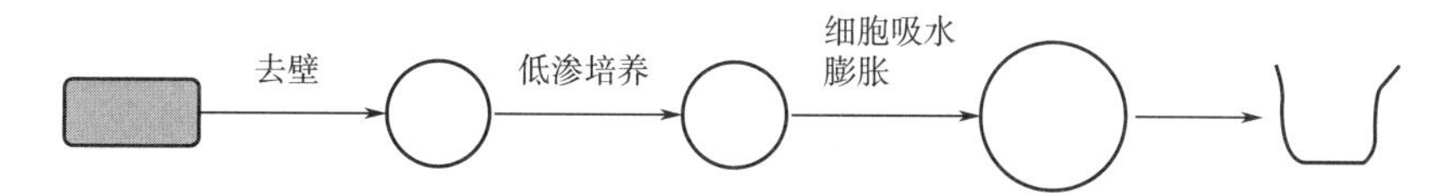

图 2-10　原生质体的形成与低渗下膨胀破裂

②球状体（spheroplast）：革兰氏阴性菌在经溶菌酶或青霉素处理后依然保存其外膜，被称为球状体或原生质球，它保留了部分细胞壁。

大多数微生物细胞都能在特定的条件下形成原生质体或原生质球，还可以在适宜的条件下再生出细胞壁，恢复细胞壁结构。原生质体或球状体比正常有细胞壁的细胞更容易导入外源遗传物质，是微生物进行原生质体融合育种的良好实验材料。

此外，细胞壁缺陷细菌还包括 L-型细菌和支原体。L-型细菌（bacterial L-form）：细菌在某些环境条件下由于自发突变而形成的细胞壁缺损型。由于最先被英国的李斯特（Lister）医学研究院发现，所以称为 L-型细菌。L-型细菌细胞呈多形态，大小为 0.05~50μm，可以通过细菌滤器，又称“滤过型菌”。目前，大肠杆菌、变型杆菌、分枝杆菌、链球菌等 20 多种细菌中均发现了 L-型细菌。这类细菌在固体培养基中能形成直径为 0.1mm 的“油煎蛋”型的小菌落。

③支原体（mycoplasma）：是 1898 年 Nocard 等发现的一种类似细菌但不具有细胞壁的，介于独立营养和细胞内寄生生活间的最小原核生物（图 2-11）。能在无生命的人工培养基上生长繁殖，直径 50~300nm，能通过细菌滤器。在固体培养基表面呈特有的“油煎蛋”状小菌落（直径 0.1~1.0mm）。细胞由于无细胞壁而呈现多形性，对渗透压敏感，对抑制细胞壁合成的抗生素不敏感。

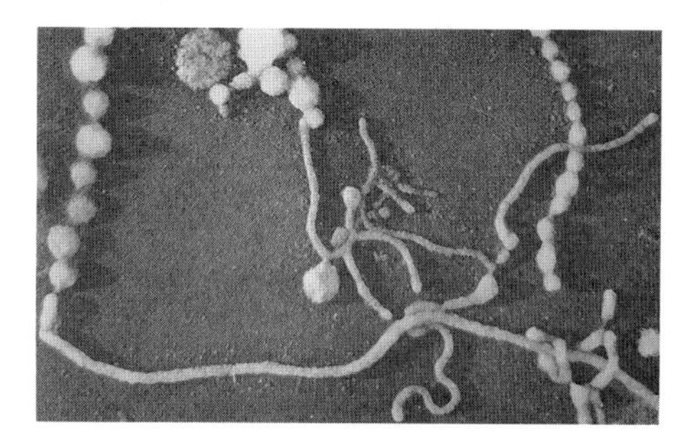

图 2-11　支原体电子显微镜照片

（引自 *Brock Biology of Microorganisms*. 11th ed. 2006）

革兰氏染色不易着色，故常用吉姆萨（Giemsa）染色法将其染成淡紫色。细胞膜中还有较多胆甾醇，约占36%，对保持细胞的韧性和细胞膜的完整性具有一定作用。凡能作用于胆甾醇的物质（如两性霉素B、皂素等）均可引起支原体膜的破坏而使支原体死亡。

2. 细胞质膜

细胞质膜（cytoplasmic membrane），简称细胞膜或质膜（plasma membrane），是围绕细胞质外的双层膜结构。细胞膜很薄（5~10nm），占细胞干重的10%，由蛋白质和磷脂组成，蛋白质占其中的50%~70%，磷脂为20%~30%。目前被广泛接受的膜结构模型是1972年S. Jonathan Singer和Garth Nicholson提出的流体镶嵌模型（fluid mosaic model），认为细胞膜的基本模型为磷脂双分子层。磷脂双分子层具有流动性，表现为磷脂分子的水平运动。而蛋白可贯穿或整合在磷脂双分子层中，其疏水部分埋在脂质双分子层中，亲水部分位于膜表面，在脂质双分子层中可作横向移动，但不能转动；蛋白也可位于磷脂双分子层的周边，其亲水基团和磷脂极性端结合，在磷脂双分子层上作漂浮运动。磷脂分子间或与蛋白质间无共价结合，暴露于膜外侧的蛋白质有时和碳水化合物相连（图2-12）。

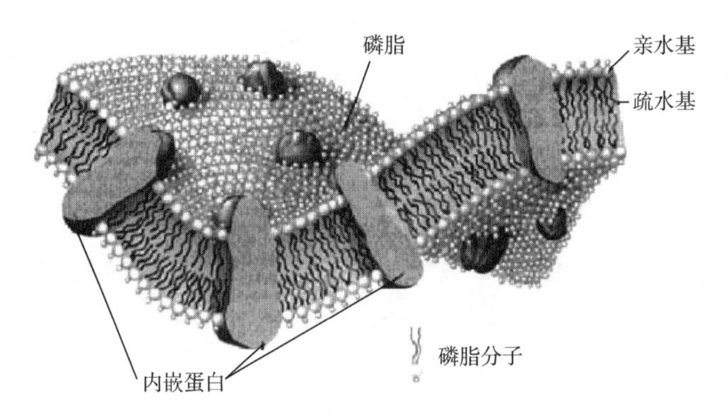

图2-12　细胞膜的基本结构——磷脂双分子层

（引自*Brock Biology of Microorganisms*. 9th ed. 1999）

(1) 磷脂　质膜中的磷脂分子按照一定规律整齐地排列成两层，组成质膜的基本结构“磷脂双分子层”。每个磷脂分子由一个带正电荷、能溶于水的极性头（磷酸端）和一个不带电荷、不溶于水的非极性尾（烃端）构成，磷脂的分子结构通式如图2-13所示。在极性头的甘油C3位，不同种微生物具有不同的R基，形成磷脂酸、磷脂酰甘油、磷脂酰乙醇胺、磷脂酰胆碱、磷脂酰丝氨酸或磷脂酰肌醇。原核生物的细胞质膜多数含磷脂酰甘油，在革兰氏阴性菌中，还含有较多的磷

甘油-3-磷酸　　长链脂肪酸

R有多种形式：① —H(磷脂酸)，② $—CH_2—CH_2—NH_3^+$(磷脂酰乙醇胺)
③ $—CH_2—CH_2—N^+(CH_3)_3$(磷脂酰胆碱)
④ $—CH_2—CHOH—CH_2OH$(磷脂酰甘油)
⑤ —CH—(环)—OH (磷脂酰肌醇)

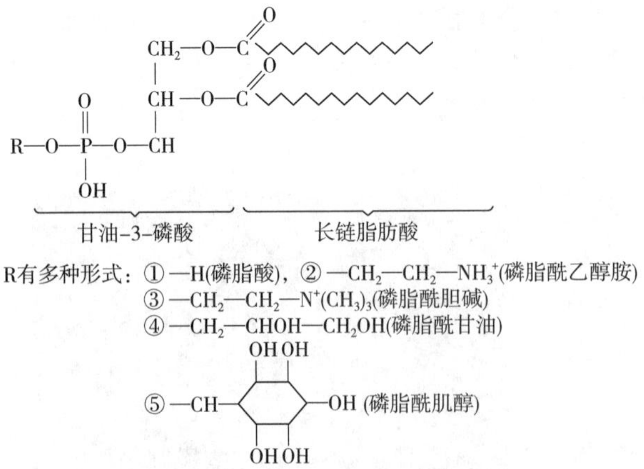

图2-13　磷脂的分子结构

（引自*Brock Biology of Microorganisms*. 9th ed. 1999）

脂酰乙醇胺，分枝杆菌中含磷脂酰肌醇。非极性尾由长链脂肪酸通过酯键连接在甘油的 C1 和 C2 位上，其链长和饱和度因细菌种类和生长温度而异，通常生长温度要求越低的种属，其饱和度越低，反之则高。

由于磷脂两性分子的特性，可以在超声波刺激的条件下将磷脂溶液中的磷脂分子定向排列成双分子层，同时将一些遗传物质包裹于由磷脂双分子层组成的球体中，形成人工制作的脂质体，这种脂质体可用于原生质体的融合，将外源基因导入到细胞中。磷脂中的脂肪酸可以是饱和脂肪酸也可以是不饱和脂肪酸，由于不饱和脂肪酸的凝固点较低，保持了质膜在较低温度下的流动性。如果质膜的磷脂分子中只含有饱和脂肪酸，其生理温度相对较高，当环境温度较低时，饱和脂肪酸容易排列成固定的晶格而凝固，质膜丧失其传递营养物质的功能，细胞停止生长。如果磷脂中不饱和脂肪酸含量多时，即使在较低温度下，晶格也难以形成，膜仍然保持其流动性，不影响营养物质的吸收和蛋白质的功能。由于外界环境的变化以及膜中脂类的不同，质膜的结构上常出现由流动相变为凝固态或由凝固态变为流动相的“变相”现象，甚至在同一细胞膜的不同部分出现不同的变化（一部分脂从流动相变为凝固态，另一部分则由凝固态变为流动相）而形成“分相”现象。利用这一特性，人们可以采取降低培养温度至正常生理温度以下的措施选育能继续生长的变异菌株，以获得不饱和脂肪酸含量高的微生物。

（2）蛋白质　细菌细胞质膜中蛋白质含量一般比真核细胞高，约占细胞膜的 75%，主要是因为原核细胞比真核细胞缺少许多具有特殊功能的细胞器，这些功能在原核生物中通过细胞质膜上的蛋白质来实现。细胞质膜蛋白质种类较多，包括营养物质转运蛋白、电子传递蛋白和其他多种酶类。质膜上的蛋白质无论在数量种类上，都随细菌生理状态而变化。

质膜上的蛋白质总体上可以分为两大类，一类为埋入或贯穿于磷脂双分子层的固有蛋白质，称为整合蛋白（integral protein）或内嵌蛋白（intrinsic protein），一般起运输功能。整合蛋白占膜蛋白的 70%～80%，难以从膜上提取，不溶于水。另一类为分布在双分子层内、外两侧表面通过静电作用以离子键同磷脂极性端结合的外周蛋白质，称为周边蛋白（peripheral protein）或膜外蛋白（extrinsic protein），周边蛋白与膜疏松相连，溶于水，占膜蛋白的 20%～30%。

原核生物质膜通常与真核生物膜不同，缺少甾醇。只有支原体例外，由于它缺少细胞壁，其细胞膜中含有甾醇，能增加细胞膜的坚韧性。然而，许多细菌质膜包含藿烷类化合物（hopanoids，又称类何帕烷）的类似固醇的五环分子，藿烷类化合物合成的前体与甾醇相同，该类化合物也起着稳定细菌细胞质膜的作用。

细菌细胞质膜是高度有序且不对称的膜系统，具有柔韧性和流动性。尽管膜表面上有共同的基本结构，但其结构和功能差异极大，具有种、属的特性，因此膜化学成分可以用于细菌的鉴别。

细胞质膜执行重要的生理功能：① 维持渗透压的梯度和溶质的转移；② 细胞质膜是半渗透膜，具有选择性的渗透作用，能阻止高分子通过，并选择性地逆浓度梯度吸收某些低分子进入细胞；③ 由于膜有极性，膜上有各种与渗透有关的酶，可催化特定的物质进出细胞；④ 细胞质膜上有合成细胞壁和形成横隔膜组分的酶，可在膜的外表面合成细胞壁；⑤ 在细胞质膜上进行物质代谢和能量代谢；⑥ 细胞质膜上有鞭毛基粒，鞭毛由此长出，为鞭毛提供附着点。另外，膜中还包含有特殊的感受器分子，能帮助原核生物探测和响应周围环境的变化。

（3）内膜系统　尽管原核生物的细胞质不含有像线粒体和叶绿体这样复杂的细胞器，但在质膜上可以观察到具有类似功能的结构。如间体（mesosome）是质膜向内简单延伸或折叠而形成的囊泡状、管状或层状结构，它们存在于革兰氏阳性菌和革兰氏阴性菌中，在革兰氏阳性菌中更明显。间体的化学组成与质膜相比，仅在含量上有差别。间体（相当于高等植物的线粒体）含有细胞色素，参与呼吸作用；此外，间体位于分裂中细菌的横隔壁处，电镜观察显示其似乎与细菌的染色体相连，因此认为间体可能参与细菌分裂时细胞壁的形成，或在染色体的复制及分配给子代细胞中发挥作用。目前还有一些学者认为间体是电镜制片固定时产生的一种假象。

许多细菌还有不同于间体的内膜系统。如绿硫菌科（Chlorobacteriaceae）的载色体（chromatophore）是以分散状态充满于细胞质中的由一系列单层膜组成的囊泡；红硫菌科（*Chromatiaceae*）的载色体又称光合膜，由细胞膜内陷延伸成为囊状、管状和层状系统，这些载色体都是光合细菌进行光合作用的场所。又如自养细菌所特有的由厚约 3.5nm 的单层膜组成的内膜结构羧酶体（carboxysome），是细菌固定二氧化碳的场所，内含 1，5-二磷酸核酮糖羧化酶。还有蓝细菌（*Cyanobacteria*）中的类囊体（thylakoid）也是一种内膜结构，上含有叶绿素、胡萝卜素等光合色素和有关酶类，也是细菌进行光合作用的场所。

3. 细胞质

细胞质是位于细胞膜和拟核之间的物质，无色透明，呈黏液状，主要成分为水、蛋白质、核酸、脂类，并有少量的无机盐和糖，在电镜下无形状特征。细胞质中包含核糖体和一些内含物。原核生物细胞质与真核生物不同，缺乏由单位膜包裹的细胞器，但有些细菌含有载色体、羧酶体、类囊体和气泡等特殊结构。

（1）核糖体　核糖体（ribosome）是细胞合成蛋白质的场所，由 65% 核糖核酸和 35% 蛋白质组成，是一种核糖核蛋白的颗粒结构。原核生物的细胞质中平均约含 15000 个核糖体，真核细胞为 $10^6 \sim 10^7$ 个核糖体。单个核糖体可由一条长的 mRNA 分子串起来形成多聚核糖体，两个核糖体之间均有一定长度的裸露的 RNA 间隔，每个核糖体可以独立完成一条肽链的合成，所以多聚核糖体在一条 mRNA 上可以同时合成几条肽链。

原核生物的核糖体常以游离状态或多聚核糖体状态分布在细胞质中，或松散地连在质膜上，而真核细胞的核糖体既可以以游离状态存在于细胞质中，也可结合于内质网上。原核生物的核糖体比真核生物的小得多，其沉降系数为 70S（其中 S 代表斯韦德贝里单位 Svedberg unit，表示沉降系数，用来衡量离心机中微粒的沉淀速率），大小在（14~15）nm×20nm，相对分子质量为 2.7×10^6，由 50S 和 30S 两个亚基组成。真核生物细胞的核糖体沉降系数是 80S，直径大约为 22nm，由 60S 和 40S 两个亚基组成。

细胞质中的核糖体合成的蛋白质保留在细胞内，而质膜上的核糖体产生的蛋白质可以转运到细胞外。一般多肽或蛋白质合成后不久，便折叠成其最终的形状。每个蛋白质的形状取决于其氨基酸的种类。在多肽或蛋白质折叠时，有时需要一种称为分子伴侣（molecular chaperone）或伴侣蛋白的特殊蛋白质的帮助。

（2）气泡　气泡（gas vacuole）是许多光合营养型、无鞭毛的水生细菌中存在的充满气体的泡囊状内含物，内由数排栓形小空泡组成，外有 2nm 厚的单层蛋白质膜包裹。气泡的膜只含蛋白质而无磷脂，两种蛋白质相互交联，形成了一个坚硬的结构，可耐受一定的压力。

膜外表面亲水，内侧绝对疏水，所以气泡只能透气而不透水。一个菌体中，气泡可以同时存在多个。一般细菌通过气泡可调节菌体达到一定位置，以便得到合适的光照、氧气浓度和营养。

（3）内含物　细胞质中的内含物，通常作为碳水化合物、无机物和能量等的储存形式，或作为调节细胞内渗透压的一种方式存在。一些内含物没有膜包裹，在细胞质中自由存在。例如，多聚磷酸盐颗粒、藻青素和肝糖颗粒。另外一些内含物被2.0~40nm厚的膜包裹，这种膜为单层，不是典型的双分子层。膜包裹的内含物有聚-β-羟丁酸（poly-β-hydroxybutyrate，PHB）、淀粉粒、硫粒。内含物的膜组分多变，可以是蛋白，也可以是脂质。内含物可以储藏营养物质，在细胞中的数量随外界环境中营养成分等因素的变化而变化。而且不同微生物中的贮藏性内含物种类不同（图2-14）。

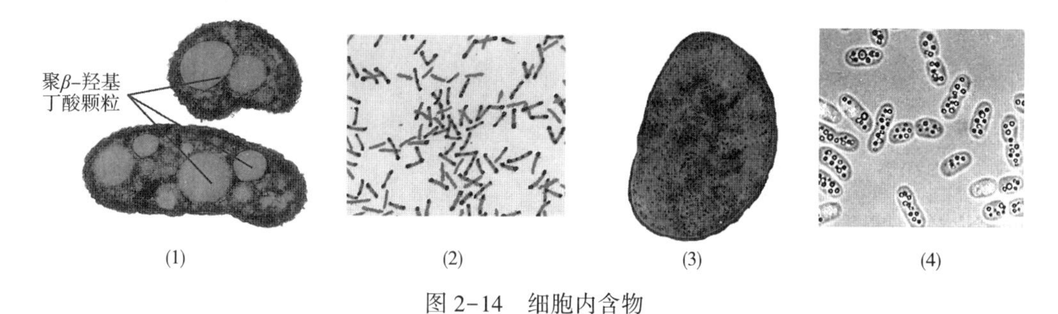

图2-14　细胞内含物

（1）聚β-羟基丁酸颗粒；（2）异染颗粒；（3）肝糖粒；（4）细胞中的硫滴

［（1）与（2）引自 *Microbiology*. 6th ed. 2005；（3）与（4）引自 *Brock Biology of Microorganisms*. 11th ed. 2006］

聚-β-羟丁酸（PHB）：是β-羟丁酸通过酯键相连的直链聚合物，是许多细菌特有的碳源与能源类的储藏物，不溶于水，能被苏丹黑染色，于光学显微镜下可见。游离的羟丁酸呈酸性，而形成的PHB为中性，因此PHB具有降低细胞内渗透压、维持胞内中性环境的作用。在巨大芽孢杆菌（*Bacillus megaterium*）的细胞质中，PHB直径可达0.2~0.7μm。目前，随着对可降解高分子材料的研究，人们发现PHB具有无毒、可塑和易降解的特点，极具开发价值，已经用于研究医用塑料、生物降解塑料的生产，产PHB的菌种还包括产碱杆菌、固氮菌和假单胞菌等。近年来在一些细菌中还发现了与PHB相类似的化合物，统称为聚羟链烷酸（polyhydroxyalkanoate，PHA），具有和PHB同样的优点，是用来替代难降解材料的理想高聚物。

异染颗粒（metachromatic granules）：又称迂回体或捩转菌素（volutin granules），是一种无机内含物，是无机偏磷酸的聚合物，一般在含磷丰富的环境下形成，是磷源和能源的贮藏物，并具有降低胞内渗透压和调节pH的作用，当用美蓝或甲苯胺蓝染色时不显蓝色而呈红色，故称为异染颗粒，其形状、位置及染色特性可用于菌种鉴定，例如保加利亚乳杆菌和嗜酸乳杆菌在个体形态上难以区分，但后者细胞内有异染颗粒，经美兰染色即可加以区别。这种颗粒最早见于迂回螺菌（*Spirillum volutans*），又称迂回体。在白喉杆菌（*Bacillus diphtheriae*）和鼠疫杆菌（*Bacillus pestis*）中的异染粒排列在菌体的两端，又称极体。

肝糖粒（glycogen）和淀粉粒：肝糖粒是葡萄糖通过α-1,4-糖苷键相连以及α-1,6-糖苷键交联而形成的聚合体。肝糖粒较小（直径20~100nm），分散在整个基质中，通常只能在电镜下看到。如果用稀碘液染色，肝糖粒变成红褐色。而有些细菌积累淀粉粒，用稀碘液可染成深蓝色。肝糖粒和淀粉粒都是碳源和能量的储存物。另外，许多细菌也以脂类物质形成脂状颗粒（油滴）来存储碳源。

硫滴（sulfur globules）：一些硫细菌，如贝氏硫菌属（*Begiatoa*）细菌生长在含硫的环境中时，细胞内会积累折光性很强的硫滴，用以贮存硫元素。

藻青素（cyanophycin）：藻青素是由精氨酸和天冬氨酸二肽（1∶1）为单体聚合而成的高聚物，属于内源性的氮源贮藏物，同时还兼有贮存能源的作用，颗粒较大，在光学显微镜下能够观察到，通常存在于蓝细菌中。

磁小体（magnetosome）：R. P. Blakemore于1975年在折叠螺旋体（*Spirochaeta plicatilis*）的趋磁细菌中首先发现，目前所知的趋磁细菌主要分布于磁螺菌属（*Magnetospirillum*）和嗜胆球菌属（*Bilophococcus*）中。这些细菌细胞中含有大小均匀、数目不等的磁小体，其主要成分为Fe_3O_4和Fe_3S_4。磁小体无任何毒性，颗粒小而均匀（20~100nm），具有较大的比表面积，其外部有一层生物膜包被，为单磁畴晶体。每个细胞内有2~10颗磁小体，颗粒间不聚集，呈链状排列，形状为平截八面体、平行六面体或六棱柱体等。其功能是导向作用，即借助鞭毛游向对该菌最有吸引力的泥、水界面微氧环境处生活。趋磁菌在生产磁性定向药物或抗体，以及制造生物传感器等方面有潜在的应用价值。

4. 拟核

原核生物与真核生物之间最显著的区别在于它们的遗传物质是否被膜包裹。真核生物的染色体存在于以膜包裹的细胞器——细胞核中。与此相反，原核生物缺少一个以膜包裹的细胞核，而只有分散的、无固定形状的、裸露于细胞质中的一个巨大的连续的环状DNA分子，称为拟核（nuclear region），该区域又称核区（nuclear region or area）、核质体（nuclear body）、原核（protokaryon）、染色体（chromatinic body）（图2-15）。通过富尔根染色法染色后，在光学显微镜可以看到拟核。通常原核生物包含一个单环双链脱氧核糖核酸（DNA）（图2-16），但有些染色体也呈线性状态。最近还发现一些细菌，比如霍乱弧菌（*Vibrio cholerae*）含有不止一条染色体。在遗传物质复制的短时间内，细胞呈双倍体，一般为单倍体。

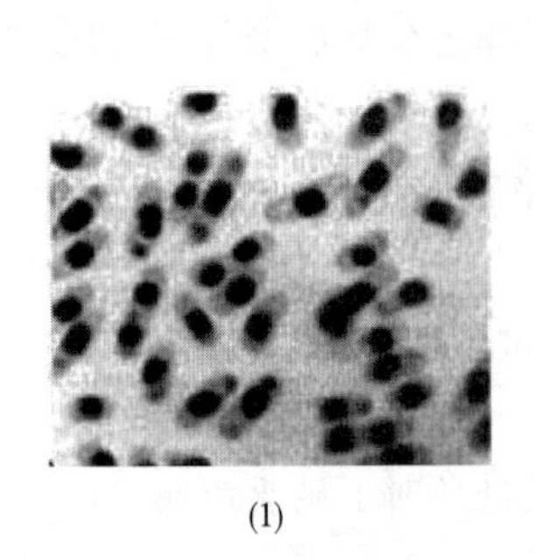
(1)

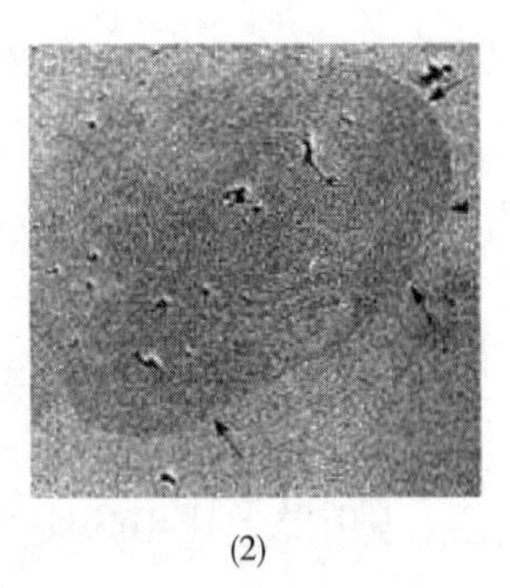
(2)

图2-15 细菌的拟核

（1）拟核被染色的大肠杆菌细胞的光学显微镜照片

（2）拟核的电镜照片，箭头指的是DNA链的边缘

（引自 *Brock Biology of Microorganisms*. 9th ed. 1999）

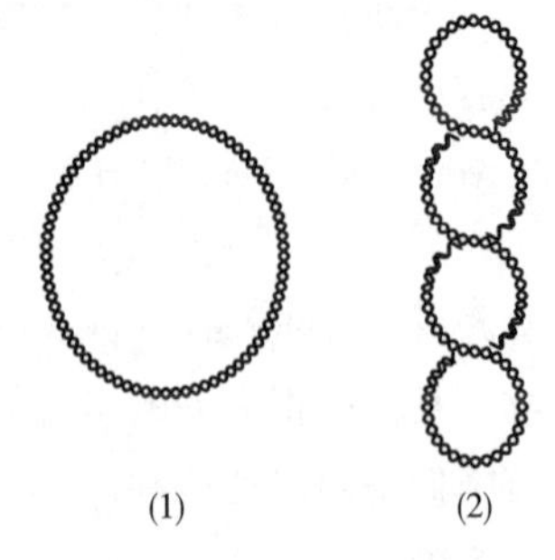
(1) (2)

图2-16 细菌染色体

（1）开环形式 （2）超螺旋形式

（引自 *Brock Biology of Microorganisms*. 9th ed. 1999）

拟核由 60% DNA，30% RNA 和 10% 蛋白质构成。在大肠杆菌中，杆状细胞长 2～6μm，而闭合环状 DNA 的长度大约为 1400μm，其必须被有效缠绕和排列后才能存在于细胞中。DNA 高度卷曲可能需要 RNA 和拟核蛋白（这些蛋白不同于真核中的组蛋白）的帮助。拟核的主要功能是遗传信息的载体。用电子显微镜仔细观察，经常可以发现拟核是与间体或质膜相连接的，在分离提取的拟核上也常有膜的附着。因此推断细菌 DNA 合成和分裂与细胞膜有关。

质粒（plasmid）：许多细菌细胞质中，除染色体外还有一种遗传物质，被称为质粒。质粒一般为双链环状 DNA，是存在于细菌染色体外或附加于染色体上，具有自我复制功能，并随着细胞的分裂传给子代。质粒通常不与细胞膜相连，因此在细胞分裂过程中，质粒有丢失的可能。质粒也可以通过物理化学手段消除，如用重金属、吖啶类染料或高温处理都可消除质粒。没有质粒的细菌，可通过接合或转化等方式从具有质粒的细菌中获得，但不能自发产生。质粒存在与否，不影响细菌的生存。但质粒的存在有时可以赋予细菌新的特性，如为细菌提供抗药性。质粒还与一些次级代谢产物如抗生素和色素等的产生、芽孢的形成有关。

三、 细菌细胞的特殊结构及其功能

1. 糖被

一些细菌在一定条件下，可向细胞壁表面分泌一层厚度不定的透明胶质状物质，这种物质称为糖被（glycocalyx）。糖被的有无、厚薄除了与菌种的遗传特性相关外，还与环境尤其是营养条件密切相关，但糖被并非细胞绝对必要的结构。糖被按其有无固定层次、层次厚薄可细分为荚膜（capsule，即大荚膜）、微荚膜（microcapsule）、黏液层（slime layer）和菌胶团（zoogloea）。糖被的组成成分一般是多糖，少数为多肽、蛋白质，也有多糖与多肽的复合型。例如黄色杆菌属（*Xanthobacter*）的菌种，既有含 α-聚谷氨酰胺的荚膜，又有含大量多糖的黏液层。这种黏液层无法通过离心沉淀，有时甚至将液体培养的容器倒置时，整个培养物（culture，菌体和培养液的总称）呈凝胶状态，不会流出。

荚膜（图 2-17）：胶状物能相对稳定地附着于壁外，厚约 200nm，与细胞的结合力差，通过液体震荡培养或离心可以得到荚膜物质。荚膜是最常见的糖被，通过负染色法可在光学显微镜下看到荚膜。

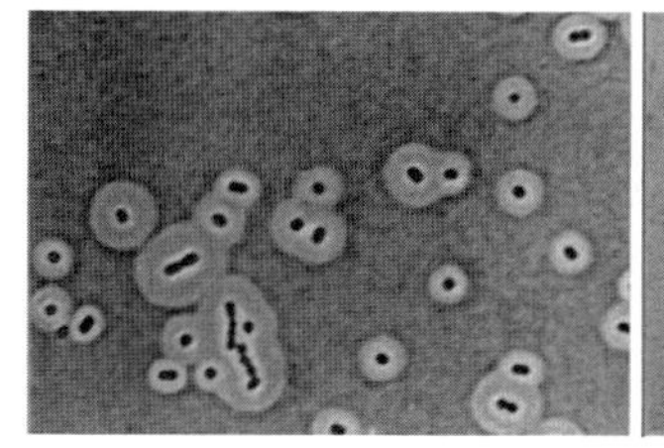
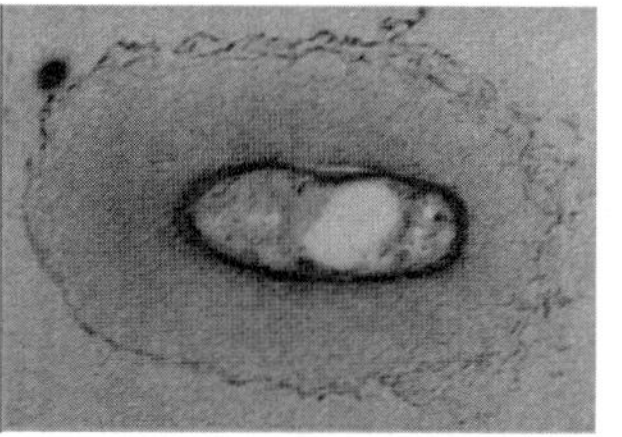

图 2-17　细菌的荚膜

（引自 *Brock Biology of Microorganisms*. 9th ed. 1999）

微荚膜：胶状物能相对紧密的结合于壁外，厚度小于 200nm，通过液体震荡培养或离心不能得到散落的荚膜物质，但对胰蛋白酶敏感。

黏液层：胶状物与壁的结合不稳定，没有明显的边缘，可以向培养液或周围环境中扩散，增加培养基的黏度。

菌胶团：一般情况下，一个糖被只包裹一个菌体。但有些细菌，分泌的糖被物质连在一起，组成一个共同的糖被，其中包含多个菌体，称为菌胶团（zoogloea）。

糖被中水分含量大，具有糖被的细菌形成的菌落往往湿润、光滑，因此称光滑型菌落或S-菌落（smooth colony）。相反，无糖被的菌形成的菌落干燥、粗糙，被称为粗糙型菌落或R-菌落（rough colony）。糖被虽然不是细菌的必需结构，但由于其含有大量水分和糖类物质，可以保护细菌抵抗干燥环境，并可作为细胞外碳源和能源的贮藏物。糖被的存在，增加了菌体在机体内大量生长繁殖的能力，能避免吞噬细胞的吞噬，进而增强了病原菌的致病力。糖被也能帮助细菌在水生环境中发挥固定作用，或黏附在植物或动物组织的表面，如有些细菌能借糖被牢固地黏附在牙齿表面引起龋齿。滑行细菌通常产生黏液层，可帮助细菌游动。

糖被在科学研究和生产实践中都有较多的应用：① 糖被的有无、厚薄与菌种的遗传特性相关，因此可用于菌种鉴定。② 用作药物和生化试剂。由于糖被的抗原性和半抗原性，可制成具有免疫调节作用的生物制品，如克雷伯肺炎杆菌的荚膜糖蛋白已被开发成一种非特异免疫调节剂，具有抵抗细菌、病毒和真菌感染的作用，用于治疗上呼吸道感染。肠膜明串珠菌（*Leuconostoc mesenteroides*）的糖被可提取葡聚糖以制备生化试剂（右旋糖酐注射液）和“代血浆”。③ 用作工业原料，如野油菜黄单胞菌（*Xanthomonas campestris*）的糖被（黏液层）可提取一种用途极广的胞外多糖——黄原胶（xanthan），已被用于石油开采中的钻井液添加剂以及印染和食品等工业中。④ 利用产生菌胶团的细菌分解和吸附有害物质的能力可进行污水处理。当然，糖被也会给工业生产带来麻烦，食品工业的黏性面包、黏性牛奶，都是由于污染了糖被菌引起的。制糖工业中污染糖被菌会造成糖液过黏，影响过滤，导致经济损失。

此外，在一些革兰氏阳性菌和革兰氏阴性菌的表面外还存在一个连续结构层，称作S层（S-layers），由蛋白质和糖蛋白组成。S层在古生菌中很常见，能保护细胞抵御离子、pH变化、渗透压、酶、噬菌体或者捕食细菌的危害，提高细胞对物体表面的黏附力。S层也有助于维持某些细菌细胞壁的形状和细胞外壳的硬度。

2. 鞭毛（flagellum）

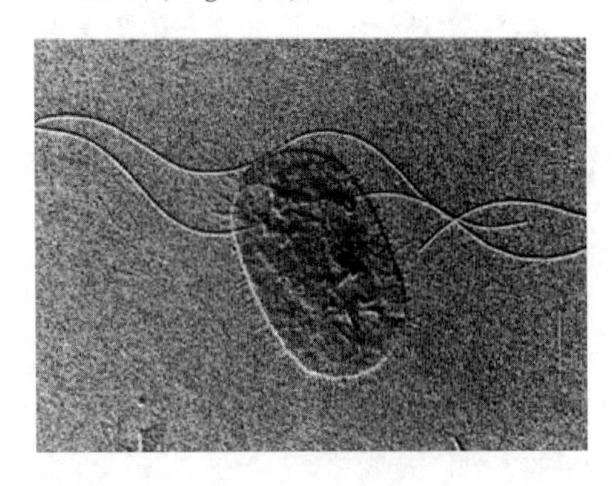

图 2-18　细菌鞭毛

普通变形杆菌的鞭毛（长丝状）（×39 000）

（引自 *Microbiology*. 4th ed. 1999）

鞭毛（图 2-18）是附着于细胞膜上穿过细胞壁向外伸展的长丝状、波曲形的附属物，数目为一到数十根，直径大约 20nm，长达 15μm 或 20μm，主要成分为鞭毛蛋白。细菌的鞭毛具有抗原性，称为鞭毛抗原或H抗原，不同细菌的H抗原具有特异性，常作为血清学鉴定的依据之一。

鞭毛很细，必须通过特殊的染色方法加粗后，才可在光学显微镜下观察到。鞭毛的细微结构需借助电子显微镜观察。也可根据菌体在半固体培养基中穿刺接种培养后的扩散情况来判断鞭毛的有无。另外，通过平板表面菌落形态也可判断鞭毛的存在，如果菌落形状大、薄且边缘不整齐，说明该菌有运动能力，可能存在鞭毛；如果菌落边缘平整且菌落较厚，该菌可能无鞭毛。

所有的细菌中，一般螺菌和弧菌都具鞭毛；大多数杆菌有鞭毛；而球菌中除个别属如动球菌属（*Planococcus*）外，一般无鞭毛。根据鞭毛的数量和着生方式可将细菌分为以下几种：一端单毛菌：在菌体的一端只生一根鞭毛，如霍乱弧菌（*Vibrio cholerae*）；一端丛毛菌：在菌体的一端生有一束鞭毛，如铜绿假单胞菌（*Pseudomonas aeruginosa*）；两端单毛菌：在菌体的两端各有一根鞭毛，如胎儿弯曲杆菌（*Campylobacter fetus*）；两端丛毛菌：在菌体两端各有一簇鞭毛，如红色螺菌（*Spirillum rubrum*）；周生鞭毛菌：在菌体整个表面都长有鞭毛，如大肠杆菌（*Escherichia coli*）；侧生鞭毛菌：鞭毛从菌体的一侧而不是极端生出，如反刍月形单胞菌（*Selenomonas reminatium*）。鞭毛的着生位置和数目是细菌“种”的特征，可用于细菌的鉴别。

（1）鞭毛的超微结构　通过透射电子显微镜对鞭毛的研究表明，细菌的鞭毛由基体、钩形鞘和鞭毛丝三部分组成。革兰氏阴性菌的鞭毛结构最为典型，现以大肠杆菌的鞭毛为例。① 基体（basal body）是包埋在细胞中的部分。基体通过4个环与中央的鞭毛杆相连，外层的L环和P环分别与脂多糖层和肽聚糖层相连，较里面靠近周质空间的S环和第四个M环连在一起合称S-M环，嵌在细胞质膜上（图2-19）。革兰氏阳性菌仅仅有两个基体环，内环M环连接于细胞膜，外层S环和肽聚糖层相连（图2-20）。② 钩形鞘是位于细胞壁外和鞭毛丝之间的一个短而弯曲的部分，起连接基体和鞭毛的作用，可旋转360°，使鞭毛运动幅度变大。③ 鞭毛丝生长在菌体外、钩形鞘向外延伸的长丝状部分，鞭毛丝是中空、刚性的圆筒结构，由许多直径为4.5nm的鞭毛蛋白沿着直径为20nm的中央孔道螺旋排列而成，每周8~10个亚基，这种蛋白亚基分子质量为30000~60000u。鞭毛丝的顶端为帽蛋白。一些细菌在鞭毛周围有尾鞘，例如蛭弧菌在鞭毛丝周围有膜结构的尾鞘，霍乱弧菌有脂多糖类的尾鞘。

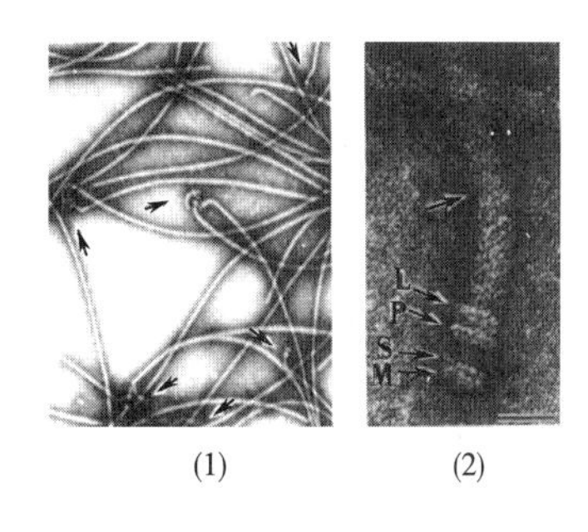

(1)　　(2)

图2-19　革兰氏阴性菌鞭毛的超微结构

（1）为大肠杆菌的鞭毛，箭头所指为弯曲的钩形鞘和基体

（2）为放大了的大肠杆菌鞭毛的基质，在图中可以清晰地看到四个环（L、P、S和M）。最上面的箭头指的是钩形鞘和鞭毛丝的联络处。

（引自 *Microbiology*. 4th ed. 1999）

（2）鞭毛合成　鞭毛的合成是一个复杂的过程，至少涉及20~30个基因。在这些鞭毛基因中，除鞭毛蛋白基因外，还有10个或者更多的基因编码钩形鞘和基体蛋白，其他基因与鞭毛蛋白的组装或其功能有关。

鞭毛蛋白亚基在菌体内合成后，通过鞭毛丝内部的中空核心传送到外部，达到顶端时，这些亚基自发地聚集在一种特殊的丝状帽下方。鞭毛丝的合成是自我装配的典型例子，许多结构是通过自身组分的缔合自发形成，并不需要任何酶和其他辅助因素。鞭毛丝形成所需要的信息都存在于鞭毛蛋白亚基自身结构中。

（3）鞭毛的运动机制　原核生物的鞭毛运动和真核生物不同。鞭毛丝呈刚性的螺旋形，

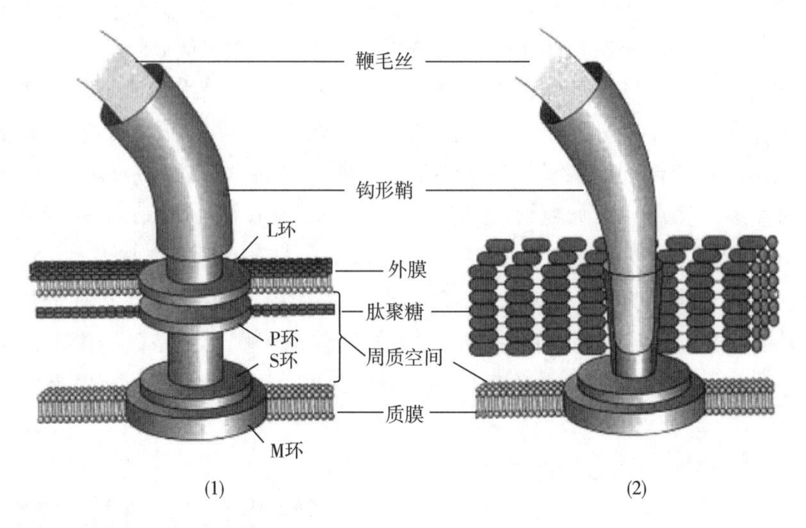

图 2-20　细菌鞭毛超微结构示意图

（1）革兰氏阴性菌的钩形鞘和基体；（2）革兰氏阳性菌的钩形鞘和基体

（引自 *Microbiology*. 4th ed. 1999）

通过旋转带动细菌运动。直鞭毛的细菌突变株不具运动功能。鞭毛的运动机制是通过 1974 年美国学者西佛曼（M. Silverman）和西蒙（M. Simon）设计的“栓菌”试验（tethered-cell experiment）验证的，即将细菌放在固定有鞭毛丝或鞭毛钩蛋白抗体的载玻片上时，鞭毛被其抗体固定，细胞却围绕鞭毛迅速旋转。同样，如果鞭毛吸附在聚苯乙烯颗粒上，这些颗粒固定了鞭毛而使细菌围绕鞭毛轴自旋。鞭毛可以非常迅速地旋转，大肠杆菌鞭毛旋转可达 270r/s，弧菌平均可达 1100r/s。

鞭毛旋转方向决定了细菌的运动方向。单端鞭毛菌的极生鞭毛一般按逆时针方向快速旋转，细胞本身慢速按顺时针方向自转。旋转的螺旋形鞭毛丝推进细胞向前运动，鞭毛位于菌体后方（图 2-21）。单端鞭毛细菌通过调整鞭毛旋转方向来随时改变运动方向。周生鞭毛菌也有相同的运动方式。

细菌也可以不通过鞭毛旋转来运动。蓝藻类细菌、黏细菌、吞噬细胞和一些支原体存在滑动的运动方式，尽管没有外部结构和滑动相关联，这些细菌仍以 3μm/s 的速率沿着固体表面滑动。

（4）趋向性　细菌的运动对外界环境的刺激很敏感，当受到外界因子刺激后，细菌会改变原来运动的轨迹，趋向有利因素，离避毒害因素。这种由于环境因素刺激而改变原来运动方式以求生长更好的特性称为趋向性，这种运动叫趋向运

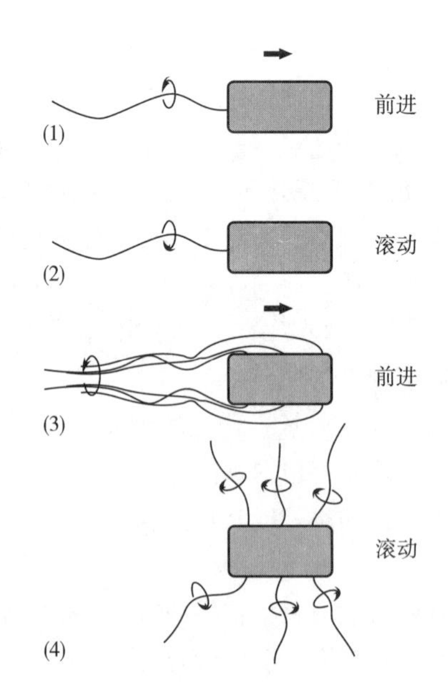

图 2-21　鞭毛旋转与细菌运动之间的关系

（引自 *Microbiology*. 4th ed. 1999）

动或趋避运动。根据影响因子的不同，可分为化学趋避运动、光趋避运动以及其他环境（如氧、温度、压力等）趋避运动，其中化学趋避运动研究的较多，细菌本身的化学感受器可以检测到引诱物和驱避物。到目前为止，已经发现了大约20种引诱物化学感受器和10种驱避物化学感受器，这些化学感受器蛋白可以存在于周质空间或细胞膜中，一些感受器参与了化学物质向细胞内运输的起始阶段。在化学物质缺失时，大肠杆菌和其他细菌运动是随机的。当受到外界化学因子刺激后，在感受器蛋白的作用下，细菌随机运动可能停止或转向，然后呈直线运动，使其趋向引诱物并聚集于高浓度区，或远离驱避物。

3. 菌毛

许多革兰氏阴性菌的体表存在着短而细的附属物，比鞭毛短，不参与游动，这种附属物称为菌毛（fimbria），又称纤毛、伞毛、绒毛或须毛等。有些细胞可能有1000根菌毛，但因为其结构太小，只能从电子显微镜中看到。菌毛为细长直管，由螺旋状的蛋白亚单位组成。菌毛直径一般为3~10nm，长几个微米。功能是使细菌较牢固地黏连在物体的表面上。

性菌毛（sex-pilus）是一种独特的附属器官，每个细胞有1~10根，它和菌毛有所不同。性菌毛比普通菌毛粗（直径9~10nm），是细菌接合过程中必需的结构。性菌毛还是RNA噬菌体的特异性吸附受体。

四、芽孢

某些细菌在其生长发育后期于细胞内形成的圆形、椭圆形或圆柱形的抗逆性休眠体，称为芽孢（spore），又称内生孢子（endospore）。能否形成芽孢具有“种”的特性，能形成芽孢的种属并不多，主要有革兰氏阳性杆菌中的好氧和兼性厌氧的芽孢杆菌属（*Bacillus*）以及厌氧的梭状芽孢杆菌属（*Clostridium*）。此外还有芽孢乳杆菌属（*Sporolactobacillus*）、脱硫肠状菌属（*Desulfotomaculum*）和多孢子菌属（*Polysporobactreium*），螺菌和弧菌中少数能形成芽孢，球菌中除芽孢八叠球菌（*Sporosarcin*）外均不能形成芽孢。

芽孢形成的位置、形状和大小因菌种而异，具有分类学意义。芽孢可位于菌体的中央，或靠近一端或末端。有些芽孢的直径小于或接近菌体直径，但有些却大于菌体直径而形成梭状、鼓槌状等形状（图2-22）。但无论哪种情况，一个细菌细胞只能形成一个芽孢，因此芽孢不是细菌的繁殖孢子，而是休眠体。芽孢对热、紫外辐射、γ射线辐射、化学消毒剂等有较强的抗性，肉毒梭菌（*Clostridium botulinum*）的芽孢在沸水中要经过5~9.5h才被杀死；巨大芽孢杆菌（*Bacillus megaterium*）芽孢的抗辐射能力比大肠杆菌（*E. coli*）细胞要强36倍。芽孢的休眠能力更为突出，在常规条件下，一般可以保持几年至几十年而不死。据文献

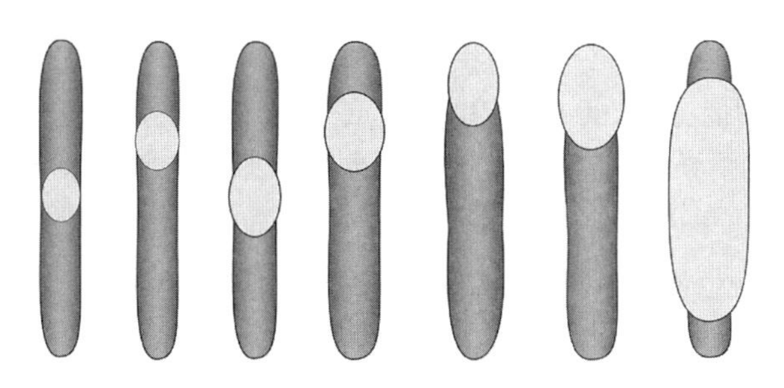

图2-22　细菌芽孢的类型

记载，有的芽孢甚至可以休眠数百至数千年，因此，常利用芽孢对细菌进行长期保藏。由于芽孢的抗性，使许多形成芽孢的有害菌危害更大，在食品工业、发酵工业和医用微生物等领域，是否能杀灭一些代表菌的芽孢是衡量和制定各种消毒灭菌标准的主要依据。嗜热脂肪芽孢杆菌（*Bacillus stearothermophilus*）的芽孢是目前所知抗热性最强的，在121℃湿热蒸汽处理12min才能被杀灭，根据这个原则，人们确定了实验室一般灭菌的参数：在121℃湿热蒸汽处理15~20min，或者150~160℃的干热空气处理1~2h，以实现彻底灭菌。

1. 芽孢的结构

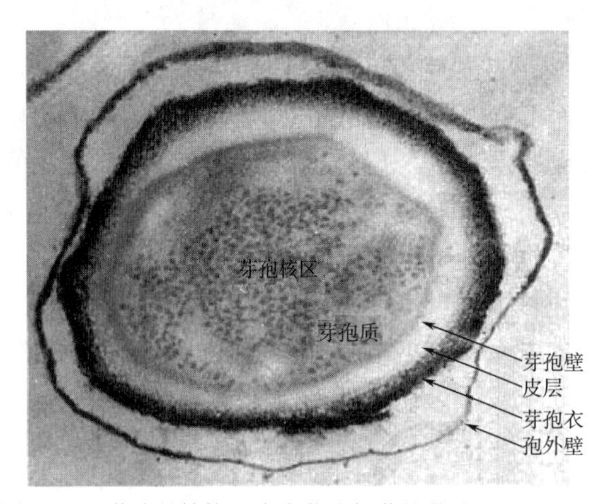

图2-23 芽孢的结构：炭疽芽孢杆菌的芽孢（×151 000）
（引自 *Microbiology*. 4th ed. 1999）

在光学显微镜下看到的芽孢折光性很强。由于芽孢壁厚而致密，因此使用常规结晶紫染色或其他简单染色法不能使芽孢着色；而用特殊的芽孢染色法（孔雀绿番红复染法）可以将芽孢与营养细胞在光学显微镜下区分开，芽孢呈绿色（孔雀绿的颜色），而营养细胞呈红色。电子显微镜观察表明芽孢结构复杂（图2-23）。芽孢通常被一层薄的孢外壁（exosporium）包裹着。在孢外壁下面是芽孢衣，厚度约为3nm，层次较多（3~15层），由一些疏水性角蛋白和少量磷脂蛋白组成，透性很差，赋予芽孢对化学物质的抗性。皮层位于芽孢衣的下面，占芽孢体积的一半，主要由芽孢肽聚糖组成，这种肽聚糖比营养体细胞中的肽聚糖交联度小、负电荷强，皮层中还包含了2,6-吡啶二羧酸（DPA）和钙的复合物（DPA-Ca），渗透压高达2MPa，含水量（70%）略低于营养细胞，但是高于芽孢平均含水量（约40%）。皮层内的结构是芽孢的核心，包括芽孢壁、芽孢膜、芽孢质和芽孢核区。由于皮层的离子强度很高，因此，处于休眠状态的芽孢不能进行新陈代谢。

2. 芽孢的耐热机制

关于芽孢的耐热机制目前尚无公认的解释。一种解释认为是DPA-Ca赋予芽孢耐热，DPA-Ca占芽孢干重的15%，是芽孢中独特的成分，在营养体和其他生物细胞中未发现DPA。芽孢形成过程中，随着DPA的形成而具抗热性，当芽孢萌发，DPA释放，抗热性丧失。因此，很长一段时间，人们认为DPA-Ca是芽孢抗热的直接原因。但现在发现，有些耐热的芽孢却不含DPA-Ca，因此这一解释受到质疑。但无论如何，钙在抗湿热、抗干热和抗氧化剂时起到了辅助作用，DPA-Ca可能也有稳定芽孢核酸的作用。最近，在芽孢中发现了一种特殊的小分子酸溶性DNA接合蛋白，这种蛋白可以保护芽孢DNA，使其免受热、辐射和化学物质的影响。另一种是G. W. Gould和G. J. Dring于1975年提出的渗透调节皮层膨胀学说（osmoregulatory expanded cortex theory），认为芽孢的耐热性在于芽孢衣对多价阳离子和水分的透性差，而其皮层含有大量带负电荷的肽聚糖，其离子强度很高，从而使皮层产生极高的渗透压去夺取芽孢核心部位的水分，其结果造成了皮层的充分膨胀，而芽孢的核心部位却高度失水，从而使其获得了高度耐热性。

3. 芽孢的形成

在环境中营养缺乏或有害代谢产物累积时，细菌形成芽孢，细菌一般仅需几个小时即可非常有序的形成芽孢。芽孢的形成大体可分为七步：

（1）束状核物质的形成；

（2）细胞膜内陷，包裹部分 DNA，形成前芽孢隔膜；

（3）隔膜继续生长，形成双层隔壁，前孢子形成；

（4）于两层隔膜之间沉积了许多新合成的物质，形成皮层，钙和 DPA 也开始累积；

（5）前孢子外膜合成外壳物质，沉积于皮层外表，形成芽孢衣；

（6）芽孢成熟；

（7）裂解酶破坏芽孢囊，释放芽孢。巨大芽孢杆菌（*Bacillus megaterium*）的芽孢形成需要 10h（图 2-24）。

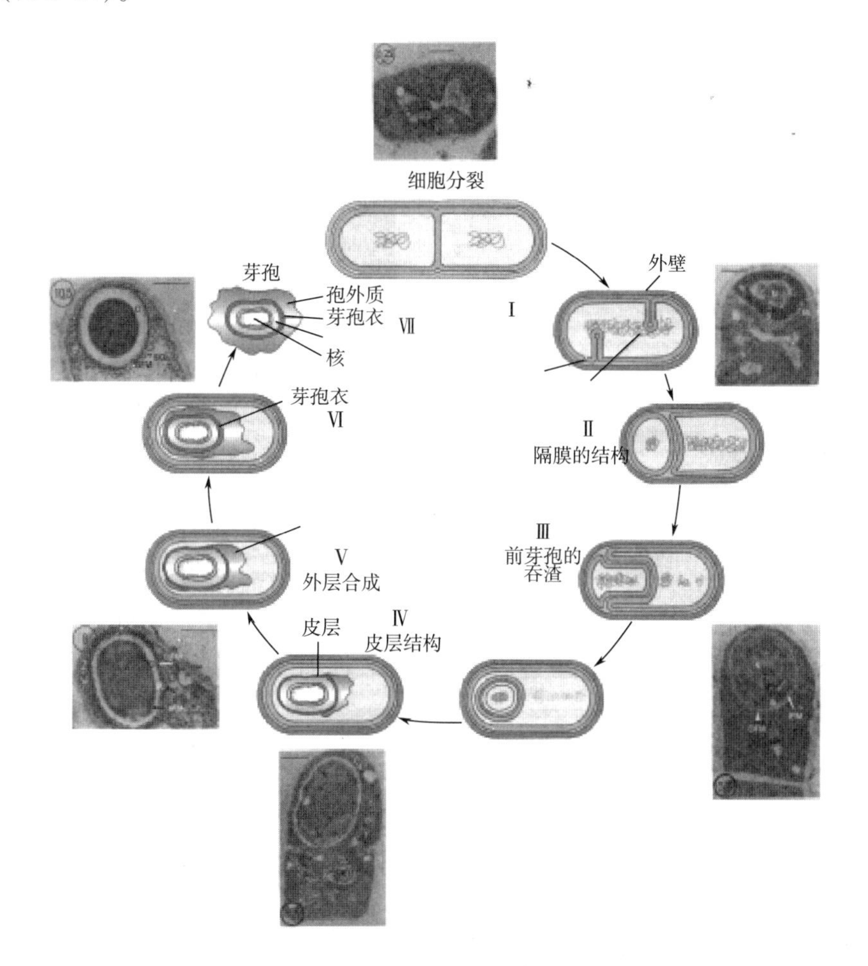

图 2-24　芽孢的形成：巨大芽孢杆菌的生活史

各个阶段依次用罗马数字表示，图中的圆圈数字指从生长对数期结束开始的生长时间：0.25h-Ⅰ阶段，典型的营养细胞；4h-Ⅱ阶段，隔膜形成；5.5h-Ⅲ阶段，吞入前芽孢；6.5h-Ⅳ阶段，皮层形成；8h-Ⅴ阶段，合成芽孢衣；10.5h-Ⅵ阶段，芽孢胞芽成熟。C：皮层；IFM：前芽孢内、外膜；N：核酸；S：隔膜；SC：芽孢衣；Bars：分辨率 0.5nm。

（引自 *Microbiology*. 5th ed. 2002）

芽孢的萌发分为三个阶段：活化、发芽和生长。通常一个芽孢如果没有被活化，它在营养丰富的基质中也不会发芽。活化可由热刺激引起，然后开始发芽，芽孢休眠期破坏，芽孢膨胀、芽孢衣破裂和溶解，芽孢内容物释放出来，代谢活动增强，芽孢的耐热和其他抗性消失，折光缺失。在营养环境（如氨基酸和糖类）里，萌发后的核心开始生长，芽孢原生质体合成新的物质，最终发育成一个不含芽孢的营养体细胞。

4. 伴孢晶体

芽孢杆菌属中的某些种，如苏云金芽孢杆菌（*Bacillus thuringiensis*）及其一些变种，芽孢形成的同时，在细胞内产生一种菱形、方形或不规则形的碱溶性蛋白质晶体，称为伴孢晶体（spore-companioned crystal），即 δ-内毒素。一个细菌一般只产生一个伴孢晶体，该晶体对胰蛋白酶、糜蛋白酶等均不敏感，易溶于碱性溶液中，不溶于水。对鳞翅目、双翅目和鞘翅目等200 多种昆虫有毒害作用，但对人畜安全，因此作为有效的生物农药已获得开发。

少数细菌还产生其他休眠结构，如固氮菌的孢囊（cyst）等。固氮菌在营养缺乏的条件下，其营养细胞的外壁加厚、细胞失水而形成一种抗干旱但不抗热的圆形休眠体——孢囊。在适宜的外界条件下，孢囊可萌发，重新进行营养生长。

五、 细菌的繁殖

细菌的繁殖方式包括裂殖（fission）和芽殖（budding）两种，裂殖又有二分裂（binary fission）、三分裂（trinary fission）和复分裂（multiple fission）等多种形式。所有的繁殖方式中，二分裂是细菌最主要的繁殖方式，绝大多数细菌通过二分裂法进行繁殖。二分裂即一个细胞分裂为两个子细胞，分裂时菌体首先伸长，核质体分裂，菌体中部的细胞膜以横切方向形成隔膜，使细胞质分为两部分，细胞壁向内生长，把横隔膜分为两层，形成子细胞的细胞壁，最后子细胞分裂成两个形态、大小和构造完全相同的菌体，也称二等分裂（图 2-25）。少数细菌中也存在着不等二分裂，如柄细菌属（*Caulobacter*）的细菌，通过二分裂后形成的两个不同的子细胞，其一有柄、不运动，另一有鞭毛、无柄、能运动。

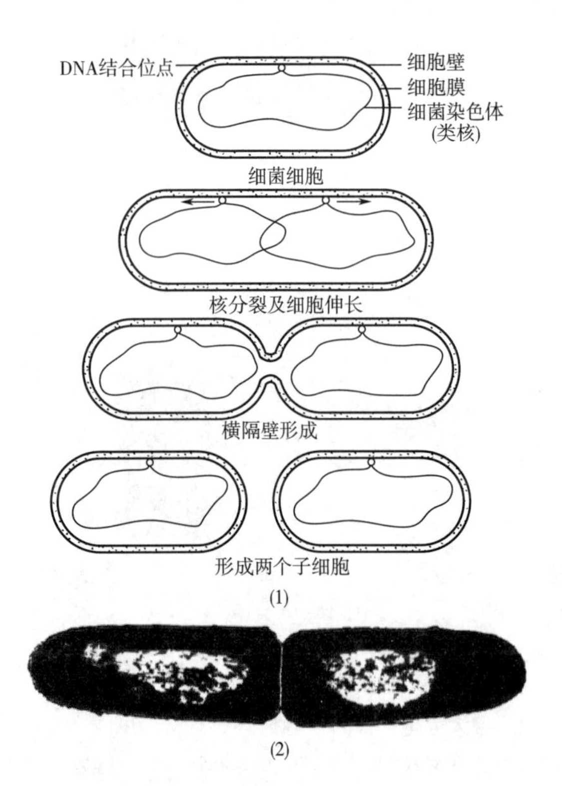

图 2-25 细菌的二等分裂繁殖

三分裂存在于厌氧光合作用的绿色细菌暗网菌属（*Pelodictyon*）中，该属的菌一般也是按照二分裂方式进行繁殖，但有时一个细胞也可以按“Y”型形成三个子细胞。

复分裂是蛭弧菌（*Bdellovibrio*）具有的繁殖方式，该菌寄生于细菌细胞内，先形成弯曲的长杆状菌体，然后多处同时分裂成多个弧形细胞。

芽殖是一类芽生细菌进行的繁殖方式，先在母体表面形成一个小突起，逐渐增大，再脱离母体细胞后形成新个体。

六、细菌的群体形态

细菌很小，单个的细菌细胞无法通过肉眼看到。但是，当单个或少数同种细菌接种到固体培养基后，如果给予适宜的培养条件和空间，它们就局限在一处迅速生长繁殖，形成一个较大的子细胞群体，这种由单个或少数同种细胞在固体培养基表面或内部繁殖出来的，肉眼可见的子细胞群体称为菌落。

不同种的细菌所形成的菌落形态各异，同一种细菌常因培养基成分和培养时间等因素不同，菌落形态也有变化。但同一菌种在同一培养基上所形成的菌落形态，有一定的稳定性和专一性，可作为判断菌种纯度和鉴别菌种的重要依据。

菌落形态包括菌落的大小、形状（圆形、假根状、不规则状等）、隆起程度（扩展、台状、低凸、凸面、乳头状等）、边缘（整齐、波状、裂叶状、锯齿状等）、表面状态（光滑、皱折、颗粒状、龟裂状、同心环状等）、光泽（闪光、不闪光、金属光泽）、质地（油脂状、膜状、黏、脆等）、颜色、透明程度（不透明、半透明等）等。细菌的菌落形态是细菌细胞的表面状况、排列、代谢产物、好氧性和运动性等特征的综合反映，并受培养条件影响。一般有鞭毛的细菌由于能运动，形成的菌落边缘不整齐，甚至呈树根状；无鞭毛的细菌，尤其是无鞭毛的球菌形成的菌落厚、小、馒头状隆起，边缘整齐。有芽孢的细菌由于芽孢的折光性强，多为周身鞭毛，无荚膜，形成的菌落发暗，边缘不整齐，多皱折，扁平和干燥（图2-26）。

图2-26　细菌菌落特征

（引自《微生物学》，沈萍，2016）

细菌接种在液体培养基中，培养一定时间后，由于菌体自身的特性、代谢、好氧程度等形成一定的群体培养特征。如在试管中培养液的上层有时可漂浮一层菌膜、菌环、菌岛或厚厚的菌醭；有时菌体完全沉于试管底部，培养液澄清透明；有时培养液均匀浑浊，或有絮状漂浮等。因此观察培养特征时，一般观察表面生长情况、培养液浑浊程度、沉淀形成、有无气泡、培养基有无颜色变化等，通过对细菌液体培养特征的观察可以判断其对氧气的需求情况。

细菌若穿刺接种在半固体琼脂培养基中，一般需要观察菌体沿穿刺线的生长状况，如有无横向扩散、穿刺线的上部或下部菌体生长情况等，由此可判断细菌是否具有鞭毛以及对氧气的需求，一般有鞭毛的细菌在半固体培养基穿刺培养时会在培养基内呈横向扩散生长，在穿刺线的上部生长良好说明该菌的生长需要氧气。由于很多细菌可以分泌蛋白酶水解明胶，因此可借助明胶半固体培养基观察明胶被水解后形成的液化部分的形状，一般可能出现量杯状、芜菁状、漏斗状、囊状或层状等。

七、食品、发酵行业常用的细菌

细菌种类很多，特性各异。现将与人类生活密切相关，在食品、发酵行业常用的细菌种属介绍如下。

1. 乳杆菌属

乳杆菌属细菌细胞呈多样形杆状，一般成链排列。革兰氏染色阳性，内部有颗粒物或呈现条纹，无芽孢。通常不运动，有的具有周生鞭毛能够运动。无细胞色素，大多不产色素。化能异氧型，营养要求严格，生长繁殖需要多种氨基酸、维生素、肽、核酸衍生物。根据发酵类型，可将乳杆菌属划分为：① 同型发酵群；② 兼异型发酵群；③ 异型发酵群。有些菌种常用来作为乳酸、干酪、酸奶等乳制品的生产发酵菌株，如保加利亚乳杆菌是生产酸奶的优良菌种。

（1）保加利亚乳杆菌　细胞长杆状，两端钝圆。最适生长温度37~45℃，温度高于50℃或低于20℃不生长。菌落呈棉花状，易与其他乳酸菌区别。能利用葡萄糖、果糖、乳糖进行同型乳酸发酵产生D-型乳酸，不能利用蔗糖。

该菌是乳酸菌中产酸能力最强的菌种，菌形越大，产酸越多，最高产酸量2%。蛋白质分解力较弱，发酵乳中可产生香味物质，常作为发酵酸奶的生产菌。

（2）嗜酸乳杆菌　细胞形态较保加利亚乳杆菌小，呈细长杆状。能利用糖类进行同型乳酸发酵产生DL-型乳酸，生长繁殖需要一定的生长因子，37℃培养生长缓慢，2~3d可使牛乳凝固。蛋白质分解力较弱，耐酸性强，耐热性差。

嗜酸乳杆菌代谢产物含有机酸和抗菌物质，可抑制病原菌和腐败菌的生长；能改善乳糖不耐症，治疗便秘、痢疾、结肠炎，激活免疫系统，抗肿瘤，降低胆固醇。

2. 链球菌属

链球菌属细胞呈球形或卵圆形，成对或成链排列，细胞直径0.6~1.0μm，属革兰氏阳性菌。无芽孢，大多数无鞭毛，幼龄菌（2~3h培养物）常有荚膜。一般不产色素，兼性厌氧菌，化能异养型，同型乳酸发酵产生D-乳酸，接触酶反应阴性，厌氧培养生长良好。有些菌营养要求较高，培养基中需加入血清、血液或腹水。在液体培养基中常出现沉淀，但也有的呈均匀混浊生长（如肺炎链球菌）；在固体培养基上形成细小、表面光滑、圆形、灰白色、半透明或不透明的菌落。

工业上应用较多的是链球菌属中的嗜热链球菌、乳酸链球菌。

（1）嗜热链球菌　嗜热链球菌为兼性厌氧或微好氧的革兰氏阳性菌，以两个卵圆形为一对的球菌连成0.7~0.9nm的长链，在选择性培养基上可长出米色的菌落。该菌被认为具有“公认安全性（GRAS）”，广泛用于生产发酵乳制品，包括酸奶和奶酪。嗜热链球菌也具有一些功能活性，比如生产胞外多糖、细菌素和维生素。另外，嗜热链球菌也可以作为潜在有益菌，实验证明了其具有健康效果、转运活性和一定的胃肠道黏附性。

（2）乳酸链球菌　乳酸链球菌可产乳酸链球菌素（nisin），又称乳链菌肽，由34个氨基酸残基组成。可被人体内的酶降解、消化，是一种高效、安全、无毒、无副作用的天然食品防腐剂。它能抑制多数革兰氏阳性菌，尤其对产生芽孢的革兰氏阳性菌如枯草芽孢杆菌、嗜热脂肪芽孢杆菌等有很强的抑制作用，而对革兰氏阴性菌、酵母菌和霉菌一般无效。在一定条件下，如菌体经过冷冻、加热、降低 pH、EDTA 等处理后，乳酸链球菌素亦能抑制一些革兰氏阴性菌，如沙门氏菌、大肠杆菌、假单胞菌等的生长。目前由乳酸链球菌素和氯化钠等成分复配的制剂作为防腐剂已广泛应用于食品行业，可降低食品灭菌温度，缩短食品灭菌时间，提高食品品质，减少食品营养破坏，延长食品保藏时间。

3. 明串珠菌属

细胞球形或豆状，成对或成链排列。革兰氏染色阳性，不运动，无芽孢。化能异养型，利用葡萄糖进行异型乳酸发酵，可使苹果酸转化为 L-型乳酸，通常不酸化和凝固牛乳，兼性厌氧型，接触酶反应阴性。最适生长温度 25℃，在 5~30℃ 范围内皆可生长。固体培养时菌落直径一般小于 1.0mm，光滑、圆形、灰白色；液体培养通常混浊均匀，但长链状菌株可形成沉淀。代表种为肠膜状明串珠菌。

肠膜状明串珠菌最适生长温度 25℃，最适生长 pH 3.0~6.5，具有一定嗜渗压性。该菌不仅是酸泡菜发酵时重要的乳酸菌，还是被用于生产右旋糖苷的发酵菌株（右旋糖苷是代血浆的主要成分）。

4. 双歧杆菌属

双歧杆菌是 1899 年由法国学者 Tissier 从母乳营养儿的粪便中分离出的一种厌氧的革兰氏阳性杆菌，末端常分叉，故名双歧杆菌。双歧杆菌细胞常呈 Y 字形、V 字形、弯曲状、勺形，典型形态为分叉杆菌。细胞平行成栅栏状和玫瑰花节状，偶尔呈膨大的球杆状。无芽孢和鞭毛，不运动。化能异养型，发酵糖类活跃，能利用葡萄糖、果糖、乳糖和半乳糖。蛋白质分解力微弱，能利用铵盐作为氮源，不还原硝酸盐，通常需要多种维生素，专性厌氧，接触酶反应阴性。发酵产物主要是乙酸和乳酸。最适生长温度是 37~41℃，最适生长 pH 6.5~7.0。有些种可用来生产对人类健康有益的微生态制剂，如两歧双歧杆菌（*Bifidobacterium bifidum*）。

5. 枯草芽孢杆菌

枯草芽孢杆菌广泛分布在土壤及腐败的有机物中，易在枯草浸汁中繁殖。单个细胞（0.7~0.8）μm×（2~3）μm，着色均匀。无荚膜，周生鞭毛，能运动。革兰氏阳性菌，芽孢椭圆或呈柱状，位于菌体中央或稍偏，芽孢形成后菌体不膨大。菌落表面粗糙不透明，污白色或微黄色，在液体培养基中生长时，常形成皱醭。枯草芽孢杆菌可分解蛋白质、多种糖及淀粉，亦可分解色氨酸形成吲哚，在遗传学研究中应用广泛。已阐明该菌的嘌呤核苷酸等多种代谢产物的合成途径及其调节机制，有些菌株具有强烈降解核苷酸的酶系，故常作选育核苷生产菌的亲株或制取 5′-核苷酸酶的菌种，还有些菌株是 α-淀粉酶和中性蛋白酶的重要生产菌。

6. 谷氨酸棒状杆菌

细胞呈短杆至小棒状，有时微弯曲，两端钝圆，不分枝，单个或成八字排列，菌体（0.7~0.9）μm×（1.0~2.5）μm，革兰氏染色阳性，但其细胞壁结构却与典型的革兰氏阳性菌明显不同，其细胞壁由内向外由聚糖层（肽聚糖和阿拉伯半乳聚糖）、分枝菌酸双脂层和外层（蛋白、磷脂和分枝菌酸等）所组成。

谷氨酸棒状杆菌是一种化能异养型的兼性厌氧菌。在扩大培养时，碳氮比应为 4∶1，而在发酵获得谷氨酸时碳氮比应为 3∶1。扩大培养应在有氧条件下进行，在无氧条件下谷氨酸棒状杆菌能利用葡萄糖和含氮物质（如尿素、硫酸铵、氨水）合成为谷氨酸。谷氨酸经过进一步加工就成为谷氨酸钠——味精。

7. 醋酸杆菌

醋酸杆菌为杆状，革兰氏阴性，以周生鞭毛和侧生鞭毛运动或不运动。多数不产芽孢。严格好氧菌，菌落灰色，多数无色素，少数菌株产水溶性色素，或由于形成卟啉而使菌落呈粉红色。接触酶阳性，氧化酶阴性。不液化明胶，产吲哚和硫化氢。可将乙醇氧化为乙酸，将乙酸和乳酸氧化为 CO_2 和 H_2O。纯甘油和乳酸是最好的碳源，不水解乳糖和淀粉。化能异养型，最适生长温度 25~30℃，最适 pH 5.4~6.3。醋酸杆菌是酿造食醋的工业菌种。常用菌株有纹膜醋酸杆菌（*Acetobacter aceti*）、许氏醋酸杆菌（*Acetobacter schutzenbachii*）。

8. 大肠杆菌

大肠杆菌为革兰氏阴性短杆菌，不形成芽孢，大小 0.5μm×（1~3）μm，菌落圆形，白色或黄白色，光滑而具闪光，低平或微凸起，边缘整齐，周身具鞭毛，可运动，能发酵多种糖类，产酸、产气，是人和动物肠道中的正常栖居菌，在肠道中一般不致病。最适条件下培养 17~20min 可繁殖 1 代。大肠杆菌具有培养简单、易于操作、繁殖能力强、生长快、培养代谢易于控制等特点，常作为实验材料。大肠杆菌经改造后可成为基因工程菌，用于生产各种多肽类和蛋白质类药物（如生长素、胰岛素、干扰素、白细胞介素、红细胞生成素等）、各种氨基酸、多种酶等。大肠杆菌还常作为水和食品中微生物学检验的指示菌。

第二节　古生菌

古生菌大多生活在高盐、高温、高酸等极端环境中。如德国的 K. Stetter 研究组在意大利海底发现的一类古生菌，能生活在 110℃以上高温下，最适生长温度为 98℃，降至 84℃即停止生长；美国的 J. A. Baross 发现一些从火山口中分离出的细菌可以生活在 250℃的环境中。但是，不是所有的古生菌都生活在极端环境中，Nkamga 发现在人的消化道中也存在古生菌的 DNA 序列。

一、古生菌的细胞形态

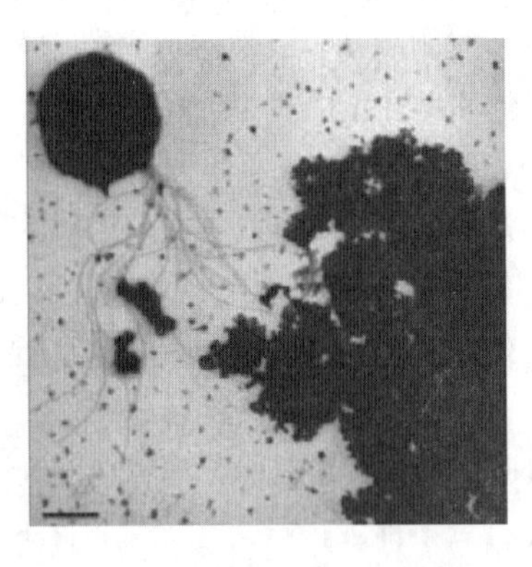

图 2-27　能在 121℃生长繁殖的“121 菌株”细胞形态
（引自 *Extending the Upper Temperature Limit for Life*. Science，2003）

古生菌的细胞形态有球形、杆状、螺旋形、耳垂形、盘状、不规则形状等多种形态，有的很薄、扁平，有的由精确的方角和垂直的边构成直角几何形态，有的以单个细胞存在，有的呈丝状体或团聚体。例如，能在饱和盐水中生长的极端嗜盐菌细胞呈方形，有的古生菌有鞭毛，例如詹氏甲烷球菌（*Methanococcus janaschii*）、和“121 菌株”，都是在细胞的一端生有多条鞭毛（见图 2-27）。古生菌直径大小一般在0.1~15μm，丝状体长度有200μm。

二、古生菌细胞的结构与功能

古生菌细胞成分、结构与其他生物有很大区别。既不同于细菌，也区别于真核生物细胞。

1. 细胞壁

除了热原体属（*Thermoplasma*）无细胞壁外，其他古生菌具有与细菌相似功能的细胞壁，但是两者细胞壁的结构和化学成分差别都很大。已研究过的一些古生菌，它们细胞壁中没有真正的肽聚糖，而是由多糖（假肽聚糖）、糖蛋白或蛋白质构成的。G^+古生菌细胞壁结构类似于G^+细菌，由一厚层均质的多糖组成；G^-古生菌细胞壁不同于G^-细菌，缺乏外壁层和复杂的聚糖网状结构，而是由蛋白质或糖蛋白构成的单层细胞壁（见图2-28）。

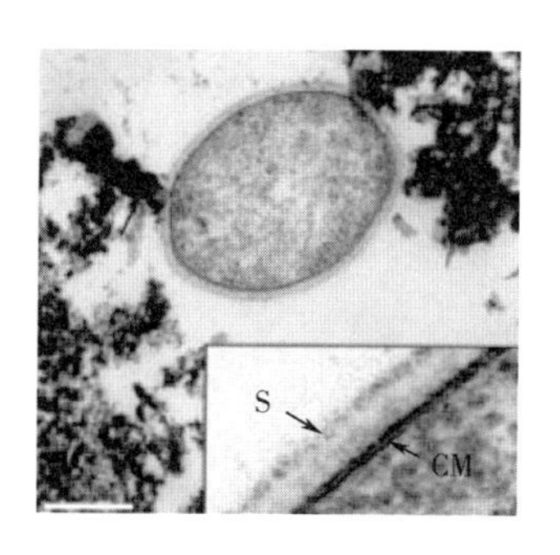

图2-28　“121菌株”细胞壁和细胞质膜
（引自 *Extending the Upper Temperature Limit for Life*. Science，2003）

古生菌细胞壁中的多糖种类多样。在甲烷杆菌属（*Methanobacterium*）古生菌细胞壁中有类似真细菌肽聚糖的多糖，其由*N*-乙酰葡糖胺和*N*-乙酰塔罗糖胺糖醛酸经β-1,3糖苷键交替连接而成，连在*N*-乙酰塔罗糖胺糖醛酸上的肽尾由L-Glu，L-Ala和L-Lys三个L型氨基酸组成（无D-氨基酸），肽桥则由L-Glu一个氨基酸组成，其中β-1,3糖苷键不被溶菌酶水解（见图2-29）；在甲烷八叠球菌（*Methanosarcina*）的细胞壁中含有独特的多糖，由半乳糖胺、葡糖醛酸、葡萄糖和乙酸等组成，使细胞革兰氏染色呈阳性；盐杆菌属（*Halobacterium*）细胞壁是由糖蛋白组成，不含有胞壁酸和二氨基庚二酸，蛋白部分由大量酸性氨基酸组成，这种强负电荷的细胞壁可以平衡环境中高浓度的Na^+，从而使其在20%~25%的高盐溶液中也能正常代谢。

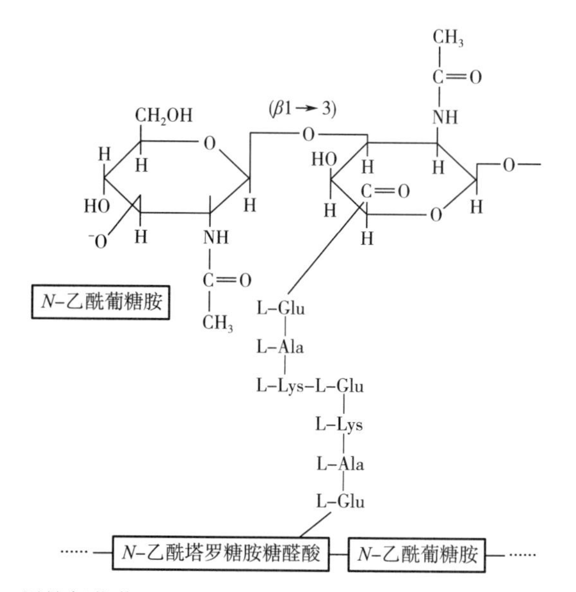

图2-29　甲烷氧化菌（*Methanobacterium*）细胞壁中假肽聚糖的单体结构

2. 细胞膜

许多古生菌的细胞膜与细菌和真核生物的不同，最主要的区别体现在以下 5 点：

（1）甘油与疏水侧链通过醚键连接　大多数生物细胞质膜上的甘油分子与疏水的烃链之间是通过酯键连接的，而古生菌的甘油与疏水侧链是通过醚键来连接的，形成甘油二醚或二甘油四醚（图 2-30）。因此，古生菌的磷脂的化学性质不同于其他生物的膜脂。

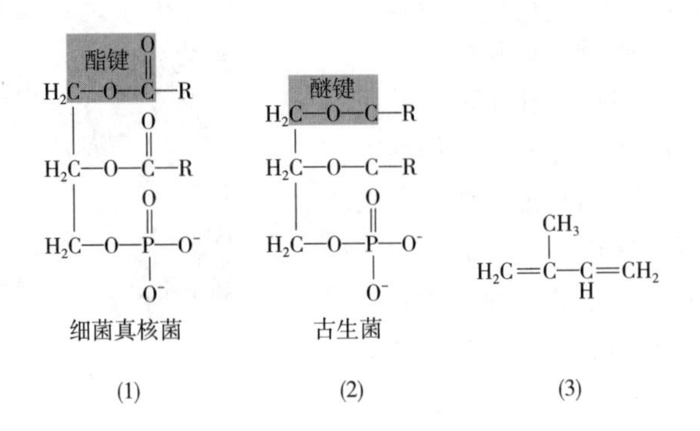

图 2-30　磷脂的一般结构

（1）细菌和真菌磷脂结构　（2）古生菌的磷脂结构　（3）异戊二烯结构

（引自 *Brock Biology of Microorganisms*. 14th ed. 2015）

（2）类异戊二烯链组成的侧链　细菌和真核生物磷脂上的烃链通常是链长 16~18 个碳原子的脂肪酸，古生菌膜上的磷脂侧链则不是脂肪酸，而是由异戊二烯的重复单位（如四聚体植烷、六聚体鲨烯等）构成的由 20 或 40 个碳原子组成的侧链。异戊二烯是称为烯萜类的化合物中最简单的成员。按照定义，烯萜是异戊二烯彼此联合而构成的分子，每个异戊二烯单位有头尾两端，可以按许多方式连接。它们的头部可以和尾部相连，也可以和另一个头部相连，尾部也可以和尾部相连。由简单的异戊二烯单位可以连接成无数种类的烯萜化合物。

（3）甘油 C3 位连接的 R 基团　甘油 C3 位上可连接多种与细菌和真核生物细胞质膜不同的基团，如磷酸酯基、硫酸酯基以及多种糖基等。

（4）独特的质膜分子层　古生菌细胞质膜存在着独特的单分子层或单、双分子混合层（见图 2-31）。当磷脂为二甘油四醚时，连接两端两个甘油分子间的两个植烷（phytanyl）侧链间会

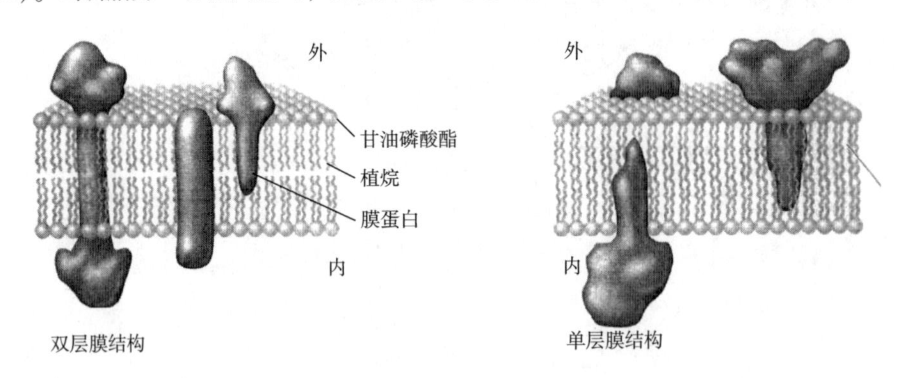

图 2-31　古生菌的双层、单层（或单双层混合）膜结构

（引自 *Brock Biology of Microorganisms*. 14th ed. 2015）

发生共价结合，形成二植烷（diphytanyl），这样就形成了独特的单分子层膜。与双分子层膜相比，单分子层膜对热具有强的抗性，普遍存在于极端嗜热古生菌中，这些菌的最适生长温度都在80℃以上。

（5）含多种独特的脂质　古生菌细胞膜上含有多种独特的脂质，如嗜盐菌中发现的菌红素、α-胡萝卜素、β-胡萝卜素、番茄红素、视黄醛和萘琨等。

三、发酵工业常用古生菌

古生菌域包括广古生菌门（Euryarchaeota）、泉古生菌门（Crenarchaeota）和初古生菌门（Korarchaeota），现对工业常用种类作如下介绍。

1. 产甲烷古生菌

产甲烷古生菌是一群严格厌氧并能产生甲烷的原核生物，其形态多样，包括球形、杆形、螺旋形、长丝状等，细胞的大小约为0.5~1.0μm（图2-32）。产甲烷细菌主要分布在有机质丰富的厌氧环境中，如沼泽、污水、垃圾处理厂、动物的瘤胃及消化道和沼气发酵池中等。

亨氏甲烷螺菌
(*Methanospirillum hungatei*)

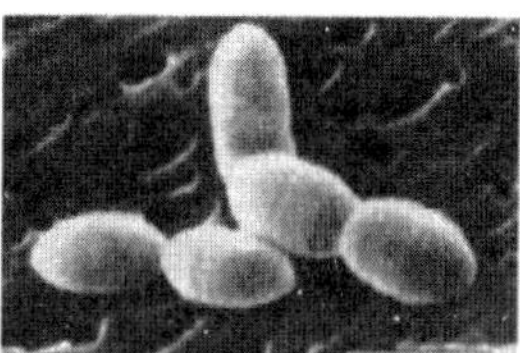

史氏甲烷短杆菌
(*Methanobrevibacter smithii*)

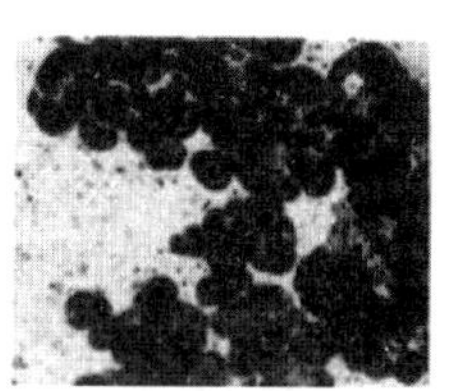

巴氏甲烷八叠球菌
(*Methanosarcina barkeri*)

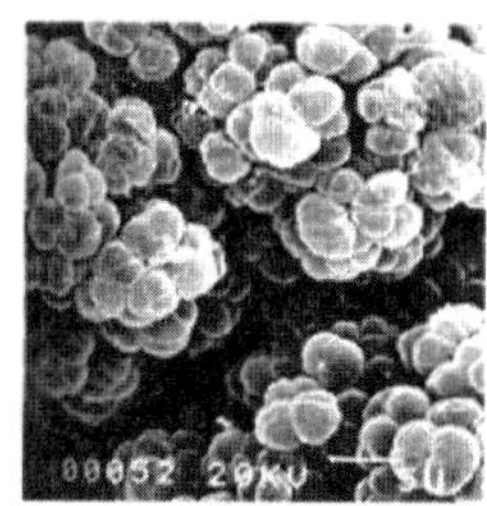

梅氏八叠球菌
(*Methanosarcina mazei*)

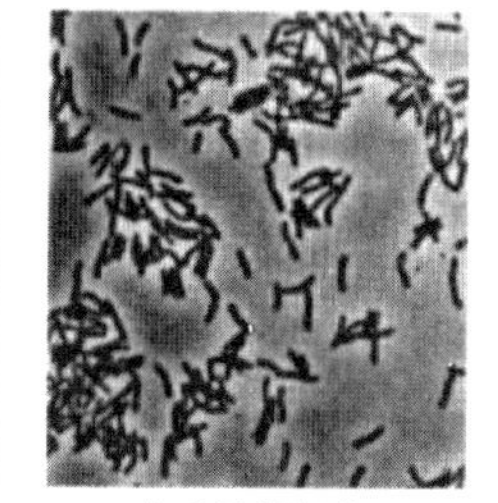

布氏甲烷杆菌
(*Methanobacterium bryantii*)

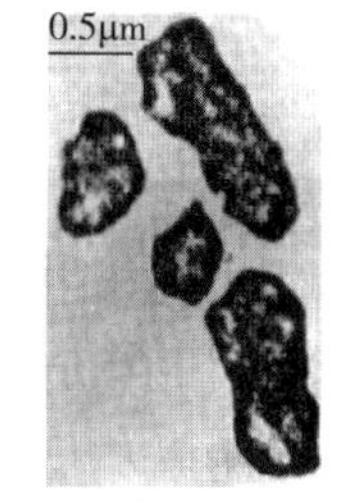

黑海产甲烷菌
(*Methanogenium marisnigri*)

图2-32　产甲烷古生菌的形态

产甲烷细菌细胞内常含有甲烷呋喃、辅酶M、亚甲基蝶呤、F_{420}，F_{430}等辅助因子。在二氧化碳还原成甲烷时，前三个辅助因子携带一个碳，而F_{420}携带电子和H_2，F_{420}在荧光显微镜下检查时能自发荧光，是识别产甲烷细菌的一个重要方法。F_{430}是甲基-CoM甲基还原酶的辅助因子。有些产甲烷菌不经过卡尔文循环同化CO_2，而是通过两个CO_2分子形成乙酰辅酶A，然后将乙酰辅酶A转化成丙酮酸和其他产物。

产甲烷细菌在沼气发酵、污水处理和解决我国农村能源短缺方面有广泛的应用。20世纪80年代王俪鲆等从泸州老窖泥中首次分离出氢营养型的布氏甲烷杆菌CS菌株，揭示了酿酒窖池是产甲烷古菌存在的又一生态系统。随后发现该菌和从老窖泥中分离的己酸菌——泸酒梭菌菌株存在“种间氢转移”互营共生关系，混合培养时可较大程度提高己酸产量。以后将CS菌株应用于酿酒工业，与己酸菌共同促进新窖老熟，有效提高了酒质，窖泥中栖息的产甲烷古菌既是生香功能菌，又是标志老窖生产性能的指示菌。

2. 极端嗜盐古生菌

极端嗜盐古生菌是一类生活在很高浓度甚至接近饱和浓度盐环境中的古生菌，主要分布在盐湖、晒盐场、高盐腌制品中等。细胞形态为杆形、球形、三角形、多角形、方形、盘形等多种形态，大多数菌种为专性好氧菌，不运动，仅有少数菌株有鞭毛，可以缓慢运动。细胞壁由糖蛋白组成，外表面结合 Na^+以保持细胞的完整性和稳定性。该菌细胞壁的糖蛋白含有许多酸性的氨基酸，如天门冬氨酸和谷氨酸，其羧基形成的负电荷区被 Na^+饱和，若钠离子减少，蛋白的负电荷部分将彼此排斥而导致细胞溶解。

极端嗜盐古生菌的细胞膜上存在细菌的菌紫膜质（bacteriorhodopsin），是一种可以作为光受体的蛋白色素，由于其结构和功能类似于眼睛的视觉色素（视紫红质）而得名。在菌紫膜质中含有一种类似于胡萝卜素的能吸收光的视黄醛分子，可催化质子转移并通过细胞质膜。由于含有视黄醛，菌紫膜质呈紫色，在光线照射下，色素会脱色，在此过程中质子被转运至膜外，形成了质子梯度，从而产生能量并合成 ATP。菌紫膜质强烈吸收波长约为 570nm 的绿色光谱区的光线，而且 ATP 的合成是靠与膜结合的 ATP 酶进行的。因此极端嗜盐古生菌能够不依靠光合细菌所特有的菌绿素而进行光合磷酸化作用，合成的紫膜可以用来制造太阳能电池。极端嗜盐古生菌以二分裂方式繁殖，在固体培养基表面的菌落可呈红色、粉红色、橙色和紫色等颜色。

3. 极端嗜热古生菌

极端嗜热菌（*Themophiles*）能生长在90℃以上的高温环境。迄今为止已分离出 50 多种嗜热细菌。嗜热菌的营养范围很广，其中许多能将硫氧化以获取能量。

在发酵工业中，利用极端嗜热菌耐高温的特性，可以提高反应温度，增大反应速度，减少中温型杂菌污染的机会。嗜热菌可用于生产多种酶制剂，例如纤维素酶、蛋白酶、淀粉酶、脂肪酶、菊糖酶等，由这些微生物中产生的酶制剂具有热稳定性好、催化反应速率高的特点，易于在室温下保存。此外，嗜热菌研究中最引人注目的成果之一就是将水生栖热菌（*Thermus aquaticus*）中耐热的 Taq DNA 聚合酶用于基因操作和遗传工程的研究中。近些年来又从激烈火球菌（*Pyrococcus furiosus*）分离一种 Pfu 聚合酶取代了 Taq 酶，Pfu 酶在 100℃时能最好地发挥作用，而且 DNA 扩增的速度快、保真度更高。

第三节　放线菌

放线菌因为菌落呈放射状而得名，是介于细菌与丝状真菌之间而又接近于细菌的一类丝状原核微生物，因此，有些学者也将放线菌归为真细菌一类。放线菌大部分为腐生菌，少数为寄生菌，在自然界分布很广，土壤是放线菌的主要习居场所，一般在中性或偏碱性的有机质丰富的土壤中较多。

放线菌和人们生活密切相关。腐生型放线菌在自然界的物质循环中起着一定作用。有些放线菌与植物共生，如弗兰克氏菌属（*Frankia*）能固定大气中的氮。然而，放线菌最大的经济价值还在于其能产生抗生素，至今所报道的近万种抗生素中，约 70% 由放线菌产生。放线菌还产生各种酶、维生素和其他生物活性物质等。此外，放线菌在甾体激素转化、石油脱蜡、烃类发酵、污水处理等方面也有所应用。只有极少数放线菌能引起人和动、植物病害。

一、放线菌的形态与构造

放线菌菌体为单细胞，其细胞构造和细菌相近。放线菌细胞壁的结构组成与革兰氏阳性细菌相似，其主要成分为肽聚糖，即由*N*-乙酰葡萄糖胺和*N*-乙酰胞壁酸借助β-1,4糖苷键连接成链状结构，再由胞壁酸上的短肽侧链进一步交联成为立体网格分子。除极个别的例外，放线菌的革兰氏染色结果一般都为阳性。在不同种类的放线菌中，短肽侧链上的氨基酸组成略有差异，这些差异常用于对放线菌的分类及鉴定。可以根据细胞壁中的氨基酸组成不同将放线菌的细胞壁分为六种类型：Ⅰ型：含有甘氨酸和L-2,6-二氨基庚二酸和内消旋二氨基庚二酸；Ⅱ型：含有甘氨酸和内消旋二氨基庚二酸；Ⅲ型：只含有内消旋二氨基庚二酸；Ⅳ型：除了含有内消旋二氨基庚二酸外，还有阿拉伯糖和半乳糖；Ⅴ型：含有赖氨酸和鸟氨酸；Ⅵ型：含有赖氨酸和天门冬氨酸。放线菌的细胞壁中还含有一些其他的糖类，如阿拉伯糖、半乳糖、木糖及马杜拉糖等。放线菌和细菌一样不具有完整的核，没有核膜、核仁、线粒体等。放线菌的菌体直径和杆菌接近，为0.2~1.2μm。

放线菌种类很多，包括与人类关系最密切的链霉菌属（*Streptomyces*）、诺卡氏菌属（*Nocardia*）、小单孢菌属（*Micromonospora*）、孢囊链霉菌属（*Streptosporangium*）以及目前研究较多的稀有放线菌等。这些菌的个体形态不完全相同，其中链霉菌属的形态最典型。

链霉菌的菌体由基内菌丝、气生菌丝和孢子丝构成（图2-33）。这些菌丝由孢子在适宜的环境条件下吸收水分，膨胀萌发，生出1~3个芽管，不断伸长而形成越来越多的分枝菌丝。其中基内菌丝长在培养基内和紧贴在培养基表面，从培养基内吸收营养成分，因此又称营养菌丝或一级菌丝。基内菌丝很难用接种针挑起，一般呈黄、橙、红、紫、蓝、绿、灰、褐甚至黑色，也有无色的。这些色素有水溶性的，也有脂溶性的。当基内菌丝发育到一定阶段后，向空间长出菌丝体，即为气生菌丝或二级菌丝。气生菌丝一般较基内菌丝粗，颜色较深，可能盖满菌落的表面，呈绒毛状、粉状或颗粒状。气生菌丝成熟后，在其上部形成孢子丝，孢子丝的形状以及在气生菌丝上的排列方式随不同菌种而不同。孢子丝的形状有直、波曲、螺旋、轮生之分，螺旋有松紧、大小和转数之分，其螺旋的方向又有左旋和右旋之分

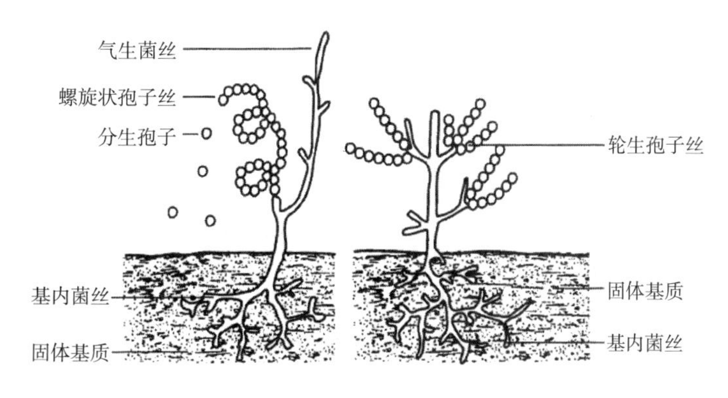

图2-33　链霉菌的形态、构造模式图
（引自《微生物学教程》，第三版，周德庆，2011）

（图 2-34）。孢子丝生长到一定阶段断裂，形成分生孢子。孢子的形状也多样，有圆形、椭圆、圆柱、瓜子等形状，在电子显微镜下可见孢子表面结构，有的光滑、有的带小疣、有的生刺、有的呈毛发状。孢子常带有不同的色素。孢子的形状、表面结构、颜色等均可以作为放线菌菌种分类鉴定的依据。

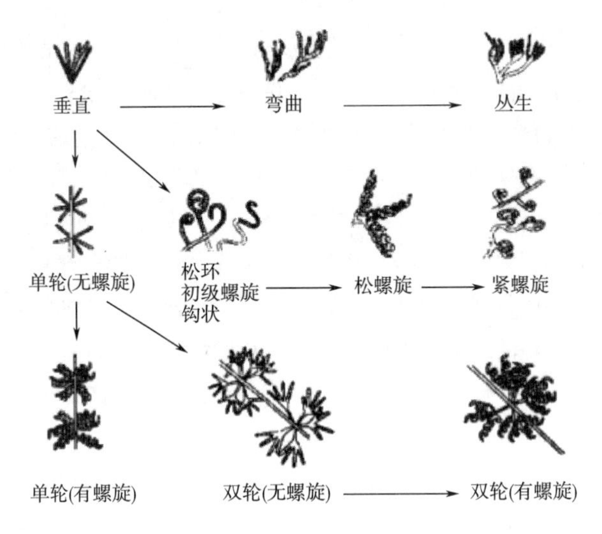

图 2-34　链霉菌的各种孢子丝形态

（引自《微生物学教程》，第三版，周德庆，2011）

二、 放线菌的繁殖方式

放线菌主要以无性孢子的方式进行繁殖，也可通过菌丝片段繁殖新的个体。工业发酵中，液体培养基中放线菌一般不形成孢子，其繁殖方式主要是通过基内菌丝的片段来实现。如果将放线菌静置培养在液体培养基中，培养基的表面上往往形成菌膜，膜上会生出孢子。

放线菌的无性孢子有分生孢子和孢囊孢子两种，以分生孢子为主。分生孢子的形成是通过横隔分裂来完成的。放线菌的气生菌丝成熟后，分化出孢子丝，然后细胞膜内陷，或细胞壁和细胞膜同时内陷，再由外向内收缩形成横隔膜，最终把孢子丝分成一串分生孢子。放线菌的孢子囊（sporangium）可由孢子丝盘绕形成，也可由孢子囊柄顶端膨大形成，孢子囊可以在气生菌丝上形成，也可在基内菌丝上形成，孢子囊形成后，在发育到一定阶段后，孢子囊内形成横隔，产生不规则排列的孢囊孢子。放线菌产生的孢子有较强的耐干旱能力，但不耐高温，60～65℃处理 10～15min 即失去活力。

三、 放线菌的菌落形态

放线菌的菌落由菌丝体组成。一般圆形、光平或有许多皱褶，光学显微镜下可观察到菌落周围具辐射状菌丝。总的特征介于霉菌与细菌之间，因种类不同可分为两类：一类是由产生大量分枝和气生菌丝的菌种所形成的菌落。链霉菌的菌落是这一类型的代表，链霉菌菌丝较细，生长缓慢，分枝多而且相互缠绕，故形成的菌落质地致密、表面呈较紧密的绒状或坚实、干燥、多皱，菌落较小而不蔓延。营养菌丝长在培养基内，菌落与培养基结合较紧，不易挑起或挑起后不易破碎，当气生菌丝尚未分化成孢子丝以前，幼龄菌落与细菌的菌落很相似，光滑或如发状缠结。有时气生菌丝呈同心环状，当孢子丝产生大量孢子并布满整个菌落表面后，才形成絮状、粉状或颗粒状等典型的放线菌菌落。有些种类的孢子含有色素，使菌落正面或背面呈现不同颜色，带有泥腥味；另一类菌落由不产生大量菌丝体的放线菌形成，如诺卡氏放线菌的菌落，黏着力差，结构呈粉质状，用针挑起则粉碎。

由于放线菌在代谢过程中常合成一些色素，如果色素为水溶性的，色素可以扩散到培养基中；但如果为脂溶性的，一般只有菌落呈色。

若将放线菌接种在液体培养基中，震荡培养，常形成由短的菌丝体所构成的球状颗粒。若静置培养，在瓶壁液面处形成斑状或膜状（膜上会生出孢子），或沉于瓶底而不使培养基混浊。

四、 发酵工业常用的放线菌

1. 链霉菌属

链霉菌属有大约1000个种，均为绝对好氧型菌种。链霉菌属（*Streptomyces*）有发育良好的分枝状菌丝体，菌丝无隔膜，直径0.4~1μm，长短不一，有多个拟核，是多核单细胞微生物。菌丝体有营养菌丝、气生菌丝和孢子丝之分。孢子丝再形成分生孢子。孢子丝和孢子的形态因种而异，这是链霉菌属分种的主要识别性状之一。链霉菌主要借分生孢子繁殖。链霉菌属大多生长在含水量较低、通气良好的土壤中，具有营养多样性，能降解果胶、木质素、几丁质、角蛋白、胶乳和芳香族化合物等。链霉菌是产生抗生素菌株的主要来源。许多常用抗生素如链霉素、土霉素，抗肿瘤的博莱霉素、丝裂霉素，抗真菌的制霉菌素，抗结核的卡那霉素，能有效防治水稻纹枯病的井冈霉素等都是链霉菌属于种的次生代谢产物。此外，在矿化作用中也充当重要的角色。

2. 诺卡氏菌属

诺卡氏菌属（*Nocardia*）又称原放线菌属，在培养基上形成典型的菌丝体，剧烈弯曲如树根或不弯曲，具有长菌丝（图2-35）。这个属的特点是在培养15h~4d内，菌丝体产生横隔膜，分枝的菌丝体突然全部断裂成长短近于一致的杆状或球状体或带杈的杆状体。每个杆状体内至少有一个核，可以复制并形成新的多核的菌丝体。此属中多数种无气生菌丝，只有营养菌丝，以横隔分裂方式形成孢子。少数种在营养菌丝表面覆盖极薄的一层气生菌丝枝，即为子实体或孢子丝。孢子丝直形，个别种呈钩状或螺旋，具横隔膜。横隔孢子呈杆状，或两端截平、椭圆形等。菌落一般比链霉菌菌落小，表面崎岖多皱、致密干燥，一触即碎，或者为面团；有的种菌落平滑或凸起，无光或发亮呈水浸状。此属多为好气性腐生菌，少数为厌气性寄生菌。能同化各种碳水化合物，有的能利用碳氢化合物、纤维素等。

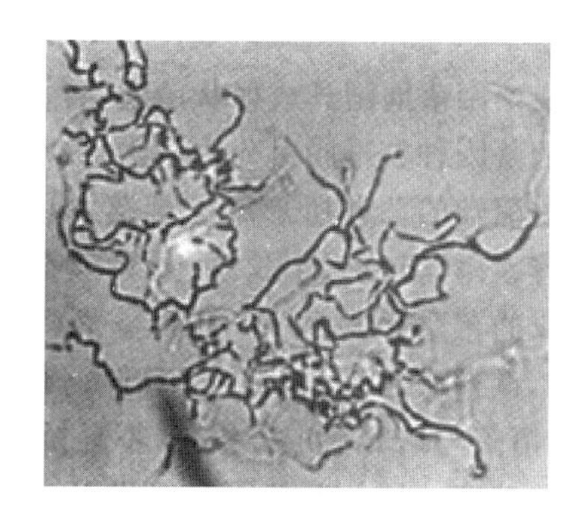

图2-35 诺卡氏菌的形态
（引自 *Microbiology*. 6th ed. 2005）

诺卡氏菌主要分布于土壤。现已报道100余种，能产生30多种抗生素。如对结核分枝杆菌和麻风分枝菌有特效的利福霉素，对引起植物白叶枯病的细菌以及原虫、病毒有作用的间型霉素，对革兰氏阳性细菌有作用的瑞斯托菌素等。另外，有些诺卡氏菌用于石油脱蜡、烃类发酵以及污水处理中分解腈类化合物。

3. 小单孢菌属

小单孢菌属（*Micromonospora*）菌丝体纤细，营养菌丝发育良好，直径 0.3～0.6μm，多分支，无横隔膜、不断裂、菌丝体侵入培养基内，一般不形成气生菌丝。只在营养菌丝上长出很多分枝小梗，顶端着生一个孢子，孢子表面光滑或有突起（图 2-36）。与链霉菌属相比，小单孢菌属菌落小，一般为 2～3mm，呈现黄色或红色，也有黑色、蓝色等，菌落表面覆盖着一薄层孢子堆，孢子成簇串或沿菌丝分散生长。菌丝生长力较弱，一般在 15～20d 便停止发育，生长温度略高，一般为 32～37℃。

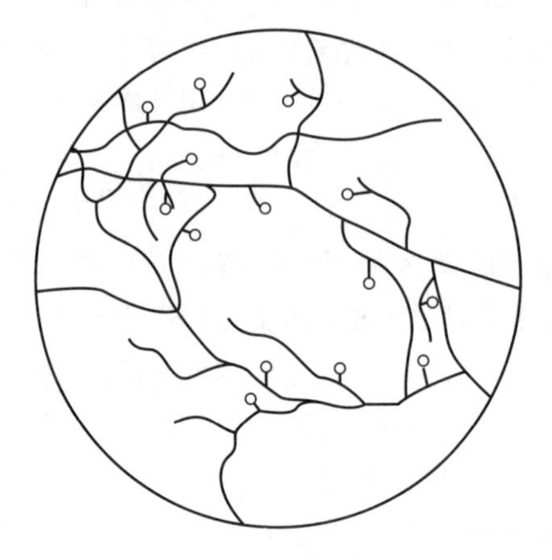
图 2-36　小单孢菌的形态

小单孢菌属多分布于土壤和堆肥中，一般为好气性腐生。此属约 30 多种，也是产抗生素较多的一个属，如庆大霉素、卤霉素等 30 余种抗生素就是由小单孢菌属产生的，其中庆大霉素即由绛红小单孢菌和棘孢小单孢菌产生。小单孢菌属中的某些种还可积累维生素 B_{12}。

4. 链孢囊菌属

链孢囊菌属（*Streptosporangium*）主要特点是能形成孢囊和孢囊孢子，有时还可形成螺旋孢子丝，成熟后分裂为分生孢子（图 2-37）。此属菌的营养菌丝分枝很多，横隔稀少，直径 0.5～1.2μm，气生菌丝体成丛、散生或同心环排列。此属菌约 15 种以上，其中不少种可产生广谱抗生素，例如，粉红链孢囊菌产生的多霉素（polymycin），可抑制革兰氏阳性细菌、革兰氏阴性细菌、病毒等，对肿瘤也有抑制作用；绿灰链孢囊菌产生的绿菌素，对细菌、霉菌、酵母菌均有作用；由西伯利亚链孢囊菌产生的两性西伯利亚霉素，对肿瘤有一定疗效。

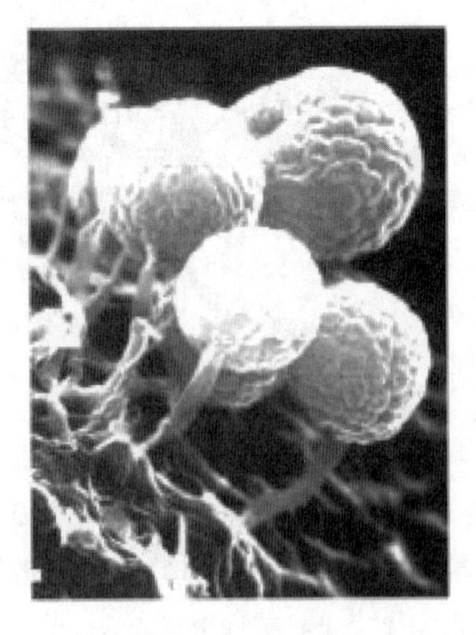
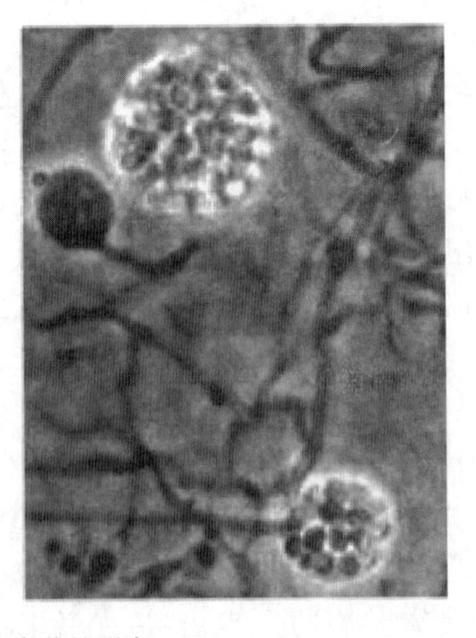
图 2-37　链孢囊菌的形态

第四节　蓝细菌

蓝细菌（Cyanobacteria）是一种古老的大型原核微生物，由于能进行光合作用释放氧气，是最先使大气从无氧转为有氧的原因，从而也为一切好氧生物的进化创造了条件。因为它与高等植物和高等藻类一样能进行光合作用，所以又称蓝藻或蓝绿藻。蓝细菌分布极广，土壤、岩石和树皮或其他物体上均能成片生长。许多蓝细菌在池塘和湖泊中生长，并形成胶质团浮于水面。有些蓝细菌在80℃以上的热温泉、高盐湖泊或其他极端环境中也是优势菌。

蓝细菌形态多样，有通过二分裂或复分裂形成的球形或杆状的单细胞，还有以丝状存在的菌丝形态（图2-38）。细胞一般比细菌大，平均直径为3~10μm，少数细胞可达60μm。

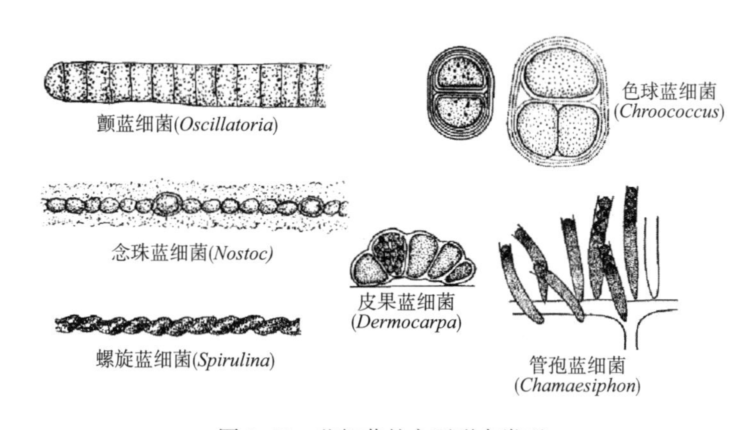

图2-38　蓝细菌的主要形态类型

（引自《微生物学教程》，第三版，周德庆，2011）

蓝细菌的细胞结构类似革兰氏阴性细菌，细胞壁分内壁层和外膜，内壁层中的肽聚糖含有二氨基庚二酸，革兰氏染色阴性。在细胞内以及组成细胞膜磷脂的脂肪酸和细菌不完全一样，具有独特的含有两个或多个不饱和键的不饱和脂肪酸，蓝细菌的这一特性赋予了细胞膜更高的流动性，使得它们能在较宽的温度范围内生长。蓝细菌的细胞质内具有复杂的光合色素层，以多层膜片相叠而成的类囊体的形式存在，其中含叶绿素a、藻胆素（phycobilin）、类胡萝卜素，藻胆素在光合作用起辅助色素作用，是蓝细菌所特有的。藻胆素又分藻蓝素和藻红素两种，大多数蓝细菌中藻蓝素占优势，它和细胞内的其他色素混合在一起使细胞呈特殊的蓝色，故名蓝细菌。许多蓝细菌的细胞质内还含有气泡、羧酶体、肝糖粒、PHB、异染粒和蓝细菌肽等多种内含物。蓝细菌和细菌一样没有真正的细胞核，无有丝分裂器，无鞭毛。但蓝细菌能不断地向细胞壁外分泌胶黏物质，类似细菌的荚膜或黏液层，这些胶黏物质可以将许多细胞或丝状体胶合在一起，形成菌胶团或胶鞘，然后在丝状体的旋转和弯曲下进行“滑行”。

某些蓝细菌具有圆形的异形细胞（heterocyst），一般在细胞链的丝状体中间或一端形成具有固氮功能的细胞，形态大，壁厚，色浅，在普通光学显微镜下可看到。此外在蓝细菌的细胞链丝状体中间或末端还存在一种富含贮藏物的厚壁孢子，颜色较深，具有抵御不良环境的作用，这类孢子也称为静息孢子（akinete）。

蓝细菌繁殖以裂殖为主，极少数种类如管孢蓝细菌属（*Chamaesiphon*）可以形成具有繁殖功能的内孢子。蓝细菌没有有性生殖。

蓝细菌为光能自养微生物，能进行光合作用和固氮作用，生长所需营养非常简单，只要有空气、阳光、水分和少量无机盐，就能大量生长。由于有些菌体外的胶黏物质可以保持水分，其忍耐干旱能力极强。蓝细菌还可开发为食物或营养辅助物，如近年来研究较多的螺旋藻，就是由盘状螺旋蓝细菌（*Spirulina platensis*）和最大螺旋蓝细菌（*Spirulian maxima*）等螺旋蓝细菌开发成的一种营养食品。另外，我们熟悉的普通木耳念珠蓝细菌（*Nostoc commune*，即葛米仙，俗称地耳）以及发菜念珠蓝细菌（*Nostoc flagelliforme*）等都是可食用的蓝细菌。但并非所有的蓝细菌都可食用，如微囊蓝细菌属（*Microcystis*）会产生可诱发人类肝癌的毒素。有的蓝细菌在受氮、磷等污染后的高营养化的海水中大量繁殖后，可形成“赤潮”，给渔业和养殖业带来严重危害。总之了解蓝细菌的一些习性，有助于更好的开发有益蓝细菌和抑制有害菌。

除了以上原核微生物外，还有几种与人类关系较密切的几种原核微生物，以下进行简单的介绍。

支原体（mycoplasma）：是介于独立营养和细胞内寄生生活间的最小原核生物。无细胞壁，属原核生物，革兰氏染色阴性，细胞膜中含有甾醇类化合物。是许多动物和人的致病菌。为了与感染动物的支原体相区分，一般感染植物的支原体称为类支原体（mycoplasma-like organisms）。

立克次氏体（rickettsia）：是一种专性寄生于真核细胞的革兰氏阴性原核生物。有细胞壁，不能独立生活。是人类斑疹伤寒、恙虫热和Q热等严重传染病的病原体。与支原体一样，感染植物的立克次氏体称为类立克次氏体（rickettsia-like bacteria）。

衣原体（chlamydia）：是介于立克次氏体和病毒之间，具有滤过性的在真核细胞内专性能量寄生的一类原核微生物，有细胞壁，革兰氏阴性。衣原体是鹦鹉热病、沙眼和性病淋巴肉芽肿等的病原体。衣原体不需媒介可直接传染鸟类、哺乳动物和人类。衣原体在寄主体内生长繁殖具有独特的方式：即存在原体和始体两种状态。原体是具有感染力的衣原体细胞，它可以侵入到寄主细胞而形成没有感染能力的始体，始体可在细胞内繁殖成一个微菌落，即“包涵体”，随后每个始体细胞又重新转变成具有感染力的原体，随细胞的破裂继续感染新的寄主细胞。

支原体、立克次氏体、衣原体三者的性质均介于细菌和病毒之间，其主要特征见表2-1。

表2-1　支原体、立克次氏体、衣原体、细菌和病毒的比较

特征	细菌	支原体	立克次氏体	衣原体	病毒
直径/μm	0.5~2.0	0.2~0.25	0.2~0.5	0.2~0.3	<0.25
滤过性	不能过滤	能过滤	不能过滤	能过滤	能过滤
细胞壁	有	无	有	有	无细胞结构
细胞膜中甾醇	无	有	无	无	无细胞膜
繁殖方式	主要以二分裂	二分裂	二分裂	二分裂	复制
核酸种类	DNA和RNA	DNA和RNA	DNA和RNA	DNA和RNA	DNA或RNA

续表

特征	细菌	支原体	立克次氏体	衣原体	病毒
核糖体	有	有	有	有	无
大分子合成力	有	有	有	无	无
产生 ATP 系统	有	有	有	无	无
对抗生素	敏感	敏感（抑制细胞壁合成者例外）	敏感	敏感	不敏感

思考题

1. 革兰氏染色结果与细胞壁结构和组成成分之间的关系是什么？为何要对细菌进行革兰氏染色？
2. 细菌细胞中有哪些成分具有抗原性，有何意义？
3. 为何细菌芽孢的抗逆性比一般营养细胞的抗逆性强？研究芽孢的意义是什么？
4. 为什么古生菌能在极端环境中生存？极端微生物都是古生菌吗？为什么？
5. 如何识别细菌、放线菌的菌落？如何获得菌落，可采用哪些方法？
6. 放线菌的基内菌丝、气生菌丝和孢子丝在结构上有何区别？它们又有何联系？
7. 何谓伴孢晶体？其化学本质和特性如何？研究伴孢晶体有何实践意义？
8. 可用于细菌和放线菌分类鉴定的依据包括哪些？如何对一株未知的链霉菌进行鉴定，可采用哪些方法？
9. 原生质体如何获得？如何进行再生？原生质体有何用途？
10. 大肠杆菌有何特点？其作为基因工程的宿主菌和作为细胞工厂的优势有哪些？

CHAPTER 3

第三章 真核微生物的细胞结构与功能

本章学习重点

1. 真核微生物的种类和细胞形态结构特征。真核微生物与原核微生物的区别。
2. 酵母、霉菌的细胞壁、细胞膜的成分组成，胞内遗传物质的种类和特点。
3. 酵母和霉菌的个体形态特征，霉菌菌丝的特点、菌丝的特化形式及其功能。
4. 酵母和霉菌的生长特性和常用的培养、观察方法。
5. 酵母和霉菌的无性和有性繁殖方式。
6. 酵母和霉菌的形态特征及在食品和发酵行业上的应用。
7. 酵母的生活史和分类鉴定依据。
8. 酵母和霉菌的分离、鉴定方法。

真核微生物是指细胞核具有核膜，能进行有丝分裂，细胞质中具有复杂的、有膜包被的亚细胞器，细胞功能区域化的微小生物。真核微生物包括植物界的显微藻类、动物界的原生动物、菌物界的黏菌、假菌和真菌。

真菌是一类重要的真核微生物，种群繁多，分布广泛，习性各异，部分为淡水或海水水生，大多陆生，这些真菌对于自然界中有机碳的矿化起重要作用。酵母、霉菌、蕈菌属于真菌。真菌与人类的生活密切相关，在酿造、食品及医药等方面给人类带来了巨大利益。

真核细胞的结构较原核细胞复杂得多，除了细胞膜、细胞质等基本结构外，真核细胞中还含有丰富的细胞器（图 3-1）。

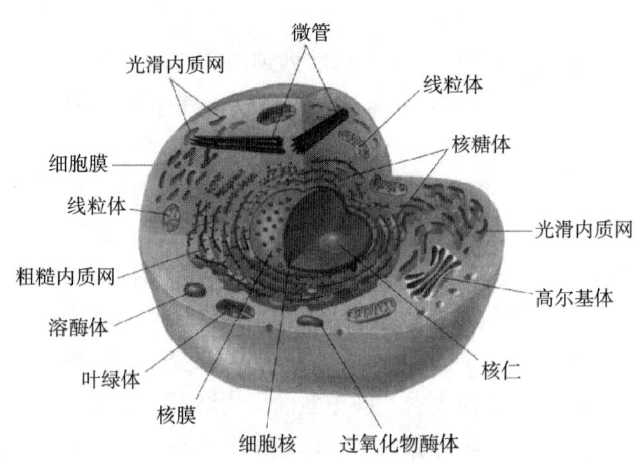

图 3-1 真核生物细胞结构图
（引自 *Microbiology*. 4th ed. 1999）

第一节　真核微生物的细胞结构

一、真核微生物细胞的基本结构

真核微生物细胞都具有细胞膜、细胞质和细胞核，除动物界的原生动物外，其他真核微生物一般都具有细胞壁。

1. 细胞壁

真核微生物的细胞壁主要成分是多糖，具体组分随生物种类不同而有所变化。在低等真菌中以纤维素为主，酵母菌以葡聚糖为主，而高等陆生真菌以几丁质为主。真菌细胞壁中多糖占比为 80%～90%，是细胞壁中有形的微纤维与无定形基质的物质基础，单糖的 β-1,4 聚合物微纤维可使细胞壁保持坚韧，甘露聚糖、β-1,3，β-1,6，α-1,3 葡聚糖以及少量蛋白质则构成细胞基质填充物。这些多糖成分与蛋白质、脂类、聚磷酸盐及无机离子结合在一起共同组成了坚固的细胞壁，不仅赋予微生物细胞固定的外形，而且能保护细胞免受各种外界因子的损伤。

2. 细胞膜

真核微生物细胞膜含有固醇（胆固醇或麦角固醇等），使膜硬度增强，使细胞更加稳定。膜上有运输系统，可选择性的控制物质的进出。细胞膜磷脂主要是磷脂酰胆碱和磷脂酰乙醇胺，脂肪酸种类在低等真菌中主要是含奇数碳原子的多不饱和脂肪酸，在高等真菌中主要是含偶数碳原子的饱和与不饱和脂肪酸。真核生物的质膜含有糖脂，也参与一些细胞间的相互作用，如细胞间的识别及细胞在固体表面的附着等。

3. 细胞质

细胞质是细胞中最重要、最复杂的部分之一，为其他细胞器提供存在环境，也是大量代谢过程的场所。细胞质中含有大量的水，占整个细胞质量的 70%～85%。细胞质中蛋白质含量也很高，以至于细胞质呈半结晶状，并具有溶胶（sol-gel）的特点。一般情况下，细胞质的 pH 呈中性，为 6. 8~7. 1。

4. 细胞核

细胞核是细胞遗传信息的贮藏部位，也是细胞的控制中心，由核膜包被的细胞核是真核生物区别于原核生物的主要特征之一。

二、真核微生物的细胞器

真核微生物细胞质中的细胞器包括微丝、中间丝、微管结构、内质网、高尔基体、溶酶体、微体、线粒体、核糖体、叶绿体、液泡、壳质体、膜边体、氢化酶体等，细胞外还有一些特殊结构，如鞭毛、纤毛等，但并非所有的真核微生物都具有以上全部细胞器。真核微生物细胞中所含细胞器的种类和数量很大程度上取决于细胞类型。例如，线粒体在真核细胞中普遍存在，而叶绿体则仅存在于光能营养型细胞。多样的细胞器功能（表 3-1）赋予不同的微生物类群以不同的生物学特性和环境适应能力。

表 3-1　　真核微生物细胞中细胞器的功能

细胞器	功能
微丝、中间丝和微管	形成细胞的骨架，维持细胞结构，和细胞运动有关
内质网	蛋白质和脂肪的合成场所，负责物质的转运；与细胞膜合成有关
核糖体	蛋白质合成场所
高尔基体	各种物质的组装和分泌场所，负责溶酶体的形成
溶酶体	胞内消化作用
线粒体	三羧酸循环、电子传递、氧化磷酸化等途径发生的场所，是细胞的能量来源
叶绿体	利用光能固定二氧化碳合成糖，是光合作用的场所
液泡	营养物质的临时贮藏和转运的场所，能调节细胞渗透压，有时具有溶酶体的作用
纤毛和鞭毛	细胞运动

1. 内质网（endoplasmic reticulum，ER）

细胞质基质中存在的一种由封闭的膜系统及其围成的腔形成相互沟通的网状结构，即内质网。内质网是由管状和盘状膜组成的复合体，与核膜相连，性质随着细胞功能和生理状态不同而变化。正在合成蛋白质的细胞中，内质网的大部分外表面都分布着核糖体，被称为粗糙内质网（RER）或颗粒内质网（GER）或粗面内质网。还有些细胞，如正在产生大量脂类的细胞，其内质网上不带有核糖体，称为光滑内质网（AER）或无颗粒内质网（SER）或光面内质网。内质网有许多重要的功能。内质网结合的酶和核糖体能够合成脂类和蛋白质，内质网还可以运输蛋白质、脂类和其他物质进出细胞。内质网也是细胞膜合成的主要场所。

2. 核糖体（ribosome）

真核细胞的核糖体可以游离形式存在于细胞质基质中，也可与内质网紧密相连，比 70S 的细菌核糖体大。它是由 60S 和 40S 两个亚单位构成的二聚体，直径约为 22nm，沉降系数为 80S，分子质量 400 万 u。

游离的和与粗面内质网结合的核糖体都能合成蛋白质。内质网结合的核糖体合成的蛋白质可进入内质网内腔，再被运送到其他场所，可以被分泌到胞外，也可以插入内质网膜成为整合膜蛋白。而游离核糖体合成的蛋白质为非分泌蛋白和非膜蛋白质，游离核糖体合成的一些蛋白质可插入细胞核、线粒体和叶绿体等细胞器。蛋白质合成后的正常折叠需要一种被称为分子伴侣的蛋白帮助，分子伴侣也能协助蛋白质运至线粒体等细胞器。类似于原核微生物，许多核糖体通常串连在一条 mRNA 上形成多聚核糖体，高效地进行肽链合成。

3. 高尔基体（Golgi apparutus）

高尔基体是一种膜状细胞器，是由一些平行堆叠的扁平膜囊和大小不等的囊泡所组成的具孔的膜聚合体。通常由 4~8 个排列较为整齐的扁平膜囊构成高尔基体的主体结构。膜囊周围分布着由大量的管状和囊泡（直径 20~100nm）组成的复杂网络结构（图 3-2）。高尔基体存在着完全不同的两端或两面，所以这种扁平膜囊堆积体具有确定的极性。顺面或形成面（cis-Golgi）的扁囊常与内质网相连，且在厚度、酶组成和囊泡形成程度与反面或成熟面的扁囊（trans-Golgi）不同，一般被包装的物质通过在扁囊边缘以出芽形成的囊泡从顺面运至反面，再进入到下一个扁囊。

大多数真核细胞中都存在高尔基体，但是许多真菌和纤毛虫原生动物中的高尔基体结构不完全。真菌高尔基体不如藻类发达，只有很少的几个或单个囊泡。高尔基体能够对细胞内合成的物质进行包装，为该物质分泌到胞外作准备，高尔基体的确切作用随物种的不同而有所变化。高尔基体经常参与细胞膜的形成和细胞产物的包装。当高尔基体的囊泡将其内容物运至真菌菌丝体尖端的细胞壁上时，就实现了菌丝体的生长。在上述所有过程中，合成的物质是从内质网运输到高尔基体。大多数囊泡是从内质网上出芽形成，然后移至高尔基体后与顺面扁囊融合。因此从结构和功能两方面讲，高尔基体都是与内质网紧密相联的。大多数从内质网进入高尔基体的蛋白质为糖蛋白，带有短的糖基链。高尔基体能够根据其用途的不同，通过添加特定基团对蛋白质进行修饰，然后将蛋白质运送到适当的场所（例如：在溶酶体蛋白的甘露糖上添加磷酸基团）。

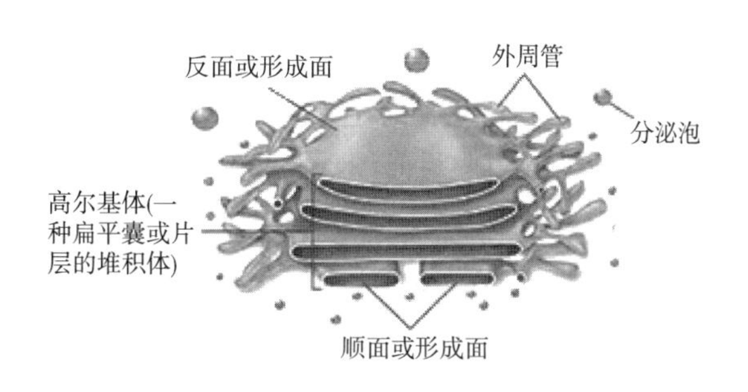

图 3-2 高尔基体示意图

（引自 *Microbiology*. 4th ed. 1999）

4. 溶酶体（lysosome）

高尔基体和内质网的一个非常重要的功能是合成了另一类细胞器——溶酶体。这种细胞器除了在植物和动物细胞内常见之外，在各种微生物中也能发现，如原生动物、某些藻类和真菌。溶酶体为球形或囊泡状，由单层膜包裹，平均直径为 500nm，但大小的变化范围可从 50nm 到几微米不等。它们参与胞内消化，含有在 pH3.5~5.0 微酸性条件下作用最强的各种水解酶类，主要功能是细胞内的消化作用。溶酶体可通过泵入质子的方法来维持其内部的酸性环境。消化酶由粗面内质网合成，并被高尔基体包装形成溶酶体。靠近高尔基体的光滑内质网的某个部位也可出芽形成溶酶体。细胞也可以通过一种称为自噬泡的次级溶酶体选择性地消化部分自身物质，在细胞组分的正常周转或更新中发挥作用。在饥饿期间，细胞也可通过选择性消化自身物质而维持生存。上述消化作用在溶酶体内完成，小分子的消化产物穿过溶酶体膜释放出去。细胞死亡后，溶酶体能够消化和除掉细胞残片。

5. 微体（microbody）

真核细胞的细胞质中还有一个与溶酶体相似的球形细胞器称为微体。由单层膜包围，其内部所含的酶为氧化酶和过氧化氢酶，又称过氧化物酶体（peroxisome）。其功能是避免细胞遭受过氧化氢毒害，同时具有氧化分解脂肪酸的功能等。

6. 线粒体（mitochondria）

线粒体被称为细胞的“动力站”。三羧酸循环、通过电子传递产生 ATP 及氧化磷酸化均在线粒体内进行。线粒体通常为圆柱体结构，大小为（0.3~1.0）μm×（5~10）μm，与细菌细胞大小类似。尽管一般真核细胞含有的线粒体可多达 1000 个或更多，但也有少数细胞（如某些酵母、单细胞藻类和锥体虫）只含有一个巨大的管状线粒体。

完整的线粒体由内、外两层膜包裹，两层膜由 6~8nm 的膜间隙分开。内膜向内折叠形成嵴（cristae），使线粒体内膜的表面积大大扩增。嵴的形状和数量与细胞种类及生理状态密切相关，大多数真核生物都具有管状嵴，真菌具有板层状嵴，泪眼虫、鞭毛藻具圆盘状嵴，变形虫的嵴呈囊泡状。内膜将线粒体基质封闭起来，浓稠的基质中含有其线粒体自身的核糖体和DNA，通常还含有磷酸钙颗粒。线粒体中的核糖体比细胞质核糖体小，并在许多方面都与细菌核糖体相似，包括大小和亚基组成。线粒体DNA与细菌DNA一样为闭合环状，其目的是合成自身所需的部分蛋白质。

参与电子传递及氧化磷酸化的电子载体和酶只存在于线粒体内膜上。三羧酸循环和脂肪酸β-氧化途径所需的酶系则存在于线粒体基质中。

线粒体的内膜还有许多直径约为8.5nm的球状小体，成串的附着在其内表面上，这些球状小体称为基粒（elementary particle）或F_1粒子，具有在细胞呼吸过程中合成ATP的功能。

7. 叶绿体（chloroplast）

叶绿体是含有叶绿素的细胞器，是进行光合作用的场所，存在于能进行光合作用的真核生物细胞中。

尽管叶绿体的大小和形状因植物种类而有很大差别，但它们仍具有许多共同的结构特征。叶绿体通常是卵圆形的，宽2~4μm，长5~10μm，也有一些藻类的叶绿体较大，几乎充满整个细胞。和线粒体一样，叶绿体由双层膜包裹。外膜通透性好，内膜对物质透过的选择性强。内膜包围着叶绿体的腔，称作基质，其内分布一些扁平的具有内膜系统的类囊体。一些藻类中，多个圆盘状类囊体堆积在一起形成像硬币一样的基粒（granum）。叶绿体还含有双链环状DNA以及RNA、70S核糖体、脂滴、淀粉粒和进行光合作用的酶等成分。叶绿体基质含有核酮糖-1，5-二磷酸羧化酶，该酶是卡尔文循环的关键酶。由CO_2和水形成碳水化合物的暗反应发生在基质内，而捕获光能产生ATP、NADPH和O_2的光反应定位在类囊体膜上。叶绿体外膜的可渗透性允许合成的葡萄糖和产生的ATP扩散至膜外，用于合成新的细胞物质。

和线粒体一样，叶绿体所含的DNA和70S核糖体也是为了合成自身特需的部分蛋白质，具有半自主复制能力。

8. 液泡（vocuole）

液泡是真核微生物细胞中由单层膜包围的泡状细胞器。液泡大小、形态及其所含的化学组成随细胞年龄和生理状态而异。一般微生物旺盛生长时，液泡较小，而且其中内含物少。但随着细胞老化，其中出现异染粒、肝糖粒、脂肪滴、一些碱性氨基酸以及DNA酶、蛋白酶、脂酶等多种水解酶类。因此，液泡不仅具有溶酶体的功能，还可调节细胞渗透压以及贮藏营养物质。

9. 壳质体（chitosome）

一种活跃于丝状真菌菌丝顶端的微小泡囊，直径40~70nm，内含几丁质合成酶，所以又称几丁质酶体。其不断合成并向菌丝尖端移动，把其中的几丁质合成酶不断地运送到细胞壁表面，通过壳质体合成几丁质微纤维使菌丝延伸生长。

10. 膜边体（lomasome）

位于真菌细胞壁和细胞膜之间的由单层膜包围而成的一种特殊膜结构，又称边缘体、须边体、质膜外泡，为许多真菌细胞所特有。由高尔基体或内质网的特定部位形成，形状变化很大，有管状、囊状、球状、卵圆状或为多层折叠状，各个膜边体能够互相结合。功能可能与分泌水解酶或合成细胞壁有关。

11. 氢化酶体（hydrogenosome）

一种由单层膜包围的球状细胞器，一般存在于专性或兼性厌氧的真核生物中，是这些真核微生物的呼吸器官，结构和功能与线粒体大不相同，氢化酶体缺少 DNA、核糖体以及线粒体向内延伸的膜系统。氢化酶体内含氢化酶、铁氧还蛋白、氧化还原酶和丙酮酸等，只存在于厌氧性的真菌和原生动物细胞中，如反刍动物瘤胃中 20 余种厌氧性真菌具有氢化酶体。氢化酶体通常存在于鞭毛基体附近，为细胞运动提供能量。

12. 伏鲁宁体（woronin body）

一类较小的球状细胞器，直径约为 200nm，由一个单层膜包围的电子密集的基质构成。伏鲁宁体一般与丝状真菌菌丝中隔膜孔相关联，具有塞子的功能，当菌丝受伤后，它可以堵塞隔膜孔而防止原生质流失，正常情况下可以调节两个相邻细胞间细胞质的流动，其组成成分还不十分清楚。

13. 纤毛（cilia）与鞭毛（flagella）

真核微生物的纤毛和鞭毛是与运动有关的最重要的细胞器。尽管它们都是鞭子状的，并且都通过击打推动微生物向前运动（即“挥鞭式”驱动），但二者不完全相同。首先，纤毛平均长度仅为 5~20μm，而鞭毛长度则为 100~200μm。其次，纤毛和鞭毛的运动模式也存在差别（图 3-3）。鞭毛以波浪形移动。当波浪由基部到顶端运动时，则向前推进细胞。裸露的鞭毛被称为尾鞭型鞭毛（whiplash flagellum），而茸毛型鞭毛在鞭毛侧面具有一种称为鞭毛侧丝（较粗的称为鞭茸）的次生毛，可改变鞭毛的运动方向（图 3-4）。纤毛有自己特有的摆动方式，通常像桨一样划过周围液体，从而推动菌体在水中向前运动，摆动完的纤毛必须复原才能进行新一轮的摆动。因此，有纤毛的微生物需要协调摆动，才能使菌体正常运动。

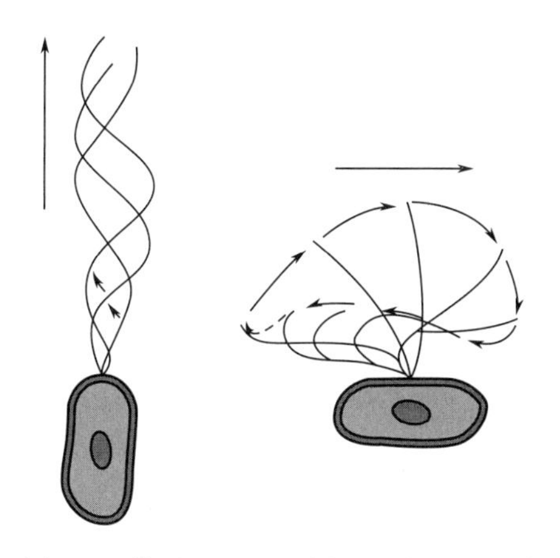

图 3-3　鞭毛（左）和纤毛（右）的运动

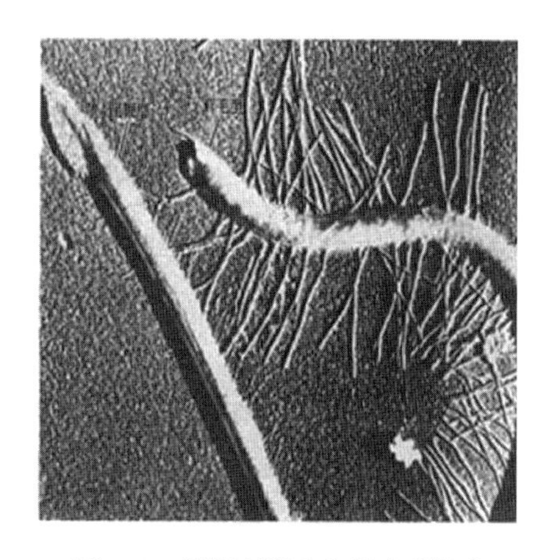

图 3-4　尾鞭型鞭毛和茸毛型鞭毛

（引自 *Microbiology*. 4th ed. 1999）

真核微生物中的原生动物、藻类和低等水生真菌的游动孢子或配子才有鞭毛，而纤毛只有纤毛纲的原生动物才有。酵母菌和陆生性的霉菌一般不具有鞭毛和纤毛。

尽管鞭毛和纤毛很不相同，但它们的超微结构基本相同，化学组成为蛋白质。都是膜包裹的圆柱体，直径约 0.2μm。位于细胞外部的鞭杆的横截面呈“9+2”型，由九对微管二联体围绕着两个中央微管组成（图 3-5）。

鞭毛或纤毛的基部嵌埋于细胞质内膜上，是一个短圆柱体，称为基体。基体超微结构不同于鞭杆，它被膜包裹的内部没有中央管，只有外围的九组微管三联体组成，而不是二联体。

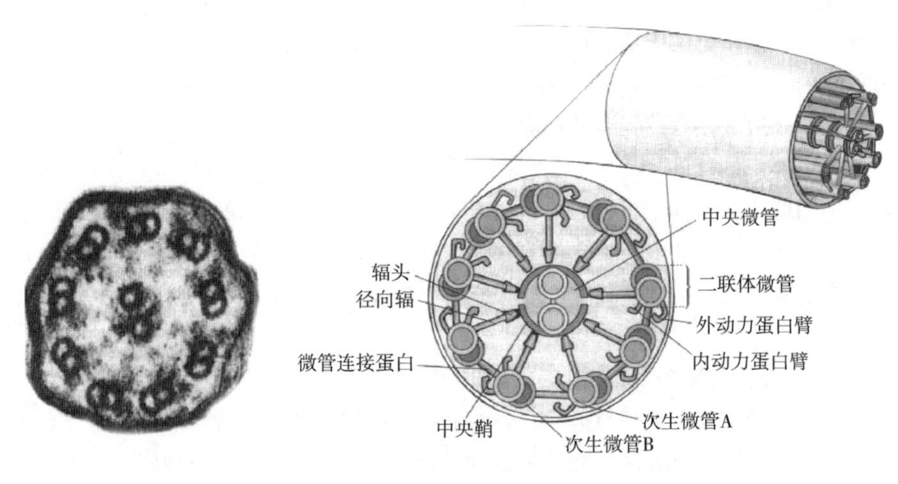

图 3-5　纤毛和鞭毛的结构

（引自 *Microbiology*. 4th ed. 1999）

三、 真核微生物的细胞核构成和细胞分裂

细胞核是直径 5~7μm 的球形体，由核膜、核骨架和核仁构成。细胞核中包含染色质，即处于非分裂期的细胞中呈分散状态存在的致密的纤维束状 DNA。在有丝分裂期间，染色质凝聚形成可见的染色体。染色体的线性双链 DNA 与组蛋白紧密结合，组蛋白含有许多碱性氨基酸，在进化上高度保守。

细胞核由核膜包裹，核膜结构复杂，由内外两层平行但不连续的单位膜构成，两层膜之间被 15~75nm 的核周隙所分隔。外层膜表面常附有核糖体颗粒，且常与粗面内质网相通连，使核周间隙与内质网腔彼此相通，内核膜表面光滑，无核糖体颗粒附着，但紧贴其内表面有一层致密的纤维网状结构，对核膜起支撑作用，称为核纤层。染色质通常与内膜相连。

核膜上有许多核孔，每个孔由内、外膜融合而成。孔径约 70nm，集中起来占核表面的 10%~25%。在每个核孔边缘以复杂环状排列着称为孔环的颗粒状和纤维状物质。核孔是细胞核与周围细胞质之间的运输通道。已经观察到有些颗粒物质通过核孔进入细胞核。尽管孔环的功能还不清楚，但它可以调节或协助物质通过核孔，物质可通过一种未知的方式直接通过核膜。物质在被运输穿过核膜时，需要能量，一般来源于鸟苷三磷酸（GTP）的水解作用。

核仁通常是核内最明显的结构。一个核中可包含一个或多个核仁。尽管核仁没有被膜包裹，但它是一个具有分散的颗粒区域和纤维区域的复杂细胞器。在非分裂细胞内存在核仁，但在有丝分裂期间核仁消失。有丝分裂完成后，在核仁组织区周围重新形成核仁。核仁中富含 RNA，是合成 rRNA 和装配核糖体的场所。在细胞质中合成的核糖体蛋白被运输到核仁，与 rRNA 结合形成真核细胞核糖体的两个大小亚基，再被运输到细胞质中，结合形成完整的核糖体，用于蛋白质的合成。

真核微生物进行繁殖时，其遗传物质必须进行复制并平均分配，从而保证每个新的细胞都有一套完整的染色体。真核细胞内这一细胞核分裂和染色体分配过程称为有丝分裂。实际上，有丝分裂在微生物生活史中只占很小一部分，这可以通过细胞周期（图 3-6）看到。细胞周期包括细胞分裂间期和有丝分裂期。分裂间期是第一次有丝分裂结束到第二次有丝分裂开始之间的周期部分，细胞生长发生在分裂间期。分裂间期分为三阶段：G_1期（第一时间间歇期）是RNA、核糖体和细胞生长相联系的胞质组分活跃合成的时期；之后为S期（合成期），其间DNA进行复制并数量加倍；最后为第二时间间歇期，称G_2期，细胞通过合成特定的分裂蛋白为进入有丝分裂期（M期）进行准备。不同微生物的细胞周期长短差别较大，这主要是由于G_1期长短不一。

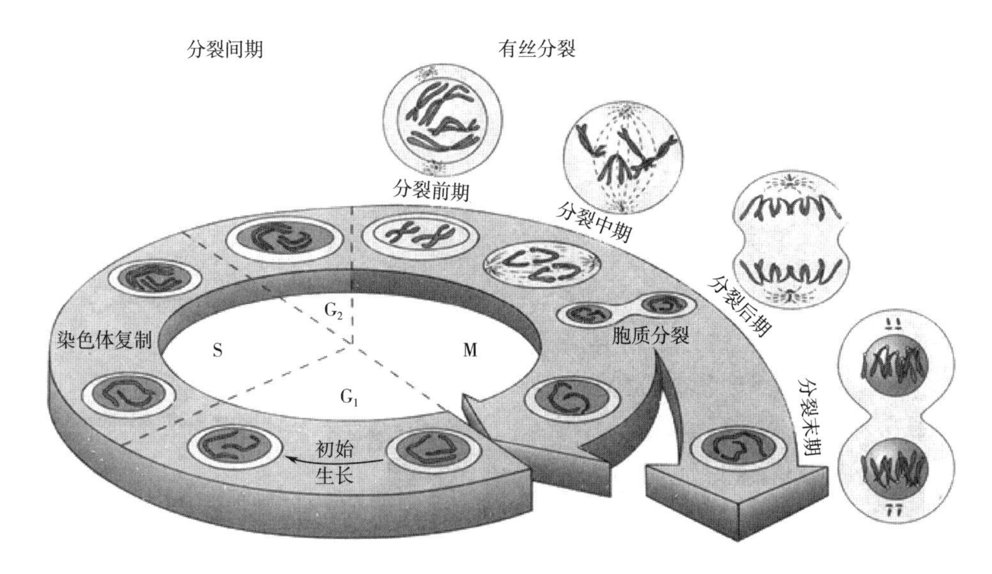

图3-6　真核生物细胞周期

G_1期：合成mRNA、tRNA、核糖体和细胞质组分，核仁迅速增长；S期：核DNA和组蛋白增长一倍；

G_2期：为有丝分裂和胞质分裂做准备；M期：有丝分裂，胞质分裂

（引自*Microbiology*. 4th ed. 1999）

在有丝分裂中，S期复制的遗传物质可平均分配到两个新的核中，使其都有一套完整的基因。有丝分裂可分为四个时期：①前期：可以看到包含两条染色单体（又称姐妹染色体或姊妹染色体）的染色体，并向细胞的赤道板移动，同时纺锤体形成，核仁消失，核膜开始溶解。②中期：染色体排列在纺锤体中央，核膜消失。③后期：每个染色体的两条染色单体分开并移向纺锤体相对的两极。④末期：染色单体变得几乎不可见，核仁重现，并且核膜围绕每套染色单体重新组配，形成两个新核。

有些真核微生物的有丝分裂与图3-6所述不同。例如，在一些真菌、原生动物及藻类中，有丝分裂过程中其核膜并不消失，新细胞的形成是通过亲代细胞的细胞质分裂（即胞质分裂）来完成，这一过程通常开始于后期，结束于末期末（图3-7）。然而，还有些真核微生物在有丝分裂过程并无胞质分裂，只产生多核形成多核体细胞。

真核细胞通常有单倍体和二倍体两种形式。单倍体是指在一个细胞核中同一性状的染色体数目只有一套；而二倍体则是指在一个细胞核中具有同一性状的染色体数目存在两套。二倍体中的两套染色体，一般一套来自父本，一套来自母本，二者遗传性状相同，这样的染色体称为同源染色体。通过有丝分裂，染色体数目保持不变，二倍体生物仍为二倍体或2N。但有时，微生物的染色体数目在经过细胞分裂后减半，由二倍体变为单倍体或1N，这就属于减数分裂。单

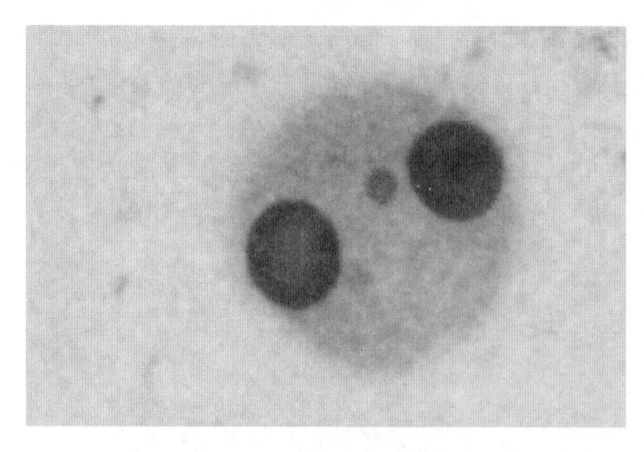

图 3-7　特殊的有丝分裂（细胞分裂过程中，核膜不消失）
（引自 *Microbiology*. 4th ed. 1999）

倍体细胞可以直接作为配子进行杂交或融合，重新形成二倍体细胞。

减数分裂非常复杂，包括两次分裂，但染色体只复制一次。第一次分裂与有丝分裂明显不同，首先二倍体中的两条同源染色体配对，并紧密相连，这一过程称为联会。然后染色体复制，每一同源染色体均形成双链的姐妹染色体，这时同源染色体之间的遗传信息可能发生交换。最后由着丝粒连接的双链姐妹染色体分别向相反的两极运动，两条染色单体由一个着丝粒连接。第二次分裂与有丝分裂过程基本相同，只是染色体不再复制，分裂过程中，由纺锤丝牵引每条染色体的两条姊妹染色单体向两极运动，着丝点分裂，姊妹染色体分开，并移到两极，纺锤丝消失，核膜出现，形成两个子细胞。这样，经过减数分裂Ⅰ和减数分裂Ⅱ，一个二倍体母细胞变成了四个单倍体子细胞。

四、真核微生物、原核微生物与古生菌细胞结构比较

原核生物只包括真细菌和古生菌两大类，而其他所有生物体——藻类、真菌、原生动物、高等植物和动物均为真核生物。真核生物细胞核的存在是这两种类型细胞最明显的区别，二者在细胞结构和功能等方面同样也存在着差别，如表 3-2 所示。

表 3-2　真核细胞与原核细胞的比较

特征	原核生物	真核生物
系统发育群	真细菌、古生菌	真菌、藻类、原生动物、植物、动物
大小	普遍小，通常直径小于 2μm	普遍大，直径 2~100μm
细胞壁	大部分有，通常化学组成复杂，并含肽聚糖或假肽聚糖	植物、藻类和真菌有细胞壁，化学组成简单，不含肽聚糖，通常由其他多糖构成，动物和大部分原生动物无细胞壁

续表

特征		原核生物	真核生物
细胞质中的细胞器	细胞膜	通常无甾醇，存在类何帕烷（hopanoids）	有甾醇，无何帕烷（hopanoids）
	线粒体	无	有
	叶绿体	无	有
	内质网	无	有
	高尔基体	无	有
	核糖体	70S	80S，线粒体和叶绿体的核糖体为70S
	溶酶体和过氧化物酶体	无	有
	微管	无或很少	有
	细胞骨架	可能无	有
	内生孢子	有（一些），非常抗热	无
	气泡	有（一些）	无
	磁小体	一些物种中有	很少有
遗传物质	真正的膜界定的细胞核	无	有
	DNA 与组蛋白结合	不结合	结合
	染色体数目	1个，个别例外	2个以上，每个染色体是双倍体
	内含子	几乎没有	常见
	核仁	无	有
	质粒	有，独立于染色体外	很少发现质粒
	遗传信息传递	接合、转导、转化	有性繁殖过程中的配子融合
	分裂方式	不进行有丝分裂	有丝分裂，具有有丝分裂器
运动性	鞭毛	细而简单	粗，9+2结构
	鞭毛运动方式	旋转	鞭毛或纤毛在一个平面上进行的摆动
	非鞭毛运动	滑行游动；气泡传递	细胞质流动和阿米巴样运动；滑行
基因重组		部分的、单向的DNA转移（转化、转导、接合）	减数分裂及配子融合（有性杂交、准性杂交）
呼吸系统		细胞质膜	在线粒体，在特定的无氧呼吸中利用氢化酶
光合作用		与细胞质中膜系统和泡囊联系	在叶绿体中
分化		未发展的	组织和器官

古生菌与真细菌在生命代谢活动方面有较大相似点，与真核生物在基因的复制、转录及翻译等过程中比较相似，古生菌的转译使用真核的启动和延伸因子，且转译过程需要真核生物中的TATA框结合蛋白和TFIIB，古生菌的DNA聚合酶、解旋酶、回旋酶与真核生物中的相应酶更加相像，而不像细菌（真细菌）中的酶。三者间的一些特征比较见表3-3。

表 3-3　　古生菌、细菌（真细菌）和真核生物选择性特征比较

特征	细菌（真细菌）	古生菌	真核微生物
细胞膜脂	酯键连接甘油	醚键连接甘油	酯键连接甘油
光介导的 ATP 合成系统	光合作用	菌红素催化系统（如细菌视紫红质）	光合作用
染色体	至少一个环形 DNA，线形很少	环形 DNA	线形
核膜	无	无	有
组蛋白	无	有	有
DNA 复制	唯一类型	与真核生物相似	与古生菌相似
mRNA 顺反子	可能多个顺反子	可能多个顺反子	单个顺反子
RNA 聚合酶（全酶）	含 5 个亚基	含 13 个亚基	超过 33 个亚基
rDNA	5S，16S，23S	5S，16S，23S	5S，18S，23S
转录	单一类型，一般转录起始通过脱阻遏	简单，类似真核生物的转录机制	一般转录起始通过激活
翻译起始	需要 mRNA 上 SD 序列正确定位	有时需要 mRNA 上 SD 序列正确定位	扫描机制

第二节　酵母菌

酵母菌不是分类学上的名词。一般泛指能发酵糖类并以芽殖或裂殖进行无性繁殖的一类单细胞真菌。酵母菌主要分布在含糖质较高的偏酸性环境，如水果、花叶和树皮上，特别是葡萄园和果园的土壤中。

一、酵母菌概述

酵母菌是人类实践中应用较早的一类微生物。4000 多年前的殷商时代，我国劳动人民就会利用酵母菌酿酒。后来，人们利用酵母发酵制作面包、馒头，进行酒精发酵，甘油发酵、石油脱蜡以及有机酸发酵等。由于酵母细胞含有丰富的蛋白质、维生素以及各种酶等，所以又是医药、化工和食品发酵工业的重要原料。如利用酵母可以生产菌体蛋白、帮助消化的酵母片、核糖核酸、核苷酸、核黄素、辅酶 A、细胞色素 C、转化酶、脂肪酶和乳糖酶等。因此酵母菌在发酵工业中地位很重要。

当然，有些酵母菌能与动物共生，特别是昆虫。少数酵母菌对动物和人类有致病性，例如引起足癣的表皮癣菌属（*Epidermophyton*），引起人肺和脑膜隐球酵母病的新型隐球酵母

（*Cryptococcus neoformans*）以及引起阴道、口腔或肺部感染假丝酵母病的白假丝酵母（*Candida albicans*）等都是常见的病原菌。

由于酵母是结构最简单的真核细胞，是研究真核生物学的优良模型。目前，酿酒酵母（*Saccharomyces cerevisiae*）是所有真菌中认知最详尽的，也是第一个基因组被完全测序的真核生物。

二、酵母菌的形态与细胞构造

酵母细胞一般为无鞭毛不运动的单细胞真菌。酵母菌形态多样，有球形、椭圆形、卵圆形、腊肠形、柠檬形和圆柱形等。这些细胞形态因培养时间、营养状况以及其他条件而变化。

不同酵母菌细胞因菌种差别而不同，一般大小为（1~5）μm×(5~30)μm，发酵工业中通常培养的酵母细胞平均直径为4~6μm，最长的酵母可达100μm。

1. 细胞壁

酵母细胞壁厚约25nm，幼龄较薄。细胞壁可分为3层。最外层为甘露聚糖，占细胞壁干重的30%；内层为葡聚糖，占30%~34%；中间为蛋白质，约占10%；其他化学成分还有脂类8.5%~13.5%。有些酵母细胞壁中还含有少量几丁质，一般存在于出芽后的芽痕处，如酿酒酵母细胞壁中的几丁质占细胞干重的1%~2%，假丝酵母大于2%，而裂殖酵母中不含几丁质。

酵母细胞壁中的甘露聚糖以甘露糖为单体，主链通过α-1,6糖苷键结合，支链则通过α-1,2或α-1,3糖苷键结合。葡聚糖以葡萄糖为单体，主链通过β-1,6糖苷键结合，支链则以β-1,3糖苷键结合。甘露聚糖和葡聚糖之间由蛋白质维系起来，形成酵母细胞壁特有的三明治结构，又称酵母纤维素。酵母细胞壁可以被玛瑙螺胃液制成的蜗牛酶水解而成为没有细胞壁的原生质体。蜗牛酶是一种混合酶，包括甘露聚糖酶、葡聚糖酶、几丁质酶、脂酶和纤维素酶等30多种酶类。

有些酵母菌如隐球酵母属，在细胞壁外还覆盖有类似细菌的荚膜多糖物质。

2. 细胞膜

酵母细胞膜与原核生物基本相同，但在化学组成上增加了甾醇，具有增强细胞膜强度的作用，同时也成为真菌抗生素多烯大环内酯类抗生素作用的位点。真菌细胞膜的功能不及原核细胞膜那样具有多样性，主要用于调节渗透压、吸收营养和分泌物质，并参与细胞的一些合成过程。

3. 细胞质

幼龄细胞的细胞质较稠密、均匀，老细胞的细胞质常出现大的液泡和各种贮藏物质，如异染粒、肝糖粒和脂肪滴。和原核生物不同的是，酵母细胞质中还增加了一些细胞器，如线粒体、微体、内质网等，但不含叶绿体。

贮藏物中的异染粒一般形成于细胞质，然后随着细胞的生长，定位于液泡中。肝糖粒则在营养良好时在细胞中大量积累；而当营养缺乏时，肝糖粒减少至消失。另外，肝糖粒还在酵母子囊孢子生成时积累于子囊内，孢子成熟时被利用。

4. 细胞核

和其他生物一样，酵母菌细胞核携带了细胞的遗传信息，具有完整的核膜、核仁和染色体。核膜外具有中心体，中心体可能和酵母菌出芽繁殖有关。酿酒酵母基因组有17条染色体，这些染色体从245~2200个碱基对不等，DNA总长度为12052kb，包含了约6500个基因。

除染色体外，酵母还存在核外遗传物质，如酵母细胞线粒体中的DNA，细胞质中病毒样颗粒的反转录转座子，嗜杀酵母的dsRNA嗜杀质粒，典型的2μm质粒等。嗜杀质粒能分泌一种嗜杀因子，可杀死敏感酵母。2μm质粒长度约为2μm，6318bp，为封闭环状的双链DNA分子，在酿酒酵母细胞中有较高的拷贝数（60~100个），该质粒只携带与复制和重组有关的四个蛋白质基因，对细胞不赋予表型，属隐秘性质粒。

三、酵母菌的繁殖与生活史

酵母菌的繁殖方式分无性繁殖和有性繁殖两种。无性繁殖包括芽殖、裂殖、芽裂和产生无性孢子（节孢子、掷孢子、厚垣孢子），其中以芽殖为主。有性繁殖为形成子囊和子囊孢子。

1. 酵母菌的无性繁殖

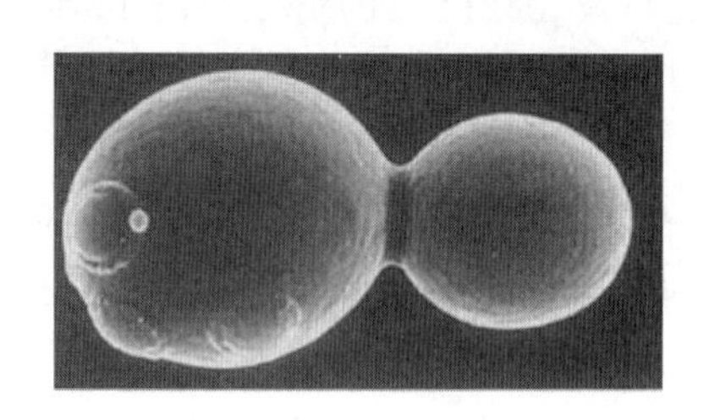

图3-8 酿酒酵母（*Saccharomyces cerevisiae*）的电镜扫描照片

（引自：微核胞质分裂阻滞细胞（CB-MNT）方法学探讨和比较，毕洁，2018）

芽殖：即出芽繁殖，是酵母菌中最普遍的繁殖方式（图3-8）。芽殖开始时，在临近细胞核的中心体产生一个小的突起，同时细胞表面向外突出，出现小芽；然后母细胞中的部分核物质、染色体和细胞质进入芽体，芽细胞逐渐增大，芽细胞和母细胞接触处的细胞壁收缩；最后芽细胞脱离母细胞，形成新的细胞。于是在母细胞上留下一个芽痕（bud scar），在子细胞上相应地留下一个蒂痕（birth scar）。酵母出芽的方式还分多边出芽、三边和两端出芽，以至形成的细胞形态不同。如果在酵母生长的旺盛期，出芽形成的芽细胞尚未脱离母细胞，又长出了新芽，容易形成成串的细胞，如果各细胞之间连接处面积小于细胞直径，形成的这种藕节状的细胞串称为假菌丝（图3-9）。而如果各细胞之间连接处面积等于细胞直径，形成的细胞串类似竹节状，称为真菌丝。

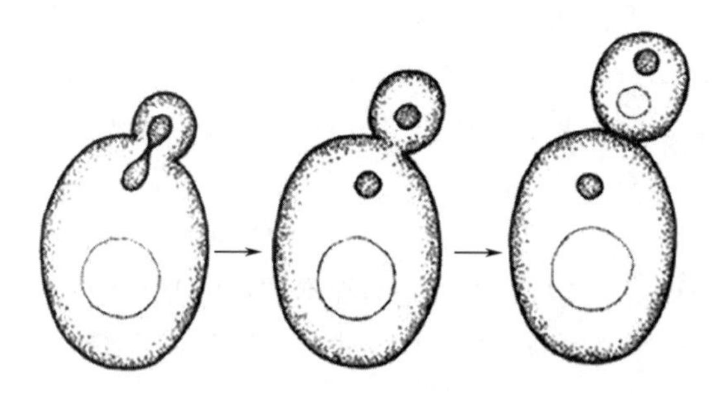

图3-9 酿酒酵母（*Saccharomyces cerevisiae*）通过芽殖生长繁殖（相差显微照片）

（引自 *Brock Biology of Microorganisms*. 9th ed. 1999）

裂殖：裂殖是少数酵母进行的繁殖方式。即酵母细胞延长，核分裂为二，细胞中央出现隔膜，将细胞横分为两个具有单核的子细胞，如八孢裂殖酵母（*Schizosaccaromyces octosporus*）。

芽裂：以芽裂方式繁殖的酵母很少见。母细胞总在一端出芽，同时在芽基处又形成隔膜，这种在出芽的同时又产生横隔的方式为芽裂或半裂殖。

产生无性孢子：有些酵母，如白假丝酵母可以在假菌丝的顶端形成厚壁的厚垣孢子，具有较强的抗逆特性。地霉属的菌可以形成节孢子。而掷孢酵母属菌种可以在其营养细胞生出的小梗上形成小孢子，孢子成熟后通过一种特殊的喷射方式将孢子射出，这种孢子称为掷孢子。

2. 酵母菌的有性繁殖

酵母菌的有性繁殖产生子囊和子囊孢子。能形成子囊的酵母菌种一般有两种接合型，两个不同接合型的单倍体酵母细胞，互相靠近，各伸出一小管状原生质突起，相互接触并融合形成一个通道，两个细胞的细胞质通过所形成的通道进行质配，两个单倍体核也在融合的通道中发生核配而形成二倍体的接合子。接合子在一定条件下，经过减数分裂，形成 4~8 个单倍体核，其外包以细胞质逐渐形成子囊孢子，包含在由酵母细胞壁发育而成的子囊中。子囊破裂后，子囊孢子释放出来，萌发后形成单倍体的营养细胞。

酵母菌形成子囊的条件除了要求酵母必须是二倍体细胞外，还要满足以下条件：①营养充足的强壮幼龄细胞；②适当的温度和湿度（如 25℃ 和 80% 的相对湿度）；③空气要流通；④选择适当的生孢子培养基（如棉子糖醋酸钠培养基、石膏块等）。

酵母菌能否形成子囊孢子以及子囊孢子的数目和形状，除了是鉴定酵母种、属的依据外，在生产实践中也有重要意义。可以利用形成单倍体孢子进行有性杂交选育优良的菌种。另外，啤酒生产上，还利用酵母菌子囊孢子的形成来判断培养酵母是否污染野生酵母。一般野生酵母容易在短时间内形成 4 个子囊孢子。而生产用的酵母由于长期的驯化，基本丧失了生孢子能力，即使能产生孢子，一般需要 72h 以上，而且产生孢子可能少于 4 个。

3. 酵母菌的生活史

生活史是指细胞经过一系列的生长、发育（包括无性和有性过程）产生新个体的全部过程。酵母菌的生活史有三种类型（图 3-10）。

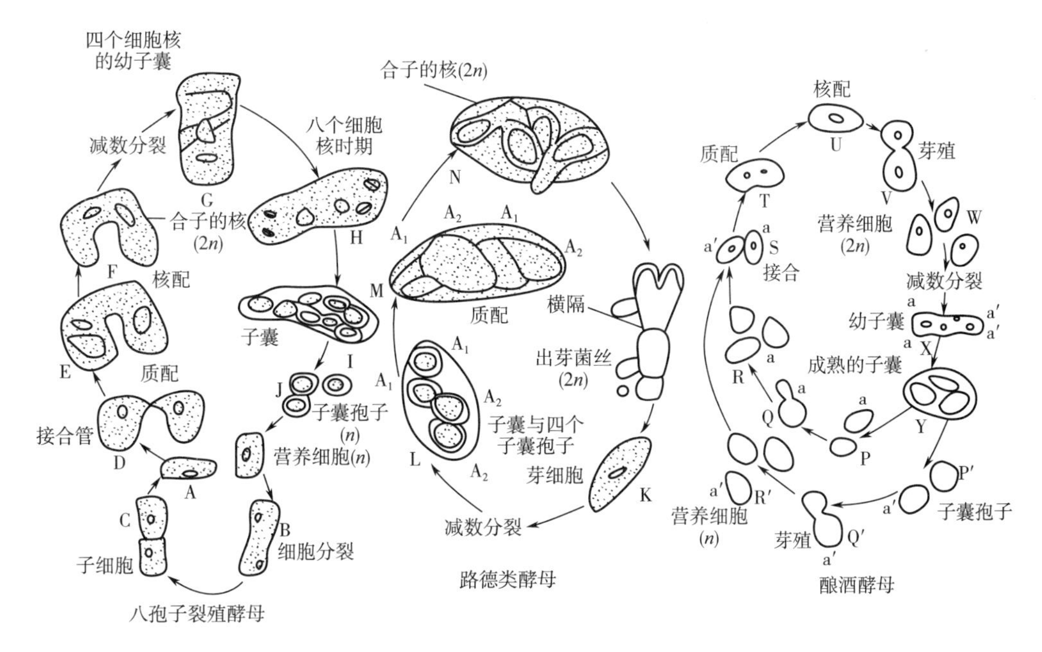

图 3-10 酵母菌的三种类型生活史的比较图

(1) 单倍体型 以八孢裂殖酵母（*Schizosacchoromyces octosporus*）为代表。其生活史包括以下四个过程：①单倍体营养细胞借裂殖方式进行无性繁殖；②两个单倍体营养细胞接触形成接合管，发生质配后立即核配，形成二倍体细胞；③二倍体细胞不能独立存在，马上进行 3 次分裂，第一次为减数分裂，分裂过程中 DNA 复制两次，于子囊中形成 8 个单倍体子囊孢子；④子囊破裂散出子囊孢子，萌发后形成单倍体营养细胞，又可借裂殖方式进行无性繁殖。

这种类型的特点是：生活史中单倍体营养阶段较长，二倍体阶段较短，营养体以单倍体形式存在。

（2）双倍体型　以路德类酵母（*Sacchoromycodes ludwigii*）为代表。其生活史包括以下 4 个过程：①单倍体子囊孢子在子囊内就成对接合，发生质配和核配；② 接合后的二倍体细胞萌发，穿破子囊壁；③ 二倍体细胞借芽殖方式进行无性繁殖；④营养细胞进行减数分裂，该细胞则成为子囊，内含 4 个单倍体子囊孢子。

这种类型的特点是：生活史中二倍体营养阶段较长，单倍体阶段较短，营养体以二倍体形式存在。

（3）单、双倍体型　以酿酒酵母（*Sacchoromyces cerevisiae*）为代表。其生活史包括以下 5 个过程：①单倍体营养细胞借芽殖方式进行无性繁殖；②两个单倍体营养细胞接合，质配后发生核配，形成二倍体细胞；③二倍体细胞并不立即进行核分裂，而是通过出芽繁殖形成二倍体的营养细胞，即二倍体细胞能独立存在；④二倍体细胞在合适的生孢子条件下，经减数分裂产生 4 个子囊孢子；⑤单倍体的子囊孢子萌发后形成单倍体营养细胞，又可借芽殖方式进行无性繁殖。

这种类型的特点是：生活史中单倍体营养细胞和二倍体营养细胞都可以借芽殖进行无性繁殖；营养体细胞既可以单倍体形式存在，也可以二倍体形式存在；有性繁殖只有在特定的条件下才能进行。

四、 酵母菌培养特征

酵母菌在适宜的固体培养基上通过繁殖而形成的群体即为酵母菌落，其菌落与细菌相似，但由于酵母细胞比细菌大，细胞内有许多细胞器和内含物，细胞不具鞭毛，形成的菌落一般较细菌菌落大而且厚，菌落表面湿润、不透明、黏稠、易被挑起、边缘整齐。但假丝酵母形成的菌落一般较平、表面和边缘较粗糙。酵母菌菌落颜色多以乳白色或蜡烛色为主，少数呈红色（如红酵母和掷孢酵母），个别为黑色。

酵母菌受理化因素刺激或自发突变会导致其线粒体丢失或功能丧失，在固体培养基上由于能量代谢受阻而生长缓慢，形成的菌落较小，习惯上将这种呼吸缺陷的菌株形成的菌落称为小菌落。这种呼吸缺陷株只能通过发酵过程获取少量能量，由于不能进行 TCA 循环产生能量，不能在以甘油为唯一碳源的培养基上生长。

在液体培养基中由于酵母的凝聚性、需氧程度等特性不同，往往表现出不同的培养特征。有些酵母凝集在培养基底部并产生沉淀；有的在培养基中均匀生长；有的在培养基表面形成菌膜或菌醭，其厚薄因菌种和培养条件而异。

五、 发酵工业常用酵母菌

（1）酿酒酵母（*Saccharomyces cerevisiae*）　是酵母中应用最广泛的一个种，常用于传统的发酵行业，如啤酒、白酒、果酒、酒精、面包以及药用酵母片等。由于酵母菌体内的维生素、蛋白质含量较高，食用安全，所以，啤酒酵母作为一种单细胞蛋白（SCP）可做食用、药用和饲用。酵母自溶物可作为肉类、果酱、汤类、乳酪、面包、蔬菜及调味料的添加剂。此外，利用啤酒酵母还可提取核酸、麦角固醇、细胞色素 C、凝血质和辅酶 A 等。

（2）毕赤酵母（*Pichia*）　基因表达系统已成为较完善的外源基因表达系统，具有表达外源基因的自身优势，如存在过氧化物酶体，表达的蛋白可贮存其中，免受蛋白酶的降解，同时减少对细胞的毒害；目标基因可稳定整合在宿主基因组中；表达产物能够有效分泌并适当糖基化；工程菌株易于高密度发酵，适用于酶制剂、药物蛋白等的工业化生产等。

（3）假丝酵母（*Candida*）　蛋白质和 B 族维生素含量比啤酒酵母高，可以尿素和硝酸盐做氮源，可利用造纸工业中的亚硫酸废液，也能利用糖蜜、马铃薯淀粉和木材水解液等，因此，可用于处理工业和农副产品加工业的废弃物，生产食用可饲用蛋白质，在生物质综合利用中意义重大。有的假丝酵母能转化糖生产甘油。有的能产生脂肪酶，是酶制剂的生产菌种。

（4）球拟酵母（*Toruiopsis*）　一些种能产生不同比例的甘油、赤藓醇、D-阿拉伯糖醇及甘露醇。有的能产生有机酸、油脂或是能利用烃类生产蛋白质。球拟酵母酒精发酵能力弱，能产生乙酸乙酯，增加白酒和酱油的风味。

（5）红酵母（*Rhodotorula*）　有较好的产脂肪的能力，可由菌体提取大量脂肪，有的对烃类有弱氧化作用，并能合成β-胡萝卜素。如黏红酵母黏红变种能氧化烷烃生产脂肪，含量可达生物量干重的 50%～60%。红酵母也能够生 α-丙氨酸、谷氨酸、蛋氨酸等。

（6）葡萄汁酵母（*S. uvarum*）　常用于啤酒酿造的底层发酵，也可食用、药用或饲用。

（7）汉逊酵母（*Hansenula*）　多数菌种能产生乙酸乙酯，增加产品香味，可用于酿酒和食品工业。

在工业生产中，通常采用单一菌、混合菌或天然菌群发酵。在传统酿造中，采用的菌株生理特性不同，其酿造工艺也不同，形成的发酵产品风味品质各具特色。如啤酒酿造中常用菌株有萨土酵母、道脱蒙酵母、卡尔斯伯酵母等；葡萄酒发酵由尖端酵母、星形球拟酵母、葡萄酒酵母、卵形酵母、裂殖酵母合作参与完成；酱油酿造中的酵母主要是鲁氏酵母和球拟酵母等。

第三节　霉菌

一、 霉菌概述

霉菌是一类丝状真菌。凡生长在营养基质上形成绒毛状、蜘蛛网状或棉絮状菌丝体的真菌，统称为霉菌。

霉菌在自然界中分布广泛，主要存在于土壤、空气、水和生物体内，在放置一定时间的陈旧面包、奶酪或水果上都可见到。霉菌很早就应用于传统的酿酒、制酱和制作其他发酵食品。目前在发酵工业、农业、纺织、皮革、医药等方面的应用中起着极其重要的作用。如生产柠檬酸、青霉素、头孢霉素、糖化酶、果胶酶、纤维素酶、甾体化合物转化等。但霉菌同时也能引起食品和一些工业原料的霉变，甚至少数霉菌还能引起人和动、植物的病害。

二、 霉菌的形态与细胞构造

霉菌的营养体由单个的丝状体构成，单个的丝状体称为菌丝（hypha）。菌丝是硬壁包围的管状结构，内含可流动的原生质，菌丝可以无限制地伸长和产生分枝，分枝的菌丝相互交错在一起，形成了菌丝体（mycelium）。菌丝直径 1~30μm 或更大，通常为 5~10μm，因霉菌种类不同有所变化，但与环境条件的关系不大。菌丝的顶端呈圆锥形，称为伸展区（extension zone）。在菌丝快速生长时，这一部位是细胞壁生长的活跃区域，可长达 30μm，在这个区域之后，细胞壁逐渐加厚而不再生长。

高等霉菌的菌丝中具有典型的横隔壁（cross wall），又称隔膜（septa），而低等霉菌的菌丝中不存在隔膜，因而菌丝根据隔膜的有无可以分成两类：无隔菌丝（aseptate hyphae）和有隔菌丝（septate hyphae）（图 3-11）。由无隔菌丝组成的整个菌丝体虽然分枝繁茂，细胞质内含有多个细胞核，但却是多核单细胞微生物，例如毛霉、根霉和犁头霉等。由有隔菌丝组成的菌丝体中有横隔，每两个横隔之间的一段被认为是一个细胞，整个菌丝体由许多细胞构成，横隔中留有极细的一个或多个小孔，可以确保相邻细胞之间细胞质互通，例如曲霉、青霉和木霉等的菌丝体。隔膜可能是由于适应陆地环境而形成的，有隔膜的菌丝往往更能抵抗干旱条件。在菌丝隔膜孔附近往往还存在着几种蛋白晶体和伏鲁宁体，当菌丝受伤时，这些蛋白晶体和伏鲁宁体会迅速堵塞隔膜孔而防止细胞质流失，所以隔膜是防止机械损伤后细胞质流失的有效结构。另外，隔膜还起着支持菌丝强度的作用。

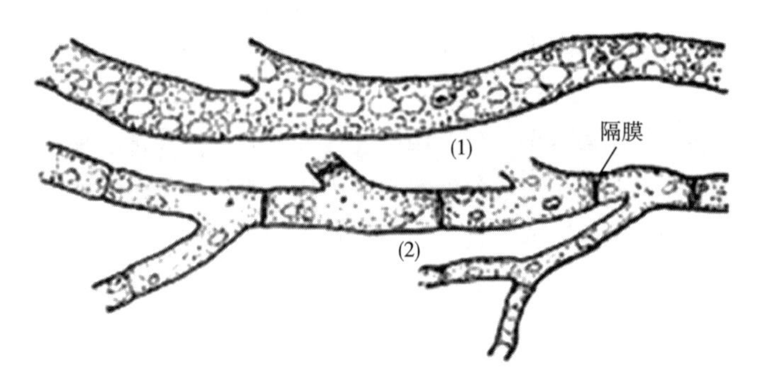

图 3-11　营养菌丝

（1）无隔菌丝的一部分　（2）有隔菌丝的一部分

霉菌生长在固体培养基上，一部分菌丝伸入培养基内吸收养料，称为营养菌丝（vegetable hyphae），还有一部分菌丝伸展到空中，则称为气生菌丝（aerial hyphae）。有的气生菌丝发育到一定阶段，分化成繁殖器官。

有的菌丝在长期适应不同外界环境条件的过程中，特化成不同形态，如厚垣孢子、假根和匍匐菌丝、吸器、附着胞和侵染垫、菌环和菌网、菌索和菌丝束、菌核、子座等。

厚垣孢子：一些霉菌在不良环境条件下，菌丝中经常出现不规则的肥大菌丝细胞，菌丝中的原生质收缩、变圆，外面形成一层厚壁，以抵抗不良环境，这种结构称为厚垣孢子（chlamydospore）。厚垣孢子表面一般具有刺或瘤状突起，经常在老化的菌丝中产生。无论无隔菌丝还是有隔菌丝中均可产生厚垣孢子。厚垣孢子若产生于菌丝中间，称为间生厚垣孢子；若生于菌丝顶端的称为顶生厚垣孢子；若菌丝上有相连的几个厚垣孢子，则称串生厚垣孢子。厚垣孢子为无性孢子。

假根和匍匐菌丝：毛霉目的霉菌在固体培养基上常形成延伸的匍匐状的菌丝，称为匍匐菌丝（stolon）或匍匐枝。当匍匐菌丝蔓延到一定距离后，在培养基内或附着于器壁上形成根状的菌丝，称为假根（rhizoid）。假根继续向前延伸又形成新的匍匐菌丝。根霉属和犁头霉属是较为典型的产生匍匐菌丝和假根的代表，假根具有固着和吸取养料的功能（图 3-12）。

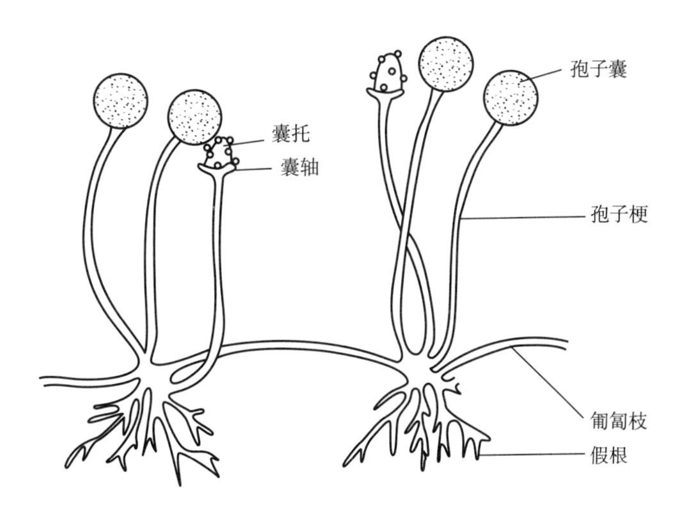

图 3-12　匐枝根霉的匍匐菌丝和假根
（引自《微生物学教程》，第二版，周德庆，2002）

吸器：许多寄生于植物的霉菌菌丝体生长在寄主细胞表面，从菌丝上发生旁枝侵入寄主细胞内吸收养料，这种吸收器官称为吸器（haustorium）。吸器具有丝状、指状、球状等各种形态。

附着胞和侵染垫：寄生真菌在穿透完整的植物表面的过程中产生了附着胞（appressorium）和侵染垫（infection cushion）等相应的特殊结构（图 3-13）。附着胞由孢子萌发，萌发管延伸，形成膨大的结构，在附着胞的下面产生细的侵染菌丝，可穿透寄主细胞，再膨大成正常粗细的菌丝。而侵染垫是菌丝顶端受到重复阻塞后，构成了多分枝，分枝菌丝顶端膨大而发育成一种垫状的组织结构。

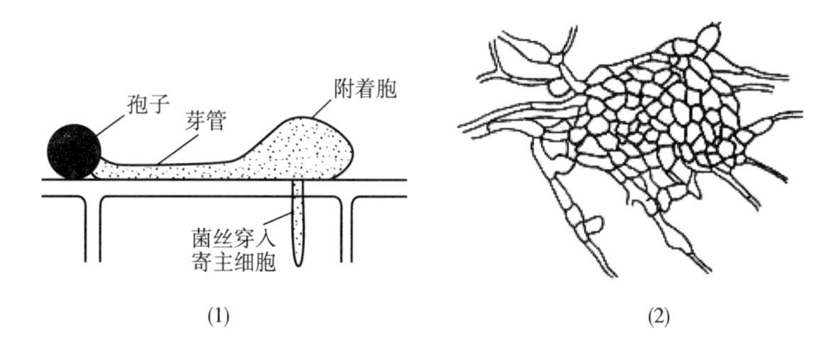

图 3-13　附着胞（1）和浸染垫（2）的示意图
（引自《普通真菌学》，邢来君等，1999）

菌环和菌网：捕虫类霉菌常由菌丝分枝组成环状（ring）或网状（net）组织来捕捉线虫类原生动物，然后从环上或网上生出菌丝侵入线虫体内吸收养料（图 3-14）。

菌索和菌丝束：菌索（rhizomorph）一般生于树皮下或地下，呈白色或其他颜色的根状结构，具有营养运输和吸收的功能。菌索一般形成于高等丝状真菌如伞菌菌丝的顶端。菌丝束

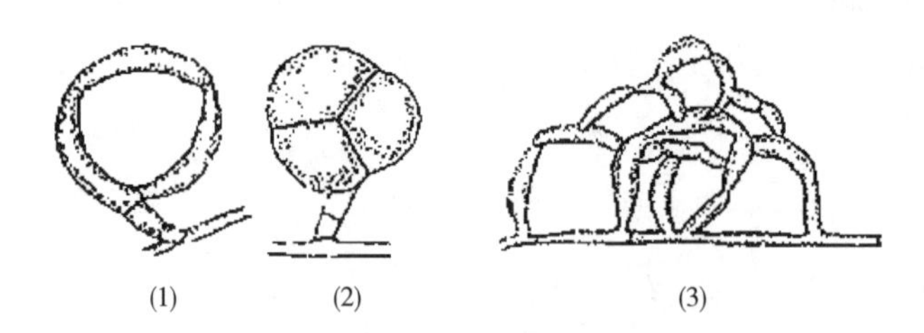

图 3-14 菌环和菌网

（1）未膨大的菌环 （2）膨大的菌环 （3）菌网

（引自《普通真菌学》，邢来君等，1999）

（mycelial strand）是由正常菌丝发育而来的简单结构，正常菌丝的分枝快速平行生长且紧贴母体菌丝而不分散开，次生的菌丝分枝也按照这种规律生长，使得菌丝束变得浓密而集群，并借助分枝间大量联结而成统一体。菌索和菌丝束能在缺少营养的环境中为菌体生长提供基本的营养来源，尤其是在高等担子菌中，如食用菌和毒蕈以及木材腐败霉菌大都形成这类结构（图 3-15）。

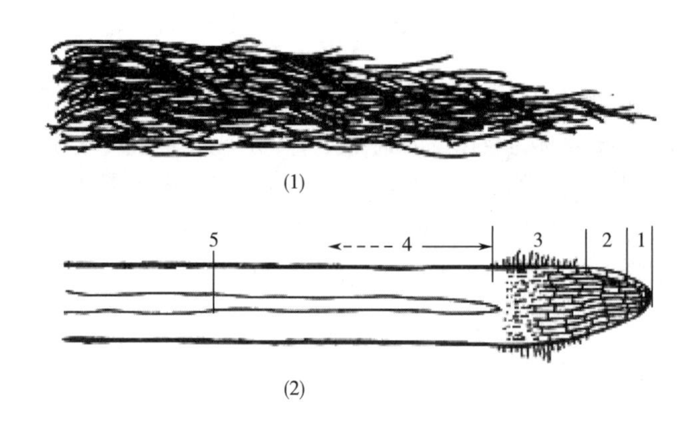

图 3-15 菌索和菌丝束

（1）菌丝束示意图 （2）示假蜜环菌（*Armillariella mellea*）的菌索

1—顶端；2—伸长区；3—营养吸收区；4—成熟变黑的菌丝区；5—菌髓

菌核（sclerotium）是由菌丝聚集和黏附而形成的一种休眠体，同时它又是糖类和脂类营养物质的储藏体，如猪苓、雷丸、麦角等。菌核具有各种形态，色泽和大小差异也很大，如雷丸的菌核可重达 15kg，而小的菌核只有小米粒大小。

子座（stroma）是许多有隔菌丝在生长到一定时期产生菌丝聚集物，有规律或无规律的膨大而形成结实的团块状组织。子座可由菌丝单独组成，也可由菌丝与寄主组织共同构成。子座成熟后，在它的内部或上部发育出各种无性繁殖和有性生殖的结构。子座一般呈垫状、柱状、棍棒状、头状等（图 3-16）。

霉菌细胞具有典型的真菌细胞结构，包括细胞壁、细胞膜、细胞质和细胞核。

细胞壁的主要成分为几丁质，其结构为 *N*-乙酰葡萄糖胺通过 β-1,4 糖苷键连接而成的高分子聚合物。此外，还含有少量的蛋白质、葡聚糖蛋白以及葡聚糖。

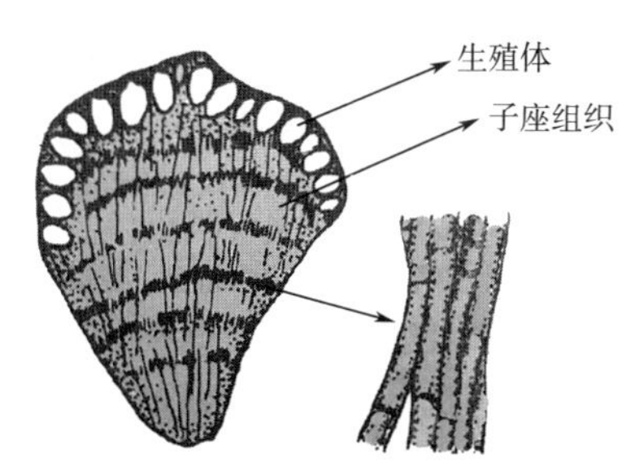

图 3-16　子座的结构示意图
（引自《普通真菌学》，邢来君等，1999）

细胞膜也是由蛋白质镶嵌的磷脂双分子膜组成，包含甾醇，通常紧贴于菌丝的细胞壁，甚至与某些方细胞和细胞膜黏附在一起，所以菌丝很难发生质壁分离。在细胞膜的某些部位会形成管状或卷绕状的膜边体（lomasome）。

菌丝细胞内含有双层膜包围的典型的细胞核，核的排列在不同的霉菌之间有区别，通常的模式是在菌丝顶端的细胞中含有多个细胞核，而亚顶端就仅有 1~2 个核。细胞质中的细胞器与其他真核生物相似，包括线粒体、内质网、液泡、核糖体、高尔基体、微管、脂肪滴和微体。一般液泡存在于菌丝顶端之后的部位，最初液泡较小，随着菌丝的生长变老，液泡逐渐变大，直到充满整个细胞。由于液泡变大形成的压力驱使细胞质向菌丝顶端流动。有些老的细胞能积累大量的脂肪类物质与壁结合形成一层极厚的次生壁，即厚垣孢子，它能抵抗不良环境。在细胞最老的部位，细胞壁可发生自溶（autolysis）。

三、霉菌的繁殖方式与生活史

霉菌主要依靠各种孢子进行繁殖，形成孢子的方式分无性孢子和有性孢子两种。

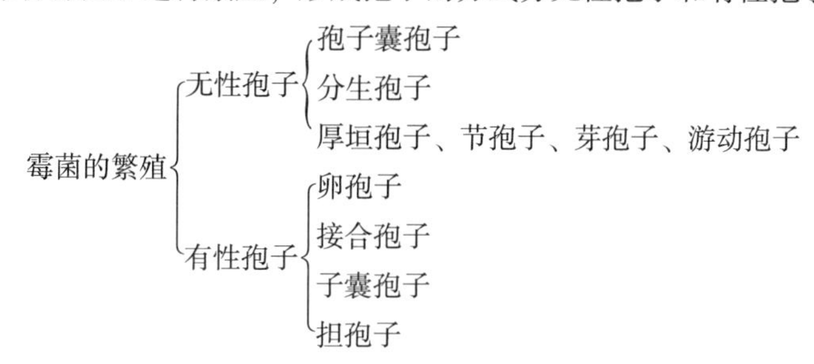

1. 无性孢子

霉菌主要利用无性孢子进行繁殖，其特点是分散、量大。发酵工业中常利用无性孢子进行接种和扩大培养。

（1）孢子囊孢子（sporangiospore）　是一种内生孢子，当菌丝发育到一定阶段，气生菌丝的顶端细胞膨大成圆形、椭圆形或梨形的孢子囊，然后膨大部分与菌丝间形成隔膜，孢子囊内的原生质分化成许多包含 1~2 个核的小块，每一小块的周围形成一层膜，将原生质包起来，如此形成许多孢子囊孢子。孢子囊成熟后破裂，散落出大量的孢子囊孢子，遇到适宜的环境可发芽形成新的菌丝体。顶端形成孢子囊的菌丝称为孢子囊梗或孢囊梗，孢囊梗深入到孢子囊内的部分称为囊轴。毛霉、根霉、犁头霉等霉菌的无性孢子是孢子囊孢子（图 3-17）。

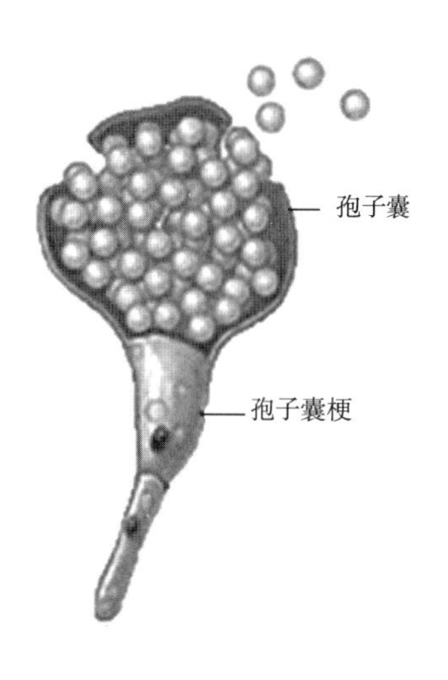

图 3-17　毛霉的孢子囊孢子

（2）分生孢子（conidium）　是一种外生孢子，是曲霉和青霉等霉菌中最常见的无性孢子。气生菌丝的顶端细胞或菌丝分化形成分生孢子梗，其顶端细胞分割缢缩而形成的单个或成簇的孢子。红曲霉（*Monascus*）、交链孢霉（*Alternaria*）等的分生孢子着生在菌丝或其分枝的顶端，单生、成链或成簇，无明显分化的分生孢子梗。而曲霉（*Aspergillus*）和青霉（*Penicillium*）具有明显的分生孢子梗。但是分生孢子着生情况两者又不同，曲霉的分生孢子梗顶端膨大形成顶囊，顶囊的四周或上半部着生一排或两排小梗，小梗末端形成分生孢子链。青霉的分生孢子梗顶端不膨大，但通过多次分枝形成扫帚状，分枝顶端着生小梗，小梗上形成串生的分生孢子（图 3-18）。

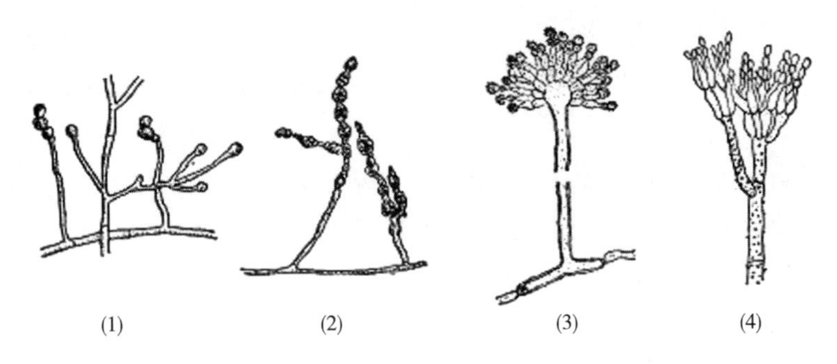

图 3-18 分生孢子示意图

（1）红曲霉的分生孢子 （2）交链孢霉的分生孢子 （3）曲霉的分生孢子 （4）青霉的分生孢子

此外，霉菌还可以通过其他无性孢子繁殖。一些霉菌，如毛霉，特别是总状毛霉（*Mucor racemosus*）常在菌丝中间形成厚垣孢子。少数菌种的菌丝中间会形成许多横隔，然后断裂形成节孢子（arthrospore）（图 3-19）。还有某些毛霉或根霉在液体培养基中，菌丝细胞如同发芽一般产生小突起，经细胞壁紧缩而形成一种形似球状的细胞，这种细胞被称为酵母型细胞，也叫芽孢子（budding spore）。

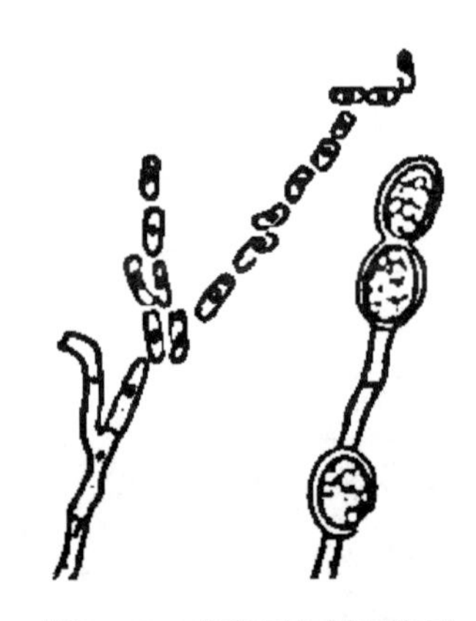

图 3-19 节孢子和厚垣孢子

2. 有性孢子

霉菌的有性繁殖多发生在特定条件下，其有性繁殖分三个阶段，即当两个不同性别的细胞结合后发生质配、核配和减数分裂。

有性繁殖方式因菌种不同而异。对多数霉菌，一般由菌丝分化形成特殊的性细胞（器官）——配子囊或由配子囊产生的配子来相互交配，形成有性孢子。霉菌有性孢子的形成过程十分复杂，但孢子类型大致可归纳为四种：卵孢子、接合孢子、子囊孢子和担孢子。

（1）卵孢子（oospore） 是由两个大小不同的配子囊结合后发育而成的，小型配子囊称雄器，大型配子囊称藏卵器，当雄器和藏卵器交配时，雄器中的细胞质和细胞核通过受精管而进入藏卵器，与卵球配合，卵球生出外壁成为卵孢子（图 3-20）。

（2）接合孢子（zygospore） 是由菌丝生出形态相同或略有不同的配子囊接合而成。两个相邻的菌丝相遇，各自向对方伸出极短的侧枝，称原配子囊，原配子囊接触后，顶端各自膨大并形成配子囊，相接触的两配子囊之间横隔消失，细胞质与细胞核相互结合，形成一个深色、厚壁且较大的接合孢子。同一种菌的两菌丝相接触而形成的接合孢子称为同宗配合。两种具有亲和力的不同菌系的菌丝相接触而形成的接合孢子称为异宗接合（图3-21）。

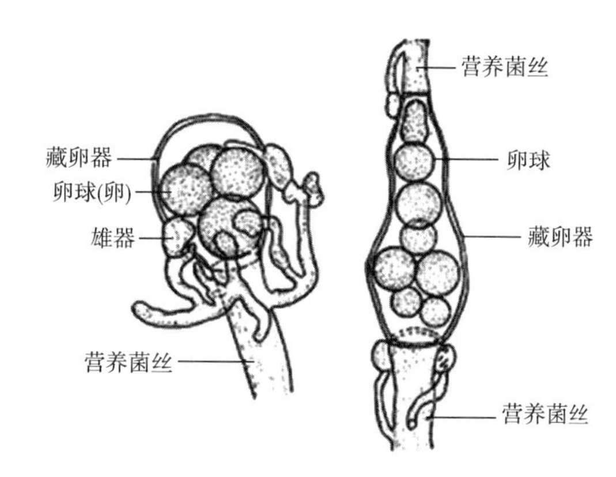

图 3-20　卵孢子

（引自《微生物学》，武汉大学、复旦大学，1987）

（3）子囊孢子（ascospore）　霉菌子囊孢子的形成过程较复杂，首先是两个同一或相邻的菌丝细胞形成两个异形配子囊，即产囊器和雄器，二者进行配合，经过一系列复杂的质配和核配后，形成子囊，子囊中子囊孢子数通常是 2 的倍数，一般为 8 个。霉菌子囊孢子的形态也有很多类型，其形状、大小、纹饰、颜色常是菌种分类的依据。包围子囊的膜称为被子器或子囊果。

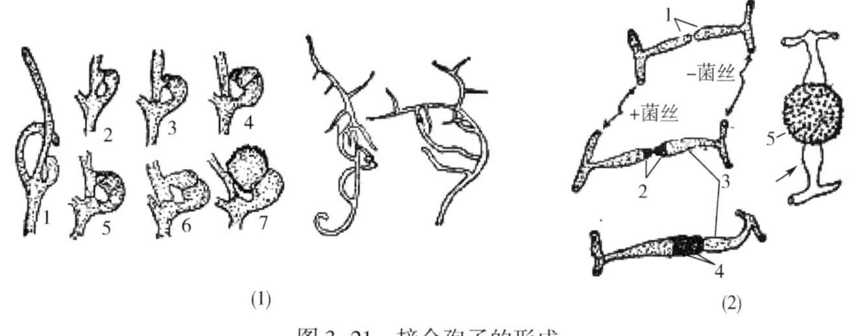

图 3-21　接合孢子的形成

（1）异配囊接合孢子示意图（同宗配合）　1~7—接合孢子的形成过程

（2）匐枝根霉形成接合孢子示意图（异宗配合）

1—原配子囊　2—配子囊　3—配子囊柄　4—配子囊接合　5—接合孢子

（4）担孢子（basidiospore）　担孢子是担子菌的有性孢子，多为圆形、椭圆形、肾形和腊肠形等。在担子菌中，越是高等的担子菌其有性生殖方式越趋于简单，两性器官多退化，多以菌丝结合的方式产生双核菌丝。在双核菌丝的两个核分裂之前可以产生钩状分枝而形成锁状联合，这有利于双核并裂，双核菌丝的顶端细胞膨大为担子，担子内两性细胞核配合后形成一个二倍体细胞核，经减数分裂后形成 4 个单倍体细胞核。同时在担子顶端长出 4 个小梗，小梗顶端膨大，最后 4 个核分别进入小梗的膨大部位，形成 4 个外生的单倍体的担孢子。

3. 霉菌的生活史

霉菌的生活史包括无性阶段和有性阶段，是指霉菌从孢子开始，经过生长和发育，最后又产生同一种孢子的过程。首先，霉菌的菌丝体在适宜条件下产生无性孢子，无性孢子萌发形成新的菌丝体，如此重复多次，形成霉菌生活史的无性阶段。霉菌生长发育的后期，从菌丝体上形成配子囊，经过质配、核配而形成双倍体的细胞核，经过减数分裂形成单倍体的孢子，完成有性阶段。孢子萌发又形成新的菌丝体。

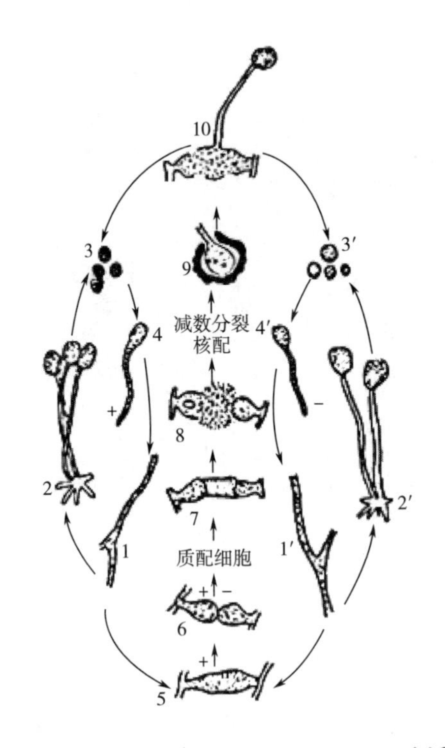

图 3-22 匍枝根霉（*Rhizopus stolonifer*）生活史
1—菌丝 2—假根，孢子囊梗和孢子囊 3—孢囊孢子
4—孢囊孢子萌发 5—原配子囊 6—配子囊 7—原接合孢子囊
8—成熟接合孢子囊 9—接合孢子萌发 10—芽生孢子囊

图 3-22 所示为匐枝根霉的繁殖方式。无性繁殖是由菌丝形成孢囊梗，顶端发育形成孢子囊，囊内生孢子囊孢子，成熟后，孢子囊壁破碎，散出的孢子囊孢子借助风或水进行传播，遇到适宜环境又萌发成菌丝体。有性生殖通过不同性别的两个菌丝各自形成的配子囊，相互接触后，产生接合孢子，在接合孢子的萌发过程中进行减数分裂，并形成芽管，芽管伸长后其顶端又可形成孢子囊，内生孢子囊孢子，孢子萌发又形成菌丝体。毛霉的无性繁殖和有性繁殖阶段与匍枝根霉相似。

4. 霉菌的菌落

霉菌孢子在合适的基质上萌发形成菌丝，菌丝的任何一点几乎都可以发生分枝，分枝不断产生，最终形成有特征性的圆形轮廓的菌落。在菌落发育的后期，菌丝继续向四周蔓延形成棉絮状、蜘蛛网状、毯状或绒毛状的菌落。菌落生长过程中，有的出现同心圆或放射纹。菌落的大小差别较大，在一定的培养时间内有的扩展到整个培养皿（毛霉、根霉、犁头霉），有的呈局限性生长（青霉和曲霉），有的直径只有 1~2cm 或更小。

菌落的颜色也多种多样，一些霉菌可分泌某种色素于菌丝体外，或分泌有机物质呈结晶状附着于菌丝表面赋予菌落特殊的颜色。而且霉菌产生的孢子颜色通常比菌丝深，菌落中心菌丝的生理年龄较菌落边缘的大，菌落从中心到边缘颜色逐渐变浅，正面与反面的颜色也常不一致。霉菌菌丝与培养基间的连接较紧密，不易挑起，外观干燥。霉菌的这些菌落特征常常作为菌种分类鉴定工作中的依据。

四、 发酵工业常用霉菌

1. 毛霉属（*Mucor Micheli ex Fries*）

毛霉由无隔多核的菌丝构成菌丝体，在营养基质上或基质内广泛的蔓延，形成棉絮状。无假根和匍匐枝，孢囊梗直接由菌丝体生出，一般单生，分枝较少或不分枝。分枝大致有两种类型：一为单轴式即总状分枝，一为假轴状分枝（图 3-23）。分枝顶端都有膨大的孢子囊，孢子囊球形。囊壁上常带有针状的草酸钙结晶，囊轴与孢子囊柄相连处无囊托。

毛霉的用途很广，常出现在酒药中，能糖化淀粉并产生少量乙醇，参与白酒、黄酒等的酿造；产生蛋白酶，有分解大豆的能力，我国多用来做豆腐乳、豆豉。许多毛霉可产生草酸，有些毛霉可产生乳酸、柠檬酸、琥珀酸及甘油等，有的毛霉能产生 3-羟基丁酮，产生脂肪酶、淀粉酶、果胶酶、凝乳酶等酶制剂，或是对甾族化合物有转化作用。

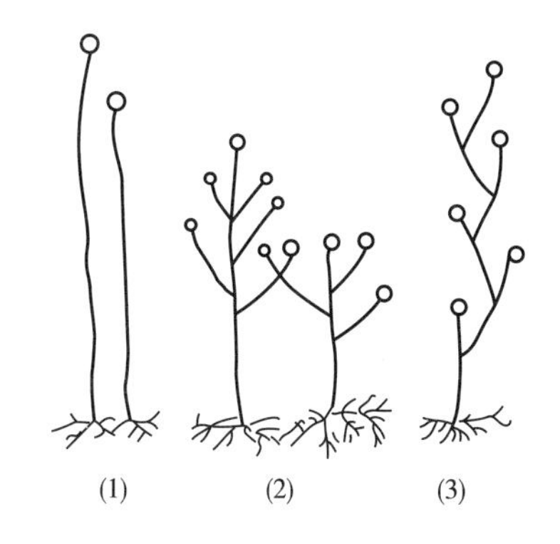

图 3-23　毛霉的分枝类型

（1）单柄　（2）总状分枝　（3）假轴状分枝

常见的菌种有：高大毛霉（*Mucor mucedo*）、鲁氏毛霉（*Mucor rouxianus*）和总状毛霉（*Mucor racemosus*）。

2. 根霉属（*Rhizopus Ehrenberg*）

根霉在培养基上或自然基质上生长时，由营养菌丝体产生匍匐枝，匍匐枝的节间生特有的假根，在假根处对生成簇的孢囊梗，柄的顶端膨大形成孢子囊，囊内生孢子囊孢子。孢子囊内囊轴明显，球形或近球形，囊轴基部与柄相连处有囊托。孢子囊孢子有球形、卵形或不规则形。有性繁殖产生接合孢子。根霉的菌落多呈现蜘蛛网状或棉絮状。

根霉的用途很广，其淀粉酶活力很强，酿酒工业上多用来做淀粉质原料酿酒的糖化菌。在我国最早用它们创立了用淀粉直接发酵生产酒精的阿明诺法。根霉还能产生有机酸如乳酸、琥珀酸，产生芳香的酯类物质。根霉如中华根霉能够发酵产生血栓溶酶、脂肪酶等。根霉也是转化甾族化合物的重要菌类，例如，利用黑根霉通过羟化作用将黄体酮转化为 11α-羟基黄体酮。

常见的根霉属的菌种有：黑根霉（*Rhizopus nigricans*）、匐枝根霉（*Rhizopus stolonifer*）、米根霉（*Rhizopus oryzae*）和华根霉（*Rhizopus chinensis*）等。

3. 梨头霉属（*Absidia*）

梨头霉的菌丝体与根霉相似，有匍匐枝和假根，但孢囊梗散生在匍匐枝中间，不与假根对生，孢囊梗大都是 2~5 成簇。孢子囊顶生，多呈洋梨形，孢子囊基部有明显的囊托，即孢子囊壁与囊轴汇合处呈漏斗状的基部，囊轴锥形、近球形或其他形状。接合孢子着生在匍匐枝上（图 3-24）。

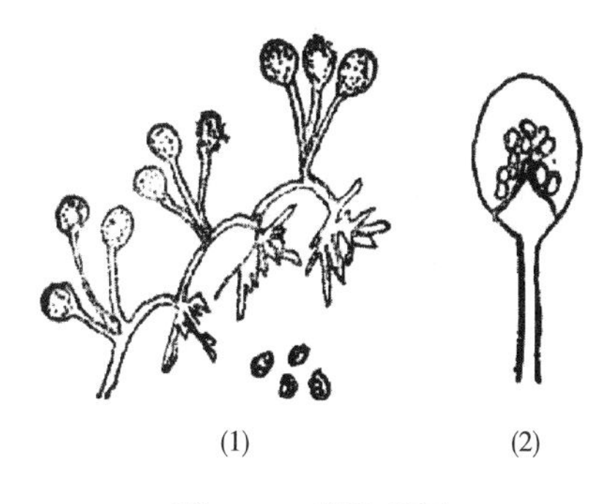

图 3-24　梨头霉属

（1）孢囊梗着生情况　（2）孢子囊

此属菌种常为生产的污染菌，常存在于大曲酒用的块曲中。但有些菌株对甾族化合物有转化作用，例如，蓝色梨头霉（*Absidia coerulea*）可以将莱氏化合物 S 的 11 位进行 β-羟基化生成氢化可的松。

4. 曲霉属（*Aspergillus*）

曲霉的菌丝体由具横隔的分枝菌丝构成，通常是无色的，老熟时渐变为浅黄色至褐色。分生孢子梗从特化了的菌丝细胞（足细胞）生出，顶端膨大形成顶囊，顶囊有棍棒形、椭圆形、半球形或球形。顶囊表面生辐射状小梗，小梗单层或双层，小梗顶端分生孢子串生。分生孢子具各种形状、颜色和纹饰。由顶囊、小梗以及分生孢子构成分生孢子头，分生孢子头具有各种不同颜色和形状，如球形、棍棒形或圆柱形等（图 3-25）。曲霉菌仅少数种形成有性阶段，产生子囊果，是封闭式的，称为闭囊壳、内生子囊和子囊孢子，故有的分类学家将曲霉归为子囊菌纲、曲霉菌目、曲霉菌科，但许多种的有性繁殖不详，归为半知菌类。

曲霉属的菌落呈绒毡状，颜色多样，具有黑、黄、褐、橙、绿等颜色，而且比较稳定，是分类的主要特征之一，其他如分生孢子头和顶囊的形状、大小；分生孢子梗的长度和表面特征；小梗的构成；分生孢子的形态和颜色等均是分类的依据。

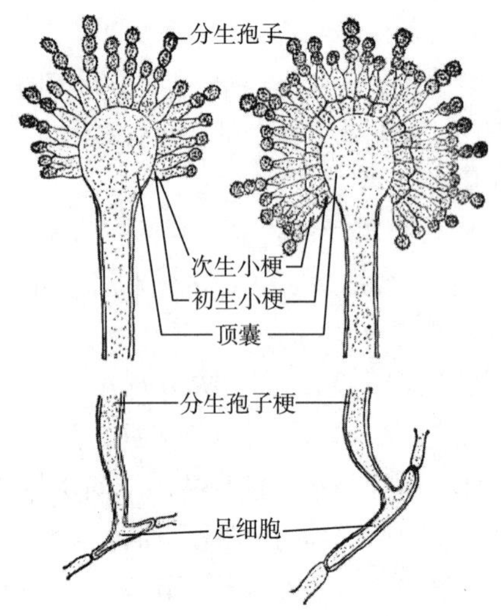

图 3-25　曲霉属各部示意图

曲霉是发酵工业和食品加工工业重要的菌种，用于制酱、酿酒曲、制醋曲、酱油酿造等。现代发酵工业用曲霉生产淀粉酶、蛋白酶、果胶酶、脂肪酶、葡萄糖氧化酶等酶制剂，生产柠檬酸、葡萄糖酸、衣康酸、五倍子酸等有机酸以及甘露醇等。

常见曲霉有黑曲霉（*Aspergillus niger*）、黄曲霉（*Aspergillus flavus*）、米曲霉（*Aspergillus oryzae*）、泡盛曲霉（*Aspergillus awamori*）等。

5. 青霉属（*Penicillium*）

在自然界中分布极为广泛，种类很多，菌落呈现地毯状，属半知菌类。青霉菌的营养菌丝体无色、淡色或具有鲜明的颜色，有隔多核，分生孢子梗亦有横隔，光滑或粗糙，基部无足细胞，顶端不形成膨大的顶囊，而是形成扫帚状的分枝，称帚状枝。这些分枝依其部位有副枝、梗基、小梗等名称。小梗顶端串生分生孢子，分生孢子球形、椭圆形、短柱形或梭形，光滑或粗糙。大部分生长时呈蓝绿色。有少数种产生闭囊壳，内形成子囊和子囊孢子，亦有少数菌种产生菌核。

根据青霉菌帚状体分枝方式的不同，分为四个类群：

（1）单轮生青霉群　帚状枝由单轮小梗构成。

（2）对称二轮生青霉群　帚状枝二列分枝，左右对称。

（3）多轮生青霉群　帚状枝多次分枝且对称。

（4）不对称生青霉群　帚状枝作二次或二次以上分枝，左右不对称（图 3-26）。

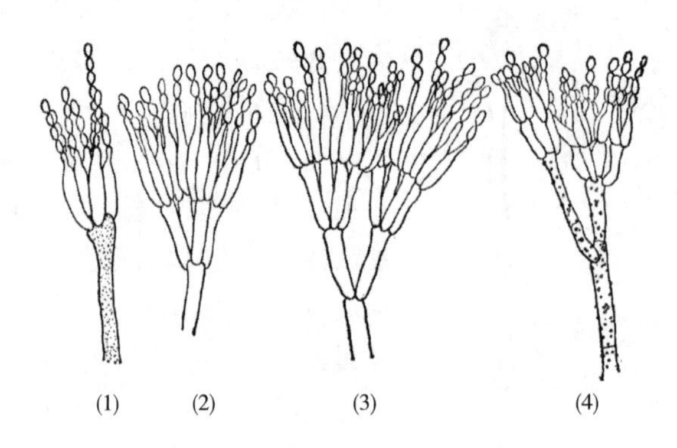

图 3-26　青霉帚状体分支方式

（1）单轮生青霉群　（2）对称二轮生青霉群　（3）多轮生青霉群　（4）不对称生青霉群

青霉在工业上有很高的经济价值。最典型的实用案例是点青霉（*Penicillium notatum*）和产黄青霉（*Penicillium chrysogenum*）生产细菌广谱抗生素—青霉素。灰黄青霉（*Penicillium griseofulvum*）产生灰黄霉素，可以用于治疗真菌感染。青霉中有的种可以产生纤维素酶、磷酸二酯酶等酶制剂，有的种可以产生丙二酸、甲基水杨酸，有的可以实现甾族化合物的生物转化。

6. 木霉属（*Trichoderma Pars. Ex Fr.*）

木霉广泛分布于自然界，属于半知菌纲。木霉在生长时菌落迅速扩展，棉絮状或致密丛束状，菌落表面呈不同程度的绿色。菌丝透明，有隔，分枝繁复，分生孢子梗为菌丝的短侧枝，其上对生或互生分枝，分枝上又可继续分枝，形成二级、三级分枝，分枝末端即为小梗，瓶状，束生、对生、互生或单生，分生孢子由小梗相继生出，靠黏液把它们聚成球形或近球形的孢子头。分生孢子近球形、椭圆形、圆筒形或倒卵形，壁光滑或粗糙，透明或亮黄绿色（图 3-27）。

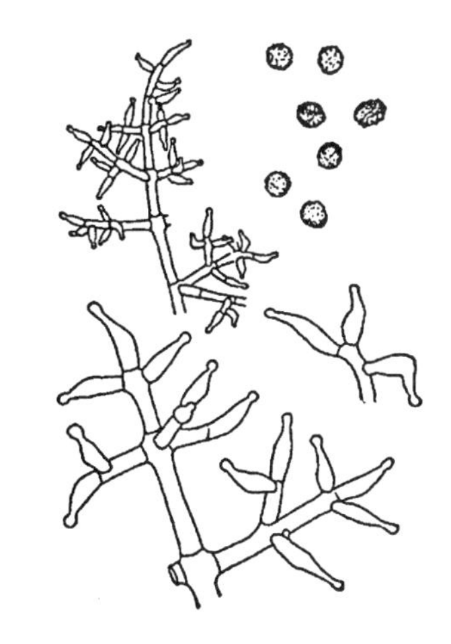

图 3-27　绿色木霉的分生孢子梗、小梗和分生孢子

代表菌有绿色木霉（*Trichoderma wiride*）、康氏木霉（*Trichodermaa koningi*）。

木霉具有较强的纤维素分解能力，在木质素、纤维素丰富的基质上生长快，传播蔓延迅速，棉籽壳、木屑等都是其良好的营养物，因而木霉可用于生物质的综合加工利用。木霉可发酵生成多种酶组分，尤其是纤维素酶含量很高，在工业上用作纤维素类酶的生产菌株。木霉也是重要的生防制剂、生物肥料、土壤改良剂的来源。

思考题

1. 除了核染色体，真核微生物还有哪些核外遗传物质？这些核外遗传物质有何用途和开发价值？
2. 真核微生物线粒体的功能是什么？如果酿酒酵母的线粒体缺失或受损，对菌体生长有何影响？
3. 酵母和霉菌的原生质体如何制备？制备原生质体的目的是什么？
4. 如何观察酵母和对酵母细胞进行计数、大小的测定？
5. 霉菌如何观察？分生孢子的形态和排列方式如何观察？
6. 葡萄、苹果等水果腐烂变质的过程中发生了哪些变化？为什么会散发酒味？
7. 原浆啤酒为何保质期短，放置一段时间后容器底部为何会出现乳白色沉淀？
8. 哪些细胞器参与了霉菌菌丝的延伸生长？为什么有些霉菌长时间培养后菌落中间会出现塌陷？
9. 为什么霉菌菌落会呈现出不同的形态和颜色？
10. 酵母和霉菌都有哪些重要的代谢产物？想要获得纤维素酶生产菌株，应该怎样进行筛选和鉴定？

CHAPTER

第四章 病毒 4

本章学习重点

1. 病毒的特点、化学组成及分类。
2. 烈性噬菌体的复制过程。
3. 病毒的一步生长曲线及从中获得的两个重要参数。
4. 温和噬菌体的存在形式及溶源菌的检测方法。
5. 噬菌体效价及测定方法可以通过双层平板法进行测定。
6. λ 噬菌体和丝状噬菌体作为基因工程载体的优点。
7. 噬菌体在原核微生物基因重组中发挥的作用。

病毒是一种结构简单的非细胞生物，从古至今它一直与人类的生活息息相关。在人类认识病毒之前，由病毒引起的多种疾病就已经给人类带来了巨大的打击。公元 165—180 年和 251—266 年的两次大规模麻疹和天花流行，严重削弱了古罗马帝国的国力。16 世纪，经历过天花并对其具有一定免疫力的欧洲殖民者在发现新大陆的同时将天花病毒带给了美洲土著居民，未接触过天花病毒的印第安人遭到了毁灭性的打击，以美洲休伦族土著居民为例，仅十年间其人口就由 32 000 减少到 10 000。

1884 年 Chamberland 发明细菌滤器后，Ivanowski 和 Beijerinck 证明引起烟草出现花叶病的病原是一种极小的、能够通过细菌滤器的病毒——烟草花叶病毒（Tobacco mosaic virus，TMV），Loeffler 和 Frosch 以及 Reed 又相继发现牛口蹄疫和人类黄热病也都是由滤过性病毒引起的。20 世纪 30 年代发明的电子显微镜很快被用于病毒学的研究，1940 年 Kausche 等首先使用电镜观察到 TMV 的杆状外形。Hershey 和 Chase 于 1952 年利用同位素证实噬菌体的遗传物质只含有 DNA 的著名实验，将人类带入病毒的分子生物学研究阶段。随着研究的深入，病毒学已经成为现代微生物学的一个重要分支，病毒学的研究进展还为基因工程技术的发展提供了有力的支持。

通常我们认为病毒可引起疾病。然而，病毒也可以为人类所利用，在治理富营养水体的藻类时，可以采用引起藻类自溶的病毒来抑制藻类生长。在一些欧美国家，细菌病毒被用于治疗由细菌引起的感染。如 2006 年，美国食品和药物管理局批准了一种防止李斯特菌病的新方法：

喷洒攻击并消灭在即食冷餐和午餐肉上的细菌的病毒。实践证明，一些细菌病毒可以作为食品添加剂使用，这种方法是安全的，因为病毒只攻击李斯特菌单核细胞而不是人类细胞。总之，研究和掌握病毒学对于保护人类的身体健康，促进农、林、渔、牧等产业的发展和保护自然环境等都有着非常重要的意义。

第一节　概述

一、病毒的概念和特性

病毒在英文中写作“Virus”，它是由拉丁文中“*virus*”一词演化而来，即“有毒的物质”的意思。病毒是一种结构简单，能够自我复制并具有侵染性的独特非细胞生物体。现代病毒学家把病毒这类非细胞生物分成真病毒（Euvirus，简称病毒）和亚病毒（Subvirus）两大类：

非细胞生物
- 真病毒：至少含有核酸和蛋白质两种成分
- 亚病毒
  - 类病毒：只含具有独立侵染性的 RNA 组分
  - 拟病毒：只含不具独立侵染性的 RNA 组分
  - 朊病毒：只含单一蛋白质组分

本章主要对（真）病毒作一介绍。一般来说，完整的病毒粒子（virion），简称为毒粒，由蛋白外壳包裹一个或多个 DNA 或 RNA 分子构成。病毒通常以感染态和非感染态两种形式存在，具有在活细胞内专性寄生的特点，它的繁殖需要进入细胞，依赖宿主的代谢系统合成自身所需的蛋白质并复制病毒核酸，从而完成毒粒的装配，实现自身的繁殖。在体外的病毒粒子不表现任何生命特征，但是却可以长时间保持生物活性，一旦时机成熟便侵入细胞进行繁殖。

因此，病毒是一类既具有化学大分子属性，又具有生物体基本特征；既具有细胞外的感染性颗粒形式，又具有细胞内的繁殖性基因形式的独特生物类群。

病毒以其结构简单、特殊的繁殖方式以及严格的活细胞内寄生，显著区别于其他生物。具体地说，病毒具有以下独特的生物学性质：①个体微小，在电子显微镜下才能看见；②无细胞结构，仅为核酸包覆蛋白质外壳中的病毒粒子；③每一种病毒只含有一种核酸，DNA 或者 RNA；④既无产能酶系，也无蛋白质和核酸合成酶系，只能利用宿主细胞内现成的代谢系统来合成自身的核酸和蛋白质组分，因此，只能在活细胞内专性寄生；⑤独特的繁殖方式，病毒不存在个体生长和二等分裂等细胞繁殖方式，病毒是通过核酸复制和蛋白质合成，然后再装配的方式进行增殖的；⑥在离体条件下，能以无生命大分子的状态存在，并保持其侵染性；⑦对大多数抗生素不敏感，但对干扰素敏感。根据以上特点，可以认为病毒是超显微的、没有细胞结构的、专性活细胞内寄生物。

二、病毒的分类

病毒的分类主要依据包括宿主的性质（动物、植物、细菌、昆虫和真菌等）、核酸的特征（DNA 还是 RNA、双链还是单链、分子量等）、粒子的形状和大小、基因组、复制和释放的方式、致病性和临床表现以及传播方式等。

1996 年国际病毒分类委员会（International Committee on Taxonomy of Viruses，ICTV）提出了 38 条新的病毒命名规则，新的规则以目（order）、科（family）、属（genus）、种（species）为分类等级。目由具有共同特征的科组成，词尾为“virales”。科由具共同特征的属组成，词尾为“viridae”，科与属之间如设有亚科，则词尾为“virinae”。属由具共同特征的种组成，词尾为“virus”，在建立一个新属时必须有这一属的代表种。病毒种的命名必须有明确的含意，用较少的实意词组成，如：痘病毒（Poxviruses）包含在痘病毒科“Poxviridae”中，痘病毒属“Orthopoxvirus”又包含几个痘病毒种，比如天花（Variola）、牛痘（Vaccinia）和乳牛痘（Cowpox）等。

病毒的命名和书写一般不采用拉丁文双名法，而是英文或英文化的拉丁文，只用单名，书写用正体，首字母大写。

第二节　病毒的形态结构和化学组成

一、病毒的形态结构

1. 病毒的形状和大小

在过去的十几年中，已发现的病毒有数千种之多，它们不仅大小差别甚远且形状各异。大者如牛痘病毒，直径约 400nm，小者如 φX174、f2 噬菌体，直径仅约 24nm。

病毒粒子的形状虽然形形色色，但大致可分为球形或拟球形（如大多数动物病毒）、杆状（如植物病毒和昆虫病毒）、蝌蚪状（如 *E. coli* T 偶数噬菌体）、砖块状（痘病毒）、子弹状（狂犬病毒）和丝状（如 *E. coli* f1，fd，M13 噬菌体）等，病毒与其他生物形态大小的比较如图 4-1 所示。

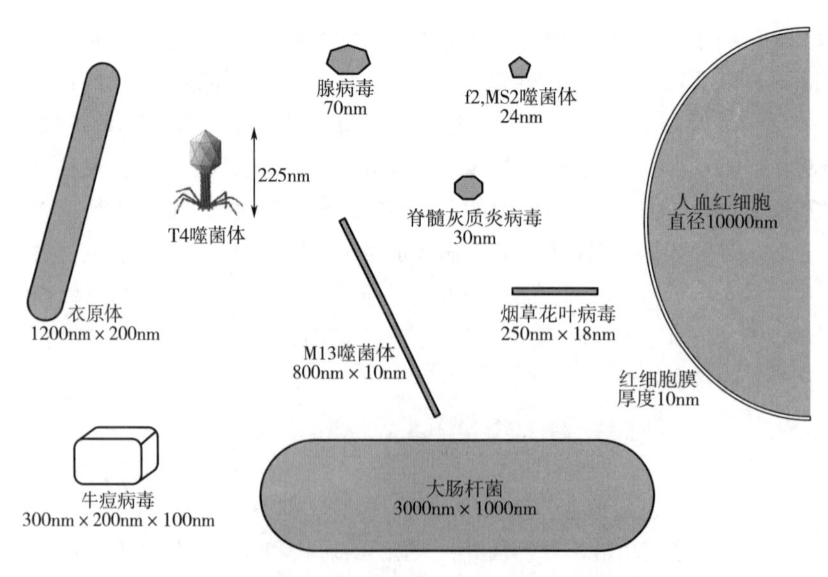

图 4-1　病毒的形态和大小

单个的病毒粒子无法用肉眼或光学显微镜观察到（少数大型病毒除外，如牛痘苗病毒，其直径已经超过250nm，通过姬姆萨、维多利亚蓝、荧光染料或镀银法染色后，可在光学显微镜下观察），但当它们大量聚集在一起时便会表现出一定的可用肉眼或光镜观察的群体特征，如动植物细胞中的病毒包涵体（inclusion body），动物病毒在宿主单层细胞培养物上形成的空斑（plaque），植物病毒在植物叶片上形成的枯斑（lesion），以及细菌病毒（即噬菌体）在菌苔上形成的噬菌斑（plaque）等。病毒的群体集落特征对于病毒的分离、纯化和鉴别等工作具有重要的意义。

2. 病毒的基本结构

病毒的基本成分是蛋白质和核酸。核酸位于粒子中心又称核心（core）或基因组（genome）。蛋白质分子包在核酸的周围，形成衣壳（capsid），衣壳是由许多蛋白质亚单位——衣壳粒（capsomere 或 capsomer）构成的。衣壳和核酸合称为核衣壳（nucleocapsid），它是任何（真）病毒所必需的基本构造，有些病毒的核衣壳外面还有包膜（envelope），包膜的主要成分是脂质、蛋白和糖类，它是病毒以出芽（budding）方式成熟时，由细胞膜衍生而来的，具有保护核衣壳的作用，同时也是这种病毒感染性和专一性的结构基础。还有一些病毒的包膜上生有刺突（spike）等其他结构。病毒粒子的模式构造如图 4-2。

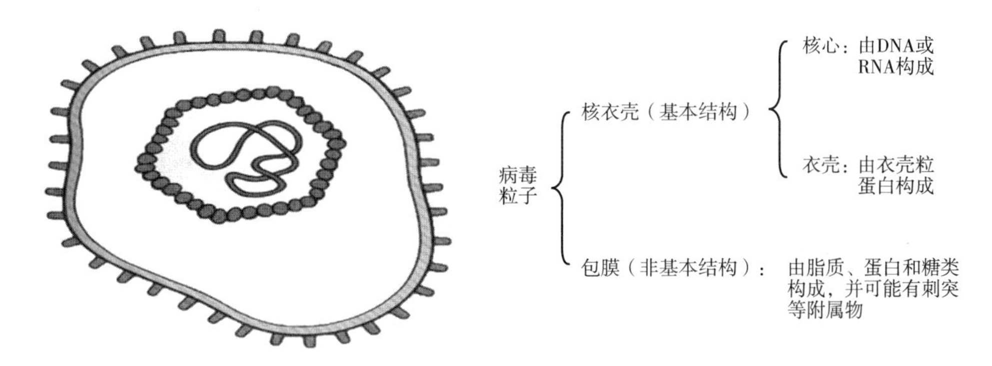

图 4-2 病毒粒子的模式构造

3. 几种典型病毒衣壳的结构

（1）螺旋对称衣壳病毒　烟草花叶病毒在病毒发展史上具有独特的地位，它是发现最早和研究得最清楚的一种病毒，并已成为具有重要代表意义的模式植物病毒，它的衣壳结构是典型的螺旋对称。

烟草花叶病毒的外壳由 2130 个相同的蛋白亚基（每个亚基有 158 个氨基酸）以逆时针方向作螺旋状排列形成一个内径为 4nm 的刚性长管。长管共有螺旋 130 圈，每一圈螺旋含 16.3 个亚基，总长 300nm，外径 15nm。其核酸为 ssRNA（含 6390 个核苷酸），也以相等的螺距螺旋式盘绕于外壳内，并嵌于外壳蛋白亚基形成的凹槽内，每 3 个核苷酸与 1 个蛋白亚基相结合。烟草花叶病毒螺旋衣壳示意图见图 4-3。

图 4-3 烟草花叶病毒螺旋衣壳示意图

螺旋型衣壳可以用螺旋长度、螺旋的内径和外径、螺距及每一圈螺旋所含蛋白质亚基数目等参数来描述。亚基的形状、大小和亚基之间作用的方式决定了衣壳的直径，衣壳的长度则是由核酸的长度决定的，衣壳几乎总是和核酸一样长。

流感病毒的衣壳也是螺旋对称的，核心是单链的 ssRNA。核衣壳外面有基质蛋白，位于包膜与核衣壳之间。与烟草花叶刚性的螺旋衣壳不同，流感病毒的衣壳是细长而柔软的，整个核衣壳折叠在圆形的包膜中，包膜含有刺突蛋白，决定了流感病毒亚型划分的依据。

（2）二十面体对称衣壳病毒　当立体结构的表面积一定时，二十面体则具有最大的容积。组成病毒衣壳的蛋白通常是由很少的基因，有时甚至只由一个基因进行编码，而一个病毒衣壳常常需要成千上万个衣壳蛋白来组成。如果将编码蛋白的基因比作“砖头加工厂”，而将病毒衣壳比作“大厦”的话，可以更为生动的说明“大厦”在建造时采用二十面体这种对建筑材料数量要求最少的结构是多么必要。这可能就是很多病毒都具有二十面体结构衣壳的原因，动物的腺病毒（Adenovirus）就是二十面体衣壳的典型代表，其直径为70~80nm，衣壳由252个球状衣壳粒组成，包括12个五邻体（分布在12个顶角上的衣壳粒）和240个六邻体（分布在棱上和面上的非顶角衣壳粒）。每个五邻体上各有一条称为刺突的长度为10~30nm的纤维突起。腺病毒的核心为线状双链 DNA（dsDNA），核酸分子以高度卷曲的状态存在于衣壳内。图4-4是腺病毒的电镜照片和二十面体示意图。

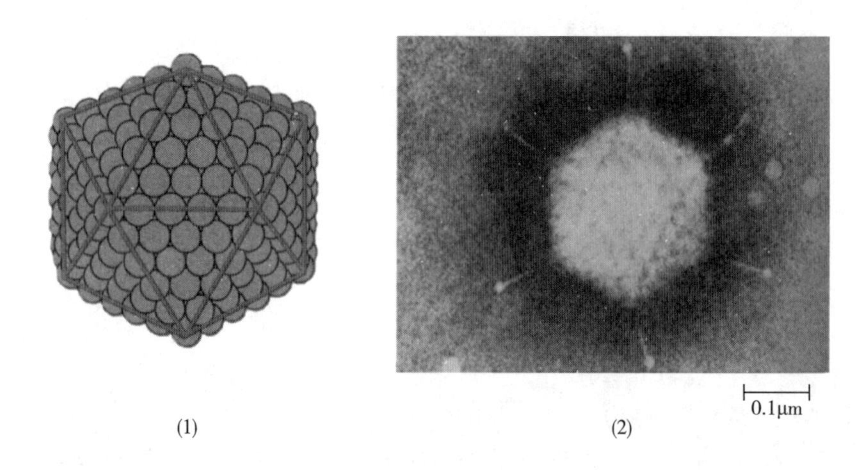

图4-4　腺病毒

（1）二十面体示意图　（2）腺病毒的电镜照片

二十面体衣壳（icosahedral capsids）在形成时通常是由五边形衣壳粒（pentamer，又称五邻体）和六边形衣壳粒（hexamer，又称六邻体）组成的，其中五边形衣壳粒由五个蛋白质亚基组成，分布在二十面体的顶点；而六边形衣壳粒由六个蛋白质亚基组成，分布在二十面体的边和面中。在大多数植物和 RNA 型细菌病毒的衣壳中，五边形衣壳粒和六边形衣壳粒是由同一种蛋白质亚基组成的。但是在腺病毒中，组成这两种形状衣壳粒的蛋白质亚基是不同的。

衣壳粒之间是以非共价键结合的，组成五边形或六边形衣壳粒的蛋白质之间的结合强度要高于衣壳粒之间的结合强度。空的衣壳会解离成为游离的衣壳粒。

最近的研究发现了仅由五边形衣壳粒组成的二十面体病毒，一种小型的双链 DNA 多瘤病毒 SV40（simian virus 40），它是由 72 个中空的五边形圆柱体衣壳粒构成的。其中 12 个衣壳粒分布在顶点，另外 60 个衣壳粒分别排布在二十面体的边和面上。

（3）复合对称衣壳病毒　自然界中也有一些病毒的衣壳同时具有上面介绍的两种对称结构，如 *E. coli* 的 T 偶数（even type）噬菌体。T 偶数噬菌体主要由头部、颈部和尾部组成，其中头部为二十面体对称结构而尾部为螺旋对称结构，因此是复合对称结构的衣壳。以 T4 噬菌体为例（图 4-5），其头部长 95nm，宽 65nm，在电镜下呈椭圆形的二十面体，由 212 个直径为 6nm 的衣壳粒组成，一条长约 50nm 的线状 dsDNA（大小为 1.66×10^6bp）折叠盘绕于头部的核心。头部与尾部相连处的结构称为颈部，由颈环和颈须组成。颈环为六角形的盘状结构，直径 36~37.5nm，其上附有 6 根颈须，它的功能是裹住吸附前的尾丝。尾部包括尾管（或称尾髓）、尾鞘、基板、刺突和尾丝 5 个部分。管状的尾长约 95~125nm，直径 13~20nm，由一个内径约 2.5nm 的中空尾管及外面包着的蛋白质外鞘（叫作尾鞘）组成。尾鞘由 144 个蛋白质亚基（分子质量为 55 000u）呈螺旋状排列形成 24 圈螺旋。尾管为尾部的中央部分，是一个中空的管状物，也由 24 圈螺旋组成，恰与尾鞘上的 24 圈螺旋相对应，是头部核酸注入细胞时的通道。尾部末端还附有基板、刺突和尾丝。基板为六角形的盘状结构，直径 30.5nm，中空，上面长有 6 个刺突和 6 根尾丝。刺突长 20nm，有吸附功能。尾丝长 140nm，可以折成等长的两段，静态时尾丝缠绕在尾部的中部或由颈须缠牢，而当与宿主细胞表面的特异受体接触后，尾丝散开并能专一性地吸附到宿主细胞表面的相应受体上。

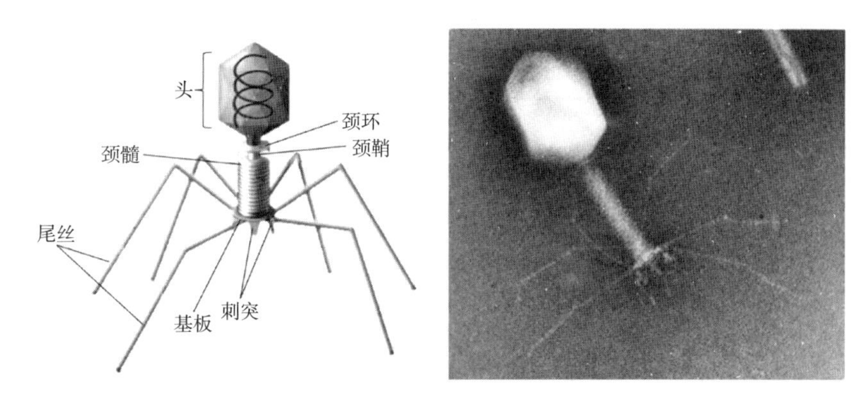

图 4-5　T4 噬菌体的结构示意图和电镜照片

二、病毒的化学成分

1. 病毒的核酸

病毒的核酸通常有四种类型（表 4-1）：单链 DNA（ssDNA）、双链 DNA（dsDNA）、单链 RNA（ssRNA）、双链 RNA（dsRNA）。这四种核酸类型在动物病毒中都已发现，植物病毒通常含有单链 RNA 基因组，而噬菌体核酸通常为双链 DNA，但也有一些噬菌体含单链 DNA 或单链 RNA。病毒遗传物质的大小也有很大差异，最小的基因组（MS2 和 Qβ 病毒）为 1×10^6u，仅能编码 3~4 种蛋白质。而 T-偶数噬菌体、疱疹病毒及牛痘病毒等的基因组却大到 $(1.0\sim1.6)\times10^8$u，能够合成 100 多种蛋白。

表 4-1　　　　病毒的核酸类型

核酸类型	核酸结构	病毒举例
DNA		
单链	线状单链	细小病毒
	环状单链	φX174，M13，fd 噬菌体
双链	线状双链	疱疹病毒、腺病毒、T 系大肠杆菌噬菌体、λ 噬菌体
	有单链裂口的线状双链	T5 噬菌体
	有交联末端的线状双链	痘病毒
	闭合环状双链	乳多空病毒、PM2 噬菌体、花椰菜花叶病毒、杆状病毒
	不完全环状病毒	嗜肝 DNA 病毒
RNA		
单链	线状、单链、正链	小 RNA 病毒、披膜病毒、RNA 噬菌体、烟草花叶病毒、大多数植物病毒
	线状、单链、负链	弹状病毒、副黏病毒
	线状、单链、分段、正链	雀麦花叶病毒（多分体病毒）
	线状、单链、二倍体、正链	逆转录病毒
	线状、单链、分段、负链	正黏病毒、布尼亚病毒、沙粒病毒
双链	线状、双链、分段	呼肠弧病毒、噬菌体 φ6、许多真菌病毒

2. 病毒的蛋白质

（1）衣壳蛋白　衣壳蛋白占病毒蛋白质成分的绝大部分。蛋白质亚基是构成衣壳蛋白的最小单位，由其组成的衣壳粒按照一定的排列规则形成病毒的衣壳。衣壳对其中包裹的核酸具有保护的作用，而且当病毒没有包膜结构时，衣壳参与病毒对宿主的吸附、侵染等活动，衣壳的组成决定了病毒对宿主的专一性和病毒的抗原性。

（2）包膜蛋白　许多动物病毒和一些植物病毒以及至少一种细菌病毒（φ6 噬菌体）都被证明在其衣壳外面存在包膜结构。动物病毒包膜通常由宿主细胞膜或核膜形成。包膜的脂质和碳水化合物是正常的宿主组成成分，而包膜蛋白却是由病毒基因编码形成的，甚至可以伸出包膜表面形成刺突或包膜粒（peplomers）。这些刺突可以参与病毒对其宿主细胞表面的黏附，由于病毒的刺突各不相同，因而可以作为病毒鉴定的依据。

流感病毒是一个研究得比较清楚的包膜病毒。它的刺突伸出病毒表面 10nm，相互间隔 7～8nm，一些刺突中含有唾液酸苷酶，能够帮助病毒侵入呼吸上皮细胞黏液层进而到达宿主细胞。另一些刺突含有血凝素蛋白，参与病毒对宿主的进攻，因其能使毒粒黏附在血红细胞膜上并引起凝血而得名。暴露在包膜表面以外的刺突蛋白通常为糖蛋白，目前又在包膜的内表面发现了一种没有糖基化的蛋白（M 或 matrix 蛋白），它具有帮助固定包膜的作用。

（3）病毒中的酶类　病毒中的酶也是病毒蛋白组成的一个重要部分。虽然病毒缺乏真正的代谢，也不能独立复制出活的个体，但是它们却具有一种或多种完成其生活周期所必需的酶。多数病毒的酶位于衣壳内，其中许多酶参与核酸的复制，例如，流感病毒以 RNA 作为其遗传物质，并携带依赖 RNA 的 RNA 聚合酶作为 RNA 转录酶，并在 RNA 基因组的指导下完成 mRNA 的合成。也有些病毒的酶位于包膜或衣壳上（例如流感唾液酸苷酶），协助病毒的侵染。

3. 病毒的其他化学成分

病毒的包膜中含有丰富的磷脂和胆固醇，它们来源于复制病毒的宿主细胞，其成分与宿主细胞的相应结构相同。少数无包膜的病毒，如 λ 噬菌体、T 系噬菌体和虹彩病毒科（Iridoviridae）中的一些成员的病毒粒子中也存在脂类。病毒的包膜中还含有糖类，一些复杂病毒还具有糖基化的衣壳蛋白等其他糖成分，这些糖类也是由宿主细胞合成。此外，还发现在一些病毒粒子中存在有机阳离子（如丁二胺、精胺）和无机阳离子，但它们的作用和机制尚不清楚。

第三节 病毒的培养与计数

由于病毒无法在体外增殖，因此它们无法像微生物细胞那样培养。一般情况下，可将病毒与宿主细胞混合培养在液体培养基中，一段时间后，病毒不断感染宿主细胞导致宿主细胞裂解，释放出病毒粒子。动物病毒的培养则需要将病毒接种在合适的宿主动物或者利用胚胎培养（例如鸡的胚胎）。动物病毒也可以通过组织细胞进行培养，这些组织细胞在培养皿中单层贴壁生长，被病毒感染的细胞裂解后会在平板下形成透明斑。此外，具有细胞病变效应的动物病毒也可在动物组织中被检测到。

植物病毒可通过植物组织、植物细胞或其原生质体等各种各样的方式进行培养。植物叶子通过机械方式如揉搓等方式破损后，与病毒粒子混合后，病毒粒子通过破损的细胞壁进入细胞膜，侵染植物细胞。被感染的部分由于细胞的快速死亡出现坏斑，如烟草花叶病毒。

病毒的计数同样非常重要，最直接的病毒计数方式是利用电子显微镜计数，但是这种方式需要病毒浓度较大且过程较为繁琐。另一种直接计数病毒的方法是利用荧光显微镜，该方法需要在计数之前对病毒进行荧光染色。此外也可以利用定量 PCR 的方式通过病毒核酸计量来对病毒进行定量。

细菌病毒可以通过噬菌斑法间接进行计数，通常采用双层平板法计数单位体积样品形成的噬菌斑数量，这种方法与利用菌落计数测定微生物浓度十分相似，所不同的是测定平板上的噬菌斑数量，即噬菌体通过侵蚀宿主细胞在菌苔上形成“负集落”的数量。双层平板法是一种被普遍采用的滴度测定方法，与斑点实验法、液体稀释管法、单层平板法相比更加精确。滴度（titer）是指每毫升样品中含有的侵染性病毒粒子的数量，又称病毒的效价。双层平板法是先在培养皿中浇注一层含 2% 琼脂的底层培养基，然后在含 1% 琼脂的上层培养基（先融化并冷却到 45℃左右）中加入浓度较高的对数期敏感菌和一定体积的噬菌体样品，混匀后平铺在已经凝固的底层培养基上，保温培养 10h 左右即可计数噬菌斑（图 4-6）。

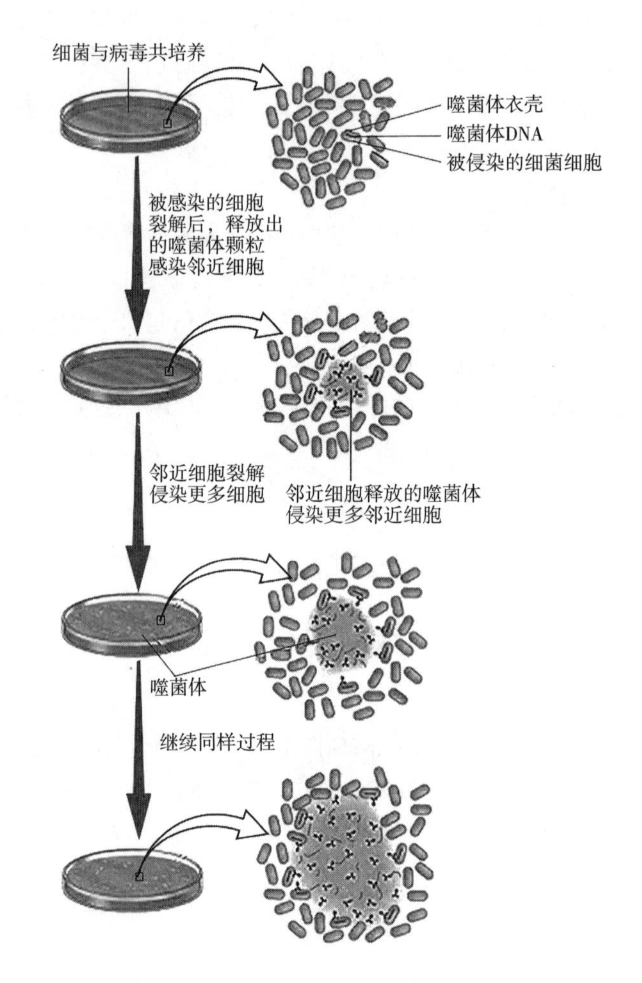

图 4-6 双层平板法测噬菌体效价

（引自 *Brock Biology of Microorganisms*. 9th ed. 2000）

第四节 噬菌体

噬菌体是目前研究得最为深入，在分子水平上了解最为透彻的一种病毒。

一、 噬菌体的分类

宿主种类、免疫学关系等常被作为噬菌体分类的依据，但最主要的分类依据还是噬菌体的形态和核酸特性。噬菌体的遗传物质可以是 DNA，也可以是 RNA，已知的大部分噬菌体的遗传物质是 dsDNA。多数噬菌体可以按照其形态分为以下几类：无尾二十面体型、收缩尾型、非收缩尾型和丝状噬菌体。其中结构最复杂的是收缩尾型噬菌体，例如 *E. coli* 的 T 偶数噬菌体。也有部分噬菌体具有包膜结构。

二、 噬菌体的复制周期

1. 双链 DNA 噬菌体的复制

E. coli 的 T 偶数噬菌体是双链 DNA 病毒的一类，具有收缩性尾部，是已知病毒中最复杂的一类。DNA 噬菌体在宿主细胞内复制后，宿主细胞裂解并释放新噬菌体，这种以宿主细胞裂解和释放新病毒为终点的生活周期称为裂解性生活周期。

（1）一步生长实验　1939 年，Pelbrück 和 Ellis 成功地进行了噬菌体的一步生长实验，这标志着现代噬菌体研究的开始。在一步生长实验中，数量庞大的噬菌体群复制几乎同步，因此可以对复制过程中的分子行为进行跟踪观察。实验中，将适量噬菌体接种于培养好的高浓度敏感细胞中，如 *E. coli*，使每个敏感细胞至多只能吸附到一个噬菌体。经数分钟吸附后，将噬菌体-敏感细胞的混合培养物进行高倍稀释或加入抗病毒抗血清以中和那些在给定时间内未能与敏感细胞吸附的噬菌体，从而使已吸附的噬菌体建立同步感染。然后培养物在适宜温度下继续培养，并定时取样，测定样品中噬菌体的滴度。以感染时间为横坐标，噬菌体滴度为纵坐标，绘制定量描述烈性噬菌体生长规律的实验曲线，称为一步生长曲线（one-step growth curve）（图 4-7）。

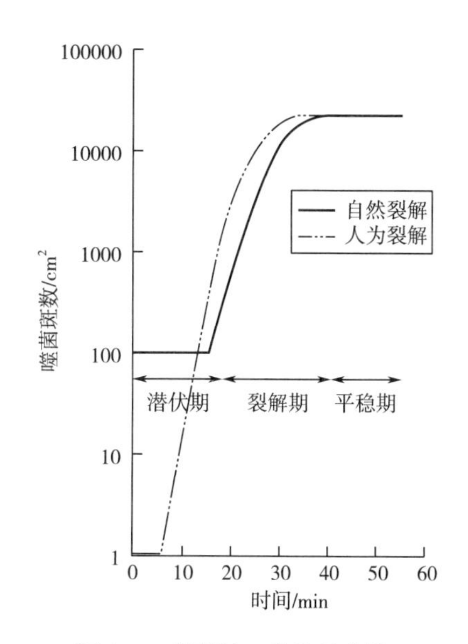

图 4-7　噬菌体一步生长曲线

一步生长曲线展示了噬菌体生长的不同阶段：首先是潜伏期（latent period），这一阶段没有病毒粒子释放，在这一阶段前期，通过对宿主菌进行人工裂解，发现裂解液中并不含有完整的具侵染性的病毒粒子，在感染前可被检测到的病毒粒子此时消失，进行自身核酸和蛋白的合成等工作，不具有侵染性，这个初始阶段称为隐蔽期（eclipse period）。在隐蔽期末，完整的、具有侵染能力的噬菌体形成，且数量开始增加，宿主细胞即将裂解，这一时期也被称为胞内累积期（intracellular accumulation phase）。接下来进入裂解期（rise period），宿主细胞迅速裂解并大量释放侵染性噬菌体。最后到达平稳期（plateau period），此时不再有病毒粒子释放。

通过对不同病毒的一步生长曲线进行分析，可以获得病毒繁殖的两个重要参数：裂解量（burst size）和潜伏期。其中裂解量是每个受侵染的细胞所产生的子代噬菌体的数目，裂解量可按照式（4-1）计算。不同病毒的裂解量有所不同，噬菌体的裂解量一般为几十至上百个，动物病毒和植物病毒的裂解量可达数百甚至上千个。潜伏期是从噬菌体吸附于宿主细胞表面到子代噬菌体释放所需的最短时间，噬菌体的潜伏期很短，以分钟计，动物病毒和植物病毒的潜伏期较长，以小时或天计。

$$\text{裂解量} = \text{全部释放的子代噬菌体数目} \div \text{被侵染的敏感细胞数目} \qquad (4-1)$$

（2）噬菌体的复制过程　T_4噬菌体是 *E. coli* 的 T 偶数噬菌体中目前研究得较为深入的一种，下面将主要以其为例介绍噬菌体的完整复制过程。

①吸附和侵入：噬菌体并非随机吸附于宿主表面，而是黏附在一些特殊的受体位点

(receptor site)，不同种类的噬菌体的受体位点不同。细胞壁上的脂多糖、蛋白质、磷壁酸，以及鞭毛和菌毛都可以成为吸附位点，如 *E. coli* 的 T 偶数噬菌体就将细胞壁脂多糖或蛋白质作为受体位点。不同的吸附位点是噬菌体同宿主相互选择的因素之一。

T 偶数噬菌体的吸附和侵入需要多种尾部结构的支持（图 4-8）。噬菌体对宿主的吸附始于尾丝对相应受体位点的触碰，紧接着更多尾丝同吸附位点接触，随后基板将固着于细胞表面。吸附过程可能是由静电相互作用引发，受到 pH 和金属离子（如 Mg^{2+}，Ca^{2+} 等）的影响。当尾板在细胞表面牢固附着之后，尾板和尾鞘将发生构象变化，尾鞘呈柱状收缩，尾鞘通过变粗变短而促使尾管（或尾腔）推入细菌的细胞壁，尾鞘中含有的 ATP 为收缩提供能量。最后，尾管同原生质膜相互作用形成一个孔使 DNA 能够通过，同时头部的核酸通过尾管注入宿主细胞。其他类型噬菌体的侵入机制同 T 偶数噬菌体可能有所不同，目前还没有进行深入研究。

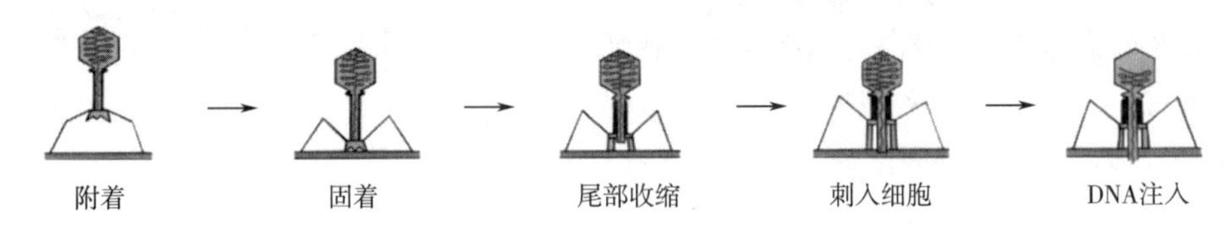

图 4-8　T4 噬菌体吸附和侵入宿主细胞

②噬菌体大分子的合成：噬菌体 DNA 注入宿主细胞后不久，宿主细胞自身的 DNA，RNA 和蛋白质的合成便会中止，转而合成病毒复制所需的成分。*E. coli* 的 RNA 聚合酶在 2min 内启动，开始合成病毒 mRNA，这些 mRNA 和所有其他早期 mRNA（early mRNA，在噬菌体 DNA 复制前转录的 mRNA）将引导蛋白和一些酶的合成，这些蛋白和酶将接管宿主细胞并合成病毒核酸。一些早期的病毒特异性酶将宿主 DNA 降解成核苷酸，这样既可以阻止宿主细胞的表达，又可以为病毒 DNA 的合成提供原料，其他的早期蛋白和一些随噬菌体 DNA 注入的头部蛋白将对宿主细胞 RNA 聚合酶进行修饰，随后该聚合酶将会去识别病毒的 DNA 启动子，而不是像原先那样识别宿主的 DNA 启动序列，这样病毒基因就比宿主基因获得了优先转录权。在 5min 内，病毒 DNA 开始复制合成。

RNA 聚合酶的修饰被精确、有序地执行着，这使得 T4 噬菌体病毒基因的表达得到严谨地控制。噬菌体一些功能相关的基因通常是相邻的，如噬菌体头部结构或尾丝结构的基因。早期或晚期基因也分别聚集在基因组的不同部位，这些基因在转录时方向也有所不同，早期基因的转录按逆时针方向，而晚期基因的转录按顺时针方向，由于转录通常沿 5′末端向 3′末端方向进行，因此早期基因和晚期基因位于不同的 DNA 链上。

T4 噬菌体 DNA 的合成需要大量的前期准备，其中包括羟甲基胞嘧啶（HMC）对胞嘧啶的取代。HMC 要在 DNA 复制开始之前由噬菌体编码的两种酶进行合成。当 T4 噬菌体 DNA 合成完毕，HMC 残基通过结合葡萄糖而被糖基化，糖基化的 HMC 可以保护 T4 噬菌体 DNA 免受 *E. coli* 限制性内切酶（restriction enzymes）的攻击，否则这种内切核酸酶将在特定位点切割并摧毁病毒 DNA，噬菌体的这种自我保护机制称为限制性（restriction）。一些其他基团也能修饰噬菌体 DNA 从而使其免受限制性酶的分解，比如 λ 噬菌体 DNA 中腺嘌呤或胞嘧啶的氨基甲基化也是为了达到防卫的目的。T4 噬菌体 DNA 的复制过程非常复杂，至少需要 7 种噬菌体蛋白的协助。

T4 噬菌体 DNA 具有末端冗余（terminal redundancy）结构，即在 DNA 分子的两个末端都会重复一段碱基序列。DNA 复制时，在一些酶的协助下，大约 6~10 个克隆通过末端冗余序列连接在一起，这种由若干单元同向相连形成的超长链 DNA 称为多联体（concatemers），多联体在装配过程中被切割，切割后的基因组略长于 T4 基因。

③噬菌体的装配：T4 噬菌体的装配是一个复杂的过程，晚期 mRNA（Late mRNA，DNA 复制完成后产生的 RNA）将指导三种蛋白的合成：a. 噬菌体结构蛋白，b. 在病毒粒子结构尚未形成时协助噬菌体装配的蛋白，c. 参与细胞裂解和噬菌体释放的蛋白。晚期 mRNA 的转录在 T4 噬菌体 DNA 注入 *E. coli* 约 9min 后开始进行，所有噬菌体装配所需的蛋白同时开始合成，然后在四条独立途径上进行组装（图 4-9）。基板由 15 种蛋白构成，当基板合成完毕，尾管将连接在基板上，其周围装配尾鞘。噬菌体头部前体或衣壳前体由 10 余种独立蛋白构成，并可自发的连接在尾部结构上。衣壳前体由支架蛋白（scaffolding proteins）协助装配，这种蛋白在衣壳构建完毕后被降解或转移。随后，一种特殊的致孔蛋白（portal protein）将被安放在头部结构与尾部的连接处，致孔蛋白是 DNA 转移点的一部分，这一结构将协助头部结构的装配和 DNA 进出头部。在头部与尾部装配之后，尾丝附着于基板上。这些步骤都是自发进行的，其中部分步骤需要特殊的噬菌体蛋白或宿主细胞因子的协助。

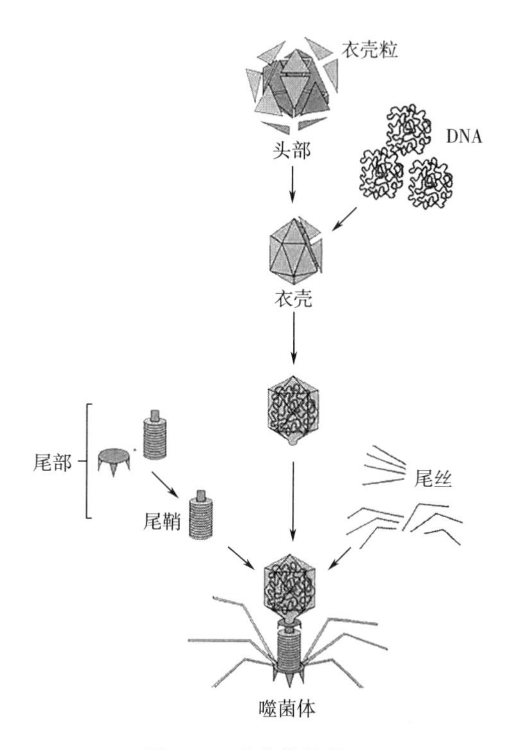

图 4-9　噬菌体的装配

T4 噬菌体 DNA 进入头部的过程目前仍不甚清楚，大约 500μm 的 DNA 以某种方式被装入不到 0.1μm 的空壳中，这实在令人惊讶。通常认为 DNA 的长链串联体进入前衣壳的过程是由 ATP 协助完成的，因此也被称为“ATP 依赖”，当衣壳被装满并且其中所含 DNA 较 T4 噬菌体全基因组所需 DNA 多出 2%时，多联体被切断，T4 装配完成。37℃培养时，大约在侵染 15min 后，*E. coli* 细胞内将出现第一个完整的 T4 噬菌体。

④噬菌体的释放：37℃培养时，侵染约 22min 后，*E. coli* 发生裂解并释放约 300 个 T4 噬菌体。这一过程需要一些 T4 基因的支持，一种基因指导溶菌酶的合成，溶菌酶可以攻击细胞壁的肽聚糖；另一种噬菌体蛋白称为 holin，它可破坏细胞膜，促溶菌酶到达并破坏细胞壁，同时阻止细胞膜上的能量代谢反应。

2. 单链 DNA 噬菌体的复制

ϕX174 噬菌体是一种小型单链 DNA 病毒，属微小病毒科，以 *E. coli* 为宿主。其 DNA 序列与病毒 mRNA 相同（只是用尿嘧啶取代胸腺嘧啶），因此为正链，其基因组中有重叠基因（overlapping genes）。在复制或转录之前，单链 DNA 必须首先转化成双链模式。当 ϕX174 噬菌体 DNA 进入宿主后，将在宿主 DNA 聚合酶作用下立即复制成双链 DNA，也称复制型 DNA 或 RF DNA（replicative form），随后复制型 DNA 将指导合成更多的 RF DNA，mRNA 和+DNA 基因组，此类噬菌体的裂解和释放机制与 T4 噬菌体基本相同。

丝状 ssDNA 噬菌体在很多方面完全不同于 ϕX174 噬菌体或其他 ssDNA 噬菌体。fd 噬菌体是此类噬菌体中研究最为深入的一种，它属于丝状病毒科，呈长丝状，直径约 6nm，长 900~1900nm。丝状噬菌体的衣壳由很小的衣壳蛋白螺旋排列成长管状，环形单链 DNA 位于衣壳中心。丝状噬菌体通过附着于雄性大肠杆菌的性菌毛而侵染宿主细胞，噬菌体 DNA 在一种特殊的吸附蛋白协助下沿着或通过菌毛注入宿主。噬菌体 DNA 首先合成为复制型，然后进行转录，一种噬菌体编码的蛋白将协助噬菌体 DNA 以滚环模式进行复制。

丝状 fd 噬菌体并不杀死宿主细胞，而是同宿主建立一种共生关系，使子代噬菌体以分泌的方式连续释放。与 T 偶数噬菌体在细胞内完成装配后释放的方式不同，丝状噬菌体子代颗粒的装配是在噬菌体 DNA 穿过宿主细胞外膜时完成的，丝状噬菌体的衣壳蛋白首先插入宿主原生质膜，当噬菌体 DNA 从宿主原生质膜分泌出来时，丝状衣壳便将其包裹入内，从而完成装配（图 4-10）。这种装配模式不会引起细胞破裂和死亡，宿主细胞可以继续生长和分裂，只是速率大为降低。

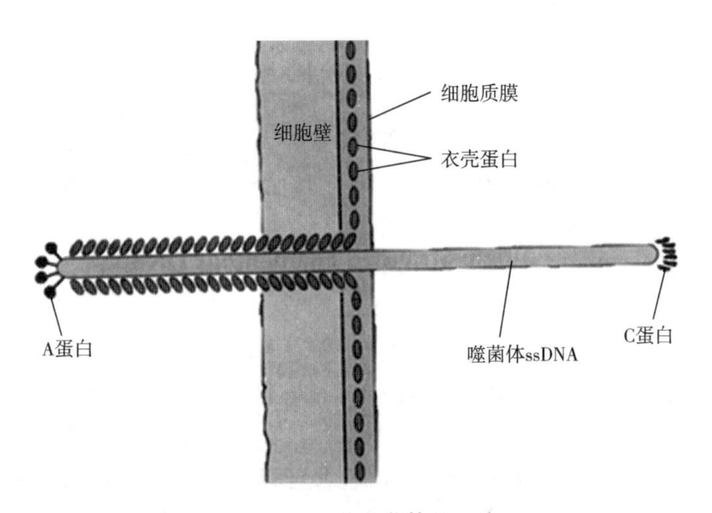

图 4-10　丝状噬菌体的释放

3. RNA 噬菌体的复制

许多噬菌体通过单链 RNA 携带遗传信息，这些单链 RNA 作为 mRNA 指导噬菌体蛋白的合成。RNA 复制酶（RNA replicase）是最先合成的酶类之一，它是一种 RNA 依赖型的 RNA 聚合酶。复制酶以原始 RNA（+RNA）为模板合成双链 RNA 中间体（±RNA），这种中间体与 ssDNA 噬菌体复制过程中产生的复制型类似，也是一种复制型。它在复制酶的作用下，合成成千上万的+RNA，其中部分+RNA 用来合成更多的±RNA，以加速+RNA 的合成，另一部分则作为 mRNA 指导噬菌体蛋白质的合成。最后，+RNA 参与组成成熟的噬菌体粒子。这种 RNA 噬菌体的基因组既是自我复制的模板，也是 mRNA。

MS2 和 Qβ 噬菌体的研究较为深入，它们是一种小型、无尾的二十面体单链 RNA 噬菌体，以 *E. coli* 为宿主。它们吸附于宿主的 F 菌毛，并通过一种尚不清楚的机制进入宿主。在 MS2 体内，只有 3~4 个基因，是已知噬菌体中最简单的一种。一个基因编码与吸附有关的蛋白（同时它也可能参与病毒粒子构建和成熟），其他基因编码衣壳蛋白、RNA 复制酶和细胞裂解蛋白。

有的单链+RNA 病毒中含有依赖于 RNA 的 DNA 聚合酶——反转录酶，它能够帮助病毒形成 RNA-DNA 杂交分子。所合成的 DNA 链 DNA 聚合酶的催化下合成双链 DNA，该±DNA 具有侵染性，并可以整合到宿主细胞的 DNA 分子上，以它为模板合成子代单链 RNA。其子代 RNA 和亲本 RNA 均可作为 mRNA 合成各种蛋白质。这种单链+RNA 病毒称为逆转录病毒，它产生的转化蛋白在适当的时候能够把宿主细胞转化成肿瘤细胞。

也有的单链 RNA 病毒中核酸为-RNA，它可以作为转录+RNA（mRNA）的模板，转录形成的 mRNA 进而转译出几种蛋白质，其中包括一种 RNA 复制酶，在这种酶的催化下合成与-RNA 等长的+RNA，再以此作模板合成子代病毒的-RNA。

ϕ6 噬菌体是目前发现的唯一一种 dsRNA 噬菌体，以铜绿假单胞菌为宿主。它的衣壳外具有特殊的包膜，衣壳为二十面体，衣壳内含有一种 RNA 聚合酶和三个 dsRNA 片段，每一片段指导一种 mRNA 的合成。目前还不清楚这种 dsRNA 是如何复制的。

三、 温和性噬菌体和溶源性

以上介绍的噬菌体大都是烈性噬菌体（*Virulent bacteriophages*），它们在繁殖过程中引起宿主细胞裂解。但有些 DNA 噬菌体会与宿主建立一种特殊的关系，它们在吸附和侵入宿主后，其基因组并不接管和杀死宿主，而是存留在宿主细胞内整合于宿主核基因组，同宿主基因组一起复制，产生一群携带噬菌体基因的细胞，宿主依然表型正常，可长期生长和繁殖，但这些细胞在适宜的环境条件下会产生并释放噬菌体。这些已经携带有噬菌体基因的细胞不能被同种病毒再次感染，即具有超感染免疫性（superinfection immunity）。这种噬菌体同宿主间的关系称为溶源性（lysogeny），能够导致溶源性现象发生的噬菌体称温和噬菌体（temperate phages），潜伏于宿主体内而不具有破坏性的噬菌体基因组称前噬菌体（prophage），我们把核染色体组上整合有前噬菌体并能正常生长繁殖而不被裂解的细菌（或其他微生物）称为溶源菌（*Lysogenic bacteria*），前噬菌体通常以整合态（整合入宿主染色体内）存在，有时也可以游离于核染色体组外。诱导（induction），激发前噬菌体脱离宿主染色体转向裂解生活周期，导致感染细胞被破坏并释放子代噬菌体，这个过程的前噬菌体是以营养态的形式存在。

研究发现大部分噬菌体都是温和噬菌体，溶源化对噬菌体的生存是有利的。因为噬菌体在宿主细胞中进行的核酸复制和蛋白质合成会消耗宿主体内的大量营养物质，进而影响宿主细胞的新陈代谢，导致宿主自身的 mRNA 和蛋白质（酶）被降解而进入休眠状态。如果宿主细胞进入休眠状态前，噬菌体装配尚未完成其增殖便会因缺乏必要的物质条件而永久中断。无疑溶源化（即噬菌体同宿主一起进入休眠态）是解决这一困境的好方法（图 4-11）。

此外溶源化的另一个优势在于当细胞被感染后，持续不断的复制将最终导致所有宿主细胞裂解，这会使噬菌体失去宿主细胞的屏蔽而长期直接暴露于危险的环境中，这显然不利于噬菌体的生存。此时，如果噬菌体与宿主能够出现溶源现象，则宿主将携带病毒基因存活下去，并在宿主繁殖时合成新的病毒基因，有利于噬菌体的生存。

温和噬菌体侵染宿主细胞后一般会导致宿主表型的变化，这些变化称为溶源转变（lysogenic conversion）。这种转变常包含细菌表面特征和病原性的两方面变化。比如，当沙门氏菌感染 ε 噬菌体后，细菌外部的脂多糖层结构会发生改变。噬菌体能够改变一些参与构成脂多

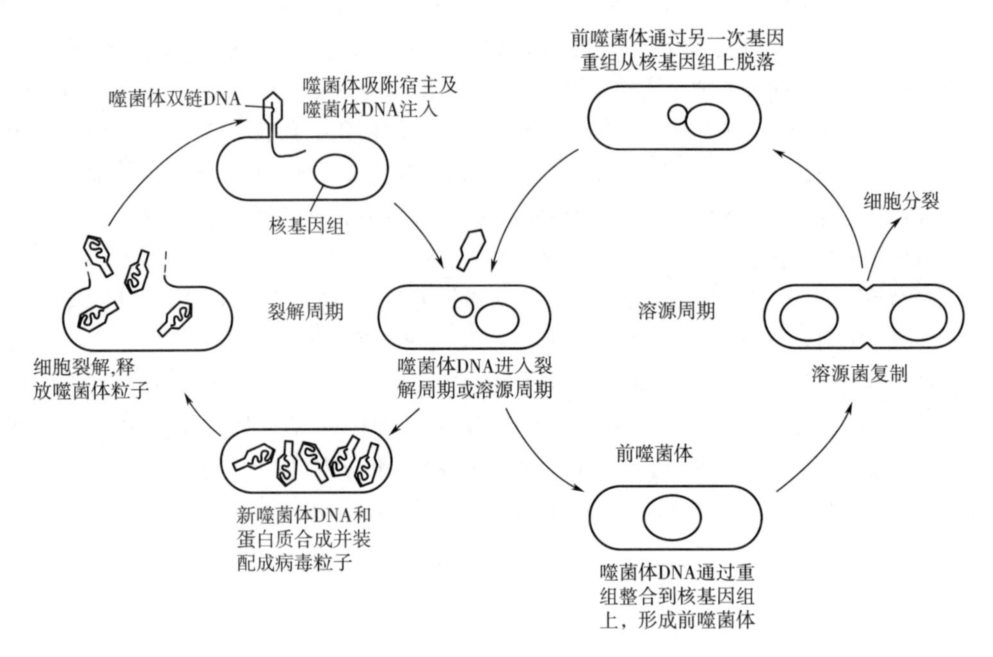

图 4-11　噬菌体的裂解性循环和溶源性循环

糖糖基化成分的酶的活性，从而改变宿主的抗原性，这种 ε-噬菌体引起的转变将消除细胞表面的同种噬菌体受体位点，阻止溶源菌被同种 ε 噬菌体再侵染。另一个例子就是 β 温和噬菌体对引发白喉疾病的白喉棒杆菌的侵染，由于是噬菌体而非白喉棒杆菌本身携带产毒基因，因此只有经 β 温和噬菌体溶源化了的白喉棒杆菌才能产生白喉毒素。

λ 噬菌体以 *E. coli* K12 为宿主，是了解最为透彻的温和噬菌体，下面以 λ 噬菌体为例介绍溶源化现象。λ 噬菌体是一种 dsDNA 病毒，其头部为二十面体，直径约 55nm，尾部为非收缩性且尾部末端附着有细尾丝。其 DNA 为线性分子，具有黏性末端，黏性末端为单链，长度为 12 个碱基。由于这种黏性末端的存在，线性基因组会在侵染后立刻连接成环，宿主 *E. coli* 的 DNA 连接酶会随即封闭缺口，从而形成一个闭合环基因组。已知 λ 噬菌体的基因组中有 40 余个基因，其中的大部分根据功能聚集成不同的簇，分管头部合成、尾部合成、溶源化及其调控、DNA 复制和细胞裂解。

λ 噬菌体可通过正常的裂解性生活周期进行增殖。λ 噬菌体进入 *E. coli* 后，立即转变成共价环状，并由宿主 RNA 聚合酶启动转录。聚合酶与右向启动子和左向启动子结合，以不同的 DNA 链为模板从两个方向开始转录。首先被转录的是编码调节蛋白的基因，该蛋白控制左向和右向特定基因的转录和翻译，确保噬菌体蛋白按照生活周期的时间顺序合成。

大部分温和噬菌体在溶源菌内以整合的原噬菌体形式存在，但是噬菌体基因组的整合并非是溶源化所必需的。同 λ 噬菌体一样，*E. coli* 的 P1 噬菌体在侵染宿主后基因组环化并生成阻遏蛋白，但其基因组却以游离的环状 DNA 分子形式存在于溶源菌中，并随宿主基因组一起复制，当 *E. coli* 分裂时，P1 DNA 分配在子代细胞内，从而使所有的溶源菌都会携带一至两个噬菌体基因组的拷贝。

第五节　病毒与实践

病毒在人类的生产和生活实践中占有非常重要的地位，病毒不仅会引发多种疾病，给人类的生活带来巨大的困扰，而且病毒还会给发酵工业、养殖业、畜牧业和种植业等行业带来不利的影响，有时还会造成很大的经济损失。然而，病毒给人类带来的影响也并不都是负面的，如果对它们加以正确的利用，也可以造福于人类。

一、噬菌体与发酵工业

噬菌体的防治在以细菌和放线菌为菌种的发酵生产中是非常重要的环节。在工厂中，由于采用大罐发酵，投入资金高，如若发酵液中污染了噬菌体，将会导致生产周期延长、发酵液变清、发酵产物不易形成、减产甚至倒罐等严重事故，给企业带来巨大的损失。但是，只要防治工作做得充分，此类事故完全可以避免。

噬菌体污染发酵液时，将发酵液接种于敏感菌平板上会形成噬菌斑。生产中要对斜面菌种、各级种子液以及发酵液进行严格的检察，此类事故发现得越早，带来的损失越小。

防治工作，重在预防。预防噬菌体污染的主要措施有：①绝不使用污染或有污染嫌疑的菌种，并经常轮换生产菌种。②严格保持环境卫生。③各种非生产菌液及时灭活。④生产设备定期清洗、灭菌。⑤严格遵守操作守则。

一旦发现发酵液被噬菌体污染，切不可听之任之，应立即采取有效措施，将损失减至最低。常用的抑制噬菌体吸附或增殖的措施有：①加入少量的表面活性剂，如0.1%～0.2%吐温等；②加入少量的抑制蛋白质合成的抗生素，如1～2μg/mL的四环素、氯霉素等；③一些金属螯合剂，如草酸钠等也对抑制噬菌体的吸附有帮助。另外，如要继续发酵，应及时向发酵液中补加抗噬菌体的菌种。如果是在发酵后期感染噬菌体，应尽快终止发酵并分离发酵液中的产品以减少损失。

二、噬菌体与基因工程

在基因工程领域，噬菌体以其独特的优点大展身手。基因工程是一项在已有细胞（受体细胞）内引入一段外源目的基因，使外源基因在受体细胞内复制并产生新基因产物的技术。这项技术的关键环节之一就是外源基因的运载，除质粒之外，目前用得最广泛的载体即为病毒，而在病毒中又以噬菌体的使用最为普遍。

1. λ温和噬菌体

E. coli 的λ噬菌体是目前研究得最为详尽的双链DNA噬菌体。1974年，λ噬菌体第一次被证明可以作为克隆载体使用，自此以后的针对这一噬菌体的研究广泛展开并积累了大量的资料，并使其迅速发展成为种类多样的克隆载体，在分子克隆中扮演着重要的角色。

λ噬菌体作为基因工程载体具有很多优点：①由于λ噬菌体的50个基因中只有约一半基因是噬菌体生长和噬菌斑形成所必需的，因此其他的基因区段可被外源基因取代而不影响其生长繁殖。②λ 温和噬菌体具有将其自身基因组与宿主基因组进行整合的能力，从而可以使插入的外源基因随宿主基因共同复制，便于目标基因的获取。③λ 噬菌体载体具有感染效率极高（几乎可达 100%）的优点，且对宿主不需要像质粒转化那样制备感受态细胞，从而使操作极为简便。

2. 丝状噬菌体

丝状噬菌体主要包括大肠杆菌丝状噬菌体 M13、fd、fl 等，是仅能感染具有 F 纤毛革兰氏阳性细菌的一组噬菌体。丝状噬菌体的基因组是一单链闭合环状 DNA，一级结构极为相似，同源性高达 98% 以上。它的全序列已测出，共有 10 个基因，分别编码 10 种蛋白质。

研究发现丝状噬菌体也非常适于用作基因载体，它具有以下优点：①基因 II 和基因 IV 之间的间隔区对噬菌体的生长不是必需的，可以接受基因改造。②丝状噬菌体的子代病毒粒子并不是像其他病毒那样通过裂解宿主细胞得到释放，而是通过病毒 DNA 穿出宿主细胞膜，与预先锚在细胞膜上的衣壳蛋白进行细胞外装配，宿主细胞并不裂解，只是生长速度变慢，这一显著优点可使病毒粒子实现持续的合成和分泌。③丝状噬菌体的基因组为单链 DNA，是 DNA 测序和突变分析的理想材料，同时胞内复制型的双链 DNA 便于基因重组的操作，因此是一种理想的基因载体。

另外，1985 年，George P. Smith 等人将 *Eco*RI 核酸内切酶基因克隆到丝状噬菌体编码衣壳蛋白的基因 III 中，结果发现由该外源基因所编码的酶蛋白分子可独立的展示于噬菌体衣壳表面而不影响噬菌体的结构和生物活性，同时所展示的酶分子与天然酶分子有着相同或极为相似的构象和活性。这一实验的成功诞生了一门新的基因工程技术，即噬菌体展示技术。

在过去，想要获得蛋白或肽的多个突变体，必须从遗传上逐一进行设计，这项工作常常耗费大量的人力和物力，而现在仅需在噬菌体基因组中插入由四种核苷酸随机组成的外源 DNA 片段，以 7 肽噬菌体展示库为例，即可获得多样性为 $20^7=1.28\times10^9$ 种 7 肽的噬菌体库。噬菌体展示库技术的这一巨大优势使得其一经诞生即被广泛应用，迄今，这项技术已被成功的应用于研究蛋白质与其配体之间的反应，描绘受体和抗体结合位点的图谱，改善蛋白与其配体的亲和性等诸多方向。乔治·史密斯（George P. Smith）和格雷格·温特（Gregory P. Winter）也因此获得 2018 年诺贝尔化学奖。

三、生物杀虫剂

与化学杀虫剂相比，利用昆虫病毒制作杀虫剂具有专一性强，对人几乎无毒害和对环境无污染等显著优点。经过不断的研究和探索，有一些昆虫病毒被制成杀虫剂并已商品化，如北美松吉松叶蜂核多角体病毒（neodiprion sertifer）和小菜蛾核多角体病毒（mamestra brassicae）等。

尽管病毒杀虫剂有很多优点，但它的使用至今仍不普及，主要原因有：首先，生物杀虫剂比化学杀虫剂价格高出许多，普通农户难以接受；其次，病毒杀虫剂的专一性很高，这本来是其优点之一，但实际上，即使是同一种农作物也会受到不同害虫的攻击，专一性很高的生物杀虫剂此时就会显得力不从心；第三，病毒杀虫剂在使用过程中，苛刻的自然条件常常会令病毒很快失去活性而不能感染害虫，导致杀虫效果不理想；第四，病毒杀虫剂杀虫速度慢也是令人不满意的地方。

针对病毒杀虫剂存在的问题，其发展方向应在保留生物杀虫剂有目标选择性的基础上，研制宽宿主品系，并增加杀灭宿主的速度及对恶劣环境的耐受程度等，相信随着基因工程技术的迅速发展，这些问题都会逐步得到解决。

思考题

1. 在病毒吸附过程中，宿主细胞的表面受体有何重要性？
2. 病毒的基因很小，但病毒装配过程非常复杂，如何理解二者之间的关系？
3. 溶源性细菌所表现出的免疫性及溶源转变的特点有何重要性？
4. 病毒的溶源性对于病毒有何意义？
5. 谈谈目前新兴的 CRISPR-CAS9 基因编辑技术与病毒的关系。

CHAPTER 5

第五章 微生物的营养

本章学习重点

1. 微生物所需的营养物质主要包括碳源、氮源、无机盐、生长因子、能源和水这六大类，微生物可利用的各种碳源、氮源的种类，以及各种营养成分在培养基中的添加形式。

2. 根据碳源物质的性质和代谢能量的来源结合可将微生物划分为光能无机自养型、光能有机异养型、化能无机自养型和化能有机异养型四类，这四种营养类型的区别和代表微生物种属。

3. 营养物质进入细胞的主要方式有单纯扩散、促进扩散、主动运输和基团转位等，这几种方式的特点和转运物质的种类。

4. 培养基的定义和各种分类方法，如按材料的来源，可将培养基分为天然、合成和半合成培养基；按物理状态不同分为固体、半固体和液体培养基；按培养基的功能不同可分成鉴别和选择培养基；按培养基使用的目的，将培养基分成种子、发酵、生物测定培养基等类型。

5. 培养基是满足微生物营养需求的营养物质基质，配制培养基需要遵循的基本原则：选择适宜营养物质原料并调整其浓度及配比、控制 pH，渗透压和氧化还原电位及灭菌处理。

微生物从环境中吸收合适的营养物质，满足机体的生长和繁殖，完成各种生理活动，这一过程通常称为营养（nutrition）。营养物质是构成微生物细胞的基础材料，也是获取能量以及维持其他代谢机能必需的物质基础。微生物吸收何种营养物质取决于微生物细胞的化学组成和代谢需求。

微生物细胞内含有许多各不相同，且不断相互转化着的化学成分。这些化学成分组成的大分子物质又构成了各种复杂结构，在细胞内分别行使着不同的功能。这数以千计的化学成分在细胞内外的浓度全部受到膜结构的微妙调节。也就是说，细胞对各种化学物质的需求不是简单的吸收利用，也不是在细胞内的简单堆积，而是具有高度的组织性。它们必须在一定的空间范围按一定的比例进行排列组合，才能作为细胞代谢的物质基础，进行物质交换，实现各种生理功能的生物学结构。例如蛋白质、核酸、糖类、脂类及无机盐等，按一定比例和排列方式组成细胞膜、细胞壁、细胞核、核糖体、内含物等结构，使细胞得以生长繁殖。

第一节　微生物细胞的化学组成和营养要素

一、 微生物的化学组成

细胞的化学组成决定其对营养的需求。微生物细胞的化学组成由碳、氢、氧、氮和各种矿质（灰分）元素组成。微生物细胞与其他生物细胞的化学组成并没有本质上的差异，但不同的微生物细胞内，其各种元素的含量是不同的，并随培养条件、菌龄等而发生变化，组成细胞的元素主要以化合物的形式存在。细胞内的化合物可分成两类：① 水和无机盐；② 有机化合物。

微生物细胞平均含水分 80% 左右，其余 20% 左右为干物质，在干物质中有蛋白质、糖类、脂类、核酸和矿物质等固形物（表 5-1）。这些干物质是由碳、氢、氧、氮、磷、硫、钾、钙、镁、铁等化学元素组成，其中碳、氢、氧、氮是组成有机物质的四大元素，大约占干物质的 90%～97%，可见它们在微生物细胞构造上的重要性（表 5-2）。余下的 3%～10% 是矿质元素。除上述磷、硫、钾、钙、镁、铁外，还有一些含量极微的钼、锌、锰、硼、钴、碘、镍、钒等微量元素，这些矿质元素对微生物的生长也起着重要的作用（表 5-3）。

表 5-1　　微生物细胞的化学组成　　单位:%

化学组成		细菌	酵母菌	霉菌
水分		75～85	70～80	85～90
固形物（各种成分占固形物总质量的百分比）	蛋白质	50～80	32～75	14～15
	碳水化合物	12～28	27～63	7～40
	脂肪	5～20	2～15	4～40
	核酸	10～20	6～8	1
	矿物质元素	2～30	3.8～7	6～12

表 5-2　　微生物细胞中碳、氢、氧、氮的含量　　单位:%

微生物种类	C	H	O	N
细菌	50.4	6.78	30.52	12.3
酵母	49.8	6.71	31.18	12.4
真菌	47.8	6.70	40.16	5.24

表 5-3　　微生物细胞干物质中矿物质含量　　单位：%

化合物	固氮菌	醋酸细菌	酵母菌	霉菌
P_2O_5	4.95	2.71	3.54	4.85
SO_3	0.29	—	0.039	0.11
K_2O	2.41	1.281	2.34	2.81
Na_2O	0.07	0.164	—	1.12
MgO	0.82	0.48	0.428	0.38
CaO	0.89	0.642	0.383	0.19
Fe_2O_3	0.08	0.624	0.035	0.16
SiO_2	—	0.036	0.093	0.04
CuO	—	0.099	—	—

二、微生物营养要素及其功能

1. 水

水是微生物细胞的重要组成成分，在代谢中占有重要的地位。其主要作用有：①作为良好的溶剂：细胞外的营养物质或细胞内的代谢物必须溶解于水中，才能穿过细胞膜进入或排出细胞；②水在许多生化反应中可以作为反应物或反应产物。例如，多糖或蛋白质被水解成单糖或氨基酸时，水是一种反应物；而单糖或氨基酸被合成多糖或蛋白质时，水是一种反应产物；③在活细胞中，水还是许多有机物中氢和氧的来源，例如烷烃分解过程中便有这种情况；④细胞中许多酶促反应必须在水溶液中才能进行；⑤水分子之间形成的氢键使水成为一种很好的温度缓冲剂。水分子吸收热量首先导致氢键的断裂，而不增加水分子的运动性，这样升高水温就需要较大的热量。所以水比其他溶剂能更好地维持恒定的温度，从而不至于因外界温度的变化而影响细胞内温度；⑥水是热的良导体，有利于散热，从而使细胞不至于因代谢产热而发生局部温度上升；⑦在所有活细胞中，水的含量最高，占细胞质量的60%～95%，所以水对于维持细胞自身特有的形状起着重要的作用。

水在细胞中有两种存在形式：结合水和游离水。结合水（或称水合水），与溶质或其他分子结合在一起，分布在蛋白质或其他大分子的表面，不具有渗透活性，比游离水有序，是进行许多代谢过程的媒介，但很难被微生物利用。游离水（或称非结合水）是常态的、具有渗透活性的自由水，可以被微生物利用。不同生物及不同细胞结构中游离水的含量有较大的差别，如图 5-1 所示。

游离水的含量可用水分活度 A_w（water activity）表示，水分活度定义为：在相同温度和压力下，体系中溶液的蒸汽压与纯水的蒸汽压之比，即 $A_w=p/p_0$（p 表示溶液的蒸汽压，p_0表示纯水的蒸汽压）。纯水的 A_w为 1.00，当含有溶质后，$A_w<1.00$。微生物能在 $A_w=0.63\sim0.99$ 的条件下生长。对某种微生物而言，它对 A_w的要求是一定的。

2. 碳源

凡是可以作为微生物细胞结构或代谢产物中碳元素来源的营养物质称为碳源（carbon

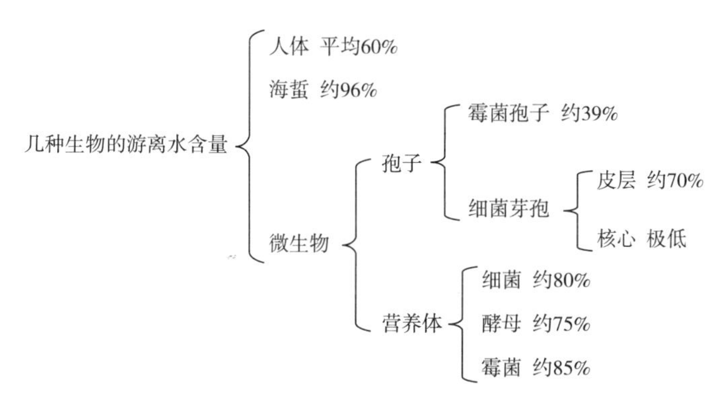

图 5-1　几种生物的游离水含量

source)。

可作为微生物营养的碳源物质种类极其广泛，从简单的无机物（CO_2、碳酸盐）到复杂的有机含碳化合物（糖、糖的衍生物、脂类、醇类、有机酸、烃类、芳香族化合物及各种含碳化合物等）。但不同微生物利用碳源的能力不同。有的能广泛地利用不同类型的碳源，如假单胞菌属的有些种可利用 90 种以上的碳源，但有的微生物能利用的碳源范围极其狭窄，如甲烷氧化菌仅能利用两种有机物，甲烷和甲醇。

微生物利用碳源物质具有选择性，糖类是一般微生物较容易利用的良好碳源和能源物质。在单糖中，以己糖的利用最为普遍。几乎每种微生物都能利用葡萄糖和果糖。甘露糖和半乳糖虽能利用，但一般较为缓慢。戊糖如木糖、阿拉伯糖的利用不如己糖普遍，仅对少数微生物较为适宜。

寡糖又称低聚糖，是由二种或几种单糖所组成的糖苷化合物，其中主要的是双糖和三糖。双糖包括蔗糖、麦芽糖、乳糖、纤维二糖、海藻糖、蜜二糖、龙胆二糖等。前两种是微生物普遍能利用的碳源。一般认为，在它们被利用之前，会先在酶的作用下分解成单糖。蔗糖是葡萄糖与果糖通过 α-1,4 糖苷键结合而成，在蔗糖酶作用下分解成葡萄糖和果糖；乳糖是葡萄糖与半乳糖通过β-1,4 糖苷键结合而成，在β-半乳糖苷酶作用下分解成葡萄糖和半乳糖（图 5-2）。

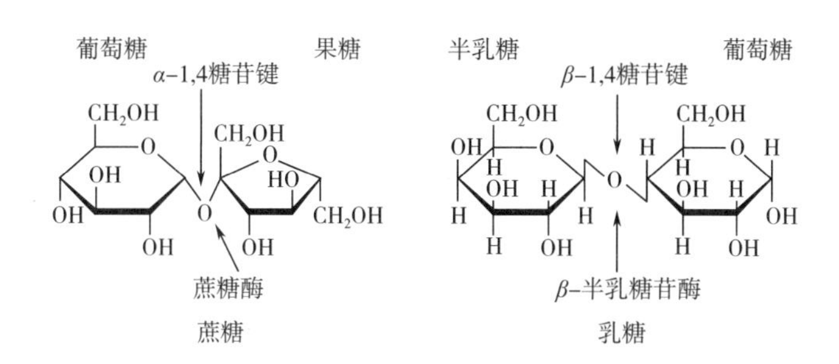

图 5-2　蔗糖和乳糖的结构分解图

三糖包括棉子糖（葡萄糖+果糖+半乳糖）、松三糖（葡萄糖+果糖+葡萄糖）和龙胆糖（果糖+葡萄糖十葡萄糖），其中棉子糖能为许多真菌所利用。对低聚糖的利用普遍存在适应性生长的问题，即某一微生物需要经过较长时间的培养后才能生长，一旦生长开始，其最终生长量与用葡萄糖或其他容易被利用的糖一样多，这主要由于降解低聚糖的酶诱导形成需要一定时间。

多糖是单糖或其衍生物的聚合物，包括淀粉（α-1,4-葡萄糖苷）、纤维素（β-1,4-葡萄糖苷）、半纤维素（聚木糖类、聚葡萄糖苷露糖类、聚半乳糖葡萄糖苷露糖类等）、几丁质（含*N*-L-乙酰氨基葡萄糖）和果胶质（多聚甲氧基半乳糖醛酸）等，其中淀粉是大多数微生物都能利用的碳源。多糖一般是不溶于水的大分子，难以通过细胞质膜，在它们被利用之前，首先要经过被分泌到细胞外的有关水解酶类的水解；虽然纤维素与淀粉都是由葡萄糖联结而成，但因联结方式的不同，使它们的性质也大为不同，纤维素比淀粉更难溶解，较难被微生物分解。能分解纤维素的霉菌中有木霉、根霉、曲霉、青霉；细菌中有黏菌属、纤维杆菌属；放线菌中有黑色旋丝放线菌、纤维放线菌等。淀粉水解得到葡萄糖、麦芽糖、糊精；纤维素水解得到葡萄糖、纤维二糖。半纤维素比纤维素容易被微生物所分解利用。几丁质是自然界中储存量仅次于纤维素的第二大天然多糖，广泛存在于真菌、昆虫和甲壳类动物之中，自然状态复杂，刚性很强，目前发现能产生几丁质酶的微生物有46属约70种，其中研究的较深入的是真菌，有绿色木霉、哈茨木霉、淡紫拟青霉和米曲霉等。果胶可被许多微生物所分解利用，如梭状芽孢杆菌具有强烈分解果胶的能力，此外还有不少霉菌也能分泌果胶酶。果胶被果胶酶分解成半乳糖醛酸。

有机酸如糖酸、柠檬酸、反丁烯二酸、琥珀酸、苹果酸、α-酮酸和酒石酸等作为碳源的效果不及糖类。醇类中甘露醇和甘油可作为微生物的碳源和能源，低浓度的乙醇可被某些酵母菌所利用。脂肪酸中如甲酸、乙酸、丙酸、丁酸等低级脂肪酸的利用率都很低，甚至表现出毒性。油酸和亚油酸等高级脂肪酸可被不少放线菌和真菌作为碳源和能源利用，低浓度的高级脂肪酸可刺激细菌的生长，但浓度较高时往往有毒害作用。

目前在微生物工业发酵中用于微生物生长的碳源主要是糖类物质，即单糖、饴糖、淀粉（玉米粉、山芋粉、野生植物淀粉等）、麸皮和各种米糠等。为了解决工业发酵用粮与人们日常食用粮、动物饲料用粮的矛盾，以木质纤维素、农副产品加工废弃物、CO_2等作为碳源与能源来培养微生物的代粮发酵研究正广泛开展并逐渐开始应用。

3. 氮源

凡是构成微生物细胞物质或代谢产物中氮元素来源的营养物质，称为氮源（nitrogen source）。细胞的干物质中氮含量仅次于碳和氧。氮是组成核酸和蛋白质的重要元素，所以，氮对微生物的生长发育有着重要的作用。从分子态的N_2到复杂的含氮化合物都能被不同的微生物所利用，而不同类型的微生物能利用的氮源差异较大。

固氮微生物能利用分子态N_2合成自身需要的氨基酸和蛋白质。它们也能利用无机氮化合物和有机氮化合物，但在这种情况下，它们便失去了固氮能力。固氮微生物主要是原核生物，如与豆科植物共生的根瘤菌和自生固氮菌，此外不少光合细菌、蓝藻和真菌也有固氮作用。

许多腐生细菌和动植物的病原菌不能固氮，一般利用铵盐或其他含氮盐作氮源。硝酸盐必须先还原成NH_4^+后，才能用于生物合成。以无机氮化物为唯一氮源的微生物都能利用铵盐，但它们并不都能利用硝酸盐。

当无机氮化物为唯一氮源培养微生物时，培养基会表现出生理酸性或生理碱性：如以$(NH_4)_2SO_4$为氮源时，NH_4^+被利用后，培养基的pH下降，故有“生理酸性盐”之称；以KNO_3为氮源时，NO_3^-被利用后，培养基的pH上升，故有“生理碱性盐”之称；利用NH_4NO_3为氮源，可以避免pH急剧升降，但是，NH_4^+的吸收快，NO_3^-的吸收滞后，所以培养基pH会先降后升。

从微生物所利用的氮源种类看，存在着一个明显的界限：一部分微生物不需要氨基酸为氮源，它们能将非氨基酸类的简单氮源（例如尿素、铵盐、硝酸盐和氮气）自行合成所需要的一切氨基酸，它们被称为“氨基酸自养型生物”（amino acid autotroph）；反之，凡需要从外界吸收现成氨基酸作氮源的微生物，则称为“氨基酸异养型生物”（amino acid heterotroph）。所有的动物和大量异养型微生物是氨基酸异养型的，而所有绿色植物和很多微生物是氨基酸自养型的。

实验室常用的有机氮源有蛋白胨、牛肉膏、酵母膏、玉米浆等，工业上能够用黄豆饼粉、花生饼粉和鱼粉等作为氮源。有机氮源中的氮往往是蛋白质或其降解产物，其中，氨基酸可以直接吸收而参与细胞代谢。而蛋白质需经菌体分泌的胞外酶水解后才能利用，一般被称为“迟效性氮源”；而 $(NH_4)_2SO_4$ 和玉米浆等则被称为“速效性氮源”。

氮源一般不作为微生物生长和代谢的能源。只有少量细菌，如硝化细菌能利用铵盐、硝酸盐作氮源和能源。某些梭菌对糖的利用不活跃，可以利用氨基酸为唯一的能源。

4. 无机盐

无机盐也是微生物生长所不可缺少的营养物质。其主要功能：①构成细胞的组成成分；②作为酶的活性中心；③维持酶的活性；④调节细胞渗透压、氢离子浓度和氧化还原电势；⑤作为某些自养菌的能源。

磷、硫、钾、钠、钙、镁等盐参与细胞结构组成，并与能量转移、细胞透性调节功能有关，微生物对它们的需求量较大（$10^{-4} \sim 10^{-3}$ mol/L），称为“大量元素”或“宏量元素”（macro elements）。铁、锰、铜、钴、锌、钼等盐一般是酶的辅助因子，需求量不大（$10^{-8} \sim 10^{-6}$ mol/L），所以称为“微量元素”（trace elements）。不同的微生物对以上各种元素的需求量各不相同。铁元素介于宏量元素和微量元素之间。

（1）磷　所有细菌都需要磷，磷是合成核酸、磷脂、一些辅酶（NADH、NADPH、辅酶 A 等）及高能磷酸化合物的重要原料。细胞内磷酸盐也来源于营养物中的磷，一般都以 K_2HPO_4 和 KH_2PO_4 的形式人为地提供磷元素。

（2）硫　硫是蛋白质中某些氨基酸（如半胱氨酸和蛋氨酸）的组成成分，是辅酶因子（如辅酶 A，生物素、硫辛酸和硫胺素）的组成成分，也是谷胱甘肽的组成成分。硫还是某些自养菌的能源物质。微生物从含硫无机盐或有机硫化物中得到硫。一般人为的提供形式为 $MgSO_4$。

（3）镁　镁是一些酶（如己糖激酶、异柠檬酸脱氢酶，羧化酶和固氮酶）的激活剂，是光合细菌菌绿素的组成成分；镁还起到稳定核糖体、细胞膜和核酸的作用。缺乏镁，细胞生长就会停止。微生物可以利用硫酸镁或其他镁盐。

（4）钾　钾不参加细胞结构物质的组成，但它是细胞中重要的阳离子之一，是许多酶（如果糖激酶）的激活剂，也与原生质的胶体特性和细胞膜的透性有关。钾在胞内的浓度比胞外高许多倍。各种无机钾盐，尤其是磷酸钾盐（磷酸二氢钾、磷酸氢二钾）可作为钾源。

（5）钙　钙一般不参与微生物的细胞结构组成（除细菌芽孢外），但也是细胞内重要的阳离子之一，它是某些酶（如蛋白酶类）的激活剂，还参与细胞膜通透性的调节。多种钙盐，如 $CaCl_2$ 及 $CaCO_3$ 等都是微生物的钙元素来源。

（6）钠　钠也是细胞内的重要阳离子之一，它与细胞的渗透压调节有关。钠在细胞内的浓度低，细胞外浓度高。对嗜盐菌来说，钠除了维持细胞的渗透压（嗜盐菌放入低渗溶液即会崩裂）外，还与营养物的吸收有关，如一些嗜盐菌吸收葡萄糖需要 Na^+ 的帮助。

（7）微量元素　除上述几种重要的宏量元素外，正常生长的微生物还需要其他一些微量元素，如果缺乏这些元素，将会导致微生物生理活性降低，甚至停止生长。微量元素往往与酶活性有关，或参与酶的组成，或是许多酶的调节因子。铁是过氧化氢酶、过氧化物酶、细胞色素和细胞色素氧化酶的组成元素，也是铁细菌的能源，铁含量太低会影响白喉杆菌形成白喉毒素；铜是多酚氧化酶和抗坏血酸氧化酶的成分；锌是醇脱氢酶、乳酸脱氢酶、肽酶和脱羧酶的辅助因子；钴参与维生素 B_{12}的组成；钼参与固氮酶的组成；锰为超氧化物酶的激活剂。

在配制培养基时，可以通过添加有关化学试剂来补充宏量元素，其中首选是 K_2HPO_4和 $MgSO_4$，它们可提供四种需要量很大的元素：K、P、S 和 Mg。对其他需要量较少的元素尤其是微量元素来说，因为它们在一些化学试剂、天然水和天然培养基组分中都以杂质等状态存在，在玻璃器皿等实验用品上也有少量存在，所以一般不必另行加入。但如果要配制研究营养代谢的精细培养基时，所用的玻璃器皿是硬质材料、试剂又是高纯度的，这就应根据需要加入必要的微量元素。

5. 生长因子

微生物生长不可缺少但需要量很小，微生物自身又不能合成或合成量不足以满足机体需要的有机化合物称为生长因子（growth factor），一般包括维生素、氨基酸及碱基（嘌呤、嘧啶）等。自养微生物和某些异养微生物（如大肠杆菌）不需外源生长因子也能生长。同种微生物对生长因子的需求也会随着环境条件的变化而变化，例如鲁氏毛霉（*Mucor rouxianus*）在厌氧条件下生长时需要维生素 B_1与生物素，而在有氧的条件下生长时自身能合成这两种物质，不需外加这两种生长因子。有时对某些微生物生长所需的生长因子不清楚时，在配培养基时，一般可用生长因子含量丰富的天然物质作原料以保证微生物对它们的需要，例如酵母膏、玉米浆、牛肉浸膏、麦芽汁等。

维生素是研究得比较早的生长因子，它们中的大多数是酶的辅基或辅酶，与微生物生长和代谢的关系极为密切。一些维生素的生理功能见表 5-4。

表 5-4　　维生素的生理功能及微生物的需要量

维生素	代谢功能	微生物的需要情况
硫胺素（维生素 B_1）	焦磷酸硫胺素是脱羧酶、转醛酶、转酮酶的辅基，与氧化脱羧和酮基转移有关	金黄色葡萄球菌需要约 0.5ng/mL
核黄素（维生素 B_2）	黄素核苷酸（FMN 和 FAD）的前体，黄素蛋白的辅基，与氢转移有关	多数微生物能自己合成，少数细菌如乳酸菌、丙酸菌等需要补给
烟酸（维生素 B_3）	NADH 和 NADPH 的前体，为脱氢酶的辅酶与氢转移有关	多数微生物需要，弱氧化醋酸杆菌约需 3ng/mL
对氨基苯甲酸	叶酸的前体，与一碳基团的转移有关	乳酸菌等需要，弱氧化醋酸杆菌约需 0.1ng/mL
吡哆醇（维生素 B_6）	磷酸吡哆醛氨基酸消旋酶、转氨酶与脱羧酶的辅基，与氨基酸消旋、脱羧、转氨有关	乳酸菌和几种真菌需要。肠膜明串珠菌需要 0.025mg/mL

续表

维生素	代谢功能	微生物的需要情况
泛酸（维生素 B_5）	辅酶 A 的前体，乙酰载体的辅基，与酰基转移有关	乳酸菌等多种细菌和酵母菌需要，多数丝状真菌能合成
叶酸（维生素 B_9）	辅酶 F（四氢叶酸）与核酸合成有关	乳酸菌、丙酸细菌等需要
生物素（维生素 H）	各种羧化酶的辅基，在 CO_2 固定、氨基酸和脂肪酸合成及糖代谢中起作用，油酸可部分代替生物素的作用	乳酸菌等多种细菌需要，干酪乳杆菌约需 1ng/mL
维生素 B_{12}	钴酰胺辅酶，与甲硫氨酸和胸腺嘧啶核苷酸的合成和异构化有关	细菌普遍需要，真菌、放线菌大多能自己合成

此外，硫辛酸、维生素 C、维生素 K 也是较重要的生长因子。硫辛酸在催化丙酮酸和 α-酮戊二酸的氧化脱羧中起作用；维生素 C 起递氢体的作用；维生素 K 在氧化磷酸化中起作用。

不同的微生物合成氨基酸的能力差异很大。有些细菌如大肠杆菌能自己合成所需的全部氨基酸，不需要从外界补充；有些细菌如伤寒沙门氏菌（*Salmonella typhi*）能合成大部分氨基酸，仅需补充色氨酸；还有些细菌合成能力极弱，如肠膜明串珠菌需要从外界补充 19 种氨基酸及维生素等生长因子才能生长。一般说来，革兰氏阴性菌合成氨基酸的能力比革兰氏阳性菌强。微生物需要氨基酸的量约为 20~50μg/mL。

嘌呤和嘧啶是核酸和辅酶的组成成分，是多数微生物（特别是乳酸细菌）生长必需的物质。微生物在生长旺盛时，需要嘌呤和嘧啶的浓度为 10~20μg/mL。有些微生物不仅缺乏合成嘌呤和嘧啶的能力，而且不能利用它们正常合成核苷，因此还需要供给核苷酸或核苷，才能满足生长需要。微生物需要的核苷酸或核苷的最高浓度为 200~2000μg/mL。

当微生物丧失合成某种生长因子的能力时，必须从培养基中获取该生长因子才能生长。利用微生物的这种特性可以分析食物、药品等物质中的维生素、氨基酸及其他生长因子的含量，这种方法称为生长因子的微生物（学）分析法。使用这一方法时，在培养基中须提供除了待测物质以外的全部营养物质，然后把生长因子以较低的浓度加到培养基中，培养后获得的微生物生长量与生长因子的浓度成正比（图 5-3）。测定时以标准样品作为对照。此法具有灵敏度高和简便易行等优点，常被采用。

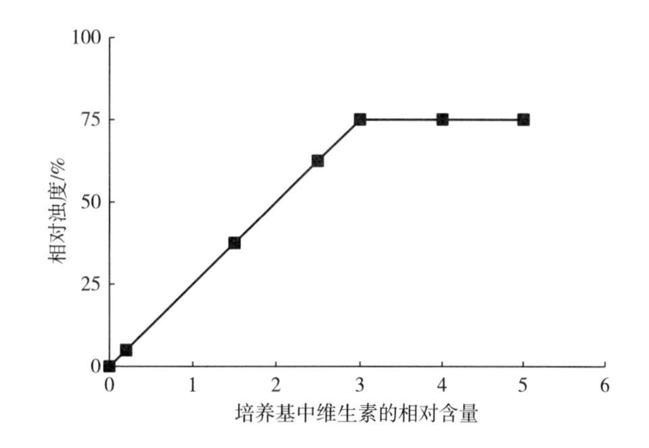

图 5-3 培养基中维生素 B_{12} 的浓度与需维生素 B_{12} 微生物生长间的关系

第二节 微生物的营养类型

微生物在长期进化过程中，由于生态环境的影响，逐渐分化成各种营养类型。由于各种微生物的生活环境和对不同营养物质的利用能力不同，它们的营养需要和代谢方式也不尽相同。根据微生物碳源是无机碳化合物（如 CO_2、碳酸盐）还是有机碳化合物，可以把微生物分成自养型微生物和异养型微生物两大类。此外，根据微生物生命活动中能量的来源不同，将微生物分为两种能量代谢类型：一种是利用吸收的营养物质氧化产生的化学能，称为化能型微生物；另一类是吸收光能来维持其生命活动，称为光能型微生物。将碳源物质的性质和代谢能量的来源结合起来可将微生物分为光能自养型（photolithoautotrphy）、光能异养型（photoorganoheterotrph）、化能自养型（chemolithoautotrphy）和化能异养型（chemoorganoheterotrophy）四种营养类型，它们的区别见表 5-5。

表 5-5 微生物的营养类型

代谢特点	营养类型			
	光能自养型	化能自养型	光能异养型	化能异养型
碳源	CO_2或可溶性碳酸盐	CO_2或可溶性碳酸盐	小分子有机物	有机物
能源	光能	无机物的氧化	光能	有机物的氧化降解
供氢体	无机物（H_2O，H_2S 等）	无机物（H_2S，H_2，Fe^{2+}，NH_3，NO_2^-等）	小分子有机物	有机物
代表种	蓝细菌、绿硫细菌	硝化细菌、硫化菌、氢细菌、铁细菌	红螺菌	大多数细菌，全部真菌、放线菌

一、光能自养型微生物

将光能作为能源，以 CO_2或可溶性的碳酸盐（CO_3^{2-}）作为唯一的碳源或主要碳源，以无机化合物（H_2O，H_2S，硫代硫酸钠等）为氢供体，还原 CO_2，生成有机物。光能自养型微生物主要是一些蓝细菌、红硫细菌、绿硫细菌等少数微生物（图 5-4），它们由于含光合色素，能使光能转变为化学能（ATP），供细胞直接利用。

$$CO_2+2H_2A \xrightarrow[\text{光合色素}]{\text{光}} [CH_2O]+H_2O+2A$$

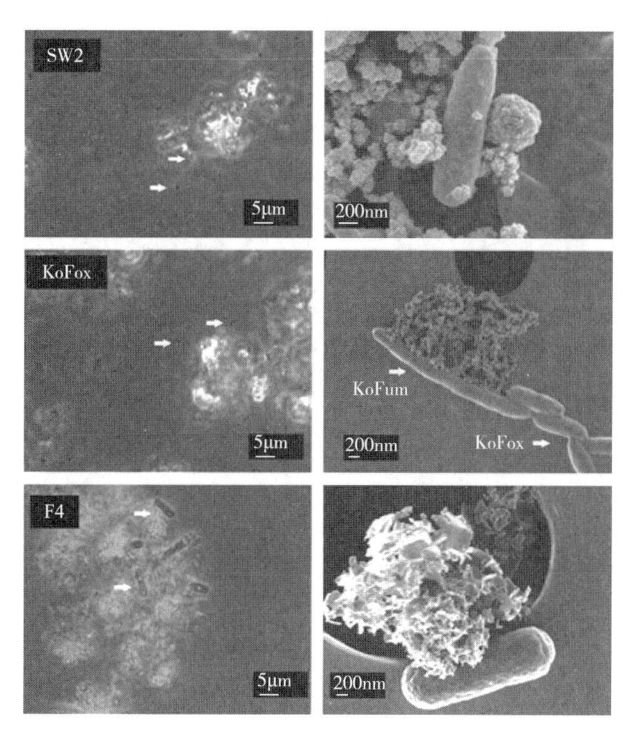

图 5-4　非硫紫细菌 *Rhodobacter ferrooxidans* SW2、绿硫细菌 *Chlorobium ferrooxidans* KoFox 及网硫菌属 *Thiodictyon* sp. F4 的光学显微镜图片（左）及电镜照片（右）

二、 化能自养型微生物

这一类微生物的能源来自无机物氧化所产生的化学能，利用这种能量去还原 CO_2 或者可溶性碳酸盐合成有机物质。如亚硝酸细菌、硝酸细菌、铁细菌、硫细菌、氢细菌就可以分别利用氧化 NH_3，NO_2^-，Fe^{2+}，H_2S 和 H_2 产生的化学能来还原 CO_2，形成碳水化合物。例如，亚硝酸细菌能从氨氧化为亚硝酸的过程中获得能量，用以还原 CO_2，形成碳水化合物。

$$2NH_3 + 3O_2 + 2H_2O \xrightarrow{\text{亚硝酸细菌}} 2HNO_2 + 4H^+ + 4OH^- + \text{能量}$$

$$CO_2 + 4H^+ \longrightarrow [CH_2O] + H_2O$$

铁细菌如纤丝菌属可以氧化 Fe^{2+} 为三价铁化合物（FeOOH），结合在细胞壁或生物膜上已在工业中显现了诸多的应用功能，如制作锂离子电池阳极材料、催化增强剂及瓷染料等（图 5-5）。这一类型的微生物可以生活在完全无机的环境中，分别氧化各自合适的还原态的无机物，从而获得同化 CO_2 所需的能量。

三、 光能异养型微生物

这种类型的微生物以光能为能源，利用有机物作为供氢体，还原 CO_2，合成细胞的有机物质。例如，深红螺菌（*Rhodospirillum rubrum*，见图 5-6）利用异丙醇作为供氢体，进行光合作用并积累丙酮，这类微生物生长时大多需要外源性的生长因子。

$$2\,(CH_3)_2CHOH + CO_2 \xrightarrow[\text{光合色素}]{\text{光}} 2CH_3COCH_3 + [CH_2O] + H_2O$$

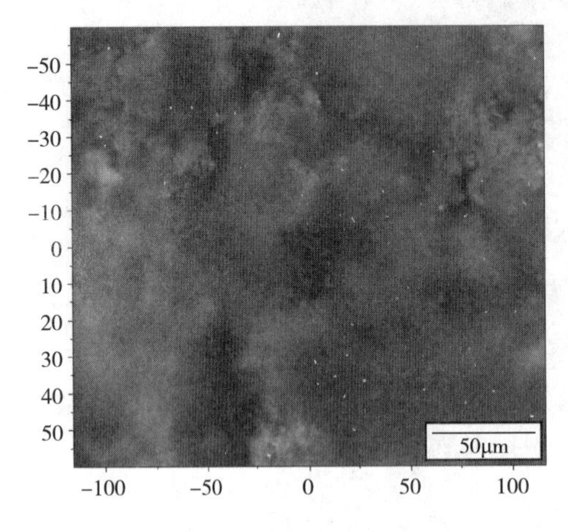

图 5-5　铁细菌在载玻片上培养后产生的生物材料的光学显微照片

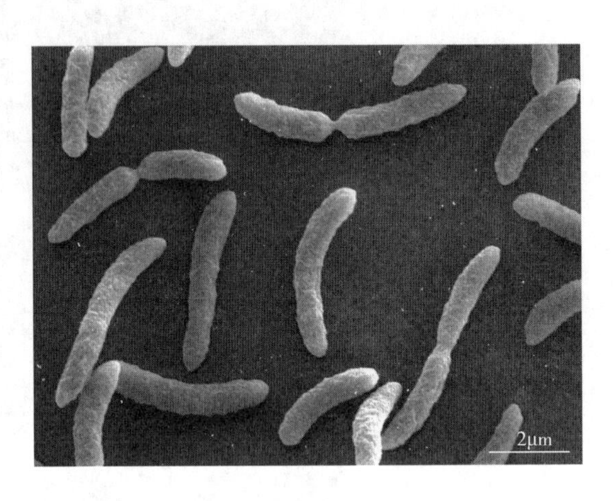

图 5-6　深红螺菌 *R. rubrum* $S1^T$ 的扫描电镜照片

此菌在光和厌氧条件下进行上述反应。但在黑暗和好氧条件下又可用有机物氧化产生的化学能进行代谢。

四、化能异养型微生物

这种类型的微生物其能源和碳源都来自于有机物，能源来自有机物的氧化分解，ATP 通过氧化磷酸化或底物水平磷酸化产生，碳源直接取自于有机碳化合物。它包括自然界绝大多数的细菌，全部的放线菌、真菌和原生动物。

化能异养型微生物根据生态习性可分为腐生型和寄生型两类：①腐生型：从无生命的有机物获得营养物质。引起食品腐败变质的某些霉菌和细菌就属这一类型，如引起腐败的梭状芽孢杆菌、毛霉、根霉、曲霉等。②寄生型：必须寄生在活的有机体内，从寄主体内获得营养物质才能生活，这类微生物称为寄生微生物。寄生又分为绝对寄生和兼性寄生，如果只能在一定活的生物体内营寄生生活的称为绝对寄生，它们是引起人、动物、植物以及微生物病害的病原微生物，如病毒、噬菌体、立克次氏体。有些微生物既能生活在活的生物体内，又能在死的有机残体上生长，同时也可在人工培养基上生长，这类病原微生物属于兼性寄生微生物，如人和动物肠道内普遍存在的大肠杆菌，它在人和动物肠道内是寄生，随粪便排出体外，又可在水、土壤和粪便之中腐生。

上述营养类型的划分并非是绝对的。绝大多数异养型微生物也能吸收利用 CO_2，可以把 CO_2 加至丙酮酸上生成草酰乙酸，这是异养生物普遍存在的反应。因此，划分异养型微生物和自养型微生物时的标准不在于它们能否利用 CO_2，而在于它们是否能利用 CO_2 作为唯一的碳源或主要碳源。在自养型和异养型之间、光能型和化能型之间还存在一些过渡类型。例如氢细菌（*Hydrogenmonas*）就是一种兼性自养型微生物类型，在完全无机的环境中进行自养生活，利用氢气的氧化获得能量，将 CO_2 还原成细胞物质。但如环境中存在有机物质时又能直接利用有机物进行异养生活。

第三节　微生物对营养物质的吸收

微生物不像动物那样具有专门的摄食器官，也不像植物那样具有根系吸收营养和水分，它们对营养物质的吸收是借助生物膜的半渗透性及其结构特点以几种不同的方式来吸收营养物质和水分的。如果营养物质是大分子的蛋白质、多糖、脂肪等，微生物则分泌出相应的酶（这类在细胞内产生，分泌到细胞外起作用的酶称为胞外酶）将其分解成小分子的物质，才能以不同的方式吸收到细胞内，加以利用。

营养物质能否进入细胞取决于三个方面的因素：①营养物质本身的性质（相对分子质量、溶解性、电负性等）；②微生物所处的环境（温度、pH 等）；③微生物细胞的透过屏障（原生质膜、细胞壁、荚膜等）。各种物质对细胞质膜的透性不一样，就目前对细胞膜结构及其传递系统的研究，认为营养物质主要以以下几种方式透过细胞膜。

一、单纯扩散

单纯扩散（simple diffusion）又称被动扩散（passive diffusion），这是一个物理扩散作用。被输送的物质靠细胞内外的浓度梯度为动力，溶质分子从浓度高的区域向浓度低的区域扩散，直到两边的浓度相等为止。这个过程不消耗能量。气体、水及某些水溶性或脂溶性物质都由这种方式进入微生物细胞。通常当细胞外的物质浓度高于细胞内时，物质进入细胞，直至细胞内外的浓度差消失、输送才停止。进入细胞的物质由于不断地消耗，始终保持较低的浓度，因此细胞外的物质能不断地进入细胞，只是进入的速度较慢（图 5-7）。大肠杆菌吸收钠离子，就是由单纯扩散进行的。

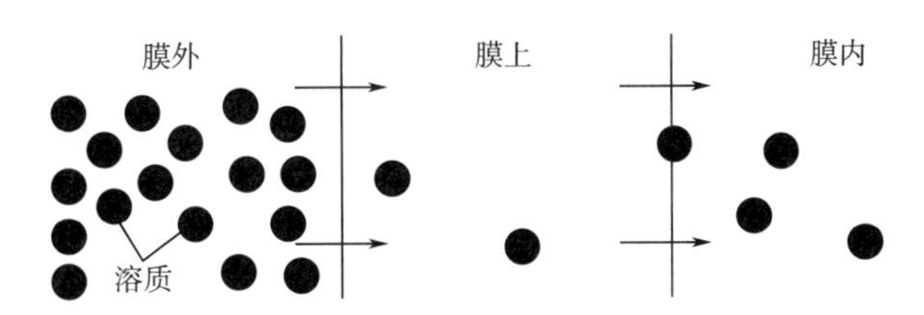

图 5-7　溶质在细胞膜内外的单纯扩散

二、促进扩散

促进扩散（facilitated diffusion）也是以物质的浓度梯度为动力，不需要能量。与单纯扩散所不同的是促进扩散在细胞膜上有载体参加。膜载体是位于膜上的蛋白质，起着“渡船”的作用，把物质从膜外运至膜内。膜载体蛋白在物质输送过程中不发生化学变化，但构型发生改变，可加速物质透过速度。物质在细胞外和膜载体的亲和力高，易于结合；进入细胞后，亲和力降低，又把物质释放出来。由于膜载体的参与，所以促进扩散的速度比单纯扩散快。载体具有较强的特异性，例如葡萄糖载体只输送葡萄糖。大肠杆菌有亮氨酸、异亮氨酸和缬氨酸等多种载体。许多真核微生物运送糖就是通过这种方式而实现的（图 5-8）。

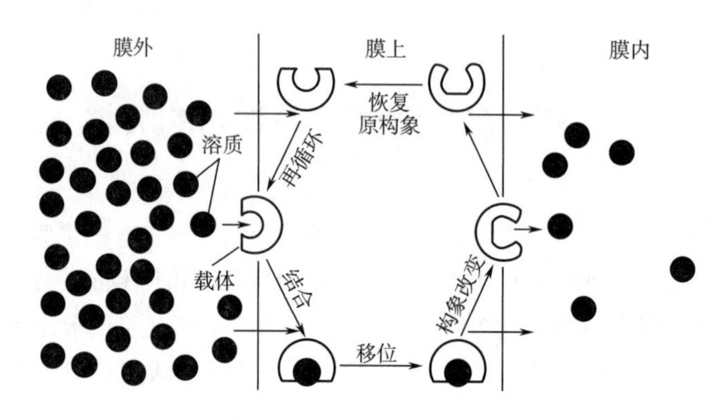

图 5-8 溶质在细胞膜内外的促进扩散

三、 主动运输

主动运输（active transport）是指一类需要提供能量（包括 ATP、质子动势或离子泵等）并通过细胞膜上特异性载体蛋白构象的变化，而使膜外环境中低浓度的溶质运入膜内的一种物质运送方式。被运输物质在细胞膜的外侧与膜载体的亲和力强，能形成载体复合物，当其进入膜的内侧时，在能量参与下，载体发生构型的变化，与结合物的亲和力降低，营养物质便被释放出来，这样被运输的物质就可以从低浓度向高浓度输送（图 5-9）。

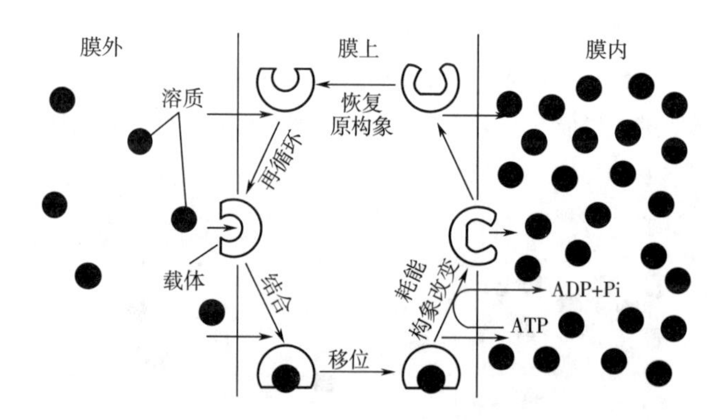

图 5-9 溶质在细胞膜内外的主动运输

在主动运输过程中，被运输物质不发生任何化学变化。大肠杆菌输送乳糖、半乳糖、β-半乳糖苷、阿拉伯糖、氨基酸、核苷及钾离子等都通过这种方式。例如大肠杆菌通过对钾离子的主动运输，可以使细胞内钾离子的浓度比细胞外高 3000 倍。主动运输必须有能量参与，如果在培养液中加入 2,4-二硝基酚等抑制 ATP 合成的试剂，吸收速率便会降低。此现象表明，主动运输需要消耗能量，缺乏能量运输就会停止。

四、 基团转位

在微生物对营养物质吸收的过程中，还有一种特殊的运输方式，称为基团转位（group translocation）。这种运送营养物质的方式和主动运输一样需要特异性载体蛋白的参与和能量的消耗，但是通过基团转位运送的营养物质在运送前后的分子结构发生变化，因此不同于主动运输。许多糖及其糖的衍生物在通过基因转位运输中由细菌的磷酸转移酶系催化，使营养物质磷酸化，以磷酸糖的形式进入细胞。由于质膜对大多数磷酸化化合物无透性，磷酸糖一旦形成便被阻挡在细胞以内，从而使糖浓度远远超过细胞外（图 5-10）。

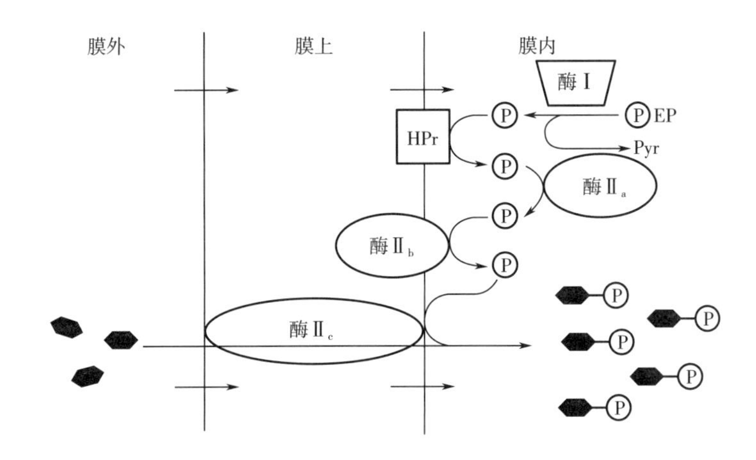

图 5-10　溶质在细胞膜内外的基团移位

这种运输过程的磷酸转移酶系统包括酶Ⅰ、酶Ⅱ和热稳定蛋白（HPr）。酶Ⅰ是非特异性的，它们对许多糖都起作用。酶Ⅱ是膜上的结构酶，并能诱导产生，它对某一种糖具有特异性，只能运载某一种糖类，酶Ⅱ同时起着渗透酶和磷酸转移酶的作用。HPr 是热稳定的可溶性蛋白质，它能够像高能磷酸载体一样发挥作用。该酶系统催化的反应分两步进行：

第一步：少量的 HPr 被磷酸烯醇丙酮酸（PEP）磷酸化，此步反应由酶Ⅰ催化。

$$\text{PEP+HPr} \xrightarrow{\text{酶Ⅰ}} \text{磷酸\~{}HPr+丙酮酸}$$

第二步：磷酸~HPr 将它的磷酰基传递给葡萄糖，同时将生成的 6-磷酸葡萄糖释放到细胞质内，这步复合反应由酶Ⅱ催化。

$$\text{磷酸\~{}HPr+葡萄糖} \xrightarrow{\text{酶Ⅱ}} \text{6-磷酸葡萄糖+HPr}$$

基团转位可转运糖、糖的衍生物，如葡萄糖、甘露糖、果糖、*N*-乙酰葡萄糖胺和 β-半乳糖苷以及嘌呤、嘧啶、碱基、乙酸（但不能运送氨基酸）等。这个运输系统主要存在于兼性厌氧菌和厌氧菌中。

单纯扩散、促进扩散、主动运输和基团转位这四种物质运输方式的主要区别如表 5-6 所示。

表 5-6　　微生物四种运送营养方式的比较

比较项目	单纯扩散	促进扩散	主动运输	基团转位
特异载体蛋白	无	有	有	有
运送速度	慢	快	快	快
溶质运送方向	由浓至稀	由浓至稀	由稀至浓	由稀至浓
平衡时内外浓度	内外相等	内外相等	内部高	内部高
运送分子	无特异性	特异性	特异性	特异性
能量消耗	不需要	需要	需要	需要
运送前后溶质分子	不变	不变	不变	改变
载体饱和效应	无	有	有	有
与溶质类似物	无竞争性	有竞争性	有竞争性	有竞争性
运送抑制剂	无	有	有	有
运送对象举例	水、甘油、乙醇、O_2、CO_2	糖、SO_4^{2-}、PO_4^{3-}	氨基酸、乳糖等糖类，少量无机离子	葡萄糖、果糖、嘌呤、嘧啶等

第四节　培养基

培养基是人工配制的适合于微生物生长繁殖和积累代谢产物的营养基质。培养基成分和配比合适与否，对微生物生长发育、物质代谢、发酵产物的积累以及生产工艺都有很大的影响。良好的培养基配比可以充分发挥菌种的生物合成能力，以达到良好的生产效果；相反，若培养基成分或配比不合适，则菌种生长及发酵的效果较差。所以在发酵工业生产上，必须重视培养基组成。一个良好培养基的确定，往往要经过长期反复试验，并不断予以改进。培养基的配比也绝不是一成不变的，它随着生产、科学研究的不断深入而有所调整、改善。一个培养基总有它的局限性，还需要配合其他培养条件的控制，才能发挥其最大特性。

一、培养基的分类

培养基配制是微生物学研究和微生物发酵生产的基础。为适应各类微生物对营养的不同要求，人们设计了数以千计的培养基。这些培养基按实际需要通常从以下几个角度进行分类。

1. 天然、合成和半合成培养基

按培养基中材料的来源，可将培养基分为天然、合成和半合成培养基。

（1）天然培养基：指利用动植物、微生物或其他天然来源的难以确切知道其化学成分的原料所配成的培养基。它的化学成分复杂，但营养丰富。此种培养基原料来源充足，价格低廉，适宜于实验室和大生产之用。培养酵母的麦芽汁培养基属于此类。

(2) 合成培养基：采用已知化学成分的纯试剂所配成的培养基。这类培养基成分明确，重复性强，适用于做分类鉴定、生物测定、选种育种等方面的研究。培养放线菌的高氏一号培养基，培养真菌的查氏培养基即属此类。

(3) 半合成培养基：由未知化学成分的天然原料和已知化学成分的试剂配制而成的培养基。例如，在合成培养基中加入少量蛋白胨以满足某种氨基酸营养缺陷型菌株生长的需要。目前大多数培养基都属此类，如营养琼脂（NA）中除含有天然的牛肉膏和蛋白胨外，还有成分明确的氯化钠。

2. 固体、半固体和液体培养基

按培养基的物理状态，将培养基分成固体、半固体和液体培养基。

(1) 固体培养基　有两种类型。一是天然固体基质制成的固体培养基，如马铃薯块、麸皮、米糠制成的培养基；二是在液体培养基中添加凝固剂而制成的固体培养基，常用的凝固剂有琼脂和明胶等。

理想的凝固剂应具备以下条件：①不被微生物分解或利用；②在微生物生长的温度范围内保持固体状态；③凝固点的温度对微生物无害；④不会因高温灭菌而受到破坏；⑤透明度好、黏着力强；⑥配制方便，价格低廉。在目前所有的各种凝固剂中，以琼脂为最佳，此外还有明胶也可以作为部分微生物培养的凝固剂。琼脂和明胶用作凝固剂的性能比较如表 5-7 所示。

表 5-7　琼脂和明胶用作凝固剂的性能比较

凝固剂	微生物利用程度	融化温度/℃	凝固点/℃	化学本质	常用量/%
琼脂	绝大多数不利用	96	40~45	聚半乳糖硫酸酯	0.5~2
明胶	大多数利用（作氮源）	25	20	动物蛋白	5~12

固体培养基在微生物分离、鉴定、计数、测定、保藏等方面起着重要作用，生产上也常用固体培养基培养菌种，有时也作某些产品的发酵用培养基。

(2) 半固体培养基　在液体培养基中加入少量的凝固剂而使之呈半固体状态的一类培养基。例如培养基中只加入 0.2%~0.7% 的琼脂所制成的培养基。半固体培养基常用于观察细菌运动特征，噬菌体效价测定以及厌氧菌培养等方面。

(3) 液体培养基　不含任何凝固剂，其组分均匀，用途广泛。常用于微生物生理代谢的各种研究，也是大规模工业发酵生产上普遍采用的培养基。

3. 鉴别和选择培养基

按培养基的功能分类，可分成鉴别和选择培养基。

(1) 鉴别培养基　一类含有某种代谢产物指示剂的培养基。微生物在这类培养基上生长后，分泌的代谢产物与指示剂起反应产生某种明显的特征性变化，根据这种变化将该种微生物与其他微生物区分开来。如伊红-美蓝培养基（EMB）可用于鉴别大肠杆菌、沙门氏菌、志贺氏菌等肠道微生物。常见的鉴别培养基见表 5-8。

表 5-8　　　　常见的鉴别培养基

培养基名称	加入化学物质	代谢产物	培养基特征性变化	主要用途
酪素培养基	酪素	胞外蛋白酶	蛋白水解圈	鉴别蛋白酶菌株
H_2S 试验培养基	醋酸铅	H_2S	产生黑色沉淀	鉴别产 H_2S 的菌株
伊红美蓝培养基	伊红、美蓝	酸	带金属光泽紫色菌落	鉴别大肠杆菌
明胶培养基	明胶	胞外蛋白酶	明胶液化	鉴别蛋白酶菌株
油脂培养基	食用油、土温、中性红指示剂	胞外脂肪酶	由淡红色变成深红色	鉴别脂肪酶菌株
淀粉培养基	可溶性淀粉	胞外淀粉酶	淀粉水解圈	鉴别产淀粉酶菌株
糖发酵培养基	溴甲酚紫	乳酸、醋酸、丙酸等	有紫色变成黄色	鉴别肠道细菌
远藤氏培养基	碱性复红、亚硫酸钠	酸、乙醛	带金属光泽深红色菌落	鉴别水中大肠菌群

EMB 培养基是根据肠道微生物利用乳糖产酸能力不同，引起指示剂伊红-美蓝呈色变化差异而设计的。肠道微生物中大肠杆菌能快速分解乳糖产生大量的混合酸，使菌体表面带氢离子，可染上酸性染料伊红，又因伊红与美蓝结合，使菌落被染上深紫色，反射光下呈绿色金属光泽。而对于产酸力弱的肠杆菌属（*Enterobacter*）、沙雷氏菌属（*Sarratia*）、克雷伯氏菌属（*Klebsiella*）和哈夫尼菌属（*Hafnia*）等菌落呈棕色。像变形菌属（*Proteus*）、沙门氏菌属（*Salmonella*）、志贺氏菌属（*Shigella*）等不利用乳糖的微生物在 EMB 培养基上菌落无色透明。

（2）选择培养基　根据某类微生物的特殊营养要求或对某种物理化学因子的抗性而设计出来的一类培养基，即根据被分离微生物的特性，采用“投其所好、取其所抗”的原则设计的培养基。“投其所好”就是指在普通培养基中加入某些特殊的营养物质，使某些微生物在其中迅速生长，而不适宜其他微生物生长，从而达到从混杂的微生物群体中分离某种微生物菌株的目的。例如纤维素酶生产菌株筛选时，在培养基中加入纤维素或滤纸条作为唯一碳源，可用来淘汰其他不利用纤维素的微生物。又如分离石油脱蜡的酵母菌时，可以石蜡作唯一碳源，能利用石蜡中烷烃的微生物得到增殖，不能利用烷烃的微生物被淘汰。“取其所抗”是指根据被分离微生物对某类药物具有抗性，在培养基中加入该药物而达到抑制其他敏感型微生物的目的。例如，在分离放线菌时，于培养基中加入 10% 酚数滴，可以抑制细菌和霉菌生长；分离酵母时，在培养基中加入 50 μg/mL 的青霉素或氯霉素以抑制细菌生长；在分离细菌时，在培养基中加入制霉菌素或安息香酸钠等抑制丝状真菌的繁殖。

在实际应用中，有时需要配制既有选择作用又有鉴别作用的培养基。如当要分离金黄色葡萄球菌时，在培养基中加入 7.5% NaCl、甘露糖醇和酸碱指示剂，金黄色葡萄球菌可耐高浓度 NaCl，且能利用甘露糖醇产酸。因此能在上述培养基生长（培养基的选择性），而且菌落周围颜色发生变化（由红色变成黄色，培养基的鉴别性），则该菌落有可能是金黄色葡萄球菌，再通过进一步鉴定加以确定。

4. 种子、发酵、测定培养基

按培养基使用的目的，将培养基分成种子、发酵、生物测定培养基等类型。

（1）种子培养基　用于培养菌种，因而营养成分相对比较丰富。设计此种培养基时主要考虑以长好菌体为目标，同时要兼顾菌种对发酵培养基的适应能力，为此常在种子培养基中适当添加一些粗放的发酵基质。

（2）发酵培养基　以获得最大强度的代谢产物为目的。它的原料来源一般较粗放，有时还在发酵培养基中添加前体、促进剂或抑制剂，以利于获得最多的发酵产品。

（3）测定培养基　一般是合成培养基，组成成分明确、恒定，以保证测定工作的可靠性和重复性。

除以上几类培养基之外，还有专门用于培养病毒、立克次氏体等专性寄生微生物的活体培养基，如鸡胚、家兔、豚鼠等。

二、配制培养基的原则

1. 原料的正确选择

由于微生物营养类型复杂，不同微生物对营养物质的需求是不一样的，因此首先要根据不同微生物的营养需求配制针对性强的培养基。就微生物主要类型而言，有细菌、放线菌、酵母菌、霉菌、原生动物、藻类及病毒之分，培养它们所需的培养基各不相同。在实验室中常用牛肉膏蛋白胨培养基（或简称普通肉汤培养基）和 LB 培养基培养细菌；用高氏一号合成培养基培养放线菌；培养酵母菌一般用 YPD 培养基或麦芽汁培养基，麦芽汁培养基是将麦芽粉与 4 倍水混匀，在 58~65℃条件下保温 3~4h 至完全糖化，调整糖液浓度为 10°~12°Bx，煮沸后用纱布过滤，调 pH 为 6.0 配制而成。培养霉菌则一般用查氏合成培养基、PDA 培养基（马铃薯葡萄糖培养基）或麦芽汁培养基等。

为获得微生物生产的工业发酵产品，选取原材料还需考虑以下几点：

（1）原料的价格　原料越便宜，最终的产品越具有竞争力。因此，即使营养成分合适也会由于它的价格太高导致产品不经济而不会用于工业生产中。比如，尽管乳糖在某些场合（如青霉素生产中）比葡萄糖更利于产物的产出，但是人们更愿意用便宜的葡萄糖。考虑到原材料在很多工业培养基中的经济性，很多其他工艺的副产物被应用于工业发酵。例如玉米浆和糖蜜就是淀粉和制糖工业的副产物。

（2）原材料的可获得性　原材料必须容易获得以保障产品的连续生产。如果它是季节性的或需要进口，原料就需要一段时间的储藏。很多工厂建了大型的原料仓库就是为了这个目的。大型仓库可以避免原料的涨价，也意味着要有比较大的花费用于原料在储藏期间不被虫害破坏。这一点也表明并不是原料便宜就可以用，还要耐储藏。

（3）运输费用　在其他条件都满足的情况下，原材料的来源越接近于利用的地方越方便。

（4）废弃物处理的难度　在很多国家工业废弃物的处理要求非常严格，废弃材料有的时候可以用于其他工业的原料。比如啤酒发酵完的谷物可以作为动物的饲料。但是，工业当中的一些废弃物往往不能再利用。它们的处理费用一般比较高，所以选择原材料时一定要考虑废弃物的处理成本。

（5）原材料质量的一致性及标准化应用　原料的质量及其成分必须要保持一致，才能保证最终产品质量的稳定以满足消费者的需求及期望。很多生产者通过产品质量的稳定性来争取消费者的满意。例如，啤酒酿造时，在购买大麦之前必须要保障其质量。制糖副产物糖蜜用于发酵工业时，如果无法保证每批次的成分一致，发酵之前，需要对其进行化学分析来确定还需要补充调整哪些营养物，这样就增加了分析费用和营养物的添加费用。

（6）满足微生物的生长和代谢产物合成的需要　很多工业微生物在分批培养中可以分成两个时期：生长期和生产期。在第一个时期细胞生长得比较快，不产生或产生很少的目的产物。在第二个时期产物才会逐步生产。通常这两个时期需要不同的营养物或者相同的营养物的不同比例组成。培养基必须完全能够切合这些需求，例如高浓度的葡萄糖和磷酸盐会阻碍次级代谢产物合成，这些原料的添加量必须避免影响目标产物的产量。

2. 营养成分的恰当配比

培养基一般包括碳源、氮源、无机元素和生长因子，以满足微生物生长繁殖的需要。但各组成要有适当的比例，尤其碳源和氮源的比例（C/N 比值），严格意义上 C/N 比指培养基中元素 C 和 N 的摩尔比，但通常由于培养基中元素 C 和 N 的摩尔数难以计算，在实际应用中多以培养基中的总碳源和总氮源（或总糖和粗蛋白）质量的比值来表示，C/N 比在发酵工业中特别重要。若培养基中氮源过多，会引起微生物生长过于旺盛，不利于产物的积累；氮源不足，则菌体生长过慢。碳源供应不足时，容易引起菌体衰老和自溶。C/N 比不仅影响菌体的生长，而且也影响发酵代谢途径。例如谷氨酸发酵，氮源不足时，谷氨酸生成量少，而积累 α-酮戊二酸；氮源过量时则使谷氨酸酰化生成谷氨酰胺，同样使产量下降，也会增加提取的困难。不同菌种，不同发酵产物所要求的 C/N 比是不同的，同一菌种的种子培养基和发酵培养基对 C/N 比要求也不一样，要经过生产实践的摸索，以获得恰当的比例。

在无机元素中，磷、硫、镁、钾的需要量较大，常以盐类形式供给。至于微量元素，除特别需要外，一般不另外供给，因为常使用的天然培养基组分中都含有各种微量元素，若不用蒸馏水配制培养基，微量元素的供应更不成问题。某些微量元素对微生物存在毒性，使用时应注意。

配制时，按照培养基的成分及所需要量称重后，首先要用蒸馏水或自来水把营养物溶解，当组分加入顺序不恰当时，会导致沉淀的生成，该沉淀物可能不再被溶解。为了避免生成沉淀而造成营养成分的损失，加入的顺序一般先加缓冲性物质，溶解后再加入主要元素，然后是微量元素，最后加入维生素等生长因子类。最好是每种营养成分溶解后再加入第二种营养成分。必要时可加入金属离子螯合剂以避免金属沉淀。因微量元素及生长因子需用量极微，甚至是配制大量的培养基也难于准确称重，此时需要配制微量元素（或生长因子）的高浓度溶液（如比培养基所需浓度高出 1000 倍），使用时再行稀释。

3. 适宜的理化条件

（1）pH　各种微生物生长要求不同 pH。一般来说，细菌生长的最适 pH 范围在 7.0~8.0，放线菌在 7.5~8.5，酵母菌在 3.8~6.0，而霉菌则在 4.0~5.8。具体的某种微生物还有其特定的最适生长 pH 范围，但是某些极端环境中的微生物，往往可以大大突破所属类群微生物 pH 范围的上限和下限。

为此，培养基配制好后，若 pH 不符合要求，则需加以调整。微生物在培养过程中时常会改变培养基的氢离子浓度而影响本身的生长，如碳水化合物发酵产生有机酸；氨基酸代谢产生氨等。为了维持培养基的 pH，应以菌体对各营养成分的利用速度来考虑培养基的组成，同时应加入缓冲剂，例如 K_2HPO_4（略呈碱性）与 KH_2PO_4（略呈酸性）是培养细菌常用的缓冲剂，此两物质的等摩尔浓度的溶液 pH 为 6.8，其缓冲能力一般在 pH 6.4~7.2 范围内有效。蛋白胨、牛肉膏及氨基酸等也都具有一定的缓冲作用。培养某些产酸的菌如乳酸菌，常于培养基中加 $CaCO_3$，以不断中和乳酸菌产生的酸来维持培养基在一定的 pH 范围。值得注意的是，经过高压灭菌后的培养基 pH 有所变化，必须经过实验，确定培养基灭菌前应调节的 pH。

（2）渗透压　微生物生长需要合适的渗透压，如果渗透压过高，会引起质壁分离；而渗透压过低会造成细胞膨胀，也不利于微生物的生长。因此，配制培养基时，应注意将渗透压调整在微生物适宜生长范围内。渗透压的大小是由溶液中所含有的分子或离子的质点数所决定的，等质量的营养物质，其分子或离子的摩尔质量越小，质点数越多，产生的渗透压越大。微生物在其自身的代谢过程中，可以通过在体内合成或分解大分子贮藏物（如糖原、PHB 等）来调节细胞内的渗透压。

一般在发酵生产中，当不影响微生物生理特性和目标产物合成时，通常尽量用较高浓度进行发酵，以提高产物产量和设备的利用率。这就要求尽可能选育耐高渗透压的生产菌株。但培养基浓度太大会使黏度增加，溶氧量降低。

（3）氧化还原电势　对于大多数微生物来说，培养基的氧化还原电势一般对生长影响不大，即它们生长的氧化还原电势范围较广。但对于专性厌氧细菌，由于自由氧的存在对其有毒害作用，往往在培养基内加入还原剂以降低氧化还原电势（氧化还原电势越高，培养基的氧化活动越强）。例如专性厌氧紫色硫细菌只能生长在加有适量还原剂（如 Na_2S，Na_2S_2O 和抗坏血酸）的培养基中，维持氧化还原值 rH_2 在 3~21 范围内，在 rH_2 低于 13 较为适宜；而兼性厌氧紫色硫细菌的生长不需加任何还原剂，因其最适的 rH_2 在 25~26。

思考题

1. 碳氮比如何影响菌体的生长及代谢？

2. 为维持微生物的正常生长代谢，在设计培养基时，应考虑 pH 的问题，请写出几种通过培养基内在成分控制 pH 的方法，并说明其原理。

3. 如何从自然中分离光合细菌，明确分离的生态环境、培养条件与分离过程。

4. 在筛选产胞外蛋白酶的细菌时，能否仅根据酪素培养基平板上蛋白水解圈和菌落直径比的大小来判断菌株的产胞外蛋白酶的能力大小，为什么？

5. 在某一自然土壤样品中，已知其中存在有极少量的大肠杆菌、枯草芽孢杆菌、丙酮丁醇梭菌、自生固氮菌和酵母菌，请设计实验方案，把上述五种菌逐一分离出来。

第六章 微生物的代谢

本章学习重点

1. 不同类型的微生物，利用最初能源有机物、日光和还原态无机物等通过代谢产生 ATP 的方式和过程。

2. 微生物代谢产物与微生物的种类之间的关系，代谢的末端产物依赖于微生物的种类及其体内起作用的酶，可以通过分析末端产物来鉴定微生物的种类。

3. 根据氢受体性质的不同，可以把生物氧化分为有氧呼吸、无氧呼吸和发酵三种类型，这三种类型的区别。

4. 微生物发酵类型的多样性为发酵工业提供了多样化的产品，不同的微生物能够进行的发酵类型不同，即使是同种微生物，在不同的条件下，发酵类型也有差别。

5. 利用微生物代谢调控能力的自然缺损或通过人为方法获得突破代谢调控的变异菌株，从而使有用目的产物大量生成、积累的发酵称为代谢控制发酵，它与生产实际紧密相连，是工业微生物育种工作的理论基础。结合传统诱变和现代基因工程方法，代谢控制发酵可通过解除菌体自身的反馈调节、增加前体物、去除代谢终产物等措施实现。

生物体为了维护其生命需要从外界摄取营养物质，这些物质进入生物体内转变为自身的分子以及生命活动所需的物质和能量等。营养物质在生物体内所经历的一切化学变化的总称为新陈代谢（metabolism），简称为代谢。代谢是生物体表现其生命活动的重要特征之一。通过代谢作用，生物体可以将外界的大分子营养物质转变为自身需要的小分子组成元件（building blocks），并将它们装配成自身所需的大分子，因此代谢按照所发生的化学反应在生命过程中扮演的角色被划分为分解代谢（catabolism）和合成代谢（anabolism）两个过程。

分解代谢是指细胞将大分子降解成小分子物质，并在这个过程中产生能量。一般可将分解代谢分为三个阶段（图 6-1）：第一阶段是将蛋白质、多糖及脂类等大分子营养物质降解成氨基酸、单糖及脂肪酸等小分子物质；第二阶段是将第一阶段产物进一步降解成更为简单的乙酰辅酶 A、丙酮酸以及能进入三羧酸循环的某些中间产物，在这个阶段中会产生一些 NADH 及 $FADH_2$；第三阶段是通过三羧酸循环将第二阶段产物完全降解产生 CO_2，并产生 ATP、NADH

及 $FADH_2$。第二和第三阶段产生的 NADH 及 $FADH_2$ 通过电子传递链被氧化，可产生大量的 ATP。

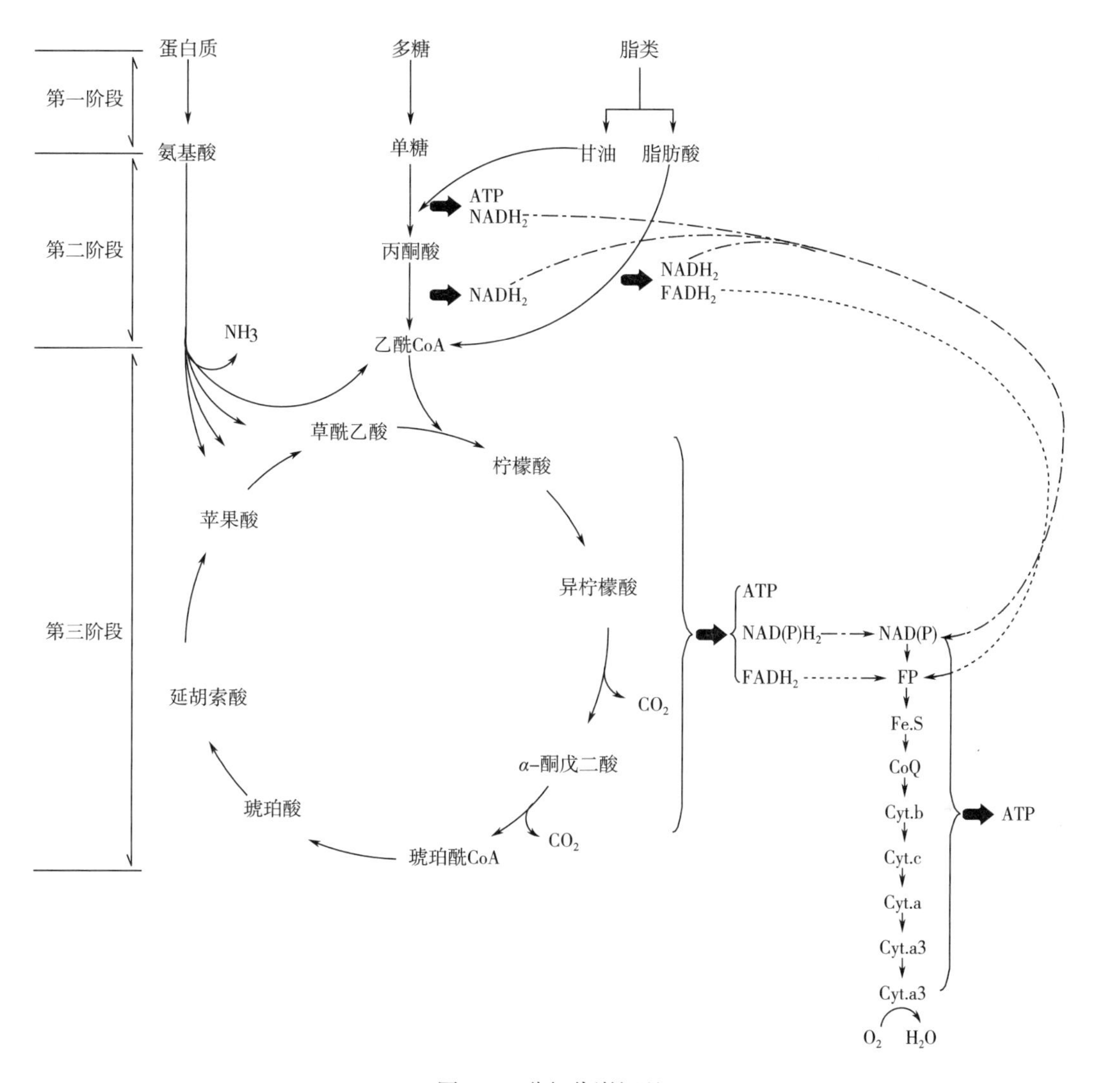

图 6-1　分解代谢概况

合成代谢是指细胞利用简单的小分子物质合成复杂大分子的过程，在这个过程中要消耗能量。合成代谢所利用的小分子物质来源于分解代谢过程中产生的中间产物（图 6-2）或环境中的小分子营养物质。

分解代谢和合成代谢间有着极其密切的联系。可以说，分解代谢的功能在于保证合成代谢的正常进行，而合成代谢又反过来为分解代谢创造了更好的条件，二者相互联系，促进了生物个体的生长繁殖。

分解代谢与合成代谢途径中所包括的物质转化属于物质代谢，与此相伴发生的能量转移称为能量代谢。分解代谢释放能量，合成代谢消耗能量。在代谢过程中，微生物通过分解代谢产生化学能，光合微生物还可将光能转换成化学能，这些能量除用于合成代谢外，还可以用于微生物细胞的运动和运输，另有部分能量以热或光的形式释放到环境中去。微生物产生和利用能

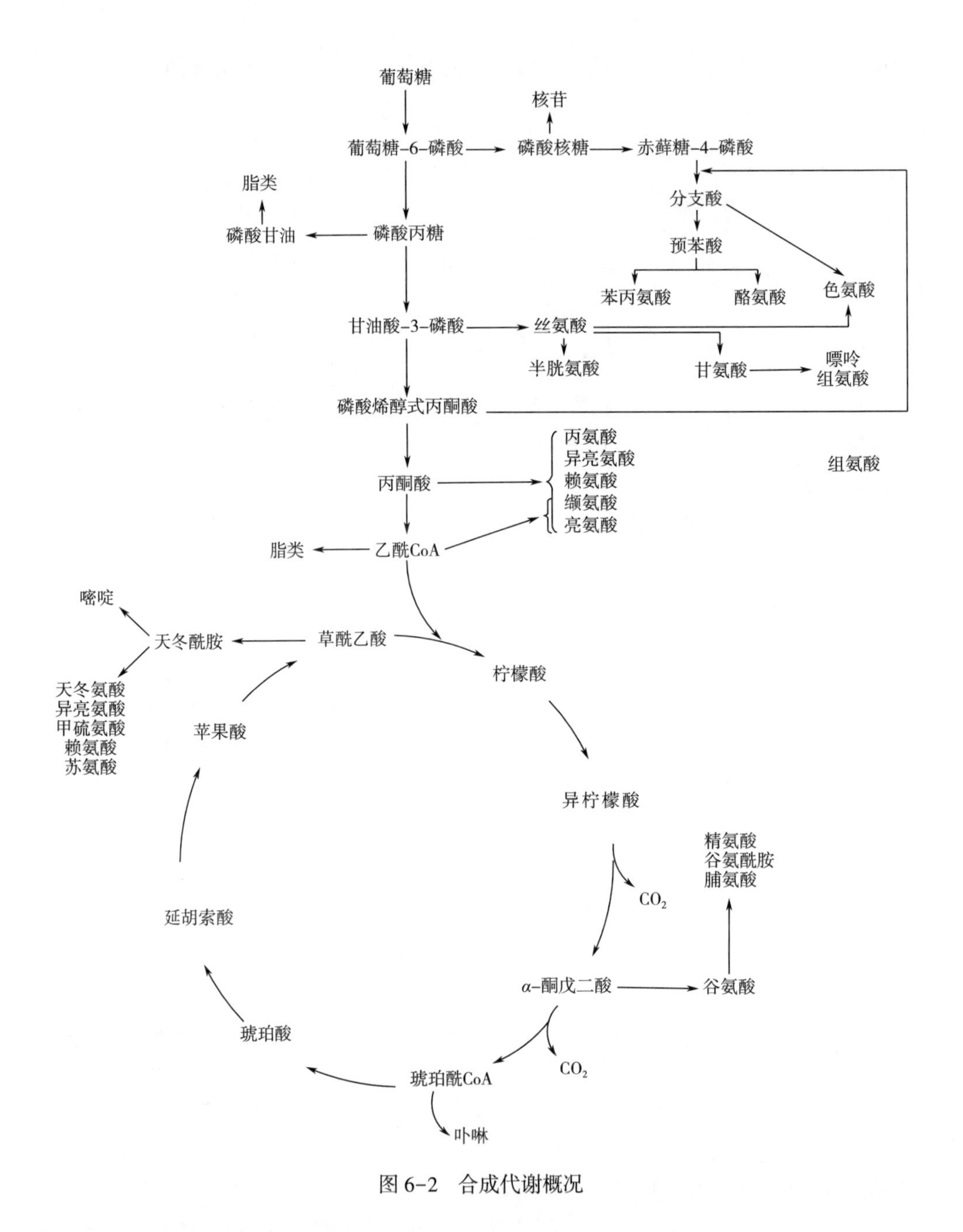

图 6-2　合成代谢概况

量及其与代谢的关系如图所示（图 6-3）。

无论是分解代谢还是合成代谢，代谢途径都是由一系列连续的酶促反应构成的，前一步反应的产物是后续反应的底物。细胞通过各种方式有效地调节相关的酶促反应，来保证整个代谢途径的协调性与完整性，从而使细胞的生命活动得以正常进行。理解微生物的代谢及其能量转换规律可以更好地理解和控制微生物的生长繁殖，以及有用代谢产物的合成。

某些微生物在代谢过程中除了产生其生命活动所必需的初级代谢产物和能量外，还会产生一些次级代谢产物，这些初级和次级代谢产物与人类的生产与生活密切相关，也是微生物学的一个重要研究领域。

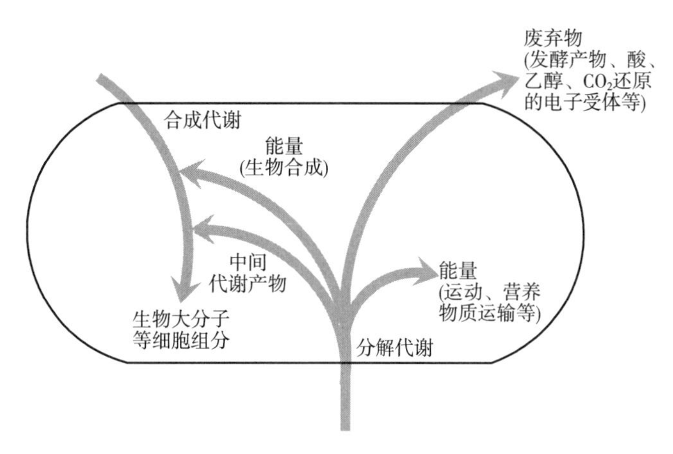

图 6-3　代谢中的能量

第一节　能量代谢

能量（energy）是使自然界中各种活动得以进行的一种能力，所有的物理和化学过程都是能量应用或转移的结果。

一、 氧化还原反应

在化学中，氧化是指底物失去电子，还原是指底物得到电子。在生物化学中，氧化还原通常不仅仅只是转移电子，有时也转移氢原子，因为在细胞氧化中，电子和质子可以同时失去。氧化还原反应是那些电子从一个供体（还原剂）转移至一个电子受体（氧化剂）的反应，常写为下式：

$$氧化剂 + ne^- = 还原剂$$

一对氧化剂和还原剂被称为氧化还原对。当氧化剂接收了电子，它就变成氧化还原对中的还原剂。这个反应的平衡常数被称为标准氧化还原电势（E_0），它度量了还原剂失去电子的趋势。氧化还原电势的参考标准是氢系统，即当 pH7.0 时的氧化还原电势（E_0'）。有更多的负氧化还原电势的氧化还原对将提供电子给那些有着更多的正势的氧化还原对。这样，电子就趋向于从表 6-1 中位于顶部的还原剂移动至位于表中底部的氧化剂（氧化剂有着更多的正势）。

表 6-1　　典型氧化还原对的氧化还原电势

氧化还原对	E_0'（氧化还原电势）	氧化还原对	E_0'（氧化还原电势）
$2H^+ + 2e^- \longrightarrow H_2$	−0.42	$NAD(P)^+ + H^+ + e^- \longrightarrow NAD(P)H$	−0.32
$Fe^{3+} + e^- \longrightarrow Fe^{2+}$	−0.42	$S + 2H^+ + 2e^- \longrightarrow H_2S$	−0.274

续表

氧化还原对	E'_0（氧化还原电势）	氧化还原对	E'_0（氧化还原电势）
$FAD+2H^++2e^- \longrightarrow FADH_2$	-0.18	$NO_2^-+8H^++6e^- \longrightarrow NH_4+2H_2O$	0.44
Cyt b（Fe^{3+}）+ $e^- \longrightarrow$ Cyt b（Fe^{2+}）	0.075	$Fe^{3+}+e^- \longrightarrow Fe^{2+}$	0.771
Cyt c（Fe^{3+}）+ $e^- \longrightarrow$ Cyt b（Fe^{2+}）	0.254	$O_2+4H^++4e^- \longrightarrow 4H_2O$	0.815
$NO_3^-+2H^++2e^- \longrightarrow NO_2^-+H_2O$	0.421		

二、 ATP和ATP的合成反应

1. 细胞的主要能量货币ATP

细胞必须将环境提供的能量转换成自己可以利用的形式，最常用的细胞能量形式是三磷酸腺苷ATP，其他核苷三磷酸（NTPs）和其他高能分子也是特异性代谢过程所必需的。

ATP是一种高能分子，作为能量的载体参与代谢途径中能量的储存、释放和转移，在细胞代谢的能量流通中扮演着“能量货币”的重要角色。ATP水解后形成产物二磷酸腺苷（ADP）和正磷酸盐（Pi），同时释放30.5kJ/mol的能量。当代谢过程中某一反应捕获或产生能量时，通常会以ADP磷酸化的形式将能量储存在ATP中。ATP和ADP的转化方程如下：

$$ATP + H_2O \longrightarrow ADP+Pi+\text{能量}$$

ATP将释放自由能的产能反应与需要自由能投入促进其完成的耗能反应相联，这样细胞的产能反应和耗能反应便在ATP的参与下来完成。但ATP并不是细胞的唯一的能量货币，有时候，其他核苷三磷酸（NTPs）在代谢中起主要作用，鸟苷5′-三磷酸（GTP）提供蛋白质合成中使用的一些能量，胞苷5′-三磷酸（CTP）用于脂质合成，尿苷5′-三磷酸（UTP）用于合成肽聚糖。

2. 产生ATP的三种磷酸化反应

氧化还原反应中释放的许多能量以形成ATP的形式被细胞储存。微生物细胞内的反应利用释放的能量把磷酸基团连接到ADP上就形成了ATP：

$$\underbrace{\text{Adenosine-（P）～（P）}}_{\text{ADP}}+\text{能量}+\text{（Pi）} \longrightarrow \underbrace{\text{Adenosine-（P）～（P）～（P）}}_{\text{ATP}}$$

符号“～”表示高能键，这就是说，该键能够容易地被破坏而释放出不稳定的能量。连接第3个磷酸基团的高能磷酸键在某种意义上含有上述反应的能量。当这个磷酸基团被除去后，不稳定的能量就被释放出来。把磷酸基团增加到一个化合物上叫作磷酸化。生物体具有三种磷酸化方式产生ATP。

（1）底物水平磷酸化　物质在生物氧化过程中，常生成一些含有高能键的化合物，而这些化合物可直接偶联ATP或GTP的合成，这种产生ATP等高能分子的方式称为底物水平磷酸化。在底物水平磷酸化中，高能磷酸基团直接从磷酸化合物（底物）转移到ADP（GDP）而形成ATP（GTP）。一般地，磷酸基团在较早的底物被氧化的反应中就获得能量。例如：在糖的分解代谢过程中，甘油醛-3-磷酸脱氢被磷酸化生成甘油酸-1，3-二磷酸，在分子中形成一个高能磷酸基团，在酶的催化下，甘油酸-1，3-二磷酸可将高能磷酸基团转给ADP，生成甘油酸-3-

磷酸与 ATP；还有，甘油酸-2-磷酸脱水生成烯醇丙酮酸磷酸时，也能在分子内部形成一个高能磷酸基团，然后再转移到 ADP 生成 ATP；在三羧酸循环中，琥珀酸 CoA（辅酶 A）生成琥珀酸，同时伴有 GTP 的生成，也是底物水平磷酸化。

（2）氧化磷酸化　电子从有机化合物通过一系列的电子载体（NAD^+等）被转给分子氧或其他有机分子时发生的反应叫做氧化磷酸化。氧化磷酸化发生在原核微生物的质膜内膜上或真核微生物的线粒体内膜上。氧化磷酸化中的一系列电子载体组成了电子传递链。电子从一个电子载体转移到下一个电子载体时，能量被释放，这些被释放的能量中，一部分通过化学渗透作用把能量传递给 ADP 而形成 ATP。

（3）光合磷酸化　光合磷酸化（photophosphorylation）是植物叶绿体的类囊体膜或光合细菌的载色体在光照下催化 ADP 与磷酸形成 ATP 的反应。有两种类型：循环式光合磷酸化和非循环式光合磷酸化。前者是在光反应的循环式电子传递过程中同时发生磷酸化，产生 ATP。后者是在光反应的非循环式电子传递过程中同时发生磷酸化，产生 ATP。在非循环式电子传递途径中，电子来自于水，最后传到氧化型辅酶Ⅱ（$NADP^+$）。因此，在形成 ATP 的同时，还释放了氧并形成还原型辅酶Ⅱ（NADPH）。

在光合作用的光反应中，除了将一部分光能转移到 NADPH 中暂时储存外，还要利用另外一部分光能合成 ATP，将光合作用与 ADP 的磷酸化偶联起来，这一过程称为光合磷酸化。它同线粒体的氧化磷酸化的主要区别是：氧化磷酸化是由高能化合物分子氧化驱动的，而光合磷酸化是由光子驱动的。

三、电子传递链

电子传递链（electron transfer chain，ETC）由一系列连续的氧化还原反应组成，是生物能量的主要来源。电子传递链所有组成成分都嵌合于线粒体内膜或叶绿体类囊体膜或细胞膜中，而且按顺序分段组成复合物，在复合物内各载体成分的物理排列符合电子流动的方向。其中线粒体中的电子传递链伴随着营养物质的氧化放能，又称作呼吸链。叶绿体电子传递链是光合磷酸化产生 ATP 过程的主要组成部分。另外，内质网在进行解毒反应中也涉及到电子传递链。

线粒体电子传递链的主要组分包括：①黄素蛋白；②铁硫蛋白；③细胞色素；④泛醌，它们都是疏水性分子。除泛醌外，其他组分都是蛋白质，通过其辅基的可逆氧化还原传递电子。它们在膜表面形成四个复合体，称为复合体Ⅰ（NADH 脱氢酶复合体）、复合体Ⅱ（琥珀酸脱氢酶复合体）、复合体Ⅲ（细胞色素还原酶复合体）、复合体Ⅳ（细胞色素氧化酶复合体）。NADH 依次经过复合物Ⅰ、辅酶 Q、复合体Ⅲ、细胞色素 C、复合体Ⅳ最终把电子传递给氧气，并将质子排到线粒体膜间隙，最终经线粒体 ATP 合酶生成 2.5 个 ATP。$FADH_2$经复合体Ⅱ、辅酶 Q、复合体Ⅲ、细胞色素 C、复合体Ⅳ最终把电子传递给氧气，并将质子排到线粒体膜间隙，最终经线粒体 ATP 合酶生成 1.5 个 ATP。由于前者的生成 ATP 量大于后者，所以前者称为主电子传递链，后者称为次电子传递链。电子传递链中的 NADH 氧化可产生 ATP，例如，当葡萄糖分解被氧化代谢时，许多从葡萄糖释放的电子被 NAD^+接受，生成 NADH，NADH 上的电子经过一系列电子传输链的电子载体的传递后最终转移到 O_2生成水和大量 ATP。

电子传递链中这些电子传递体传递电子的顺序，正是按照它们的氧化还原电势大小排成的顺序，这个顺序恰恰符合它们对于电子亲和力的不断增加的顺序。从热力学关系上看，电子传递链中的电子传递体的标准势能是逐步下降的，电子流动的方向是朝向分子氧进行的，其中几个自由能明显变化的位点正是ATP合成的位置。

四、 CO_2固定反应和生物固氮

自养生物的CO_2固定和固氮微生物的固氮是自然界中的两个耗能最多的代谢途径，是整个生物圈的碳素和氮素营养的来源。

1. 自养微生物的CO_2固定

自养生物使用二氧化碳作为唯一或主要碳源，CO_2的还原需要消耗大量能量。光能自养生物（包括植物和光能自养微生物）在光合作用的光反应期间通过捕获光而获得能量，化能自养微生物从无机电子供体的氧化中获取能量。

在微生物中已经鉴定了六种不同的CO_2固定途径。大多数自养微生物和植物一样，使用卡尔文循环来进行CO_2的固定。一些专性厌氧微生物和古生菌使用其他途径。

（1）Calvin循环（Calvin cycle） Calvin循环是光能自养生物和化能自养生物固定CO_2的主要途径，又称为Calvin-Bussham循环、核酮糖二磷酸途径或还原性戊糖循环。卡尔文循环的反应在20世纪40年代和50年代确定，之后又相继发现了五条CO_2固定途径。CO_2固定其他途径与微生物所处的生态环境有关，这也导致了二氧化碳固定途径的演变。

Calvin途径的两个关键酶是磷酸核酮糖激酶和二磷酸核酮糖羧化酶。蓝细菌、绝大多数光合细菌、全部好氧性的化能自养菌，以及绿色植物都是利用Calvin循环进行CO_2的固定。

Calvin循环的整个过程可分三个阶段：羧化反应、还原反应和再生阶段。具体反应细节如图6-4所示。

①羧化反应：1,5-二磷酸核酮糖（Ru-1,5-P，RuB）通过二磷酸核酮糖羧化酶将CO_2固定，转变为2个C_3化合物——3-磷酸甘油酸（PGA）。这一基本反应进行3次，就可利用固定的3个CO_2分子净产1个C_3分子。

②还原反应：3-磷酸甘油酸生成后马上被还原成3-磷酸甘油醛。这一过程是经过逆向EMP途径进行的，3-磷酸甘油酸激酶和ATP先使3-磷酸甘油酸磷酸化成1,3-二磷酸甘油酸，然后再通过3-磷酸甘油醛脱氢酶借助$NADPH_2$，使1,3-二磷酸甘油酸还原成3-磷酸甘油醛。形成1个3-磷酸甘油醛分子（固定3个CO_2）需要消耗6个ATP和6个$NADPH_2$。

③CO_2受体的再生：在循环中除净产的1个3-磷酸甘油醛分子可进一步通过EMP途径逆转形成葡萄糖分子外，其余5个分子经过复杂的反应并消耗3个ATP后，最终再生出3个1,5-二磷酸核酮糖分子，以便重新接受CO_2分子。

为了从二氧化碳合成6-磷酸果糖或6-磷酸葡萄糖，该循环必须进行六次，以产生所需的己糖。

$$6RuBP+6CO_2 \longrightarrow 12PGA \longrightarrow 6RuBP+F\text{-}6\text{-}P$$

将1个二氧化碳还原进入有机物中需要消耗3个ATP和2个NADPH。如果以产生1个葡萄糖分子来计算，则Calvin循环的总式为：

$$6CO_2+12\ NADPH_2+18ATP \longrightarrow C_6H_{12}O_6+12NADP^++18ADP+18Pi$$

（2）其他CO_2固定途径 其他CO_2固定途径包括还原性TCA循环、厌氧乙酰-辅酶A途

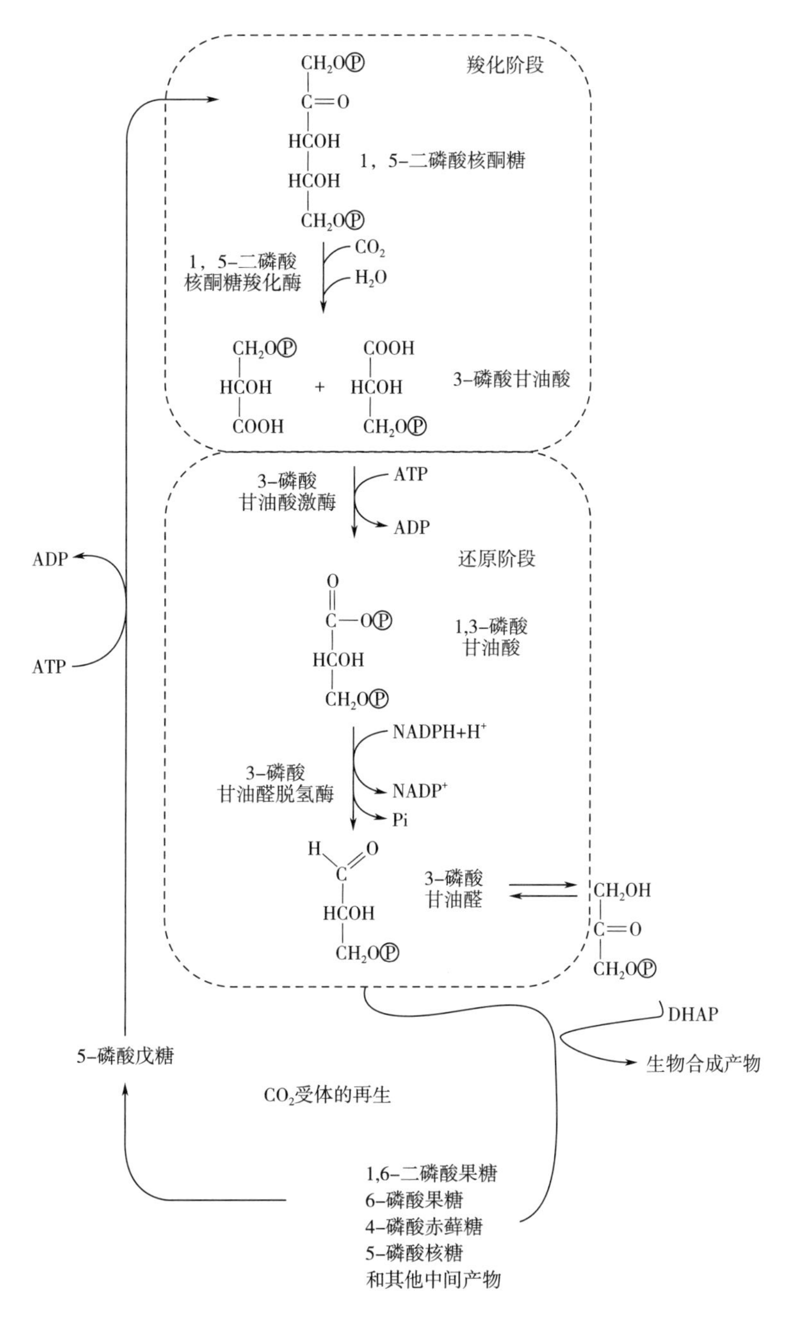

图 6-4　Calvin 循环

径、3-羟基丙酸循环、3-羟基丙酸/4-羟基丁酸循环、二羧酸/4-羟基丁酸循环等。其中还原性 TCA 循环是发现的第一个替代 Calvin 循环的 CO_2 固定途径，在一些古生菌（热变形菌属、硫化叶菌属）及绿菌属和脱硫菌属中存在此 CO_2 固定途径，它是正常氧化性 TCA 循环的反向运行。在这一途径中，CO_2 的固定为逆向的三羧酸循环，除了依赖于 ATP 的柠檬酸裂解酶，其他酶与正向三羧酸循环途径基本相同。CO_2 通过琥珀酰-CoA 的还原性羧化作用而被固定，如图 6-5 所示。

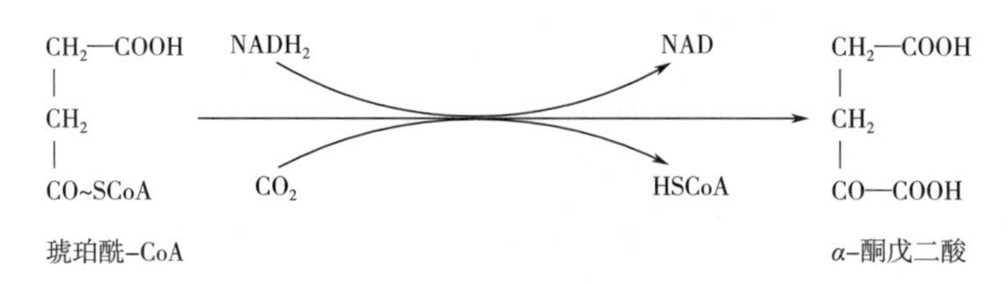

图 6-5　还原性 TCA 循环途径

2. 生物固氮

氮是构成生命物质的基本元素，也是农业生产的基本肥料。尽管分子氮（N_2）占空气的 79%，但因 N≡N 键非常牢固，高等植物无法直接利用它。只有通过某些微生物把空气中游离的氮固定，转化为含氮化合物后植物才可以利用。如果把光合作用看作是地球上最重要的生物化学反应，则生物固氮的重要性应当是地球上仅次于光合作用的生物化学反应。生物固氮是指分子氮通过固氮微生物固氮酶系的催化而形成氨的过程。

1888 年，Beijerink 第一个从豆科植物中分离到根瘤菌。从此以后，各种各样的固氮微生物相继被分离鉴定出来。20 世纪初期，将圆褐固氮菌、根瘤菌等应用于农业，使一些农作物获得了明显的增产。1960 年，美国 Carnahan 等人，通过将丙酮酸加入巴氏梭菌的无细胞抽提液中，成功地实现了 N_2还原成 NH_3的实验，这一实验的成功，开辟了用无细胞抽提液研究生物固氮机制的新途径。1962 年，Mortenson 等人发现，生物固氮必须有铁氧还蛋白作电子载体，并从巴氏梭菌中得到了这种蛋白。1964 年，哈迪等人证明了生物固氮必须有 ATP 参与。1965 年，Bulen 等人发现，NaS_2O_4可以代替由铁氧还蛋白、氢化酶和 H_2所组成的电子供体系统。1966 年，Dilworth 和 Schilhorn 同时发现了 C_2H_2可作为固氮酶的底物，并且创建了一个测定固氮酶活性的新方法——乙炔还原法。之后生物固氮进入分子水平研究，并于 1992 年测定了固氮酶的空间结构。

（1）固氮生物的种类　迄今已知的固氮生物都属于原核微生物，从其固氮类型来说，可分为两大类：其一为能独立生存的自生固氮微生物，种类较多，包括细菌、放线菌类微生物和蓝藻等；其二为能与其他植物共生的固氮微生物，其中最重要的是豆科植物的根瘤菌。

（2）生物固氮的机制

①固氮反应的总式：

$$N_2 + 6e + 6H^+ + 12ATP \longrightarrow 2NH_3 + 12ADP + 12Pi$$

②固氮反应的必要条件：

a. ATP 和 $NADPH+H^+$的供应；b. 底物 N_2；c. 镁离子；d. 固氮酶。

固氮过程中需要消耗大量的能量和 NAD（P）$H+H^+$，据试验，固定 1mol N_2约要消耗 10~15mo1 ATP。这些 ATP 是由呼吸、厌氧呼吸、发酵或光合作用所提供的。

生物固氮过程相当复杂，目前了解的还很有限，但固氮作用必须在固氮酶的催化下才能发生已是毋庸置疑的事实。目前，已从多种固氮生物中分离出这种酶，从各种不同生理类型的固氮微生物中，都可以分离到结构相同的固氮酶。它含有两种组分：组分Ⅰ是真正的“固氮酶”，又称钼铁蛋白（MF）或钼铁氧还蛋白（MoFd，molebdoferredoxin）；组分Ⅱ实质上是一种“固氮酶还原酶”，又称铁蛋白（F）或固氮铁氧还蛋白（AzoFd，azoferredoxin）。有关组分Ⅰ和组分Ⅱ的结构、功能及其活性中心等的比较可见表 6-2。

表 6-2　　固氮酶两个组分的比较

项目	组分Ⅰ	组分Ⅱ
蛋白亚基数	4（2大2小）	2（相同）
相对分子质量	22万	6万
Fe原子数	24～32	4
不稳态S原子数	20～32	4
Mo原子数	2	0
Cys的SH基	32～34	12
活性中心	铁钼辅因子（FeMoCo）	电子活化中心（Fe_4S_4）
功能	络合、活化和还原N_2	传递电子到组分Ⅰ上

固氮酶的厌氧微环境：固氮酶的两个蛋白组分对氧是极其敏感的，而且一旦接触氧就很快导致不可逆失活，组分Ⅰ（铁蛋白）一般只要在空气中暴露45s即会丧失一半活性，组分Ⅱ（钼铁蛋白）虽稍稳定，但一般在空气中的活性半衰期也只有10min。

同时，大多数的固氮菌都是好氧菌，它们需要利用氧气进行呼吸和产生能量。固氮菌在其漫长的进化过程中，发展出多种机制来解决其既需要氧又须防止氧对固氮酶损伤的矛盾。

有的好氧性自生固氮菌［例如：固氮菌科（*Azotobacteriaceae*）］通过呼吸保护（固氮菌以较强的呼吸作用迅速地将周围环境中的氧消耗掉，使细胞周围微环境处于低氧状态，并以此来保护固氮酶不受氧的损伤）来保障固氮酶活力。还有的好氧性自生固氮菌通过构象保护，当固氮菌处于高氧分压环境下时，其固氮酶能形成一个无固氮活性但能防止氧损伤的特殊构象，来保证固氮酶不受伤害。呼吸保护与构象保护两者相互协调，组成一个“双保险”式的保护机制。在一般情况下，可通过呼吸保护来去除多余的氧，如果还不足以去除过量分子氧时，就需要利用构象保护使固氮酶达到可逆性抑制状态，以渡过不良的环境条件。

蓝细菌是一类放氧性光合生物，在光照下会因光合作用放出的氧而使细胞内氧浓度增高，但同时它又有厌氧的固氮系统。其长期进化过程中发展出种种为保护固氮酶免受氧损伤的独特机制，例如通过分化出特殊的还原性异形胞来避免氧对固氮酶的伤害。异形胞体积比营养细胞大，细胞外有一层由糖脂组成的片层式的较厚外膜，它具有阻止氧气扩散入细胞内的物理屏障作用，另外异形胞内脱氢酶、超氧化物歧化酶活力很高，同时异形胞还有比邻近营养细胞高出约2倍的呼吸强度，借此既消耗过多的氧来创造厌氧微环境，又可以产生对固氮所必要的ATP。不能形成异形胞的蓝细菌，有的采用将固氮作用与光合作用进行时间上的分隔（黑暗下固氮，光照下进行光合作用）；有的则形成束状群体，在其中央处于厌氧环境下的细胞失去光合系统Ⅱ，有利于固氮酶在微氧环境下进行固氮作用；有的则在固氮酶活性高时，细胞过氧化物酶和SOD的活力也都提高，减小氧气伤害。

豆科植物共生根瘤菌以只能生长不能分裂的类菌体形式存在于豆科植物的根瘤中。许多类菌体被包在一层膜中，维持了一个良好的氧、氮和营养环境。最重要的是在这层膜的内外都存在着一种独特的豆血红蛋白。豆血红蛋白是一种氧结合蛋白，它与氧的亲和力极强（可使氧浓度比周围环境降低8万倍），因此，既可以将氧输送给类菌体，又可防止局部氧浓度增高，从而避免了固氮酶被氧所损伤。一些非豆科植物共生根瘤菌，例如 1973 年发现的糙叶山黄麻（*Parasponin*），体内含有类似豆血红蛋白的植物血红蛋白，赤杨、杨梅、木麻黄等非豆科植物的根瘤中，能在形成的泡囊中固氮，与蓝细菌中的异形胞相似，具有保护固氮酶免受分子氧损伤的特殊功能。

③固氮反应生成 NH_3 的去向：N_2 分子经固氮酶的催化而还原成 NH_3 后，就可以通过以下途径与相应的酮酸结合而形成各种氨基酸，如图 6-6 所示。

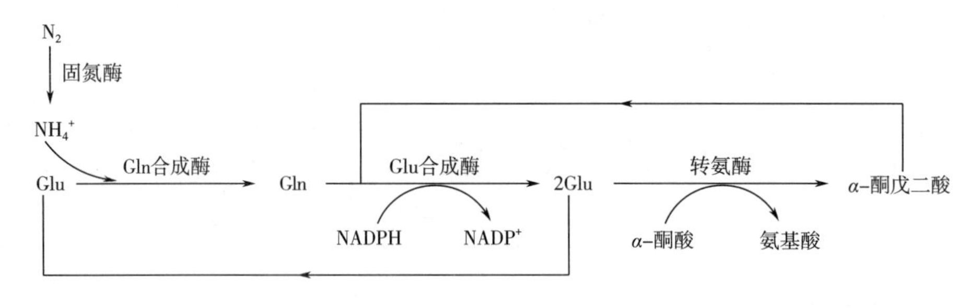

图 6-6　固氮反应生成 NH_3 的去向

第二节　糖代谢

一、 糖的分解代谢和产能

1. 多糖和二糖的分解

由单糖及其衍生物聚合而成的大分子多糖一般不溶于水，不能直接透过微生物的细胞膜进入细胞。所以，能够利用多糖的微生物首先要分泌胞外酶将多糖水解，然后吸收到胞内，再按不同的方式加以利用。

（1）淀粉的分解　淀粉分为直链和支链两种。直链淀粉中葡萄糖以 α-1,4 糖苷键相互连接；支链淀粉除了具有 α-1,4 葡萄糖糖苷键以外，在链的分支上还有 α-1,6 葡萄糖糖苷键。许多微生物能够分泌胞外淀粉酶将淀粉水解成葡萄糖，然后吸收利用。淀粉酶是水解淀粉、糖原及其衍生物中 α-糖苷键的一类酶的总称，包括 α-淀粉酶、β-淀粉酶、葡萄糖淀粉酶和异淀粉酶等，它们普遍存在于微生物细胞中，但不同的微生物中含量不一。

（2）纤维素和半纤维素的分解　纤维素是葡萄糖通过 β-1,4 糖苷键所连接成的长链大分子，主要存在于植物细胞壁，每个分子大约由 10000 个以上的葡萄糖残基组成，其基本结构单位是纤维二糖。微生物通过分泌纤维素酶对纤维素进行分解，纤维素酶是能够水解纤维素形成纤维二糖和葡萄糖的一类酶的总称，包括 C_1 酶、C_x 酶和 β-葡萄糖糖苷酶三种。三种酶联合作用将纤维素水解，如图 6-7 所示。

植物细胞壁中除纤维素外还含有许多半纤维素，其结构主要是各种聚戊糖和聚己糖，最常见的是木聚糖。与纤维素相比，半纤维素容易被微生物所分解，许多微生物如曲霉、镰刀霉、木霉等霉菌，芽孢杆菌等细菌以及一些放线菌都具有产生某种半纤维素酶的能力，将相应的半纤维素分解成单糖而吸收利用。

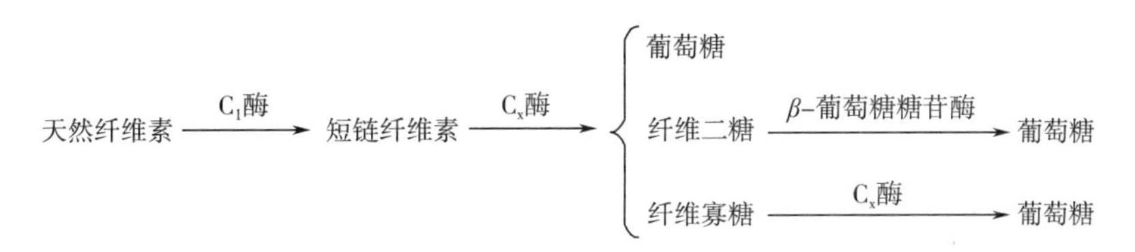

图 6-7　纤维素的分解

(3) 果胶的分解　果胶是由半乳糖醛酸以 α-1,4 糖苷键形成的直链状高分子化合物。主要存在于植物细胞壁间质中，可以被微生物分解利用，主要有三种酶参与果胶的分解：原果胶酶（将不溶性果胶变为可溶性果胶）、果胶甲酯水解酶（将果胶甲酯水解成果胶酸和甲醇）和果胶聚半乳糖醛酸酶（水解果胶或果胶酸中的 α-1,4 糖苷键）。

(4) 二糖的分解　蔗糖、麦芽糖、乳糖、纤维二糖等许多二糖能够被微生物分解利用。微生物分解利用二糖有两种方式：一是水解酶将其水解为单糖；另一种是由相应的磷酸化酶将其分解。这两类酶存在于细胞内或结合于细胞表面。需要指出的是：对于微生物来讲，磷酸化酶催化的反应比水解酶催化的反应更加有利。这是因为磷酸化酶催化二糖水解后，葡萄糖糖苷键中的键能被储存在磷酸酯键中，以后再形成糖的磷酸酯时，就不需要另外消耗 ATP，水解酶催化的反应则把葡萄糖糖苷键上的键能浪费了。

①蔗糖的分解：许多微生物细胞能够分泌蔗糖水解酶：

$$\text{蔗糖} + H_2O \xrightarrow{\text{蔗糖水解酶}} \text{葡萄糖} + \text{果糖}$$

在嗜糖假单胞菌中由蔗糖磷酸化酶催化蔗糖磷酸化反应：

$$\text{蔗糖} + H_3PO_4 \xrightarrow{\text{蔗糖磷酸化酶}} \text{葡萄糖-1-磷酸} + \text{果糖}$$

②麦芽糖的分解：

$$\text{麦芽糖} + H_2O \xrightarrow{\text{麦芽糖水解酶}} 2\ \text{葡萄糖}$$

$$\text{麦芽糖} + H_3PO_4 \xrightarrow{\text{麦芽糖磷酸化酶}} \text{葡萄糖-1-磷酸} + \text{葡萄糖}$$

③乳糖的分解：

$$\text{乳糖} + H_2O \xrightarrow{\beta\text{-半乳糖苷酶}} \text{葡萄糖} + \text{半乳糖}$$

④纤维二糖的分解：纤维二糖是在纤维二糖磷酸化酶的催化下分解的。

$$\text{纤维二糖} + H_3PO_4 \xrightarrow{\text{纤维二糖磷酸化酶}} \text{葡萄糖-1-磷酸} + \text{葡萄糖}$$

2. 单糖的分解和产能

糖类是生物体重要的能源和碳源物质，许多微生物氧化糖类作为细胞能量的主要来源，因而分解糖类产生能量在细胞代谢中是极为重要的。

葡萄糖是细胞最常用的碳源和能量来源，本节以葡萄糖作为典型的生物氧化底物介绍其分解的主要途径（EMP 途径、ED 途径、TCA 循环、HMP 途径），每条途径既有产生小分子中间代谢物的功能，又有脱氢、产能的功能。

(1) EMP 途径（Embdem-Meyerhof-Parnas Pathway）　EMP 途径存在于包括微生物在内的大多数活细胞中，葡萄糖经该途径分解为丙酮酸。EMP 途径又称糖酵解（glycolysis）或己糖二磷酸途径（hexose diphosphate pathway），它以 1 分子葡萄糖为底物，经过 10 步反应而产生 2 分子丙酮酸、2 分子 ATP 和 2 分子 NADH+H^+。EMP 途径可概括如图 6-8 所示。

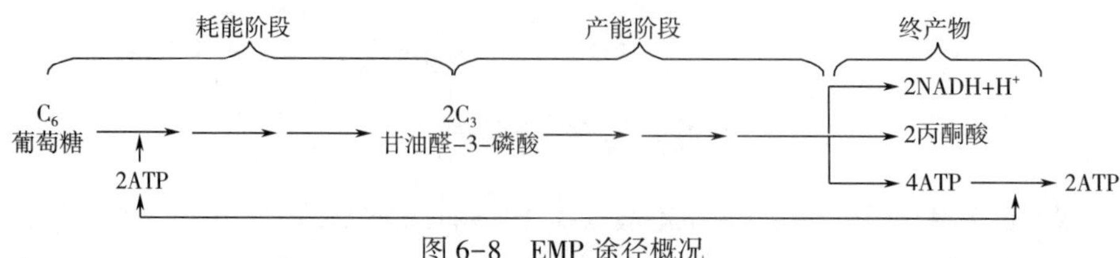

图 6-8　EMP 途径概况

整个 EMP 途径的产能效率很低，每一个葡萄糖分子仅净产 2 个 ATP，但其中产生的多种中间代谢物可作为合成反应的原材料，也能和许多代谢途径相关联，而且 EMP 途径产生的 NADH+H^+和丙酮酸都还能继续代谢。在有氧条件下 2 分子 NADH+H^+可经呼吸链的氧化磷酸化反应产生 6 分子 ATP，同时，EMP 途径与 TCA 循环连接，并通过后者把丙酮酸彻底氧化成 CO_2 和 H_2O。在无氧条件下，NADH+H^+则可还原丙酮酸产生乳酸或还原丙酮酸的脱羧产物（乙醛）而产生乙醇等多种重要发酵产物，与生产实践密切相关。EMP 途径的反应细节见图 6-9。

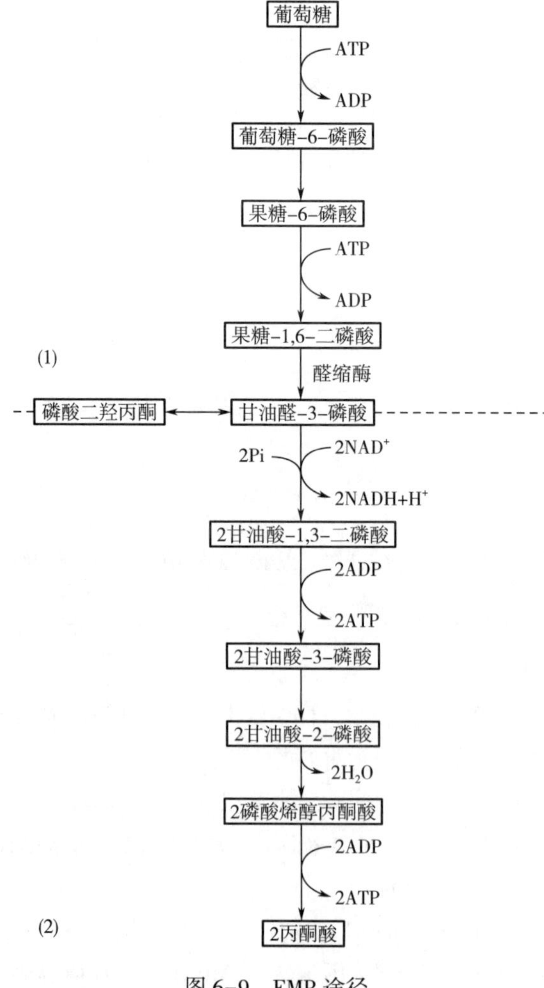

图 6-9　EMP 途径

（2）ED 途径（Entner-Doudoroff Pathway） ED 途径是 1952 年由 Entner 和 Doudoroff 两人在嗜糖假单胞菌（*Paeudomonas saccharophila*）中发现，因此称为 ED 途径，此后许多学者证明它在其他细菌中也存在。该途径又称 2-酮-3-脱氧-6-磷酸葡糖酸（KDPG）裂解途径，是少数缺乏完整 EMP 途径的微生物所具有的一种替代途径。其特点是葡萄糖只经过 4 步反应即可快速获得由 EMP 途径须经 10 步才能获得的丙酮酸。ED 途径可概括如图 6-10 所示。

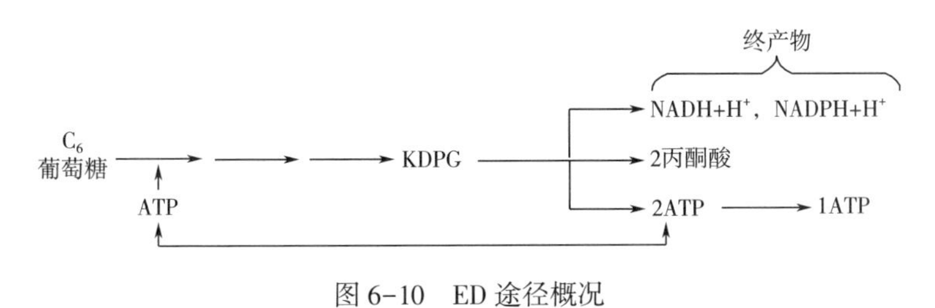

图 6-10 ED 途径概况

ED 途径的反应细节见图 6-11。在该途径中，关键反应是 KDPG 的裂解（图 6-12）。

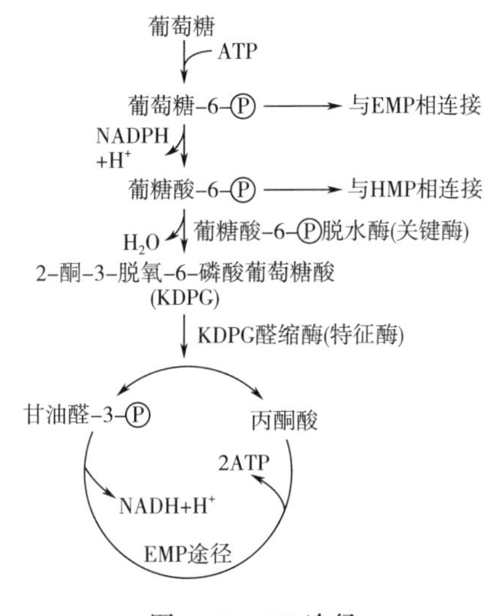

图 6-11 ED 途径

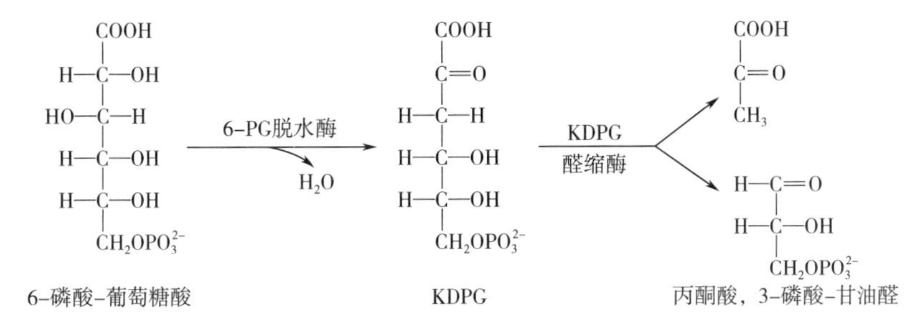

图 6-12 ED 途径中的关键反应

ED 途径特点是利用葡萄糖的反应步骤简单，但产能效率低（1 分子葡萄糖仅产 1 分子 ATP），反应中有一个 6 碳的关键中间代谢物——KDPG。此外，在运动发酵单胞菌这类微好氧菌中，ED 途径中所产生的丙酮酸可脱羧生成乙醛，乙醛进一步被 NADH 还原为乙醇。这种经

ED 途径发酵产生乙醇的过程与传统的由酵母菌通过 EMP 途径生产乙醇不同，被称作细菌酒精发酵。利用细菌生产酒精，与传统的酵母酒精发酵相比有许多优点，包括代谢速率高、产物转化率高、菌体生成少、代谢副产物少、发酵温度较高、不必定期供氧等。当然，细菌酒精发酵也有其缺点，主要是其生长 pH 为 5，较易染菌（而酵母菌为 pH3），其次是细菌耐乙醇力（约 7%）较酵母菌低（为 8%～10%）。

（3）三羧酸循环（Tricarboxylic Acid Cycle） 三羧酸循环又称 TCA 循环、Krebs 循环（the Krebs Cycle）或柠檬酸循环（Citric Acid Cycle）。葡萄糖经 EMP 途径和 ED 途径代谢产生的丙酮酸可以进入 TCA 循环被彻底氧化，分解为 CO_2 和 H_2O，并释放能量和 $NADH+H^+$。其主要反应可概括如图 6-13 所示。

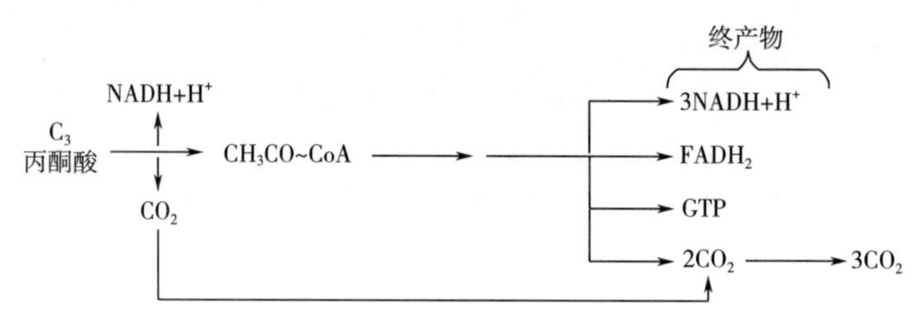

图 6-13 TCA 循环概况

有关三羧酸循环的反应细节见图 6-14。

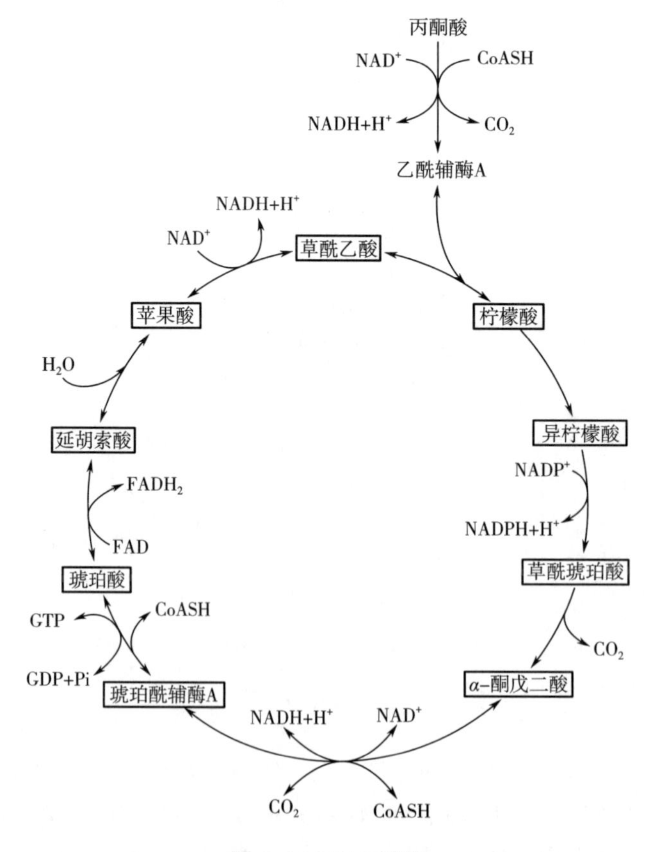

图 6-14 TCA 循环

TCA 循环在绝大多数异养微生物的氧化代谢中起关键作用。在真核微生物中，TCA 循环的反应在线粒体内进行，其中大多数酶在线粒体的基质中；在细菌等原核生物中，大多数酶存在于细胞质内。琥珀酸脱氢酶属于例外，它在线粒体或细菌中都是结合在膜上的。

（4）HMP 途径（hexose monophosphate pathway） HMP 途径即已糖单磷酸途径，又被称为戊糖磷酸途径或磷酸葡萄糖酸途径。通过 HMP 途径，葡萄糖可以不经 EMP 途径和 TCA 途径而得到彻底氧化，并能产生大量 NADPH+H^+和多种重要中间代谢物。HMP 途径的主要反应可概括如图 6-15 所示。

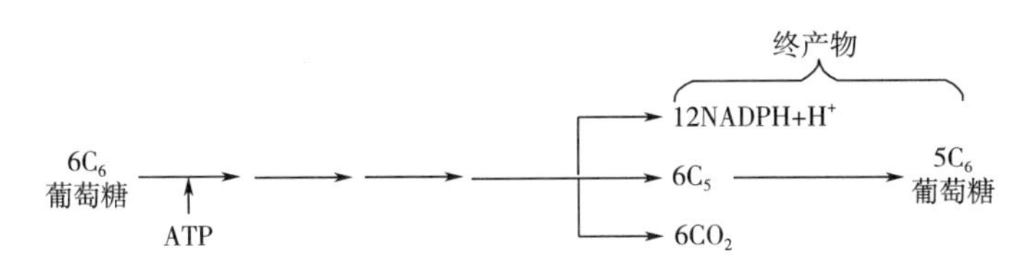

图 6-15 HMP 途径概况

HMP 途径也是环状途径，它既能分解五碳糖，也能分解六碳糖。整个途径（见图 6-16）的关键特征是产生重要的五碳糖中间产物，这些中间产物是合成核酸和某些氨基酸的重要前体物。同时，该途径还是从 NADP 产生 NADPH+H^+的重要来源。1 分子葡萄糖通过磷酸戊糖途径被完全氧化时，可以产生 12 分子 NADPH+H^+。NADPH+H^+可以用于细胞中各种生物合成反应。大多数好氧和兼性厌氧微生物中都有 HMP 途径，而且在同一微生物中往往同时存在 EMP 和 HMP 途径，单独具有 EMP 或 HMP 途径的微生物较少见。

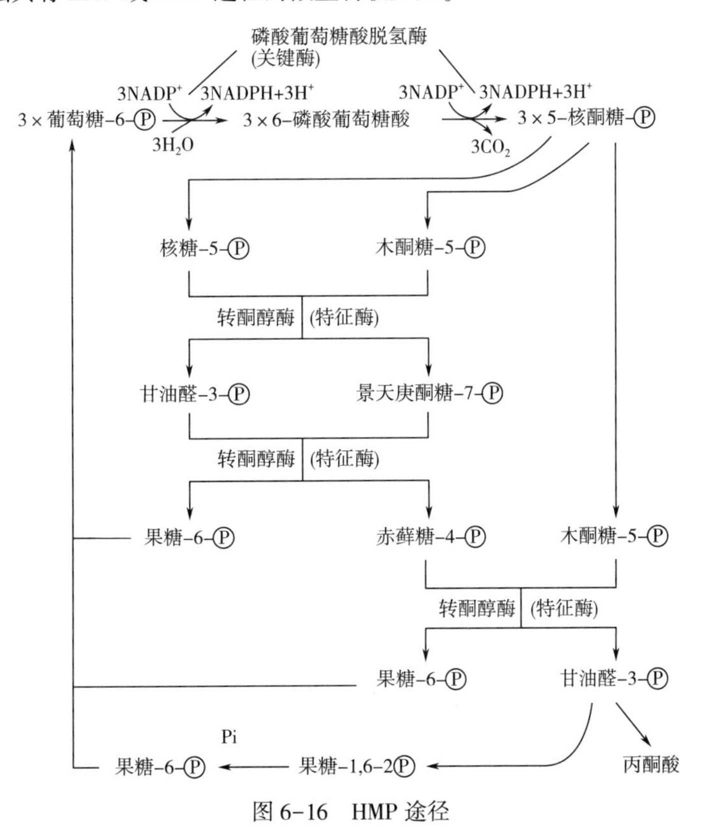

图 6-16 HMP 途径

HMP 途径中葡萄糖分子首先通过几步氧化反应产生核酮糖-5-磷酸和 CO_2，接着核酮糖-5-磷酸发生同分异构化或表异构化而分别产生核糖-5-磷酸和木酮糖-5-磷酸，然后各种戊糖磷酸在没有氧参与的条件下发生碳架重排，产生 C3～C7 的各种糖（包括丙糖磷酸、己糖磷酸、果糖磷酸、景天庚酮糖磷酸等）。

HMP 途径在微生物生命活动中的重要意义具体表现在：

①为核苷酸和核酸的生物合成提供戊糖-磷酸。

②产生大量的 $NADPH+H^+$，它不仅为合成脂肪酸、固醇等重要细胞物质之需，而且可通过呼吸链产生大量能量，这些都是 EMP 途径和 TCA 循环所无法完成的。

③如果微生物对戊糖的需要超过 HMP 途径的正常供应量时，可通过 EMP 途径与 HMP 途径在果糖-1,6-二磷酸和甘油醛-3-磷酸处的连接来加以调剂。

④反应中的赤藓糖-4-磷酸可用于合成芳香氨基酸，如苯丙氨酸、酪氨酸、色氨酸和组氨酸。

⑤由于在反应中存在着 C3～C7 的各种糖，使具有 HMP 途径的微生物的碳源利用范围更广，例如它们可以利用戊糖作碳源。

在不同的微生物中，EMP、ED 和 HMP 三条途径在己糖分解代谢中的重要性是有明显差别的，有关实例可见表 6-3。

表 6-3　　不同微生物中葡萄糖降解三条途径所占比例

	微生物	EMP/%	ED/%	HMP/%
细菌	大肠杆菌（*Escherichia coli*）	72		28
	枯草芽孢杆菌（*Bacillus subtilis*）	74		26
	运动发酵单胞菌（*Zymomonas mobilis*）		100	
	嗜糖假单胞菌（*Pseudomonas saccharophila*）		100	
	铜绿假单胞菌（*Pseudomonas aeruginosa*）		71	29
	氧化葡糖杆菌（*Gluconobacter oxydans*）			100
	藤黄八叠球菌（*Sarxina lutea*）	70		30
放线菌	灰色链霉菌（*Streptomyces griseus*）	97		3
真菌	酿酒酵母（*Saccharomyces cerevisiae*）	88		12
	产朊假丝酵母（*Candida utilis*）	66～81		19～34
	产黄青霉（*Penicillium chrysogenum*）	77		23

以葡萄糖为代表的生物氧化四条主要途径之间相互联接，将底物彻底氧化分解，并相互协调、互为补充，以满足微生物对能量、NAD（P）$H+H^+$以及不同中间代谢物元件的需要。其中，TCA 循环至关重要，在一切分解和合成代谢中占有枢纽地位。

二、 糖的合成代谢

1. 单糖的合成

单糖和多糖的合成对自养和异养微生物的生命活动具有十分重要的意义，在细菌荚膜、细胞壁的合成中尤为重要。单糖在微生物中很少以游离的形式出现，即使有也是极少的。通常它们是以多糖或其他多聚体的形式存在，或者以少量的糖磷酸酯或糖核苷酸的形式存在。本节主要讨论单糖的合成、糖核苷酸的合成和相互转化、多糖的合成等。

无论自养微生物还是异养微生物，它们合成单糖的途径都是通过 EMP 途径的逆行来合成葡萄糖-6-磷酸，然后再转化为其他的单糖或合成二糖和多糖。用于合成葡萄糖的前体的物质可以来自以下几个方面：

（1）自养微生物的 CO_2 固定　各种自养微生物在生物氧化后所取得的能量主要用于 CO_2 的固定。微生物中，至今已了解的 CO_2 固定的途径主要有六条：Calvin 循环、厌氧乙酰辅酶 A 途径、还原性三羧酸循环途径、羟基丙酸途径、羟基丙酸/羟基丁酸途径以及二羧酸/羟基丁酸途径，在本章第一节 CO_2 固定部分已介绍。

（2）异养微生物利用不同物质作为碳源合成单糖，如表 6-4 所示。

表 6-4　异养微生物用以合成单糖的底物

碳源	途径	产物
乙酸	乙醛酸循环	草酰乙酸
乙醇酸、草酸、甘氨酸	甘油酸途径	甘油醛-3-磷酸
乳酸	氧化	丙酮酸
谷氨酸、天冬氨酸	脱氨基	α-酮戊二酸、草酰乙酸
亮氨酸	降解	丙酮酸

总之，微生物可通过各种途径合成葡萄糖的前体物质，包括丙酮酸、草酰乙酸、磷酸烯醇式丙酮酸、甘油醛-3-磷酸等。

2. 多糖的合成

微生物中的多糖可分为两类，即同型多糖和杂多糖。同型多糖是由相同单糖分子聚合而成的糖类，如糖原、纤维素、甲壳素、多聚葡萄糖、多聚果糖等。杂多糖是由不同单糖分子聚合而成的糖类，如肽聚糖、脂多糖、透明质酸等。虽然，它们的结构不同，但是多糖合成都具有以下特点：

①不需要模板，而是由转移酶的特异性来决定亚单位在多聚链上的次序。

②合成的开始阶段需要引物，引物通常由小片断多糖充当。

③多糖合成时，由糖核苷酸作为糖基载体，将单糖分子转移到受体分子上，使多糖链逐步加长。

以下就同型多糖和杂多糖的合成分别进行讨论。

（1）同型多糖的合成

①多聚葡萄糖和多聚果糖的合成：多聚葡萄糖又称为葡萄糖胶，是葡萄糖经 α-1,6 糖苷键连接而成的聚合物，也是醋酸菌、肠膜状明串珠菌、牛链球菌等微生物胞外黏液层的主要成分。醋酸菌产生的多聚葡萄糖还有 α-1,4 糖苷键的分支，肠膜状明串珠菌多糖分支为 α-1,3 糖苷键。

多聚果糖又称果糖胶，是果糖经 β-2，6 糖苷键连接而成的聚合物，有的含有 β-2，1 糖苷键连接的分枝。许多微生物，例如枯草芽孢杆菌、马铃薯芽孢杆菌等微生物能够利用蔗糖合成果糖胶。多聚果糖还是假单胞菌属和黄单胞菌属中一些植物病原菌的分泌物。

多聚葡萄糖和多聚果糖都是利用外源性底物（蔗糖）合成的，即它们以蔗糖为受体分子，在葡萄糖胶蔗糖转化酶和果糖胶蔗糖转化酶的催化下，将单糖一个一个地连接到受体分子（蔗糖）上，最后形成多糖。但是这种胞外多糖具有不同的合成起始步骤：果糖胶的合成是在果糖胶蔗糖转化酶的催化下，将蔗糖分解生成游离的葡萄糖，并将果糖分子聚合到受体分子上，因此，果糖胶分子中有一个末端葡萄糖残基；葡萄糖胶的合成是在葡萄糖胶蔗糖转化酶的催化下，将蔗糖分解生成游离的果糖，并将 α-葡萄糖分子聚合到受体分子上，因此，葡萄糖胶分子中有一个末端 β-果糖残基。

利用蔗糖作为底物合成葡萄糖胶和果糖胶时不消耗 ATP，这是因为在作为底物的蔗糖中，储存在糖苷键中的能量可以被转化，所以只要通过转糖苷酶作用就能延长多糖链。正是由于这个原因，这些细菌不能从单糖合成葡萄糖胶和果糖胶，所以蔗糖是合成这两种多聚体的专一性底物。通常产生葡萄糖胶和果糖胶的细菌也只有在含蔗糖的培养基上生长时，才合成这类物质。

②糖原的合成：糖原含有较多的分枝，每一分枝大都含有 12~18 个葡萄糖分子。与植物合成淀粉时以 UDP-葡萄糖作为糖基供体不同，细菌在合成糖原时，是以 ADP-葡萄糖作为糖基供体的。其主要步骤包括：

a. 激活作用，生成 ADP-葡萄糖；

b. 经特异性合成酶作用，ADP-葡萄糖上的葡萄糖通过 α-1,4 糖苷键聚合成直链状的聚合物；

c. 当葡萄糖链延长到一定长度时，在分支酶的作用下，将一段 6~8 个葡萄糖残基从主链转移到一个分支点上，形成 α-1,6 糖苷键的分支。分支形成后，又通过 α-1,4 糖苷键继续聚合葡萄糖。

合成糖原分子过程中，每延长一个葡萄糖单位，就要消耗 2 分子 ATP，一分子用于葡萄糖的磷酸化，另一分子用于 ADP-葡萄糖的形成，因此该合成需要消耗大量的 ATP。

③甲壳素、多聚甘露糖、纤维素的合成：甲壳素（几丁质）是 *N*-乙酰氨基葡萄糖通过 β-1,4 糖苷键连接而成的聚合物。一些真菌和放线菌含有甲壳素合成酶，它可以催化 UDP-*N*-乙酰氨基葡萄糖，把 *N*-乙酰氨基葡萄糖转移到受体分子上，使甲壳素链延长。

酵母菌以相似的方式，以 UDP-甘露糖作为甘露糖的供体，合成多聚甘露糖。

纤维素的结构单位是纤维二糖，它是由两分子葡萄糖经 β-1,4 糖苷键合成的。胶醋杆菌在转糖苷酶的催化下，把 UDP-葡萄糖的葡萄糖基转移到纤维素引物分子上，使纤维素分子逐渐延长。

（2）细菌细胞壁多糖（肽聚糖）的生物合成　微生物所特有的杂多糖的种类很多，例如原核生物中的肽聚糖、磷壁酸、脂多糖等等。其中，肽聚糖是绝大多数原核生物细胞壁所含有的独特成分，它在细菌的生命活动中有着重要的功能，尤其是许多重要抗生素例如青霉素、头孢霉素、万古霉素、环丝氨酸和杆菌肽等呈现选择毒力的物质基础，同时其合成机制复杂，并在细胞膜外进行最终装配。这里就以肽聚糖为例来讨论杂多糖的合成。

整个肽聚糖合成过程的步骤将近 20 步，以下进行简要讨论。

①由葡萄糖合成 *N*-乙酰葡糖胺-UDP：葡萄糖首先由 ATP 获得磷酸成为 6-磷酸葡萄糖，继而转变为 6-磷酸果糖，并获得 L-谷氨酰胺提供的氨基形成 6-磷酸葡萄糖胺，又经乙酰化形成

1-磷酸-*N*-乙酰葡萄糖胺，在 UTP 存在时，经焦磷酸化酶催化，形成 *N*-乙酰葡糖胺-UDP，主要过程如图 6-17 所示。

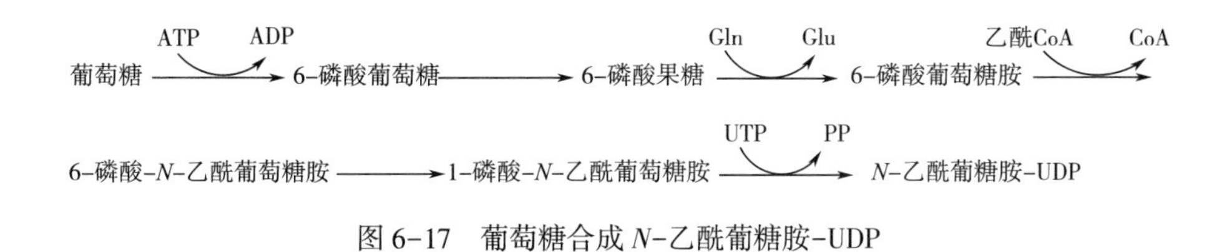

图 6-17　葡萄糖合成 *N*-乙酰葡糖胺-UDP

②由 *N*-乙酰葡糖胺-UDP 合成 *N*-乙酰胞壁酸-UDP：*N*-乙酰葡糖胺-UDP 和磷酸烯醇式丙酮酸在 *N*-乙酰葡糖胺-UDP 丙酮酸转移酶催化下，合成 *N*-乙酰葡糖胺-UDP-丙酮酸醚，再经还原作用生成 *N*-乙酰葡糖胺-UDP-乳酸醚，即 *N*-乙酰胞壁酸-UDP，如图 6-18 所示。

$$N\text{-乙酰葡糖胺-UDP} \xrightarrow[\text{转移酶}]{\text{PEP} \quad \text{Pi}} N\text{-乙酰葡糖胺-UDP-丙酮酸醚} \xrightarrow{NADH_2 \quad NAD} N\text{-乙酰葡糖胺-UDP-乳酸醚}$$

N-乙酰胞壁酸-UDP

图 6-18　*N*-乙酰葡糖胺-UDP 合成 *N*-乙酰胞壁酸-UDP

③由 *N*-乙酰胞壁酸-UDP 合成 UDP-*N*-乙酰胞壁酸-五肽：以金黄色葡萄球菌为例，首先 L-Ala 的氨基与 *N*-乙酰胞壁酸-UDP 中乳酸的羧基通过肽键相连，接着 D-Glu，L-Lys 也通过肽键依次相连。同时，L-Ala 经消旋酶催化成为 D-Ala（该反应可被环丝氨酸所抑制），然后 2 个 D-Ala 连接成为二肽。最后 D-Ala-D-Ala 二肽与上述第三个氨基酸（L-Lys）通过肽键相连，成为 UDP-*N*-乙酰胞壁酸-五肽。在此过程中，每加入一个氨基酸，需要消耗一分子 ATP，用于氨基酸的活化，具体过程如图 6-19 所示。

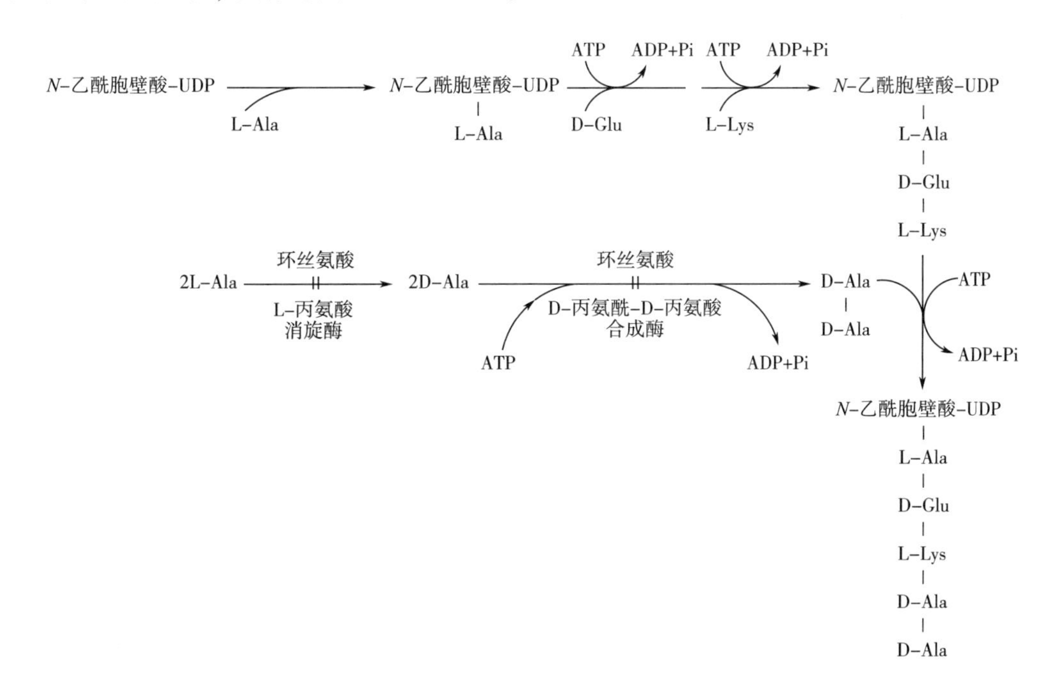

图 6-19　*N*-乙酰胞壁酸-UDP 合成 UDP-*N*-乙酰胞壁酸-五肽

④肽聚糖单体的合成和连接：*N*-乙酰葡糖胺-UDP 和 UDP-*N*-乙酰胞壁酸-五肽都是在细胞质中合成的，而后穿过细胞膜，再组装成肽聚糖单体。

由于细胞膜内部是疏水性的，所以，亲水性化合物 UDP-*N*-乙酰胞壁酸-五肽在穿过细胞膜时需要载体的帮助，即细菌萜醇（bactoprenol）的类脂载体。该类脂载体是一种含 11 个异戊二烯单位的 C_{55}类异戊二烯醇，它可通过两个磷酸基与 *N*-乙酰胞壁酸分子相接，使其呈现很强的疏水性，从而顺利通过疏水性很强的细胞膜并转移到膜外。该载体除在肽聚糖的合成中具有重要作用外，还可参与微生物中多种多糖的生物合成，例如细菌的磷壁酸、脂多糖，细菌和真菌的纤维素，以及真菌的几丁质和甘露聚糖等。其结构为：

$$CH_3\overset{\overset{CH_3}{|}}{C}{=}CHCH_2(CH_2\overset{\overset{CH_3}{|}}{C}{=}CHCH_2)_9CH_2\overset{\overset{CH_3}{|}}{C}{=}CHCH_2{-}OH$$

肽聚糖单体合成和连接的简单过程如下（图 6-20）。

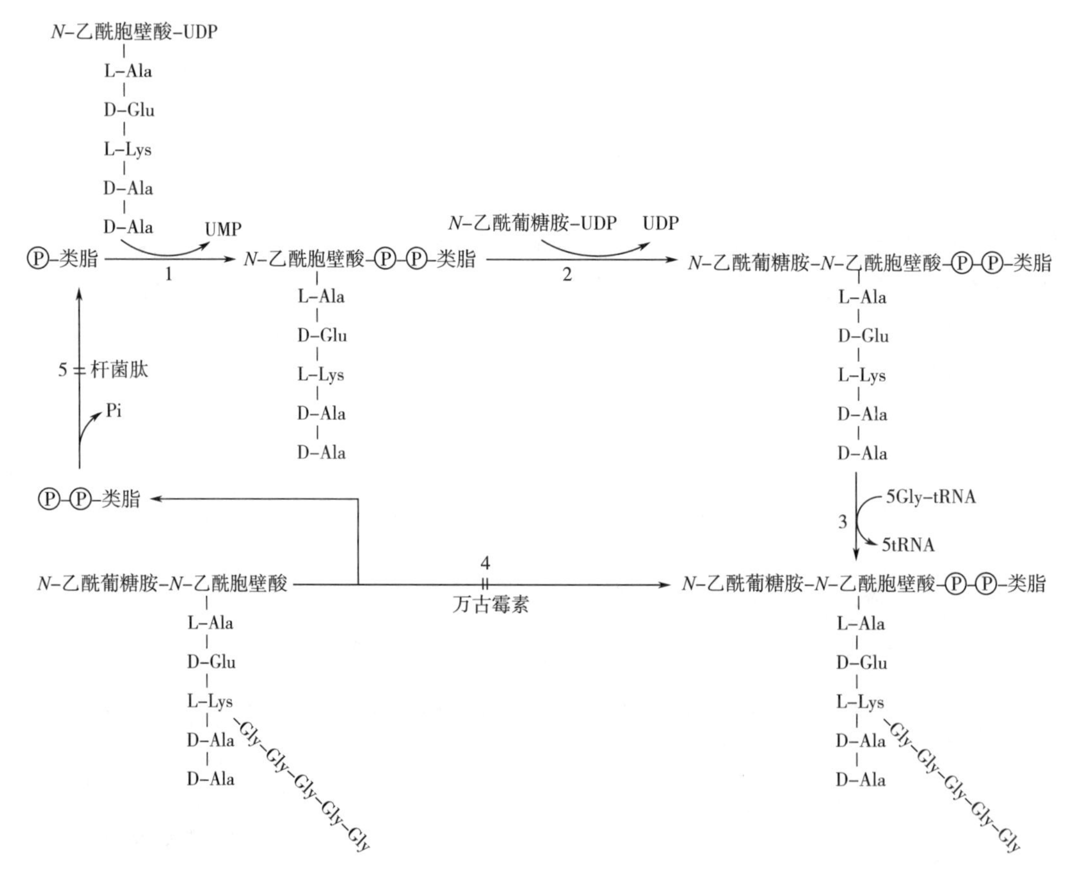

图 6-20　肽聚糖单体合成和连接

a. 细胞膜上的 P-类脂载体与 UDP-*N*-乙酰胞壁酸-五肽聚合生成类脂-P-P-*N*-乙酰胞壁酸-五肽，放出 UDP；

b. 在转移酶催化下 *N*-乙酰葡糖胺-UDP 与类脂-P-P-*N*-乙酰胞壁酸-五肽通过 β-1,4-糖苷键相连，形成 *N*-乙酰葡糖胺-β-1,4-*N*-乙酰胞壁酸-五肽-P-P-类脂，放出 UDP；

c. 金黄色葡萄球菌中，五个甘氨酸形成的肽桥连接在第三个氨基酸（L-Lys）的自由氨基上，成为一个由类脂载体运载的新的肽聚糖单体，革兰氏阴性细菌中（例如 *E. coli*）没有这步反应；

d. 在肽聚糖转移酶的催化下，通过 β-1,4-糖苷键，将类脂载体运载的新肽聚糖单体连接到细胞壁生长点的原有肽聚糖上，同时放出 P-P-类脂，该过程可被万古霉素阻断；

e. P-P-类脂在焦磷酸酯酶的催化下，水解出一个磷酸，转变为 P-类脂，可以继续运载其他 UDP-*N*-乙酰胞壁酸-五肽，该过程可被杆菌肽阻断。

⑤肽聚糖的交联：肽聚糖的交联是指肽聚糖中肽链之间的连接。革兰氏阴性细菌中（例如 *E. coli*），一般是由一条肽链的第 4 个氨基酸的羧基与另一条肽链的第 3 个氨基酸的自由氨基之间以肽键的方式连接；革兰氏阳性细菌中，是在相应位置上通过肽桥连接（例如 *S. aureus* 中是甘氨酸五肽）。交联过程是由转肽酶催化的，在转肽的同时，肽尾上的第 5 个氨基酸（D-Ala）释放出来。如图 6-21 所示。

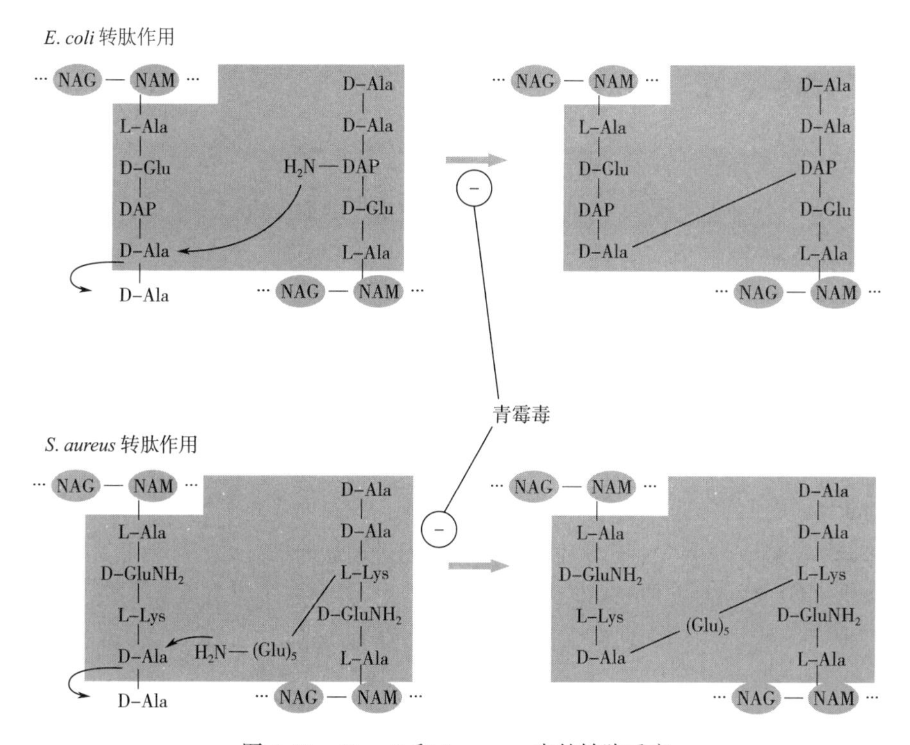

图 6-21　*E. coli* 和 *S. aureus* 中的转肽反应

该转肽酶的转肽作用可被青霉素所抑制。其作用机制是：青霉素是肽聚糖单体五肽尾末端的 D-丙氨酰-D-丙氨酸的结构类似物，它们两者可相互竞争转肽酶的活力中心。当转肽酶与青霉素结合后，因前后两个肽聚糖单体间的肽尾无法交联，因此只能合成缺乏正常机械强度的缺损“肽聚糖”，从而形成了细胞壁缺损的细胞，例如原生质体或原生质球等，它们在渗透压变动的不利环境下，极易因破裂而死亡。因为青霉素的作用机制在于抑制肽聚糖的生物合成，因此对处于生长繁殖旺盛期的微生物具有明显的抑制作用，而对处于生长休止期的细胞无抑制作用。

第三节　蛋白质和脂类代谢

一、 蛋白质的分解和合成

1. 蛋白质的分解

Henry Borsook 和 Rudolf Schosnheimer 在 1940 年就证明了活细胞的组成成分在不断地转换更新。每一种蛋白质都有自己的存活时间，短到几分钟，长到几周。细胞总是不断地从氨基酸合成蛋白质，又把蛋白质降解为氨基酸。表面看来，这种变化过程好像是一种浪费，实际上它有两方面重要功能：①排除不正常的蛋白质，这些蛋白质的积累对细胞有害；②通过排除累积过多的酶和调节蛋白，使细胞代谢秩序井然。

外源蛋白质进入体内，总是先经过水解作用变为小分子的氨基酸，然后再被吸收。

2. 蛋白质的合成

蛋白质是生命活动的重要物质基础，要不断地进行代谢和更新，因此蛋白质的生物合成在细胞代谢中占有十分重要的地位。细胞内蛋白质主要是通过翻译途径合成的。所谓翻译即在信使 RNA（mRNA）的控制下，根据核苷酸链上每三个核苷酸决定一种氨基酸的规则，合成出具有特定氨基酸顺序的蛋白质肽链过程。在这个过程中 mRNA 是蛋白质合成的模板，tRNA 是搬运氨基酸的工具，作为蛋白质合成场所的核糖体相当于装配机器，使氨基酸相互以肽键结合。也就是说各种氨基酸在其相应的 tRNA 的携带下，在核糖体内按照模板 mRNA 的要求，有次序地相互结合成为具有一定氨基酸排列顺序的多肽链。合成后的多肽链有的还要经过一定的处理或与其他化合物结合后才形成具有活性的蛋白质。

按照 mRNA 提供的信息，以 tRNA 作为搬运工具，用 20 种氨基酸作为原料，在核糖体上进行蛋白质和多肽的合成，这是蛋白质生物合成中普遍遵循的原则。但在细菌和真菌中，一些重要多肽类物质的合成可以绕开核糖体、mRNA 和 tRNA，其原料不仅包括 20 种氨基酸还有许多稀有氨基酸甚至一些其他的化合物，在这一特殊的多肽合成系统中起关键作用的是一类特殊的酶——非核糖体多肽合成酶（nonribosomal peptide synthetases，NRPS）。

细菌和真菌利用 NRPS 合成许多重要的多肽类物质，包括抗生素、抗病毒物质和生物表面活性剂，具代表性的有短杆菌肽 S、短杆菌酪肽、多黏菌素、放线菌素、伊短菌素、分枝杆菌素、丙甲菌素、鹿铃菌素、缬氨霉素、青霉素、万古霉素、杆菌肽、环孢菌素 A、surfactin 脂肽表面活性剂等。这些多肽类物质在结构上往往与核糖体系统合成的多肽不同，它们的组成中包括一些非蛋白质源的氨基酸甚至一些其他的化合物，而且往往是环化的。这种特殊的结构有利于它们在生物体内的稳定和特定功能的发挥。非核糖体多肽合成系统通过一种由模板指导、但不依赖于核酸模板的非核糖体机制进行运作，其中发挥关键作用的 NRPS 是一类自然界中存在的分子质量巨大的酶，它们能识别特定的氨基酸并将其直接相连形成多肽链。

NRPS 大多由 4~10 个组件（module）顺次排列而成，也有的组件数高达 50 个。每个组件负责一个反应循环，一个典型的组件大约由 1000 个氨基酸残基组成，每一个组件又是由 3 个结构域组成，它们是腺苷酸化结构域（A）、巯基化结构域（T）和缩合结构域（C）。A 结构域的作用是对特定底物的识别并通过 ATP 对底物进行活化，T 结构域负责对反应中间物硫酯的固定，而 C 结构域负责催化两个紧邻组件上已活化的反应中间物（分别结合着氨酰基和肽酰基）之间肽键的形成。所以，NRPS 中依序排列的组件即构成了该系统所合成多肽的一种模板。

二、 氨基酸的分解和合成

1. 氨基酸的分解

氨基酸除了作为蛋白质的组成单位外，还是许多生物体内重要含氮化合物的前体，有时还可作为能量代谢的物质。微生物通过三种方式分解氨基酸。不同的微生物分解氨基酸的能力不同，在细菌中，一般认为革兰氏阴性菌分解氨基酸的能力大于革兰氏阳性菌。

（1）脱氨基作用　氨基酸失去氨基的作用称为脱氨基作用，这是氨基酸分解代谢的第一步。脱氨基作用有氧化和非氧化两类。不同微生物在不同条件下脱氨基的方式不同。氧化脱氨基作用是一个需氧过程，好氧和兼性好氧微生物都可以通过这种方式脱氨基，催化该反应的酶主要是氨基酸氧化酶和氨基酸脱氢酶。

（2）脱羧基作用　氨基酸脱去羧基生成胺的过程称为脱羧基作用，催化脱羧反应的酶称为脱羧酶，这类酶的辅酶是磷酸吡哆醛，只有组氨酸脱羧酶不需要辅酶。氨基酸脱羧酶专一性很高，一般是一种氨基酸一种脱羧酶，并只对 L-型氨基酸起作用。而且它们大都是诱导酶，催化的反应不可逆。

二元氨基酸脱羧后生成各种二胺，这类物质称为尸胺和尸碱。二胺对人体有毒害作用，当肉类蛋白质腐败时，不同微生物将氨基酸中的赖氨酸脱羧生成大量尸胺，会引起食物中毒。当然，在正常人体肠道内，微生物活动也会产生少量尸胺，但由于量很少不会使人中毒。二胺也可以作为可再生原料合成生物尼龙。

（3）转氨基作用　转氨基作用是 α-氨基酸和酮酸之间氨基的转移作用；α-氨基酸的 α-氨基借助酶的催化作用转移到酮酸的酮基上，结果原来的氨基酸生成相应的酮酸，而原来的酮酸则形成相应的氨基酸。例如 L-谷氨酸的氨基在酶的催化下转移到丙酮酸上，L-谷氨酸变成了 α-酮戊二酸，而丙酮酸则变成 L-丙氨酸。同样，L-天冬氨酸的氨基转移到 α-酮戊二酸的酮基上，结果 L-天冬氨酸转变为草酰乙酸，α-酮戊二酸则转变为谷氨酸。

转氨作用是氨基酸脱去氨基的一种重要方式。转氨基作用可以在氨基酸与酮酸之间普遍进行。用 ^{15}N 标记氨基酸的氨基进行实验证明，构成蛋白质的氨基酸（除甘氨酸、赖氨酸、苏氨酸、脯氨酸和羟脯氨酸外）都能以不同程度参加转氨基作用。不同氨基酸和 α-酮戊二酸的转氨基作用在氨基酸的分解代谢中占有重要的地位。

催化转氨基反应的酶称为转氨酶。大多数转氨酶需要 α-酮戊二酸作为氨基的受体，因此它们对两个底物中的一个底物，即 α-酮戊二酸（或谷氨酸）是专一的，而对另外一个底物则无严格的专一性。酶的命名是根据其催化活力最大的氨基酸命名。动物和高等植物的转氨酶一般只催化 L-氨基酸和 α-酮戊二酸的转氨基作用。某些细菌，例如枯草芽孢杆菌的转氨酶能催化 D-和 L-氨基酸的转氨作用。转氨酶催化的反应都是可逆的，它们的平衡常数为 1.0 左右，表明催化的反应可向左、右两个方向进行。但是在生物体内，与转氨作用相偶联的是氨基酸的氧化分解作用，例如氧化脱氨作用，这种偶联反应可以促使氨基酸的转氨作用向一个方向进行。

氨基酸通过不同的途径氧化分解后，可形成 5 类产物进入 TCA 循环进一步氧化分解，最后形成 CO_2 和水，它们是乙酰 CoA、α-酮戊二酸、琥珀酰 CoA、延胡索酸和草酰乙酸，进入位点如图 6-22 所示。

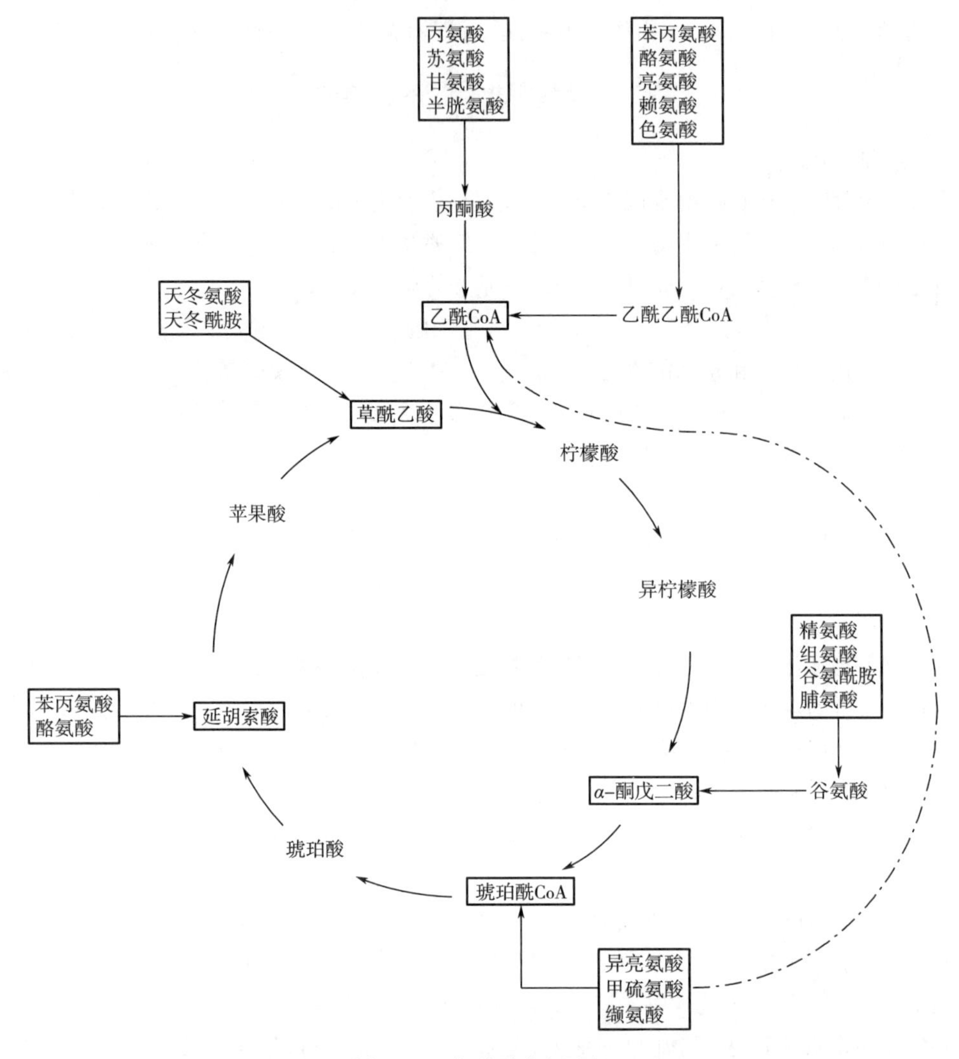

图 6-22　氨基酸分解途径

2. 氨基酸的合成

多数微生物能够合成自身所需要的各种氨基酸，有的微生物甚至可以过量积累某种氨基酸，也有些微生物失去了合成某些氨基酸的能力，以至必须在其生长环境中直接摄取这些氨基酸来满足生长代谢的需要。以下从氨、硫、碳骨架的来源三个方面讨论氨基酸的合成。

（1）氨的来源　用于氨基酸合成的氨主要有 4 个来源：①直接从外界环境吸收；②体内含氮化合物的分解；③硝酸盐还原；④生物固氮作用。

（2）硫的来源　大多数微生物可以从环境中吸收硫酸盐，并以此作为硫的供体。硫酸盐中的硫是高度氧化状态（化合价为+6），而氨基酸和其他有机化合物中的硫是还原态（化合价为-2），所以无机硫要经过一系列还原反应，才能用于生物合成。

（3）氨基酸碳骨架的来源　合成氨基酸的碳骨架来自糖代谢产生的中间产物，这些中间产物作为前体物质通过氨基化作用、转氨基作用等，形成不同的氨基酸，可将这些前体物质分为六组（见表6-5）。

表 6-5　　　　　　　　　　氨基酸碳骨架的来源

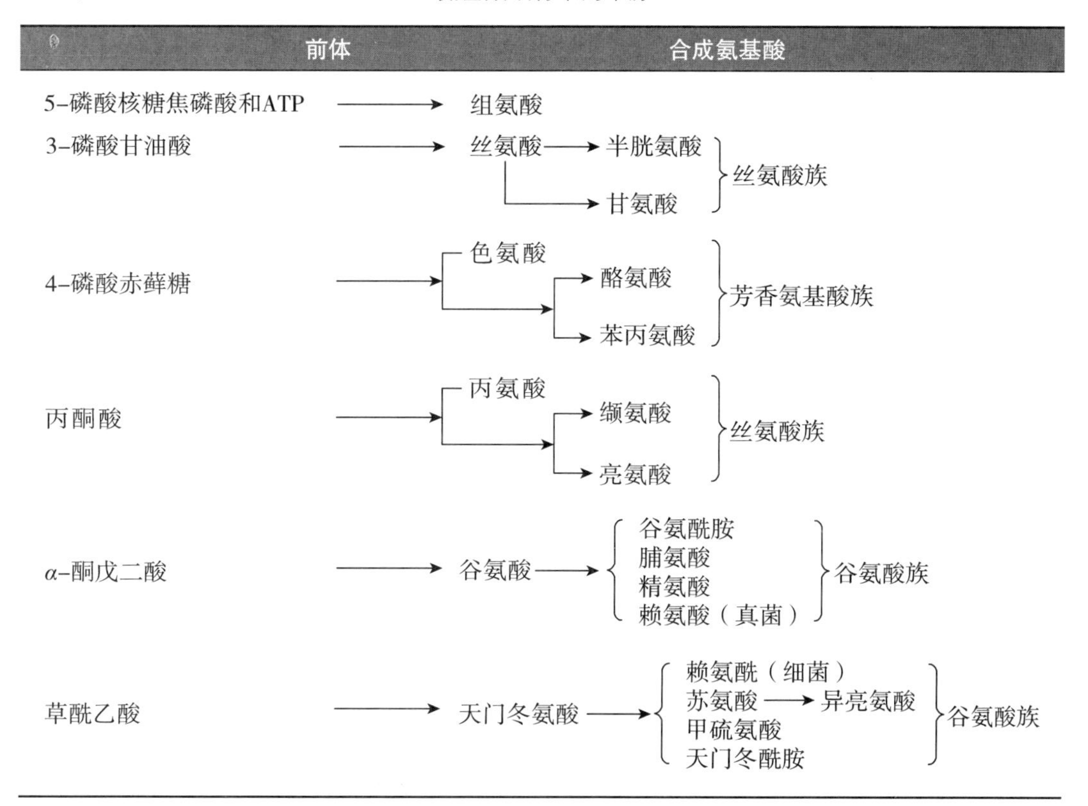

前体	合成氨基酸
5-磷酸核糖焦磷酸和ATP	→ 组氨酸
3-磷酸甘油酸	→ 丝氨酸 → 半胱氨酸、甘氨酸（丝氨酸族）
4-磷酸赤藓糖	→ 色氨酸、酪氨酸、苯丙氨酸（芳香氨基酸族）
丙酮酸	→ 丙氨酸、缬氨酸、亮氨酸（丝氨酸族）
α-酮戊二酸	→ 谷氨酸 → 谷氨酰胺、脯氨酸、精氨酸、赖氨酸（真菌）（谷氨酸族）
草酰乙酸	→ 天门冬氨酸 → 赖氨酰（细菌）、苏氨酸 → 异亮氨酸、甲硫氨酸、天门冬酰胺（谷氨酸族）

（4）氨基酸合成的途径　微生物体内合成氨基酸主要通过三类途径，即氨基化作用、转氨基作用和由初生氨基酸合成次生氨基酸。

①氨基化作用：α-酮酸与氨基形成相应的氨基酸称为氨基化作用，包括还原性氨基化反应、直接氨基化反应和酰胺化反应。氨基化作用是微生物同化氨的主要途径。

②转氨基作用：所谓转氨基作用是指在转氨酶（氨基转移酶）的催化下，使一种氨基酸的氨基转移给酮酸，形成新的氨基酸的过程。转氨酶的辅酶是磷酸吡哆醛。转氨基作用普遍存在于各种微生物体内，是氨基酸合成代谢和分解代谢中极为重要的反应，由于其广泛存在，某些氨基酸营养缺陷型菌株可以在含有相应酮酸的培养基中生长。一般说来，微生物能合成与全部氨基酸相对应的各种 α-酮酸，因此通过转氨基作用可以合成全部氨基酸。

③由初生氨基酸合成次生氨基酸：由 α-酮酸经氨基化作用合成的氨基酸称为初生氨基酸，而由初生氨基酸经转氨基作用或以其为前体进一步合成的氨基酸称为次生氨基酸。许多氨基酸，尤其是谷氨酸、天冬氨酸、甘氨酸是合成某些次生氨基酸的初生氨基酸，具体见图 6-23。

④其他氨基酸的合成：除了上述各种氨基酸的合成途径外，还有一些氨基酸，例如芳香族氨基酸、组氨酸、分支氨基酸和 D-氨基酸等具有特殊的合成途径，参考生物化学相关资料，这里不再介绍。

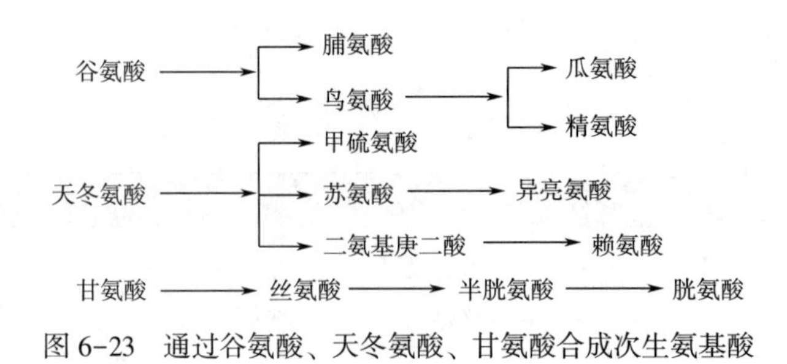

图 6-23　通过谷氨酸、天冬氨酸、甘氨酸合成次生氨基酸

三、 脂类的分解和合成

1. 脂类的分解

脂类物质是微生物获取能量的重要来源之一，其中具代表意义的是甘油三酯。甘油三酯首先被微生物分解为脂肪酸和甘油，再进一步分解释放能量，用于微生物的生命活动。

微生物尤其是真菌对脂肪酸的分解过程，基本上与动、植物分解脂肪酸的方式相同，主要是通过β-氧化途径来完成。脂肪酸分为饱和脂肪酸和不饱和脂肪酸，下面分别予以介绍。

（1）饱和脂肪酸的分解　脂肪酸在一系列酶的作用下，长碳链逐步降解，生成乙酰 CoA 或丙酰 CoA 并释放能量。

① 脂肪酸的活化：脂肪酸在脂酰 CoA 合成酶的催化下转变为脂酰 CoA，脂酰 CoA 的水溶性较游离脂肪酸大得多，有利于分解反应的进行。

② 脂酰 CoA 进入线粒体：活化生成的脂酰 CoA 由肉毒碱携带至线粒体内，线粒体的基质中分布着催化脂酰 CoA 氧化所需的全部酶系，脂酰 CoA 将在这里完成β-氧化。

③ β-氧化过程：β-氧化是因脂酰 CoA 的氧化发生在脂酰基的β-碳原子上而得名的。如图 6-24 所示，在β-氧化过程中，脂酰 CoA 被逐步降解，每一次降解包括脱氢、水化、脱氢和硫解四个化学反应，一个脂酰 CoA 分子的彻底分解是由这四个反应进行多次循环来完成的。每降解一次，脂酰 CoA 的碳链缩短两个碳原子，同时生成一分子乙酰 CoA、一分子 $FADH_2$和一分子 NADH。$FADH_2$和 NADH 经呼吸链传递后可产生 4 个 ATP。偶数碳链（C_{2n}）的脂肪酸全部降解后将生成 n 个乙酰 CoA，而奇数碳链（C_{2n+1}）的脂肪酸将生成 $n-1$ 个乙酰 CoA 和一个丙酰 CoA。一部分乙酰 CoA 进入三羧酸循环彻底氧化为 CO_2和水，进一步释放能量；另一部分可经乙醛酸循环后由 EMP 途径合成糖类。

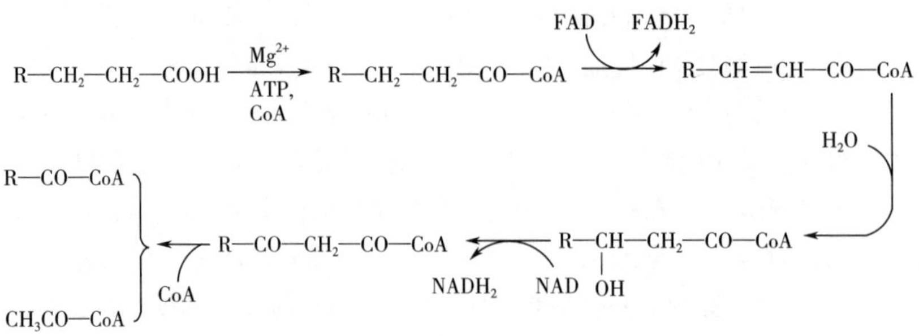

R—CH_2—CH_2—COOH →（Mg^{2+}；ATP，CoA）→ R—CH_2—CH_2—CO—CoA →（FAD → $FADH_2$）→ R—CH═CH—CO—CoA →（H_2O）→ R—CH(OH)—CH_2—CO—CoA →（NAD → $NADH_2$）→ R—CO—CH_2—CO—CoA →（CoA）→ R—CO—CoA + CH_3CO—CoA

图 6-24　β-氧化过程示意图

（2）不饱和脂肪酸的分解　不饱和脂肪酸的氧化方式也是β-氧化，但由于天然不饱和脂肪

酸中双键的几何构型是顺式的，而β-氧化过程中的烯酯酰水化酶只识别反式烯酯酰 CoA，因此不饱和脂肪酸的分解需要反式烯酯酰 CoA 异构酶将顺式烯酯酰 CoA 转变为反式酯酰 CoA 后，才能正常进行。

2. 脂类的合成

微生物的细胞组成尤其是细胞膜中含有丰富的脂类，它们是由微生物自身合成的。脂肪酸的合成与β-氧化的逆反应很相像，碳链以每次增加两个碳的速度延伸，但脂肪酸的合成与其分解是由不同的途径来完成的，且过程发生的场所及所涉及的酰基载体、电子供体和受体、酶等都存在很多不同。

下面以饱和脂肪酸为例介绍其合成过程，该过程主要分为两个阶段：

（1）丙二酰 CoA 的合成　首先，作为碳源的乙酰 CoA 在乙酰 CoA 羧化酶的催化下转变为丙二酰 CoA，并将以此形式参加后面的缩合反应。

（2）脂肪酸合成　脂肪酸的合成过程由 7 种蛋白组成的多酶复合体系进行催化，该酶体系以酰基载体蛋白（ACP）为中心，四周围绕 ACP 酰基转移酶、β-酮酯酰-ACP 合成酶、ACP-丙二酰转移酶、β-酮酯酰-ACP 还原酶、羟酯酰-ACP 水化酶、烯酯酰-ACP 还原酶而形成。

脂肪酸的合成以短链脂酰 CoA 为起始物，不同的短链脂酰 CoA 起始物将导致生成不同的脂肪酸，如以乙酰 CoA 起始，生成偶数碳脂肪酸；以丙酰 CoA 起始，生成奇数碳脂肪酸；以异丁酰 CoA 起始，生成支链脂肪酸等。起始物在多酶复合体系的催化下经多轮脱羧缩合、还原、脱水和再还原反应循环，逐步延长碳链，生成脂肪酸，图 6-25 所示为脂肪酸合成反应的一个循环。

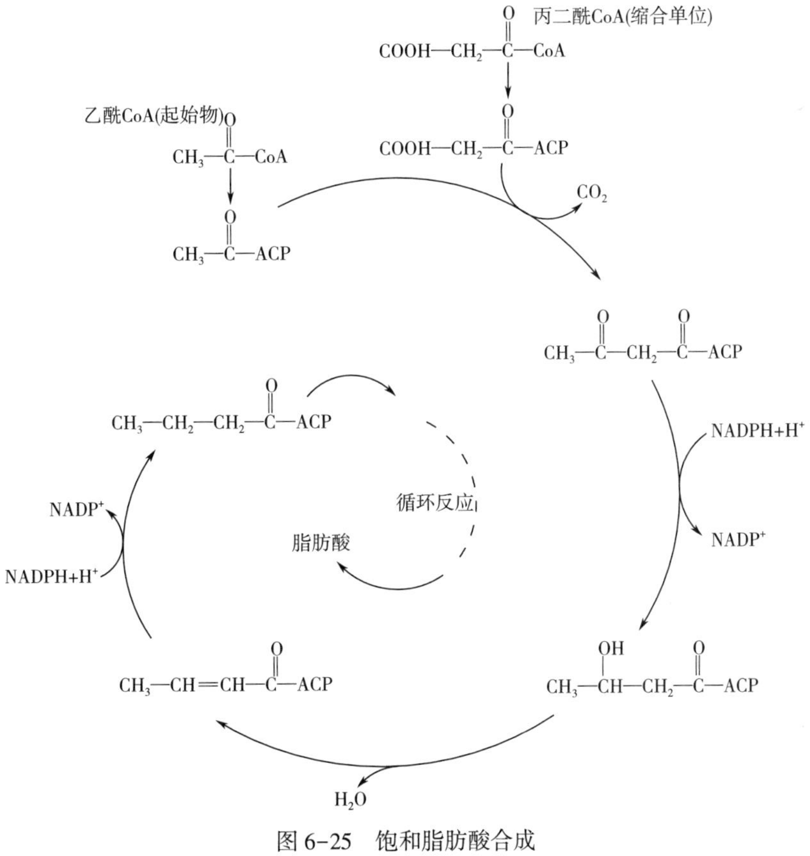

图 6-25　饱和脂肪酸合成

第四节　微生物代谢的多样性

光能自养、光能异养、化能自养和化能异养四种不同营养类型微生物，其利用碳源和能源的种类和方式不同，它们代谢产能的方式也各不相同。

一、 光能营养型

1. 光能自养型

许多微生物能捕获光能并用它来合成 ATP 和还原力（例如 NADPH），并使用 ATP 和还原力来固定 CO_2，该过程称为光合作用。光合作用是地球上最重要的代谢过程之一，因为我们几乎所有的能量都源于太阳能。光合生物作为生物圈中大多数食物的基础，同时非循环光合磷酸化光合作用还能补充大气中的 O_2。虽然大多数人将光合作用与植物结合，但一半以上的光合作用是由微生物进行的，这些微生物包括光合细菌、蓝细菌和藻类等。

光合作用只在含有光合色素的有机体中发生，光合色素主要有三类：叶绿素、类胡萝卜素、藻青素，光合细菌的光合色素为细菌叶绿素。光合色素在光合作用的能量转换中起捕获能量及作为发生光化学反应的中心。

（1）循环光合磷酸化　循环光合磷酸化是指电子从叶绿素分子逐出后循环一周仍返回叶绿素，主要过程如图 6-26 所示。循环光合磷酸化系统中含有菌绿素，其结构和功能与叶绿素相似，其反应中心的吸收光波为“P870”。菌绿素受日光照射后成为激发态（$P870^*$），氧化还原

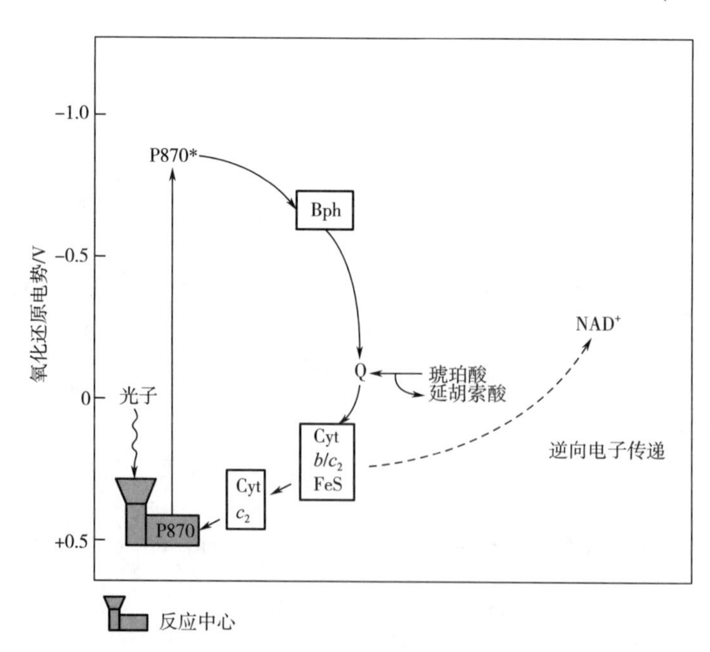

图 6-26　循环光合磷酸化

电位由+0.5变为-0.7，由它逐出的电子通过类似呼吸链的传递，经Bph（脱镁菌绿素）、辅酶Q、Cyt bc_1（细胞色素 bc_1）、FeS、Cyt c_2的循环传递，最终重新由菌绿素接受，其间建立质子动势合并产生1分子ATP。当外源氢供体（H_2S、H_2、Fe^{2+}等）提供电子沿该链逆向传递时，可由$NADP^+$接受电子，产生可用于还原CO_2的$NADPH+H^+$。可见，循环光合磷酸化有如下特点：①电子传递途径属循环式的；②产ATP和$NADPH+H^+$分别进行；③$NADPH+H^+$中的［H］是来自H_2S等无机氢供体；④无O_2产生。

各种光合细菌进行循环式的光合磷酸化，它们都是原核生物，不能利用H_2O作为还原CO_2的氢供体，只能利用还原态的H_2S，H_2或有机物作为氢供体，故光合作用中不产生O_2，因而它们进行的是一种不产氧的光合作用。在其他细胞内因所含的菌绿素和类胡萝卜素的量和比例不同，使菌体呈现红、橙、绿、蓝绿、紫红、紫或褐等颜色，在自然界中广泛分布于深层（缺氧的）淡水或海水中，属典型的水生菌，在分类上归属于红螺菌目。

（2）非循环光合磷酸化　各种绿色植物、藻类和蓝细菌的光合作用属非循环光合磷酸化，其主要过程以及在叶绿体中的位置如图6-27和图6-28所示。

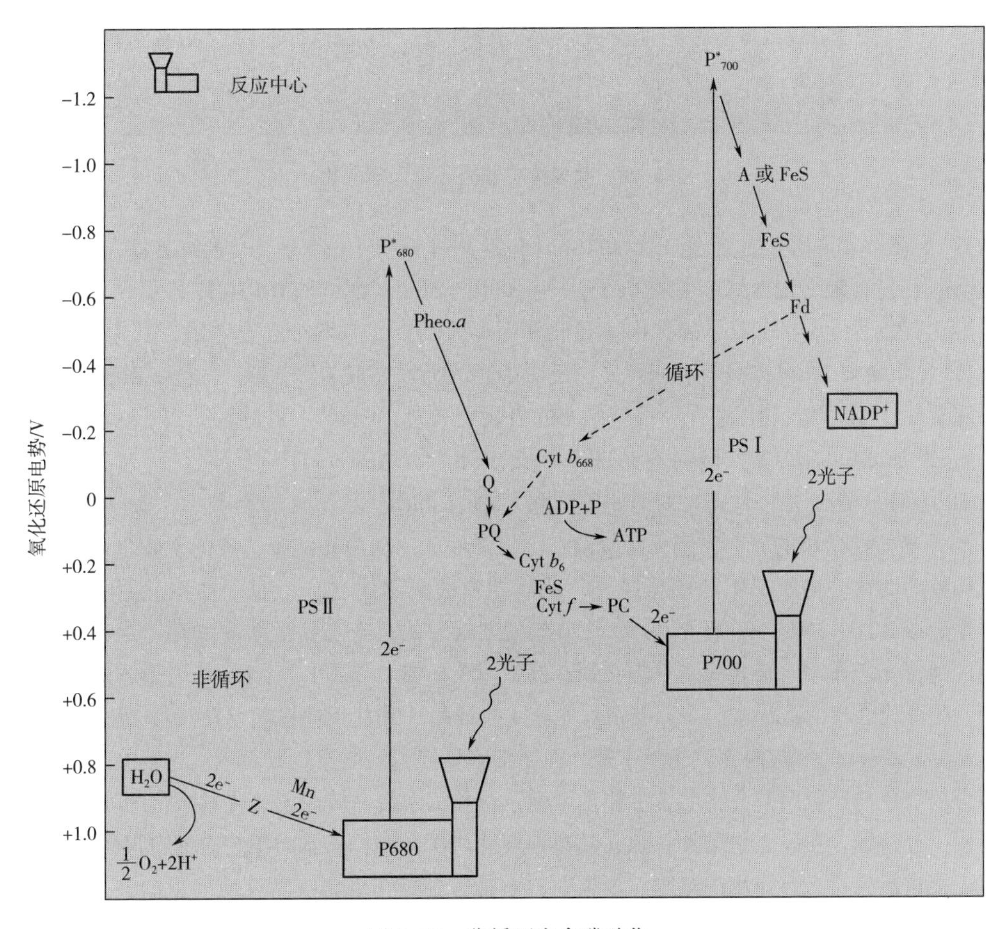

图6-27　非循环光合磷酸化

该光合磷酸化过程中，有氧气放出，其来源是H_2O的光解，整个过程中电子须经过PSII和PS I两个系统接力传递，传递体包括PSII系统中的Phea（褐藻素）、Q（醌）、Cyt bf、Pc（质

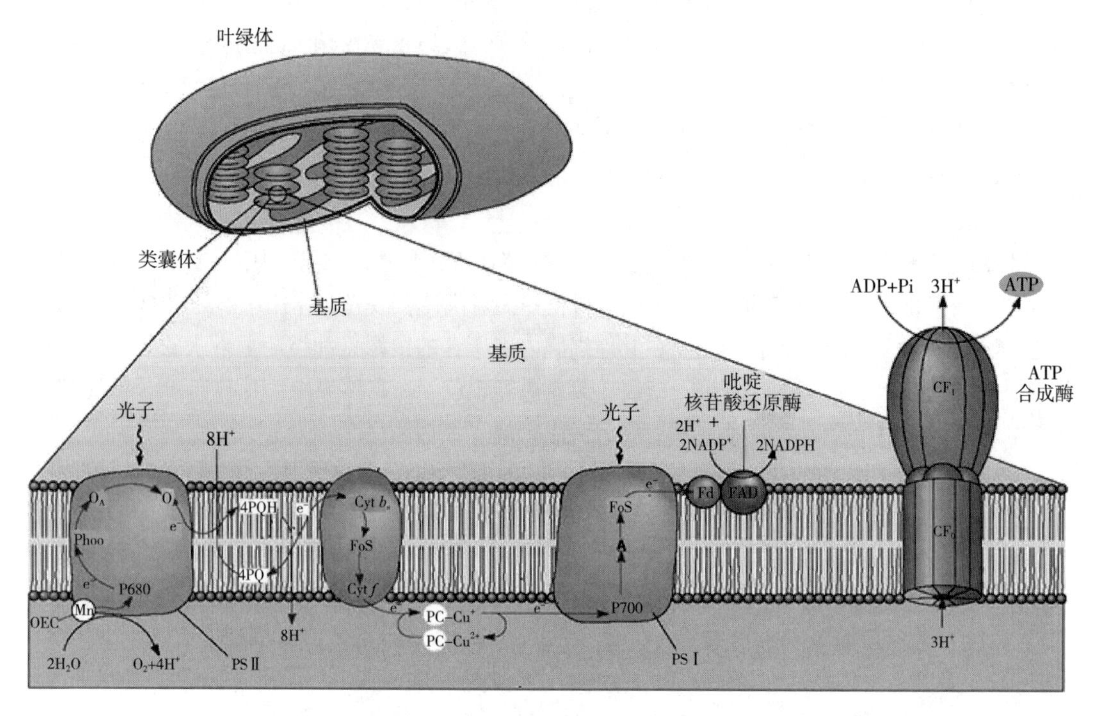

图 6-28　叶绿体中非循环光合磷酸化

体蓝素），在 Cyt bf 和 Pc 间产生 1 个 ATP；还包括 PS I 系统中的 FeS（非血红素铁硫蛋白）、Fd（铁氧还蛋白），最终由 $NADP^+$接受电子，产生可用于还原 CO_2的 $NADPH+H^+$。可见，非循环光合磷酸化有如下特点：①电子的传递途径属非循环式的；②有两个光合系统，其中色素系统 I（PS I）含叶绿素 a，可以吸收利用红光，反应中心的吸收光波为“P700”，色素系统 II（PSII）含叶绿素 b，可以吸收利用蓝光，反应中心的吸收光波为“P680”，叶绿素 a 和叶绿素 b 的结构如图 6-29 所示；③反应中同时有 ATP（产自 PSII）、$NADPH+H^+$（产自 PS I）和 O_2产生；④$NADPH+H^+$中的［H］是来自 H_2O 分子光解后的 H^+和电子。

（3）嗜盐菌紫膜的光合作用　嗜盐菌在无氧条件下，利用光能所造成的紫膜蛋白上视黄醛辅基构象的变化，将质子不断驱至膜外，从而在膜的两侧建立一个质子动势，再由它来推动 ATP 酶合成 ATP。这是一种直至 20 世纪 70 年代才揭示的只有嗜盐菌才有的无叶绿素或菌绿素参与的独特光合作用。嗜盐菌是一类必须在高盐（3.5~5.0 mol/L NaCl）环境中才能生长的古生菌，主要代表有 *Halobacterium halobium*（盐生盐杆菌）和盐沼盐杆菌（*H. salinarium*）等。

H. halobium 的细胞内含类胡萝卜素，而使细胞呈红色、橘黄色或黄色。它们的细胞膜制备物可分成红色与紫色两部分，前者主要含细胞色素和黄素蛋白等用于氧化磷酸化的呼吸链载体，后者则十分特殊，在膜上呈斑片状独立分布，直径约 0.5mm，其总面积约占细胞膜面积的一半，这就是能进行独特光合作用的紫膜。紫膜中 75% 是一种称作细菌视紫红质的蛋白质，它与人眼视网膜上柱状细胞中所含的一种蛋白质——视紫红质十分相似，两者都以紫色的视黄醛作辅基。

细菌视紫红质与叶绿素相似，在光量子的驱动下，具有质子泵的作用，这时它将产生的 H^+推出细胞膜外，使紫膜内外造成一个质子梯度差。根据化学渗透学说，这一质子动势在驱使 H^+

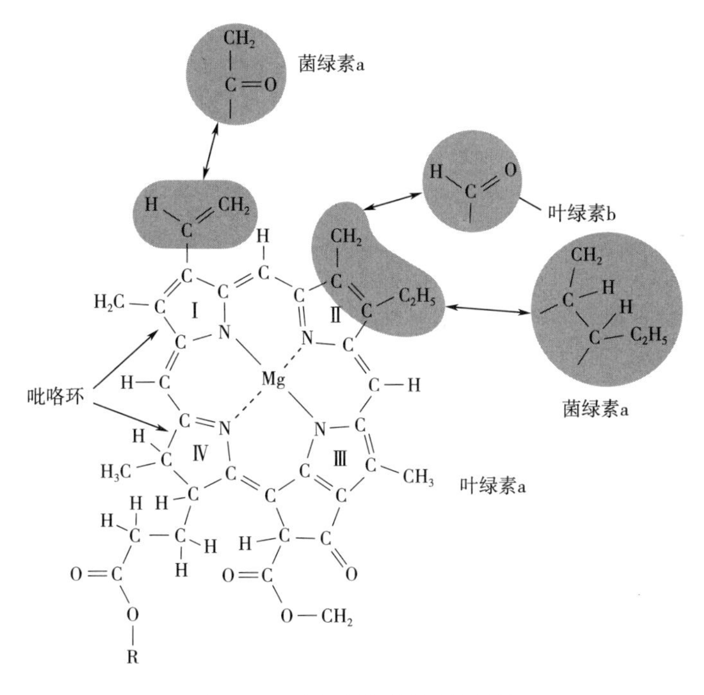

图 6-29　叶绿素和菌绿素的结构

通过 ATP 合成酶进入膜内而得到平衡时，就可合成细胞的通用能源 ATP。

2. 光能异养型

极少数微生物为光能异养型微生物，它们需要有机化合物，所以不同于利用二氧化碳作为唯一碳源的自养型光合细菌。红螺菌属中的一些细菌就属这种类型，它们能利用异丙醇使二氧化碳还原成细胞物质，同时积累丙酮，光能异养型细菌在生长时，大多需要外源的生长因子。

二、 化能营养型

1. 化能自养型

化能自养型微生物在生命活动中首先需要将 CO_2还原成［CH_2O］水平的简单有机物，然后再进一步合成复杂的细胞成分，这需要大量 ATP 和 $NADPH_2$。在化能自养型微生物中，其 ATP 是通过氧化还原态的无机物而产生，$NADPH_2$是通过消耗 ATP 将无机氢（H^++e）逆呼吸链传递产生的。

化能自养微生物能够氧化的无机底物包括 NH_4^+，NO_2^-，H_2S，S^0，H_2和 Fe^{2+}等，ATP 主要也通过呼吸链的氧化磷酸化反应生成。因此，绝大多数化能自养菌属好氧微生物。即使少数可进行厌氧生活，它们也是通过以硝酸盐或碳酸盐代替氧的无氧呼吸产能。除呼吸链产能（氧化磷酸化）外，少数硫杆菌在富含无机硫化物的环境中生长时，还能部分地进行底物水平磷酸化产能。

化能自养微生物中，通过生物氧化产生的 ATP 除了用于 CO_2还原外，还要用于逆呼吸链的传递（H^++e）以产生 NAD（P）H_2，该过程需要消耗大量 ATP。在微生物用以氧化产能的还原态无机物中（主要使 NH_4^+，NO_2^-，H_2S，S^0，H_2和 Fe^{2+}），除了 H_2的氧化还原电位比 NAD^+/

NADH 相对较低外，其余都高，因此在各种无机底物氧化时，都必须以其相应的氧化还原电位进入呼吸链，这就必然造成化能自养微生物呼吸链的氧化磷酸化效率（P/O 比）很低，其自由能变化如表 6-6 所示。

表 6-6　无机底物氧化的自由能

反应	$\Delta G^{0'}$（kcal/mol）	反应	$\Delta G^{0'}$（kcal/mol）
$2Fe^{2+}+2H^{+}+1/2O_2 \longrightarrow 2Fe^{3+}+2H_2O$	-11.2	$NH_4^{+}+1\frac{1}{2}O_2 \longrightarrow NO_2^{-}+H_2O+2H^{+}$	-65.0
$NO_2^{-}+1/2O_2 \longrightarrow NO_3^{-}$	-17.4	$S^{0}+1/2O_2+H_2O \longrightarrow H_2SO_4$	-118.5
$H_2+1/2O_2 \longrightarrow H_2O$	-56.6	$S_2O_3^{2-}+2O_2+H_2O \longrightarrow 2SO_4^{2-}+2H^{+}$	-223.7

注：1kcal＝4.18kJ。

化能自养微生物种类很多，现以硝化细菌为例来加以说明。

研究发现，硝化作用旺盛的土壤中只存在很少量的硝化细菌菌体，这与化能自养微生物代谢特点有关。

化能自养微生物硝化杆菌属（*Nitorbacter*）以亚硝酸作为能源，将 NO_2^- 氧化为 NO_3^- 获得能量，用同位素 ^{18}O 分析实验证明，在 NO_2^- 氧化为 NO_3^- 过程中，氧来自水分子而非空气，其呼吸链如图 6-30 所示。

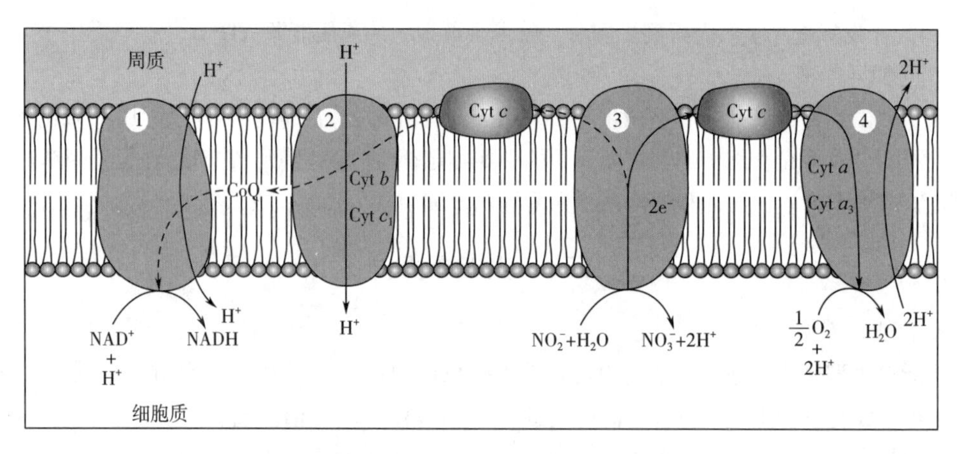

图 6-30　硝化杆菌属（*Nitorbacter*）呼吸链

其反应简式如下：

$$NO_2^{-}+H_2O \longrightarrow H_2O \cdot NO_2^{-} \longrightarrow NO_3^{-}+2H^{+}+2e$$

由于 NO_2^- 的氧化还原电位很高，故产生的 H^++e 只能从与其氧化还原电位相当的即 cyt. a_1 部位进入呼吸链。$2H^+$+ 2e 顺着呼吸链传递至 O_2，仅能产生 1 个 ATP 见图 6-38。

由此可见，与异养微生物相比，化能自养细菌的能量代谢有如下特点：①无机底物的氧化直接与呼吸链发生联系，由脱氢酶或氧化还原酶催化的无机底物脱氢或脱电子后，直接进入呼吸链传递，这与异养微生物葡萄糖氧化要经过 EMP 和 TCA 等途径的复杂代谢过程不同；②呼吸链的组分更为多样化，氢或电子可从相应组分进入呼吸链；③由于从中间进入呼吸链，因此产能效率一般要比异养微生物更低。

因此，化能自养细菌虽然代谢旺盛，但是产能效率、生长速率和生长得率都很低，导致在硝化作用十分旺盛的土壤中，却只有很少量的硝化细菌菌体。

2. 化能异养型

化能异养生物可以使用各种有机分子作为其能源和碳源，这些分子被汇集进入葡萄糖分解代谢途径转化成生物赖以生存的 ATP、还原氢和中间代谢物等。

（1）从葡萄糖到丙酮酸　最广泛意义的糖酵解是指用于将葡萄糖分解成丙酮酸的所有途径，微生物中主要有三条途径，即：EMP，ED 和 HMP 途径。其中 ED 途径是存在于某些缺乏完整 EMP 途径的微生物中的一种替代途径，是微生物的特有途径，高等动、植物中没有这条代谢途径。

EMP 途径具有两个 NADH 和两个 ATP 的净产量，ATP 由底物水平磷酸化产生。

ED 途径中，葡萄糖分解成丙酮酸和甘油醛 3-磷酸。甘油醛 3-磷酸可以被 EMP 途径的酶氧化产生 ATP、NADH 和另一分子丙酮酸。

HMP 途径中，葡萄糖-6-磷酸被氧化两次并转化为戊糖等糖。它是 NADPH 的重要来源。

（2）丙酮酸彻底氧化-TCA 循环　来自糖酵解途径的丙酮酸先转化为乙酰辅酶 A，然后进入到 TCA 循环中。TCA 循环乙酰辅酶 A 氧化成二氧化碳，并形成一个 GTP 或 ATP，三个 NADH 和一个 $FADH_2$/乙酰辅酶 A。

（3）还原氢（NADH，$FADH_2$或 NADPH）的氧化产能　葡萄糖经上述的多种途径分解后，产生的还原氢（NADH，$FADH_2$或 NADPH）也可以经过呼吸链（RC，respiratory chain，又称电子传递链 ETC，electron transport chain）等方式进行递氢，最终传递给受氢体（氧、无机或有机氧化物），产生大量 ATP。根据氢受体性质的不同，可以把生物氧化区分成有氧呼吸（氢受体为 O_2）、无氧呼吸（氢受体为 NO_3^-，SO_4^{2-}，Fe^{3+}或延胡索酸等氧化态分子）和发酵（氢不经过电子传递链传递，氢受体为内源性氧化态分子，如：丙酮酸）三种类型（图 6-31）。

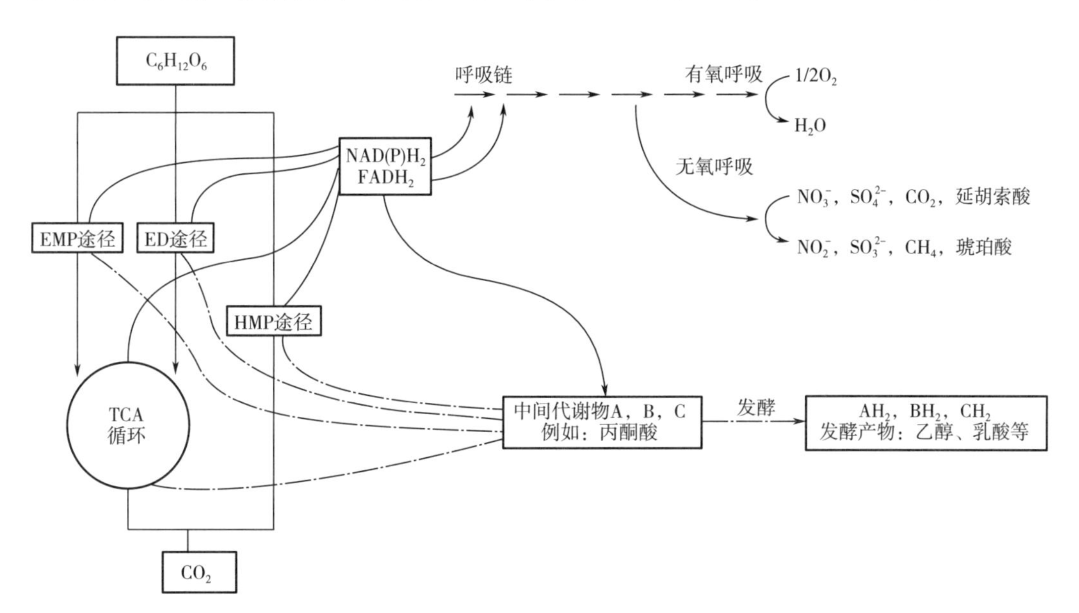

图 6-31　呼吸和发酵

三、呼吸

1. 有氧呼吸（aerobic respiration）

有氧呼吸是一种最普遍和最重要的生物氧化方式，其特点是底物分解产生的氢，经完整的呼吸链递氢，最终由分子氧接受氢并产生水和释放能量（ATP），具体见表6-7。

表6-7　原核微生物葡萄糖有氧呼吸产生ATP总结

	来源	ATP产量和产生方式
EMP途径		
	葡萄糖氧化成丙酮酸	2分子ATP（底物水平磷酸化）
	2分子NADH产生	5分子ATP（呼吸链中的氧化磷酸化）
TCA循环		
	琥珀酰CoA氧化成琥珀酸	2分子GTP（等同ATP，底物水平磷酸化）
	8分子NADH	20分子ATP（呼吸链中的氧化磷酸化）
	2分子FADH	3分子ATP（呼吸链中的氧化磷酸化）
		总计：32分子ATP

2. 无氧呼吸（anaerobic respiration）

无氧呼吸是一类呼吸链末端的氢受体为外源无机氧化物（个别为有机氧化物）的生物氧化。这是一类在无氧条件下进行的产能效率较低的特殊呼吸。其特点是底物按常规途径脱氢后，经部分呼吸链递氢，最终由氧化态的无机物或有机物受氢，并完成氧化磷酸化产能反应。无氧呼吸使用的最常见的末端电子受体是硝酸盐、硫酸盐和二氧化碳，但金属和一些有机分子也可以作为氢受体被还原。根据呼吸链末端受体的不同，可以把无氧呼吸分成表6-8中的多种类型。

表6-8　无氧呼吸类型

底物类型	无氧呼吸类型		代表微生物
无机物	硝酸盐呼吸	$NO_3^- \rightarrow NO_2^-$，NO，$N_2O$，$N_2$	*B. licheniformis*，*Pa. denitrificans*，*Ps. aeruginosa*，*Ps. Stutzeri*，*Th. denitrificans*
	硫酸盐呼吸	$SO_4^{2-} \rightarrow SO_3^{2-}$，$S_3O_6^{2-}$，$S_2O_3^{2-}$，$H_2S$	*D. desulfuricans*，*D. gigas*，*D. nigrificans D. ruminis*
	硫呼吸	$S^0 \rightarrow HS^-$，S^{2-}	*D. acetoxidans*
	铁呼吸	$Fe^{3+} \rightarrow Fe^{2+}$	*Th. ferroosidans*
	碳酸盐呼吸	CO_2，$HCOO^- \rightarrow CH_3COOH$，$CH_4$	*Methanobrexibacter ruminantium*
有机物	延胡索酸呼吸	延胡索酸→琥珀酸	*Escherichia*，*Proteus*，*Salminella*，*Klebsiella*，*Bacteroides*，*Propionibacterium*，*V. succinogenes*

续表

底物类型	无氧呼吸类型		代表微生物
有机物	甘氨酸呼吸	甘氨酸→乙酸	
	二甲基亚砜呼吸	二甲基亚砜→二甲基硫化物	
	氧化三甲胺呼吸	氧化三甲胺→三甲胺	

（1）硝酸盐呼吸（nitrate respiration）　硝酸盐呼吸又称反硝化作用（denitrification）。硝酸盐在微生物生命活动中主要具有两种功能：在有氧或无氧条件下微生物利用硝酸盐作为其氮源营养物，称为同化性硝酸盐还原作用；在无氧条件下，微生物利用硝酸盐作为呼吸链的最终氢受体，这是一种异化性的硝酸盐还原作用，又称硝酸盐呼吸或反硝化作用。上述两个还原过程的共同特点是硝酸盐都要经过一种含钼的硝酸盐还原酶使其还原为亚硝酸。

能进行硝酸盐呼吸的都是一些兼性厌氧微生物即反硝化细菌，而专性厌氧微生物是无法进行硝酸盐呼吸的，其有氧和无氧条件下的电子传递如图 6-32 所示。反硝化细菌都有其完整的呼吸系统。只有在无氧条件下，才能诱导出反硝化作用所需要的硝酸盐还原酶 A（结合在膜上）和亚硝酸还原酶。能进行硝酸盐呼吸的细菌种类很多，例如地衣芽孢杆菌（*Bacillus licheniformis*），脱氮副球菌（*Paracoccus denitrificans*），铜绿假单胞菌（*Pseadomonas aeruginosa*），

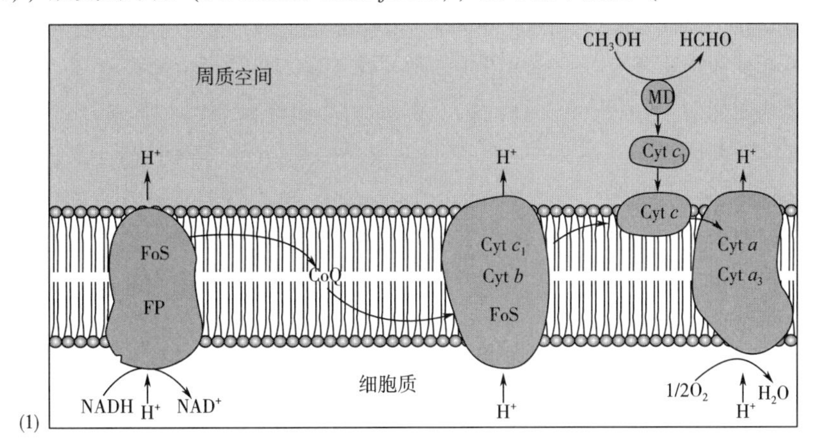

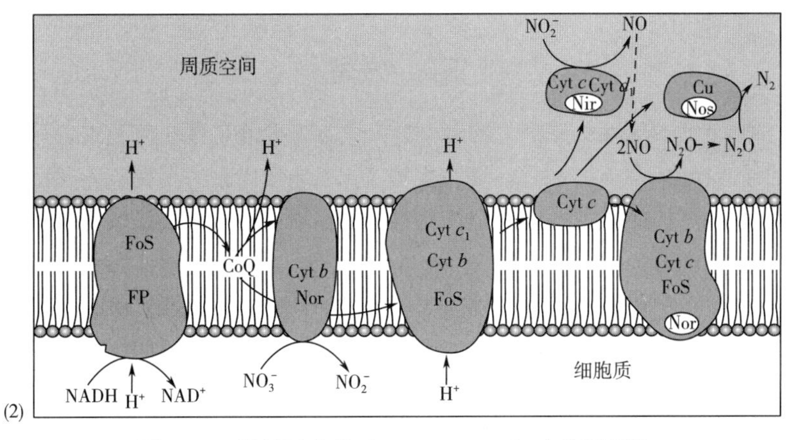

图 6-32　脱氮副球菌（*P. denitrificans*）中的呼吸链

（1）有氧条件下　（2）无氧条件下

斯氏假单胞菌（*P. stutzeri*）以及脱氮硫杆菌（*Thiobacillus denitrificans*）等。

（2）硫酸盐呼吸（sulfate respiration） 硫酸盐呼吸是一种由硫酸盐还原细菌（或称反硫化细菌）把经呼吸链传递的氢交给硫酸盐这类末端氢受体的一种无氧呼吸。这是一种异化性的硫酸盐还原作用，通过这一过程，微生物就可在无氧条件下借助呼吸链的电子传递磷酸化而获得能量。硫酸盐还原的最终产物是 H_2S，自然界中的大多数 H_2S 是由这一反应产生的。

与硝酸盐还原细菌不同的是，硫酸盐还原细菌都是一些严格依赖于无氧环境的专性厌氧细菌，例如脱硫脱硫弧菌（*Desulfovibrio desulfuricans*），巨大脱琉弧菌（*Desulfovibrio gigas*），致黑脱硫肠状菌（*Desulfotomaculum nigrificans*）以及瘤胃脱硫肠状菌（*Desulfovibrio ruminis*）等。

（3）硫呼吸（sulphur respiration） 硫呼吸是指以无机物硫作为无氧呼吸的最终氢受体，结果硫被还原成 H_2S，能进行硫呼吸的是一些兼性或专性厌氧菌，例如氧化乙酸脱硫单胞菌（*Desulfuromonas acetoxidans*）

（4）碳酸盐呼吸（carbonate respiration） 碳酸盐呼吸是一类以 CO_2 或碳酸盐作为呼吸链的末端氢受体的无氧呼吸。根据其还原产物的不同，可分为两种类型，一类是产甲烷菌产生甲烷的碳酸盐呼吸，另一类为产乙酸细菌产生乙酸的碳酸盐呼吸。

（5）铁呼吸（iron respiration） 无氧呼吸链的末端氢受体是 Fe^{3+}，这方面的研究仅在嗜酸性的氧化亚铁硫杆菌（*Thiobacillus ferrooxidans*）中进行。

（6）延胡索酸呼吸（fumarate respiration） 以往都是把琥珀酸作为微生物的一般发酵产物来考虑的，可在延胡索酸呼吸中，延胡索酸却被充作无氧呼吸链的末端氢受体，而琥珀酸则是延胡索酸的还原产物。许多兼性厌氧细菌，例如埃希氏杆菌属（*Escherichia*）、变形杆菌属（*Proteus*）、沙门氏菌属（*Salmonella*）和克氏杆菌属（*Klebsiella*）等肠杆菌，以及厌氧细菌例如拟杆菌属（*Bacteroides*）、丙酸杆菌属（*Propionibacterium*）和产琥珀酸弧菌（*Vibrio succinogenes*）等，都能进行延胡索酸呼吸。在无氧条件下培养它们时，如在培养基中加入延胡索酸，就会促使其快速生长并有较高的细胞得率，其原因是它们可利用延胡索酸作为末端氢受体，通过电子传递磷酸化产生过量的 ATP。

近年来，又发现了几种类似于延胡索酸呼吸的无氧呼吸，它们都以有机氧化物作为无氧环境下呼吸链的末端氢受体，包括甘氨酸（还原成乙酸）、二甲基亚砜（还原成二甲基硫化物）、氧化三甲基胺（还原成三甲基胺）等。

四、发酵

“发酵”这一名词具有两个层次上的含义。广义上，发酵是指任何利用好氧或厌氧微生物来产生有用代谢产物的一类生产方式。而在生物氧化或能量代谢中，发酵仅是指在无氧条件下，底物脱氢后不经过呼吸链传递而直接将其交给某一内源氧化性中间代谢产物的一类低效产能反应，可简示为图 6-33。

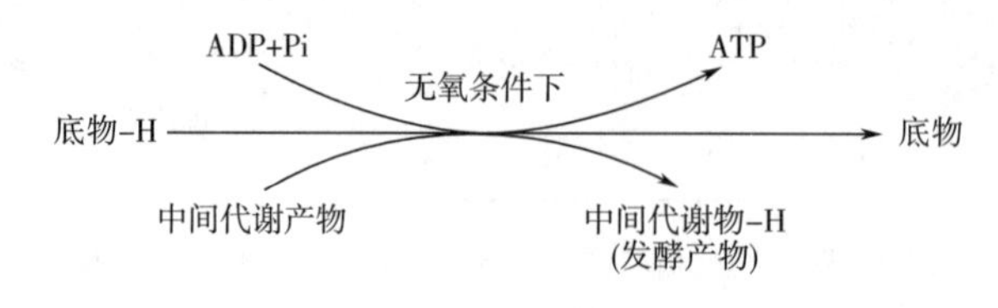

图 6-33 发酵的含义

掌握微生物发酵产能的原理时应牢记四个特点：①NADH 被氧化成 NAD^+；②不需要 O_2；③电子受体通常是丙酮酸或丙酮酸衍生物；④电子传递链不工作。显然发酵产能形式较大降低了每个葡萄糖的 ATP 产量。因此，在发酵中，底物（例如葡萄糖）仅被部分氧化，并且在大多数生物体中仅通过底物水平磷酸化形成 ATP。

发酵的类型很多，不同的微生物中，能够进行的发酵类型也不同（图 6-34）。也就是说，微生物发酵产生什么样的末端产物依赖于微生物的种类及其体内起作用的酶。因此，可以通过分析末端产物来鉴定微生物的种类。

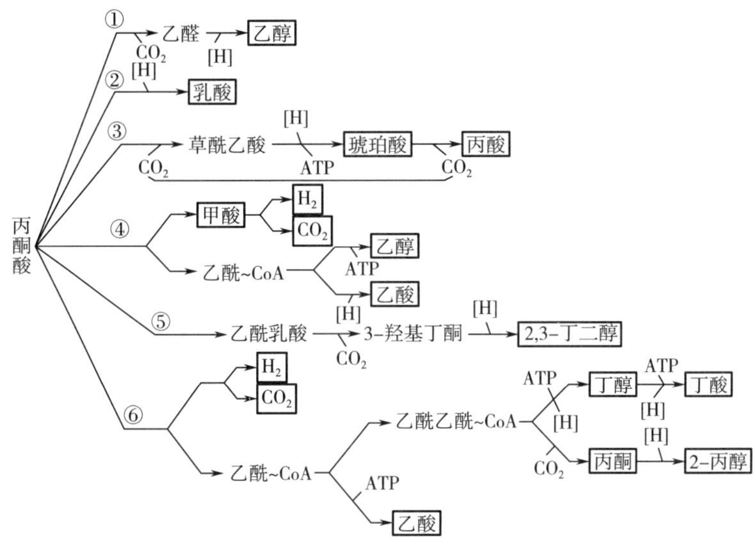

图 6-34 自丙酮酸开始的各种发酵产物（方框内指的是最终发酵产物）

1. 乳酸发酵

许多微生物可以通过发酵产生乳酸，根据它们发酵产物的不同分为同型乳酸发酵（homolactic fermentation）和异型乳酸发酵（heterolactic fermentation）。

同型乳酸发酵是指 1 分子葡萄糖经 EMP 途径分解为 2 分子丙酮酸，而后 2 分子丙酮酸被 2 分子 $NADH+H^+$ 还原成 2 分子乳酸。由于大量能量仍然贮存于乳酸分子中，因此，乳酸发酵只能产生很少量的能量。其总反应方程为：

$$葡萄糖 + 2ADP + 2Pi \longrightarrow 2 乳酸 + 2ATP$$

能够进行同型乳酸发酵的微生物主要集中在 *Streptococcus* 属和 *Lactobacilus* 属。

葡萄糖经发酵后除产生乳酸外，还产生乙醇（或乙酸）和 CO_2 等多种产物的发酵称为异型乳酸发酵。肠膜明串珠菌（*Leuconostoc mesenteroides*）、乳脂明串珠菌（*L. cremoris*）、短乳杆菌（*Lactobacillus brevis*）、发酵乳杆菌（*Lactobacillus fermentum*）和两歧双歧杆菌（*Bifidobacterium bifidum*）等微生物，由于缺乏 EMP 途径中的重要酶——醛缩酶和异构酶，因此其葡萄糖的降解完全依赖 HMP 途径。不同的微生物虽然都进行异型乳酸发酵，但其发酵途径和产物仍会有所不同。例如，肠膜明串珠菌（*L. mesenteroides*）的葡萄糖发酵产物为乳酸、乙醇和 CO_2，核糖的发酵产物为乳酸和乙酸，果糖的发酵产物为乳酸、乙酸、CO_2 和甘露醇（图 6-35）；又如，两歧双歧杆菌（*B. bifidum*）可把葡萄糖发酵为乳酸和乙酸（2 葡萄糖 ⟶ 2 乳酸 + 3 乙酸）。

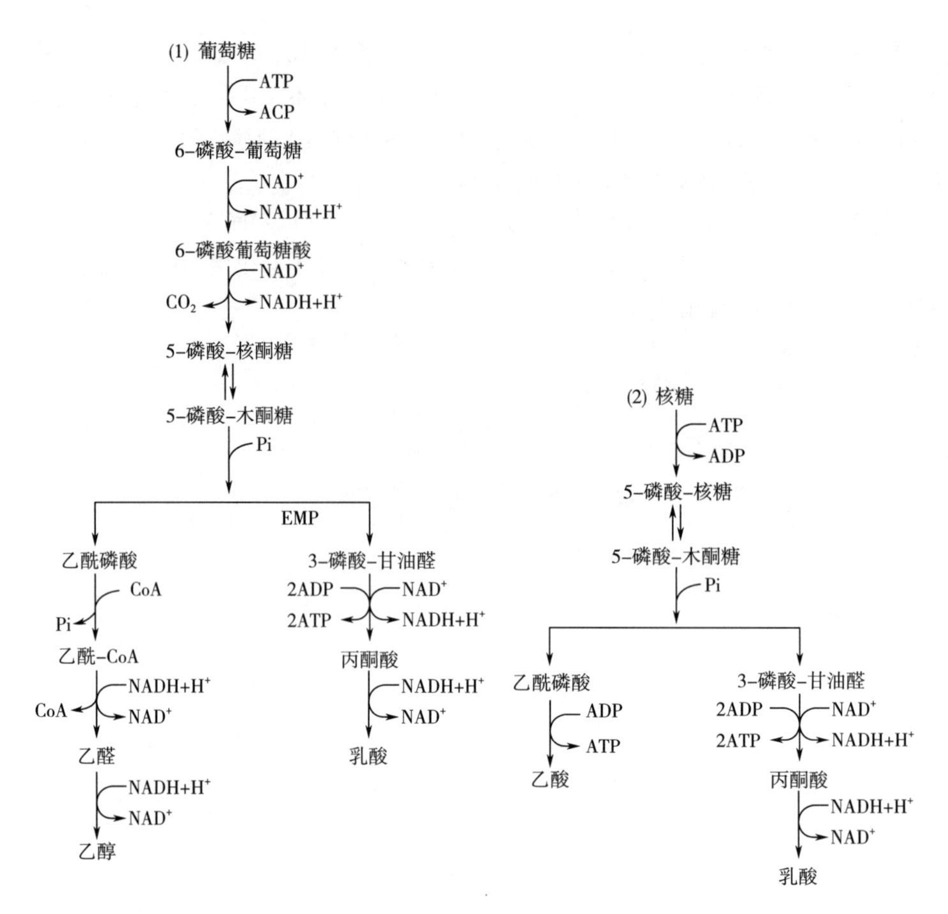

图 6-35 利用葡萄糖（1）和核糖（2）时的异型乳酸发酵

2. 乙醇发酵

多种微生物能够进行乙醇发酵，与乳酸发酵类似，乙醇发酵也分为同型乙醇发酵（homoalcholic fermentation）和异型乙醇发酵（heteroalcoholic fermentation）两类。

酿酒酵母（*Saccharomyces cerevisiae*）能够通过 EMP 途径进行同型酒精发酵，即由 EMP 途径代谢产生的丙酮酸再经过脱羧放出 CO_2，同时生成乙醛，乙醛接受糖酵解过程中释放的 $NADH+H^+$ 被还原成乙醇。这是一个低效的产能过程，大量能量仍然贮存于乙醇中，其总反应为：

$$葡萄糖 + 2ADP + 2Pi \longrightarrow 2\ 乙醇 + 2\ CO_2 + 2ATP$$

某些细菌也可以进行同型乙醇发酵，不过它们是通过 ED 途径进行的，例如：运动发酵单胞菌（*Zymomonas mobilis*）能够进行这种类型的乙醇发酵，虽然其总反应与酿酒酵母进行的同型乙醇发酵相同，但它们的反应细节和乙醇分子上的碳原子来源是不同的（图 6-36）。

前已述及，一些细菌能够通过 HMP 途径进行异型乳酸发酵产生乳酸、乙醇和 CO_2 等，我们也可以称其为异型乙醇发酵，例如肠膜明串珠菌（*L. mesenteroides*）进行的异型乙醇发酵总反应式：

$$葡萄糖 + ADP + Pi \longrightarrow 乳酸 + 乙醇 + CO_2 + ATP$$

3. 混合酸发酵

许多微生物还能通过发酵将 EMP 途径产生的丙酮酸转变成琥珀酸、乳酸、甲酸、乙醇、乙

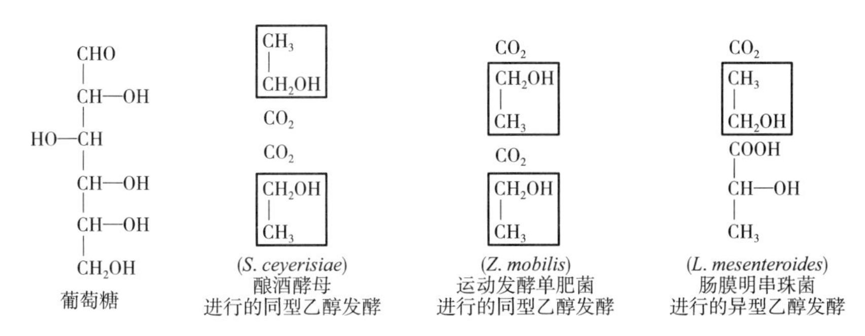

图 6-36　不同乙醇发酵的碳原子来源

酸、H_2和 CO_2等多种代谢产物，由于该代谢产物中有多种有机酸，因此这种发酵被称为混合酸发酵。大多数肠杆菌例如大肠杆菌能够进行这种类型的发酵，它们将丙酮酸裂解生成乙酰 CoA 与甲酸，甲酸在酸性条件下可以进一步裂解生成 H_2和 CO_2。因此，大肠杆菌发酵葡萄糖能够产酸的同时产气。然而，志贺氏菌不能使甲酸裂解生成 H_2和 CO_2，因此，志贺氏菌发酵葡萄糖只产酸不产气。通过观察发酵结果中的产酸、产气情况，可将大肠杆菌和志贺氏菌区分开来。

4. 2,3-丁二醇发酵

一些微生物，例如产气肠杆菌，能够发酵葡萄糖产生大量的 2,3-丁二醇和少量乳酸、乙醇、H_2和 CO_2等多种代谢产物，被称为 2,3-丁二醇发酵。其主要反应过程如图 6-37 所示，由 EMP 途径代谢产生的丙酮酸可以通过缩合与脱羧两步反应生成乙酰甲基甲醇（3-羟基丁酮），然后进一步被还原成 2,3-丁二醇。乙酰甲基甲醇在碱性条件下，容易被氧化成双乙酰，双乙酰又能与精氨酸的胍基起反应生成红色化合物，这就是细菌生理生化实验分类鉴定中常用的 V. P. 实验的原理。由于在同样的条件下，大肠杆菌不产生（或很少产生）2,3-丁二醇，因此大肠杆菌 V. P. 实验反应呈阴性，而产气肠杆菌 V. P. 实验反应呈阳性。

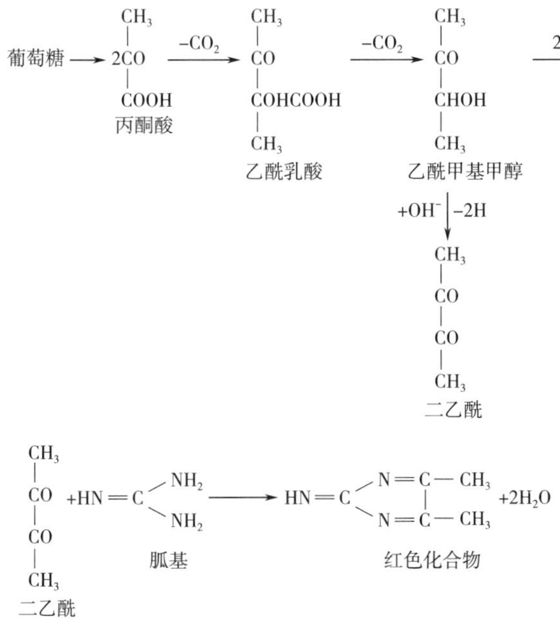

葡萄糖 → 2 CH_3—CO—COOH（丙酮酸） $\xrightarrow{-CO_2}$ CH_3—CO—COHCOOH—CH_3（乙酰乳酸） $\xrightarrow{-CO_2}$ CH_3—CO—CHOH—CH_3（乙酰甲基甲醇） $\xrightarrow{2H}$ CH_3—CHOH—CHOH—CH_3（2,3-丁二醇）

乙酰甲基甲醇 $\xrightarrow{+OH^-,\ -2H}$ CH_3—CO—CO—CH_3（二乙酰）

CH_3—CO—CO—CH_3（二乙酰） + HN=C(NH_2)$_2$（胍基） → HN=C<(N=C—CH_3)(N=C—CH_3)（红色化合物） + $2H_2O$

图 6-37　2,3-丁二醇发酵及 V. P. 实验原理

另外，通过测定大肠杆菌和产气肠杆菌发酵液的 pH，也能将它们区分开来。前面讲过，大肠杆菌进行的混合酸发酵，产生较多的有机酸，它们可以使发酵液的 pH 下降到 4.2 以下，但在产气肠杆菌的 2,3-丁二醇发酵中，主要产生一些有机醇等中性化合物，有机酸含量较少，因此发酵液 pH 较高。在上述两种细菌的发酵液中加入指示剂——甲基红，会发现大肠杆菌发酵液呈红色（甲基红实验阳性），产气肠杆菌发酵液呈橙黄色（甲基红实验阴性）。

5. 丁酸发酵

丁酸梭状芽孢杆菌能够发酵葡萄糖产生丁酸，称为丁酸发酵。其主要反应过程如图 6-38 所示，由 EMP 途径代谢产生的丙酮酸首先被脱去 CO_2 生成乙酰 CoA 和 H_2，乙酰 CoA 进一步生成乙酰磷酸，乙酰磷酸可与 ADP 反应生成 ATP。同时，乙酰 CoA 能够在缩合后逐步还原成丁酸。

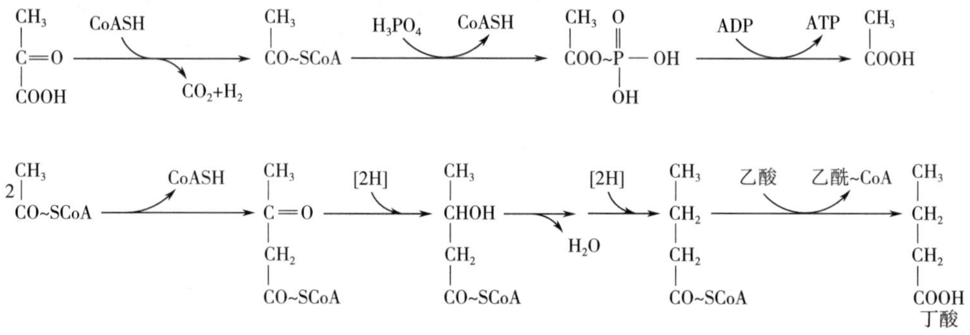

$$CH_3-CO-COOH \xrightarrow[CO_2+H_2]{CoASH} CH_3-CO\sim SCoA \xrightarrow[CoASH]{H_3PO_4} CH_3-COO\sim P(=O)(OH)-OH \xrightarrow{ADP \to ATP} CH_3-COOH$$

$$2\,CH_3-CO\sim SCoA \xrightarrow{CoASH} CH_3-CO-CH_2-CO\sim SCoA \xrightarrow{[2H]} CH_3-CHOH-CH_2-CO\sim SCoA \xrightarrow{H_2O} \xrightarrow{[2H]} CH_3-CH_2-CH_2-CO\sim SCoA \xrightarrow{乙酸 \to 乙酰\sim CoA} CH_3-CH_2-CH_2-COOH\ (丁酸)$$

图 6-38　丁酸发酵

6. 丙酮丁醇发酵

在丙酮丁醇梭状芽孢杆菌中，上述的丁酸发酵还可以继续进行，使丁酸转变为丙酮和丁醇，称为丙酮丁醇发酵，如图 6-39 所示。

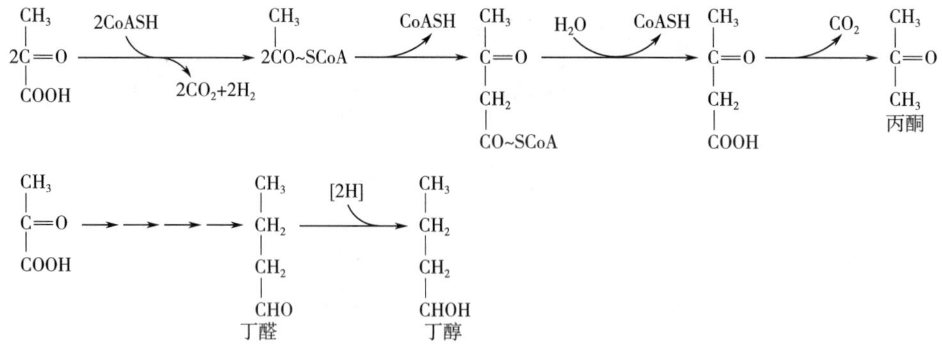

$$2\,CH_3-CO-COOH \xrightarrow[2CO_2+2H_2]{2CoASH} 2\,CH_3-CO\sim SCoA \xrightarrow{CoASH} CH_3-CO-CH_2-CO\sim SCoA \xrightarrow{H_2O \to CoASH} CH_3-CO-CH_2-COOH \xrightarrow{CO_2} CH_3-CO-CH_3\ (丙酮)$$

$$CH_3-CO-COOH \rightarrow\rightarrow\rightarrow\rightarrow CH_3-CH_2-CH_2-CHO\ (丁醛) \xrightarrow{[2H]} CH_3-CH_2-CH_2-CHOH\ (丁醇)$$

图 6-39　丙酮丁醇发酵

7. 氨基酸发酵产能——Stickland 反应

1934 年，L. H. Stickland 发现生孢梭菌（*Closterdium sporogenes*）能利用一些氨基酸同时当作碳源、氮源和能源，经深入研究后，发现其产能机制是通过部分氨基酸（如丙氨酸）的氧化与另一些氨基酸（如甘氨酸）的还原相偶联的发酵方式（图 6-40）。这种以一种氨基酸作氢供体和以另一种氨基酸作氢受体而产能的独特发酵类型，称为 Stickland 反应。该反应的产能效率很低，每分子氨基酸仅产 1 个 ATP。在 Stickland 反应中，作为氢供体的氨基酸主要有丙氨酸、亮氨酸、异亮氨酸、缬氨酸、苯丙氨酸、丝氨酸、组氨酸和色氨酸等，作为氢受体的氨基酸主要有甘氨酸、脯氨酸、羟脯氨酸、鸟氨酸、精氨酸和色氨酸等。

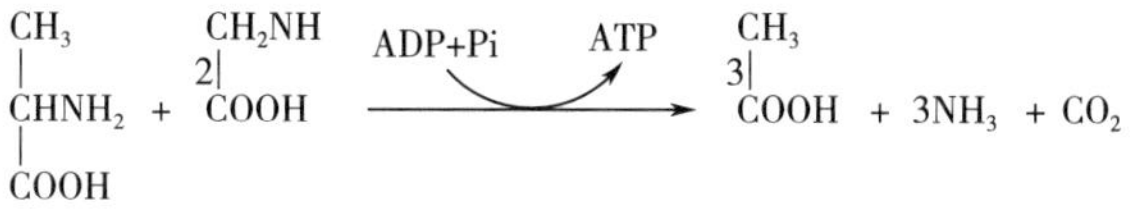

$$\begin{array}{c} CH_3 \\ | \\ CHNH_2 \\ | \\ COOH \end{array} + \begin{array}{c} CH_2NH \\ 2| \\ COOH \end{array} \xrightarrow{ADP+Pi \quad ATP} \begin{array}{c} CH_3 \\ 3| \\ COOH \end{array} + 3NH_3 + CO_2$$

图 6-40　Stickland 反应

第五节　微生物的代谢调控与发酵生产

代谢调控对于细胞储存能量和物质以及维持细胞代谢平衡是必须的。微生物的生长环境常处于不断变化之中，其所能够获得的营养也将随之变化，因此微生物细胞必须能够对环境的变化作出有效的响应，通过新的代谢途径来利用环境中新的营养。为实现这一目的，细胞内需要增加许多新的功能结构或化学成分。然而，微生物的体积小，不可能容纳过多的物质，因此每个细胞要在复杂多变的环境条件下求得生存和发展，就必须具备一整套精确的代谢调节系统，使得微生物细胞能够随时停止某些物质的合成并同时开始另一些物质的合成，实现对变化的环境进行动态的和连续的响应。

通过代谢调节，微生物可以最经济地利用营养物，合成能满足自己生长和繁殖所需要的一切中间代谢物，并做到既不缺乏也不剩余任何代谢物的高效“经济核算”。微生物细胞的代谢调节方式很多，其中酶的调节是代谢最本质的调节。在酶的调节中又以调节代谢流的方式最为重要，它包括两个方面，一是“粗调”，即调节酶分子的合成或降解以改变酶分子的含量，二是“细调”，即通过激活或抑制以改变细胞内已有酶分子的催化活力，两者往往密切配合和协调，以达到最佳的调节效果。

在正常的微生物细胞内，由于每种物质的代谢都有其严格的调控机制，其中间产物和终产物都不会被积累。若要使其能够积累某种我们所需要的代谢物，必须破坏或解除原有的调控关系并建立新的调节机制。利用微生物代谢调控能力的自然缺损或通过人为方法获得突破代谢调控的变异菌株，从而使目的产物大量生成并积累的发酵称为代谢控制发酵（metabolic control fermentation），它与生产实际紧密相连，是工业微生物育种工作的理论基础。

以下以原核生物为对象来讨论微生物的代谢调节及其工业应用。

一、　酶活力的调节

调节酶活力比调节酶的合成要迅速、及时、有效，这是微生物饥饿情况下的一种经济的调节方式。这种调节是在酶分子水平上的一种代谢调节，它通过改变现成的酶分子活性来调节新陈代谢的速率，包括酶活力的激活和抑制两个方面。这种酶活力调节常通过某一特异的小分子代谢物（通常是终产物等变构效应物）与酶的可逆性结合来进行。

酶活力的激活系指在分解代谢途径中，后面的反应可被较前面的中间产物所促进。酶活力的抑制主要是反馈抑制（feedback inhibition），它主要表现在某代谢途径的末端产物（即终产物）过量时，这个产物可反过来直接抑制该途径中第一个酶的活性，促使整个反应过程减慢或停止，从而避免了末端产物的过多累积。反馈抑制具有作用直接、效果快速以及当末端产物浓度降低时又可重新解除等优点。

1. 反馈抑制调节机制

研究表明，受反馈抑制调节的酶一般都是变构酶（allosteric enzyme），酶活力调节的实质就是对变构酶的变构调节。变构酶分子中具有两个或两个以上的立体专一性不同的结合部位，其中之一是能与底物结合并具有催化活性的部位，称作活性中心，另一个部位是能与其他非底物的代谢产物——效应物（effector）相结合的变构部位，称作调节中心。酶与效应物间的结合，可引起变构酶分子发生明显而又可逆的结构变化，进而引起活性中心的性质发生改变。有的效应物能促进活性中心对底物的亲和力，就被称为活化剂；而有的效应物（如一系列反应途径的末端产物）则会降低活性中心对底物的亲和力，被称作抑制剂。当末端产物浓度升高时，末端产物与酶的调节中心结合，改变酶分子的构象，阻止其与底物的结合，从而抑制该途径代谢的进行；反之，当末端产物的浓度降低时，末端产物与酶的结合随即解离，恢复了酶蛋白的原有构象，使酶与底物可以结合而发生催化作用。

变构酶在代谢调节中的功能，除了对同一合成途径中进行反馈抑制之外，有时还能与其他代谢途径的产物相结合，从而受到该代谢途径产物的激活或抑制，也就具有协调不同代谢途径的功能。

2. 反馈抑制调节类型

反馈抑制调节方式可以分为直线式和分支代谢途径中的反馈抑制两大类。

（1）直线式代谢途径中的反馈抑制　这是一种最简单的反馈抑制类型。例如 *E. coli* 在合成异亮氨酸时。因合成产物过多可抑制途径中的第一个酶——苏氨酸脱氨酶的活性，从而使 α-酮戊二酸及其后一系列中间代谢物都无法合成，最终导致异亮氨酸合成的停止（图 6-41）。另外，谷氨酸棒杆菌（*Corynebacterium glutamicum*）利用谷氨酸合成精氨酸时，末端产物精氨酸过多将分别抑制合成途径中的第一个酶——*N*-乙酰谷氨酸合成酶和第二个酶——*N*-乙酰谷氨酸激酶，终止精氨酸的合成，也是直线式反馈抑制的典型例子。

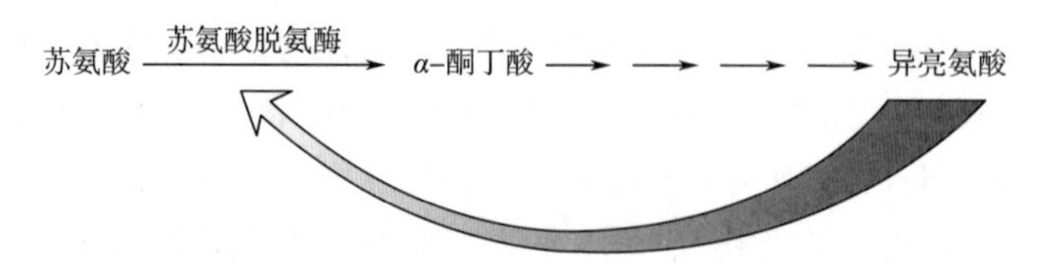

图 6-41　异亮氨酸合成途径中的直线式反馈抑制

（2）分支代谢途径中的反馈抑制　在分支代谢途径中，反馈抑制的情况较为复杂。为避免在一个分支上的产物过多时不致同时影响另一分支上产物的供应，微生物已发展出多种调节方式。

①同工酶调节：同工酶（isoenzyme）又称同工酶，是指能催化相同的生化反应，但酶分子结构不同的一类酶，它们虽同存于一个个体或同一组织中，但在生理、免疫和理化特性上却存在着差别。在一个分支代谢途径中，如果在分支点以前的一步反应是由几个同工酶所催化时，则这些酶分别受各自分支代谢途径的末端产物的抑制作用。如图 6-42 中 A→B 的反应由同工酶Ⅰ和酶Ⅱ所催化，它们分别受末端产物 D、E 所抑制。这样，当环境中只有一种末端产物过多时，就只能抑制相应酶的活力，而不致影响其他几种末端产物的形成。

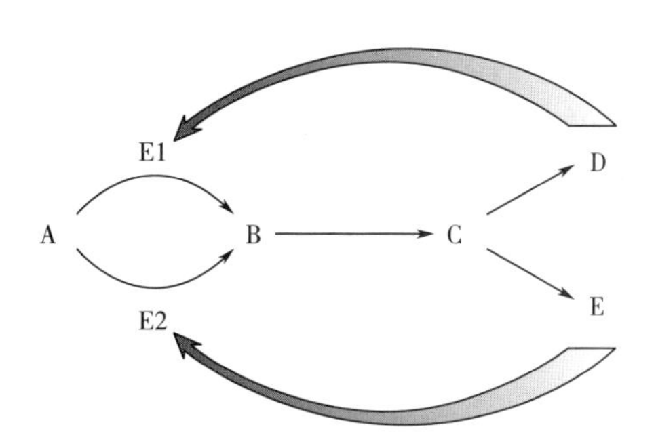

图 6-42　同工酶共同调节代谢示意图

在代谢控制中，细胞利用同工酶进行调节的实例很多，例如在大肠杆菌（*E. coli*）的赖氨酸和苏氨酸的合成中，同工酶天冬氨酸激酶Ⅰ和天冬氨酸激酶Ⅲ可分别被苏氨酸和赖氨酸所抑制（图 6-43）。

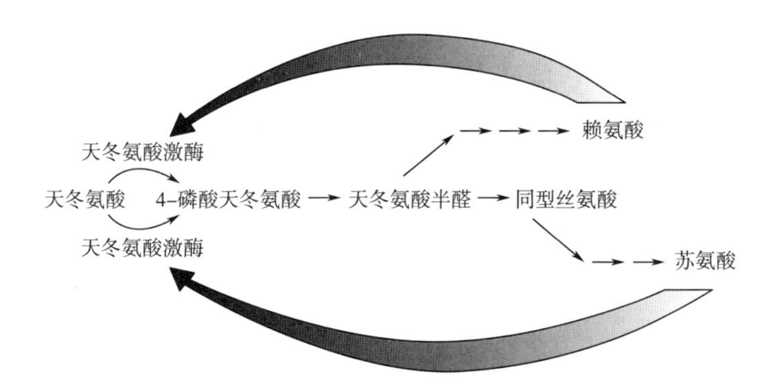

图 6-43　*E. coli* 中天冬氨酸合成的同工酶调节

②协作反馈抑制（cooperative feedback inhibition，又称多价反馈抑制）：一条代谢途径中有两个以上末端产物时，则只有各分支代谢途径中的几个末端产物同时过量时才能抑制共同途径中的第一个酶的一种反馈调节方式（图 6-44）。例如，谷氨酸棒杆菌、黄色短杆菌和多黏芽孢杆菌（*Bacillus polymyxa*）在合成赖氨酸、苏氨酸时，天冬氨酸激酶受这两种氨基酸的协同反馈抑制，如果仅苏氨酸或赖氨酸过量，并不能引起抑制作用。

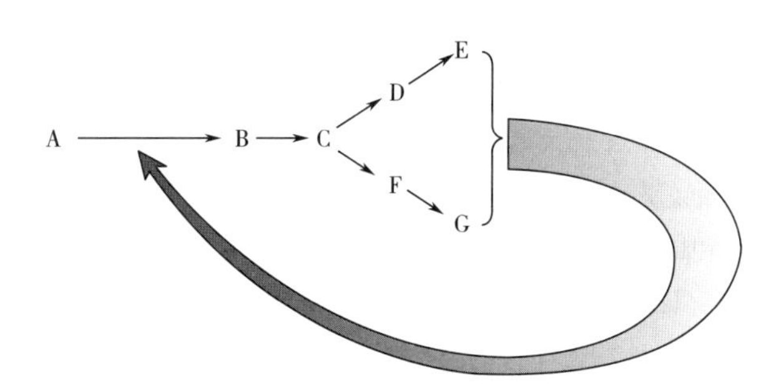

图 6-44　协作反馈抑制示意图

③合作反馈抑制（synergistic feedback inhibition，又称增效反馈抑制）：指两种末端产物同时存在时，当任何一个末端产物单独过剩时，只部分地反馈抑制第一个酶的活性，而当两个末端产物同时过剩时，它们对第一个酶可产生强烈抑制，其抑制程度大于各自单独抑制效果之和（图 6-45），有“增效”作用。例如，磷酸核糖焦磷酸酶（PRPP）可分别被过量的 AMP 和 GMP 抑制，但两者同时存在时抑制效果却要大得多。

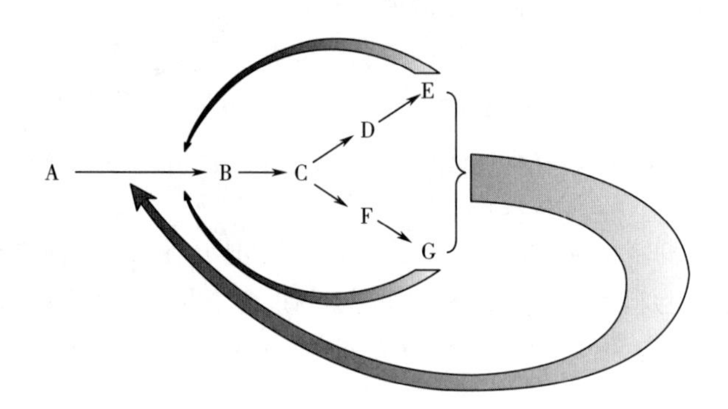

图 6-45　增效反馈抑制示意图

④累积反馈抑制（cumulative feedback inhibition）：每一分支途径的末端产物只能单独的、部分的抑制共同步骤的第一个酶，且各末端产物的抑制作用互不影响。当这些末端产物同时过量时，它们只是按一定比例对共同途径中前面的酶进行单独抑制，它们的抑制作用是累积的。在各末端产物之间既无协同效应，也无拮抗作用（图 6-46）。

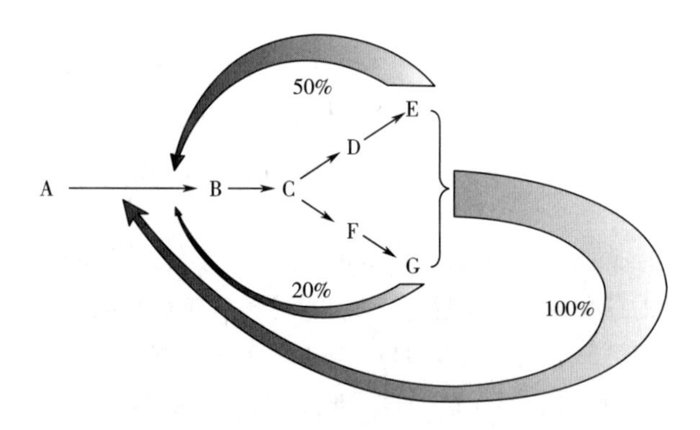

图 6-46　累积反馈抑制示意图

累积反馈抑制最早在大肠杆菌（*E. coli*）的谷氨酰胺合成酶调节中发现，该酶受 8 个末端产物的累积反馈抑制。如色氨酸单独存在时，可抑制酶活力的 16%，CTP 抑制 14%，氨基甲酰磷酸为 13%，AMP 为 41%。这 4 种末端产物同时存在时，酶活力的抑制程度可这样计算：色氨酸先抑制 16%，剩下的 84% 又被 CTP 抑制掉 11.8%（即 84%×14%），留下的 72.2%（即 84%-11.8%）活性中，又被氨基甲酰磷酸抑制掉 9.4%（即 72.2%×13%），还剩余 62.8%，这 62.8% 再被 AMP 抑制掉 25.8%（即 62.8×41%），最后只剩下原活力的 37%。当图中 8 个产物同时存在时，酶活力才被全部抑制。

⑤顺序反馈抑制（sequential feedback inhibition）：如图 6-47 所示，当 E 过多时，可抑制

C ⟶D，这时由于 C 的浓度过大而促使反应向 F、G 方向进行，结果又造成了另一末端产物 G 浓度的增高。由于 G 过多就抑制了 C ⟶F，结果造成 C 的浓度进一步增高。C 过多又对 A ⟶B 间的酶发生抑制，从而达到了反馈抑制的效果。这种通过逐步按顺序的方式达到的调节，称为顺序反馈抑制。这一现象最初是在研究枯草芽杆菌的芳香族氨基酸生物合成时发现的，该途径中的初始酶——DAHP 合成酶受分支点的底物分支酸或预苯酸的反馈抑制，L-酪氨酸、L-苯丙氨酸和 L-色氨酸分别抑制各自分支途径分支点的酶，因此，这些氨基酸中任何一个过剩时，都会引起分支点的底物，即分支酸或预苯酸的积累，最终转而抑制整个合成途径初始酶 DAHP 合成酶。

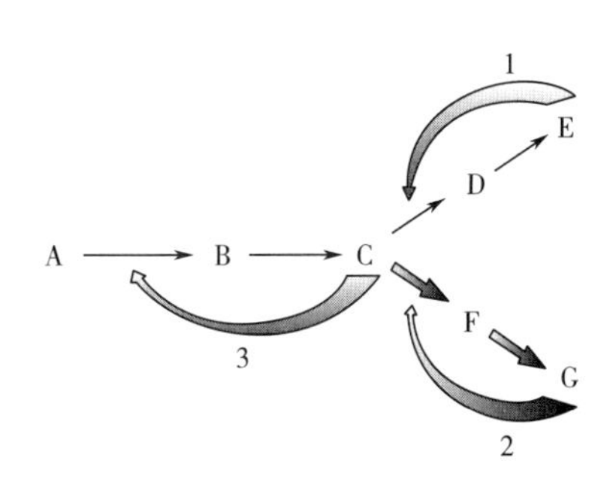

图 6-47　顺序反馈抑制示意图

二、 酶量的调节

酶量的调节是一种通过调节酶的合成量进而调节代谢速率的调节机制，这是一种基因水平上的代谢调节。由代谢终产物抑制酶合成的负反馈作用称为反馈阻遏（repression）。反之，代谢终产物促进酶生物合成的现象，称为诱导作用（induction）。与酶活力调节的反馈抑制相比，调节酶的合成（即产酶量）而实现代谢调节的方式是一类较间接而缓慢的调节方式。其优点是通过阻止酶的过量合成，节约生物合成的原料和能量。在正常代谢途径中，酶活力调节和酶合成调节两者是同时存在且密切配合、协调进行的。

1. 酶量调节的机制

微生物不仅能够通过酶活力对代谢进行控制，而且还能够通过控制基因组的表达来控制酶的合成，从而实现对细胞代谢的控制。基因表达的调控可以节省能量和营养成分，以便维持各种细胞蛋白质含量之间的平衡从而适应长期环境的变化。目前认为，由 J. Monod 和 F. Jacob 于 1960~1961 年提出的操纵子模型可以较好地解释酶合成的诱导和阻遏现象。在详述该机制之前，有必要先介绍几个重要的概念：

①操纵子（operon）：是指一组功能上彼此有关的基因，它是由启动子（promoter）、操纵基因（operator）和结构基因（structural gene）三部分组成。其中的启动子是一种能被依赖于 DNA 的 RNA 多聚酶所识别的碱基顺序，它既是 RNA 多聚酶的结合部位，也是转录的起始位点。操纵基因是位于启动基因和结构基因之间的一段碱基顺序，通常不编码任何蛋白，它能与阻遏物发生可逆结合，以此来决定结构基因的转录是否能进行。结构基因则是决定某一多肽的 DNA 模板，可根据其上的碱基顺序转录出对应的 mRNA，然后再通过核糖体而翻译出相应的酶。一个操纵子的全部基因都排列在一起，通过转录合成一个 mRNA 分子。

操纵子分两类：一类是诱导型操纵子，当诱导物存在时，其转录频率达到最高，并随之翻译出大量诱导酶，出现诱导现象，例如乳糖、半乳糖和阿拉伯糖分解代谢的操纵子等；另一类是阻遏型操纵子，只有当辅阻遏物缺乏时，其转录频率才最高。由阻遏型操纵子所编码的酶的合成，只有通过去辅阻遏物阻遏作用才能启动，例如精氨酸、组氨酸和色氨酸合成代谢的操纵子等。

②调节基因（regulator gene）：用于编码调节蛋白的基因。调节基因一般位于相应操纵子的

附近。

③调节蛋白（regulatory protein）：是一类变构蛋白，它有两个特殊位点，其一可与操纵基因结合，另一位点则可与效应物相结合。当调节蛋白与效应物结合后，就发生变构作用。有的调节蛋白在其变构后可提高与操纵基因的结合能力，有的则会降低其结合能力。

调节蛋白可分两种，其一称阻遏物（repressor），它能在没有诱导物时与操纵基因相结合；另一则称阻遏物蛋白（aporepressor），它只能在辅阻遏物存在时才能与操纵基因相结合。

④效应物（effector）：是一类低分子质量的信号物质（如糖类及其衍生物、氨基酸和核苷酸等）。包括诱导物（inducer）和辅阻遏物（corepressor）两种，它们可与调节蛋白相结合以使后者发生变构作用，并进一步提高或降低与操纵基因的结合能力。

下面分别以乳糖操纵子和色氨酸操纵子为例介绍诱导和阻遏调节机制。

（1）乳糖操纵子的诱导机制　大肠杆菌乳糖操纵子（lac）是第一个被发现的操纵子，它由启动子（*lacP*）、操纵基因（*lacO*）和三个结构基因 *lacZ*，*lacY* 和 *lacA* 所组成。三个结构基因分别编码 β-半乳糖苷酶、β-半乳糖苷透性酶和乙酰基转移酶［图 6-48 中（1）、（2）］。乳糖操纵子是负调节（negative control）的代表，因在缺乏乳糖等诱导物时，其调节蛋白（即 *lac* 阻遏物）一直结合在操纵基因上，抑制结构基因转录的进行。当有诱导物——乳糖存在时，乳糖与 *lac* 阻遏物相结合，后者发生构象变化，降低了其与操纵基因间的亲和力，使它不能继续结合在操纵子上。操纵子的“开关”打开后，转录、转译就可顺利进行了。当诱导物乳糖耗尽后，*lac* 阻遏物可再次与操纵基因相结合，这时转录的“开关”被关闭，酶就无法合成。同时，细胞内已转录好的 mRNA 也迅速地被核酸内切酶所水解，所以细胞内酶的合成速度急剧下降。如果通过诱变方法使之发生 *lac* 阻遏物缺陷突变，就可获得解除调节即在无诱导物时也能合成 β-半乳糖苷诱导酶的突变株。

如图 6-48（3）所示，*lac* 操纵子还受到另一种调节即正调节（positive control）的控制。这就是当另一种调节蛋白 CRP（cAMP 受体蛋白）或 CAP（降解物激活蛋白）直接与启动子结合时，RNA 多聚酶才能连接到 DNA 链上而启动转录，进而合成 β-半乳糖苷酶，使细菌可利用乳糖。cAMP（环化 AMP）与 CRP 的相互作用，会提高 CRP 与启动子的亲和性。而葡萄糖分解代谢的降解物会抑制 cAMP 的形成，降低胞内 cAMP 的浓度，使 CRP 不易结合到 *lac* 操纵子中的启动子上，从而阻遏了 *lac* 操纵子的转录。这一模型可以很好地解释细菌在同时含葡萄糖和乳糖的培养基中生长时，会优先利用葡萄糖，待葡萄糖耗尽后再利用乳糖而出现的“二次生长”现象。

（2）色氨酸操纵子的末端产物阻遏机制　色氨酸操纵子的阻遏是对合成代谢酶类进行正调节的例子。大肠杆菌（*E. coli*）色氨酸操纵子也是由启动子、操纵基因和结构基因三部分组成的。启动子位于操纵子的开始处；结构基因包括 5 个基因，分别编码“分支酸→邻氨基苯甲酸→磷酸核糖邻氨基苯甲酸→羧苯氨基脱氧核糖磷酸→吲哚甘油磷酸→色氨酸”途径中的 5 种酶。其调节基因（*trp R*）远离操纵基因，编码阻遏物蛋白。此途径的终产物色氨酸扮演着辅阻遏物的角色，它与阻遏物蛋白有极高的亲和力，当细胞中的色氨酸浓度升高时，色氨酸与阻遏物蛋白形成一个完全阻遏物（holorepressor），这种完全阻遏物将与操作基因结合，阻止结构基因的转录［图 6-49（2）］。如果色氨酸浓度降低了，就会导致这一完全阻遏物的解离，并脱离操纵基因，使操纵基因的“开关”打开，因此结构基因的 mRNA 又可正常合成。所以，色氨酸操纵子的末端产物阻遏是一种正调节［图 6-49（1）］。

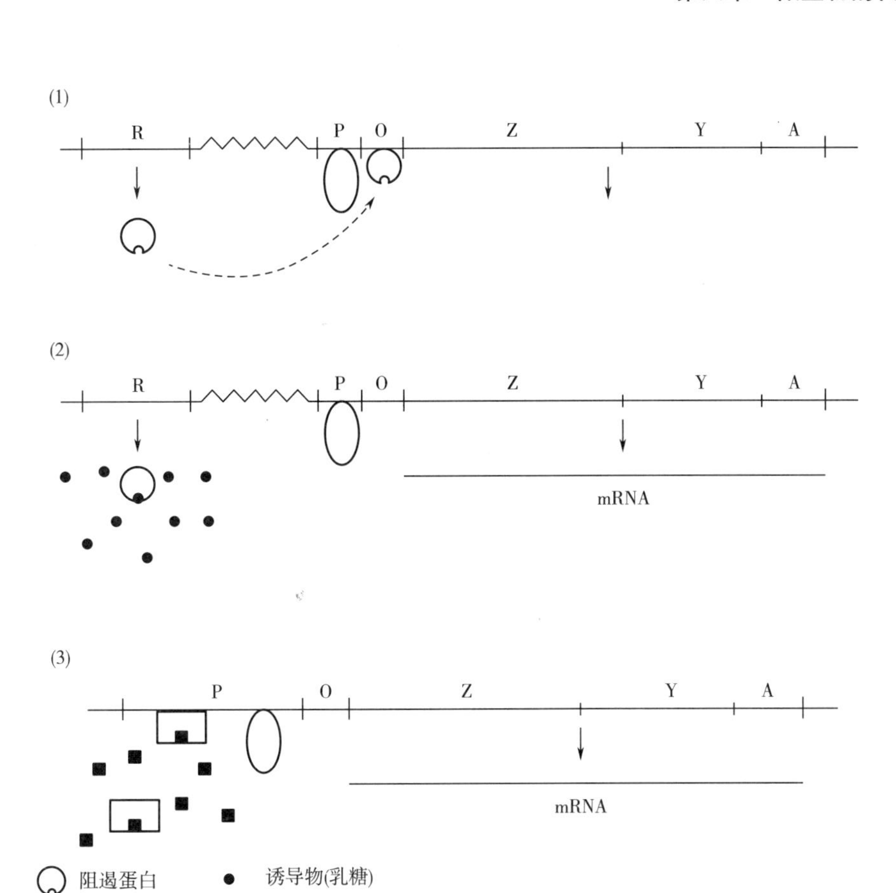

图 6-48　乳糖操纵子诱导机制示意图

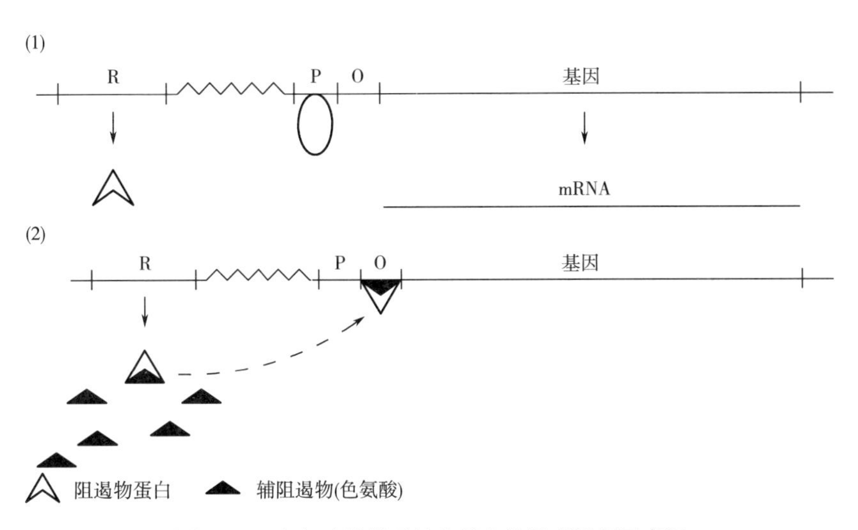

图 6-49　色氨酸操纵子的末端产物阻遏机制示意图

2. 酶量调节的类型

（1）诱导　微生物的基因组能够编码数量庞大的酶，但是这些酶并不同时出现在细胞中，其中只有少部分是稳定存在的，其他大部分蛋白质只有当需要时才合成。如大肠杆菌基因组可编码约 2000~4000 条肽链，而当它以葡萄糖作为能量来源时，仅有约 800 个酶在其生长过程中出现。通常，细胞内的酶可划分成组成酶和诱导酶两类，组成酶是细胞固有的酶类，其合成是在相应的基因控制下进行的，它不因底物或其结构类似物的存在而受影响，例如 EMP 途径的有关酶类。诱导酶则是细胞为适应外来底物或其结构类似物而临时合成的一类酶，例如 *E. coli* 在以乳糖为碳源生长时，每个细胞含约 3000 个 β-半乳糖苷酶分子，但当乳糖不存在时，该酶的分子数低于 3 个。能促进诱导酶产生的物质称为诱导物（inducer），它可以是该酶的底物，也可以是难以代谢的底物类似物或是底物的前体物质。例如，能诱导 β-半乳糖苷酶除了其正常底物乳糖外，不能被其利用的异丙基-β-D-硫代半乳糖苷（IPTG，isopropylthiogalactoside）也可诱导该酶的合成，且其诱导效果要比乳糖高。例如，大肠杆菌（*E. coli*）培养基中，加入 IPTG 后，其 β-半乳糖苷酶的活力可突然提高 1000 倍。

酶的诱导合成又可分为两种，其一称为同时诱导，即当诱导物加入后，微生物能同时或几乎同时诱导几种酶的合成，它主要存在于短的代谢途径中。例如，将乳糖加入到 *E. coli* 培养基中后，即可同时诱导出 β-半乳糖苷透性酶、β-半乳糖苷酶和半乳糖苷转乙酰酶的合成。另一称为顺序诱导，即先合成能分解底物的酶，再依次合成分解各中间代谢物的酶，以达到对复杂代谢途径的分段调节。

（2）阻遏　在微生物的代谢过程中，当代谢途径中某末端产物过量时，通过阻遏作用来阻碍代谢途径中包括关键酶在内的一系列酶的生物合成，可以更彻底地控制代谢和减少末端产物的合成，这有利于生物体节省有限的营养成分和能量。阻遏的类型主要有末端代谢产物阻遏和分解代谢产物阻遏两种。

①末端产物阻遏（end-product repression）：指由某代谢途径末端产物的过量累积而引起的阻遏。对直线式反应途径来说，末端产物阻遏的情况较为简单，即产物作用于代谢途径中的各种酶，使之合成受阻遏，又称协调阻遏（coordinate repression），例如精氨酸的生物合成途径（图 6-50）。

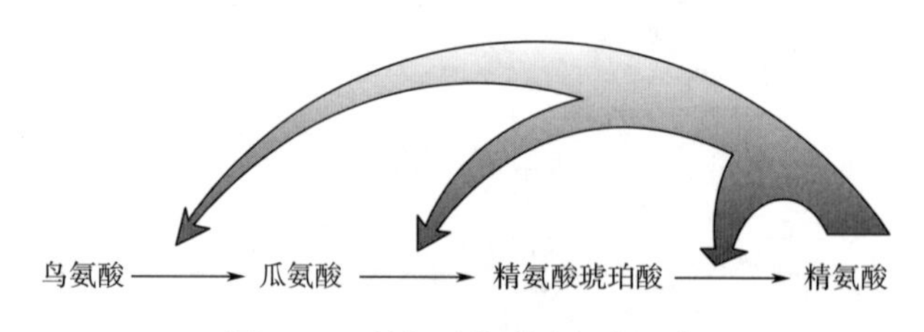

图 6-50　精氨酸代谢途径的调节

对分支代谢途径来说，情况就较复杂。如果每种末端产物仅专一地阻遏合成它的那条分支途径的酶，而代谢途径分支点以前的“公共酶”只受所有分支途径末端产物的阻遏，称为多价阻遏作用（multivalent repression）。也就是说，任何单独一种末端产物的大量存在，都不影响酶的合成，只有当所有末端产物都同时大量存在时，才能发挥出阻遏功能。芳香族氨基酸、天冬氨酸族和丙酮酸族氨基酸的生物合成中的反馈阻遏就属于这一种。如果每个分支途径的末端产物仅按一定百分数部分地阻遏“公共酶”的合成，各末端产物的阻遏效应互不影响，则称为积累阻遏（cumulative repression）。如大肠杆菌中氨甲酰磷酸合成酶受尿嘧啶和精氨酸的积累阻遏，尿嘧啶和精氨酸对该酶的阻遏百分数不随对方的存在与否而改变。

末端产物阻遏在代谢调节中有着重要的作用，它帮助细胞内各种物质维持在适当的浓度。

②分解代谢物阻遏（catabolite repression）：指细胞内同时有甲、乙两种同类底物（如两种碳源或两种氮源）存在时，利用快的那种分解底物会阻遏利用慢的底物的有关酶合成的现象。现在知道，这种现象并非由于甲碳源（或氮源等）本身被快速利用的结果，而是通过甲碳源在其分解过程中所产生的中间代谢物所引起的阻遏作用。因此，分解代谢物的阻遏作用，就是指代谢反应链中，某些中间代谢物或末端代谢物的过量累积而阻遏另一种物质代谢途径中一些酶合成的现象。

前面我们提到的葡萄糖分解代谢物阻遏乳糖操纵子启动的现象就属于这一类。此外，将上述的乳糖换成山梨酸或乙酸时，也有类似的结果。由于这类现象在其他代谢中（例如铵离子的存在可阻遏微生物对精氨酸的利用等）的普遍存在，后来，人们便把类似葡萄糖效应的阻遏统称为分解代谢物阻遏。

三、 代谢调控在发酵工业中的应用

正常菌株自身拥有精细的代谢调控系统，使其可以经济地利用营养成分和能量，但是这一特点却使我们无法利用微生物大量获得对人类有益的各种代谢产物。为了解决这一矛盾，必须打破微生物原有的代谢平衡，通过对细胞的代谢途径进行修饰，使微生物可以大量积累某种代谢产物，随着基因工程在这一领域的应用，使代谢控制发酵获得了更为广阔的发展空间和应用前景。

代谢控制发酵的基本思想就是要打破微生物自身的代谢调节控制机制，使其能够大量积累某种代谢产物，具体措施主要从以下几方面入手。

1. 解除菌体自身的反馈调节

通过传统诱变方法或基因工程手段选育解除了自身反馈调节的菌株，可以大量积累中间代谢产物或终产物。

（1）选育代谢拮抗物抗性突变株　选育代谢拮抗物抗性突变菌株是代谢控制发酵的主要方法。

正常合成代谢的终产物对于有关酶的合成具有阻遏作用，对于合成途径的第一个酶具有反馈抑制作用。代谢拮抗物是指那些与正常代谢产物结构相似，并具有与之同等的与阻遏物或变构酶相结合能力的物质。但是，代谢拮抗物不能代替正常的终产物而合成为细胞内大分子物质，它们在细胞中的浓度不会降低。因此，它们与阻遏物以及变构酶的结合是不可逆的，这就使得有关酶不可逆的停止了合成，或是酶的催化作用不可逆地被抑制。因此，将代谢拮抗物作为选择压力进行突变株的选育，得到的代谢拮抗物抗性突变株的突变酶将对反馈抑制不敏感或对阻遏有抗性，又或二者兼而有之，即在这类菌株中的反馈抑制或阻遏已解除，或是反馈抑制和阻遏已同时解除，所以能分泌大量的末端代谢产物。

例如，当把钝齿棒杆菌（*Corynebacterium crenatum*）培养在含苏氨酸和异亮氨酸的结构类似物 α-氨基-β-羟基戊酸（AHV）的培养基上时，由于 AHV 可干扰该菌的高丝氨酸脱氢酶、苏氨酸脱氢酶以及二羧酸脱水酶，所以抑制了该菌的正常生长。如果采用诱变后所获得的抗 AHV

突变株进行发酵，就能分泌较多的苏氨酸和异亮氨酸。该突变株的高丝氨酸脱氢酶或苏氨酸脱氢酶和二羧酸脱水酶的结构基因发生了突变，不再受苏氨酸或异亮氨酸的反馈抑制，于是就有大量的苏氨酸和异亮氨酸的累积。

（2）选育营养缺陷型突变株　营养缺陷型菌株由于其在合成途径中某一步骤发生缺陷，致使终产物不能积累，因此解除了正常的反馈调节，使得中间产物或另一分支途径的末端产物得以积累。

在许多微生物中，可用天冬氨酸为原料，通过分支代谢途径合成赖氨酸、苏氨酸和甲硫氨酸。赖氨酸是一种重要的必需氨基酸，在食品、医药和畜牧业上需要量很大。但在代谢过程中，一方面由于赖氨酸对天冬氨酸激酶（AK）有反馈抑制作用，另一方面天冬氨酸除用于合成赖氨酸外，还要作为合成甲硫氨酸和苏氨酸的原料，因此在正常的细胞内，就难以累积较高浓度的赖氨酸。

为了解除正常的代谢调节以获得赖氨酸的高产菌株，工业上选育了谷氨酸棒杆菌（*Corynebacterium glutamicum*）的高丝氨酸缺陷型菌株作为赖氨酸的发酵菌种。这个菌种由于不能合成高丝氨酸脱氢酶（HSDH），故不能合成高丝氨酸，也不能产生苏氨酸和甲硫氨酸，在补给亚适量高丝氨酸（或苏氨酸和甲硫氨酸）的条件下，提供较高糖分和铵盐，能产生大量的赖氨酸。

（3）选育营养缺陷型回复突变株　营养缺陷型回复突变是对一个由于突变失去某一遗传性状的菌株再次进行诱变，使其能够回复其原有的遗传性状的一种育种方法。实践证明当菌株的某一结构基因发生突变后，该结构基因所编码的酶就因结构改变而失活。经过回复突变后，该酶的活性中心结构可以复原，而调节部位的结构常常没有恢复。这样，可以得到具有酶活性，但反馈抑制已全部或部分解除的突变株。

在金霉素生产中，就曾将生产菌绿链霉菌（*Streptomyces viridifaciens*）先诱变成蛋氨酸缺陷突变株，然后再进行回复突变，结果有85%的回复突变株产量提高了1.2~3.2倍。

（4）选育渗漏缺陷型突变株　渗漏缺陷型是一种不完全缺陷型，这种突变是使微生物的某一种酶活性下降但不完全丧失。渗漏缺陷型菌株只能够少量地合成某种代谢终产物，因此不会造成终产物对该途径酶的反馈抑制，因此也就不会影响中间代谢产物的积累。

2. 增加前体物

增加目标产物的前体物的合成，可以为目标代谢物合成供给更多的“原料”，使目标代谢物大量积累。具体方法有以下几种。

①增强前体物合成酶的活性，使前体物合成量增加。

②解除代谢途径中对前体物合成酶的各种反馈抑制和阻遏。

③切断支路代谢。在分支代谢途径中，将目标代谢物途径之外的其他分支途径切断，使分支点的代谢中间物只用于合成目标代谢物。

④利用基因工程技术将前体物合成酶基因克隆到多拷贝载体上，使其大量扩增，从而加快前体物的合成。

3. 去除代谢终产物

代谢途径的反馈抑制或阻遏是由于代谢终产物在细胞内积累到一定浓度后产生的，如果能够及时将合成的代谢终产物排出细胞，使其无法形成高浓度，就可以达到解除反馈抑制或阻遏的目的。采取生理学或遗传学方法，可以改变细胞膜的透性，使细胞内的代谢产物迅速渗漏到细胞外。这种解除末端产物反馈抑制或阻遏作用的菌株，可以提高发酵产物的产量。

（1）控制细胞膜的渗透性 控制发酵培养基中生物素的含量可改善细胞膜的透性。生物素是脂肪酸生物合成中乙酰 CoA 羧化酶的辅基，此酶可催化乙酰 CoA 的羧化并生成丙二酸单酰辅酶 A，进而合成细胞膜磷脂的主要成分——脂肪酸。因此，限量添加生物素可以改变细胞膜的成分，从而有利于产物的分泌。如在谷氨酸发酵中，将生物素控制在亚适量情况下，可以分泌出大量的谷氨酸。

另外，在培养基中添加适量的青霉素也有助于改善细胞膜的透性。其原因是青霉素可抑制细菌细胞壁肽聚糖合成中转肽酶的活性，结果引起其结构中肽桥间无法进行交联，造成细胞壁的缺损。这种细胞的细胞膜在细胞膨胀压的作用下，有利于代谢产物的外渗。

（2）使细胞膜缺损控制其渗透性 应用谷氨酸产生菌的油酸缺陷型菌株，在培养基中限量添加油酸，可使细胞膜发生渗漏而提高谷氨酸的产量。这是因为油酸是细菌细胞膜磷脂中的一种重要脂肪酸。油酸缺陷型突变株因其不能合成油酸而使细胞膜缺损。

又如，利用石油发酵产生谷氨酸的解烃棒杆菌（*Corynebacterium hydrocarbolastus*）的甘油缺陷型突变株，由于缺乏 α-磷酸甘油脱氢酶，故无法合成甘油和磷脂，造成细胞膜缺损。当限量供应甘油时，菌体即能合成大量谷氨酸。

4. 其他措施

除以上提到的主要代谢调控方法外，还有一些措施可以防止已合成的目标代谢物被分解代谢，如选育目标代谢物的分解代谢产物的缺陷型等。

在具体的发酵生产中，还应注意一些特殊代谢机制对目标代谢物的影响，如目标代谢物的合成有时受代谢途径完全无关的终产物控制的代谢互锁（metabolic interlock）机制，分支代谢途径中酶活性不同而导致某一支路代谢优先进行的优先合成（preferenced synthesis）机制以及多种分支途径交叉作用的复杂调控机制等。

另外，选育温度敏感型菌株等条件突变株也是代谢控制发酵的有效手段。

思考题

1. 有氧呼吸、无氧呼吸和发酵的定义和区别？
2. 呼吸链的组成？化能自养微生物呼吸链的特点？
3. 比较细菌酒精发酵与酵母菌酒精发酵的特点和优缺点？
4. 试比较由 EMP 途径中的丙酮酸出发的六条发酵途径、产物和代表菌？
5. 微生物发酵类型包括哪些？如何在实际生产中加以利用？
6. 简述肽聚糖合成的三个阶段，并指出其间有哪些代谢抑制剂及其抑制部位？
7. 阐述生物固氮及避氧的机制？
8. 如何应用微生物代谢调控手段提高目标产物的合成量？试举例说明。

CHAPTER 7

第七章 微生物的生长与控制

本章学习重点

1. 单细胞微生物典型生长曲线，每个时期的特点及在实际生产中的应用。

2. 丝状微生物生长曲线的特点及绘制方法。

3. 单细胞、多细胞及丝状微生物的生长测定方法和它们的优缺点及适用条件。

4. 连续培养的概念和实现连续培养的控制方法，最简单的连续培养装置恒浊器和恒化器的概念、特点和适用条件。

5. 温度、pH、水分活度、渗透压、氧气浓度、辐射、压强等环境条件影响微生物生长的机制及实际应用。

6. 极端微生物的耐受机制和在食品、发酵行业中的应用。

7. 抗微生物剂的抑菌或杀菌测定方法，抗代谢药物和抗生素的作用机制及分类。

8. 微生物产生抗药性的原因和新药开发策略。

微生物细胞在合适的环境条件下，会不断地吸收营养物质，并按其自身的代谢方式不断进行新陈代谢。如果同化（合成）作用的速度超过了异化（分解）作用的速度，则其原生质的总量就不断增加，体积得以加大，于是表现为个体细胞的生长。因此，微生物的生长就是指微生物通过新陈代谢把营养物质转变成细胞物质，增加个体质量的过程。当微生物生长达到一定程度后细胞就会分裂，细胞个体数目增加，对单细胞微生物来说，这就是繁殖。因此，繁殖是指细胞生长到一定程度进行分裂，产生同亲代相似的子代细胞的过程。但在多细胞微生物中（如某些霉菌），细胞数目的增加如果不伴随个体数目的增加，只能称为生长，而不称为繁殖。例如菌丝不发生断裂，仅仅是细胞分裂或菌丝延伸均属生长，只有通过形成无性孢子或有性孢子使得个体数目增加的过程才称为繁殖。这一点与单细胞微生物有所不同。

一般情况下，因微生物个体细胞小，研究个体细胞的生长意义不大。因此在微生物学中提到的“生长”，一般指群体生长（既包含个体生长又包含个体繁殖的过程）。

微生物的生长繁殖是其在内外各种环境因素相互作用下生理、代谢等状态的综合反映，因此，有关生长繁殖的数据就可作为研究生理、生化和遗传等问题的重要指标。

第一节　微生物的生长规律

一、个体细胞生长

微生物细胞本身如同一台可以自我复制的合成机器，其细胞生长过程涉及约2000种不同的化学合成反应。细胞物质的合成主要通过聚合反应来进行，包括DNA、RNA和蛋白质等大分子物质的合成，大分子物质合成结束后，在细胞生长的最后时期，组装生物大分子、形成完整的细胞结构。

1. 细菌细胞的生长

（1）染色体DNA的复制和分离　细菌染色体为环状双链DNA分子，在细菌个体细胞生长的过程中，染色体由一个复制起点开始双向进行半保留复制，其复制起点附着在细胞质膜的间体上，随着膜的生长和细胞的分裂，两个子细胞的染色体不断地分离开来，最后到达两个子细胞中。值得注意的是，在细胞分裂之前不仅完成了染色体的复制，而且两个子细胞的DNA分子也开始复制，即在两个子细胞中也具有了已经按母细胞的方式开始复制的基因组（图7-1）。

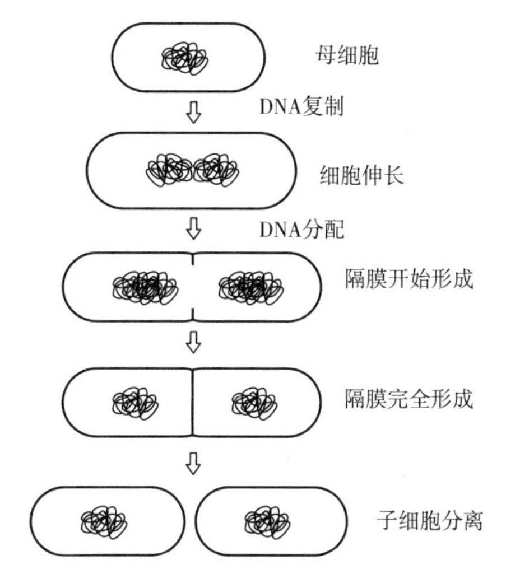

图7-1　杆菌二分裂过程模式图
（图中DNA均为双链）

（2）细胞壁的扩增　细菌细胞在生长过程中，只有通过细胞壁扩增，才能使细胞体积增大。荧光抗体技术可用于研究细胞壁的扩增方式。该技术要先制备出对抗某些微生物细胞表面成分的抗血清，然后将这种抗血清用适当的荧光染料如荧光素加以标记，制成荧光抗体。将荧光抗体加入培养基中培养微生物，然后再移植到含有未标记抗体的培养基中进行培养，每隔一定时间取样，在荧光显微镜下观察细胞壁的变化，会发现在有标记的抗体中所形成的细胞壁有明亮的荧光，而在未标记的抗体中所形成的细胞壁处没有荧光。利用这种技术曾观察了一些细菌的细胞壁的形成过程，结果发现：杆菌在生长过程中，新合成的肽聚糖在细胞壁中是与老细胞壁呈间隔分布的。由此证明新合成的肽聚糖不是在一个位点，而是在多个位点插入到老细胞壁中。而球菌在生长过程中，新合成的肽聚糖是固定在赤道板附近的，导致新老细胞壁能明显地分开，原来的老细胞壁则被推向细胞两端。

（3）细菌的分裂　当细菌的各种细胞结构复制完成之后就进入分裂时期，此时在细菌长轴的中间位置，通过细胞质膜内陷并伴随新合成的肽聚糖插入，导致横隔壁向心生长，最后在中心汇合，完成一次分裂，通常情况下，将一个细胞分裂成两个大小相等的子细胞。

2. 酵母细胞的生长繁殖

酵母细胞的生长繁殖主要通过出芽方式来实现，出芽过程伴随着纺锤体斑的复制、微管的产生及芽体的分离等现象。

酵母菌细胞核的核膜上有纺锤体斑，这是产生微管的盘状结构。在细胞周期第一间隔期（G_1）末期，纺锤体斑通过复制由一个变为两个，与此同时，DNA 开始复制，芽体也开始出现。在 DNA 合成期（S）纺锤体斑产生约 15 根微管，其中一个纺锤体斑沿核膜移动 180°，从而使两个纺锤体斑通过直线形的微管连在一起。在细胞周期第二间隔期（G_2）芽体增大，细胞核移到母细胞与芽体交界处，微管延长。进入细胞分裂期（M）后细胞核进行有丝分裂，其中一个核进入芽体，芽体子细胞与母细胞之间的壁开始合成，随后子细胞与母细胞分离，或暂时不分离（如假丝酵母属）而继续出芽。

3. 霉菌菌丝的延伸过程

霉菌菌丝细胞的构造与酵母菌类似，但其生长却是通过菌丝顶端细胞的不断延伸而实现的。Grove 等 1970 年提出“菌丝尖端生长的泡囊假设”，认为顶端生长需要高尔基体、内质网等细胞器参与。在菌丝的亚顶端区富含内质网和核糖体等细胞器。因此，细胞膜物质、脂肪和蛋白质主要在亚顶端区产生。新的细胞膜物质在内质网中合成后，通过小泡囊转移到高尔基体的近侧潴泡中，而在转移过程中膜由内质网型向细胞膜型转化，高尔基体是这种转化的场所。当潴泡由高尔基体的近侧向远侧转移时，便逐渐成熟而分泌出泡囊。分泌的泡囊从亚顶端区移向顶端，并在顶端积聚，当泡囊与细胞膜融合时，释放出细胞壁分解酶与合成酶，分解酶使壁组分间的键断裂，合成酶催化合成新壁成分，并将其转移到壁区形成新壁。随着顶端不断向前延伸，细胞壁和细胞质的形态、成分都逐渐变化、加厚并趋向成熟。

二、 群体生长

1. 单细胞微生物的典型生长曲线

将少量纯种非丝状单细胞微生物接种到恒定容积的新鲜液体培养基中，在适宜的温度、通气等条件下培养，定时取样测定单位体积里的细胞数，以单位体积里细胞数的对数值为纵坐标，以培养时间为横坐标，画出的曲线就是非丝状单细胞微生物的典型生长曲线。它定量描述了非丝状单细胞微生物在适宜环境中，生长、繁殖直至衰老、死亡全过程的动态变化。

根据微生物的生长速率常数 R（即每小时的分裂次数）的不同，一般可把典型生长曲线分为延迟期、指数期、稳定期和衰亡期四个时期（图 7-2）。

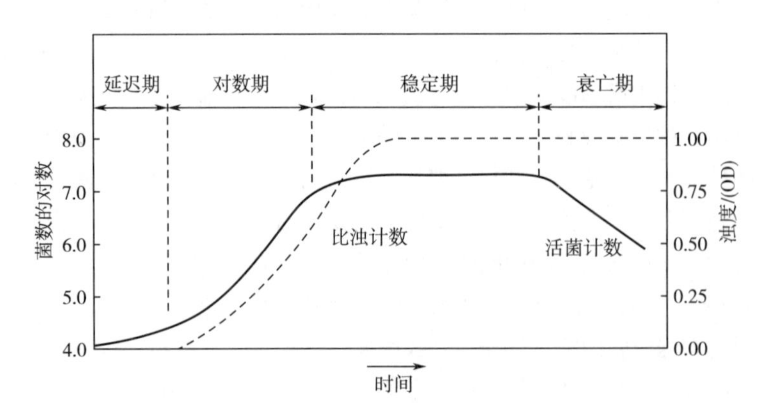

图 7-2 细菌典型生长曲线

（1）延迟期（lag phase）　延迟期（又称迟缓期、延滞期、停滞期、调整期或适应期）指少量非丝状单细胞微生物接种到新鲜培养液中后，在开始培养的一段时间内，因代谢系统适应新环境的需要，细胞数目几乎保持不变，甚至稍有减少的一段时期。处于延迟期的细胞分裂迟缓、代谢活跃。

延迟期的特点：①生长速率常数为零；②细胞形态变大或增长，尤其是长轴最为明显，许多杆菌可长成丝状；③细胞内的 RNA 尤其是 rRNA 含量增高，原生质呈嗜碱性；④合成代谢十分活跃，核糖体、酶类和 ATP 的合成加速，容易产生各种诱导酶；⑤对外界条件如 NaCl 溶液浓度、温度和抗生素等理化因素反应敏感。

出现延迟期的原因是由于接种到新鲜培养液中的种子细胞，一时还缺乏分解或催化有关底物的酶或辅酶，或是缺乏充足的中间代谢物，需要有一段用于调整适应的时间，以产生诱导酶或合成有关的中间代谢物。

在发酵工业中延迟期的出现会延长生产周期，其长短与菌种的遗传性、菌龄以及接种前后所处的环境条件等因素有关，短的只需几分钟，长的可达几小时。因此，采取相关措施来缩短延迟期就显得很有必要。常用的措施有：①通过遗传学方法改变菌种的遗传特性使延迟期缩短；②利用处于对数生长期的细胞作为接种的种子；③发酵培养基的成分与种子培养基的成分尽量接近，且营养应丰富；④适当扩大接种量，通常采用的接种量是 10%，即种子培养液与发酵培养基的体积比为 1∶10。

（2）指数期（exponential phase）　指数期（又称对数期）是指在生长曲线中，紧接着延迟期的一段细胞数以几何级数增长的时期。

指数期的具体特点：①生长速率常数 R 最大且为常数，细胞每分裂一次所需的时间（称为代时、世代时间、增代时间、倍增时间，用 G 表示）最短且稳定；②细胞进行平衡生长，菌体各部分的成分十分均匀；③酶系活跃，代谢旺盛。

在指数期中，有三个重要参数，其相互关系及计算方法为：

①繁殖代数（n）：单细胞微生物在指数期细胞数按几何级数增加，若 t_1 时的菌数为 x_1，经过 n 次分裂后到 t_2 时的菌数为 x_2，则有：$x_2 = x_1 \cdot 2^n$

以对数表示：$\lg x_2 = \lg x_1 + n\lg 2$

所以

$$n = \frac{\lg x_2 - \lg x_1}{\lg 2} = 3.322\,(\lg x_2 - \lg x_1)$$

②代时（G）：依据代时的定义有

$$G = \frac{t_2 - t_1}{n} = \frac{t_2 - t_1}{3.322(\lg x_2 - \lg x_1)}$$

③生长速率常数（R）：单位时间（h）内的繁殖代数，单位为 h^{-1}

$$R = \frac{n}{t_2 - t_1} = \frac{1}{G} = \frac{3.322(\lg x_2 - \lg x_1)}{t_2 - t_1}$$

处于指数期的微生物，其个体形态、化学组成和生理特性等均较一致，细胞各成分平衡增长，代谢旺盛，代时稳定，生长速率恒定，故是用作代谢、生理等研究的良好材料，是增殖噬菌体的最适宿主，也是发酵工业中用作种子的最佳材料。

（3）稳定期（stationary phase）　由于营养物质的逐渐消耗具有生理毒性的代谢物质在培养基中的不断积累，以及其他条件（如 pH、氧化还原电位等）的改变，不适宜微生物细胞的生长繁殖，导致生长速率常数降低直至为零（即细胞分裂增加的数量等于细胞死亡的数量，两者处于动态平衡，或者细胞停止分裂仅进行代谢活动），指数期结束，进入稳定期。稳定期的总菌数及活菌数最高并维持稳定。

进入稳定期后，细胞内开始积聚糖原、异染颗粒和脂肪粒等内含物；芽孢杆菌开始形成芽孢；某些微生物开始以初级代谢物作为前体，合成抗生素等次级代谢产物。大部分细菌在稳定期可以达到 10^9 个细胞/mL，最终的细胞数取决于可利用的营养成分及其他一些因素、微生物的种类。

微生物在稳定期的生长规律对于生产实践有着重要的指导意义，主要表现在以下三个方面：①因稳定期的长短与菌种和培养条件有关，生产上如果及时采取措施，补充营养物质、取走代谢产物或改善培养条件（调整 pH、温度、通气），可以获得更多的菌体物质或代谢产物；②对以生产菌体或与菌体生长相平行的代谢产物（SCP、乳酸等）为目的的发酵来说，稳定期是产物的最佳收获期；③通过对稳定期到来原因的研究，推动了连续培养原理的提出和相关技术的创建。

（4）衰亡期（death phase）　营养物质的耗尽和有毒代谢产物的大量积累，表明外界环境对微生物继续生长越来越不利，细胞死亡速率超过新生速率，整个群体呈现负生长状态（R 为负数）。这时，细胞形态发生多形化，出现畸形或细胞大小悬殊；有的微生物发生自溶，产生或释放出一些代谢产物如氨基酸、转化酶、外肽酶或抗生素等；芽孢杆菌往往在此期释放芽孢。

认识和掌握典型生长曲线，不仅对指导发酵生产具有重要意义，而且对科学研究也是十分必要。例如，为了得到研究材料，往往要预计某一细胞群体生长到一定数量水平需要多长时间，这就必须计算生长速率和代时。另外，了解细胞代谢活跃期以及细胞老化并濒于死亡时期等，就能根据需要进行调整或收获。

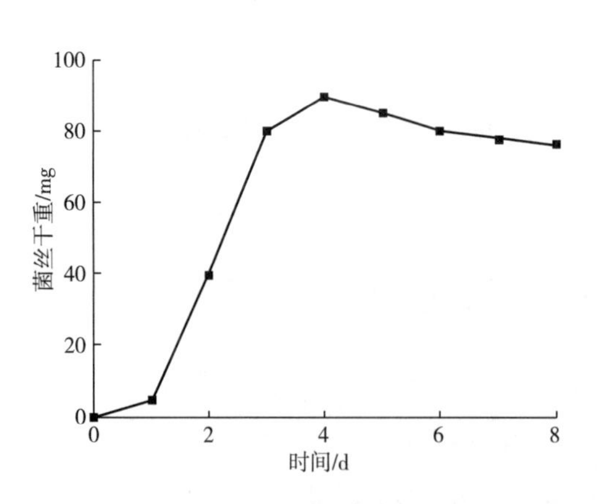

图 7-3　茄病镰刀霉的生长曲线

2. 丝状真菌的生长曲线

在液体振荡培养或深层通气培养中，不同时间取样，以菌丝干重（mg）作为衡量生长状况的纵坐标，以时间为横坐标，可得到丝状真菌的生长曲线（图 7-3）。该生长曲线主要由生长停滞期、迅速生长期和衰退期三个时期组成。

（1）生长停滞期　即培养初期菌丝干重没有明显增加的时期。造成生长停滞的原因有两方面：其一是孢子萌发前的真正停滞；其二是生长已经开始但却因菌丝生长量少而无法测量。

（2）迅速生长期　迅速生长期内菌丝体干重迅速增加，其干重的立方根与时间成直线关系。因为真菌不是单细胞，其繁殖不以几何倍数增加，故没有对数生长期。真菌的生长常表现为菌丝尖端的伸长和菌丝的分枝，因此会受到邻近细胞竞争营养物质的影响。在迅速生长期中，碳、氮、磷等被迅速利用，呼吸强度达到顶峰，可能出现有机酸等代谢产物。

（3）衰退期　真菌生长进入衰退期的标志，是菌丝体干重下降。一般在短期内失重很快，以后则不再变化，但有些真菌则发生菌丝体自溶，其自身所产生的酶类催化几丁质、蛋白质、核酸等分解而释放出氨、游离氨基酸、有机磷化物和有机硫化合物等。处于衰退期的菌丝体细胞，除顶端较幼龄细胞的细胞质稍稠密均匀外，其余大多数细胞都出现大的空泡。

3. 同步生长

在分批培养中，细菌细胞能以一定的速率生长。但并非所有细胞同时进行分裂，即培养中的细胞不处于同一生长阶段，它们的生理状态和代谢活动也不完全一样。如果以群体测定结果的平均值，来代表单个细胞的生长或生理特性，不太符合客观实际，然而利用单个细胞进行研究又很困难。目前能使用的主要方法是同步培养技术，即设法使某一群体中的所有个体细胞尽可能都处于同样的生长和分裂周期中，通过分析此群体在各阶段的生物化学特性变化，间接了解单个细胞的相应变化规律。通过同步培养方法的处理，使非同步群体细胞处于同一生长阶段，并能同时进行分裂的生长状态，称为同步生长。

获得微生物同步生长的方法主要有两类。

（1）机械筛选法　该方法是利用处于同一生长阶段细胞的个体大小的相同性，或根据它们同某种材料结合能力不同的原理设计出来的方法，在不影响细菌代谢的情况下获得同步培养物，因而菌体的生命活动较为正常。

①离心法：处于不同生长阶段的细胞，其个体大小不同，将不同步的细胞培养物悬浮在不被该细菌利用的糖或多聚葡聚糖的溶液中，通过密度梯度离心将不同细胞分布成不同的细胞带，每一细胞带的细胞大致是处于同一生长时期的细胞，分别将它们取出进行培养，就可以获得同步生长阶段的细胞。

②过滤法：将不同步的细胞培养物通过孔径大小不同的微孔滤器，从而将大小不同的细胞分开，分别将滤液中的细胞取出进行培养，可获得同步细胞。

③硝酸纤维素滤膜法（Helmstetter-Cummings 膜洗脱法）：根据细菌能紧紧结合到与其电荷相反的硝酸纤维素滤膜上的特点，将细胞悬液通过衬有硝酸纤维素滤膜的过滤器，于是一大群细胞被牢牢吸附。将滤膜反转过来，再将新鲜培养液流过滤器，洗去未结合的细胞，然后将滤器放入适宜条件下培养一段时间，吸附的细胞开始分裂，再将新鲜培养液流过滤器，分裂后的两个子细胞，一个仍吸附在滤膜上，另一个不与滤膜直接接触，则被培养液洗脱，收集刚被洗脱下的子细胞培养液即可获得同步生长细胞（图 7-4）。

（2）环境条件控制法　该方法是根据细菌生长与分裂对环境因子要求不同的原理设计的同步培养方法，包括以下几种控制方法。

① 温度：将微生物的培养温度控制在亚适温度条件下一段时间，它们将缓慢地进行代谢，但不进行分裂，即让细胞的生长在分裂前不久的阶段稍微受到抑制，然后将培养温度提高或降低到最适生长温度，大多数细胞就会进行同步分裂。

② 培养基成分：培养基中的碳、氮源或生长因子量不足，可导致细胞缓慢生长乃至停止生长。因此将不同步的细胞在营养不足的条件下培养一段时间，然后转移到营养丰富的培养基里培养，能获得同步生长的细胞。另外也可以将不同步的细胞转接到含有一定浓度的、能抑制蛋白质合成的化学物质如氯霉素等的培养基里，培养一段时间后，再转接到不含抑制剂的完全培养基里培养也能获得同步细胞。

③ 其他：对于光合细菌可以将不同步的细胞经光照培养后再转到黑暗中培养，这样通过光照和黑暗交替培养的方式可获得同步细胞；对于不同步的芽孢杆菌，培养至绝大部分芽孢形成，

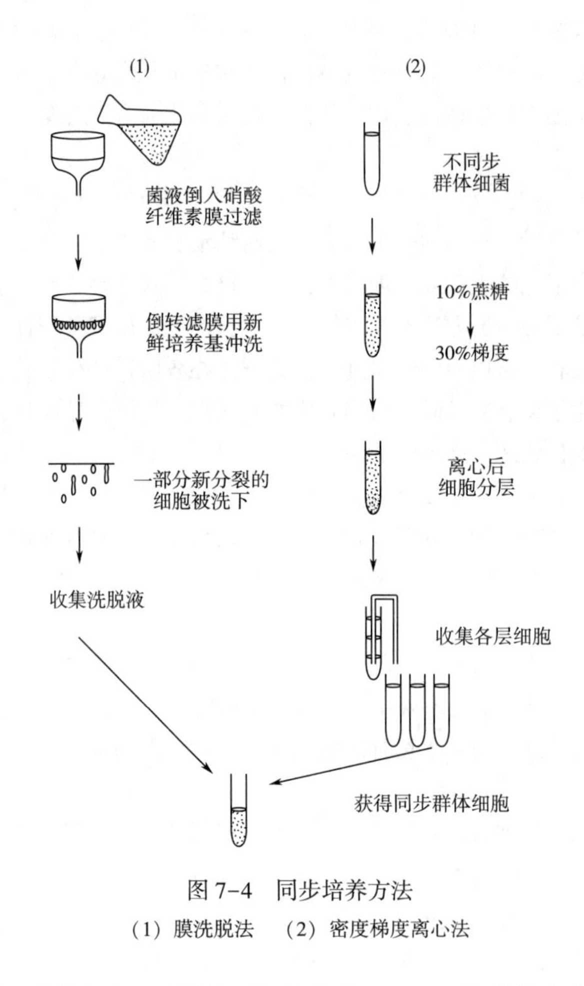

图 7-4　同步培养方法

（1）膜洗脱法　（2）密度梯度离心法

然后经加热处理，杀死营养细胞，再转接到新鲜培养基里，经培养芽孢在同一时间内萌发，可获得同步生长的细胞。

即使获得同步生长的细胞，由于同步群体的个体差异，同步生长不可能无限地维持，一般经 2~3 个分裂周期就会很快丧失其同步性，逐渐转变为随机生长。

三、连续培养

将微生物置于一定容积的培养基中，经培养后一次收获，这种培养方式称为分批培养（batch culture）。非丝状单细胞微生物的典型生长曲线就是由分批培养方式得到的。

在分批培养中，随着微生物的快速生长繁殖，培养基中的营养物质逐渐消耗，有害代谢产物不断积累，微生物的指数期不可能长时间维持。若改变培养方法，当微生物以分批培养的方式培养到指数期的后期时，一方面以一定速度连续流入新鲜培养基，并立即搅拌均匀，维持最适培养条件；另一方面利用溢流的方式，以同样的流速不断流出培养物，从而使微生物所需营养能及时得到补充，有害代谢产物及时排除，微生物可长期保持在指数期的平衡生长状态和恒定的生长速率上，这种培养方式称为连续培养（continuous culture）。

根据连续培养器串联的数目多少，可将连续培养的类型分为单级连续培养法和多级连续培养法。若某微生物代谢产物的产生速率与菌体生长速率相平行，只要用单级连续培养法就可满足要求；若要生产的产物与菌体生长不平行，例如丙酮、丁醇或某些次级代谢产物（抗生素、维生素等），则采取多级连续培养法较合适，这时在第一级发酵罐中以培养菌体为主，后几级则以产生大量代谢产物为主。

最简单的连续培养装置包括：培养室、无菌培养基贮存器和调节流速的控制系统，必要时还装有通气、搅拌等设备。连续培养装置的一个主要参数是稀释率 D（h^{-1}），即培养基每小时流过培养容器的体积数，它的定义：

$$D=\frac{培养基的流动速率}{培养室的容积}$$

1. 连续培养的类型

连续培养有两种类型，恒浊器连续培养和恒化器连续培养。它们各自的装置见图 7–5。

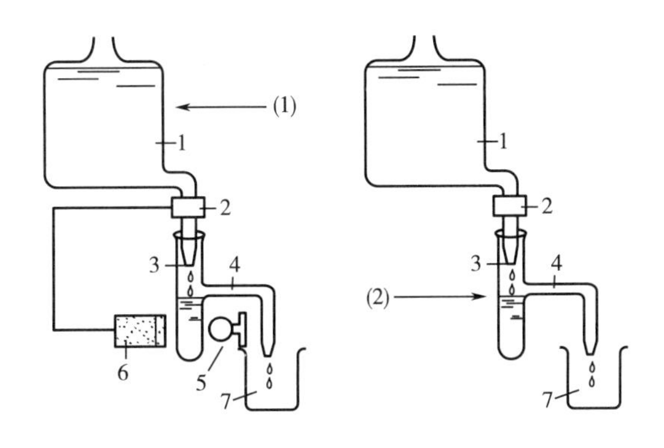

图 7–5　连续培养装置示意图

（1）恒浊培养系统　（2）恒化培养系统

1—盛无菌培养基的容器　2— 控制流速阀　3— 培养室　4— 排出管　5— 光源　6— 光电池　7— 排出物

（引自《微生物学》，武汉大学、复旦大学，1987）

（1）恒浊器　恒浊器是一种根据培养室内微生物的生长密度，并借光电控制系统来控制培养基的流速，以获取特定密度的菌体、生长速率恒定的微生物细胞的连续培养器。

在恒浊连续培养中装有浊度计，借光电池检测培养室中的浊度（即菌液浓度），并由光电效应产生的电信号强弱变化，来自动调节新鲜培养基流入和培养物流出的流速。当培养室中浊度超过预期数值时，流加新鲜培养基的电磁阀打开。由于培养室的体积用溢流装置维持恒定，而且菌悬液是均匀混合的，所以当电磁阀打开时，有些细胞从培养室里溢出，培养物被稀释，浊度下降。流加到一定程度，当浊度产生的光电信号比预定值小时，电磁阀自动关闭，培养室内细胞的生长造成浊度上升，上升到预定值时，电磁阀又打开，如此不断的开关电磁阀，从而实现恒浊控制。在恒浊器中的微生物始终能以最高生长速率进行生长，并可在允许范围内控制不同的菌体密度。

在生产实践上，为了获得大量菌体或与菌体生长相平行的某些代谢产物（如乳酸、乙醇）时，都可以利用恒浊器类的连续发酵器。但此法不适用于霉菌、放线菌等丝状微生物。

（2）恒化器　恒化器是一种控制恒定的流速，使微生物生长耗去的营养物及时得到补充，培养室中营养物浓度基本恒定，从而保持微生物的恒定生长速率的连续培养装置。

在恒化连续培养的培养基成分中，必须将某种必需的营养物质控制在较低的浓度，以作为生长限制性因子，而其他营养物均过量。这样，微生物的生长速率将取决于生长限制性因子的浓度。通过自动控制系统来保持限制性因子的恒定流速，就能使微生物保持恒定的生长速率。用不同浓度的限制性营养物进行恒化连续培养，可以得到不同生长速率的培养物。常用的限制性营养物质有：作为碳源的葡萄糖、麦芽糖、乳酸，作为氮源的氨、氨基酸，以及生长因子、无机盐等。

恒化器主要用于实验室的科研工作中，尤其适用于与生长速率相关的各种理论研究中。

2. 连续培养的应用

连续培养用于生产实践就称为连续发酵。连续发酵与分批发酵相比最大的优点是，简化了装料、灭菌、出料、清洗发酵罐等许多单元操作，缩短了生产周期，提高了设备的利用率；便于自动控制；降低了动力消耗及体力劳动强度；产品质量较稳定。但连续发酵也存在着菌种容易退化、污染杂菌的机会相应增多、营养物质的利用率低于分批发酵等明显的缺点。因此，连续发酵中的“连续”是有限的，一般持续数月至一两年。

第二节　微生物生长的测定

微生物生长状况可以通过测定单位时间里微生物数量或生物量的变化来评价。通过微生物生长的测定，可以客观评价培养条件、营养物质等对微生物生长的影响及不同的抗菌物质对微生物产生抑制（或杀死）作用的效果，也可客观反映微生物的生长规律。因此微生物生长的测定在理论和实践上有着重要的意义。微生物生长的测定方法有计数法、质量法、生理指标法等。

一、计数法

通常用来测定样品中所含细菌、酵母菌等单细胞微生物的数量或放线菌、霉菌等丝状微生物的孢子数。

1. 直接计数法

又称总菌计数法，该方法是利用特殊的细菌计数板或血细胞计数板，在光学显微镜下计算一定容积的样品中微生物的数量，测得的是样品中的总菌数。计数板是一块特制的载玻片，上面有特定的面积为 $1mm^2$、高为 0.1mm 的计数室，$1mm^2$ 的面积被平均刻划成 400 个小格，其总体积为 $0.1mm^3$。

在计数室上盖上加厚的盖玻片，将稀释的样品滴在盖玻片的边缘上，使其自然渗入计数室中，沉降一段时间后，然后在显微镜下数出具代表性的小格中的菌数，再求出每一小格所含平均菌数，按下面的公式求出每毫升样品中所含的菌数。

每毫升原液所含菌数（个/mL）= 每小格平均菌数×400×10 000×稀释倍数

直接计数法可以迅速估计微生物的细胞数，但其局限性也很明显，主要表现在以下几个方面：①不能区分死活细胞；②一些小的细胞在显微镜下很难看到，有可能被漏掉；③难以精确计算；④如果不染色，有时需用相差显微镜才能看清。

2. 间接计数法

又称活菌计数法，其原理是每个活细胞在适宜的培养基和良好的生长条件下，在固体培养基上会长成一个菌落。

（1）倾注法　将待测样品经一系列 10 倍稀释，然后选三个稀释度的菌液，分别取少量体积 V（一般为 0.2~1mL）注入无菌平皿，再倒入适量的已融化并冷却至 45℃左右的培养基，混匀、冷却、培养，长出菌落后计数，并按下面公式计算出原菌液的活菌数，用每毫升样品的菌落形成单位（cfu，clony forming unit）来表示活菌数。

每毫升原菌液的活菌数（cfu/mL）= 同一稀释度三次重复的菌落平均数×稀释倍数/V

（2）涂布法　先在培养皿中倒入培养基，凝固后，加入稀释后的菌液 0.1mL，用无菌涂布器在培养基表面均匀涂布，然后培养，计数，按下面的公式计算：

每毫升原菌液的活菌数（cfu/mL）= 同一稀释度三次重复的菌落平均数× 稀释倍数×10

由于倾注法和涂布法均使用平皿，并且需要通过培养后计菌落数，因此又称为平板菌落计数法。

活菌计数法具有高度的灵敏性，即使含菌量很少的样品也可计数，因此，在实际工作中被广泛应用，如检测食品、乳制品、土壤、水环境中的微生物数量，以及在医学上检测致病菌的数量。但活菌计数法也有一些缺陷，可能造成计数结果不很准确：① 操作不熟练易造成污染；② 倾注法时，培养基温度过高会损伤细胞，使其不能在平板上形成菌落；③ 微生物细胞的生长受营养条件及培养条件的影响很大，并非所有活的微生物细胞都可在实验条件下或培养期间生长并形成菌落，因而可能造成计数结果偏低；④ 如果形成了一些微小菌落，在计数过程中可能被漏掉；⑤ 因无法看出产生菌落的细胞，不能绝对肯定一个菌落仅来源于一个细胞，以致造成实验误差。

3. 比例计数法

将已知颗粒浓度的样品（例如血液）与待测细胞浓度的样品混匀后，在显微镜下根据二者之间的比例，直接推算待测微生物细胞的浓度。

4. 过滤计数法

适用于湖水、海水或饮用水等含菌数很低的样品。将一定体积的样品通过膜过滤器，然后将滤膜干燥、染色，并经处理使膜透明，再在显微镜下计算膜上的细菌数，此时测得的是总菌数。或将待测样品通过微孔滤膜过滤浓集，再与膜一起放到培养基或浸透了培养液的支持物表面上培养，然后根据菌落数推知样品含菌数。

5. 比浊法

比浊法是估算细胞总菌数的一种较快且非常有用的方法。其原理是菌体不透光，光束通过菌悬液时则会被散射或吸收，从而透光量降低，在一定浓度范围内，菌悬液中的细胞浓度与浊度成正比，与透光度成反比，即与光密度成正比。因此，可以借助于分光光度计，在一定波长下，测定菌悬液的光密度，以光密度（OD）表示菌量。

在一定的菌体浓度范围内，比浊法是相当准确的，并且测量快速、操作方便，对样品损伤小或者不损伤。但使用时必须注意：①样品颜色不宜太深；②样品中不要混杂其他物质，尤其是一些悬浮的不溶物或沉淀物；③菌悬液浓度必须在 10^7 个/mL 以上才能显示可信的混浊度；④在过高浓度的细胞悬液中，光线被一个细胞散射出去后，又被另一个细胞重新散射回来，造成细胞数目与浊度之间失去线性对应关系。

二、 质量法

可用于单细胞、多细胞及丝状微生物的生长测定。

1. 湿重法及干重法

将一定体积的样品通过离心或过滤使菌体分离出来，洗涤后离心直接称重，即为湿重；如果是丝状微生物，过滤后用滤纸吸去菌丝之间的水，再称重可求出湿重。此方法适用于培养液中不含有不溶的颗粒或沉淀物成分，随着菌体的生长这些不溶的培养基成分含量会发生不断的变化，干扰称重的准确性。利用离心法获得菌体，首先将待测培养液放入离心管中，用清水离心洗涤几次后，干燥至恒重，然后称干重。另一种测干重的方法为过滤法，丝状真菌用滤纸过滤，细菌用醋酸纤维膜等滤膜过滤，过滤后洗涤，105℃干燥至恒重后称重。

2. 蛋白质及 DNA 含量测定法

蛋白质是细胞的重要成分，含量比较稳定，其中氮是蛋白质的重要组成元素。从一定体积的样品中分离出细胞，洗涤后按凯式定氮法测出总氮量。蛋白质含氮量为 16%，细菌中蛋白质含量占细菌固形物的 50%～80%，一般以 65% 为代表。因此总含氮量与蛋白质总量及细胞总量之间的关系可按下列公式计算：

$$蛋白质总量 = 含氮量 \div 16\% = 含氮量 \times 6.25$$

$$细胞总量 = 蛋白质总量 \div 65\% = 蛋白质总量 \times 1.54$$

DNA 是微生物的重要遗传物质，每个细菌细胞的 DNA 含量相对恒定，平均为 8.4×10^{-5} ng。因此可从一定体积的细菌悬液中所含的细菌中提取 DNA，求得 DNA 的含量，根据 DNA 含量计算出细菌悬液所含的细菌总数。其实，无论何种细胞，即使培养基中有沉淀物，也可以用核酸含量来间接表示菌体数量。

三、 生理指标法

与生长量相平行的生理指标很多，它们都可用作微生物生长的测定。常用的指标如：呼吸强度、耗氧量、酶活性、生物热等，样品中微生物数量越多或生长越旺盛，这些指标越明显，因此可以借助特定的仪器如瓦勃呼吸仪、微量量热计等来测定相应的指标。这类测定方法主要用于科研工作中分析微生物的生理活性。

第三节 环境对微生物生长的影响

生长是微生物与外界环境因素相互作用的结果。环境条件的改变，在一定限度内，可引起微生物形态、生理、生长、繁殖等特征的改变；或者抵抗、适应环境条件方面的某些改变。当环境条件的变化超过一定极限，则导致微生物的死亡。研究环境条件与微生物之间的相互关系，有助于了解微生物在自然界的分布与作用，并可以采取有效措施，促进有益微生物的生长繁殖，限制甚至完全破坏有害微生物的生命活动。

影响微生物生长的环境因素有很多，主要包括：温度、pH、水分活度、渗透压、氧气浓度、辐射、压强等。

一、温度

由于微生物的生命活动都是由一系列生化反应组成，这些反应受温度的影响极其明显，且微生物无法调节体内的温度，因此，环境温度成了影响微生物生长繁殖的最重要因素之一。

温度通过影响微生物细胞膜的流动性、酶和蛋白质的活性，以及 RNA 的结构及转录等来干扰微生物的生命活动。具体表现在两个方面：一方面，随着微生物所处环境温度的升高，细胞中生化反应速率加快，生长速率加快；另一方面，随着环境温度的上升，细胞中对温度较敏感的组成物质（如蛋白质、核酸等）可能会受到不可逆的破坏。因此当温度在一个给定的范围内上升时，微生物的生长和代谢机能会逐渐上升并达到某一极点，超过此极点，就会出现钝化，细胞生长速率急剧下降到零。

1. 微生物生长的适宜温度

不同微生物在生长温度范围内，都有最低生长温度、最适生长温度和最高生长温度这三个重要指标，它们就是生长温度的三基点。不同种微生物的最低、最适、最高生长温度不同，同种微生物的生长温度三基点也会因其所处的环境条件不同而有所变化。

对某一具体微生物而言，其生长温度范围有的很宽，有的很窄，这与它们长期进化过程中所处的生存环境温度有关。共同之处是在低于最低生长温度的情况下，生长停止；在高于最高生长温度的情况下，不但停止生长，而且会导致死亡。

根据微生物的最适生长温度，可将微生物分为以下三类：

（1）嗜冷微生物（psychrophile）　该类微生物最适生长温度在 15℃或更低，最高生长温度在 20℃以下，最低生长温度 0℃或更低。海洋深处、地球两极、冷泉和冷藏库等长期寒冷的环境中都有嗜冷微生物（如黄杆菌属、假单胞菌属、弧菌属、产硫杆菌属、发光杆菌属、希瓦氏菌属、雪地藻类等）的存在。冷藏食物的腐败往往由这类微生物引起。嗜冷微生物若处于室温下很短一段时间就会被杀死，在实验室里对其进行研究时必须非常小心，所用的培养基和设备，使用前都必须预冷，还必须在冷室或冷柜中进行操作。

耐冷微生物（psychrotolernt）是指那些能在 0℃生长但最适生长温度为 20~40℃的微生物。在细菌、真菌、藻类及原核微生物的许多属中都存在耐冷微生物，它们的分布比嗜冷微生物广泛得多，在温带的土壤、水、肉、奶、乳制品及冰箱中储存的果蔬中均可分离得到。

嗜冷微生物之所以能在低温下生长，主要是因为：① 嗜冷微生物体内的酶在低温下才能有效地起催化作用，在温度为 30~40℃的情况下会很快失活，这些酶的二级结构含有较多的 α-螺旋及较少的 β-折叠，较多的 α-螺旋能使酶蛋白在寒冷环境中有较强的弹性；② 嗜冷微生物细胞膜的脂类中不饱和脂肪酸的含量较高，因此，在低温下细胞膜也能保持半流动状态，仍能进行活跃的物质传递，保证微生物生长的需要。

（2）嗜温微生物（mesophiles）　该类微生物最适生长温度在 20~45℃，最高生长温度为 45℃左右，最低生长温度为 10℃左右，低于 10℃便不能生长，自然界中绝大多数微生物均属于这一类。

嗜温微生物又可分为寄生和腐生两类：寄生嗜温微生物的最适生长温度相对较高，腐生嗜温微生物的相对较低。大肠杆菌是典型的寄生嗜温微生物，发酵工业中常用的黑曲霉、啤酒酵母、枯草杆菌均为腐生嗜温微生物。

（3）嗜热微生物（thermophiles） 该类微生物最适生长温度在55~65℃，最高生长温度为85℃左右，最低生长温度为45℃左右。在温泉、堆肥、青贮饲料和土壤中，甚至在工厂或家庭的热水装置等处都有嗜热微生物的存在，发酵工业中应用的德氏乳酸杆菌的最适生长温度为45~50℃，嗜热糖化芽孢杆菌为65℃，它们都属于嗜热微生物。

极端嗜热微生物（hyperthermophiles）最适生长温度在85~113℃，一般低于55℃便不能生长，它们主要存在于热泉中。

嗜热微生物的耐热性可能与以下一些特点有关：① 菌体中的酶和其他蛋白质比嗜温微生物中的酶和蛋白质更具有耐热性，且它们的最适作用温度较高，通过研究嗜热微生物中的酶发现，其氨基酸序列与嗜温微生物中催化同一反应的酶只有很小的差别，显然是一些关键的氨基酸取代了嗜温酶中相应的氨基酸，造成嗜热酶的折叠方式发生变化，具有了热稳定性；② 嗜热微生物的核酸也有保证热稳定性的结构，tRNA在特定的碱基区域内含有较多的G≡C对，具有较多的氢键，以增加热稳定性；③ 细胞膜磷脂中含有较多的饱和脂肪酸，饱和脂肪酸比不饱和脂肪酸能形成更强的疏水键，这些疏水键是保持膜高温稳定性的主要原因。

由于嗜热微生物能耐较高的温度，生长快速，而且其细胞物质（如酶）在高温下仍有活性，因此在发酵工业中具有特别的重要性，耐高温微生物的筛选是发酵微生物研究的一项重要内容。

最适生长温度常简称为最适温度，其含义为某菌分裂代时最短或生长速率最高时的培养温度。但是，对同一种微生物来说，最适生长温度并非一切生理过程的最适温度，也就是说，最适温度并不等于生长得率最高时的培养温度，也不等于发酵速率或累积代谢产物最高时的培养温度。在较高温度下，细胞分裂虽然较快，但维持时间不长，容易老化。相反，在较低的温度下，细胞分裂虽较慢，但维持时间较长，结果细胞的总产量反而较高，如乳酸链球菌的最适生长温度为34℃，而细胞产量（生长得率）最高时的温度却是25~30℃。同样，发酵速度与代谢产物积累量之间也有类似的关系。工业发酵过程中，往往根据实际需要改变温度，如青霉素生产菌的最适生长温度为30℃，而最适发酵温度为25℃；卡尔斯伯酵母的最适生长温度为25℃，而最适发酵温度为4~10℃。其他菌种（如嗜热链球菌、灰色链霉菌、北京棒状杆菌、丙酮丁醇梭菌等）都有类似的情况，这一规律对指导发酵生产有着重要的意义。

2. 低温对微生物的影响

微生物对于低温的敏感性较弱，低温可以使一部分微生物死亡，但绝大多数微生物在低温下只是减弱或降低其代谢速度，菌体处于休眠状态，生命活力依然存在，甚至少数微生物在一定的低温范围内还可以缓慢生长。

（1）冰冻对微生物的影响 微生物在遭受冰冻时，细胞内可发生下述变化：①细胞内的游离水形成冰晶，对微生物细胞造成机械性损伤作用；②由于游离水被冰冻，细胞失去了可利用的水分，形成脱水干燥状态，这时，细胞内细胞质的pH和胶体状态发生改变，甚至可引起细胞质内蛋白质部分变性等；③微生物所处的基质也因冰冻而产生一系列复杂的变化。这些微生物细胞内外性状的改变是冰冻促使微生物生长受抑制或致死的主要原因。

当在细胞悬浮液中，加入10%的甘油或二甲基亚砜（DMSO）等细胞保护剂后，这些物质渗入细胞，可减缓冰冻下强烈的脱水作用，抑制冰晶的生成，从而保护细胞免受伤害，这就是在低温下（一般-196~-70℃）保存微生物菌种的基本原理。

（2）低温下影响微生物活性的有关因素 在冷冻环境中，微生物细胞随着冰冻状态的延长而逐渐死亡。具体来说，在冰冻环境中，温度稍低于冰点，尤其在-2℃的时候，菌数下降较多，但再低于此温度时，菌数下降较少，而低至-20℃以下时，菌数下降非常缓慢。

不同微生物对低温有不同的抵抗力。一般来说，球菌比革兰氏阴性杆菌具有较强的抗冰冻能力；引起食物中毒的病原菌中，葡萄球菌属和梭状芽孢杆菌属的营养细胞，抗冰冻能力较沙门氏菌属的细菌强；细菌的芽孢和真菌的孢子都具有较强的抗冰冻特性。

微生物细胞在干燥和真空的冰冻环境中，可在较长时间内保持其活力，这正是真空冷冻干燥法保藏菌种的基本原理。

微生物在冰冻和解冻的反复交替过程中，比一直保持在冰冻状态中更易死亡，如细菌等微生物细胞经历三次以上的反复冻融过程可达到较好的破壁效果。

另外，微生物在冰冻时所处基质的成分、浓度、pH 等对其均有一定的影响，所处基质的 pH 低、水分多，微生物细胞在冰冻过程中会加速死亡；如果食品中有糖、盐、蛋白质、胶状物和脂肪等物质时，对冰冻环境中的微生物细胞则有一定的保护作用。

（3）低温用于食品保藏　低温可以减弱或抑制微生物的生命活动，不仅如此，在一定的温度范围内还可抑制动植物性食品原料在储藏过程中生物体内酶的活性。因此，低温保藏是保存食品的一项有效措施，是食品储藏过程中品质下降最少的一种储藏方法。低温保藏食品有不同的温度范围，根据各类食品的特点和保藏要求不同，大概可作如下的划分：

①寒冷温度：指在室温（14~15℃）和冷藏温度之间的温度。嗜冷微生物能在这一温度范围内生长，但生长比较缓慢，保藏食品的有效期较短，一般仅适宜于保藏果蔬食品。

②冷藏温度：指在0~5℃的温度。在这一温度范围内，微生物的生命活动已显著减弱，一些嗜冷微生物尚能缓慢生长，温度在6℃以下能阻止几乎所有的引起食物中毒的病原菌生长（除肉毒杆菌E型尚能在3.3℃生长和产生毒素外）。冷藏温度可用于储存果蔬、鱼肉、禽蛋、乳类等食品。

③冻藏温度：指低于0℃以下的温度。在-18℃以下的温度几乎阻止所有微生物的生长。在冻藏温度下可以较长期地保藏食品，但由于冰冻过程中会破坏食品原有组织细胞的结构、性状而影响到食品应有的质量，因此，食品工业中常采用速冻方法，即在冰点以下形成冰晶的时候，加快冰冻速度，这样可以减少对食品质量的影响。

3. 高温对微生物的影响

微生物对热的忍受力依菌的种类、菌龄而异。如无芽孢的细菌在55~60℃的液体中，经30min即可死亡；酵母的营养细胞及霉菌的菌丝体，在50~60℃维持10min左右即可死亡，而它们的孢子在同样的时间内则需76~80℃才会死亡。同一菌种的不同菌株或不同菌龄的细胞对热的耐受力也不同，一般幼龄菌比老龄菌对热敏感，芽孢杆菌中的芽孢对热的抵抗力最强，如枯草芽孢杆菌的芽孢在沸水中1h才全部死亡，肉毒梭菌的芽孢在100℃时需6h才全部死亡。

微生物对热的耐受力还受微生物所处环境的其他条件的影响，如培养基组成、pH、具保护作用的有机化合物、渗透压及其他物理和化学因素等。如在酸性条件下，微生物对热的耐受力明显下降；培养基或环境中富含蛋白质时，就有可能在菌体周围形成一层蛋白质保护膜，因此，高浓度的糖、蛋白质和脂类能降低热的穿透力，增加微生物细胞对热的抗性；而高浓度盐会因微生物种类的不同可能增加或降低菌体的抗热性。

二、pH

培养基或环境中的 pH 与微生物的生命活动有着密切的联系，它的影响是多方面的：① 环境的 pH 会影响到细胞膜所带电荷，从而引起细胞对营养物质的吸收状况的改变；② 通过改变培养基中有机化合物的离子化程度，而对细胞施加间接的影响（多数非离子状态化合物比离子状态化合物更容易渗入细胞）；③ 改变某些化合物分子进入细胞的状况，从而促进或抑制微生物的生长。

微生物作为一个整体，其生长的 pH 范围极广（pH2~10），有少数种类还可超出这一范围，但绝大多数微生物的生长 pH 都在 5~9 之间。与生长温度的三基点相似，不同微生物的生长 pH 也存在最低、最适与最高三个基本数值，见表 7-1。

表 7-1　　不同微生物的生长 pH 三基点

微生物名称	pH		
	最低	最适	最高
氧化硫硫杆菌（*Thiobacillus thiooxidans*）	0.5	2.0~3.5	6.0
嗜酸乳杆菌（*Lactobacillus acidophilus*）	4.0~4.6	5.8~6.6	6.8
醋化醋杆菌（*Acetobacter aceti*）	4.0~4.5	5.4~6.3	7.0~8.0
大豆根瘤菌（*Rhizobium japonicum*）	4.2	6.8~7.0	11.0
枯草芽孢杆菌（*Bacillus subtilis*）	4.5	6.0~7.5	8.5
大肠埃希氏菌（*Escherichia coli*）	4.3	6.0~8.0	9.5
金黄色葡萄球菌（*Staphylococcus aureus*）	4.2	7.0~7.5	9.3
褐球固氮菌（*Azotobacter chroococcum*）	4.5	7.4~7.6	9.0
酿脓链球菌（*Streptococcus pyogenes*）	4.5	7.8	9.2
某种亚硝化单胞菌（*Nitrosomonas sp.*）	7.0	7.8~8.6	9.4
黑曲霉（*Aspergillus niger*）	1.5	5.0~6.0	9.0
一般放线菌	5.0	7.0~8.0	10.0
一般酵母菌	2.5	4.0~5.8	8.0
一般霉菌	1.5	3.8~6.0	7.0~11.0

各大类微生物生长繁殖所需的 pH 是不同的：适合细菌生长的最适 pH 为中性或略偏碱性，pH 低于 4 时，细菌一般不能生长；放线菌适合在微碱性条件下生长；而酵母菌、霉菌适应于偏酸性环境，少数丝状真菌能耐更低的 pH。

能专性生活在 pH10~11 的碱性条件下而不能生活在中性条件下的微生物称为嗜碱微生物，简称嗜碱菌。它们一般存在于碱性盐湖和碳酸盐含量高的土壤中。多数嗜碱菌为芽孢杆菌属，少数属于古生菌。嗜碱菌的一些蛋白酶、脂肪酶和纤维素酶等已被开发并添加到家用洗涤剂中。生长 pH 偏于酸性范围内的微生物包括两类：一类是只能生活在低 pH（<4）条件下，在中性 pH 下即死亡的微生物称嗜酸微生物或嗜酸菌，如硫细菌属、热原菌属等；另一类如许多真菌和细菌可生长在 pH5 以下，少数甚至可生长在 pH2 的环境中，但因为在中性 pH 下也能生活，故属于耐酸菌，如乳酸杆菌、醋酸杆菌、许多肠杆菌和假单胞菌等。

除不同种类微生物有其最适生长 pH 外，同一种微生物在其不同的生长阶段和不同的生理生化过程中，也有不同的最适 pH 要求。例如，黑曲霉在 pH2.0~2.5 时，有利于合成柠檬酸，在 pH2.5~6.5 范围内，就以菌体生长为主，而在 pH7 左右时，则大量合成草酸。又如，丙酮丁醇梭菌（*Clostridium acetobutylicum*）在 pH5.5~7.0 范围内，以菌体生长繁殖为主，而在 pH4.3~5.3 才进行丙酮、丁醇发酵。研究其中的规律，对发酵生产中合理控制 pH，提高发酵生产效率十分重要。

虽然微生物能够生长的 pH 范围比较广泛，但细胞内的 pH 却相对稳定，一般都接近中性，胞内酶的最适 pH 也接近中性，而位于周质空间的酶和分泌到细胞外的胞外酶的最适 pH 则接近环境的 pH，这就消除了 DNA，RNA，ATP，叶绿素、磷脂类等被酸碱破坏的可能性。

微生物的代谢活动也会改变所处环境的 pH。大多数微生物能发酵糖，产生酸性物质，造成环境的 pH 下降；如果微生物能分解尿素产生氨，则会使环境 pH 上升，蛋白质脱羧、产胺反应也会使 pH 上升。pH 的变化也与培养基的 C/N 比有关，C/N 比高的培养基，经培养后其 pH 常会显著下降，反之，pH 常会明显上升。

在微生物的培养过程中，pH 的变化往往对发酵生产不利，需及时调整 pH，一般可采取“治标”和“治本”两大类措施，“治标”是根据表面现象而进行直接、快速但不能持久的调节，当过酸时加 NaOH，Na_2CO_3等中和；过碱时加 HCl，H_2SO_4等中和。“治本”则是根据内在机制采取间接、缓效但能持久发挥作用的调节，过酸时可采取加适当尿素、$NaNO_3$、$NH_3 \cdot H_2O$ 或蛋白质等氮源及提高通气量等措施；过碱时加糖、乳酸、醋酸、柠檬酸或油脂等碳源及降低通气量。

三、 水分活度和渗透压

1. 水分及水分活度

微生物的生命活动离不开水，严格地说是离不开可被微生物利用的水。可利用的水的含量不单纯取决于水量，还与吸附或溶液因子有复杂的函数关系。

水分活度（A_w）是表示在天然或人为环境中，微生物可实际利用的游离水（或称自由水）的含量的物理化学指标。因此，A_w也等于该溶液的百分相对湿度值（ERH）。例如，蒸馏水的 A_w为 1，牛奶的 A_w为 0.97，饱和盐溶液的 A_w为 0.75。对于各种微生物来说，生长繁殖的 A_w范围在 0.60~0.998 之间，表 7-2 所示为不同类型微生物生长的最低 A_w值。

表 7-2 不同微生物生长的 A_w值

类群	最低 A_w值
细菌	
一般细菌	0.98~0.99
嗜盐菌	0.75（5.5mol/L NaCl）
酵母菌	
一般酵母	0.87~0.91
高渗酵母	0.61~0.65
鲁氏酵母	0.60
霉菌	
一般霉菌	0.80~0.87
耐旱霉菌	0.65~0.75
双孢旱霉	0.60

了解各种微生物生长的最低 A_w值，不仅有利于设计它们的培养基，而且还对防止食物的腐败具有指导意义。微生物在食物上的生长状况，通常受基质水活度的控制。表 7-3 所示为各种食品的水活度及其中微生物的生长状况。

表 7-3　各种食品的水分活度与微生物生长

A_w	A_w低于此范围所能抑制的微生物	相对应的食品
1.00~0.95	假单胞菌属 埃希氏杆菌属 变形杆菌属 部分酵母菌 志贺氏菌属 克氏杆菌属 芽孢杆菌属 产气荚膜梭状芽孢杆菌	新鲜豆腐食品；果蔬、鱼、肉、奶和罐头；熟香肠、面包；含 44% 以下蔗糖或 8% 以下食盐的食物
0.95~0.91	沙门氏菌属 副溶血弧菌 肉毒梭状芽孢杆菌 乳杆菌属 赛氏杆菌属 小球菌属 部分霉菌 酵母菌（如红酵母、毕赤氏酵母）	一些干酪（英国契达、法国明斯达、意大利菠萝伏洛）；熏肉、火腿；一些浓缩果汁；含糖 44%~59% 或含盐 8%~14% 的食物
0.91~0.87	多数酵母（如假丝酵母、圆酵母、汉逊氏酵母） 微球菌属	发酵香肠；松软糕点、较干干酪；人造奶油；含糖 59% 或含盐 15% 以上的食物
0.87~0.80	多数霉菌（如产毒素青霉菌） 金黄色葡萄球菌 多数酵母菌 德巴利氏酵母	多数浓缩果汁、甜炼乳、巧克力糖浆、枫糖浆和果糖浆、面粉、大米、水果蛋糕、含水 15%~17% 食品、干火腿、高油饼
0.80~0.75	多数嗜盐菌 产毒素曲霉	果酱、橘子果汁、杏仁软糖、糖渍凉果、一些棉花糖
0.70~0.65	嗜干霉菌（如谢瓦曲霉、亮白曲霉等） 二孢酵母	含水分燕麦片、颗粒牛轧糖、曲奇糖、棉花糖、啫喱糖、糖蜜、甘蔗糖及一些干果、坚果类
0.65~0.60	耐渗酵母（如鲁氏酵母等） 少数霉菌（多二孢红曲霉、刺孢曲霉）	含水分 15%~20% 干果、一些太妃糖、卡拉蜜尔糖、蜂蜜
0.50	没有微生物繁殖	含水分 12% 面条、含 10% 水分香料
0.40	没有微生物繁殖	含水分 5% 全蛋粉
0.30	没有微生物繁殖	曲奇饼、脆点心、干面包片、含水分 3%~5% 食品

续表

A_w	A_w低于此范围所能抑制的微生物	相对应的食品
0.20	没有微生物繁殖	含水分2%~3%奶粉、含水分5%脱水蔬菜、含水分5%爆米花、包装饼干

在低A_w下，耐渗透压的微生物才能够生长起来。在A_w低于0.60~0.70的干燥条件下，除少数真菌外，多数微生物不能生长。干燥会使微生物代谢活动停止，使微生物处于休眠状态，严重时会引起细胞脱水，蛋白质变性，进而导致死亡。这就是利用干燥（烘干、晒干、熏干）的环境条件来保存物品（食品、衣物），防止其腐败霉烂的原理。

但是，不同微生物对干燥的抵抗力不同。如醋酸菌失水后很快就会死亡；酵母菌失水后可保存数月；产生荚膜的细菌抗干燥能力较强；细胞是长形、薄壁的细菌对干燥敏感，而细胞小、壁厚的细菌抗干燥能力较强。细菌的芽孢、放线菌的孢子、酵母菌的子囊孢子、霉菌的无性孢子或有性孢子较营养细胞或菌丝体更抗干燥，在干燥条件下可长期不死，这一特性已用于微生物菌种保藏，如常用沙土管来保藏能产生孢子的菌种。

2. 渗透压

微生物在溶质浓度不高的培养基或溶液中生长时，细胞内溶质浓度与胞外溶液的溶质浓度相近（如生理盐水0.85% NaCl溶液），则细胞处于等渗溶液，形态正常，能正常生长；当溶液溶质浓度低于细胞内液体的浓度（即在低渗溶液中）时，细胞膨胀，甚至破裂；当溶液溶质浓度高于胞内溶质浓度（即在高渗溶液中）时，细胞便会质壁分离甚至死亡。这就是利用盐腌（5%~30%食盐）或糖渍（30%~80%糖）等高渗环境保存食品的理论依据。

另外，大多数微生物能通过胞内积累某些能调整胞内渗透压的介质，来适应培养基渗透压的变化。这类介质可以是某些阳离子如K^+，氨基酸如谷氨酸、脯氨酸，氨基酸衍生物如甜菜碱（甘氨酸的衍生物），或糖如海藻糖等，这类物质被称为渗透保护剂、渗透调节剂或渗透稳定剂。

必须在高盐浓度下才能生长的微生物，称为嗜盐微生物，因细菌尤其是古生菌为嗜盐微生物的主体，故又称为嗜盐菌，其需要NaCl在0.2mol/L以上才能生长。一般的海洋微生物长期栖居在3%（0.2~0.5mol/L）左右NaCl的海洋环境中，仅属于低度嗜盐菌；中度嗜盐菌可生活在0.5~2.5mol/L NaCl中；而必须生活在12%~30%（2.5~5.2mol/L）NaCl中的嗜盐菌称为极端嗜盐菌。既能在高盐环境下生活，又能在低盐环境下正常生活的微生物称为耐盐微生物。嗜盐微生物通常分布于盐湖（如死海）、晒盐场和腌制海产品等处。

能够在高糖环境中生长的微生物称作嗜高渗微生物，它们的生长繁殖是引起蜜饯、果脯类高糖食品腐败变质的主要原因。

四、氧气

1. 微生物对氧的需求

微生物对氧的需求或忍耐能力有很大的不同。根据微生物与氧的关系可把它们粗分为好氧微生物（好氧菌）和厌氧微生物（厌氧菌）两大类。好氧菌又可细分为专性好氧菌、兼性好（厌）氧菌、微好氧菌；厌氧菌细分为专性厌氧菌及耐氧性厌氧菌。现分述如下：

（1）专性好氧菌（obligate/strict aerobes） 必须在较高浓度分子氧（约 0.02MPa）的条件下才能生长，它们有完整的呼吸链，以分子氧作为最终电子受体，有氧呼吸产能，具有超氧化物歧化酶（SOD）和过氧化氢酶。绝大多数真菌和多数细菌、放线菌都是专性好氧菌，如醋杆菌属、固氮菌属、藤黄微球菌、白喉棒状杆菌、铜绿色假单胞菌等。

（2）兼性好氧菌（facultative aerobes） 也称兼性厌氧菌。以有氧条件下生长为主，在无氧条件下也可生长，但有氧的生长状况好于无氧；有氧时靠有氧呼吸产能，无氧时则借发酵或无氧呼吸产能；有 SOD 和过氧化氢酶。许多酵母菌和不少细菌都是兼性好氧菌，如酿酒酵母、地衣芽孢杆菌以及肠杆菌科的各种常见细菌，包括大肠杆菌、产气肠杆菌、普通变形杆菌等。

（3）微好氧菌（microaerophilic bacteria） 只能在较低的氧分压（0.002~0.01MPa，正常大气中的氧分压为 0.02MPa）下，才能正常生长的微生物，通过呼吸链进行有氧呼吸产能。如霍乱弧菌、氢单胞菌属、发酵单胞菌属、弯曲菌属等。

（4）耐氧性厌氧菌（aerotolerant anaerobes） 简称耐氧菌。是一类可在分子氧存在下进行厌氧生活的微生物，其生长不需要任何氧，但分子氧对它们也无害，没有呼吸链，仅靠底物水平磷酸化产能，胞内存在 SOD 和过氧化物酶（但缺乏过氧化氢酶）。乳酸菌多为耐氧菌，例如乳酸乳杆菌、肠膜明串珠菌、粪肠球菌等；非乳酸菌类耐氧菌如雷氏丁酸杆菌等。

（5）专性厌氧菌（obligate/strict anaerobes） 是一类分子氧对其有毒，即使短期接触也会使其代谢受抑制甚至死亡的微生物；在空气中或含 10% CO_2 的空气中的固体或半固体培养基表面不能生长，只有在其深层无氧处或低氧化还原电位的环境下才能生长；通过发酵、无氧呼吸、循环光合磷酸化或甲烷发酵等方式产能；缺乏 SOD 和细胞色素氧化酶，大多还缺乏过氧化氢酶。常见的厌氧菌有梭菌属（梭状芽孢杆菌属）、拟杆菌属、梭杆菌属、双歧杆菌属以及各种光合细菌和产甲烷菌等。

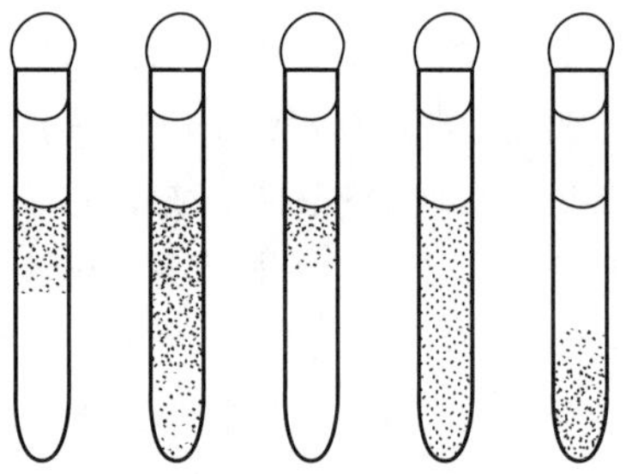

好氧菌 兼性厌氧菌 微好氧菌 耐氧菌 厌氧菌

图 7-6 五类对氧关系不同的微生物在半固体琼脂柱中的生长状态模式图

上述五类微生物在深层半固体琼脂柱中的生长状况见图 7-6。

在培养不同需氧类型的微生物时，一定要采取相应的措施保证不同类型的微生物能正常生长。例如培养专性好氧微生物可以通过摇瓶振荡或通气等方式，使其有充足的氧气供它们生长；培养专性厌氧微生物则要排除环境中的氧，同时通过在培养基中添加还原剂的方式，降低培养基的氧化还原电位；培养耐氧性厌氧菌，可以用深层静止培养的方式等。

2. 厌氧菌的氧毒害机制

在生物体内，普遍存在着超氧阴离子自由基（O_2^-），它由酶促或非酶促方式形成：

$$O_2 + e^- \rightarrow O_2^-$$

超氧阴离子自由基是活性氧的形式之一，其性质极不稳定，化学反应力极强，在细胞内可破坏各种重要生物大分子和膜结构，还可形成其他活性氧化物，对生物体极其有害。

在三种好氧微生物及耐氧性厌氧菌中，都存在着超氧化物歧化酶（SOD），它可使剧毒的 O_2^- 歧化成毒性稍低的 H_2O_2。随后在好氧微生物的过氧化氢酶或耐氧性厌氧菌的过氧化物酶的作用下，H_2O_2可进一步分解成无毒的H_2O。

而专性厌氧微生物没有 SOD，根本无法使 O_2^-歧化成 H_2O_2，因此在有氧的条件下细胞内形成的 O_2^-就使自身受到毒害，直至引起死亡。

五、 辐射

环境中存在着不同类型的辐射，它是能量通过空间传播或传递的一种物理现象，如同在水表面起伏的波浪一样表现出来。如果能量借助波动来传播的，称为电磁辐射；借助原子及亚原子粒子的高速运动实现传递的，称为微粒辐射。与微生物生命活动有关的电磁辐射主要有可见光及紫外线，微粒辐射主要有 X 射线和 γ 射线。X 射线和 γ 射线均能使被作用物质发生电离，故又称电离辐射。

1. 可见光

波长在 400~800nm 的电磁辐射称为可见光。它是环境中最为普遍和重要的辐射，可作为进行光合作用的微生物的能源。对于大多数化能营养型的微生物来说，强可见光或可见光连续长时间照射，可使微生物致死。

2. 紫外线

紫外线是波长在 139~390nm 的电磁辐射波，其中波长为 265~266nm 的紫外线对微生物的作用最强，因为核酸（DNA 和 RNA）对紫外线的吸收高峰在 265~266nm，当紫外线作用于核酸时能引起核酸的变化，轻则引起细胞代谢机能的改变而发生变异，重则破坏其分子结构，影响蛋白质的合成。此外，紫外线还能使空气中的分子氧变为臭氧（O_3），臭氧不稳定，分解放出的新生态氧［O］是强氧化剂，也有杀菌作用。

3. 电离辐射

X 射线与 α 射线、β 射线和 γ 射线均为电离辐射。它们的波长很短，有足够的能量从分子中逐出电子而使之电离。因此，电离辐射的杀菌作用不是靠辐射直接对细胞作用，而是间接地通过射线激发环境和细胞中的水分子，使水分子在吸收能量后被电离产生自由基而起作用。这些游离自由基能使细胞中敏感的生物大分子失活。水分解为自由基$\boxed{OH}$和$\boxed{H}$的变化如下：

$$H_2O \xrightarrow{\text{辐射}} H_2O^+ + e^-$$

$$e^- + H_2O \longrightarrow H_2O^-$$

$$H_2O^+ \longrightarrow H^+ + \boxed{OH}$$

$$H_2O^- \longrightarrow \boxed{H} + OH^-$$

电离辐射所产生的自由基没有作用特异性，它们能作用于一切细胞成分，对微生物的致死效应通常是它们对 DNA 作用的结果，而且没有光复活作用来修复 DNA 的这种损伤。上述水分解过程中产生的离子 H^+常与液体中存在的氧分子作用，产生一些具有强氧化性的过氧化物如H_2O_2与 HO_2等，能使细胞内某些重要蛋白质和酶被氧化。如果氧化了酶蛋白的巯基，往往会造成细胞损伤或死亡。因此，若培养基中氧的浓度高，则微生物对电离辐射敏感。

不同的微生物对电离辐射的敏感性不同；处于不同生理阶段的微生物细胞对电离辐射的敏感性也不同；保护性化合物的存在及其在培养基中的含量，也会影响微生物对电离辐射的敏感性。因此，在一些抗电离辐射的微生物突变细胞中，可能大量存在着对蛋白质或巯基化合物等具有保护作用的物质。

六、压强

生活在陆地和水体表面的微生物所处的压强一般为0.1MPa。很高的静压强一般存在于深海中，静压强随水的深度而增加，在大洋的深处液体静压强可达水面处的1000倍以上，如此高的压力抑制了大多数微生物的生长，但抑制生长的机制尚不清楚。某些能生活在大洋底部的微生物不能在常压下生长，这种菌称作嗜压菌，它们的人工培养只能在高压的特殊容器里进行。嗜压菌是通过改变细胞膜上的脂肪来适应高压强，比如随着压强的升高，嗜压的细菌提高其细胞膜脂肪中不饱和脂肪酸的含量，同时会减少脂肪酸的长度。

七、表面张力

液体表面的分子被它周围和液体内部的分子所吸引，在液体表面形成表面张力，因而使液体具有尽可能缩小表面积的性质。表面张力的大小可以用对液体表面上任意单位长度所作用的张力来表示。

一般液体培养基的表面张力为45~65mN/m（而纯水在常温下的表面张力为72mN/m），液体的表面张力随温度的升高而下降。许多有机酸、醇、甘油、多肽、蛋白质等都能降低溶液的表面张力。一些无机盐可以增加溶液的表面张力。

表面张力与微生物菌体的生长、繁殖、形态均有密切关系。细菌在液体培养基中生长时，有的呈均匀的悬浊液状态生长，有的则在培养基表面形成菌膜，菌膜的出现一方面可反映细菌生长的好氧特性，另一方面也反映了培养基表面张力对菌体生长的影响。据报道，在肉汁培养基中添加肥皂，使其表面张力下降至40mN/m以下，接种枯草杆菌就不能在液面上形成菌膜，而只能是扩散性生长。相反，原来可在肉汁培养基中产生均匀浑浊的细菌，若添加无机盐，增加培养基的表面张力，则完全可在液面形成菌膜。

表面活性剂分为阴离子型、阳离子型和非离子型三类。

阴离子型包括高级脂肪酸的钠盐和钾盐、十二烷基磺酸钠、肥皂和磺酸盐等。这种类型的表面活性剂解离时生成阴离子，对革兰氏阳性菌有抑制作用，其中高级脂肪酸的衍生物直接影响到细胞膜的合成，从而影响微生物的生长和分裂，甚至影响代谢产物和胞外酶的分泌。肥皂的杀菌作用虽然很弱，但微生物可附在肥皂泡中被水冲走。

阳离子型表面活性剂由季胺化合物组成，它们能被吸附在微生物细胞膜表面，使细胞膜损伤，从而抑制微生物生长。如新洁尔灭在低浓度时即能强烈抑制细菌的生长，高浓度时则有杀菌作用。

中性表面活性剂在水中不解离，主要作为乳化剂用。

八、声能

超声波（频率在20000Hz以上）具有强烈的生物学作用。超声波可使细胞破裂，所以几乎所有的微生物都能被其破坏，其效果与频率、处理时间、微生物种类、细胞大小、性状及数量等均有关系。一般来说，高频率比低频率杀菌效果好；球菌较杆菌抗性强；细菌芽孢具有更强的抗性，大多数情况下不受超声波的影响；病毒也有较强的抗性。

超声波可引起微生物细胞破裂导致内含物外溢而死亡，因此科研中常用此法破碎细胞，以研究其化学组成及结构，如细胞结构、抗原结构和酶的活性等。

第四节　微生物生长的控制

我们周围存在的部分微生物有时会通过多种方式，传播到合适的基质或生物对象上，给人类带来种种危害。例如，食品和工农业产品的霉腐变质；实验室中的微生物、动植物组织或细胞纯培养物的污染；培养基、生化试剂、生物制品或药物的变质；发酵工业中杂菌污染及噬菌体引起的倒罐；人和动植物受病原微生物的感染而患各种传染病等。因此，采取有效的措施来杀灭或控制这些有害微生物具有重要的实践意义。

一、 基本概念

1. 防腐（antisepsis）

防腐就是在某些理化因素作用下抑制霉腐微生物的生长繁殖，以防止食品和其他物品等发生霉腐的措施。具有防腐作用的化学物质称为防腐剂。

防腐的方法很多，主要有：

① 低温：利用普通冰箱、低温冰箱、干冰、液氮等低温条件保藏各种物品。

② 缺氧：用抽真空、充氮气或二氧化碳、加入除氧剂等方法，来防止食品和粮食等的霉腐、变质而达到保鲜的目的。

③ 干燥：采用晒干、烘干或红外线干燥等方法可对粮食、食品等进行干燥保藏。此外，将各种吸湿剂在密封的条件下，置于食品、药品和器材中，也有良好的防腐效果。

④ 高渗：通过盐腌、糖渍等高渗措施来保藏食物，如各种咸菜、果脯、蜜饯等。

⑤ 加防腐剂：在食品中添加抑制微生物生长的化学制剂。

2. 消毒（disinfection）

消毒是利用某些理化方法杀死物体表面或内部所有对人体或动植物有害的病原菌，而对被消毒的对象基本无害的措施。具有消毒作用的化学物质称为消毒剂，一般消毒剂在常用浓度下只能杀死营养细胞，而对芽孢没有杀灭作用。例如对皮肤、水果、饮用水及其他物品采用的药剂消毒方法，针对啤酒、牛奶、果汁等的巴氏消毒法。

3. 灭菌（sterilization）

灭菌是采用强烈的理化因素，使物体内外包括芽孢在内的所有微生物永远丧失其生长繁殖能力的措施，例如各种高温灭菌措施等。灭菌还可分为杀菌和溶菌两种，前者指菌体虽死，但形体仍然存在；后者指菌体被杀死后，因细胞发生自溶、裂解而消失的现象。

4. 化疗（chemotherapy）

化疗即化学治疗，是指利用具有高度选择毒力的化学物质，抑制或杀死宿主体内病原微生物，但对宿主本身没有或基本没有毒害作用的一种治疗措施。用于化学治疗目的的化学物质称为化学治疗剂，包括磺胺类等化学合成药物、各种抗生素、生物药物素和中草药中的有效成分等。

二、 理化因素对微生物作用的方式

各种物理、化学因素控制微生物生长繁殖的方式，无外乎以下三种：即抑菌、杀菌、溶菌。杀菌、溶菌属于灭菌措施，而抑菌包括各种防腐措施及大部分化学治疗措施。三种作用方式的比较见图 7-7。

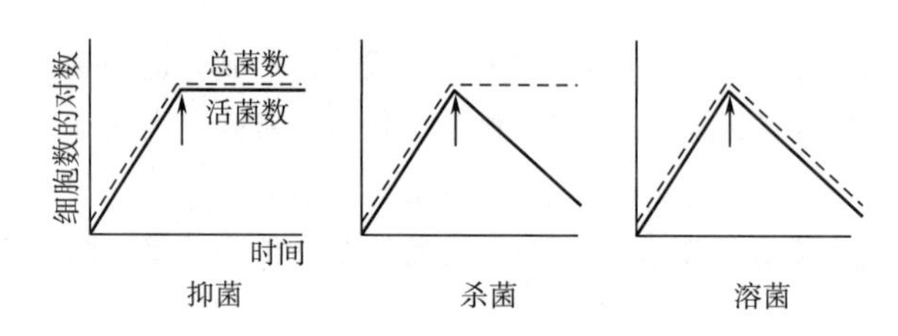

图 7-7　抑菌、杀菌和溶菌的比较

当处于指数生长期时，在箭头处加入可抑制生长的某因素（虚线表示培养液浑浊度的变化，实线表示活菌数的变化）

（引自《微生物学教程》，第二版，周德庆，2002）

具有抑菌作用的化学物质称为抑菌剂。抑菌剂仅能抑制微生物生长，不能杀死微生物。如一些抑菌剂可结合到核糖体上，抑制蛋白质合成，导致微生物生长停止。由于它们与核糖体结合不紧密，在抑菌剂浓度降低时又会游离出来，核糖体合成蛋白质的能力恢复，生长随之恢复。

具有杀菌作用的化学物质称为杀菌剂。杀菌剂能杀死细胞，但不能使细胞裂解。这类物质能紧密地作用到细胞的靶点上，即使在杀菌剂浓度降低时也不能游离出来，因此微生物的生长不能恢复。

具有溶菌作用的化学物质称为溶菌剂。溶菌剂能通过诱导细胞裂解的方式杀死细胞。将这类物质加到生长着的细胞悬液里后，会导致细胞数量或细胞悬液的浑浊度降低。能抑制细胞壁合成或损伤细胞质膜的抗生素就属于溶菌剂。

理化因素对微生物生长是起抑制作用还是杀菌作用区分并不很严格。因为理化因子的作用强度或浓度不同作用效果也不同，例如有些化学物质低浓度时有抑菌作用，高浓度时则起杀菌作用；同一种浓度作用时间的长短不同，效果也不一样。不同微生物对理化因子作用的敏感性不同；甚至同一种微生物，所处的生长时期不同，对理化因子作用的敏感性也不同。

三、 物理因素对微生物生长的控制

常用的物理灭菌方法有加热法、辐射法和过滤法，其中加热法是使用最广泛的控制微生物生长的方法。

1. 加热灭菌

当温度超过微生物的最高生长温度时，就会出现致死效应。高温的致死效应，主要是高温可引起蛋白质、核酸和脂肪等重要生物大分子降解或改变其空间结构，破坏细胞膜等，从而使它们的功能丧失。

（1）加热灭菌的动力学　不同微生物因细胞结构和组成的特点有所不同，耐热性也各不相同。在食品工业中，衡量灭菌效果常用以下指标。

① 十倍致死时间（decimal reduction time，D）：利用一定的温度进行加热，活菌数减少一

个对数周期（即90%的活菌被杀死，只有10%的存活）时，所需的时间（min），即为D值。测定D值时的加热温度在D的右下角表明，如果加热温度是121℃，其D值常用D_r来表示。温度越高，十倍致死时间越短［图7-8（1）］。图7-8（2）是一种中温微生物在不同温度下，微生物从100个下降到10个所需要的时间（D值），加热温度是70℃时，$D=3$min，60℃时，$D=12$min，50℃时，$D=42$min。

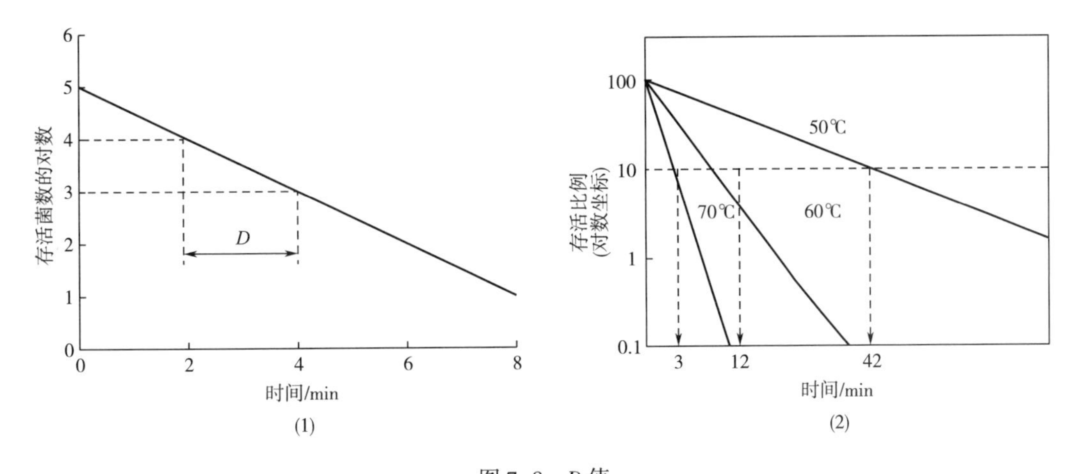

图7-8　D值

（1）十倍致死时间　（2）温度对一种中温微生物存活力的影响

②Z值：以某种微生物不同温度下D值的对数对加热温度作图，可得到一条直线，在该直线中，D值降低一个对数周期（即缩短90%的十倍致死时间）所需要升高的温度（℃）即为Z值（图7-9）。

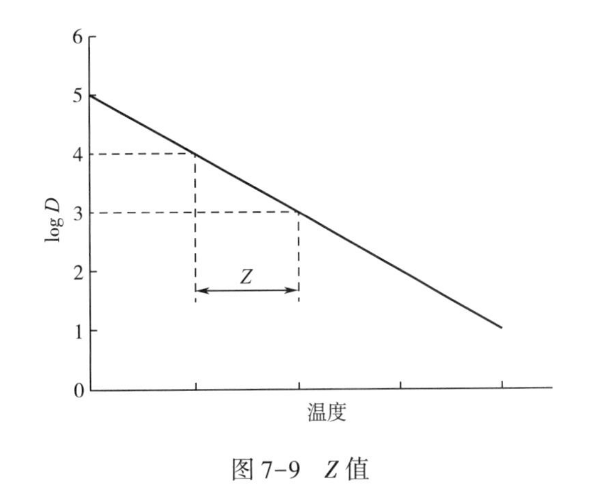

图7-9　Z值

③热致死时间（thermal death time）：即在一定温度下杀死所有某一浓度微生物所需要的时间。它是一个比十倍致死时间（D值）容易测定的指标。在一定温度下，将待测样品加热处理不同时间，分别与培养基混匀，然后培养，当所有细菌被杀死时，培养基中没有细菌生长。因此，当微生物的浓度一致时，可以通过比较热致死时间长短来衡量不同微生物的热敏感性。

（2）加热灭菌的方法

①干热灭菌（dry heat sterilization）：将金属制品或玻璃、陶瓷器皿放入电热干燥箱内，在140~160℃下维持1~3h后，即可达到彻底灭菌的目的。如果被处理物品传热性差、体积较大或堆积过挤时，需适当延长时间。该法的优点是可保持物品干燥。

灼烧是一种最彻底的干热灭菌方法，简便迅速，但因其破坏力极强，故仅限于接种针、接种环或带病原菌的材料、动物尸体的灭菌。

②湿热灭菌法（moist heat sterilization）：在同样的温度和相同作用时间下，湿热灭菌比干

热灭菌更有效，原因是：a. 湿热蒸汽穿透力强；b. 能破坏维持蛋白质空间结构和氢键的稳定性，加速这一重要生命大分子物质的变性；c. 在灭菌过程中蒸汽在被灭菌物体表面凝结，同时放出大量的汽化潜热，这种潜热能迅速杀灭物体上的微生物，缩短灭菌时间。

在湿热条件下，多数细菌和真菌的营养细胞在60℃左右处理5~10min后即被杀死，酵母细胞和真菌的孢子稍耐热些，要用80℃以上的温度分别5min和30min处理才能杀死，细菌的芽孢最为耐热，一般要在121℃下处理15min才被杀死。湿热灭菌有以下几种方法。

a. 常压法：巴氏消毒法（pasteurization）：用较低的温度处理牛奶、啤酒、果酒或酱油等不宜进行高温灭菌的液态风味食品或调料，以杀灭其中的无芽孢病原菌（如牛奶中的结核分支杆菌、沙门氏菌及大肠杆菌O157：H7等），又不影响其原有风味的消毒方法。一般采用在63℃下保持30min，或在72℃下维持15s。此法是基于结核杆菌的致死条件为62℃、15min而定的，最初由巴斯德发明，故称巴氏德消毒法，又因为消毒过程中，温度较低，也称低温维持法（low temperature holding method，LTH）。其实，低温维持法消毒的条件应根据被处理的食品中病原菌被消灭的温度和时间来确定。目前，牛奶或其他液态食品也常采用超高温瞬时灭菌，即在135~150℃，灭菌2~6s，即可达到杀菌和保质的目的，同时缩短了生产周期。

煮沸消毒法：采用在100℃下煮沸数分钟的方法，可杀死细菌的营养细胞和部分芽孢，一般用于饮用水的消毒。

间歇灭菌法（fractional sterilization或tyndallization）：又称丁达尔灭菌法或分段灭菌法。适用于不耐热的药品、营养物、特殊培养基的灭菌。方法是将待灭菌的培养基在80~100℃下蒸煮15~60min，杀死其中所有的微生物营养细胞，冷却后，28~37℃下保温过夜，诱使其中残存的芽孢萌发成营养细胞，再以同样方法加热处理，如此重复三次，即可在较低的温度下达到彻底灭菌的效果。

b. 加压法：高压蒸汽灭菌法（normal autoclaving）：这是一种应用最广泛、利用高温（而非压力）进行湿热灭菌的方法。其原理是：将待灭菌的物件放在盛有适量水的专用加压灭菌锅（或家用压力锅）内，盖上锅盖，并打开排气阀，通过加热煮沸，使水蒸气驱尽锅内原有的空气（如有空气混存，则锅内温度将低于同样压力下由纯饱和蒸汽产生的温度），关闭排气阀，继续加热，锅内蒸汽压逐渐上升，温度也同时上升到100℃以上。为了达到良好的灭菌效果，一般要求温度应达到121℃（压力为0.1MPa），时间维持15~20min。有时为防止培养基内葡萄糖等成分的破坏，也可采用在较低温度115℃（0.07MPa）下维持20~35min的方法。此法适合于各种耐热物品的灭菌，典型的高压灭菌循环温度及控制时间如图7-10所示。

连续加压蒸汽灭菌法（continuous autoclaving）：也称连消法。此法仅用于大规模发酵工厂的大批量培养基的灭菌。使培养基在管道的流动过程中快速升温、维持和冷却，然后流进发酵罐。培养基一般加热至135~140℃下维持5~15s。这种灭菌方法灭菌彻底，又有效地减少了营养成分的破坏，提高了原料的利用率和发酵产品的质量和产量。由于总的灭菌时间比分批灭菌法明显减少，而且蒸汽负荷均衡，提高了锅炉利用率，适宜于自动化操作。

（3）高温对培养基成分的有害影响及其防止

① 有害影响：在加压蒸汽灭菌的同时，高温尤其是长时间的高温除对培养基中的淀粉成分有促进糊化和水解等有利影响外，一般会对培养基的成分带来很多不利影响。高温的有害影响主要有以下几类：

a. 形成沉淀物：有机物沉淀如多肽类，无机物如磷酸盐、碳酸盐等沉淀。

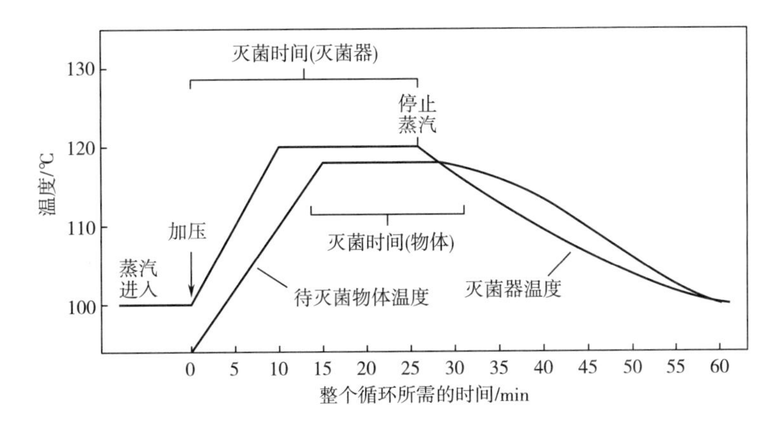

图 7-10　典型的高压灭菌器循环

图示较大物品的灭菌，物体温度升高的速度低于灭菌器

b. 破坏营养，提高色泽：如产生氨基糖、焦糖或黑色素等引起褐变的物质。

c. 改变培养基的 pH：一般降低培养基的 pH。

d. 降低培养基中物质的浓度：气温低时会增加额外的冷凝水。

②消除措施：

a. 采用特殊加热灭菌法：对易受高温破坏的含糖培养基进行灭菌时，应先将糖液与其他成分分开灭菌后再合并；或进行低压灭菌，即在 112℃（0.06MPa）下灭菌 15min，或采用间歇灭菌。对含 Ca^{2+} 或 Fe^{3+} 及磷酸盐的培养基，应将可能发生沉淀的成分先作单独灭菌，然后再混合，就不易形成磷酸盐沉淀。

b. 其他方法：加入 0.01% EDTA（乙二胺四乙酸）或 0.01% NTA（氮川三乙酸）等金属螯合剂到培养基中，防止金属离子发生沉淀；还可用气体灭菌剂如环氧乙烷等对个别成分进行灭菌，然后再混入灭过菌的其他培养基成分中。也可采用过滤除菌法去除培养基中的微生物。

2. 超高压灭菌法

超高压灭菌技术（ultra-high pressure processing，UHP），又称超高压技术（ultra-high pressure，UHP），高静压技术（high hydrostatic pressure，HHP），或高压食品加工技术（high pressure processing，HPP），是在密闭的超高压容器内，用水作为介质对软包装食品等物料施以 400~600MPa 的压力或用高级液压油施加以 100~1000MPa 的压力，从而杀死其中几乎所有的细菌、霉菌和酵母菌，而不会像高温杀菌那样造成营养成分破坏和风味变化。

超高压灭菌的机理是通过破坏菌体蛋白中的非共价键，使蛋白质高级结构破坏，从而导致蛋白质凝固及酶失活。超高压还可造成菌体细胞膜破裂，使菌体内化学组分产生外流等多种细胞损伤，这些因素综合作用导致了微生物的死亡。

3. 辐射灭菌

辐射灭菌是利用电磁辐射产生的电磁波杀死大多数物体上的微生物的一种有效方法。用于灭菌的电磁波有微波、紫外线（UV）、X 射线和 γ 射线等，它们都能通过特定的方式控制微生物的生长或杀死它们。比如，紫外线在波长 265~266nm 时对微生物的作用最强，通过作用于核酸，从而阻止其复制和转录，但其不能穿透固体、不透明体和能吸光的表面，使用仅限于物体的表面或空气的消毒。

电离辐射是一种高能的电磁辐射，辐射源主要有：X 射线仪、阴极射线管和放射性同位素。这些辐射源可产生具有较高能量和穿透力的 X 射线或 γ 射线，能有效地抑制固体或液体中微生物的生长，杀死细菌的芽孢和所有微生物的细胞，但是对病毒难以起到效果。常用的能产生 γ 射线的放射性同位素是 ^{60}Co 和 ^{137}Cs。

辐射多用于食品工业和医疗设备的灭菌。美国 FDA 已经批准使用辐射对外科手术器械、实验室物品、药品甚至移植的组织器官进行灭菌消毒。食品也可以用辐射法灭菌，据 2011 年的统计，全球已有 70 个国家和地区批准了 548 种食品和调味品可用辐照处理，联合国粮农组织、世界卫生组织、国际原子能机构组织的辐射食品卫生安全联合专家委员会 20 世纪 80 年代初认定，在 1 万 Gy 剂量以内辐射任何食品，大量卫生安全实验证明，辐射后的食品安全可供食用，不会引起营养和微生物方面的问题。中国辐照食品的数量自 20 世纪 90 年代以来也迅速增加，目前辐照技术大多应用在脱水蔬菜、香辛料、宠物食品、花粉、熟畜禽肉、速溶茶等食品中，GB14891 中明确了辐照食品的种类，同时也制定了相应辐射食品卫生标准和辐射食品加工工艺，辐照食品已进入了商业化应用阶段。

4. 过滤除菌

过滤是一种有效地除去溶液和热敏感材料中微生物的方法，可以被用来进行不同液体和气体（包括空气）的消毒，过滤除菌器有三种类型：

（1）深度滤器　是一种早期使用的滤器，在一个容器的两层滤板中间填充棉花、玻璃纤维或石棉，灭菌后，空气通过它就可以达到除菌的目的。为了缩小这种滤器的体积，后来改进为在两层滤板之间放入多层滤纸，灭菌后使用也可以达到除菌的作用。在液体过滤中，深度滤器也可以用作前过滤，以除去液体中较大的颗粒，防止后期过滤时出现阻塞。这种除菌方式在发酵工业中应用较广，可除去空气中的微生物，以获得无菌空气。

（2）膜滤器　是微生物学中最常用的滤器。是由醋酸纤维素或硝酸纤维素或聚砜制成的比较坚韧的具有微孔（0.22~0.45μm）的膜，灭菌后使用，当液体培养基通过时，起到筛子的作用，将微生物截留在滤器的表面。由于这种滤器处理量比较少，主要用于科研工作。

（3）核孔滤器　是由用核辐射处理的很薄的聚碳酸胶片（厚 10nm），再经化学蚀刻而制成。辐射使胶片局部破坏，化学蚀刻使被破坏的部分成孔，而孔的大小则由蚀刻溶液的浓度和蚀刻的时间来控制。液体通过这种滤器就可以将其中的微生物除去，这种滤器也主要用于科学研究中。

过滤除菌的缺点是无法滤除液体中的病毒和噬菌体。

四、 化学因素对微生物生长的控制

化学物质也可以控制微生物的生长，用于抑菌或杀菌的化学物质很多，这些物质可以是人工合成的，也可以是生物产生的天然物质。当评价它们的药效强弱时，常可以采用最低抑制浓度（minimum inhibitory concentration，MIC）作为指标，MIC 是指在一定条件下，某化学药剂能抑制特定微生物的最低浓度。MIC 的测定常用试管稀释法，通过混浊度判断在不同药剂浓度下微生物的生长状况。

不同化学物质的选择性毒力不同。有些作用无专一性，对所有活细胞都有杀死或抑制作用，这些物质有防腐剂（antiseptics）、消毒剂（disinfectants）或灭菌剂（sterilants）。另外一些则是选择性地起作用，对微生物细胞比对动物细胞具有更强的毒性，这类有选择毒性的化学物质可用作化学治疗剂来治疗传染性疾病。

1. 化学消毒剂与石炭酸系数

化学消毒剂是指对一切活细胞都有毒性，不能用作活细胞或机体内治疗用的化学药剂，它们通常用来杀死非生物材料上的微生物。常用药剂的种类很多，它们的杀菌强度虽各不相同，但几乎都有一个共同规律，即当其处于低浓度时，往往会对微生物的生命活动起刺激作用，随着浓度的递增，相继出现抑菌和杀菌作用。

为比较各种化学消毒剂的相对杀菌强度，常采用在临床上最早使用的一种消毒剂——石炭酸作为比较的标准，这就是化学消毒剂的石炭酸系数（phenol coefficient，P. C.，又称酚系数）。将某一消毒剂作不同的稀释，在一定条件、一定时间（一般 10min）致死全部供试微生物（常用金黄色葡萄球菌或伤寒沙门氏菌做指示菌）的最高稀释度与达到同样效果的酚的最高稀释度的比值，即为石炭酸系数。例如，某药剂在 10min 内杀死所有供试菌的最高稀释度是 1∶300，而达到同效的石炭酸的最高稀释度是 1∶100，则该药剂的石炭酸系数等于 3，即：

$$P.\ C. = \frac{300}{100} = 3$$

某药剂的石炭酸系数越高，表明其杀菌作用越强。

化学消毒剂广泛用于热敏感的物品或用具，如医院的温度计、镜检设备、聚乙烯管或医用导管、重复使用的设备如呼吸机等，可用环氧乙烷、甲醛、过氧乙酸、过氧化氢等药剂在密闭设备中进行冷灭菌。在食品工业、发酵工业、自来水厂等部门常用化学消毒剂杀死墙壁、楼板与仪器设备的表面和自来水中的微生物；对于空气中的微生物则用甲醛、石炭酸、高锰酸钾等化学药剂进行熏蒸、喷雾等方式来达到杀菌目的。消毒剂在工业生产中的应用见表 7-4。

表 7-4　工业生产常用的消毒剂

工业领域	消毒剂	应用
造纸	有机汞化物、酚化合物	在生产中抑制微生物的生长
皮革	重金属、酚化合物	在产品中作为抑菌因子存在
塑料	阳离子去垢剂	在塑料的水状分散相中抑制细菌的生长
纺织	重金属、酚化合物	阻止室外使用的遮棚、帐篷的纤维受微生物侵染腐烂
木材	酚化合物	防止木质结构的变质腐烂
冶金	阳离子去垢剂	阻止细菌在切割用乳剂中生长
石油	汞化合物、酚化合物、阳离子去垢剂	阻止细菌在石油及石油产品的复性和储存过程中生长
空调	氯气、酚化合物	阻止细菌在冷却塔中生长
电力	氯气	阻止细菌在冷凝器及冷却塔中生长
核工业	氯气	阻止抗辐射微生物在核反应堆生长

2. 化学防腐剂

化学防腐剂也具有杀死微生物或抑制微生物生长的能力，但对于动物或人体组织无毒害作用。大多数此类化学药剂常用于洗手或处理表面伤口，在某些情况下，有些防腐剂用作消毒剂同样有效。

表 7-5 所示为一些常用的化学防腐剂、化学消毒剂、灭菌剂的适用范围和作用机理。

表 7-5 常用的防腐剂和消毒剂

试剂	适用范围	作用机理
防腐剂		
70%乙醇	皮肤	脂溶剂、蛋白变性剂
酚类（六氯酚、氯二甲苯酚等）	肥皂、洗液、化妆品、除臭剂	破坏细胞膜
阳离子去垢剂（季铵化合物如杀藻胺）	肥皂、洗液	与膜上磷脂相互作用
3%过氧化氢溶液	皮肤	氧化剂
2.5%碘酒	皮肤	与蛋白质中酪氨酸结合
有机汞化合物（2%红汞）	皮肤	与蛋白质的巯基结合
0.1%～1%硝酸银	预防新生儿眼炎	蛋白沉淀剂
消毒剂和灭菌剂		
70%乙醇	医疗器械和实验室物品表面	脂溶剂、蛋白变性剂
阳离子去垢剂（季铵化合物）	医疗器械、食品及奶制品等设备	与膜上磷脂相互作用
0.2～0.5mg/L 氯气	净化生活用水	氧化剂
含氯化合物（0.2%～0.5%氯胺、次氯酸钠、二氧化氯）	乳制品与食品工业设备、生活用水	氧化剂（二氧化氯）
0.1%～0.5%硫酸铜	游泳池及生活用水杀藻剂	蛋白沉淀剂
600mg/L 氧化乙烯（即环氧乙烷）气体	温度敏感的实验材料如塑料	烷化剂
0.5%～10%甲醛	3%～8%溶液用于表面消毒	烷化剂
37%溶液（福尔马林）或甲醛气体	用于灭菌	烷化剂
2%戊二醛溶液	用作高效消毒剂、灭菌剂	烷化剂
过氧化氢	气体用作灭菌剂	氧化剂
碘液	医疗器械、实验室物品表面消毒	与蛋白质中酪氨酸结合

续表

试剂	适用范围	作用机理
0.05%~0.1%二氯化汞（升汞）	实验室物品表面消毒	与蛋白质的巯基结合
1mg/L 臭氧	饮用水	强氧化剂
0.2%过氧乙酸	用作高效消毒剂、灭菌剂	强氧化剂
含酚化合物（3%~5%石炭酸、2%煤酚皂即来苏水）	实验室物品表面消毒	蛋白变性剂

3. 化学治疗剂

前面主要讨论了在体外控制微生物生长的化学试剂，它们中的大多数对人体毒性太大，不能用于体内微生物的控制。能在生物体内使用的、可以控制疾病发生的化学物质，称为化学治疗剂。化学治疗剂具有选择性毒力，能在不影响人体的情况下杀死体内的微生物，故常用于口服或注射。不同的化学治疗剂有不同抑菌谱，化学治疗剂可分为两类：一类是化学合成的化学治疗剂即抗代谢药物；另一类是生物合成的化学治疗剂即抗生素。

（1）抗代谢药物（antimetabolite）　抗代谢药物又称代谢拮抗物或代谢类似物（metabolite analogue），是指一类在化学结构上与微生物细胞所必需的代谢物（即生长因子）很相似，可干扰微生物正常代谢活动的化学物质。抗代谢物如果与正常代谢物同时存在，能产生一种竞争性抑制作用，即竞争性地与相应的酶结合。由于它们具有很好的选择毒力，因此是一类重要的化学治疗剂。

抗代谢药物主要有三种作用：① 与正常代谢产物一起共同竞争酶的活性中心，从而使微生物正常代谢所需的重要物质无法正常合成，例如磺胺类药物；② 假冒正常代谢物，使微生物合成出无正常生理活性的假产物，如8-重氮鸟嘌呤取代鸟嘌呤合成的核苷酸就会产生出无正常功能的RNA；③ 某些抗代谢药物与某一生化合成途径的终产物的结构类似，可通过反馈调节破坏正常代谢调节作用，例如6-巯基腺嘌呤可抑制腺嘌呤核苷酸的合成。

最早发现的化学治疗剂是磺胺类药物，它们能抑制大多数革兰氏阳性菌（如肺炎球菌、β-溶血性链球菌等）和某些革兰氏阴性菌（如痢疾杆菌、脑膜炎球菌、流感杆菌等），对放线菌也有一定的作用，用于治疗多种传染性疾病。最简单的磺胺类药物是对氨基苯磺酰胺，简称磺胺。磺胺的结构与细菌的一种生长因子对氨基苯甲酸（PABA）高度相似，两者有竞争性拮抗作用。许多细菌需外界提供PABA作为生长因子，用于合成四氢叶酸（THFA或CoF），四氢叶酸是合成代谢中不可缺少的重要辅酶，具有转移一碳基的功能，四氢叶酸在细菌细胞内的合成过程如图7-11所示。

磺胺可竞争性地抑制二氢叶酸合成酶催化的反应。此外，TMP（三甲基苄二氨嘧啶）能抑制二氢叶酸还原酶的活性，使二氢叶酸无法还原成四氢叶酸，所以，它是磺胺的增效剂，可以加强磺胺药的作用。以对氨基苯甲酸作为生长因子自行合成四氢叶酸的细菌，最易受磺胺药抑制。而人体内不存在合成四氢叶酸所需酶类，故不能利用外界提供的对氨基苯甲酸自行合成四氢叶酸，也就是必须直接摄取现成的四氢叶酸作营养，从而对磺胺不敏感。有些致病菌也没有相应酶系，必须外界提供四氢叶酸，磺胺药对这些菌也无效。另外，当环境中存在大量的PABA或四氢叶酸时，磺胺药会失效。

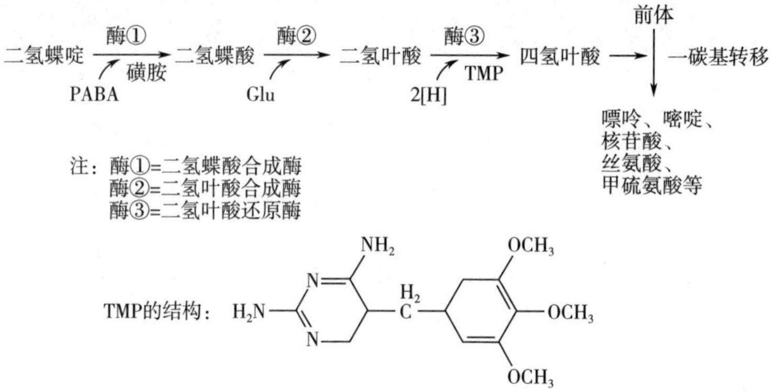

二氢蝶啶 —酶①（PABA，磺胺）→ 二氢蝶酸 —酶②（Glu）→ 二氢叶酸 —酶③（2[H]，TMP）→ 四氢叶酸 → 前体 → 一碳基转移 → 嘌呤、嘧啶、核苷酸、丝氨酸、甲硫氨酸等

注：酶①=二氢蝶酸合成酶
酶②=二氢叶酸合成酶
酶③=二氢叶酸还原酶

TMP的结构：H_2N，NH_2，N，N，H_2 C，OCH_3，OCH_3，OCH_3

(1)

二氢蝶啶酰焦磷酸（H_2N，N，H，H_2，OH，CH_2O—ⓅⓅ） + 对氨基苯甲酸（H_2N—⟨苯环⟩—COOH） —二氢蝶酸合成酶（磺胺抑制）→ ⓅⓅ

二氢蝶酸（H_2N，N，H，H_2，OH，CH_2—NH—⟨苯环⟩—COOH） —二氢叶酸合成酶（L-Glu,ATP）→

二氢叶酸（…—CH_2—NH—⟨苯环⟩—CO—NH—CH(COOH)—CH_2—CH_2—COOH） —二氢叶酸还原酶（$NADPH_2$ → NADP；TMP抑制）→

四氢叶酸（…H，H，CH_2—NH—⟨苯环⟩—CO—NH—CH(COOH)—CH_2—CH_2—COOH）

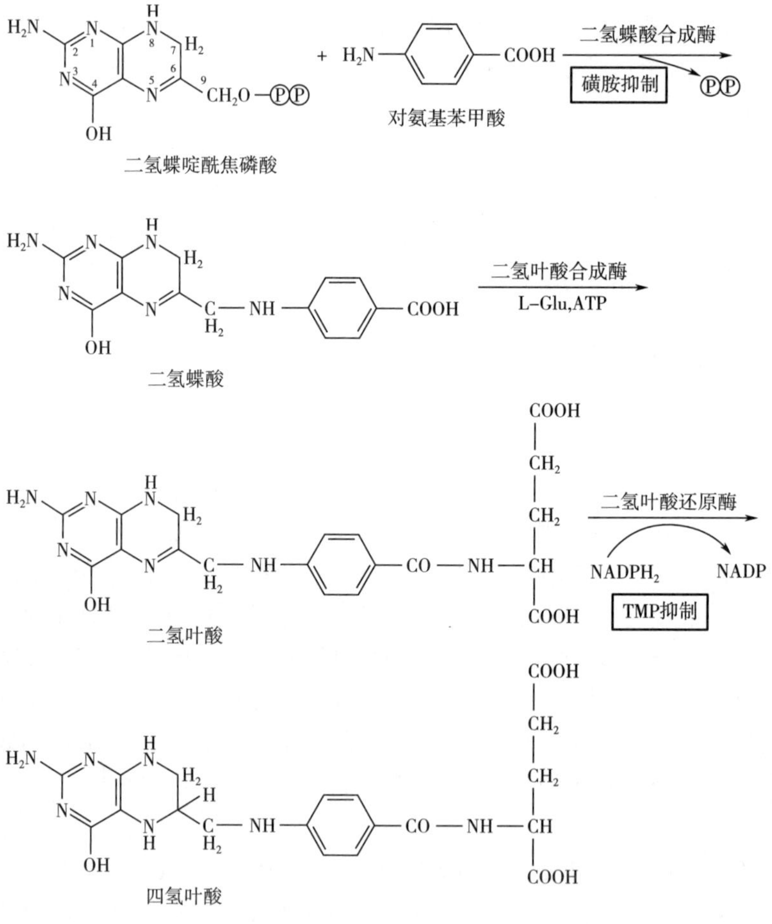

(2)

图 7-11　磺胺和 TMP 对四氢叶酸（THFA）合成的影响机制
（1）反应简式　（2）反应过程
（引自《微生物学教程》，第二版，周德庆，2002）

另一种临床上有效的重要抗代谢药物是异烟肼，它是一种窄谱的化学治疗剂，仅专一性地抑制结核分支杆菌的生长，其作用机制是作为烟酰胺的结构类似物，干扰分支杆菌特异性的细胞壁成分——分枝酸的合成。因此，异烟肼是治疗肺结核的特效药。

还有一些抗代谢药物是在正常代谢物中加入溴原子或氟原子而形成的。氟原子较小，并不能使分子形状发生大的变化，但它能改变分子的化学性质，使其不能在细胞代谢活动中发挥正常功能。5-氟尿嘧啶是尿嘧啶的结构类似物，5-溴尿嘧啶是胸腺嘧啶的结构类似物，两者均可作为生长因子的结构类似物发挥作用。

（2）抗生素（antibiotics）

①概述：抗生素是一类由微生物或其他生物生命活动过程中合成的次级代谢产物或其人工衍生物，它们在很低的浓度时就能抑制或干扰它种生物（包括病原菌、病毒、癌细胞等）的生命活动，因而可用作优良的化学治疗剂。自从 A. Fleming 于 1929 年发现第一种广泛用于医疗领域的抗生素青霉素以来，至今已找到 1 万种以上的新抗生素，合成了 7 万多种的半合成抗生素，但其中真正有医疗价值的仅占 1%，而得到临床应用的常用抗生素仅五六十种。

各种抗生素有其不同的抑菌范围，即抗生素的抑菌谱。既能作用于革兰氏阳性菌又能作用于革兰氏阴性菌的抗生素称为广谱抗生素，如氯霉素、四环素、金霉素和土霉素能同时抗革兰氏阳性、阴性细菌以及立克次氏体、衣原体；而仅作用于单一微生物类群的抗生素称为窄谱抗生素。虽然广谱抗生素被广泛使用，但窄谱抗生素可用来控制对其他抗生素不敏感的微生物，如万古霉素仅作用于革兰氏阳性的葡萄球菌属、芽孢杆菌属及梭状芽孢杆菌属。

在微生物细胞中，抗生素主要有四种作用方式：抑制细菌细胞壁的合成或引起细胞壁的降解；破坏细胞质膜；抑制蛋白质的合成；抑制 DNA 的复制及转录。

若干重要抗生素及其作用机制见表 7-6。

表 7-6　　若干重要抗生素及其作用机制

名称及类型	作用机制	作用后果
抑制细胞壁合成		
D-环丝氨酸	抑制 L-Ala 变为 D-Ala 的消旋酶	阻止胞壁酸上肽尾的合成
万古霉素	抑制糖肽聚合物的延长	阻止肽聚糖的合成
瑞斯托菌素	抑制糖肽聚合物的延长	阻止肽聚糖的合成
杆菌肽	抑制糖肽聚合物的延长	阻止肽聚糖的合成
青霉素	抑制肽尾与肽桥间的转肽作用	阻止糖肽链之间的交联
氨苄青霉素	抑制肽尾与肽桥间的转肽作用	阻止糖肽链之间的交联
头孢菌素	抑制肽尾与肽桥间的转肽作用	阻止糖肽链之间的交联
引起细胞壁降解		
溶葡球菌素	水解肽尾和分解胞壁酸-葡糖胺链	溶解葡萄球菌
干扰细胞膜		
短杆菌酪肽	破坏细胞膜，降低呼吸作用	细胞内含物外漏
短杆菌肽	与膜结合，使氧化磷酸化解偶联	细胞内含物外漏

续表

名称及类型	作用机制	作用后果
多黏菌素	使细胞膜上的蛋白质释放	细胞内含物外漏
抑制蛋白质合成		
链霉素	与 30S 核糖体结合	引起错译，抑制肽链延伸
新霉素	与 30S 核糖体结合	引起错译，抑制肽链延伸
卡那霉素	与 30S 核糖体结合	引起错译，抑制肽链延伸
四环素	与 30S 核糖体结合	抑制氨基酰-tRNA 与核糖体结合
伊短菌素	与 30S 核糖体结合	抑制氨基酰-tRNA 与核糖体结合
嘌呤霉素	与 50S 核糖体结合	引起不完整肽链的提前释放
氯霉素	与 50S 核糖体结合	抑制氨基酰-tRNA 附着核糖体
红霉素	与 50S 核糖体结合	引起构象改变
林可霉素	与 50S 核糖体结合	阻止肽键形成
抑制 DNA 合成		
狭霉素 C	抑制黄苷酸氨基酶	因阻止 GMP 合成而抑制 RNA
萘啶酮酸	作用于复制基因	阻断 DNA 合成
灰黄霉素	不详	抑制有丝分裂中的纺锤体功能
抑制 DNA 复制		
丝裂霉素	使 DNA 的互补链相结合	抑制复制后的分离
抑制 RNA 转录		
放线菌素 D	与 DNA 中的鸟嘌呤结合	阻止依赖于 DNA 的 RNA 合成
抑制 RNA 合成		
利福平	与 RNA 聚合酶结合	阻止 RNA 合成
利福霉素	与 RNA 聚合酶结合	阻止 RNA 合成

②半合成抗生素：随着抗生素的广泛应用，抗药性或耐药性突变株不断出现，从而使现有的抗生素逐渐失去往日的疗效。为解决这一矛盾，人们除继续筛选更新的抗生素以外，还在天然抗生素的结构改造方面开展了大量工作，并获得了不少疗效提高、毒性降低、性质稳定和抗耐药菌的新品种，如各种半合成青霉素、四环素类、利福霉素和卡那霉素等，这些对天然抗生素的化学结构进行人为改造后的抗生素，称为半合成抗生素。

以半合成青霉素为例，青霉素曾经是一种较理想的抗生素，具有毒性低、抗菌活性高等优点，但也存在着易过敏、不稳定、不能口服和易产生耐药菌株等缺点。若要对青霉素的结构进行改造，必须保留其母核即 6-氨基青霉烷酸（6-aminopenicillanic acid，6-APA），再对其侧链 R 基团进行改造或取代。6-APA 虽是一切青霉素所共有的且不可或缺的基本结构，但它的抑菌力微弱，在发酵液中的含量也较低。为了取得大量供制造半合成青霉素用的 6-APA，常采用苄青霉素为原料，利用大肠杆菌的青霉素酰化酶进行裂解后制取，如图 7-12 所示。

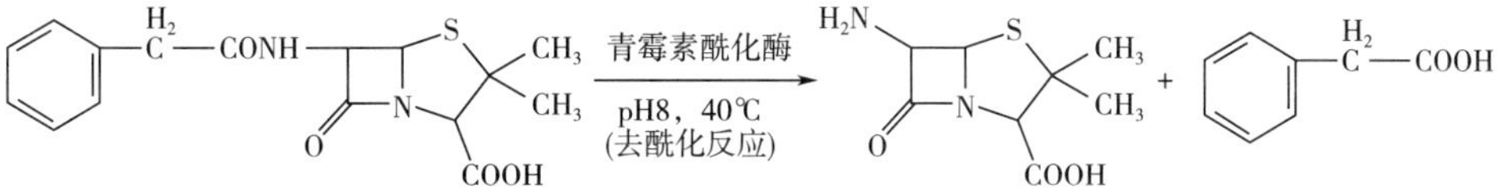

苄青霉素　　6-APA　　苯乙酸

图 7-12　由苄青霉素制取 6-APA 的过程

然后，将 6-APA 与各种不同的侧链通过酶法催化连接，就可合成各种相应的半合成青霉素，如氨苄青霉素、羧苄青霉素、羟苄青霉素和氧哌嗪青霉素等。现以氨苄青霉素为例，如图 7-13 所示。

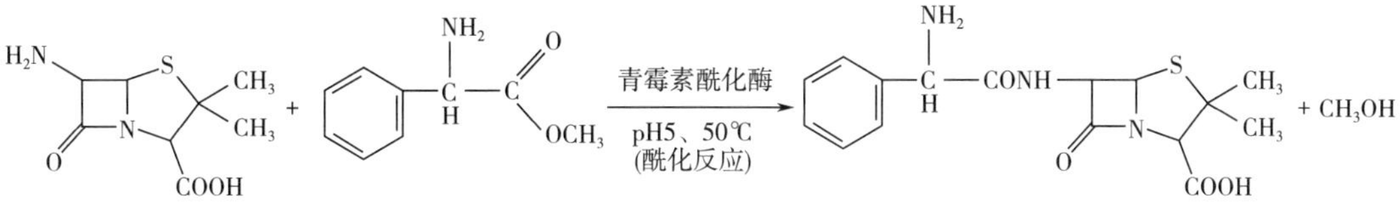

6-APA　　氨基苯乙酸甲酯　　氨苄青霉素

图 7-13　半合成抗生素氨苄青霉素的合成过程

③生物药物素（biopharmaceutin）：自 20 世纪 90 年代以来，从自然界筛选天然抗生素已面临“山穷水尽”的境地，而在筛选新抗生素基础上发展起来的、比抗生素疗效更为广泛的生理活性产物如酶抑制剂、免疫调节剂、受体拮抗剂和抗氧化剂等微生物的其他次级代谢产物却越来越多，并代表了后抗生素时代的到来，这一类具有多种生理活性的微生物次级代谢产物称作生物药物素。如酶抑制剂洛伐他丁、免疫增强剂苯丁抑制素和环孢菌素等。

五、病毒和真菌的控制

1. 病毒的控制

病毒属于非细胞型微生物，需借助寄主细胞的作用才能完成其代谢过程，因此，大多数控制病毒的化学方法对宿主也同样有毒性。然而，有些药剂对病毒的毒性更大一些，还有一些由宿主产生的专一性地作用于病毒的物质，它们都可以作为控制病毒的化学药剂。

（1）抗病毒的化学治疗剂　因为病毒的结构和作用与宿主细胞的作用合为一体，因此，利用抗病毒药治疗病毒感染的效果，远远比不上使用强选择性的抗细菌药物在治疗细菌感染上取得的成就。但在人们努力寻找控制艾滋病方法的过程中，在化学药物控制病毒方面也取得了一些成就。

最成功且普遍使用的抗病毒化学治疗剂是核苷的结构类似物，其中叠氮胸苷（AZT）是最先普遍使用的，它能抑制反转录病毒如引起艾滋病的人类免疫缺陷病毒（HIV）的活动。AZT 是胸腺嘧啶脱氧核苷的 2′,3′-双脱氧衍生物，可以作为正常胸腺嘧啶脱氧核苷的结构类似物，在宿主细胞 DNA 聚合酶催化病毒 DNA 中间体的合成过程中掺入，但因 AZT 的第 3 位碳原子上没有羟基，不能形成 3′,5′-磷酸二酯键，DNA 的合成因而到此中断，造成 DNA 中间体不能正常合成，反转录病毒的增殖因此受到抑制。几乎所有的核苷结构类似物都有同样的作用机制，即在宿主细胞核酸聚合酶的水平上，抑制病毒核酸链的延伸。由于在宿主细胞的 DNA 复制过程中，AZT 也可作为胸苷的结构类似物掺入，造成 DNA 复制的中断，因此这些药物总是或多或少地具有宿主毒性。另外，随着抗药性病毒的逐渐出现，许多药物也丧失了抗病毒的能力。

其他一些抑制病毒的化学药剂还有：非核苷类似物的反转录酶抑制剂奈韦拉平（中文名：维乐命），它通过直接连接到反转录酶上来抑制其进一步发挥作用；乙膦甲酸则是作为无机焦磷酸的结构类似物，抑制核苷酸之间的正确连接；利福平属于抗生素类，它是通过结合到 RNA 聚合酶上抑制其作用的。

（2）干扰素（interferons，IFNs） 1957 年 A. Isaacs 等在研究流感病毒时，发现先感染动物细胞的一种病毒，会对后感染该细胞的另一种病毒产生抑制，这就是病毒的干扰现象。

干扰素是高等动物细胞在病毒或 dsRNA 等诱生剂的刺激下，所产生的一种具有高活性、广谱抗病毒等功能的特异性糖蛋白，相对分子质量约为 17000。

干扰素分子有三种类型：①白细胞产生的 IFN-α；②成纤维细胞产生的 IFN-β；③免疫淋巴细胞产生的 IFN-γ。

活的病毒、病毒的核酸、灭活的病毒及人工合成的 dsRNA 均可诱发干扰素的产生，并且低毒力的病毒反而能诱导细胞产生更多的干扰素，这主要是因为高毒力的病毒在干扰素合成之前抑制了细胞蛋白质的合成，这种细胞几乎不能释放干扰素。

干扰素虽有广谱抗病毒的特性，但也受宿主种属特异性的限制。例如，只有人细胞产生的干扰素才能保护人细胞免受各种病毒的感染；由鸡产生的抗流感病毒的干扰素，可抑制鸡身上包括流感病毒在内的多种病毒的感染，却很难或根本不能用于抑制人或其他动物抵抗流感病毒的感染。

2. 真菌的控制

真菌属于真核生物，其细胞内部的许多机制与人类等高等动物相同，因此，许多作用于真菌代谢途径的化学治疗剂，同样会影响宿主细胞相关的代谢途径，而造成药物对宿主的毒性。所以，许多抗真菌的药物只能用于身体表面真菌感染的治疗。但仍有部分药物仅对真菌有选择性毒力，可用于体内治疗。

（1）麦角甾醇抑制剂 在真菌的细胞质膜中，含有甾醇类化合物——麦角甾醇，有两类主要的抗真菌化合物都是通过作用于麦角甾醇或抑制其合成而抑制真菌生长的。第一类抗真菌剂是多烯类化合物，它们是由链霉菌属产生的抗生素，通过与麦角甾醇结合破坏真菌的细胞膜，影响细胞膜的通透性，导致真菌细胞死亡的。第二类抗真菌剂包括氮杂茂环和丙烯胺，这类物质能选择性地抑制麦角甾醇的生物合成，具有广谱的抗真菌作用。经氮杂茂环处理后的真菌不能产生正常的细胞膜，并影响到细胞营养物质的运输。丙烯胺也能抑制麦角甾醇的合成，但它不易被动物细胞及组织吸收利用，只能用于表面治疗。

（2）其他抗真菌剂 多数真菌的细胞壁中都含有几丁质，这种 *N*-乙酰葡萄糖胺的聚合物仅在真菌和昆虫中存在。多氧菌素及其他一些药物可通过干扰几丁质的生物合成来抑制真菌细胞壁的合成。还有些药物能抑制叶酸的生物合成；干扰 DNA 复制过程中的拓扑结构的形成；破坏有丝分裂中微管的聚集（如灰黄霉素）。其他一些高效抗真菌剂还具有另外的生物学效应，如长春新碱、长春碱和抗毒素等，均具有抗癌细胞的特性。

六、 微生物的抗药性

抗生素与其他一些抗代谢药物如磺胺类药物，通常是临床上广泛使用的化学治疗剂，但多次重复使用，使一些微生物变得对它们不敏感，作用效果也越来越差，这就是微生物产生了抗药性。微生物的抗药性主要通过遗传途径产生，例如基因突变、遗传重组或抗性质粒转移等方式。微生物产生抗药性的原因有以下几方面。

1. 产生能使药物失活的酶或合成了修饰抗生素的酶

抗青霉素或头孢霉素的菌株可产生内酰胺酶，从而使这两类抗生素的核心结构中的内酰胺键断裂而丧失活性；有些抗性菌株会产生转乙酰酶、转磷酸酶或腺苷酸转移酶等，在这些酶的作用下，可分别使氯霉素乙酰化，链霉素与卡那霉素磷酸化，链霉素腺苷酸化，这些被修饰后的抗生素就失去了抗菌活性。

2. 修饰和改变药物作用的靶位点

抗链霉素的菌株可通过突变而使核糖体 30S 亚基的 P10 蛋白组分改变，从而使链霉素不能再与这种变化了的 30S 亚基结合；二氢蝶酸合成酶是磺胺类药物作用的靶位点，抗磺胺药物的菌株改变了二氢蝶酸合成酶基因的结构，其表达的突变酶对磺胺药物不再敏感；又如通过 23S rRNA 上的甲基化，即在核糖上的甲基化或在嘌呤第 6 位上的甲基化，或在 16S rRNA 的 3′-末端发生的甲基化作用等，都可以使抗生素失去应有的作用效果。

3. 形成“救护途径”

通过被药物阻断的代谢途径发生改变，而形成了仍能合成原来产物的新途径。

4. 使药物不能透过细胞膜

耐药菌通过酶的作用对药物进行修饰，使其变成易外渗或不能进入细胞的衍生物，或改变细胞膜的通透性以阻止药物透入等。例如，委内瑞拉链霉菌因改变细胞膜的通透性而使四环素进入细胞受阻，易于排出细胞。

5. 通过主动外排系统把细胞内的药物泵出细胞外

近年来发现，铜绿色假单胞菌（俗称“绿脓杆菌”）的多重耐药菌株除其外膜的通透性较低外，还存在主动外排系统。

6. 抗性菌株发生遗传变异

变异菌株合成新的多聚体，以取代或部分取代原来的多聚体，如有些抗青霉素的菌株细胞壁中肽聚糖含量降低，但合成了另外的细胞壁多聚糖；也有的青霉素抗性菌株在细胞壁外形成了能保护青霉素作用靶点的蛋白，因而表现出对青霉素作用的不敏感。

值得注意的是，临床上对抗生素的过度使用也加速了病原微生物对抗生素抗性的发展，一般来说，抗生素的使用剂量越高，产生的抗性水平越高。现已有许多关于抗生素过度使用导致抗性发展的例子，例如由临床分离到的淋病奈瑟氏球菌大多数产生 β-内酰胺酶，对青霉素具有抗性，使青霉素已不能作为治疗淋病的首选药物，目前用于治疗淋病的药物是头孢曲松，但为了减少迅速出现的抗药性的影响，治疗方法几乎每年更换。可以这样说，抗性微生物是被周围环境中存在的抗生素选择出来的。

抗生素在临床上用来治疗由细菌引起的疾病时，为了避免出现细菌的耐药性，使用时一定要注意以下几个方面：①第一次使用的药物剂量要足，使微生物在突变之前群体数量下降，从而减少突变株出现的机会；②避免在一个时期内或长期多次使用同种抗生素；③不同的抗生素

（或其他药物）混合使用，一种抗生素的抗性突变株有可能对另一种抗生素敏感；④对现有抗生素进行改造；⑤筛选新的更有效的抗生素。

思考题

1. 了解单细胞微生物的典型生长曲线，对微生物发酵生产有何指导意义？
2. 进行益生菌发酵时，可使用哪类发酵器进行？
3. 针对枯草芽孢杆菌培养液、污染大肠杆菌的水样以及酸奶三种样品，分别采取何种计数方法？
4. 利用哪种方法可测定一种代时为10年的微生物的生长情况？
5. 如何获得在实验室难以培养的极端微生物基因组中的有益基因？
6. 嗜冷微生物和嗜热微生物中的低温酶和高温酶可分别用于什么工业领域？
7. 结合本章的知识，总结在日常生活中有哪些措施是被用来抑制或杀灭微生物的？

CHAPTER 8

第八章

微生物遗传与育种

本章学习重点

1. 证明 DNA 和 RNA 是遗传的物质基础的三个经典实验过程及原理。

2. 基因突变的类型和突变的分子机制。

3. 诱变育种的一般操作流程和注意事项。

4. 营养缺陷型突变株、抗终代谢物结构类似物突变株等重要突变菌株的选育和筛选方法。

5. 原核微生物基因重组的四种方法转化、转导、接合和原生质体融合，每种方法的定义、区别及实际应用。

6. 真核微生物基因重组的四种方法：转化、有性杂交、准性杂交和原生质体融合，每种方法的定义、区别及实际应用。

7. 接合中断的原理及在基因定位中的应用。

8. 质粒的概念、分类、提取和检测方法、以及在基因工程中的应用。

9. 基因工程的基本流程，每个过程涉及的主要技术及其原理。

10. 微生物基因组的特点及测定方法。

11. 微生物菌种保藏的原理、方法及各种方法的优缺点。

12. 菌种衰退的原因及复壮的方法。

遗传（heredity）是指上一代生物将自身的一整套遗传基因稳定地传递给下一代的特性。但是微生物在进行遗传的过程中，常由于生物体在某种外因或内因的作用下，发生遗传物质结构或数量的改变，且这种改变稳定，具有可遗传性，这种改变被称为变异（variation）。

对于生物体而言，无论遗传和变异如何进行，最终通过表型（phenotype）体现出来。生物体的表型就是指某一生物体所具有的一切外表特征及内在特性的总和。表型的实现是由生物体的基因型和环境条件共同作用的结果。基因型（genetype）又称遗传型，是指某一生物体个体所含有的全部遗传因子，即基因的总和。基因型实质上是生物体遗传物质所负载的特定遗传信息，但它必须在适当的环境条件下，通过自身代谢和发育，才能由表型表现出来。

当遗传物质的结构没有发生改变，而出现某些表型的变化只发生在转录和转译水平上，这种变化不同于变异，被称为饰变（modification）。例如，用于谷氨酸发酵的温度敏感菌株在30℃时菌体生长而不产生氨基酸，但是当温度提高到37℃时，菌体大量合成谷氨酸；如果温度降到30℃时，菌体细胞膜合成完整，胞内合成的谷氨酸不能分泌到胞外，反馈抑制其生物合成的关键酶，在培养基营养充足的条件下，菌体回复生长状态。饰变的特点是当环境条件发生变化时，整个群体中的每一个个体都发生同样的变化，但发生的几率极低，一般仅有 10^{-10} ~ 10^{-6}。

第一节　遗传变异的物质基础

遗传的物质基础是蛋白质还是核酸，曾是生物学中激烈争论的重大问题之一。1944 年 Avery 等人以微生物为研究对象进行的三个经典实验，有力地证实了遗传的物质基础是核酸。

一、 转化实验

1928 年英国医生 F. Griffith 首先发现了肺炎链球菌（*Streptococcus pneumoniae*）的转化现象。该菌是一种病原菌，根据它有无荚膜，可以分成两种类型的菌株：光滑型即 S 型（有荚膜，菌落光滑）和粗糙型即 R 型（无荚膜，菌落粗糙）。S 型可使人患肺炎，也可使小白鼠患败血症死亡。而 R 型是非致病菌株。

转化实验的具体过程如图 8-1 所示。

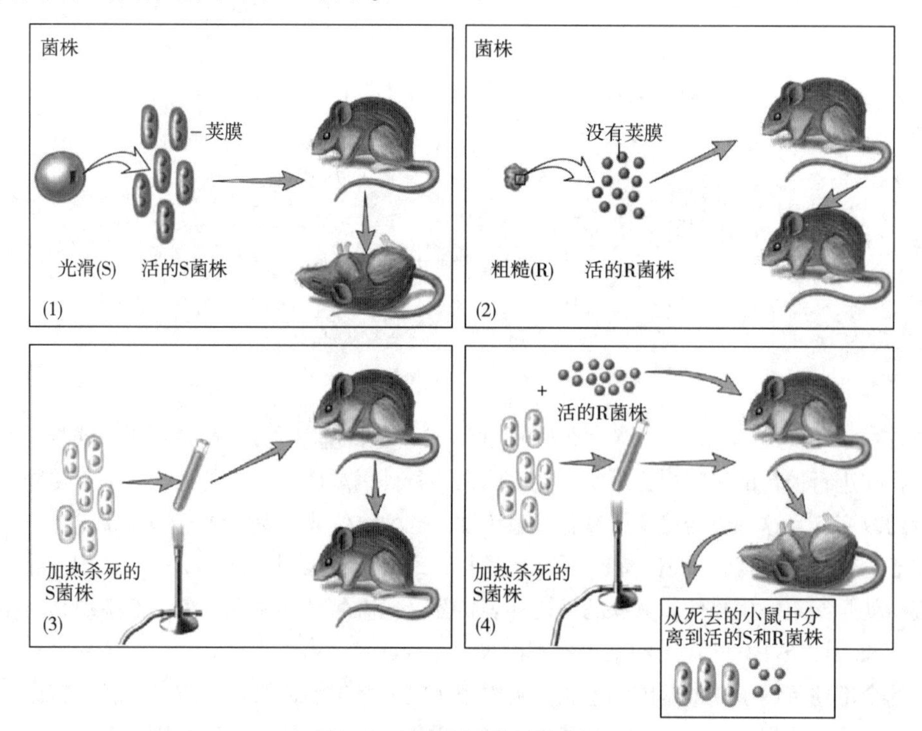

图 8-1　肺炎链球菌转化实验

首先将S型活菌注入小白鼠体内时，小白鼠患病死亡；当将R型活菌注入小白鼠体内时，小白鼠存活。将S型菌在60℃下加热杀死后注入小白鼠体内，小白鼠存活。但将加热杀死的S型菌和R型活菌混合注入小白鼠体内时，小白鼠却死亡了，而且在它的心脏血液中可分离到活的S型菌。

后来转化实验在动物体外也获得了成功。把加热杀死的S型菌放在体外培养，没有菌落生长；把R型活菌放在体外培养，长出来的只有R型菌；把加热杀死的S型菌和R型活菌在体外混合培养，除了长出大量的R型菌外，还有少量的S型菌。

以上实验说明，加热杀死的S型细菌，在其细胞内部可能存在一种具有遗传转化能力的物质，它能通过某种方式进入R型细菌，并使R型细菌获得表达S型荚膜性状的遗传特性。

1944年，O. T. Avery，C. M. Macleod和M. J. McCarty从活的S型肺炎链球菌细胞中提取了DNA、蛋白质和荚膜多糖，并分别将每个成分与R型菌在合成培养基上混合培养，结果发现，只有DNA能将某些R型细菌转化成S型细菌。而且，DNA纯度越高，转化的效率越高。一旦用DNA酶处理DNA后，就不发生这种转化。

二、噬菌体感染实验

1952年，A. D. Hershey和M. Chase进行了特殊的噬菌体感染实验，证实DNA是噬菌体遗传物质的基础。大肠杆菌（*E. coli*）的T_2噬菌体由蛋白质和核酸组成，由于蛋白质分子含硫而不含磷，DNA分子恰恰与其相反，含磷而不含硫，故把大肠杆菌（*E. coli*）分别培养在以放射性$^{32}PO_4^{3-}$或$^{35}SO_4^{2-}$作为磷源或硫源的组合培养基中，再用T_2噬菌体侵染大肠杆菌（*E. coli*），从而制备出含^{32}P-DNA核心的噬菌体或含^{35}S-蛋白质外壳的噬菌体。随后实验按以下方式进行（图8-2）。

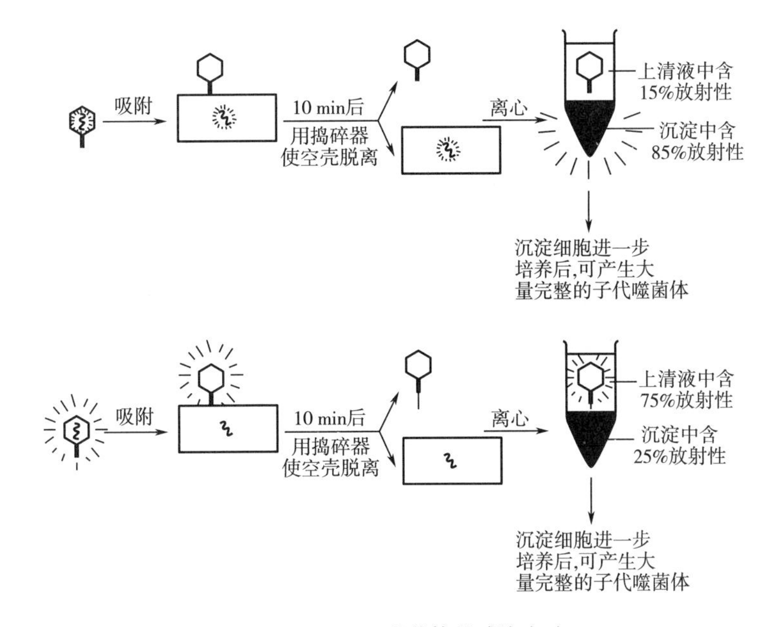

图8-2 *E. coli*噬菌体的感染实验

（引自《微生物学教程》，第二版，周德庆，2002）

实验结果表明，在噬菌体感染过程中，其蛋白质外壳未进入宿主细胞，由于搅动而从细菌表面脱落下来，并且蛋白外壳质量较轻，在离心时不被沉淀。而噬菌体DNA进入菌体，由于菌体较重，在离心时沉淀下来。进入宿主细胞的虽只有DNA，但却有自身的增殖、装配能力，最终会产生一大群既有DNA核心、又有蛋白质外壳的完整的子代噬菌体颗粒。这就有力证明，DNA是噬菌体遗传信息的载体。

三、 RNA作为遗传物质的植物病毒重建实验

1956年H. Fraenkel-Conrat用含RNA的烟草花叶病毒（TMV），进行了著名的植物病毒重建实验。在TMV组分中，94%是蛋白质，6%是RNA，该病毒能在烟叶上引起病斑，并有大小和颜色的特异性。将TMV放在水和苯酚中振荡，就能将它的蛋白质外壳与RNA核心分离，分开的蛋白质外壳和RNA核心又能够重新组建成具感染力的病毒。在该实验中，还选用了另一种与TMV近缘的霍氏车前花叶病毒（HRV）。实验过程和结果见图8-3。

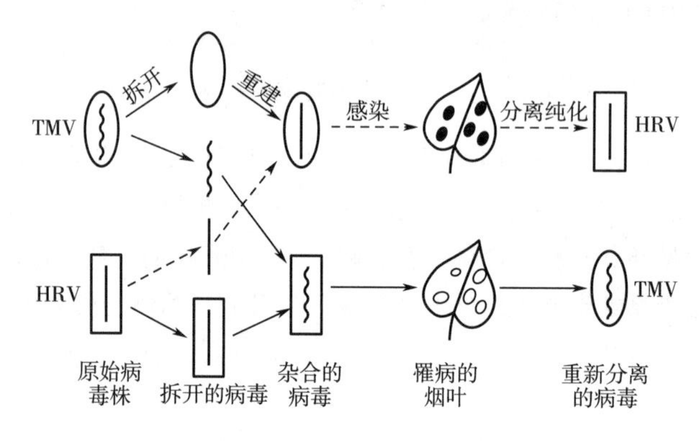

图8-3　TMV重建实验示意图

实与虚的粗线箭头表示遗传信息的去向

（引自《微生物学教程》，第三版，周德庆，2011）

如图8-3所示，当用TMV的蛋白质与HRV的RNA重建后的杂“种”病毒去感染烟草时，烟叶上出现的是典型的HRV病斑，再从中分离出来的病毒也是HRV。相反，如用TMV的RNA与HRV的蛋白质外壳进行重建后，出现的是典型的TMV病斑，病斑上分离出来的病毒也是TMV。这就充分证明，病毒蛋白质的特性由其核酸所决定，而不是由蛋白质来决定，在RNA病毒中，遗传的物质基础是RNA而不是蛋白质。

第二节　基因突变

从自然界分离到的菌株一般称为野生型菌株（wild type strain），简称野生型。野生型经突变后形成的带有新性状的菌株称为突变株（mutant）。

突变（mutation）是指细胞内（或病毒粒内）遗传物质的分子结构或数量发生的可遗传的

变化。突变包括基因突变和染色体畸变两大类。基因突变（gene mutation）是指一个基因内部遗传结构或DNA序列的任何改变，涉及一对或少数几对碱基的置换、缺失或插入，因其发生的范围很小，所以又称点突变（point mutation）。而染色体畸变（chromosomal aberration）是指染色体较大范围内结构的变化，如缺失、重复、倒位、易位等以及染色体数目的变化。

点突变包括碱基置换（substitution）和移码突变（frame-shift mutation 或 phase-shift mutation）。其中碱基的置换只涉及一对碱基被另一对碱基所置换。置换又可分为两个亚类：转换（transition）和颠换（transversion），转换是指DNA链中的一个嘌呤被另一个嘌呤或是一个嘧啶被另一个嘧啶所置换；颠换则是指一个嘌呤被另一个嘧啶或是一个嘧啶被另一个嘌呤所置换。

突变是重要的生物学现象，突变过程是遗传学的一个重要课题，它在理论上有助于了解生物进化的发生过程；在实践上它的研究是诱变育种的理论基础，而且与致癌物质的检测有密切的关系。

一、基因突变的规律

基因突变不论发生在什么微生物中，不论所影响的表型是什么，不论突变带来的遗传信息改变的性质是什么，都符合同样的规律。这些规律同样适合于高等动植物。

（1）自发性　指生物体可自发地产生突变。

（2）不对应性　指突变性状与环境因子间无直接对应关系。即微生物并不针对某些药物而产生抗药性突变，抗药性突变并非由于接触了药物所引起。

（3）稀有性　是指在正常情况下，自发突变率往往是很低的，一般是10^{-10}~10^{-6}。所谓突变率是指每一细胞在每一世代中发生某一性状突变的几率。例如，突变率为10^{-8}，即表示该细胞在10^{8}次分裂过程中，会发生1次突变。突变率还可用某一单位群体在每一世代（即分裂1次）中产生突变株的数目来表示，例如，含10^{8}个细胞的群体，当分裂成$2×10^{8}$个细胞时，平均发生1次突变的突变率也是10^{-8}。对个体而言，哪个细胞、在什么时间、什么位点发生突变均带有偶然性和随机性。但是对于群体而言，某个性状的突变又总是以一定的频率在群体中出现，在特定的环境条件下，其突变率是一定的。

（4）独立性　在生物群体中，突变是独立发生的，某一基因的突变与另一基因的突变之间是互不相关的独立事件。这表明要在同一细胞中同时发生两个或两个以上突变的几率是极低的，因为双重或多重突变的几率是各个基因突变几率的乘积，如某一基因突变率为10^{-7}，另一为10^{-6}，则双重突变的几率仅为10^{-13}。

（5）可诱变性　通过理化诱变剂的诱变作用可显著提高自发突变的频率，但通过诱发突变和自发突变得来的突变型没有本质上的区别。

（6）稳定性　指基因突变后的新遗传性状是稳定的、可遗传的。如筛选到的抗链霉素的突变株，在没有链霉素的培养基上连续传代无数次，它的抗性没有改变。

（7）可逆性　指野生型基因可以通过突变而成为突变型基因，同样，突变型基因也可通过突变成为野生型基因。例如，野生型菌株通过突变可以变为抗链霉素的突变型菌株；抗链霉素的突变型菌株又可以回复突变为对链霉素敏感的野生型菌株。一般把野生型基因变为突变型基因的过程称为正向突变（forward mutation），突变型基因变为野生型基因的过程称为回复突变（reverse mutation）。

二、突变类型

1. 按突变株表型效应不同分类

按突变株表型效应的不同，可把突变分为六种类型：条件致死突变型、营养缺陷型、抗性突变型、形态突变型、抗原突变型和产量突变型，其中前三者的突变特征可以通过选择性培养基筛选，属于选择性突变型，而后三种为非选择性突变型。

①条件致死突变型（conditional lethal mutant）：是指在某一条件下具有致死效应，而在另一条件下没有致死效应的突变型。

最常见的条件致死突变型是Ts突变株即温度敏感突变株（temperature sensitive mutant）。例如：*E. coli* 的野生型菌株在37℃及42℃下均可生长，而Ts突变株在37℃下正常生长，在42℃下不能生长；又如某些T_4噬菌体突变株在25℃下可感染其宿主 *E. coli* ，而在37℃时却不能感染等。

②营养缺陷型（auxotroph）：某一野生型菌株因发生突变而丧失合成一种或几种生长因子（碱基、氨基酸或维生素等）的能力，因而无法再在基本培养基（minimal medium，MM）上正常生长繁殖的变异类型，称为营养缺陷型。它们可在加有相应营养物质或其前体的基本培养基平板上筛选出来。营养缺陷型的基因型常用所需营养物质的前三个英文小写斜体字母表示，例如 *his*C、*trp*A 分别代表组氨酸营养缺陷型和色氨酸营养缺陷型，其中的大写字母C和A则表示同一表型中不同基因的突变。相应的表型则用HisC和TrpA表示。在容易引起误解的情况下，则用 *his*C^-和 *his*C^+，*trp*A^-和 *trp*A^+分别表示缺陷型和野生型基因。营养缺陷型突变株在遗传学、分子生物学、遗传工程和育种工作中可作为选择性标记，因而十分有用。

③抗性突变型（resistant mutant）：是指野生型菌株因发生突变，而成为对某种（或几种）化学药物或致死物理因子具有抗性的一类变异类型。它们可在加有相应药物或用相应物理因子处理的培养基平板上选出。抗性突变型普遍存在，例如对抗生素具有抗药性的菌株、抗紫外线菌株、抗高温菌株、抗噬菌体菌株等。这类突变型常用所抗药物的前三个小写英文斜体字母加上“r ”表示，如：str^r和str^s分别表示对链霉素的抗性和敏感性。抗性突变型是遗传学、分子生物学、遗传育种和基因工程等研究中重要的正选择性标记，极其重要。

④形态突变型（morphological mutant）：是指由于突变引起的细胞个体或菌落形态的变异。例如，细菌的鞭毛或荚膜的有无，霉菌或放线菌的孢子有无、颜色变化、大小和形态，菌体的形状和大小等。群体形态变异主要看菌落形态和表面结构、菌落的颜色以及噬菌斑的大小或清晰度等。这是一类非选择性突变，因为在一定条件下，它既没有像抗性突变那样的生长优势，也没有像营养缺陷型和条件致死突变型那样的生长劣势，形态突变型与野生型同样生长在平板上，只能靠看得见的形态变化进行筛选。

⑤抗原突变型（antigenic mutant）：是指由于基因突变引起的细胞抗原结构发生的变异类型，包括细胞壁缺陷变异、荚膜或鞭毛成分变异等。

⑥产量突变型（producing mutant）：通过基因突变而引起的目标代谢产物的产量发生变化的变异菌株，其在产量上高于或低于原始出发菌株。如产量提高的突变株，被称为“正突变”（plus-mutant），也称为“高产突变株”（high producing mutant）；而产量低于出发菌株的突变株，则称为“负突变”（minus-mutant）。

2. 按突变引起的遗传信息的改变分类

如果按突变所引起的遗传信息的改变，可把突变分为三种类型：

①错义突变（missense mutation）：是指碱基序列的改变造成了一个不同氨基酸的置换，从而影响到蛋白质的活性的突变。

②同义突变（samesense mutation）：由于密码子的简并性，某个碱基的变化没有引起编码的氨基酸的改变，对蛋白质的活性没有丝毫影响的突变。

③无义突变（nonsense mutation）：是指某个碱基的改变，使代表某种氨基酸的密码子变为蛋白质合成的终止密码子（UAA、UAG、UGA）之一，蛋白质的合成提前终止，产生截短的多肽链。

三、 突变的分子基础

1. 自发突变

（1）DNA 基因组的自发突变　自发突变（spontaneous mutation）是指生物体在无人工干预下自然发生的低频率突变。引起自发突变的原因主要有以下几方面：

①由背景辐射和环境因素引起，这些因素包括宇宙空间的各种短波辐射、高温的诱变效应以及自然界中普遍存在的一些低浓度的诱变物质等。

②由微生物自身有害代谢产物引起，例如硫氢化合物、重氮丝氨酸、过氧化氢等。

③互变异构效应引起的碱基配对错误。碱基能以互变异构体的不同形式存在，互变异构体能形成不同的碱基配对，因此在 DNA 复制时，当腺嘌呤以正常的氨基形式出现时，便与胸腺嘧啶进行正确配对（A—T）；如果以亚氨基形式出现时，则与胞嘧啶配对，这意味着 C 代替 T 插入到 DNA 分子中，如果在下一轮复制之前未被修复，那么 DNA 分子中的 A—T 碱基对就变成了 G—C。同样，胸腺嘧啶也可因为由酮式到烯醇式的互变异构作用，而将碱基配对由原来的 A—T 变成 G—T，即鸟嘌呤代替了腺嘌呤，经 DNA 复制后便导致 AT→GC 的转换。

④在 DNA 复制时，由于在短的重复核苷酸序列上发生的 DNA 聚合酶的打滑，而导致一小段 DNA 的插入或缺失也是产生自发突变的原因。此外，DNA 复制时，胞嘧啶的自然脱氨基会形成尿嘧啶，因为尿嘧啶不是 DNA 的正常碱基，被 DNA 修复系统识别而被除去，结果留下一个脱嘧啶位点，该缺口在下一轮复制时，不能进行正常的碱基配对，而会导致一个碱基移出。

⑤自发突变还有一个重要原因是由能够随机插入基因组的转座因子引起的。

但是这些错误和损伤将会被细胞内大量的修复系统修复，而使突变率降到最低程度。

（2）RNA 基因组的突变　虽然所有细胞是以 DNA 作为遗传物质的，但是一些病毒的基因组是 RNA，它们也能发生突变，而且 RNA 基因组的突变率比 DNA 基因组的高 1000 倍。这是因为虽然一些 RNA 聚合酶同 DNA 聚合酶一样在核酸复制时有阅读纠错功能，但病毒却没有类似于 DNA 修复系统对 RNA 损伤的修复机制，这使得 RNA 病毒（包括致病性的 RNA 病毒）能迅速变异，并不断出现新的类群，给人类进行病毒疫苗的研制工作带来困难。

2. 诱发突变

诱发突变（induced mutation）简称诱变，是指通过人为的方法，利用物理、化学或生物因素显著提高自发突变频率的手段。能提高基因突变频率的任何因素统称为诱变剂。

（1）碱基类似物诱变剂　碱基类似物是指在化学结构上与 DNA 中一些碱基十分相似的一类化合物。如 5-溴尿嘧啶（5-BU）是胸腺嘧啶的结构类似物，2-氨基嘌呤（2-AP）是腺嘌呤的结构类似物。在 DNA 复制过程中它们能够整合进 DNA 分子，但由于它们比正常碱基产生异构体的频率高，因此出现碱基错配的概率也高，从而提高了突变率。常见的碱基结构类似物诱变剂还有：5-氨基尿嘧啶（5-AU）、8-氮鸟嘌呤（8-NG）、6-氯嘌呤（6-CP）等。

（2）同碱基起化学反应的诱变剂　这是一类可直接与核酸的碱基发生化学反应的化学诱变剂，在体内或离体条件下均有作用，例如亚硝酸、羟胺和各种烷化剂等。亚硝酸能引起含 NH_2 基的碱基（A、G、C）产生氧化脱氨基反应，使氨基变成酮基，从而改变配对性质造成碱基转换。在亚硝酸作用下，胞嘧啶可以变为尿嘧啶，DNA 复制后可引起 GC→AT 的转换；腺嘌呤可以变为次黄嘌呤，复制后可引起 AT→GC 的转换；鸟嘌呤可以变为黄嘌呤，它仍旧与 C 配对，因此不引起突变。羟胺（NH_2OH）几乎只和胞嘧啶发生反应，因此只引起 GC→AT 的转换。烷化剂包括硫酸二乙酯（DES）、甲基磺酸乙酯（EMS）、*N*-甲基-*N'*-硝基-*N*-亚硝基胍（NTG）、亚硝基脲、乙烯亚胺、环氧乙酸和氮芥等，其烷化位点主要在鸟嘌呤的 *N*-7 位和腺嘌呤的 *N*-3 位上，烷化后的碱基也像碱基结构类似物一样能引起碱基配对的错误。烷化剂的另一作用是使嘌呤整个从 DNA 链上脱下来，产生一个缺口，在与缺口相对应的位点上就能配上任何一个碱基，从而引起转换或颠换。

（3）嵌入诱变剂　这类诱变剂是一些扁平的具有三个苯环结构的化合物，结构上与一个嘌呤-嘧啶碱基对十分相似，故能嵌入两个相邻的 DNA 碱基对之间，使其分开，从而导致 DNA 在复制过程中的打滑，这种打滑增加了一小段 DNA 插入和缺失的概率，导致突变率的增加，并引起移码突变。

移码突变是指诱变剂引起 DNA 序列中的一个或少数几个核苷酸插入或缺失，使该处后面的全部遗传密码的阅读框架发生移位，而造成转录和转译错误的一类突变。移码突变只属于 DNA 分子的微小损伤，也是一种点突变。

嵌入诱变剂能引起移码突变，往往是一些吖啶类染料，包括原黄素、吖啶黄、吖啶橙、α-氨基吖啶以及一系列称为“ICR”类化合物。所谓 ICR 化合物指由美国癌症研究所应用化学方法合成的一类诱变剂，它的结构基础是吖啶分子，同时连接不同的烷基化侧链。

（4）辐射和热　紫外线是实验室中常用的非电离辐射诱变因子，其作用机制也了解得比较清楚，主要是能引起 DNA 链的断裂、DNA 分子双链的交联、嘧啶的水合作用以及相邻碱基形成嘧啶二聚体（TT、TC、CC）等，其中最主要的效应是胸腺嘧啶二聚体的形成。胸腺嘧啶二聚体通常出现在同一 DNA 单链上两个相邻的胸腺嘧啶之间，也可出现在两条 DNA 单链之间，这种二聚体是稳定的。如果它发生在两条链之间，就会由于它的交联而阻碍双链的分开，从而影响 DNA 的复制，会导致菌体死亡；如果在同一 DNA 单链上形成二聚体，就会阻碍腺嘌呤 A 的正常掺入，复制时就会在此处突然停止或在新链上出现错误碱基，因而引起突变。

X 射线、γ 射线、快中子等属于电离辐射。X 射线的诱变作用有间接和直接两种方式，直接作用是引起 DNA 双链间氢键的断裂、DNA 单链的断裂、DNA 双链之间的交联、不同 DNA 分子之间的交联等。间接作用是电离辐射能从水或有机分子中产生自由基，这些自由基作用于 DNA 分子，引起缺失和损伤。自由基对嘧啶的作用更强烈。此外，X 射线还可能使细胞中形成一些碱基类似物，突变由这些碱基类似物所诱发。与紫外线不同的是，电离辐射可通过玻璃和其他物质，穿透力强，能达到生殖细胞，因此常用于动植物的诱变育种。

短时间的热处理也可诱发突变，热的作用是使胞嘧啶脱氨基而成为尿嘧啶，从而通过碱基配对错误而引起 GC→AT 的转换，另外，热也可引起鸟嘌呤-脱氧核糖键的移动，从而在 DNA 复制时出现包括两个鸟嘌呤碱基对 GG，在下一次的 DNA 复制中就会引起 GC→CG 的颠换。

常见物理、化学诱变剂及其作用机制如表 8-1 所示。

表 8-1 物理、化学诱变剂及其作用机制

诱变剂	作用	结果
碱基类似物		
5-溴尿嘧啶	T 的类似物，偶尔与 G 错误配对	AT→ GC，偶尔 GC→ AT
2-氨基嘌呤	A 的类似物，与 C 错误配对	AT→ GC，偶尔 GC→ AT
与 DNA 起化学反应的诱变剂		
亚硝酸	使 A、C 脱氨	AT→ GC 和 GC→ AT
羟胺	与 C 反应	GC→ AT
烷化剂		
单功能（例如，甲基磺酸乙酯）	使 G 甲基化，与 T 错配	GC→ AT
双功能（例如，氮芥类、丝裂霉素、亚硝基胍等）	使 DNA 链交联；由 DNA 聚合酶造成错误区域	同时引起点突变和缺失突变
嵌入型染料		
吖啶、溴化乙锭	插入两对碱基之间	小片段的插入和缺失
辐射		
紫外线	形成嘧啶二聚体	损伤修复可能导致错误或缺失
电离辐射（例如，X 射线）	自由基作用于 DNA，切断 DNA 链	损伤修复可能导致错误或缺失

（5）生物诱变因子 20 世纪 40 年代，美国遗传学家 McClintock 通过对玉米粒色素斑点变异的遗传研究，发现了染色体的易位现象，但当时未引起足够的重视，直到 1968 年，由于在大肠杆菌中也发现了易位现象的存在，这才引起科学家的重视并在国际上引发了研究转座因子的热潮。现已证明，几乎所有的生物中（包括细菌、放线菌、酵母、丝状真菌、植物、果蝇、哺乳动物、人等）都有转座因子存在。为此，McClintock 在 1984 年获得了诺贝尔奖。

转座因子也是实验室中常用的一种诱变因子，它们可在基因组的任何部位插入，一旦插入某基因的编码序列，就可引起该基因的失活，形成插入突变。

①转座因子的定义：DNA 序列通过非同源重组的方式，从染色体某一部位转移到同一染色体上另一部位或其他染色体上某一部位的现象称为转座（transposition）。凡具有转座作用的一段 DNA 序列，称为转座因子（transposable element ，TE），包括原核生物中的插入序列（insertion sequence ，IS）、转座子（transposon ，Tn）和大肠杆菌（*E. coli*）的 Mu 噬菌体（mutator phage）等转座噬菌体。转座因子又称可移动基因（moveable gene）、可移动遗传因子（mobile genetic element）或跳跃基因（jumping gene）。

②转座因子的特点：转座因子有许多特点，其中主要包括以下三点：

a. 在转座时，通过转座因子的复制，可将新形成的拷贝以非同源重组的方式转移到染色体的新部位上；

b. 它们都携带有编码转座酶的基因，该酶是转移位置（即转座）所必需的。

c. 它们的两端都有正向或反向末端重复序列。

③常见的三类转座因子

a. IS：是最简单的转座因子，最初是从大肠杆菌半乳糖操纵子中鉴定出的。长度一般是0.7～2.5kb，仅含有编码转座所必需的转座酶的基因，两端存在9～41bp的反向重复序列，它们广泛分布在细菌染色体、质粒和某些噬菌体的DNA上。

b. Tn：Tn分子比IS大，与IS的主要区别是Tn携带有赋予宿主某些遗传性状的基因，如抗生素抗性基因，Tn广泛存在于原核生物及真核生物中。根据Tn两端结构可分为两种类型：①复合转座子：即Tn两端为正向或反向重复的IS，药物抗性基因位于中间，在这类Tn中，IS可以带动整个Tn的转座，也可单独进行转座；②复杂转座子：即两端是长度为30～40bp的末端反向重复序列或正向重复序列，中央是转座酶基因和抗药性基因。这类转座子总是作为一个单位转座，而不是像复合转座子那样IS末端本身就能独立转座。

c. Mu噬菌体：是由Taylor在1963年发现的一种大肠杆菌温和噬菌体。但它在几方面不同于另一种温和噬菌体λ：第一，Mu DNA几乎可以插入到宿主染色体的任何一个位点上；第二，DNA两端没有黏性末端；第三，会引起宿主的被插入基因的突变。这些都说明它的整合方式不同于λ噬菌体，而类似于转座因子。Mu噬菌体基因组中除含有为噬菌体生长所必需的基因外，还有转座所必需的基因，因此它是最大的转座因子，其线状双链DNA分子全长约39kb。Mu噬菌体DNA不含末端反向重复序列，这是与其他转座因子不同的地方。游离Mu噬菌体DNA的两端各连接着一段宿主DNA，左端约长100bp，右端约长1500bp。这两段宿主DNA序列在不同Mu噬菌体DNA上各不相同，它们是在噬菌体成熟阶段，将整合在宿主DNA中的原噬菌体Mu两端进行切割和包装时获得的。当Mu噬菌体再一次整合到宿主DNA中时，这两段序列消失。

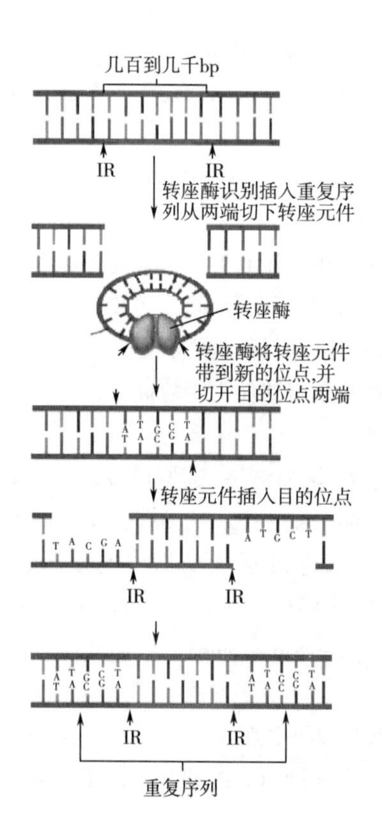

图8-4　转座因子的插入引起受体DNA上靶序列的复制

④转座的过程：转座过程及受体DNA中靶序列的复制过程大体如图8-4所示。由转座因子中基因编码的转座酶能识别受体DNA分子中的靶序列（3～12bp），它可先把靶序列切成两条单链，并使转座因子的一条链与靶序列的一条链相连接，另一条链与靶序列相反一端的另一条链相连接。形成的单链缺口可经DNA多聚酶的作用而合成，再经DNA连接酶的作用而连接起来。于是，随着转座因子的插入靶序列得到了复制，即在转座因子的两侧形成了靶序列的正向重复单位。

⑤转座的遗传学效应：转座因子的转座可引发多种遗传学效应。这些效应不仅在生物进化上有重要意义，而且已成为遗传学研究中的一种重要工具。这些遗传变化主要包括以下三个方面。

a. 插入突变：当各种IS、Tn等转座因子插入到某一基因中后，该基因的功能丧失、发生突变，突变的表型效应和一般突变体相同，如营养缺陷型、酶活力丧失等。如果插入到某操纵子中的上游位置，就可能造成极性突变，不仅能破坏被插入的基因，还能导致该操纵子后半部分结构基因表达能力下降，甚至不能表达。如果插入带有抗药性（或其他）基因的转座子，则可能获得带有新的遗传标记的插入突变。

b. 产生染色体畸变：由于复制性转座是转座子一个拷贝的转座，处在同一染色体上不同位置的两个拷贝之间可能发生同源重组，这种重组可导致 DNA 的缺失或倒位，即染色体畸变。

c. 基因的移动和重排：由于转座作用，可能使一些原来在染色体上相距甚远的基因组合到一起，构建成一个操纵子或表达单元，也可能产生一些具有新的生物学功能的基因和新的蛋白质分子，具有生物进化上的重要意义。

四、 诱变及致癌作用的检测——艾姆斯试验

关于癌症的起因长久以来就有几种假设，其中一种假设认为癌细胞是发生了突变的体细胞。如果确是这样的话，一切致癌物质都应该是诱变剂。由于直接检测化学物质的致癌作用较困难，人们根据上述原理，选用最简单的低等生物（如细菌）作为化学物质作用的对象，根据试验结果，判断该物质在复杂的高等动物（如人）体内能否有致癌性。这样通过利用细菌营养缺陷型的回复突变来检测环境或食品中是否存在化学致癌物质的简便有效方法，被称为艾姆斯试验（Ames test）。该法是由美国加利福尼亚大学的 Ames 教授于 20 世纪 70 年代中期发明的。

艾姆斯试验的原理如下：鼠伤寒沙门氏菌组氨酸营养缺陷型（*his*$^{-}$）菌株在基本培养基的平板上不能生长，如发生回复突变变成原养型（*his*$^{+}$）后则能生长。具体方法是在含待测可疑化合物的试样中，加入鼠肝匀浆液，经一段时间保温后加入基本培养基中，然后取组氨酸营养缺陷的鼠伤寒沙门氏菌涂布于上述含有待测化合物的基本培养基中培养，可能出现下述两种情况之一：①在平板上无大量菌落产生，说明试样中不含诱变剂；②在平板上长出大量菌落，说明试样中有浓度适当的诱变剂存在（图 8-5）。

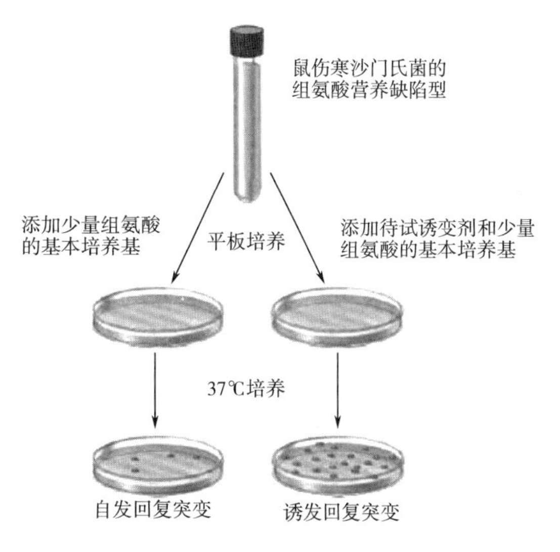

图 8-5 艾姆斯致突变试验

艾姆斯试验也可以采用滤纸片法（图 8-6），待测可疑化合物和鼠肝匀浆液保温处理同上述方法，然后将保温的处理液吸入滤纸片中，把滤纸片置于涂有组氨酸缺陷的鼠伤寒沙门氏菌突变株的基本培养基平板中央。经培养后，可能出现下述三种情况之一：①在平板上无大量菌落产生，说明试样中不含诱变剂；②在纸片周围有一抑菌圈，其外周长有大量菌落，说明试样中有某种高浓度的诱变剂存在，而紧靠滤纸片处诱变剂浓度高，细菌被杀死；③在滤纸片周围长有大量菌落，说明试样中有浓度适当的诱变剂存在。

在本试验中，应注意以下两点：①某种化学物质本身不是诱变剂或致癌剂，可是进入人体或动物体中能转变为诱变剂。应用细菌作为测定诱变剂的材料时，这种前诱变剂的诱变作用便测不出来。为了弥补这一缺点，可在测试系统中加入鼠的肝脏提取物，肝脏提取物中包含着一

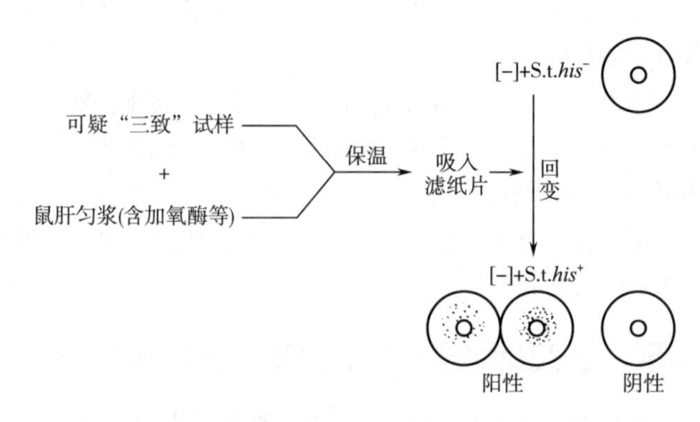

图 8-6 用艾姆斯试验法检测致癌物示意图

些能使前诱变剂转变为诱变剂的加氧酶。因此试验中先要加入鼠肝匀浆液保温。②为了提高测试系统的灵敏度，每一个缺陷型菌株还应包括另外两个突变，一个是造成细胞表面透性增加的深度粗糙突变型，另一个是丧失切除修复能力的缺失型。③试验中所用的培养基并非真正完全缺乏组氨酸，而是加入了微量的组氨酸，使营养缺陷型细菌只能繁殖数代成为微小菌苔，最主要是在营养缺陷菌株生长过程中将待测诱变剂所引起的 DNA 突变能在复制过程中稳定存在，确保回复突变的细菌能进一步生长为菌落。

目前，艾姆斯试验已广泛用于检测食品、饮料、药物、饮水和环境等试样中的致癌物。

五、 DNA 损伤的修复

细胞在其 DNA 复制过程中会出现差错，其中许多是致死性的，为了生存必须对其进行校正和修复。

1. DNA 聚合酶的校对

DNA 聚合酶有时在 DNA 复制时插入不正确的碱基。这些 DNA 聚合酶除了具有催化在新添加的核苷酸和模板的碱基之间形成氢键的能力，还能在添加下一个核苷酸之前及时纠正错误，这种能力被称为校对。当 DNA 聚合酶检测到错误复制时，其 3′到 5′外切酶活性能够去除不正确的核苷酸，然后重新启动 DNA 的复制，插入正确的核苷酸。校对非常有效，但有时也会出现疏漏。此外，校对对诱导突变无法纠正。因此，微生物还会用其他修复机制来确保其基因组的稳定性。

2. 错配修复

DNA 聚合酶对碱基错配校对失败后，碱基错配的检测和修复通常是由错配修复系统完成。在大肠杆菌中，酶 MutS 能检测新复制的 DNA 中错配的碱基对。而另一种酶 MutH，能删除新合成的 DNA 的错配部分。然后 DNA 聚合酶合成切除的核苷酸，缺口由 DNA 连接酶连接。

成功的错配修复取决于酶区分模板链和新复制的 DNA 链之间的能力。因为新复制的 DNA 其碱基缺少甲基化，而模板链的碱基有甲基基团。大肠杆菌的 DNA 腺嘌呤甲基转移酶将 GATC 序列的腺嘌呤碱基甲基化形成 N6-甲基腺嘌呤。复制叉经过后的很短时间内，新合成的链缺少甲基基团，而模板链是甲基化的，修复系统即可切除非甲基化链中的错配部分。由此产生的单链缺口由 DNA 聚合酶和 DNA 连接酶补全（图 8-7）。

3. 切除修复

切除修复主要是纠正由 DNA 双螺旋扭曲导致的错误，主要有两种切除修复系统：核苷酸切除修复和碱基切除修复。它们都使用同样的方法修复，删除 DNA 损坏的部分，利用完整的互补链为模板合成新的 DNA。二者区别在于修复 DNA 损伤所用的酶不同。该系统可以消除胸腺嘧啶二聚体和修复几乎任何由 DNA 突变产生的可察觉的损伤。

大肠杆菌的核苷酸切除修复系统中，UvrABC 核酸内切酶可以去除受损核苷酸和任一变化核苷酸，由此产生的单链缺口由 DNA 聚合酶和 DNA 连接酶填充。具体修复过程如图 8-8 所示。这个系统可以除去胸腺嘧啶二聚体，并修复几乎所有其他产生的 DNA 畸变的损伤。

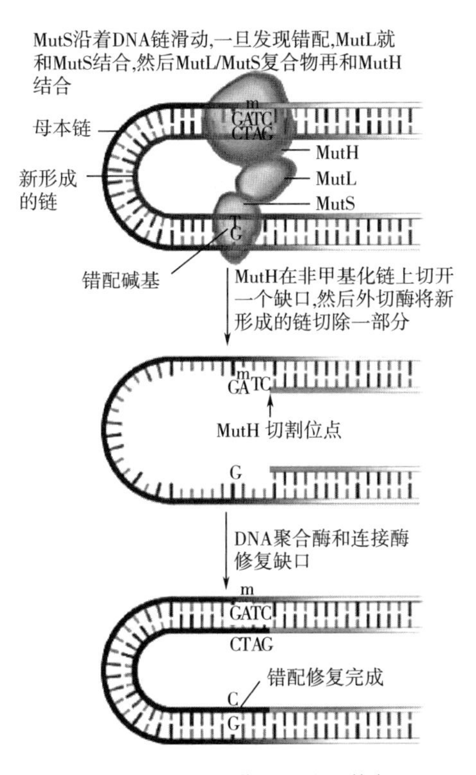

图 8-7 大肠杆菌甲基错配修复

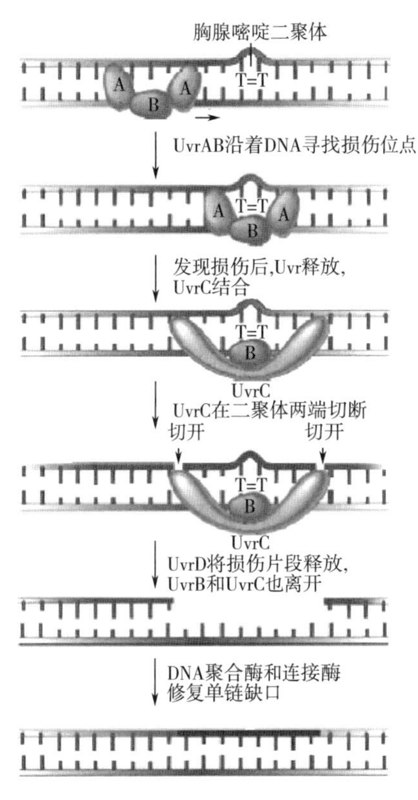

图 8-8 大肠杆菌核苷酸切除修复

4. 直接修复

直接修复是通过一种酶促作用来实现的，该类酶可连续扫描 DNA 并识别损伤部位，再将损伤部位直接修复，该修复方法不用切断 DNA 或切除碱基。嘧啶二聚体和烷基化碱基往往是通过直接修复校正。例如光修复作用就是利用光解酶在可见光的协同下使胸腺嘧啶二聚体分裂；甲基和其他一些被添加到鸟嘌呤上的烷基基团在烷基转移酶和甲基鸟嘌呤甲基转移酶帮助下被去除；诱变剂如甲基硝基亚硝基胍对鸟嘌呤的损害也可以直接修复。

5. 重组修复

重组修复是一种越过损伤而进行的修复。这种修复不将损伤的碱基除去，而是通过复制后，经染色体交换，使子链上的空隙部位不再面对着被损伤的片段（比如：在同一条 DNA 单链上嘧啶二聚体），而是面对着正常的单链，在这种情况下，DNA 聚合酶和连接酶便能起作用，把空隙部分进行修复（图 8-9）。留在亲链上的被修复片段（二聚体）需要依靠再一次的切除修复加以除去，或经细胞分裂而稀释掉。

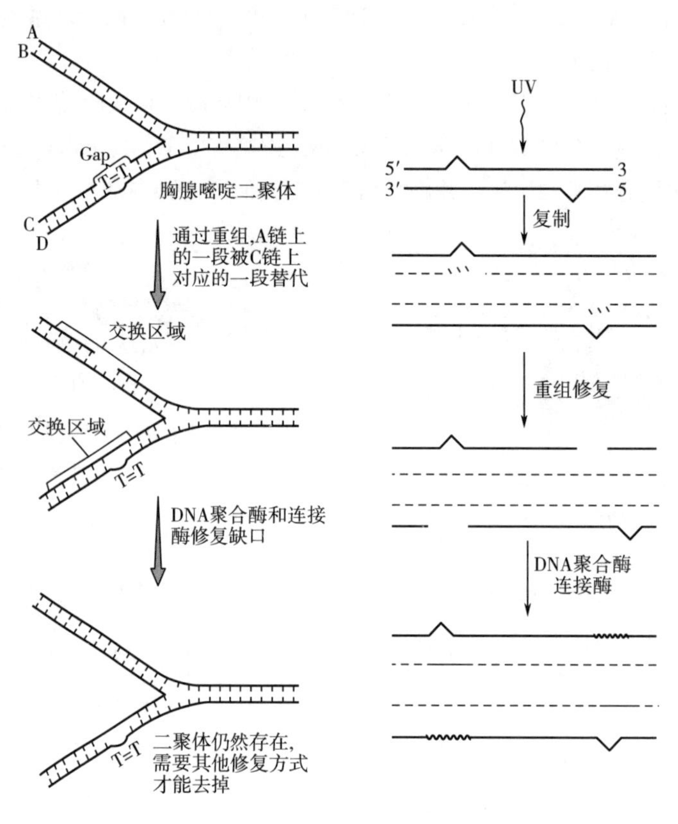

图 8-9　重组修复

6. SOS 修复

当一个生物体的 DNA 损伤非常大，其他正常修复机制不能完全修复时，DNA 合成完全停止。这种情况下，一个称为 SOS 应答的全面调控网络被激活，这是在 DNA 分子受到较大范围的重大损伤时诱导产生的一种应急反应。涉及以下几个基因：recA，lexA，uvrA，uvrB，uvrC 的共同作用。此外，经紫外线照射的大肠杆菌还可能诱导产生一种称为错误倾向（error-prone）的 DNA 聚合酶，催化空缺部位的 DNA 修复合成，但由于它们识别碱基的精确度低，所以容易造成复制的差错，这是一种以提高突变率来换取生命存活的修复，又称错误倾向的 SOS 修复。

第三节　微生物的诱变育种

诱变育种是指利用各种诱变剂处理微生物细胞群，在促使其突变率显著提高的基础上，采用简便、快速和高效的筛选方法，从多种多样的变异体中筛选出性状优良的突变株，以供科学实验或生产实践使用。在诱变育种过程中，诱变和筛选是两个主要环节，由于诱变是随机的，而筛选是定向的，因此两者相比，筛选显得更为重要。

工业微生物育种过程分为三个阶段：

（1）菌种基因型改变；

（2）筛选菌种，确认并分离出具有目的基因型或表型的变异株；

（3）产量评估，全面考察此变异株在工业化生产上的接受性。

以人工诱发突变为基础的微生物诱变育种，具有速度快、收效大、方法简单等优点，它是菌种选育的一个重要途径，国内外发酵工业中使用的许多生产菌种是人工诱变选育出来的。

一、诱变育种中的原则

1. 选择简便有效的诱变剂

诱变剂的种类很多。在物理因素中，有非电离辐射类的紫外线、激光和离子束等，能够引起电离辐射的X射线、γ射线和快中子等；在化学诱变剂中，主要有烷化剂、碱基类似物和吖啶化合物，其中烷化剂可与巯基、氨基和羧基等直接反应，故更易引起基因突变。最常用的烷化剂有亚硝基胍（NTG）、甲基磺酸乙酯（EMS）、甲基亚硝基脲（NMU）、硫酸二乙酯（DES）、氮芥、乙烯亚胺和环氧乙烷等。其中，亚硝基胍（NTG）因有很强的诱变效果，又被称为“超诱变剂”。有些诱变剂如氮芥、硫芥、环氧乙烷等被称为拟辐射物质，原因是它们除了能诱发点突变外，还能诱发一般只有辐射才能引起的染色体畸变这类DNA的大损伤。

在实际应用中，最新的物理诱变系统是常压室温等离子体（Atmospheric and Room Temperature Plasma，ARTP），是能够在正常大气压下产生温度在25~40℃的具有高活性粒子（包括处于激发态的氢原子、氧原子、氮原子、OH自由基等）浓度的等离子体射流。等离子体中的活性粒子作用于微生物，能够使微生物细胞壁/膜的结构及通透性发生改变，并引起基因损伤，进而使微生物基因序列及其代谢网络显著变化，最终导致微生物产生突变。与传统诱变方法相比，采用ARTP能够有效造成DNA多样性的损伤，突变率高，并易获得遗传稳定性良好的突变株；与分子操作手段相比，ARTP进行微生物诱变育种具有操作简便、成本低、无有毒有害物质参与诱变过程等优点。

2. 挑选优良的出发菌株

出发菌株就是用于诱变的原始菌株，它的选择是决定诱变效果的重要环节。在实际工作中，可参考以下原则进行选择：①最好选生产用菌，具有一定的生产能力，并且在生产过程中经过自然选育的菌株；②采用具有有利性状的菌株，如生长快、营养要求低以及孢子产生早而多的菌株；③由于某些菌株在发生某一变异后会提高对其他诱变因素的敏感性，故可考虑选用已发生过其他突变的菌株作为出发菌株，如在选育金霉素高产菌株时，发现用丧失黄色素合成能力的菌株作出发菌株，比分泌黄色素者更有利于产量变异；④选用对诱变剂敏感性较高的被称为“增变菌株”的变异菌株；⑤在选择产核苷酸或氨基酸的出发菌株时，应考虑至少能积累少量所需产物或其前体的菌株。

3. 处理单细胞或单孢子悬液

为使每个细胞均匀接触诱变剂并避免长出不纯菌落，要求诱变的出发菌株必须以均匀而分散的单细胞悬液状态存在，并且用于诱变育种的细胞应尽量选用单核细胞，如霉菌或放线菌的无性孢子、细菌的芽孢等，同时出发菌株的孢子或菌体要年轻、健壮。采用物理诱变剂时，制备菌悬液通常采用生理盐水。如果用化学诱变剂处理，应采用相应的缓冲液配制，以防处理过程中因 pH 变化而影响诱变效果。

4. 选用最适的诱变剂量

在育种实践中，常以杀菌率作为诱变剂的相对剂量。对产量性状来说，凡在提高诱变率的基础上，即能扩大变异幅度，又能促使变异移向正变范围的剂量，就是合适的剂量。突变率往往随剂量的增高而提高，但达到一定程度后，再提高剂量反而会使突变率下降。根据 UV、X 射线和乙烯亚胺等诱变效应研究结果，发现正变较多地出现在较低的剂量中，而负变则较多地出现在偏高的剂量中；还发现经多次诱变而提高了产量的菌株中，更容易出现负变。因此，目前在产量变异工作中，大多倾向于采用较低剂量。例如，在 UV 作诱变剂中，倾向采用相对杀菌率为 70%～75%甚至 30%～70%的剂量。

在诱变育种中有两条重要的实验曲线：①剂量-存活率曲线，是以诱变剂的剂量为横坐标，以细胞存活数的对数值为纵坐标而绘制的曲线；②剂量-诱变率曲线，以诱变剂的剂量为横坐标，以诱变后获得的突变细胞数为纵坐标而绘制的曲线。通过比较以上两曲线，可找到某诱变剂的剂量-存活率-诱变率三者的最佳结合点。

5. 充分利用复合处理的协同效应

诱变剂的复合处理常常表现出明显的协同效应，因而对育种有利。复合处理的方法包括同一诱变剂的重复使用，两种或多种诱变剂的先后使用或同时使用等。

6. 利用和创造形态、生理与产量间的相关指标

正突变菌种的筛选工作量十分大，如果能找到形态变异与产量性状两者间的相关性，或者设法创造两者间的相关性，则对育种效率的提高意义重大。

利用鉴别培养基的原理或其他途径，就可有效地把肉眼无法观察的生理性状或产量性状转化为可见的“形态”性状。例如，在琼脂平板上，可以通过观察和测定某突变菌落周围蛋白酶水解圈的大小、淀粉酶变色圈（用碘液显色）的大小、氨基酸显色圈（将菌落用打孔器取下后转移至滤纸上，再用茚三酮试剂显色）的大小、柠檬酸变色圈（在厚滤纸片上培养，以溴甲酚绿作指示剂）的大小、抗生素抑菌圈的大小、指示菌生长圈的大小（测定生长因子的产生），纤维素酶对纤维素水解圈（用刚果红染色）的大小，以及外毒素的沉淀反应圈的大小等，来筛选正突变菌株。

7. 设计高效筛选方案

诱变处理后的微生物群体中，从产量变异来讲，绝大多数都是负变株，要从中把极个别的产量提高较显著的正变株筛选到手，难度非常大。因此，必须设计简便、高效的科学筛选方案。

在实际工作中，常把筛选工作分为初筛与复筛两步进行。前者以量为主，不需太高的精确度，尽量选留较多有生产潜力的菌株，可使某些初筛产量虽不是很高但有发展后劲的潜在优良菌株不致被淘汰；后者以质为主，对少量潜力大的菌株的代谢产物产量作精确测定，每个菌株须有 3～4 个重复。

例如，筛选高产突变株时，初筛以粗测为主，既可在琼脂平板上测定也可在摇瓶培养后测定，平板法的优点是快速、简便、直观，缺点是平板上固态培养的结果，不一定能准确地反映摇瓶或发酵罐中液体培养的结果。而复筛需要对产量突变株作生产性能较精确的测定，一般用摇瓶培养方法进行，若用小型自控发酵罐进行效果更为理想，所获数据更有利于放大到生产型发酵罐中。

二、 重要突变株的筛选方法

1. 抗终代谢物结构类似物突变株的筛选

抗代谢物结构类似物育种是最早采用并取得显著成效的代谢育种方法。从 20 世纪 50 年代以来，在发酵工业中对提高氨基酸、核苷酸、维生素的产量起到了重要作用。

由于结构类似物在生物体中不被消耗，它在细胞中的浓度保持不变，因此，在反馈抑制或反馈阻遏的代谢调节中，结构类似物与变构酶或调节基因产物阻遏物的结合是不可逆的，它对微生物具有致死或抑制作用。在含有高浓度的结构类似物的培养基中野生型细胞是不能生长的，而遗传性地解除了反馈抑制或反馈阻遏的抗结构类似物突变株则能生长，这种解除机制无论对结构类似物还是对正常终产物都是有效的，因而突变株在终产物累积的情况下仍然可以不断地合成这一产物。所以只要采取一定的方法，筛选到抗结构类似物的突变株，即可获得终产物的高产菌株。梯度平板法是定向筛选抗药性突变株的一种有效方法，通过制备具有药物浓度梯度的琼脂平板，并在平板上涂布诱变处理后的细胞悬液，经培养后再从平板上挑取抗药性菌落，就可定向筛选到相应的抗药性突变株。该方法同样适用于筛选抗终产物结构类似物突变株，只需用结构类似物代替药物制成梯度平板即可。

异烟肼是吡哆醇的结构类似物或代谢拮抗物，定向筛选抗异烟肼的吡哆醇高产突变株的方法是：先在培养皿中加入 10mL 普通培养基，皿底斜放，凝固后，将皿放平，再在其上倒 10mL 含适量异烟肼的培养基，待凝固后，就制成了异烟肼浓度梯度的平板，然后在平板上涂布大量诱变的酵母菌细胞，经培养后，即可出现如图 8-10 所示的结果，在异烟肼的低浓度区长出了成片的敏感菌苔，而高浓度区域仅长出了少量菌落，它们即是异烟肼抗性突变株，同时又可能是吡哆醇的高产突变株，用此法曾从酵母菌中获得了吡哆醇产量提高了 7 倍的突变株。梯度培养皿法可用于氨基酸、核苷酸、维生素、抗生素等高产菌株的选育。

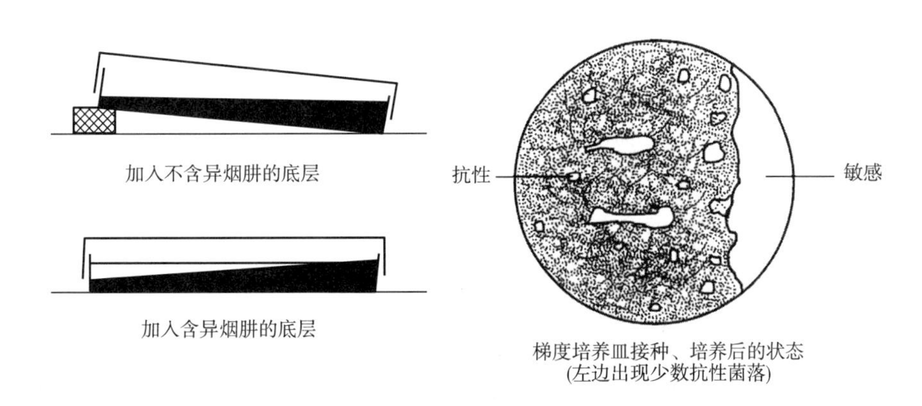

图 8-10 用梯度培养皿法定向筛选抗性突变株

（引自《微生物学教程》，第三版，周德庆，2011）

2. 营养缺陷型突变株的筛选方法

野生型菌株经过人工诱变或自发突变失去某种营养（氨基酸、维生素、核苷酸等）的合成能力，因而只能在补充所缺营养因子的基本培养基中才能生长，这类突变菌株称为营养缺陷型（auxotroph）。营养缺陷型突变株经回复突变或重组后产生的菌株，其营养要求在表型上与野生型相同，称为原养型（prototroph）。

在筛选营养缺陷型突变株时，与之有关的三类培养基：①基本培养基（minimal medium，MM）指仅能满足某微生物野生型菌株生长需要的最低营养成分的组合培养基，有时用符号［-］表示；②完全培养基（complete medium，CM）指凡可满足一切营养缺陷型菌株营养要求的天然或半组合培养基，有时用符号［+］表示。完全培养基营养丰富、全面，一般可在基本培养基中加入一些富含氨基酸、维生素、核苷酸和碱基之类的天然物质（如蛋白胨或酵母膏等）配制而成；③补充培养基（supplemental medium，SM）指只能满足相应的营养缺陷型突变株生长需要的组合或半组合培养基，它是在基本培养基中添加某一营养缺陷型突变株所不能合成的相应代谢产物而组成的，根据在基本培养基中加入的是 A 或 B 等营养因子而分别用［A］或［B］等来表示。

（1）诱变剂处理　营养缺陷型的诱变方法和所用的诱变因子与普通诱变育种基本相同，只是由于营养缺陷型属于单一基因突变，各种诱变剂的功能不同，有的不适宜作为营养缺陷型诱变剂。例如，电离辐射易引起染色体的巨大损伤，所产生的缺陷型菌株不能用作杂交育种和原生质体融合育种的亲本，否则其杂交后代所形成的杂合二倍体不易发生有丝分裂交换及单倍体化，不利于重组体形成。常用于诱发营养缺陷型的诱变剂有亚硝基胍、紫外线、亚硝酸等。其中亚硝基胍诱发频率极高，一般可达 10% 以上。

（2）淘汰野生型　在经诱变处理后的存活个体中，野生型往往仍占多数，营养缺陷型的比率通常只有百分之几到千分之几。因此必须采取一些措施，设法将野生型淘汰，使缺陷型得以浓缩以便于检出。常用的方法有抗生素法和菌丝过滤法。

抗生素法：分为青霉素法和制霉菌素法等。青霉素法适用于细菌，其原理是青霉素能抑制细菌细胞壁的重要成分——肽聚糖链之间的交联，从而阻止合成完整的细胞壁。处于正常生长繁殖过程的野生型细菌，因需要不断合成肽聚糖，而对青霉素十分敏感，可被青霉素抑制或杀死。在基本培养基中处于休眠状态的营养缺陷型细菌，不受青霉素的影响，存活下来，从而达到了淘汰野生型、浓缩缺陷型的目的。制霉菌素法则适合于真菌，制霉菌素属于多烯大环内酯类抗生素，可与真菌细胞膜上的甾醇作用，从而引起膜的损伤。因为它只能杀死生长繁殖着的酵母或霉菌，故也可用于淘汰相应的野生型菌株，浓缩营养缺陷型。

菌丝过滤法：在基本培养基中，野生型霉菌或放线菌的孢子能萌发并长成菌丝，而营养缺陷型的孢子则一般不能萌发，或者虽能萌发却不能长成菌丝。因此，将诱变处理后的孢子悬浮在基本培养基中培养一段时间后，用灭菌的脱脂棉或滤纸滤去菌丝，收集含缺陷型孢子的滤液。如此重复数遍后，就可去除大部分野生型菌株，从而达到了浓缩营养缺陷型的目的。

（3）营养缺陷型的检出　诱变后的微生物群体虽经浓缩后野生型细胞和营养缺陷型细胞数量比例发生了很大变化，但终究还是它们的混合体，必须通过一定的方法，将具体的缺陷型逐一检出来。

①逐个检出法：把经过淘汰野生型的菌液涂布在完全培养基平板上，待长成单个菌落后，用接种针或灭过菌的牙签把每个单菌落分别接种到基本培养基平板和另一完全培养基平板上，使两个平板上的菌落位置严格对应，每皿点接 30~40 个。培养后，观察对比菌落生长情况，如果在完全培养基平板上长出菌落，而在基本培养基的相应位置上却不长，说明此菌落是营养缺陷型。

②夹层培养法：先在培养皿内倒一薄层不含菌的基本培养基，待冷凝后添加一层含菌的基

本培养基，冷凝以后再加上一薄层不含菌的基本培养基。经培养出现菌落以后，用记号笔在皿底作上标记，然后倒上一薄层完全培养基。再经培养后，长出的形态较小的新菌落，大多都是营养缺陷型突变株（图 8-11）。上下两层基本培养基的作用是使菌落夹在中间，以免细菌的移动或被完全培养基所冲散。此法虽然操作简便，但可靠性差，在加入完全培养基后长出的菌落除缺陷型之外，还有可能是生活能力弱的生长缓慢的原养型菌落。

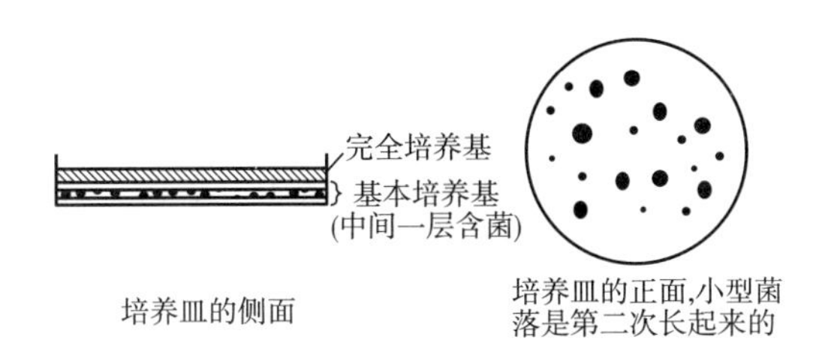

图 8-11　夹层培养法及其结果

（引自《微生物学教程》，周德庆，2011）

③限量补充培养法：把诱变处理后的细胞接种在含有补充微量营养（例如 0.01% 蛋白胨）的基本培养基上，野生型细胞迅速长成较大的菌落，而营养缺陷型则因营养受限制故生长缓慢，只形成微小菌落。若想获得某一特定营养缺陷型突变株，只需采用在基本培养基上加入微量的单一氨基酸、碱基、维生素等物质而形成的补充培养基即可。微小菌落不一定就是营养缺陷型，还需要通过逐个检出法进一步鉴定。

④影印平板法：将诱变剂处理后的细胞涂布在完全培养基平板上，经培养长出菌落后，用裹有丝绒布的影印接种工具——“印章”，把此平板上的全部菌落影印接种到另一基本培养基平板上，培养后比较两个平板上长出的菌落。如果在前一平板的某一部位长有菌落，而在后一平板上的相应部位却不出现菌落，前一平板上的这一菌落便可初步断定是营养缺陷型（图 8-12）。

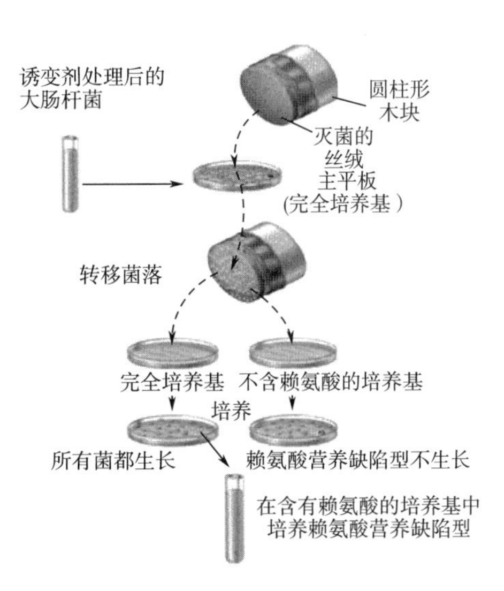

图 8-12　影印平板法

（4）营养缺陷型的鉴定　营养缺陷型的鉴定方法可以分为两类：一类方法是在同一培养皿上测定一种缺陷型菌株对许多种生长因子的需求情况；另一类是在一个培养皿上测定多株缺陷型菌株（10~50 株）对同一种营养因子的需求情况。

前一类方法就是生长谱法。生长谱法是指在混有供试菌的平板表面点加微量营养物，根据某营养物的周围是否长菌来确定该供试菌的营养要求的一种快速、直观的方法。用此法鉴定营养缺陷型时，先把生长在完全培养液里的营养缺陷型细胞经离心和无菌水清洗后，配成适当浓度的悬液（如 10^7~10^8个/mL），取 0.1 mL 与基本培养基均匀混合后，倾注在培养皿内，待凝固、表面干燥后，在皿背划几个区，然后在平板上按区加上少量氨基酸混合物或碱基混合物或维生素混合物（用蘸有不同浓缩营养液的滤纸片法也可），经培养后，如发现某一营养物的周围有菌落的生长圈，就可初步确定缺陷型所需的生长因子属于哪一类物质。可以进一步利用生长谱法鉴定突变株具体缺陷哪一种单一生长因子，或哪几种生长因子。生长谱法在要鉴定的营养缺陷型菌株数目较少时适用。

后一类方法在测定数十或上百个缺陷型菌株时适用。具体过程是：在基本培养基中加入一种生长因子后倒平板，待冷凝之后在平皿底部划几十个方格，一个缺陷型菌株点种到一个方格中，培养后根据菌体生长情况，则可确定哪些缺陷型菌株是缺这种生长因子的。该法只能鉴别单缺菌株，无法鉴定双缺或多缺的菌株。对于双缺或多缺的菌株可以采用每一平板都缺少一种生长因子的方法。例如，采用15种生长因子编号为A，B，C…N，O，在制成的15个平板上，每个平板都少加一种生长因子，平皿底部也划分成方格，将各个缺陷型菌株一一点种到平板上，培养后，如果某个菌株在未加A的平板上不生长，而在缺B，C…N，O等生长因子的平板上都能生长，说明该缺陷型菌株是缺A生长因子；如果该菌株在未加A和未加B的平板上都不能生长，而在加其他生长因子的平板上都生长，可知它不能合成A和B，需要从外界补充这两种物质才能生长，它是一种A和B的双重营养缺陷型菌株。

第四节　原核微生物的基因重组

将两个不同性状个体的基因通过一定的方式转移到一起，并发生重新组合，产生新的遗传性状的过程，称为基因重组（gene recombination）或遗传重组。

原核微生物的基因重组方式主要包括转化、转导、接合、原生质体融合等几种形式。

一、转化

转化（transformation）是指同源或异源的游离DNA分子（质粒和染色体DNA）被自然或人工感受态细胞摄取，并能够表达的基因转移过程。通过转化方式而形成的杂种后代，称转化子（transformant）。

1. 转化微生物的种类

自然转化现象首先是在肺炎链球菌中发现的（1928年）至今已经发现许多菌种或菌株都有转化能力。通过自然转化进行的基因转移过程已不止是一种“实验室现象”，而是广泛存在于自然界，可能是自然界进行基因交换的重要途径。环境中（土壤、水体、沙粒等）是否能发生自然转化，主要取决于环境中是否存在具有转化活性的DNA分子，以及可吸收DNA的感受态细胞。研究表明，几乎所有的生活细菌都可以向环境中主动分泌DNA或细胞死亡裂解而释放DNA，这些DNA分子可与固形物（土粒、沙粒）结合而得到保护，免受核酸酶的降解，从而能长期存留于环境中并具有转化活性；另一方面，自然感受态作为许多细菌应付不利生活条件的一种调节机制，在自然环境中普遍存在，有实验表明，在有些环境中感受态细胞在其群落中的比例可高达16%。

在原核生物中，自然转化微生物的种类有：嗜血杆菌属（*Haemophilus*）、芽孢杆菌属

(*Bacillus*)、奈瑟氏球菌属（*Neisseria*)、根瘤菌属（*Rhizobium*)、葡萄球菌属（*Staphylococcus*)、假单胞菌属（*Pseudomonas*）和黄单胞菌属（*Xanthomonas*）等；在真核微生物中，有酿酒酵母(*Saccharomyces cerevisiae*)、粗糙脉孢菌（*Neurosproa crassa*）和黑曲霉（*Aspergillus niger*）等。

2. 感受态（competence）

研究发现，凡能发生转化的受体细胞必须处于感受态。感受态是指受体细胞最易接受外源DNA片段并能实现转化的一种生理状态。一个细菌能否出现感受态是由其遗传性决定的，但受环境条件的影响也很大，因而表现差别很大。从时间上来看，有的出现在生长的指数期后期，如肺炎链球菌（*Streptococcus pneumoniae*)，有的出现在指数期末和稳定期，如芽孢杆菌属的一些种；在具有感受态的微生物中，感受态细胞所占比例和维持时间也不同，如枯草芽孢杆菌(*Bacillus subtilis*）的感受态细胞仅占群体的20%左右，感受态可维持几个小时，而在肺炎链球菌和流感嗜血杆菌（*Haemophilus influenzae*）群体中，100%都呈感受态，但仅能维持数分钟。不同感受态时期的菌的转化率不相同，处于感受态顶峰的细菌比不处于感受态的菌，其转化率能高出100倍。

调节感受态的一类特异蛋白称感受态因子，它包括三种主要成分：膜连DNA结合蛋白、细胞壁自溶素和核酸酶。

3. 转化模型

（1）转化因子　转化因子的本质是离体的DNA片断。一般原核生物的核基因组是一条环状DNA双链，不管在自然条件或人为条件下都极易断裂成DNA片段，故转化因子通常只是15kb左右的片段。若以每个基因平均含1kb计，则每个转化因子平均含15个基因，而事实上，转化因子进入细胞前还会被核酸酶降解成更小的片段，约8kb。在不同的微生物中，转化因子的形式不同，例如，在G^-的嗜血杆菌中，细胞只吸收dsDNA形式的转化因子，但进入细胞后需经酶解为ssDNA，才能与受体菌的基因组整合；而在G^+的链球菌和芽孢杆菌中，dsDNA的一条链必须在胞外降解，只有ssDNA形式的转化因子才能进入细胞。但不管何种情况，最易与细胞表面结合的仍是dsDNA。由于每个细胞表面能与转化因子相结合的位点有限（如肺炎链球菌约10个），因此，从外界加入无关的dsDNA就可竞争并干扰转化作用。除dsDNA或ssDNA外，质粒DNA也是良好的转化因子，但它们通常并不能与核染色体组发生重组。

转化的频率通常为0.1%~1%，最高为20%。

（2）转化过程　肺炎链球菌转化的主要过程见图8-13。

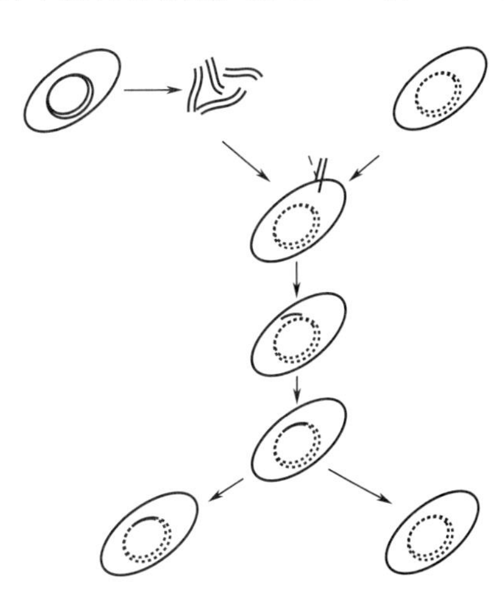

图8-13　转化过程示意图

（引自《微生物学教程》，第二版，周德庆，2002）

①来自供体菌（str^r，即链霉素的抗性突变型）的dsDNA片段与感受态受体菌（str^s，链霉素敏感型）细胞表面的膜连DNA结合蛋白相结合，其中一条DNA链被核酸酶水解，另一条DNA单链进入细胞。

②供体菌ssDNA片段与细胞内的特异蛋白RecA结合，并使其与受体核染色体上的同源区段配对（受体DNA由于转录、复制或由于其他原因正处于解链状态），然后供体DNA和受体DNA的

某一条单链重组形成一小段杂合 DNA 区段，替换下来的受体的一小段单链 DNA 被核酸酶分解。

③受体菌染色体组进行复制，杂合区也跟着复制，杂合的 DNA 双链纯合化。

④细胞分裂后，形成一个转化子（str^r）和一个仍保持受体菌原来基因型（str^s）的子代。

4. 人工转化

已知许多细菌包括大肠杆菌在内均无自然转化的能力，但经人工诱导可使它们形成感受态。若用二价阳离子处理，大肠杆菌和许多 G^- 菌都能产生感受态；另一些细菌特别是某些 G^+ 细菌，则可通过制备原生质体实现 DNA 转化。

（1）大肠杆菌的人工转化　1970 年 Mandel 和 Higa 首先发现 DNA 在含有高浓度 Ca^{2+} 的条件下，能够被受体细胞摄入和转化，随后的实验证明，由 Ca^{2+} 诱导的人工转化的大肠杆菌中，其转化 DNA 必须是一种独立的 DNA 复制子，例如质粒 DNA 和完整的病毒染色体具有高的转化效率，而线性的 DNA 片段则难以转化，其原因可能是线性 DNA 在进入细胞质之前被细胞周质内的 DNA 酶消化，缺乏这种 DNA 酶的大肠杆菌菌株能够高效地转化外源线性 DNA 片段的事实证明了这一点。有关 Ca^{2+} 诱导转化的机制目前还不十分清楚，一般认为可能与增加细胞的通透性有关。

（2）PEG 介导的人工转化　不能自然形成感受态的 G^+ 细菌如枯草芽孢杆菌和放线菌，可通过聚乙二醇（PEG，一般用 PEG 6000）的作用实现转化。这类细菌必须先用细胞壁降解酶完全除去它们的细胞壁，形成原生质体，然后使其维持在等渗或高渗的培养基中，在 PEG 存在下，质粒或噬菌体 DNA 可被高效地导入原生质体。

（3）电穿孔法　电穿孔法对真核生物和原核生物均适用，现已用这种技术对许多不能导入 DNA 的 G^- 和 G^+ 细菌成功地实现了转化。所谓电穿孔法是用高压脉冲电流击破细胞膜或击成小孔，使各种大分子（包括 DNA）能通过这些小孔进入细胞，所以又称电转化。该方法最初用于将 DNA 导入真核细胞，后来也逐渐用于转化包括大肠杆菌在内的原核生物。

（4）基因枪转化　基因枪转化法首先由 Sanford 报道，该方法是将包裹有 DNA 的钨颗粒像子弹一样用高压射进细胞，并使 DNA 留在细胞内，特别是留在细胞质中。用这种方法首次成功地将 DNA 导入酵母菌线粒体并引起线粒体遗传变化。

5. 转染（transfection）

指用提纯的病毒核酸（DNA 或 RNA）去感染其宿主细胞或其原生质体，增殖出一群正常病毒后代的现象。从表面上看，转染与转化相似，但实质上两者的区别十分明显。因为作为转染的病毒核酸，没有供体基因的功能，被感染的宿主也不是能形成转化子的受体菌。

二、转导

转导（transduction）是利用完全或部分缺陷噬菌体为媒介，把供体细胞的小片段 DNA 携带到受体细胞中，通过交换与整合，使后者获得前者部分遗传性状的现象。由转导作用而获得部分新性状的重组细胞，称为转导子（transductant）。转导又可分为普遍性转导和局限性转导两种类型。这两种转导类型的相似之处是它们均用噬菌体作为转导 DNA 的载体，不同点在于转导噬菌体颗粒的形成机制以及转导 DNA 在受体染色体中整合的机制。

1. 转导现象的发现

1952 年 Lederberg 和他的学生 Zinder 把鼠伤寒沙门氏菌（*Salmonella typhimurium*）的一个突变菌株 LT22（trp^-）和另一个突变菌株 LT2（his^-）在基本培养基上进行混合培养，结果在 10^7

个细胞中得到大约 100 个原养型菌落。为了进一步验证鼠伤寒沙门氏菌是否通过细胞接合而产生了重组体，他们又进行了 U 形管实验，即将 LT2（携带 P22 温和噬菌体）和 LT22 菌分别接种到 U 形管的两臂，U 形管的中间用烧结玻璃滤板隔开，使两种细菌不能接触，但能允许培养基以及其中的大分子物质流通。在培养过程中还可以在一端间歇地压入灭菌的空气，使两边的培养液更好的流通，经培养后，在接种 LT22 的一端出现了原养型细菌。这一事实说明沙门氏菌的基因重组并没有经过细胞的直接接触，而是通过某些可过滤因子而发生的。随后的一系列实验证实了可过滤因子是温和噬菌体 P22。这就是最早发现的转导现象，实际上属于普遍性转导现象。

以后在许多其他细菌中也发现了由噬菌体介导的遗传物质转移，包括大肠杆菌、变形杆菌属、假单胞菌属、志贺氏菌属、葡萄球菌属、弧菌属和根瘤菌属等。转导现象在自然界较为普遍，它在低等生物进化过程中很可能是一种产生新基因组合的重要方式。

2. 普遍性转导（generalized transduction）

通过极少数完全缺陷噬菌体对供体菌基因组上任何小片段 DNA 进行误包，而将其遗传性状传递给受体菌的现象，称普遍性转导。普遍性转导的媒介既可以是温和噬菌体，也可以是烈性噬菌体。普遍性转导又可分为完全普遍转导和流产普遍转导。

（1）完全普遍转导　完全普遍转导简称完全转导（complete transduction）。以鼠伤寒沙门氏菌为例，若用野生型菌株作供体菌，营养缺陷型菌株作受体菌，P22 噬菌体作转导媒介，当 P22 噬菌体在供体菌内增殖时，宿主的核染色体组发生断裂，当噬菌体完成增殖进行包装之际，占总数 $1/10^8 \sim 1/10^6$ 的噬菌体的衣壳会把与噬菌体头部 DNA 核心大小相仿的一小段供体菌 DNA 误包，形成了一个完全不含 P22 噬菌体自身 DNA 的完全缺陷噬菌体，此即转导颗粒。当供体菌裂解时，若把少量裂解物与大量的受体菌接触，这一完全缺陷噬菌体就可把外源 DNA 片段导入受体细胞内。在这种情况下，受体细胞不可能被溶源化，也不显示其对噬菌体的免疫性，更不会发生裂解和产生正常的噬菌体后代。导入的外源 DNA 片段可与受体细胞核染色体组上的同源区段配对，再通过双交换而整合到染色体组上，从而使后者成为一个遗传性状稳定的重组体，即普遍转导子，这个过程就是完全普遍转导（图 8-14 和图 8-15）。除鼠伤寒沙门氏菌 P22 噬菌体以外，大肠杆菌的 P1 噬菌体和枯草杆菌的 PBS1，SP10 噬菌体等都能进行完全转导。

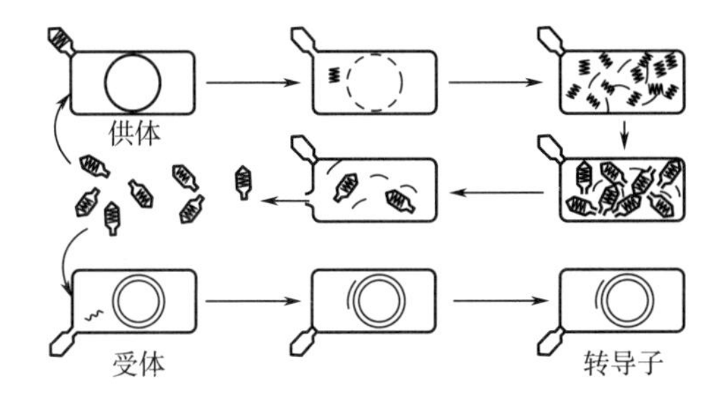

图 8-14　由 P22 噬菌体引起的完全普遍转导
（引自《微生物学教程》，第二版，周德庆，2002）

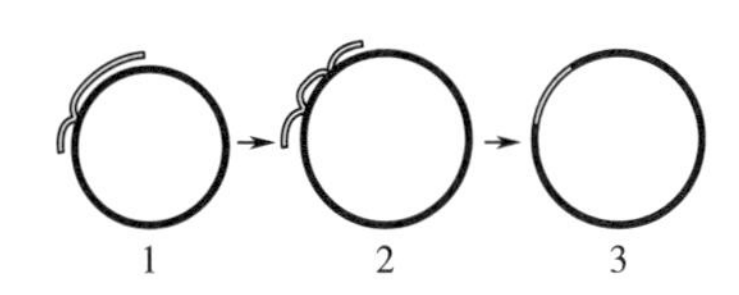

图 8-15　外源 dsDNA 片段经双交换形成一稳定转导子示意图
（引自《微生物学教程》，第二版，周德庆，2002）

（2）流产普遍转导　如果受体菌通过普遍转导获得了供体菌 DNA 片段后，在其体内不发生基因的交换、整合和复制，只进行转录、翻译和性状的表达。由于供体DNA片段在受体细胞内不进行复制，在细胞分裂过程中，该DNA片段只能分配给一个子代细胞，因此随着细胞的分裂，供体DNA片段相对于整个细胞群体而言不断“稀释”，导致其所能表达的供体菌的部分性状也越来越弱。这种转导被称为流产普遍转导，简称流产转导（abortive transduction）。

3. 局限转导（specialized transduction）

指通过部分缺陷的温和噬菌体把供体菌的少数特定基因携带到受体菌中，并与后者的基因组整合、重组，形成转导子的现象。最初于1954年在大肠杆菌K12中发现。其特点：①只局限于传递供体菌核染色体上的个别特定基因，一般为噬菌体整合位点两侧的基因；②该特定基因由部分缺陷的温和噬菌体携带；③缺陷噬菌体的形成方式是由于它在脱离宿主核染色体过程中，发生低频率（$\sim 10^{-5}$）的误切；④局限转导噬菌体要通过UV等因素对溶源菌诱导并引起裂解后才产生。大肠杆菌的λ噬菌体和φ80噬菌体具有局限转导的能力。

根据转导频率的高低，可将局限转导分为低频转导和高频转导。

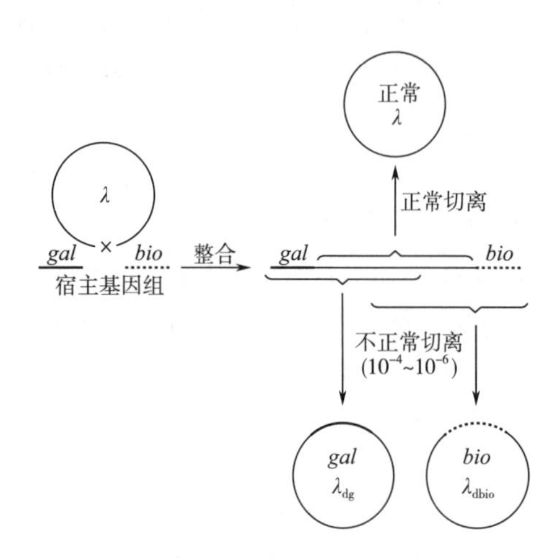

图8-16 低频转导（LFT）裂解物的形成
（引自《微生物学教程》，第二版，周德庆，2002）

（1）低频转导（low frequency transduction，LFT） 大肠杆菌的λ噬菌体的线状DNA在感染宿主细胞后先环化，环化的DNA分子以它的附着位点和细菌染色体的同源位点发生联会，通过一次交换以线状形式整合到宿主核染色体的特定位点上，同时使之溶源化和获得对同种噬菌体的免疫性。当该溶源菌因UV诱导而进入裂解性生活史时，就有极少数（$\sim 10^{-5}$）的前噬菌体因发生不正常切离，而把插入位点两侧之一的宿主核染色体组上的少数基因连接到噬菌体DNA上（同时噬菌体也留下相对应长度的DNA在宿主的核染色体组上）。通过噬菌体衣壳对这段特殊DNA片段的误包，就形成了具有局限转导能力的部分缺陷噬菌体（图8-16）。

在大肠杆菌K12中，λ前噬菌体整合位点两侧分别是发酵半乳糖的gal^+基因和合成生物素的bio^+基因，因此，形成的缺陷噬菌体只可能是λ*dgal*（或λ*dg*，指带有供体菌*gal*基因的λ缺陷噬菌体，其中的“d”表示缺陷“defective”）或λ*dbio*（带有供体菌*bio*基因的λ缺陷噬菌体）。

由于核染色体组进行不正常切离的频率极低，因此在其裂解物中所含的部分缺陷噬菌体的比例也极低（$10^{-6}\sim 10^{-4}$），这种裂解液称为LFT裂解液。用低感染复数的LFT裂解液感染宿主只能形成极少数的转导子，故称为低频转导。低频转导通常有两种结果：①稳定的转导：λ*dgal*携带的*gal*与受体细胞染色体上gal^-基因发生双交换而取代了gal^-基因，这样gal^+基因就会稳定地随受体细胞染色体一起复制；②不稳定的转导：转导噬菌体λ*dgal*与受体染色体不发生交换而仅以附加体的形式游离于受体细胞中，使受体细胞成为既有gal^+基因也有gal^-基因的杂基因子（杂合二倍体）。

但是，当用高感染复数的LFT裂解液感染非溶源性的gal^-宿主时，感染λ*dgal*的宿主细胞

由于 λ*dgal* 不具有完整 λ 噬菌体的基因组，对 λ 噬菌体不具有免疫性能，所以含有 λ*dgal* 宿主几乎都能再接受一个完整的噬菌体，这样 λ 与 λ*dgal* 同时整合在一个受体菌的核染色体上，这样形成的溶源菌被称为双重溶源菌（double lysogen）。

（2）高频转导（high frequency transduction，HFT） 当双重溶源菌被紫外线等诱导时，其中正常的 λ 噬菌体的基因可补偿 λ*dgal* 所缺失的部分基因功能，使两种噬菌体都能同时复制。这样来自双重溶源菌的裂解物中含有等量的 λ 与 λ*dgal* 粒子，即获得高频转导裂解液（HFT 裂解液）。在裂解过程中，λ 噬菌体作为 λ*dgal* 所缺失功能的补充者，被称为辅助噬菌体或助体噬菌体。如果用低感染复数的 HFT 裂解液去感染非溶源性的 gal^- 宿主时，由于裂解液含有近 50% 的 λ*dgal*，获得能发酵半乳糖的转导子频度大大提高，这种转导方式就是高频转导。

三、 接合和染色体转移

1. 接合现象的发现与证实

接合（conjugation）是指供体菌（雄性）通过性菌毛与受体菌（雌性）直接接触，把 F 质粒或其携带的不同长度的核基因组片段传递给后者，使后者获得若干新遗传性状的现象。通过接合而获得新遗传性状的受体细胞，称为接合子。

1946 年，Lederberg 与 Tatum 合作进行了大肠杆菌多重突变菌株之间的遗传重组研究，在实验中成功地发现并解释了细菌的接合现象。具体过程如下：筛选两种不同双重营养缺陷的大肠杆菌 K12 突变株，其中 A 菌株和 B 菌株的遗传标记分别是：

A：$bio^-\ met^-\ thr^+\ leu^+$（需要生物素和甲硫氨酸）

B：$bio^+\ met^+\ thr^-\ leu^-$（需要苏氨酸和亮氨酸）

将它们在完全培养基上混合培养过夜，然后把混合培养物经离心和洗涤除去完全培养基，再涂布于基本培养基平板上，结果发现在基本培养基上每涂布约 10^7 个菌体的混合培养物中，出现 1 个 $bio^+\ met^+\ thr^+\ leu^+$ 的原养型菌落；而将 A 菌株和 B 菌株单独涂布在基本培养基平板上的对照组则没有菌落（图 8-17）。这说明混合培养出现的原养型菌落是两菌株之间发生了遗传交换和基因重组所致。

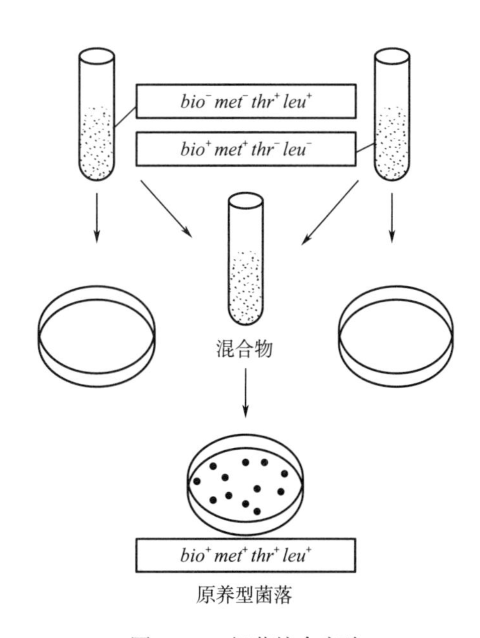

图 8-17 细菌接合实验

Lederberg 等人的实验第一次证实了细菌之间可发生遗传交换和重组，但这一过程是否需要细胞间的直接接触，则是由 Davis 的 U 形管实验证实的。Davis 把 A 和 B 两种缺陷型菌株分别注入底部用烧结玻璃滤板隔开的 U 形管的两臂中（图 8-18）。这种滤板只允许培养基和大分子物质（包括 DNA）通过，细菌细胞不能通过，两臂盛有完全培养基。待细菌长到某一适当程度后，缓慢地抽吸培养液，其实这时两种菌是在同一种培养液中生长，只是不能发生菌体间的直接接触。然后从两臂分别取样，离心和洗涤，再涂布于基本培养基平板上，结果未发现

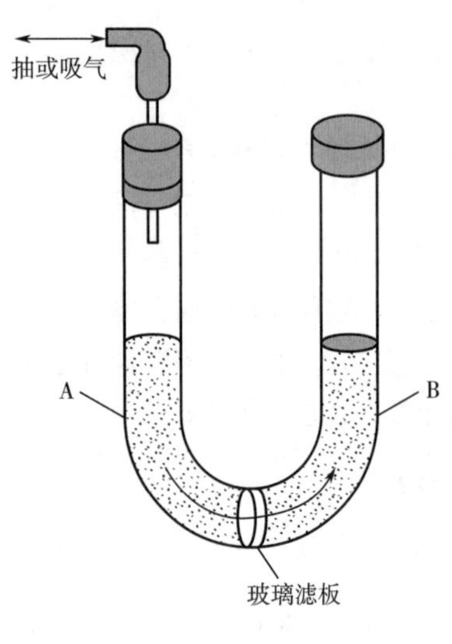

图 8-18 U 形管实验

有原养型菌落出现，从而证明了 Lederberg 等人观察到的重组现象是需要细胞的直接接触。

2. 能进行接合的微生物种类

能进行接合的微生物种类主要分布在细菌和放线菌中。细菌中 G^- 细菌尤为普遍，如大肠杆菌、沙门氏菌属、志贺氏菌属、克雷伯氏菌属、沙雷氏菌属、弧菌属、固氮菌属和假单胞菌属等；放线菌中，以链霉菌属和诺卡氏菌属最为常见，其中研究得最为详细的是天蓝色链霉菌（*Streptomyces coeilcolor*）。此外，接合还可发生在不同属的一些菌种之间，如大肠杆菌与鼠伤寒沙门氏菌间或沙门氏菌与痢疾志贺氏菌间。在所有对象中，接合现象研究得最多、了解得最清楚的是 *E. coli*。*E. coli* 是有性别分化的，决定性别的是 F 质粒，F 质粒还是合成性菌毛基因的载体。

3. 大肠杆菌的接合型与接合

继 Lederberg 与 Tatum 所作的杂交实验之后，在 1952 年 Hayes 惊奇地发现细菌遗传重组是个单向过程，基因转移有极性。在（A）bio^- met^- ×（B）thr^- leu^- 杂交之前如将菌株 A 用高剂量的链霉素处理抑制细胞中蛋白质（包括影响接合发生的蛋白）合成，所生成的原养型重组体的数目并没有大量地减少，而对 B 菌株同样进行处理却完全阻止重组作用的发生。经分析，B 菌株含有 F 质粒。

Heyes 根据杂交致育性把大肠杆菌分成两个类群：F^+（雄性菌）为供体和 F^-（雌性菌）为受体。前者含有质粒 F 因子，后者没有 F 因子。

（1）F^+菌株的特性　F^+菌能合成长而细的蛋白质纤丝，称为性菌毛。性菌毛分布在大肠杆菌的表面，数目与 F 因子相当，一条至几条，它是细菌接合所必需的。当 F^+菌株与 F^-菌株（无 F 质粒及性菌毛）接触时，通过性菌毛的沟通和收缩，使供体细胞与受体细胞紧密相连，并很快在接触处形成胞质桥，F 质粒经过胞质桥由 F^+菌株转移至 F^-菌株中，同时 F^+菌株中的 F 质粒也获得复制，使两者都成为 F^+菌株。这种通过接合而转性别的频率接近 100%。

（2）F^-菌株　指细胞中无 F 质粒、细胞表面也无性菌毛的菌株。它可通过与 F^+菌株的接合而接受供体菌的 F 质粒，从而使自己转变成雄性菌株；也可通过接收来自 Hfr 菌株的一部分核基因组 DNA，而获得 Hfr 菌株的部分遗传性状；或通过接收来自 Hfr 菌株的一整套核基因组 DNA，使其在获得一系列 Hfr 菌株遗传性状的同时，还获得了处于转移染色体末端的 F 因子，从而使自己由原来的雌性变成了雄性，不过这种情况出现的几率很低。

（3）Hfr 菌株（高频重组菌株，high frequency recombination strain）　Hfr 菌株是在 F^+和 F^-菌株被发现后不久分离出的一种供体菌。这种菌株与 F^-菌株相接合后，发生基因重组的频率比任何已知的 F^+与 F^-接合后的频率高出几百倍，所以这种“雄性”菌株是高频重组的，从而称为高频重组菌株（Hfr）。在 Hfr 菌株细胞中，F 质粒已从游离态转变成在核染色体组特定位点上的整合态。当 Hfr 与 F^-接合时，Hfr 的染色体双链中的一条单链在 F 质粒前端断裂，由环状变成线状，F 质粒中与性别有关的基因位于单链染色体末端。整段单链线状 DNA 以 5′端引导，等速地通过胞质桥转移至 F^-细胞中。在毫无外界干扰的情况下，这一转移过程需 100min。在实际转移过程中，这么长的线状单链 DNA 常发生断裂，以至于越是位于 Hfr 染色体前端的基因，进入 F^- 细胞的几率就越高，其性状在接合子中出现的时间也就越早，反之亦然。由于 F 质粒上决定性别的基因位于线状 DNA 的末端，能进入 F^- 细胞的机会极少，故在 Hfr 与 F^- 接合中，F^- 转变为 F^+ 的频率极低，而其他遗传性状的重组频率却很高。

Hfr 菌株的染色体向 F^- 菌株转移的过程与 F 质粒自 F^+ 转移至 F^- 的基本相同，都是按滚环模型来进行的。所不同的是，HFr 菌株进入 F^- 菌株的单链染色体片段经双链化后，与受体核染色体上的同源区段配对，形成部分二倍体合子，经双交换后，发生遗传重组（图 8-19）。因供体的染色体片段上没有复制起始位点，它在受体细胞内不能复制，如果不发生同源重组的话，它将随受体细胞的分裂而稀释掉，一般检测不到其存在。

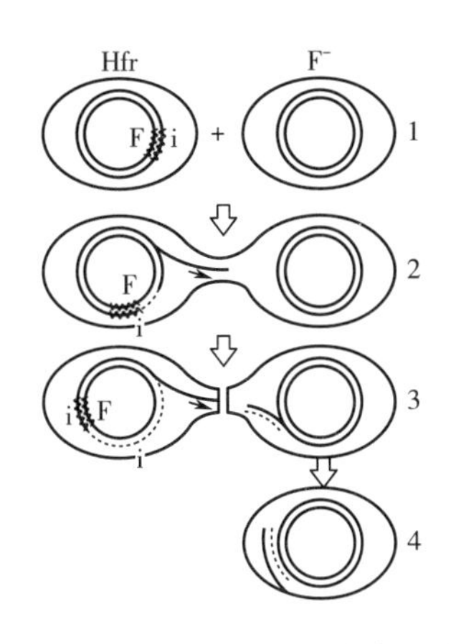

图 8-19　Hfr 与 F^- 菌株间的接合中断试验
图中的 F 质粒用波线表示，虚线表示新合成的 DNA 单链，双环表示细菌的核染色体组

由于在接合中 DNA 转移过程有着稳定的速度和严格的顺序性，所以，人们可以在实验室中每隔一定时间用接合中断器或组织捣碎机等仪器，使接合强行中断，获得一批接受到 Hfr 菌株不同遗传性状的 F^- 接合子。根据这一原理，利用 F 质粒可正向或反向插入宿主染色体组的不同部位（有插入序列处）的特点，构建若干株有不同整合位点的 Hfr 菌株，使其与 F^- 菌株接合，并在不同时间使接合中断，最后根据 F^- 中出现 Hfr 菌株中各种性状的时间早晚，就可画出一张比较完整的环状染色体图。这就是由 E. Wollman 和 F. Jacob（1955 年）首创的中断杂交实验（interrupted mating experiment）的基本原理。同时，原核生物染色体的环状特性也是从这里开始认识的（图 8-20）。

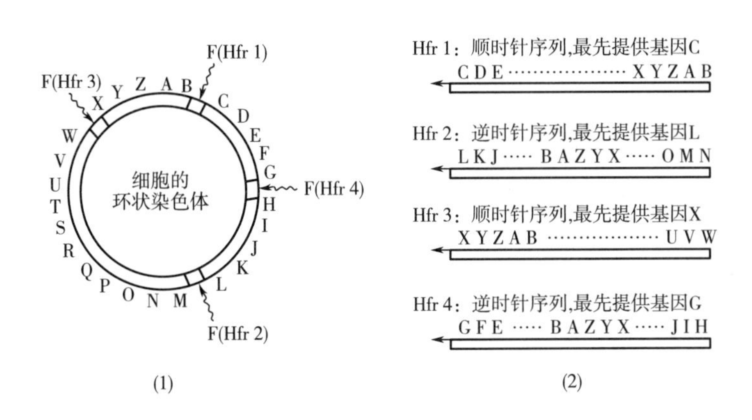

图 8-20　接合中断实验中不同 Hfr 菌株来源示意图
（1）环状染色体上可供 F 质粒正、反向插入的部位　（2）不同 Hfr 菌株所呈现的先后基因序列
（引自《微生物学教程》，第二版，周德庆，2002）

F 因子的转移和 Hfr 染色体转移的差别在于：

①一个完整细菌染色体的转移需要 100min，一个 F 因子的转移只需 2min。

②Hfr DNA 转移过程中，往往有中断现象，整个 Hfr 染色体都进入受体细胞的可能性是很小的，在两性细胞分开之前，平均有几百个基因进入受体细胞。

③Hfr 与 F^-细胞之间的接合，通常 F^-细胞仍保持为 F^-，这是因为 F 因子位于染色体转移过程的末尾。

④在 Hfr 转移中，尽管转移的供体 DNA 片段不能环化和复制，但却可以与受体染色体发生交换，因此在 F^-细胞中产生较高比例的重组体。

（4）F′菌株与性导　不是所有的 Hfr 菌株都是相当稳定的，有些 Hfr 菌中的 F 因子不再整合在染色体上，重新游离到细胞质中。当 Hfr 菌株细胞内的 F 因子因不正常切离核染色体组时，可形成携带整合位点邻近的一小段核染色体基因（例如 lac^+基因）的特殊 F 质粒，称 F′质粒或 F′因子（图 8-21）。这种情况与 λ_d形成机制十分相似，但 F′上的 F 质粒是完整的，不像 λ_d中的 λ 是缺陷噬菌体。

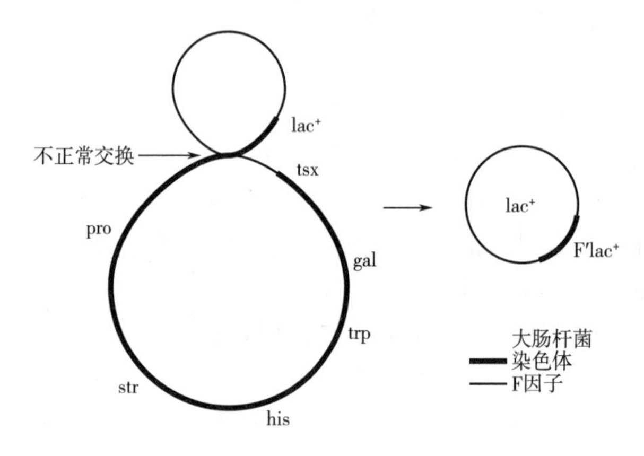

图 8-21　F′因子的形成

凡携带 F′质粒的菌株，称为初生 F′菌株，其遗传性状介于 F^+与 Hfr 菌株之间；当初生 F′菌株（比如携带了 F 质粒整合位点一侧的 lac 基因）与 F^- lac^-突变型受体菌接合时，可使后者也成为 F′菌株，这就是次生 F′菌株，它既获得了 F 质粒，同时又获得了来自初生 F′菌株的若干原属于 Hfr 菌株的遗传性状（如 lac^+性状），于是它在 lac 区形成部分二倍体（图 8-22）。以 F′质粒来传递供体基因的方式称为 F 质粒转导或 F 因子转导（F-duction）或性导（sexduction）或 F 质粒介导的转导（F-mediated transductin）。与上述构建不同 Hfr 菌株相似的是，因为 F 质粒可整合在大肠杆菌（*E. coli*）核染色体组的不同位置上，故可分离到一系列不同的 F′质粒，同样能用于绘制细菌的染色体图。

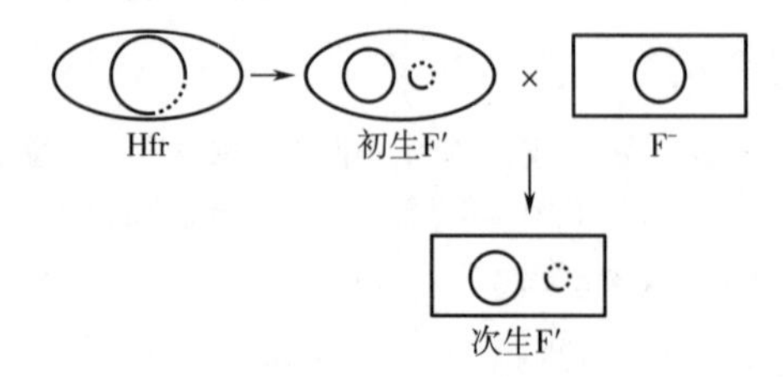

图 8-22　初生 F′菌株和次生 F′菌株的由来

大肠杆菌（*E. coli*）的 F^+、F^-、Hfr、F′菌株之间的关系见图 8-23。

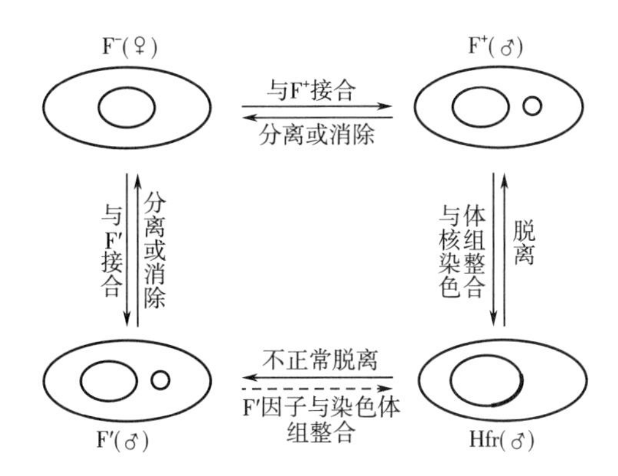

图 8-23　F 质粒的四种存在方式及相互关系

四、 原生质体融合

将两个性状不同的原生质体混合在一个高渗溶液中，通过物理或化学等因素的刺激，促进两原生质体细胞膜融合，导致染色体之间发生基因重组而形成新的遗传性状的过程，即为原生质体融合。通过原生质体融合获得的基因重组子，称融合子。其具体过程包括亲株原生质体的制备、融合、细胞壁再生、性能检测等步骤。

1. 亲株原生质体的制备

用作原生质体融合的两个亲本一般首先要进行不同遗传标记的制作。通过各种理化因素的诱变使两个亲本分别带上营养缺陷、抗性等遗传标记，便于融合后的检出。

不同种类微生物由于细胞壁的化学组成不同，原生质体的制备也不同。细菌一般采用溶菌酶直接水解其细胞壁中的肽聚糖而达到破壁的目的；也可通过将菌体培养在含有适量 β-内酰胺类抗生素的培养基中，抑制肽聚糖合成达到原生质体生成的目的。酵母菌一般用能水解其细胞壁中甘露聚糖和葡聚糖的蜗牛酶或酵母裂解酶，霉菌采用几丁质酶和纤维素酶等作用。

2. 融合

制成的原生质体须置于高渗溶液中，避免其破裂。将两原生质体混合，采用物理和化学方法促融。一般化学促融剂为聚乙二醇（PET），物理促融主要采用电脉冲方式。

3. 细胞壁再生

融合后的细胞需要倾注或轻轻涂布于完全固体培养基上，使细胞壁再生并形成菌落。

4. 性能检测

将再生细胞壁的菌体，采用合适的选择培养基（基本培养基或抗性培养基等）或鉴别培养基将目的融合子筛选出来，最后再通过摇瓶以及发酵罐进行复筛和性能测试。

原生质体融合有时为了避免筛选遗传标记的复杂性，可以采用一个亲本原生质体被紫外线或加热灭活的方式作为供体，与另一亲本原生质体融合。随着原生质融合技术的发展，也可以将体外重组的遗传物质制成脂质体（即将 DNA 和磷脂溶液在超声波或其他条件的刺激下，磷脂重新排列，将 DNA 包裹起来形成的球体）作为外源基因的供体和一原生质体细胞进行融合而构建新性状的融合子。

第五节　真核微生物的基因重组及酵母菌的线粒体遗传

真核微生物的基因重组方式有有性杂交、准性杂交，当然也可以采用转化和原生质体融合等方式进行。

一、 酵母菌有性杂交

1. 酵母菌的接合型遗传

酿酒酵母细胞能以单倍体或二倍体的状态存在。单倍体可以是 α 或 a 两种接合型的其中之一，α 和 a 细胞接合，经过质配和核配后便产生了二倍体细胞（α/a）。一个单倍体酵母细胞是 α 型还是 a 型是由其本身的遗传特性所决定的，是一种稳定的遗传特征。

但是，一种接合型的单倍体细胞有时会发生转变，即由 α 型变成 a 型或再回到 α 型。这种转变现象目前已逐步了解清楚，转变过程如图 8-24 所示。

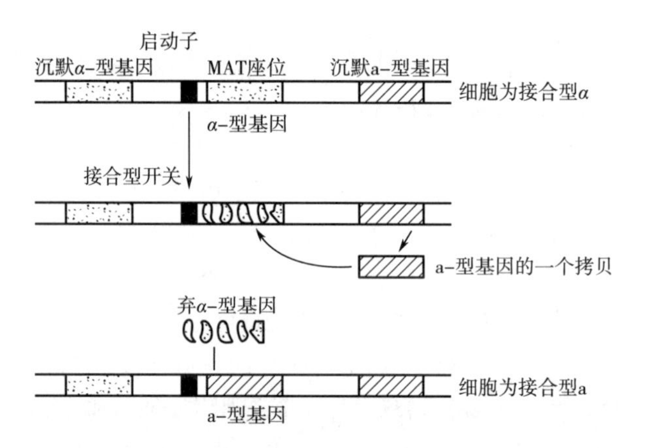

图 8-24　酵母的结合型调控机制

如图 8-24 所示，一个称为 MAT 的活性区具有重要的调控作用，在这个座位上 α 或 a 基因都能被插入，并受 MAT 启动子的控制，因此如果是基因 α 插入该座位，那么细胞就是接合型 α；如果是基因 a 插入则是 a 接合型。在酵母基因组的其他位置有 α 和 a 基因的拷贝，它们是不表达的沉默基因，只在发生接合型转变时用作 α 或 a 基因插入的来源。当转变发生时，合适的 α 或 a 基因从它们的沉默位点进行拷贝，然后插入 MAT 座位，取代原来的基因，接合型发生改变。

α 和 a 基因编码称为 α 因子和 a 因子的多肽激素，用以控制酵母细胞的接合过程。这些激素结合到相反接合型的细胞上，会引起细胞表面的变化，促使两种接合型的细胞接合，α 细胞表面似乎只存在 a 因子的受体，而 a 细胞表面只有 α 因子的受体。

2. 有性杂交育种

一旦两个不同接合型的酵母细胞接合，就会发生一系列复杂的变化，包括质配、核配及二倍体合子的形成等过程，这一过程就是酵母菌的有性杂交。利用有性杂交技术可以使两个单倍体酵母菌的不同优良性状集中到一个二倍体的酵母细胞中。其具体过程如下：

（1）单倍体细胞的获得　野生型酵母和生产上的菌株一般为二倍体酵母，在进行有性杂交之前，必须对其单倍体化。将二倍体酵母接种于生孢子培养基中培养，促使其进行减数分裂，产子囊孢子；待子囊孢子形成后，采用机械法或蜗牛酶破壁，通过离心收集子囊孢子，涂布平板，即可获得由单倍体细胞组成的菌落。

（2）单倍体细胞及接合型的验证　将获得的单倍体细胞重复生孢子试验，如果不产生孢子，确定被分离的菌株为单倍体。

也可以将被测菌株分别和 α 或 a 接合型的标准菌株进行杂交试验，如果能和 α 接合型的标准菌形成哑铃形的细胞，证明被测菌为 a 接合型的单倍体细胞；如果和 a 接合型的标准菌形成哑铃形细胞，被测菌则为 α 接合型的单倍体细胞。

（3）遗传标记的制作　进行杂交的两个单倍体细胞应具有不同于对方的特殊的遗传标记，如具有不同的氨基酸营养缺陷型，便于杂交后对杂合子进行筛选。

（4）杂交和筛选　将不同接合型的不同遗传标记的两个单倍体细胞混合，通过离心等密集接触方式促使两细胞杂交。然后在合适的选择平板分离杂交子细胞。

（5）性能分析和应用　对筛选出的杂合子进行生长测定和遗传稳定性分析，同时在最适的生长和发酵条件下进行培养，分析其生产性能和实际的应用属性。

二、丝状真菌的准性生殖

丝状真菌的遗传学研究主要是借助有性生殖过程和准性生殖过程，并通过遗传分析进行的，大多以粗糙脉孢菌（*Neurospora crassa*）和构巢曲霉（*Aspergillus nidulans*）为模式菌。虽然近年来发展了 DNA 转化系统，但转化频率低，一般每微克转化 DNA 产生 100 个以下的转化子。因此，准性生殖作为丝状真菌特有的遗传现象在育种方面仍然具有重要意义。

1. 定义

所谓准性生殖（parasexual reproduction）是指同种不同菌株的体细胞间发生融合，不经过减数分裂而导致低频率基因重组的生殖过程。在该过程中，染色体的交换和染色体的减少不像有性生殖那样有规律。

2. 准性生殖过程

（1）菌丝联结　存在于形态上没有区别、但在遗传型上有差别的同种不同菌株的体细胞（单倍体）之间，频率很低。

（2）异核体的形成　所谓异核体（heterocaryon）是指同时具有两种或两种以上不同基因型细胞核的细胞，这种现象又称为异核现象。真菌的菌丝相互接触时，通过菌丝间的连接，两个单倍体细胞核可混合在一起而形成异核体。

（3）二倍体的形成　异核体中的两个细胞核可以 10^{-6} 的概率发生核融合而形成二倍体（或杂合二倍体）。

（4）体细胞交换和单倍体化　二倍体细胞在有丝分裂过程中也会偶尔发生同源染色体之间的交换（即体细胞重组），导致部分隐性基因的纯合化，从而获得新的遗传性状。所谓单倍体化过程是指在一系列有丝分裂过程中不断发生的个别染色体减半，直至最后形成单倍体，可使某些隐性基因得以表达的过程，它不像减数分裂那样染色体的减半一次完成。

从准性生殖的过程可以看出，该过程可出现很多新的基因组合，因此成为遗传育种的重要手段；其次，在遗传分析上也是十分有用的，例如可利用有丝分裂过程中染色体发生交换导致的基因纯合化与着丝粒的距离的关系进行有丝分裂基因定位等。

三、 酵母菌的线粒体遗传

线粒体是真核细胞内重要的细胞器，是能量生成的场所，还参与脂肪酸和某些蛋白质的合成，由于线粒体遗传发生在核外，因此，它是一种细胞质遗传，又称非孟德尔遗传（不遵循孟德尔定律）。

酵母菌中典型的细胞质遗传现象是小菌落突变型的遗传。酵母菌可以通过呼吸和发酵两种代谢方式来获得能量，在有氧条件下进行呼吸，在氧缺少的条件下进行发酵。如果用吖啶黄等处理野生型酵母，发现可用很高的频率获得在好氧条件下生长缓慢的突变株，该突变株由于生长缓慢，所以形成的菌落为小菌落，称之为小菌落突变株（petite mutant）。对野生型和小菌落突变株的细胞色素系统进行研究，结果发现小菌落突变株之所以生长缓慢，是因为细胞色素系统发生缺陷而不能进行正常呼吸所致，将这种呼吸能力缺陷的菌株称为呼吸缺陷突变株（respiration deficient mutant）。

某种小菌落突变株与野生型杂交后经减数分裂产生的子囊孢子，表现出野生型：小菌落=4：0的分离比，而另一种小菌落突变株与野生型杂交产生孢子后，表现出野生型：小菌落=0：4的分离比，还有的小菌落突变株与野生型杂交后产生的子囊孢子，表现出野生型：小菌落=2：2的分离比。第一种小菌落称为中性小菌落（neutral petite），第二种小菌落称为抑制性小菌落（suppressive petite），它们是受细胞质基因控制的。而第三种小菌落称为分离型小菌落（segregational petite），其发生的突变基因位于酵母染色体上。

酵母菌线粒体中存在着DNA（mtDNA）。研究发现中性小菌落和抑制性小菌落是由mtDNA突变引起的。突变如果使野生型mtDNA（ρ^+）全部丧失，就可以获得100%的中性小菌落（ρ^0），如果突变使野生型mtDNA发生部分突变，结果就会形成各种各样的抑制性小菌落（ρ^-）。很显然，ρ^+和ρ^0杂交，杂交子代的mtDNA均来自ρ^+，所以表达为4：0的分离比；当ρ^-和ρ^+杂交时，由于ρ^-的mtDNA的表达抑制了ρ^+mtDNA的表达，结果就表现为0：4的分离比。

第六节 质粒

一、 定义和特点

质粒（plasmid）一般是指存在于细菌、真菌等微生物细胞中、独立于染色体外、能进行自我复制的遗传因子。但有些可以整合到核染色体上，作为染色体的一部分而进行复制，又可以再游离出来或携带一些寄主的染色体基因游离出来，这类质粒被称为附加体。质粒（特别是细菌质粒）通常是共价、闭合、环状双链DNA（covalently closed circular DNA，cccDNA），其分子大小为1~1000kb。但目前在链霉菌、酵母、丝状真菌等微生物中都发现了线状DNA质粒，甚至还有RNA质粒。

质粒具有麻花状的超螺旋结构，相对分子质量为10^6~10^8。质粒上往往携带某些核基因组上所缺少的基因，使细菌等原核生物获得了某些对其生存并非必不可少的特殊功能，例如接合、产毒、抗药、固氮、产特殊酶或降解环境毒物等功能。质粒是一种在细胞内独立存在于核染色体外的复制子，如果其复制行为与染色体的复制同步，细胞中一般只含1~2个质粒，这类质粒称为严紧型质粒（stringent plasmid）。另一类质粒的复制和染色体的复制不同步，细胞中可含10~15甚至更多的质粒，这类质粒称为松弛型质粒（relaxed plasmid）。少数质粒可在不同菌株间转移，如F因子、R因子等。含质粒的细胞在正常的培养基上通过吖啶类染料、溴化乙锭、丝裂霉素C、紫外线、利福平、重金属离子或高温等因子处理时，由于其复制受抑制而核染色体的复制仍继续进行从而引起子代细胞中不带质粒，此即质粒的消除。此外，质粒还有重组功能，可在质粒与质粒间、质粒与核染色体间发生基因重组。

二、 质粒的分离与鉴定

质粒的分离常采用碱变性法。其主要步骤包括：①菌体的培养和收集：一般采用丰富培养基对菌体进行培养，当细胞生长到指数期后期时，离心收集细胞。②溶菌：一般用溶菌酶去壁。③碱变性处理：在SDS等表面活性剂存在下加NaOH溶液使pH升至12.4，可使菌体蛋白质、染色体DNA以及质粒DNA变性。④质粒复性：加入pH4.8的KAc-HAc缓冲液，将提取液调至中性，由于质粒分子量小而容易复性，并稳定存在于溶液中；染色体DNA分子质量太大，在复性过程中形成DNA之间的交联导致其形成更大分子的不溶性物质。⑤离心分离：经高速离心可以使细胞碎片和已变性的菌体蛋白及染色体DNA一起沉淀，上清液中主要是质粒DNA，经乙醇沉淀后，可获得质粒DNA。

质粒DNA的进一步纯化和鉴定可采用琼脂糖凝胶电泳、氯化铯-溴化乙锭密度梯度离心或电镜观察等方法。琼脂糖凝胶电泳是根据分子量大小和电泳呈现的带型将染色体DNA与质粒分开，染色体DNA在分离过程中会随机断裂成线状，且相对分子质量大，所以泳动速度慢，带型也不整齐；而质粒DNA相对分子质量小，大小均一，泳动速度快，带型整齐，很容易将二者区分并进而达到分离质粒DNA的目的。在氯化铯-溴化乙锭密度梯度离心中，溴化乙锭（简称EB）可插入DNA分子而降低其密度。质粒DNA在分离过程中一般仍保持共价、闭合的环状状态，DNA分子无自由末端，所以与EB染料的结合量较少，其密度降低也较少；再加上少量EB的结合还会增加质粒DNA分子的内聚力，而使构型进一步扭曲并转为更紧密的缠结状态，因而减少梯度离心时的沉降阻力而使质粒DNA成为离心时的重带。相反染色体DNA被从细胞中提取后由于断裂呈线状，其两端可以自由转动而使分子内的紧张状态完全松弛，所结合的EB染料也多，密度更小，离心时的沉降阻力加大而形成位于质粒DNA上的轻带。

三、 典型质粒简介

1. F质粒（F plasmid）

F质粒又称F因子、致育因子或性因子，是大肠杆菌等细菌决定性别和转移能力的质粒，大小仅100kb，为cccDNA，含有与质粒复制和转移有关的许多基因。由于F因子能以游离状态（F^+）或以与宿主染色体相结合的状态（Hfr）存在于细胞中，所以也属于附加体。

目前已在志贺氏菌属（*Shigella*）、沙门氏菌属（*Salmonella*）和链球菌属（*Streptococcus*）等其他细菌中也发现了与大肠杆菌类似的致育因子。在放线菌中，天蓝色链霉菌含有SCP1和

SCP2 两种致育质粒，这两种质粒在天蓝色链霉菌的接合过程中起重要作用，带动染色体从供体细胞向受体细胞转移。

2. 抗性质粒（resistance plasmid，简称 R 因子或 R 质粒）

抗性质粒能使宿主对药物或重金属离子呈现抗性。最早是在 1957 年一次突发性痢疾蔓延期间，从痢疾志贺氏菌（*Shigella dysenteriae*）中发现的，以后在许多细菌，如大肠杆菌、沙门氏菌属、欧文氏菌属、流感嗜血杆菌、霍乱弧菌、根瘤菌属、荧光假单胞菌、铜绿色假单胞菌等 100 多种细菌中发现了这类质粒。带有 R 因子的细菌有时同时对几种抗生素和其他药物呈现抗性，如 R1 质粒可使宿主对以下五种药物具有抗性：氯霉素、链霉素、磺胺、卡那霉素和氨苄青霉素，这些抗性基因一般成簇地存在于 R1 抗性质粒上。

还有许多抗性质粒能使宿主细胞对许多金属离子呈现抗性，包括碲（Te^{6+}）、砷（As^{3+}）、汞（Hg^{2+}）、镍（Ni^{2+}）、钴（Co^{2+}）、银（Ag^{+}）、镉（Cd^{2+}）等。在肠道细菌中发现的 R 质粒，约有 25% 是抗汞离子的，而在铜绿色假单胞菌中约占 75%。

因为 R 因子可引起致病菌对多种抗生素的抗性，故对传染病防治等医疗实践有极大的危害；另一方面，R 因子可以改造成外源基因的克隆载体，这种抗性即可用作菌种筛选时的选择性标记。

3. Col 质粒

Col 质粒又称大肠杆菌素质粒或产大肠杆菌素因子。许多细菌都能产生某些代谢产物，抑制或杀死其他近缘细菌或同种不同菌株，因为这些代谢产物是由质粒编码的蛋白质，不像抗生素那样具有很广的杀菌谱，所以称为细菌素（bacteriocin）。细菌素种类很多，都按其产生菌来命名，如大肠杆菌素、枯草杆菌素、乳酸菌素、根瘤菌素等。

大肠杆菌素是一类由大肠杆菌（*E. coli*）某些菌株所产生的细菌素，具有专一性地杀死它种肠道菌或同种其他菌株的能力，大肠杆菌素是由 Col 质粒编码，Col 质粒的种类很多，凡带 Col 质粒的菌株，因质粒本身可编码一种免疫蛋白，故对大肠杆菌素有免疫作用，不受其伤害。

4. 毒性质粒（virulence plasmid）

有些使昆虫致病甚至致死的细菌毒素也是由质粒编码的。在苏云金芽孢杆菌（*Bacillus thuringiensis*）种群中，质粒 DNA 可占细胞总 DNA 的 10%～20%。目前研究的比较多而且应用也十分广泛的苏云金芽孢杆菌的毒素蛋白基因大多也定位在质粒上，消除质粒的苏云金芽孢杆菌同时也失去对昆虫的毒力。

许多致病菌的致病性是由其所携带的质粒引起的，这些质粒具有编码毒素的基因，例如产毒素大肠杆菌是引起人类和动物腹泻的主要病原菌之一，其中许多菌株含有为一种或多种肠毒素编码的质粒。

目前广泛应用的转基因植物载体是一种经过人工改造的 Ti 质粒，其宿主是根瘤农杆菌（*Agrobacterium tumefaciens*），该菌从一些双子叶植物受伤的根部侵入细胞后，在其中溶解，释放出 Ti 质粒，其上的 T-DNA 片段会与植物细胞的核基因组整合，合成正常植株所没有的冠瘿碱类，破坏控制细胞分裂的激素调节系统，使正常细胞转为癌细胞。

5. 降解性质粒

这类质粒上携带有能降解某些基质的酶的基因，含有这类质粒的细菌，特别是假单胞菌（还有一些其他细菌，如产碱菌、黄杆菌等），能将复杂的有机化合物（包括许多化学毒物）降解成能被其作为碳源和能源利用的简单形式。尤其对一些有毒化合物，如芳香族化合物、农药、辛烷和樟脑等的降解，在环境保护方面具有重要的意义。因此这类质粒也常被称为降解性质粒，这些质粒常以其降解的底物而命名，如樟脑（CAM）质粒、辛烷（OCT）质粒、二甲苯（XYL）质粒、水杨酸（SAL）质粒、扁桃酸（MDL）质粒、萘（NAP）质粒和甲苯（TOL）质粒等。

6. 隐蔽质粒（cryptic plasmid）

以上所讨论的质粒类型均具有某些可检测的遗传表型，但隐蔽质粒不显示任何表型效应，它们的存在只有通过物理的方法，例如用凝胶电泳检测细胞抽提液等方法才能发现。它们存在的生物学意义，目前尚不清楚。

酵母的2μm质粒不赋予宿主任何表型效应，属于隐蔽性质粒。2μm质粒存在于大多数酵母菌中，是目前研究得比较深入且具有广泛应用价值的酵母质粒。它们的基本结构都具有如下的特点：

（1）它们是闭环的双链DNA分子，周长约为2μm（6318bp），以高拷贝数存在于酵母细胞中，每个单倍体基因组含60~100个拷贝，约占酵母细胞总DNA的30%。

（2）含各约600bp长的一对反向重复顺序。

（3）由于反向重复顺序之间的相互重组，使2μm质粒在细胞内以两种异构体（A和B）的形式存在。

（4）该质粒只携带与复制和重组有关的4种蛋白质的基因，不赋予宿主任何遗传表型，属于隐蔽性质粒。

2μm质粒是酵母菌中进行分子克隆和基因操作的重要载体，以它为基础构建的克隆和表达载体已得到广泛应用，而且该质粒也是研究真核基因调控和染色体复制的一个十分有用的模型。

第七节　微生物基因工程

狭义的基因工程，又称基因拼接技术和DNA重组技术，是指将一种生物体（供体）的基因与载体在体外进行拼接重组，然后转入另一种生物体（受体）内，使之按照人们的意愿稳定遗传，表达出新产物或新性状。

广义的基因工程是指重组DNA技术的产业化设计与应用，包括上游技术和下游技术两大组成部分。上游技术指的是基因重组、克隆和表达的设计与构建（即重组DNA技术）；而下游技术则涉及到基因工程菌或细胞的大规模培养以及基因产物的分离纯化过程。

一、基因工程的主要操作步骤

基因工程的基本操作主要包括：载体和目的基因的获取、酶切和重组，以及重组DNA导入受体细胞、重组子的筛选和鉴定等，如图8-25所示。

1. 载体和目的基因的获取

微生物基因工程中多采用质粒作为载体，质粒的提取和检测方法在前面已有介绍。目的基

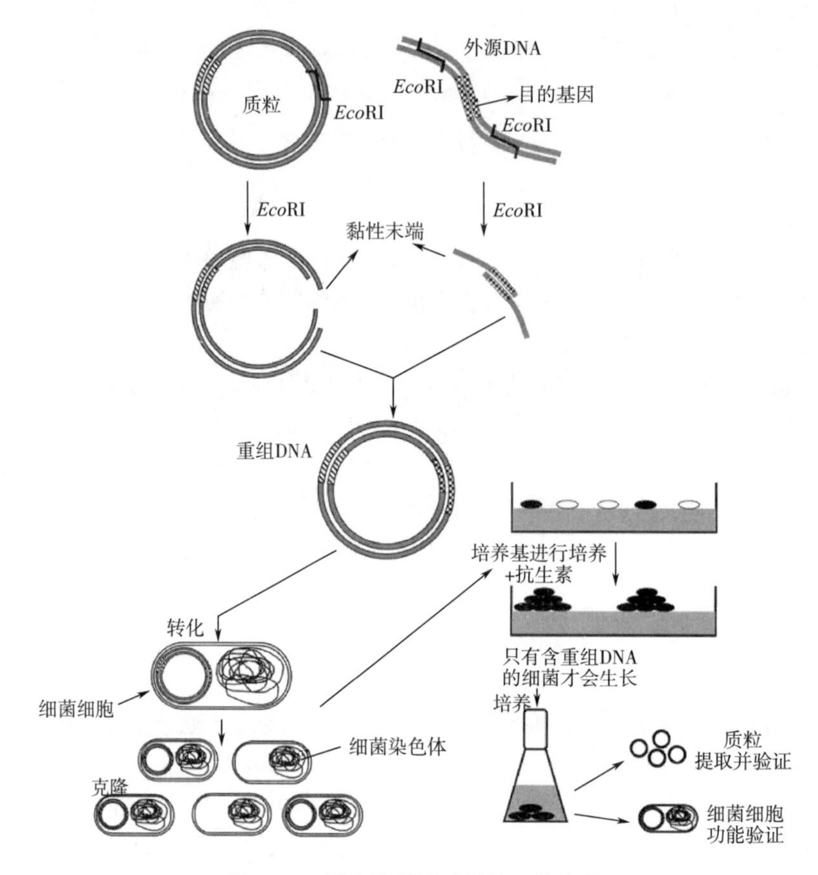

图 8-25　微生物基因工程的一般流程

因获得的主要方式分为以下两种情况。

（1）当目的基因序列未知时，可先建立目的基因来源微生物的基因组文库、cDNA 文库等，从文库中进行目的基因的筛选和提取。

（2）当目的基因序列已知时，可通过人工化学合成法、PCR 法、反转录法等获得目的基因。

2. 载体和目的基因的酶切和重组

重组 DNA 技术通过将克隆的目的基因或其他遗传因子插入到克隆载体中在宿主体内复制来提高目的基因拷贝数。目前有四种主要的载体：质粒、噬菌体和其他病毒、黏粒和人工染色体。大多数克隆载体需具备三个基本元件：复制起点、多克隆位点或多聚接头以及筛选标记。

（1）质粒载体

①复制起点：复制起点可使质粒在微生物中进行自主复制，如 pUC19 是一种大肠杆菌质粒（图 8-26），它的复制起点在细胞内可以指导质粒进行大约 50~100 次复制，它属于一种高拷贝数质粒。有些质粒有两个复制起点，可以被不同宿主识别并复制，这些质粒称为穿梭质粒，因为他们可以在不同宿主之间移动或“穿梭”。如 YEp24 是能在大肠杆菌和酵母（酿酒酵母）中复制的穿梭质粒，因为它有 2μm 质粒的酵母复制起点和大肠杆菌复制起点。

②筛选标记：在宿主细胞摄载体后，一方面需要快速有效鉴别宿主细胞是否成功获得载体

而形成转化子。另一方面，为了保证质粒能稳定存在于宿主细胞内，需要给予适当的选择性压力，淘汰质粒不能复制的转化子。这两个方面，可通过质粒上的筛选标记来满足。筛选标记是通过质粒上的一个或几个基因的存在而实现的，这些基因分别编码了细胞在特定的选择性压力下存活所需要的蛋白质。对于质粒 pUC19 而言，筛选标记为编码氨苄青霉素抗性的酶（*ampR*，有时也被称为 β-内酰胺酶）。穿梭载体 YEp24 同时具有大肠杆菌筛选基因 *ampR* 和 *URA*3，酵母菌中能编码尿嘧啶生物合成的必需蛋白质的基因。

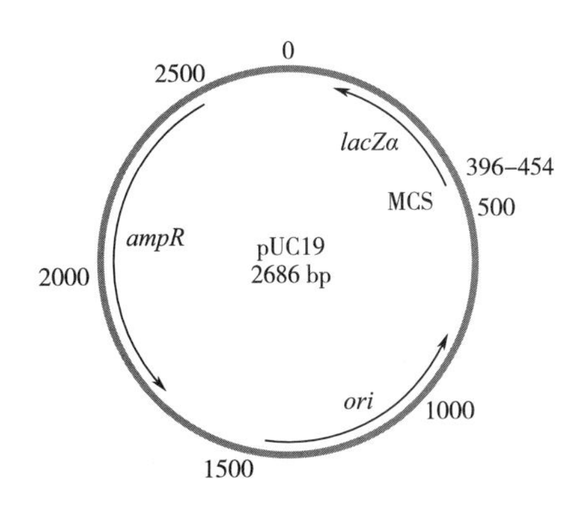

图 8-26 pUC19 质粒图谱

③多克隆位点或聚合接头：为了将 DNA 片段克隆到质粒中，片段和质粒都用相同的限制性内切酶（或者同尾酶）切割，从而产生相同的黏性末端；或者，通过不同的限制性内切酶对质粒和 DNA 片段分别切割，只要在 DNA 片段两端产生黏性末端和质粒上的黏性末端能互补；或者 DNA 片段和质粒被限制性内切酶切割后都形成平齐末端。这些限制性内切酶的识别序列在质粒中必须只有一个位置，这样才能保证酶切时在一个独特的限制位点进行切割，产生一个线性质粒。在用于克隆的质粒中一般会将许多具有独特的限制性内切酶酶切位点聚集在一起，这个区域即为多克隆位点（MCS）区域。质粒和被插入的 DNA 在 DNA 连接酶的催化下，具有相同黏性末端的 DNA 片段和载体通过氢键和磷酸二酯键相连。

（2）噬菌体载体 噬菌体载体是经过基因改造的噬菌体基因组，其中包括用于插入外源 DNA 的限制性内切酶识别位点。一旦 DNA 被插入，重组噬菌体基因组被包装成病毒粒子并用于感染宿主细胞。由此产生的噬菌体裂解物就携带了外源 DNA 片段和宿主裂解所需的基因。两种常用的载体来自大肠杆菌噬菌体 T7 和 λ，它们都有双链 DNA 基因组。

（3）黏粒 和质粒和噬菌体作为克隆载体相比，黏粒可以携带相对较大的 DNA 片段。黏粒作为工程载体有来自于噬菌体的 cos 位点和选择标记、复制起点，也有来自质粒的多克隆位点 MCS，因此称为“cos-mid”。这种混合载体在宿主细胞内作为质粒复制，同时 cos 位点可使载体被包装成噬菌体，通过转导转移到新的宿主细胞。

（4）人工染色体 人工染色体是特殊的克隆载体，一般用于特别大的 DNA 片段的克隆，比如构建基因组文库或对生物体的整个基因组测序。首先被研发出来的是酵母菌的人工染色体（YACs），包括末端的酵母端粒（TEL）、着丝点序列（CEN）、酵母来源的复制起点（ARS，自主复制序列）、筛选标记（如 URA3）和促进外源 DNA 插入的 MCS，YACs 在克隆非常大的 DNA 片段（高达 1000 kb）时使用。就像自然染色体一样，人工染色体只在每个细胞周期内复制一次。但是由于 YACs 不稳定，可能与宿主染色体重组，导致克隆 DNA 的突变和重排。目前，细菌人工染色体（BACs）也已被开发出来，尽管 BACs 比 YACs 克隆的 DNA 片段小（约 300kb），但它们通常更稳定。BACs 是基于大肠杆菌 F 因子构建的，它包括自主复制、拷贝数控制以及质粒分配等相关基因。BACs 对人类基因组计划的完成和合成基因组的构建至关重要。

3. 重组 DNA 导入受体细胞

基因工程中常用的重组质粒 DNA 主要通过转化的方式进入受体细胞，转化法包括直接转化、化学转化、电穿孔转化、基因枪转化法等（详见本章第四节）。对于不易形成感受态和难以转化的微生物细胞，可以通过制备原生质体提高转化效率，一些丝状真菌也可借助农杆菌介导实现转化。重组 DNA 导入受体细胞后，目的基因就可以随着受体细胞的繁殖而复制、转录和翻译。

4. 重组子的筛选和鉴定

重组 DNA 转化受体细胞后，真正能够摄入重组 DNA 分子的受体细胞很少，只有能够使目的基因稳定存在且使其遗传特性得到表达的菌株，才是成功的重组菌株（或称重组子、转化子），重组菌株必须通过检测与鉴定才能够筛选出来，这是基因工程的最后一步。重组菌株检测的方法有很多种，可通过抗生素抗性、营养缺陷型、温度敏感等遗传特性进行筛选，也可通过重组质粒的酶切验证、目的基因的 PCR 验证、以及基因的表达分析等进一步验证，最后可采用适宜的培养条件对重组菌株进行发酵培养，分析表达产物的功能和活性。对获得优良重组子还要采用合理的菌种保藏方法进行保藏。

二、 微生物基因组

基因组（genome）是指存在于细胞或病毒中的所有基因。细菌在一般情况下是一套基因，即单倍体；真核微生物通常有两套基因，又称二倍体。基因组通常是指全部一套基因。由于现在发现许多非编码序列具有重要功能，因此目前基因组的含义实际上是指细胞中编码基因及非编码基因的 DNA 序列组成的总称，包括编码蛋白质的结构基因、调控序列以及目前功能尚不清楚的 DNA 序列。在全球人类基因组计划（HGP）的推动下，微生物充分发挥了特有的模式生物的作用，已成为全球基因组研究的热点，从 1995 年公布了第一个微生物——流感嗜血杆菌（*Haemophilus influenzae*）的基因组全序列以来，截至 2019 年 7 月，全球各个研究机构已经对 149161 种细菌，1474 种古生菌和 11621 种真菌完成了测序工作（GOLD 数据库，https：//gold. jgi. doe. gov）。

1. 大肠杆菌的基因组

大肠杆菌基因组为双链环状的 DNA 分子，在细胞中以紧密缠绕成的较致密的不规则的拟核存在，其上结合有类组蛋白和少量 RNA 分子，使其压缩成一种脚手架形的致密结构。大肠杆菌 K12 基因组的全序列测定于 1997 年完成，其基因组结构特点如下。

（1）遗传信息的连续性　大肠杆菌 K12 基因组的大小为 4.6×10^6bp，共有 4288 个基因，基因数基本接近由它的基因组大小所估计出的基因数（通常一个基因为 1000~1500bp），说明其基因组中 DNA 绝大多数用来编码蛋白质、RNA 及用作复制起点、启动子、终止子、一些调节蛋白识别和结合的位点等信号序列。除在个别细菌和古生菌的 rRNA 和 tRNA 中发现有内含子和间插序列外，其他绝大多数原核生物不含内含子，遗传信息是连续的。

（2）功能相关的结构基因组成操纵子结构　大肠杆菌有 2584 个操纵子，如此多的操纵子结构，可能与原核基因表达的转录调控有关；其中 73% 的操纵子只有一个基因，这些蛋白质基因是以单拷贝形式存在。

此外，有些功能相关的 RNA 基因也串联在一起，如三种 rRNA 基因在同一个操纵子中，其转录产物是 16S rRNA-23S rRNA-5S rRNA。这三种 rRNA 核糖体的组成成分在核糖体中的比例又是 1∶1∶1，倘若它们不在同一转录产物中，容易造成这三种 rRNA 比例失调，影响细胞功能或者造成浪费。

(3) 结构基因的单拷贝及 rRNA 基因的多拷贝 如前所述，在大多数情况下结构基因在基因组中是单拷贝的，但是编码 rRNA 的基因往往是多拷贝的，这种基因组结构有利于核糖体的快速组装，以便于在急需蛋白质合成时，细胞可以在短时间内有大量核糖体生成，反映出基因组结构的经济而有效性。

(4) 重复序列 原核生物基因组存在一定数量的重复序列，但比真核生物少得多，而且重复的序列比较短，一般为 4~40bp。

2. 酿酒酵母的基因组

酿酒酵母是第一个完成基因组测序的真核生物，测序工作于 1996 年完成。酿酒酵母的基因组包含大约 1200 万碱基对，分成 16 组染色体，共有 6275 个基因，其中可能约有 5800 个真正具有功能。据估计其基因约有 23% 与人类同源。酵母基因组数据库包含有酵母基因组的详细注释（annotation），是研究真核细胞遗传学和生理学的重要工具。

酵母基因组另一个明显的特征是含有许多 DNA 重复序列，其中一部分为完全相同的 DNA 序列。在开放阅读框或者基因的间隔区包含大量的三核苷酸重复，引起了人们的高度重视。因为一部分人类遗传疾病是由三核苷酸重复数目的变化所引起的。还有更多的 DNA 序列彼此间具有较高的同源性，这些 DNA 序列被称为遗传丰余（genetic redundancy）。酵母多条染色体末端具有长度超过几十个 kb 的高度同源区，它们是遗传丰余的主要区域，这些区域至今仍然在发生着频繁的 DNA 重组过程。遗传丰余的另一种形式是单个基因重复，其中以分散类型最为典型，另外还有一种较为少见的类型是成簇分布的基因家族。成簇同源区（cluster homology region，CHR）是酵母基因组测序揭示的一些位于多条染色体的同源大片段，各片段含有相互对应的多个同源基因，它们的排列顺序与转录方向十分保守，同时还可能存在小片段的插入或缺失。这些特征表明，成簇同源区是介于染色体大片段重复与完全分化之间的中间产物，因此是研究基因组进化的良好材料，被称为基因重复的化石。染色体末端重复、单个基因重复与成簇同源区组成了酵母基因组遗传丰余的大致结构。研究表明，遗传丰余中的一组基因往往具有相同或相似的生理功能，因而它们中单个或少数几个基因的突变并不能表现出可以辨别的表型，这对酵母基因的功能研究是很不利的。所以许多酵母遗传学家认为，弄清遗传丰余的真正本质和功能意义，以及发展与此有关的实验方法，是揭示酵母基因组全部基因功能的主要困难和中心问题。

3. 詹氏甲烷球菌的基因组

詹氏甲烷球菌属于古生菌，发现于 1982 年。1996 年由美国基因组研究所和其他 5 个单位共 40 人联合完成了该菌的基因组全测序工作。詹氏甲烷球菌只有 40% 左右的基因与其他二界生物有同源性，其中有的类似于真细菌，有的类似于真核生物，而有的就是二者融合，因此古生菌是真细菌和真核生物的一种奇异的结合体。整体而言，古生菌的基因组在结构上类似于细菌，例如有操纵子结构，无内含子等；而负责信息传递功能的基因（复制、转录和翻译）则类似于真核生物。此外，古生菌还有 5 个组蛋白基因，其产物组蛋白的存在可能暗示：虽然詹氏甲烷球菌基因图谱看上去酷似细菌，但基因组本身在细胞内可能是按典型的真核生物样式组装成真正的染色体结构。

第八节　菌种的衰退、复壮和保藏

一、菌种衰退的现象和原因

菌种在生长过程中，遗传物质DNA通过不断的复制将其性状遗传给子代，遗传是生物体最本质的属性之一。但是，遗传是相对的，由于DNA在其半保留复制过程中，会出现低频率的碱基错配，引起基因突变，这种突变是不可避免的。突变往往造成菌种生产性能的变化，可能是产量升高的正突变，也可能是下降的负突变。一般情况下，负突变的可能性远远大于正突变，而且负突变菌株的生长速度比正突变株以及正常的生产菌株都快，因此随着菌体不断的生长，负突变菌株的数量占整个菌体数量的比例增大，最终导致菌株的生产性能大幅度下降，这就是菌种的衰退。菌种的衰退除表现为产量下降外，还有生孢子能力下降、菌体颜色变化等。

菌种衰退的原因是自发负突变的结果。是一个由量变到质变的过程，最后以负突变占绝对优势而告终。

二、菌种衰退的防止

1. 防止基因的自发突变

由于菌种衰退是由于自发突变引起的，因此凡是能控制菌株自发突变的方法都能防止菌种的衰退。

（1）提供合适的培养条件　改善培养条件，可以避免微生物本身一些有毒代谢产物对碱基的修饰作用。

（2）筛选多重突变株　营养缺陷型的回复突变在工业生产中经常遇到，如果一个性状的回变率是10^{-8}，则在原有的遗传性状基础上再增加一个遗传标记，其发生回变可能性就会减少到10^{-16}。

2. 防止退化细胞在群体中占优势

（1）少传代　菌体每次从斜面传到新的培养基后，菌体都会快速生长，菌体生长意味着DNA复制增加，必然增加碱基错配的几率。

（2）加压培养　当生产菌株对于某种物质具有抗性时，可以在培养过程中或菌体保藏时，添加该抗性物质做为压力筛选手段，一旦出现负突变则被抑制或杀死。

3. 选择合适的菌种保藏手段

合适的菌种保藏手段可以防止菌种不必要的繁殖，而且在菌种保藏时也可根据所保藏菌种特性选择不同的休眠体，如细菌的芽孢、放线菌和霉菌的孢子等。

4. 菌种管理的日常工作

由于变异是绝对的，是不可避免的，因此防止菌种衰退的最有效方式还是阻止负突变从量变到质变的飞跃。而且，菌种出现负突变后，其中必然也有少数正突变的菌株，通过经常性的分离纯化和性能测试，确保生产菌株不会衰退。

三、 衰退菌种的复壮

1. 分离纯化

菌种分离纯化不仅是防止菌种衰退的有效措施，而且也是对衰退菌种复壮的方法。分离纯化的纯度可以达到菌落纯或菌株纯，这主要取决于分离的方法。达到菌落纯的方法有平板涂布、划线分离、平板倾注法；菌株纯可以采用单细胞分离器（显微操作器）、丝状菌的菌丝尖端切割法（用无菌小刀切割菌落周围菌丝的尖端）、悬滴法等手段。

2. 通过宿主体内生长进行复壮

对于寄生性微生物退化的菌株，可以将退化的菌株接种到宿主体内以提高其致病性，如果一次不能达到效果，可以从第一次致死的宿主体内分离产毒的菌株再接种到宿主中，通过反复多次驯化，便可得到高致病力的菌株。

四、 菌种的保藏

1. 菌种保藏的原理

菌种保藏方法主要是根据微生物的生理、生化特点，人工创造条件使微生物代谢处于不活跃、生长繁殖受抑制的休眠状态。这些人工造成的环境主要是低温、干燥、缺氧、缺乏营养条件等。而且菌种保藏还要挑选典型的优良纯种，最好是微生物的休眠体（如分生孢子、芽孢等）。

2. 菌种保藏方法

菌种保藏方法很多，常用的方法主要有斜面冰箱保藏法、半固体冰箱保藏法、砂土管保藏法、石蜡油封藏法、甘油管冷冻保藏法、真空冷冻干燥（安瓿管）保藏法。几种保藏菌种方法比较如表 8-2 所示。

表 8-2　　几种常用保藏菌种方法的比较

方法名称	主要措施	适宜菌种	保藏期
斜面冰箱保藏法	低温	各大类	3~6 月
半固体冰箱保藏法	低温	细菌、酵母菌	6~12 月
石蜡油封藏法	低温、缺氧	各大类（石蜡发酵微生物除外）	1~2 年
甘油管冷冻保藏法	低温、加保护剂	各大类	2~4 年
沙土管保藏法	干燥、无营养	产孢子的微生物	1~10 年
真空冷冻干燥保藏法	干燥、缺氧、低温、加保护剂	各大类	5~15 年以上

思考题

1. 什么是基因重组？在原核微生物中哪些方式可引起基因重组？

2. 在转导实验中，在基本培养基上除了正常大小的菌落以外，还发现有一些微小的菌落，试分析出现这些微小菌落的原因。

3. 用什么方法可获得大肠杆菌（*E. coli*）的组氨酸缺陷型？

4. 试述筛选营养缺陷型菌株的方法，并说明营养缺陷型菌株如何在育种中进行应用？

5. 某人将一细菌培养物用紫外线照射后立即涂在加有链霉素（Str）的培养基上，放在有光条件下培养，从中选择 Str 抗性菌株，结果没有选出 Str 抗性菌株，其失败原因何在？

6. 给你下列菌株：菌株 A. F^+，基因型 $A^+B^+C^+$，菌株 B. F^-，基因型 $A^-B^-C^-$，菌株 C. Hfr，基因型 $A^+B^+C^+$，指出 A 与 B 接合后导致重组的可能基因型，以及 C 与 B 接合后导致重组的可能基因型。

7. 两株基因型分别为 A^+B^- 和 A^-B^+ 的大肠杆菌（*E. coli*）混合培养后出现了野生型菌株，你如何证明原养型的出现是接合作用、转化作用或转导作用的结果。

8. 结合传统诱变育种和基因工程的方法构建高产蛋白酶的枯草芽孢杆菌菌株，如何设计实验？

CHAPTER 9

第九章 微生物生态学

本章学习重点

1. 微生物生态学的概念及研究目的和研究内容。
2. 自然界中微生物的分布特点和规律。
3. 微生物多样性的分析方法及其原理。
4. 微生物群落的动态分析方法及其原理。
5. 生物间的作用关系包括互生、共生、拮抗、寄生和捕食，它们之间的区别和在生态环境及实际发酵生产中的作用。
6. 污水处理相关名词及处理过程和装置。
7. 活的不可培养微生物的概念及实际研究价值。
8. 实验室中的纯培养技术及在生态学中的应用。

生态学的经典定义是“研究生物及其环境条件间相互作用规律的科学”。微生物生态学是生态学的一个分支学科，在一定意义上也可以称为环境微生物学，是研究微生物群体与其环境系统之间相互作用及其功能表达规律的科学。该领域的研究主要有三个目的：①阐明自然界中微生物的生物多样性和微生物群落中不同群体之间相互作用的关系；②测定自然界中微生物的活动并监测它们对生态系统的影响；③充分挖掘特殊生态环境中的有益微生物，使其更好地为人类服务。例如对微生物多样性的考察有助于人类开发丰富的菌种资源，防治有害微生物的活动；研究微生物与其他生物之间的关系，有助于人类积极利用生防措施防治人和动、植物病害；研究微生物在自然界物质循环中的作用，有助于充分挖掘微生物在控制环境污染、修复污染环境中的应用潜力。

微生物参与了生物圈中所有化学元素的循环过程，具体通过分析碳元素、氮元素、硫元素、磷元素、铁元素和镁元素的走向，以及与这些元素动态相关的生物、物理、化学进程来研究生物地球化学循环。

碳元素循环：地球上至少有一半的碳是通过微生物固定，特别是海洋光合细菌和原生生物。特别指出的是，微生物还会在缺氧环境中发生无氧光合作用以及在不存在光的情况下通过化学合成来固定碳。事实也表明，深海中化能无机自养型的细菌可能是海洋中进行碳固定的重要生物。

氮元素循环：氮存在氧化还原态（从-3 价到+5 价），在自然界氮元素以铵盐、亚硝酸盐、硝酸盐、有机含氮物质和大气游离氮气五种形式存在，微生物通过氨化、硝化、反硝化、固氮、以及铵盐和硝酸盐的同化作用等，对各种形式的氮元素进行循环转化，如图 9-1 所示，根据其氧化程度，氮元素可以在无氧呼吸下作为电子受体（例如 NO_3^-和 NO_2^-），或者电子供体（例如 NO_2^-和 NH_4^+）。

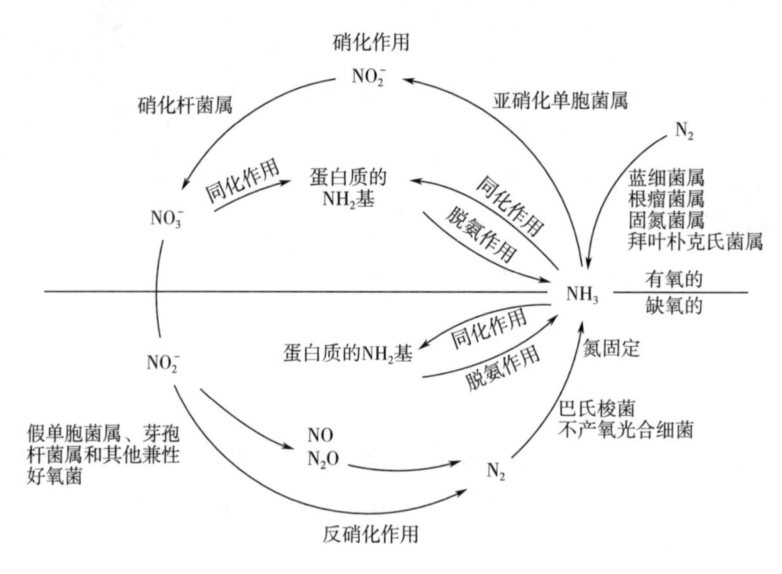

图 9-1　氮的氧化还原循环

（引自 *Brock Biology of Microorganisms*. 8th ed. 1997）

磷元素循环：磷具有无机和有机两种形式，有机磷不仅存在于生物质中，还存在于腐殖质和其他有机物质中，有机磷主要通过微生物活动进行循环利用。无机磷是带负电荷的，所以它很容易与环境中的阳离子结合，如铁、铝和钙离子等。这些化合物是相对不溶的，其溶解依赖环境中的 pH，在 pH 6~7 的植物和微生物中，磷酸盐可被有效利用。无机磷的微生物转化方式主要为将简单的磷酸转化为更复杂的形式如细胞内的藻青素等。

硫元素循环：生物圈中有丰富的硫元素贮藏，一般不会成为限制性营养因子。微生物对于硫元素的循环利用主要通过硫化物和硫元素的氧化、硫酸盐还原和硫化氢的释放等方式进行。

铁元素循环：微生物可以产生非专一性的和专一性的铁螯合体作为结合铁和转运铁的化合物，通过铁螯合化合物使铁活跃以保持它的溶解性和生物可利用性。

第一节 微生物生态学的研究方法

微生物生态学所涉及的研究内容主要是微生物在复杂环境中的结构与功能，但微生物种类多、数量大、生态结构复杂的特点，使人们不可能对所有微生物逐个进行分析和研究，而是有目的地分析和研究其中重要微生物类型的数量、特性和功能等，以推测整个微生物生态系统的功能和作用。

目前，精密仪器和设备的使用使得“深热生物圈”成为生物学界和生态学界最热门的研究领域之一。利用特殊培养方法探索地球上的一些极端微生物是相当重要的。这些技术不仅用于探索“它们在哪儿”，还考察它们的生命体构造、生长繁殖方式以及食物来源。如果没有当代微生物分子生态学技术上的巨大突破，人们便难以了解地表下微生物世界。通过纯培养获得微生物是考察单一微生物菌株分类、基因和生理形态的最有效途径。仅仅研究人工培养状态下生命体是远远不够的，必须在自然状态下进行考察才能更充分的了解其生理特性。

一、 微生物样品的采集和处理

在生态学研究中，由于研究目的不同，样品采集的具体措施有很大区别，但样品采集的基本原则不会变化。一般来讲，土壤和污泥样品在采集时不要求无菌操作，因其含有巨大数量的微生物个体，来源于空气或采集工具的污染可以忽略不计，而应当注意所要采集样品的深度范围；对于水体样品的采集，则应视水体被污染的程度而定，或直接采集或用滤纸过滤浓缩，同时要求采样时严格无菌操作；对于空气样品的采集，要求在无菌操作下进行滤纸过滤；对于生物体上微生物样品的采集，通常要求取下一定量的组织，用无菌溶液把其中的微生物洗涤下来。

通常采集的样品应立即在低温条件下保存（特殊要求除外），或立即进行各种微生物数量测定，或进行富集培养和微生物纯种分离。对于可培养的微生物可针对不同微生物的营养需求和培养条件，采用纯培养技术对其分离、纯化和计数。但是，从自然界获得的样品中还存在着大量的在实验室中难以培养的微生物。

Colwell 实验室在 1982 年提出了活的但不可培养微生物的概念。他们发现将霍乱弧菌（*Vibrio cholerae*）和大肠杆菌（*E. coli*）转到不含营养物质的盐水中，经长时间的低温保存，细菌会进入一种数量不减、有代谢活力、但在正常实验室培养条件下不能长成菌落的状态，称为活的不可培养（viable but nonculturable，VBNC）状态。处于 VBNC 状态的细菌细胞比正常细胞体积明显缩小，细胞形态由杆状变成了球形，但细胞膜和细胞壁是完整的，并不是 L 型细菌，体内有较少核糖体。其后对多种属细菌进行试验证明，这种不可培养状态是普遍存在的。

自然界中也广泛存在着这种活的不可培养微生物，在各种生境中仅有小部分的微生物可用实验室方法分离培养，而未被分离培养的种类却代表了微生物的多样性。

二、 微生物的培养方法

1. 富集培养技术

所谓富集培养就是根据研究目的，用一定的选择培养基进行培养，使样品中所含的特殊微生物的数量得到提高，以便于进行分离。

2. 混合培养技术

自然界微生物群体通常混合共存于环境中，单一菌株的培养往往会失败，常采用多种细菌的混合培养策略。采用混合培养（mixed culture）不仅有利于菌体生长率的提高，末端代谢产物类型也会发生改变。这说明混合培养能提供微生物在纯培养时无法获得的物质，是其能增强微生物可培养性的重要原因。从另一侧面也说明纯培养的微生物实际上已不再是原生态真实面貌的反映。

3. 稀释培养技术

稀释培养技术，常称为消失培养（extinction culturing）或稀释至消失技术（dilution to extinction technique）目前已经发展成为高通量培养法（high throughout culturing，HTC）。用于较大样本贫营养细菌的培养和计数，首先用显微镜对天然群落进行观察，然后将其稀释至每毫升 1-10 个细胞，此稀释方法与 MPN 法检测细胞数类似，取一定量的稀释样品添加到 48 孔培养板中在合适的条件下培养一段时间后，将样品染色并通过荧光显微镜筛选阳性结果（即有微生物生长）。最后对阳性培养物进行鉴定，转移到新鲜培养基中或者将培养物保藏等。利用该方法能够分离存在于贫营养生境中的一些新菌。稀释培养策略应该是增强其可培养性的主要选择，另外，该技术不需要特殊的、价格昂贵的实验设备，因此在任一实验室都可进行。

4. 微滴培养技术

微滴培养技术将从样品中获得的微生物细胞分散于胶体基质中，通过对这些胶体基质的生成与操控，使每一个液滴含有一个细胞，培养一段时间后更换培养液，培养后形成的菌落可以通过流式细胞技术进行检测。虽然微滴培养法与常规菌体细胞使用相同的培养液，但微滴培养还具有常规细胞培养不具备的优势，例如微滴培养可以保证其中的细胞的营养，提供更好的培养环境和条件，并为培养过程的观测和高纯细胞的提取提供了便利。

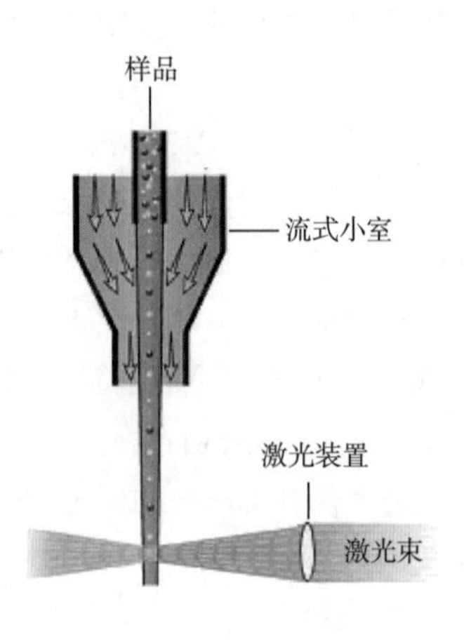

图 9-2　流式细胞仪

5. 流式细胞技术

将样品中的细胞进行荧光染色，然后注射到流式细胞仪中，如图 9-2 所示，液流中央变窄后只允许单个细胞进入测量区，检测器收集荧光信号并根据细胞的大小和形状进行分选，之后通过电路对分选的细胞进行充电，带电液滴携带细胞经过电场并发生偏转，最后进入细胞收集器中。该技术的优点是能够高效地对细胞进行计数。

6. 光镊技术

光镊的基本原理在于光与物质微粒之间的动量传递的力学效应，这项技术采用高度聚集的激光射线来操纵微生物细胞。激光聚集可形成光阱，微小物体受光压而被束缚在光阱处，移动光束使微小物体随光阱移动，借此可在显微镜下对微生物细胞进行操作。捕获微小粒子的光镊是一个特别的光场，这个光场与物体相互作用时，物体整个受到光的作用从而达到被钳的效果，然后可以通过移动光束来实现迁移物体的目的。虽然光与物体相互作用的过程我们是看不见摸不着，但光镊搬运粒子的情形就像是一个无形的机械手，自如地控制目标粒子按特定路线运行。

7. 微生境模拟技术

微生境是指直接对微生物产生效应的环境，研究微生境中微生物生态系统的种群结构和功能，可以对微生物活动有深入的了解。在实验室中，可以通过人工控制各种因素如光、营养、氧和矿质元素等来模拟微生境中理化因子的梯度变化，考察微生境中生物之间复杂的相互关系和优势种群的更替变化。

原位培养技术也是一种微生境模拟技术，一般使用瓶、小桶、透析袋或微孔滤膜组成围隔，将研究的样品放入其中，模拟自然环境进行培养，在培养过程中监察微生物种群的数量、种类的变化和微生物之间的相互关系。

三、 微生物多样性的分析方法

多样性不仅是指当前微生物的数量，也包括在生态系统中微生物的类属、物种、生态型及数量。换句话说，多样性能够反映微生物在特定环境中的代谢类型与方式。

1. 染色技术

研究微生物多样性最直接的方法就是在自然界中观察微生物。可以在感兴趣的地点就地使用载玻片或者电子显微镜通过实验室传统的细胞染色或给特定的细胞荧光染色进行观察，并且在观察后对个体细胞进行计数，对它们的浓度进行计算。荧光染料 DAPI（4′,6-二脒基-2-苯基吲哚，图 9-3）和吖啶橙被广泛应用于环境、食品和临床样本中微生物的染色。

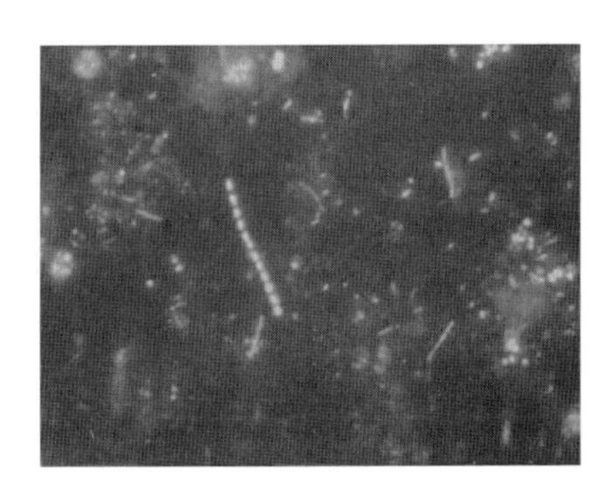

图 9-3　经 DAPI 染色后的微生物群落的显微照片

（引自 *Brock Biology of Microorganisms*. 8th ed. 1997）

通过特殊的染色方法使透明的微生物菌体在不透明的生境中可见，可以达到在自然生境中对微生物群落进行直接观察的目的。例如荧光染料吖啶橙可以掺入 DNA 和 RNA 分子中，使土壤中的活细胞原位着色，这种直接染色技术已广泛地应用于估计土壤和水中的微生物总数。

任何一种或一类微生物细胞表面都有特异的抗原成分，利用荧光标记的特异抗体，通过抗原抗体反应可以定量地估计自然生境中单一菌群甚至是单一菌株的数量和分布，这种荧光抗体法对于追踪土壤或其他生境中单一微生物种群是非常有用的（图 9-4）。

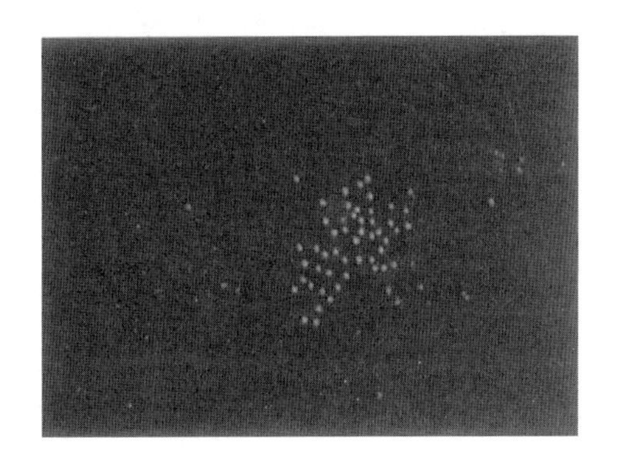

图 9-4　荧光抗体显示土壤颗粒表面的细菌菌落

（引自 *Brock Biology of Microorganisms*. 8th ed. 1997）

非放射性原位杂交技术（FISH）用于研究一些特定种属的微生物。特定微生物细胞中已知的低聚核苷酸序列通过荧光标记成为探针。编码细菌和古生菌的16S、真核细胞，18S小亚基核糖体RNA（Ribosomal Small Subunit，ssu rRNA）的基因序列被广泛地作为荧光探针。探针进入细胞后，与互补的核苷酸序列杂交。没有被结合的探针将会被清除掉，通过荧光探针在荧光显微镜中发出的荧光观察微生物细胞（图9-5）。

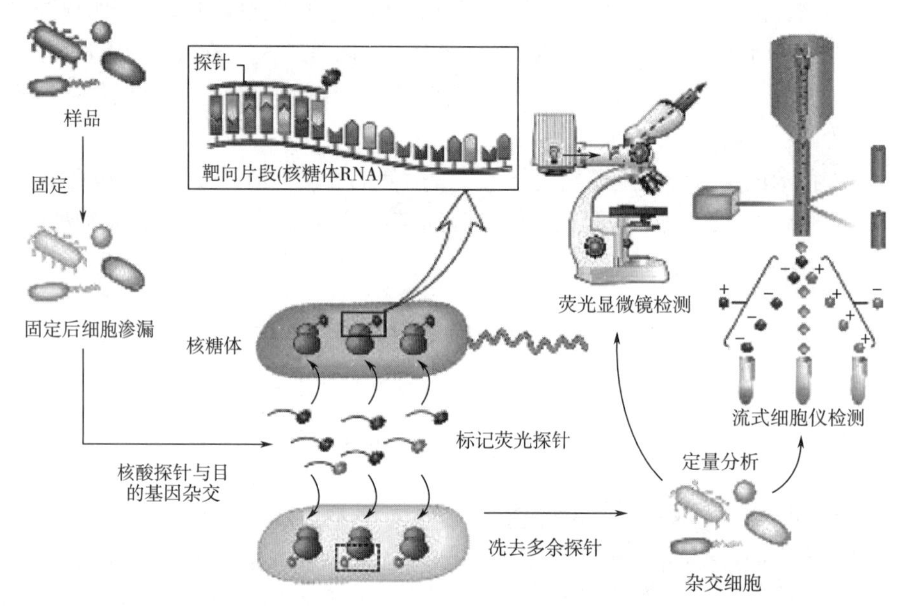

图9-5 非放射性荧光原位杂交技术（FISH）

（引自 *Brock Biology of Microorganisms*. 9th ed. 1999）

图9-6 利用FISH研究微生物数量

（引自 *Brock Biology of Microorganisms*. 9th ed. 1999）

依靠探针的使用，FISH可以识别特定的物种、品系或生态类型，可以应用于临床诊断和食品微生物学检测。例如，FISH用于发现极端嗜热古菌和硫磺还原古生菌（图9-6）。红色和绿色两个荧光标记吸附在16S rRNA基因中不同的特定的核苷酸序列上，结果发现直径只有0.4μm的极端嗜热古生菌大量生长于硫磺还原古菌上，二者形成一个必要的共生体。这种不寻常的古菌共生生活方式扩大了我们对古菌多样性的理解。

在应用FISH技术研究微生物多样性时，发现其荧光信号在显微镜中不够明亮，这是因为生活在特定环境中的微生物生长缓慢。为增强荧光信号，可在荧光探针上连接一种酶如辣根过氧化物酶。在杂交后的样品中添加酶底物，反应后的产物可使荧光信号放大。

2. 分子生物学技术

由于不可培养微生物在环境中大量存在，因此利用分子生物学技术识别和量化微生物至关重要。

细菌 16S 和真核生物 18S 小亚基核糖体 RNA（Ribosomal Small Subunit，SSU rRNA）分析技术也可以用来研究环境中的微生物。一旦得到了 SSU rRNA 核苷酸序列，就可以将他们与其他已知数据库中的核苷酸序列作分析比对，根据比对的结果，可以对特定环境中的微生物进行分类和进一步的研究分析。

DNA 指纹图谱具有高度的变异性和稳定的遗传性。由于不同分子质量大小的 DNA 片段在琼脂糖凝胶中电泳移动速度不同，可通过琼脂糖凝胶电泳对 PCR 扩增的 DNA 样品进行分离，再利用凝胶成像系统得到 DNA 指纹图谱。琼脂糖凝胶上分离 rRNA 基因碎片，代表菌落的多样性。通常单双引物扩增来自混合基因组的 SSU rRNA 的同样的区域，PCR 产物可能具有相似的分子量，在琼脂糖凝胶上出现单一条带。导致电泳无法分离，这种情况可通过变性梯度凝胶电泳（DGGE）技术来解决。

聚合酶链反应-变性梯度凝胶电泳（PCR-DGGE）能够将具有相同长度但有单个碱基差异的 DNA 分子分离开。在这项技术中（如图 9-7），常用的变性剂是尿素和甲酰胺。聚丙烯酰胺凝胶中的变性剂浓度呈现梯度和变化，自上而下所含变性剂浓度呈线性增加。DNA 片段在进入变性剂某一浓度时解链，变成分枝状结构的 DNA 分子在胶中的移动减慢，从而使不同 DNA 片段被分离开来。

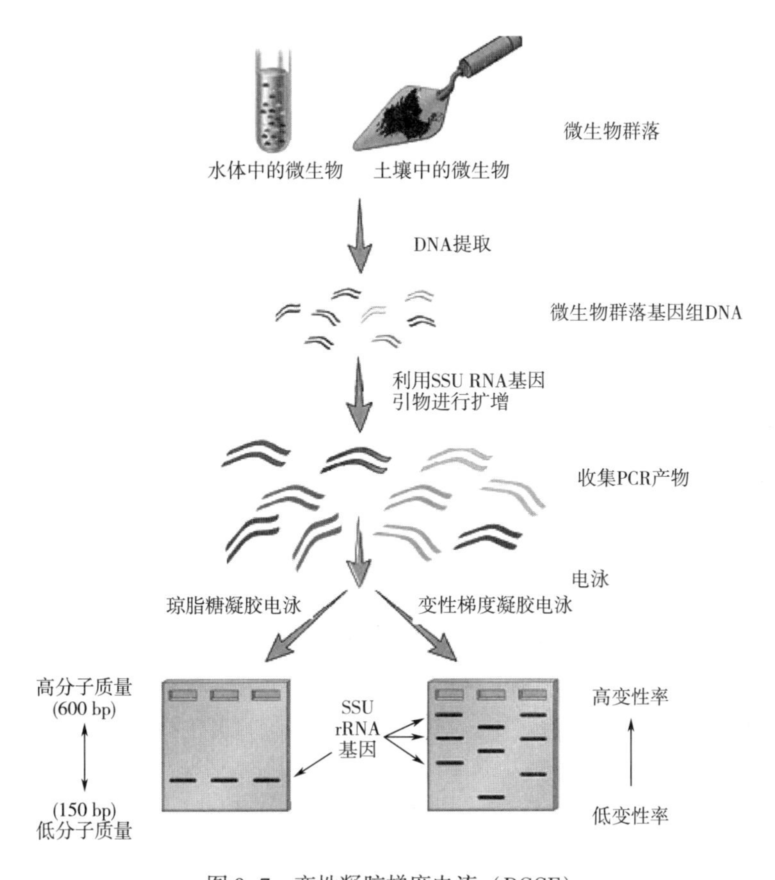

图 9-7 变性凝胶梯度电流（DGGE）

（引自 *Brock Biology of Microorganisms*. 9th ed. 1999）

近些年来，基因芯片技术已经作为一种评估自然样本中微生物多样性的有效方法。基因芯片是由具有一条单链 DNA 探针组成，这些探针依附在一个像网格一样的固体矩阵上，通常是玻璃片。每一个 DNA 探针都是一个单独的基因（或者一个基因片段），并且它的身份和位置在芯片上会有记录。从环境样本中得到的核酸片段与基因芯片进行温育以使探针和样本序列能够杂交。探针（基因）杂交的情况通过激光束进行测量。通过 DNA 杂交的分析可以揭示环境中特殊基因的存在（图 9-8）。

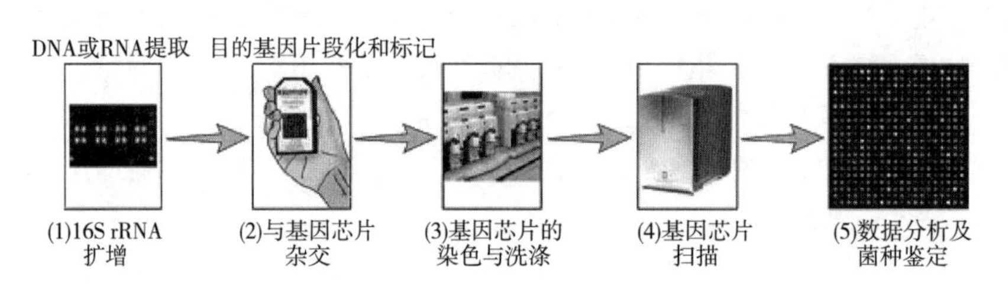

图 9-8 基因芯片

（引自 *Brock Biology of Microorganisms*. 9th ed. 1999）

rRNA 也可作为一些基因芯片的探针来评估微生物的多样性。系统发育寡核苷酸阵列（POAs）中使用的探针为 rRNA 序列，主要用作探测来自环境中与其互补 rRNA 序列。其中寡核苷酸探针的设计至关重要。

四、 微生物群落动态的分析方法

通过检测和测量生物地球化学循环过程中不同营养物质的代谢动态，以及在此过程中微生物与营养元素的相互关系和影响，理解微生物在生物地球化学循环中的作用是非常有益的。目前主要通过生物地球化学手段以及分子生物学手段来进行研究，而且这两种方法可以相互印证。

1. 生物化学手段

测量微生物生长的方法已经有很多，其中放射性同位素标记技术可用于测量微生物的生长量（例如将胸苷用 ^{3}H 标记），以此获得有关增长率和微生物循环的信息。该方法有利于水生微生物的研究，但对直接观察陆生的微生物群落仍有一定困难。在一定条件下，通过测定碳、氮、磷元素以及细胞中的有机物（例如脂质或蛋白质）也可以估算有关微生物群落的相关信息。

放射性同位素法由于其高度的灵敏性因而可用于测定特定的微生物代谢过程，例如，研究湖水中化能异养微生物对 ^{14}C 葡萄糖或 ^{14}C 氨基酸的吸收，可以用同位素和湖水共培养一段时间后，过滤培养液得到微生物细胞，测定微生物细胞的放射性强度，以获得其对有机碳、氮源的转化速率；另外，如果研究自然环境中产甲烷作用，可以通过测定在适当的还原剂如 H_2 存在的条件下，$^{14}CO_2$ 转化成 $^{14}CH_4$ 的效率。

放射性同位素方法已被广泛用于评价自然界中微生物的活性，但在使用该方法时要明确所测定的化合物的转化一定是一个严格的微生物过程，而不是化学过程。另外，可以把放射性同位素方法与其他方法如免疫荧光法联合使用，在获得微生物活性的同时，得到微生物分类方面的信息。

微生物生态学家用微小的玻璃电极即微电极来研究微环境中的微生物动态，最普通的微电极用来测定环境中的 pH，O_2，N_2O 和硫化物的变化以推测特定微生物动态的强弱。例如使用微电极可以灵敏地测定温泉和浅海流域光合微生物存在的小生境或土壤颗粒中相当细小间隙的氧气浓度（图 9–9），运用显微操作器可以把微电极插入微生物生境中，通过小范围移动（50~100μm）来读取数据，微电极库对不同化学变化有不同的灵敏度，它可以在同一时间内同时对许多微生物化学转化进行测定，通常将氧气和硫化物一起进行测定，因为在许多微生物环境中这两种化学物质梯度的形成分别是光合作用和硫酸盐还原作用的结果，在生境中的任何一个位置的 H_2S 浓度是 H_2S 产生和其消耗的结果。因此，微电极技术在测定其群落功能的同时，对探究一个特定的基本物种的循环过程是很有效的。

(1)

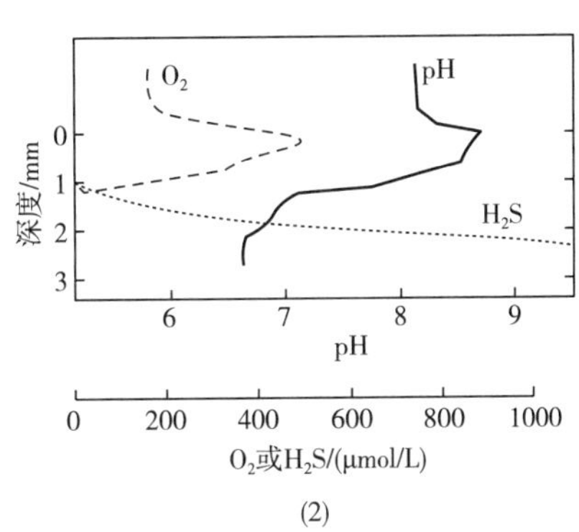

(2)

图 9–9　微生物垫和用微电极研究微生物垫

注：(1) 是在 (2) 的实验中所用的一种温泉微生物垫核心照片。上层含有蓝细菌，下面是几层不产氧光合营养菌。微生物垫的整个厚度约为 2cm。(2) 一个温泉微生物垫小剖面中氧气、硫化物和 pH，纵坐标尺寸为 mm。

（引自 *Brock Biology of Microorganisms*，8th ed. 1997）

稳定性同位素分析法也可用于微生物种群动态分析。同位素由于原子质量的不同而存在许多元素类型，因为它们有不同数量的中子。同位素可以是稳定的也可以是不稳定的，而只有放射性同位素是不稳定并且是衰减的。与放射性同位素相比，稳定性同位素在自然界中存在较少，但稳定性同位素无放射性，操作简便，使用安全。在自然界中，稳定性同位素及其化合物与相应的普通元素及化合物之间的化学性质和生物性质是相同的，只是核物理性质不同，因此，可以用稳定性同位素作为示踪原子，制成标记化合物，利用标记元素的特性，通过质谱仪、核磁共振仪等分析仪器来测定稳定同位素的位置、数量及变化等，从而对微生物动态进行分析。

2. 分子生物学手段

宏基因组学和基因芯片技术的引入使对微生物群体的动态研究发生了革命性的改变，下面仅简述它们在微生物群落生态学上的应用。

(1) 宏基因组分析手段　宏基因组分析手段在微生物生态中的应用具有明显的优势，例如获得不可培养微生物新基因或其产物。当从环境中直接获得基因组 DNA，从而绕过传统微生物研究方法所必需的培养阶段。研究人员可从宏基因组研究数据中寻找大量的新基因，而且采用宏基因组技术获得的基因数目远远超过从纯培养微生物中获得的数据。宏基因组研究涉及群落的核苷酸序列，这些核苷酸序列能被用来推测群体功能。

（2）转录组学分析技术　转录组学分析技术首先从自然环境中提取 mRNA，然后反转录为 cDNA，并通过测序手段直接对其进行分析。目前认为转录组分析技术比宏基因组分析技术更为精确，因为 mRNA 的存在说明了一个基因被转录，它的基因产物很可能也被表达。相比于研究整体基因，转录组学能更好的研究微生物的新陈代谢。在这种情况下，可以锁定特定的基因或者 mRNA 编码的蛋白来进行研究。

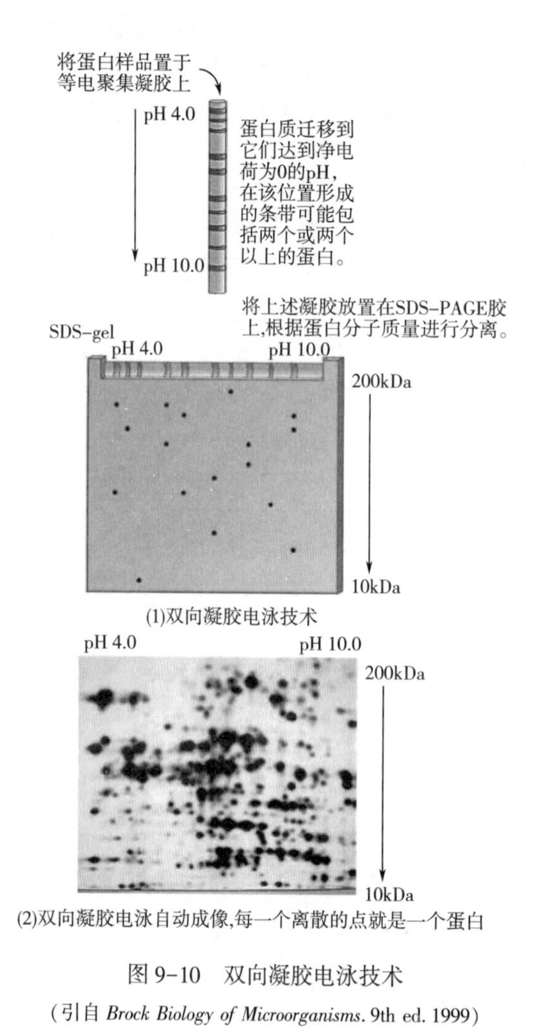

图 9-10　双向凝胶电泳技术

（引自 *Brock Biology of Microorganisms*. 9th ed. 1999）

（3）功能基因芯片技术　功能基因芯片技术也能被用于评价微生物群体动态。功能基因芯片上装配有已知在生物化学循环过程中极为重要的基因序列，以此为探针来寻找群落中相关基因的存在，但是对一些新基因，该方法无法检测，容易产生信息偏差。

（4）环境蛋白质组学　环境蛋白质组学的研究手段可以对样品中所有的蛋白进行鉴定。从群落样品中对蛋白进行取样和鉴定的方法有两种，较为费时费力的是 2D PAGE，从环境中获得的蛋白都能够被检测到，单个的蛋白从胶中分离出来并通过质谱进行分析，通过多肽质量和氨基酸序列等信息鉴定蛋白（如图 9-10）。如果要研究在群落中存在量较大的蛋白，可采用另一种自动高通量分析蛋白的方法，即在样品中加入蛋白酶使样品中的所有蛋白降解成多肽片段，这些混合物通过 2D-纳米色谱技术得以分离，其分离原理与 2D PAGE 相似，多肽根据电荷和性质进行分离。多肽质量由高分辨质谱分析，最后，通过串联质谱获得氨基酸序列。环境蛋白组学分析方法一方面克服了转录组学分析方法中 mRNA 不稳定的问题，又克服了宏基因组研究技术分析数量的局限性问题。

第二节　自然界中的微生物

微生物生态学研究的主体对象是微生物生态系统，即微生物与其周围的环境（包括动植物）组成的具有一定结构和功能的开放系统。在自然界的任何生境中，微生物之间、微生物与其他生物之间、微生物与环境之间彼此影响、相互依存构成一个稳定的系统关系，这种关系由于受到不同环境因子长期影响，最终形成了微生物生态系统的复杂性和多样性。

地球上的每一个角落都存在着不同的微生物生态系统。高等动植物可以生长的任何环境都有微生物的生存，由于许多极端物理或化学因素不适合于高等动植物生存的环境如严寒、高盐碱、高温、高酸等环境也有微生物的生长，且对于一些特殊的生理类群而言，有时在这种极端环境条件下生长的会更旺盛。一般而言，同一种微生物可生存于许多不同的生态环境，也可以多种方式生存，但不同生境中各种物理、化学和生物因素长期对微生物限制和选择，会使微生物的种群的分布也反映生态环境的特征，甚至某些微生物成为某些特殊生境的标志。

一、 土壤中的微生物

土壤是固体无机物（岩石和矿物质）、有机物、水、空气和生物组成的复合物，具备了多种微生物生长繁殖所需要的营养物质和适宜的酸碱度、渗透压、温度及供氧条件，因此土壤是微生物生长繁殖的天然培养基，土壤中的微生物种类最多、数量最大，在不同的微环境条件下，存在着化能自养、化能异养、光能自养和光能异养等不同营养类型的微生物，是人类最丰富的“菌种资源库”。微生物巨大的代谢潜力可将土壤中含 C、N、S、P 等元素的有机化合物矿化成被植物利用的无机营养，使得地球上这些元素能够循环利用。另外还参与土壤腐殖质的形成，是构成土壤肥力的重要因素。

不同类型的土壤、同一类型土壤的不同深度或不同水平位置，由于营养物质的浓度、含水量、氧气含量、温度、pH 等影响微生物生长的主要条件分布不均一，致使微生物种类和数量变化很大。表 9-1、表 9-2 分别表示了我国主要土壤类型、同一土壤不同深度的微生物分布情况。从表 9-1 可以看出，有机质丰富的土壤如腐殖质含量高的黑土和植被茂盛的暗棕壤，微生物含量较高，其他较贫瘠的土壤微生物含量相对也较低，即使是同一土壤，微生物分布也是非常不均匀的，绝大多数集中在矿质颗粒和有机物颗粒上，其中矿质颗粒表面主要是化能自养微生物，菌落较少、较小，有机物颗粒表面主要是化能异养微生物，菌落较多、较大；从表 9-2 可以看出，由于表土层土壤比较干燥，且接受大量紫外线照射，所以微生物主要分布在营养条件良好、氧气含量比较丰富的浅土层。另外还可以看出不同种类的微生物在同一土壤中的含量不同，通常遵循一个十倍递减的规律，即：细菌（$\sim 10^8$）>放线菌（$\sim 10^7$）>霉菌（$\sim 10^6$）>酵母菌（$\sim 10^5$）>藻类（$\sim 10^4$）>原生动物（$\sim 10^3$）。

表 9-1　　我国主要土壤的含菌量　　单位：CFU/g 干土

土类	地点	细菌	放线菌	真菌
暗棕壤	黑龙江呼玛	23 270 000	6 120 000	130 000
棕壤	辽宁沈阳	12 840 000	390 000	360 000
黄棕壤	江苏南京	14 060 000	2 710 000	60 000
红壤	浙江杭州	11 030 000	1 230 000	40 000
砖红壤	广东徐闻	5 070 000	390 000	110 000
磷质石灰土	西沙群岛	22 290 000	11 050 000	150 000

续表

土类	地点	细菌	放线菌	真菌
黑土	黑龙江哈尔滨	21 110 000	10 240 000	190 000
黑钙土	黑龙江安达	10 740 000	3 190 000	20 000
棕钙土	宁夏宁武	1 400 000	110 000	40 000
草甸土	黑龙江亚沟	78 630 000	290 000	230 000
白浆土	吉林蛟河	15 980 000	550 000	30 000
滨海盐土	江苏连云港	4 660 000	410 000	4 000

表 9-2 不同深度花园土壤的含菌量 单位：CFU/g 干土

深度/cm	好气细菌	厌气细菌	放线菌	真菌	藻类
3~8	7 800 000	1 950 000	2 080 000	119 000	25 000
20~25	1 800 000	379 000	245 000	50 000	5 000
35~40	472 000	98 000	49 000	14 000	500
65~75	10 000	1 000	5 000	6 000	100
135~145	1 000	40	—	3 000	—

二、 水体中微生物

在地球表面，水域占 70% 以上面积，其中大约 97% 是海水，大约 3% 是淡水。无论是海水还是淡水，都在一定程度上为微生物提供了生长的良好环境，如海水中含有大量的无机盐，包括大量的氯化钠和少量的硝酸盐、磷酸盐、硫酸盐等，淡水中也含有微生物生长繁殖需要的各种无机盐离子；天然水体中包含有固有生物的死亡、排泄、分泌产生的有机物和来源于陆地污染的有机物；海水的 pH 一般为 8.0~8.3，多数湖水的 pH 在 7 左右。

由于海水和淡水在无机盐含量、有机物浓度、溶解氧、光强度、渗透压、温度等方面的差异，造成两种水体中微生物优势种群分布的不同，因此习惯上把水体中的微生物分为淡水微生物和海洋微生物两大类型。

1. 淡水微生物

淡水中微生物主要来自土壤，另外还来源于空气、污水、人和动物排泄物以及动、植物遗体等，由于在淡水水体中没有“土著”的微生物类群，因此微生物数量和种类的分布主要取决于污染物的种类和污染程度。一般来讲，在远离人们居住区域的湖泊、池塘等水域，由于未受生活垃圾的污染，水体中有机质含量较低，微生物数量也少，主要是土壤中的土著微生物，其中以细菌数量最大，此外还分布有绿藻、硅藻等藻类和变形虫、纤毛虫、鞭毛虫等原生动物；处于人口密集区域的淡水水体与上述情况有很大差别，由于它不断接纳各种污染物，其中有机物和微生物的含量均较高。从微生物种类来看，一般含有来源于人和动物肠道的细菌如大肠杆菌、变形杆菌、粪链球菌，有时甚至有肠道病原菌如伤寒、霍乱等，肠道微生物的存在是这类型水域微生物种群的一个特点。

在较深和较大的平静淡水水域中，微生物有明显的垂直分布规律（表9-3），在数量上，以5~20米深处最多，由于随着深度的增加，溶解氧减少、光线变弱，微生物的数量逐渐减少，到湖底的沉积物表层由于有机物含量的提高，微生物的数量又再增多；在种类上，好氧性和兼性厌养性微生物主要分布在表层，光合微生物主要分布在有光带的水层中。

表9-3　　细菌在湖中的分布状况

深度	数量/（个/mL 水）	深度	数量/（个/mL 水）
表面	73	20m	147
5m	143	40m	50
10m	197	54.5m	6

2. 海水微生物

由于海洋生态环境的特点，所分布的微生物一般具有嗜盐、嗜冷和耐高渗透压的特点。海洋中的细菌多为具有鞭毛的革兰氏阴性细菌，能通过鞭毛运动，寻找合适的生存位置；多含有色素物质，以抵抗太阳的强光照射；海洋细菌具有多形性，这在陆地和淡水细菌中是罕见的。海洋中除细菌外，还有放线菌、真菌、藻类、原生动物等各大类群。

海洋水体中微生物水平分布的情况主要受有机质含量影响。港口和靠近海岸的海水由于经常接纳来自陆地上的各种污染物，有机质含量高；远离海岸的区域有机质含量低，细菌的数量随着有机质含量的变化而变化，一般情况下港口内每毫升海水约含有10^6个细菌，而在近口岸每毫升海水约含有10^4个细菌，在离海岸几公里的地方每毫升海水中只含有10~250个细菌。

3. 深海微生物

对于海水水域，我们通常将表层可见光能穿透的区域称为透光区，该区域由于光线充足、溶解氧含量较高，所以分布着数量较多的光能营养型微生物，主要是进行光合作用的藻类和细菌。透光区以下至1000m的深度的生物活动相对活跃，主要有动物和化能营养型微生物的生存。1000m以下的水域称为“深海”，生物活动相对较少。75%以上的海域有深海区域，深度在1000~6000m，在海洋中，海水深度每增加10m，就增加一个大气压。

深海生态环境可以看成是一个“恒定环境”，因为在这种环境里，盐浓度和含氧量基本无变化，温度在3~5℃，水的停留时间往往长达数百年。它的主要特点是低温、高压和低营养水平，能够在深海中生存的微生物具有嗜冷、耐压或嗜压的特性。

4. 热水流火山口微生物

在接近海底的地层中如果存在高温的玄武岩和岩浆，将会导致海底缓慢分割，从而形成海底裂缝，渗进这些裂缝的海水与高温矿物质混合，并且从温泉中喷出，我们将这种矿物质含量很高的温泉称为热水流火山口。已经发现在大西洋和太平洋海底有几处这样的温泉。根据喷出热水流的温度和速度差异，目前已发现的热水流火山口包括两种类型，即喷发温度为6~23℃、水流速0.5~2cm/s热水流的温火山口；喷发温度为270~380℃、水流速10~20cm/s热水流，称其热火山口。由于热火山口裂缝喷出的富含矿质的海水呈黑云状，所以通常热火山口又称“黑烟囱”。

在海底热水流火山口的水体中含有大量来自于岩石的无机物质，如H_2S，S，H_2，Fe^{2+}，Mn^{2+}，NH_4^+，CO，CH_4等，生长着以这些矿物质为能源的厌氧的化能无机营养细菌，主要种类见表 9-4。

表 9-4 热水流火山口的主要化能无机营养细菌

种类	电子供体	电子受体
硫氧化细菌	HS^-，S^0，$S_2O_3{}^{2-}$	O_2，NO_3^-
硝化细菌	NO^-，NH_4	O_2
硫酸盐还原生菌	H_2	S^0，SO_4^{2-}
产甲烷古生菌	H_2	CO_2
氢氧化细菌	H_2	O_2，NO_3^-
铁和锰氧化细菌	Fe^{2+}，Mn^{2+}	O_2
甲基营养细菌	CO，CH_4	O_2

三、 空气中的微生物

干燥的空气既没有微生物生活所需要的足够水分，也缺乏微生物生长所需的营养物质，同时还受到来自太阳的强烈紫外线照射，所以它不是微生物生长繁殖的天然场所。然而在大气中仍含有相当数量的微生物，这些微生物均来源于土壤尘埃、水面吹来的小水滴、人和动植物体表的干燥脱落物、呼吸道呼出的气体等，因此空气中微生物数量是空气被污染程度的标志。

进入空气的一些微生物可以随着气流到处传播，空气微生物的这一特点也正是一些病原性微生物能在很短时间内引起人、畜和动植物传染病大流行的原因。微生物在空气中的分布极不均匀，其数量的多少取决于所处环境被污染的程度。近地面的大气层，尤其是人口密集的公共场所空气中的微生物数量较高，而在远离人们居住区的高山、海洋和高纬度地带的空气中微生物的数量较少。

从微生物种类来看，由于空气的干燥和阳光中紫外线的杀菌作用，一些抗逆性差的无芽孢细菌、放线菌和霉菌的营养体细胞很容易死亡，能较长时间存活的主要是细菌的芽孢、霉菌和放线菌的孢子及一些抗逆性强的革兰氏阳性菌，如微球菌属、八叠球菌属。病原微生物一般在空气中很容易死亡，但结核杆菌、白喉杆菌、葡萄球菌、链球菌、肺炎双球菌、炭疽杆菌、流行性感冒病毒、脊髓灰质炎病毒等病原微生物也可在空气中存活较长时间，是以空气为媒介的主要病原体。

四、 生物体内外的正常菌群

1. 人体的正常微生物区系

正常人体的皮肤、黏膜以及与外界环境相通的体腔经常存在着大量的、优势种群比较明显的多种微生物。这种生活在健康人体各个部位、数量大、种类稳定且一般是有益无害的微生物，称为人体的正常微生物菌群。在一般情况下，正常菌群与人体之间保持着一个平衡状态，在菌群内部的各种微生物之间也相互制约，维持相对的稳定。但是在机体免疫力降低、生存部位环境的改变或因微生物数量剧增等情况下，属于正常菌群的有些微生物也可以引起疾病，我们将这类型微生物称为条件致病菌。

分布在人体皮肤表面的正常优势菌群主要有微球菌、链球菌、肠道杆菌、葡萄球菌和霉菌；口腔中经常存在的微生物菌群有球菌、乳酸杆菌、芽孢杆菌和螺旋体等；人肠道的优势微生物种类主要有大肠杆菌、产气杆菌、变形菌、粪产碱菌、产气荚膜梭菌、乳酸杆菌和螺旋体。人体肠道中的细菌能合成硫胺素、核黄素、烟酸、维生素 B_{12}、维生素 K 等多种维生素以及氨基酸，因此当服用大量抗生素或磺胺类药物引起肠道正常菌群改变时，会使人体患正常菌群失调症。

人体肠道微生物包括小肠和大肠内的微生物，而十二指肠部分因与胃相连，胃酸及胆盐等抑制微生物的生长。空肠中有少量微生物，而回肠中的 pH 逐渐趋于中性，一些厌氧的革兰氏阴性菌及肠道菌群数量逐渐增多。大肠中的微生物是人体微生物群体最多的部位。据统计，每克湿的粪便中约有 10^{12} 个微生物，超过 4000 种，主要包括厌氧菌、革兰氏阴性菌及少量革兰氏阳性球菌；利用宏基因组技术发现其菌种数目可能超过 12000 种。成人肠道内菌群可以分为明显的不同类型：例如拟杆菌或瘤胃球菌占优势的人群主要以摄入动物蛋白或不饱和脂肪酸为主，而普氏菌群占优势的人群主要以素食为主。因此，人的性别、年龄、饮食习惯、地域等因素对于肠道菌群的影响至关重要，对于人类的健康也极为重要。

此外，肠道内菌群不断更新交替，基本上人每天肠道内微生物要全部更新 1~2 次。在通常情况下，肠道内微生物可以自我调节，以保证不同菌种之间及菌种与宿主（人）之间在相互竞争与变化中保持动态平衡。

2. 附生微生物

生活在植物体表面，主要利用植物外渗和分泌物质为营养的一类微生物。叶面微生物是主要的附生微生物。细菌是主要的叶面微生物，酵母菌、霉菌也常见，而放线菌则极少。叶面微生物与植物的生长发育以及人类实践有着一定的联系，如乳酸杆菌是广泛存在于叶表面的细菌，在腌制泡菜、酸菜和青贮饲料制作过程中，存在于叶面的乳酸杆菌就成了天然的发酵剂；酵母菌大量存在成熟浆果表面，所以在利用葡萄进行果酒酿造时也成了良好的天然发酵剂；有些叶面微生物可以固氮，可以直接或间接为植物提供氮素营养。

3. 菌根

一些真菌和植物根系以互惠关系建立起来的共生体称为菌根，其中植物根系给菌根中真菌的生长提供有机碳源和能源，而菌根真菌能从土壤中吸收矿物质和水分供给植物生长。由此可见，菌根的形成增强了真菌和植物对环境的适应能力。

五、 工农业产品上的微生物

人们赖以生存的食品以及其他许多生活、生产资料都是微生物生长的潜在基质，可以不同程度地为微生物所利用，其结果往往使工业器材受到腐蚀，使食品及其原料腐败和变质，甚至以食品为媒介引起人体的中毒、染病和死亡。

各种工业产品，如金属、仪表、电讯器材、绝缘材料、塑料、水性涂料和纺织品等，它们含有或黏附一些可被微生物利用的营养成分，可吸附不同生理类型的微生物，在一定条件下微生物代谢活动的结果往往对产品造成严重的损害，使之老化变质；任何农产品都是微生物生长繁殖的良好基质，常含有大量的微生物，全世界每年因霉变而损失的粮食占总产量的 2% 左右。花生、玉米、大米、棉子、胡桃、麦类受霉菌污染产生霉菌毒素是农产品霉腐的突出问题，常引起人体中毒或癌变；食品是微生物生长的天然培养基，在食品加工、包装、运输、贮藏和销售过程中，都可能被各类微生物所污染，污染的微生物在合适的温度、湿度条件下可快速生长，引起食品的腐败变质，若食品中有些微生物产生毒素或食品污染了病原微生物，则可引起人体食物中毒或传染病的发生。

第三节　微生物之间的关系

与高等生物一样，生态环境中的微生物也存在个体、种群、群落和生态系统等从低到高的组织层次，群落是生态功能的关键层次，而种群的相互作用是特定群落形成和结构的基础。种群内个体之间的相互影响，相互依赖，又相互排斥，互为环境，复杂多样。当以两种微生物为考察对象时，主要的相互关系有以下五种。

一、互生关系

可独立生活的两种微生物，当它们生活在同一空间时，通过各自的代谢活动而有利于对方，或者偏利于一方的生活方式称为互生，例如土壤中的纤维素分解菌分解纤维素形成的有机酸是固氮菌生长的能源和碳源物质，而固氮菌通过固氮作用固定的氮素除满足自身需要外，还可分泌到土壤中作为纤维素分解菌的氮源，同时固氮菌代谢有机酸也能解除有机酸对纤维素分解菌的抑制作用。又如土壤中氨化细菌把有机氮化合物转化为 NH_4^+，后者是亚硝化细菌生长的能源物质，而亚硝化细菌转化形成的亚硝酸是硝化细菌生长的能源物质，这几种无机氮化物的相互转化是微生物之间典型的偏利互生现象。

在发酵工业中也有许多利用微生物之间互生关系进行混菌培养的成功例子，如“二步发酵法生产维生素 C”的先进工艺是典型的联合混菌培养。另外混菌培养的形式还有序列混菌培养、共固定化细胞混菌培养、混合固定化细胞混菌培养等多种形式。

二、共生关系

共生关系是高度发展的互生关系，是指两种微生物相互依赖，在组织上形成了新的结构，在生理上相互分工、互换生命活动的产物，一旦彼此分离，各自就不能很好地独立生活的一种生活方式。地衣是微生物之间共生关系的最典型例子，它是真菌中子囊菌纲或担子菌纲的真菌与单细胞绿藻或蓝细菌共生在一起形成的植物体。在这一共生结构中，真菌代谢过程中产生的有机酸分解岩石，为绿藻或蓝细菌提供矿质营养，后者光合作用形成有机化合物则是前者生长的碳源和能源。

三、拮抗关系

一种微生物在其生命活动的过程中，通过产生某种代谢产物或改变环境条件，抑制甚至杀死其他微生物的关系，称为拮抗关系。在自然发酵的乳酸制品如泡菜和青贮饲料中，各种乳酸菌利用有机化合物进行厌氧发酵产生大量的乳酸，使环境中的 pH 大幅下降，从而抑制了大量腐败细菌的生长繁殖，乳酸菌和腐败细菌之间的拮抗关系称为非特异性拮抗关系。又如许多微生物在代谢过程中能够产生抗生素，特异地抑制或杀死某一种或某一类群微生物，这种拮抗关系称为特异性的拮抗关系。

四、寄生

寄生是指一种生物生活在另一种生物体表或体内，从中获取营养物质并生长繁殖，同时伤害甚至杀死后者的一种关系，前者称为寄生物，后者称为寄主或宿主。最典型的例子是噬菌体与其宿主之间的关系。

真菌间的寄生现象比较普遍，有些寄生性的真菌用菌丝将寄主紧紧缠绕起来，然后侵入寄主菌丝内吸取营养使之死亡，由于这类寄生物侵入寄主之前并不分泌毒素，所以侵入时间较长，如亚隔孢壳菌（*Didynella*）对麦粒枯病原菌菌丝的侵入需要 12d 以上。有些寄生性真菌能够分泌对寄主真菌有毒的物质，先使寄主的活力衰退，然后再缠绕侵入致死，如木霉侵入丝核菌。还有些真菌将菌丝或菌丝特化的吸器伸入到寄主真菌菌丝内，以吸收寄主体内的营养物质进行生长和繁殖。

细菌间的寄生现象比较少见，相关的研究主要集中于蛭弧菌及其寄主，现在已经发现的蛭弧菌有三个种，了解最详细的是食菌蛭孤菌，该菌的寄主主要是肠杆菌科和假单胞菌科的各种种类，如大肠杆菌（*E. coli*）、胡萝卜软腐病欧文氏菌（*Erwinia carotovora*）、青枯病假单胞菌（*Psedomonas solanacearum*）等。

微生物间的寄生现象与人类的利害关系密切，例如在苏云金芽孢杆菌等微生物发酵生产杀虫剂中常常受到噬菌体的侵染，导致倒罐和停产；另一方面人们又可利用微生物之间的寄生现象来消除病原菌的危害，如利用噬菌体对玉米萎蔫病、棉花角斑病的病原菌进行了有效的防治；利用蛭弧菌对大豆假单胞菌的寄生关系，来防治大豆的叶斑病，以及用木素木霉防治棉花的枯萎病、黄萎病等均取得了一定的效果。

五、捕食

捕食是指大型的生物直接捕食、吞食另一种小型生物以满足其营养需要的相互关系。微生物之间的捕食关系主要是原生动物吞食细菌和藻类的现象，这种作用在水体生态系统的食物链和污水处理中具有不可替代的地位。另外具有实践意义的是真菌对线虫的捕食作用，它为严重危害农、牧业的线虫生物防治提供了物质基础。

第四节　微生物与环境治理

随着经济的快速发展，目前国内出现的工业废物污染、城市垃圾污染、水资源的污染等已成为一个严重的社会问题。解决环境污染，可以通过物理、化学和生物的方法来实现，但很多情况下微生物在环境净化过程中作用巨大。

一、污水的微生物处理

利用微生物处理污水的过程，就是利用不同生理、生化功能的微生物间的协同作用而进行的一种物质循环过程。当高污染的污水进入污水处理系统后，其中的自然菌群在好氧或厌氧条件下，根据污水这一特殊的“选择培养基”，经过一定时间的培养，发生着适者生存的群落演替过程，从而使污水中有机物达到降解的目的。

1. 污水处理过程的几个基本概念

（1）DO（dissolved oxygen） 即溶解氧量，指溶于水体中的分子态氧，是评价水质优劣的重要指标。DO 的大小是水体能否进行自净作用的关键。天然水的 DO 值一般为 5～10mg/L，我国规定地面水质的合格标准为>4mg/L。

（2）BOD（biochemical oxygen demand） 即生化需氧量，或称生物需氧量。指在 1L 待测水样中所含的一部分易氧化的有机物，当微生物对其氧化分解时，所消耗的氧的毫克数。BOD 是水中有机物含量的一个间接指标，测定时，一般将含菌的待测样品于 20℃ 培养 5 昼夜，因此常用 BOD_5 来表示。我国对地面水环境质量标准的规定为：一级水<1mg/L，二级水<3mg/L，三级水<4mg/L，若 BOD_5>10mg/L，表示该水已严重污染，鱼类无法生存。

（3）COD（chemical oxygen demand） 即化学需氧量，指在 1L 待测水样中所含的有机物，用强氧化剂氧化后，所消耗氧的毫克数。COD 也是水中有机物含量的一个间接指标。常用的化学氧化剂有 $K_2Cr_2O_7$ 或 $KMnO_4$。$K_2Cr_2O_7$ 的氧化力较强，能使水体中 80%～100% 的有机物迅速氧化，一般测定 COD 时，优先选用 $K_2Cr_2O_7$，测定的 COD 用 COD_{Cr} 表示。

（4）TOD（total oxygen demand） 即总需氧量，指污水中能氧化的物质在高温下燃烧变成稳定的氧化物时所需的氧量。

（5）共代谢（co-metabolism） 是指一些人工合成的化学物质不能直接被微生物降解，必须添加一些有机物作为初级能源后才能被降解的现象。

（6）顽拗物 即难降解化合物（recalcitrant compounds），是指一些很难被微生物降解的化合物，这些物质即使采用共代谢的方式也很难被降解。

2. 污水处理的阶段

污水处理一般需要多步完成。进入污水处理厂的污水经过一系列的筛子、去除大块物体，然后将这些水静置数小时，其中的悬浮颗粒沉淀下来，这种处理后的污水中仍含有丰富的营养物质，不能排放，这种仅通过物理分离的过程称为污水的一级处理。

二级处理一般利用微生物使污水中有机物的含量减少到可以排放到自然水域中的程度。

三级处理过程是最完全的处理污水的方法，是一种物理化学过程，利用沉淀、过滤和加氯消毒法快速使污水中的无机营养物水平下降到一个可以接受的水平。经过三级处理的污水就不会再造成大量微生物的生长。

这里主要讨论微生物参与的二级处理过程。

3. 二级处理过程

（1）厌氧的二级处理过程 厌氧污水处理过程包括一系列复杂的消化和发酵反应，这些反应由不同微生物来完成，处理过程的效率可用 BOD 减少的百分数来表示。

在处理不溶性的有机物如纤维素或浓缩的工业废水时，通常使用厌氧分解法。降解过程在污泥消解罐或封闭的生物反应器中进行，这个过程需要大量微生物的共同作用。其反应过程是：利用专性厌氧和兼性厌氧的具有水解或发酵能力的细菌（如芽孢杆菌属、梭菌属、变形杆菌属、葡萄球菌属等）所分泌的多糖酶、蛋白酶或脂肪酶等将大分子有机物初步消化为双糖或单糖、多肽或氨基酸等可溶性的物质。这些物质进一步由厌氧的产氢产乙酸细菌群（如互营单胞菌属、互营杆菌属、梭菌属、暗杆菌属等）分解成各种脂肪酸和 CO_2，H_2 等小分子物质，脂肪酸被进一步发酵生成乙酸，CO_2，H_2，即可用于严格厌氧甲烷细菌（如甲烷杆菌属、甲烷球菌属、甲烷八叠球菌属、甲烷螺菌属和甲烷丝菌属等）生长代谢的底物。这一过程将高分子有机物降解，同时产生了生物能源甲烷，即沼气发酵。

甲烷细菌适宜生长的 pH 为 7.0~8.0，最适发酵温度 36~38℃和 51~53℃，前者为中温发酵工艺，后者为高温发酵工艺。高温发酵与中温发酵相比具有微生物生长活跃、有机物分解速度快、产气率高、滞留时间短、处理有机物能力强等优点，还能有效杀灭各种病原菌和寄生虫卵，具有较好的卫生效果。但是，高温发酵工艺需要维持消化器在高温下运行，能量消耗较大。一般情况下，采用高温发酵工艺处理酒精废醪、柠檬酸废水和轻工食品废水等。中温发酵与高温发酵相比，虽然消化速度和产气率低些，但维持中温条件的能耗较少，产气速度较快，可保证常年稳定运行。因此，为了减少能耗，常采用近中温的发酵工艺。

（2）好氧的二级处理过程　污水好氧处理装置有节能型和耗能型两类，其中节能型分氧化塘法和洒水滤床法，耗能型包括活性污泥法和生物膜法。这些方法中，洒水滤床法和活性污泥法是最常用的方法。

洒水滤床法（trickling filter）是将污水喷洒在用碎石块堆做的 2m 厚的床体上，在液体缓慢通过碎石床时，有机物吸附于石块上，并发生微生物的增殖，通过微生物对有机物矿化的作用，有机物被降解为 CO_2、氨、硝酸盐、硫酸盐和磷酸盐。

活性污泥法是一种利用活性污泥处理污水的方法。活性污泥（activated sludge）是一种由细菌、原生动物和其他微生物群聚集在一起组成的絮凝团，在污水处理中具有很强的吸附、分解有机物或毒物的能力。微生物群体包括细菌［如生枝动胶菌属（*Zoogloea ramigera*）、浮游球衣菌属（*Sphaerotilus natans*）、假单胞菌属］、酵母菌、霉菌、原生动物（如纤毛虫、变形虫、鞭毛虫）和藻类等。在污水处理过程中，分解有机物的微生物主要是细菌，其次是原生动物。活性污泥中的细菌大多以菌胶团的形式存在，少数为游离状态。菌胶团是由许多细菌（主要为短杆菌）及其分泌的多糖类物质黏合在一起的团块，能黏附污水中悬浮的颗粒。

活性污泥净化污水的过程是：将待处理的污水与一定量的活性污泥或回流污泥（用作接种）混合后流入曝气池，在池底部的压缩空气分布管不断充气和通气翼轮搅拌下，使活性污泥和污水充分混合并使其中的溶解氧量足以满足生物降解有机物的要求，但是污水在曝气池中的停留时间较短（一般 5~10h），不能使有机物质完全氧化。在此过程中，同时伴随着可溶性物质在菌胶团和其中微生物细胞上的吸附。通过有机物降解过程，污水中的 BOD 迅速减少（75%~90%），但由于大量被吸附的有机物仍残留于菌胶团中，造成整个系统中的 BOD（包括固体和液体）下降并不大。所以，在经曝气池处理后的污水和活性污泥混合液必须通过沉淀池和厌氧污泥消解罐，使其中菌胶团沉淀、转移和降解，促使 BOD 大幅度减少。

4. 用于污水处理的特种微生物

在环境治理中，有些有毒化合物或难以被普通微生物降解的化合物，需要通过一些特种微生物来降解，如假单胞菌属（*Pseudomonas* spp.）、诺卡氏菌（*Nocardia* spp.）、棒杆菌（*Corynebacterium* spp.）、产碱菌（*Alcaligenes* spp.）、红酵母（*Rhodotorula* spp.）、无色杆菌（*Achromaobacter* spp.）、柠檬酸杆菌（*Citrobacter* spp.）、肠杆菌（*Enterobacter* spp.）以及芽孢杆菌（*Bacillus* spp.）等。

二、 固体废弃物的微生物处理

城市垃圾分类收集后，可以利用多种高温好氧菌（主要是芽孢杆菌属的微生物）对其中的有机垃圾（动植物残体、动物粪便和厨余等）进行好氧性分解。并据此原理设计了一种“有机垃圾好氧生物反应器”（aero-bioreactor of organic garbage），该机器的基本构造见图 9-11。

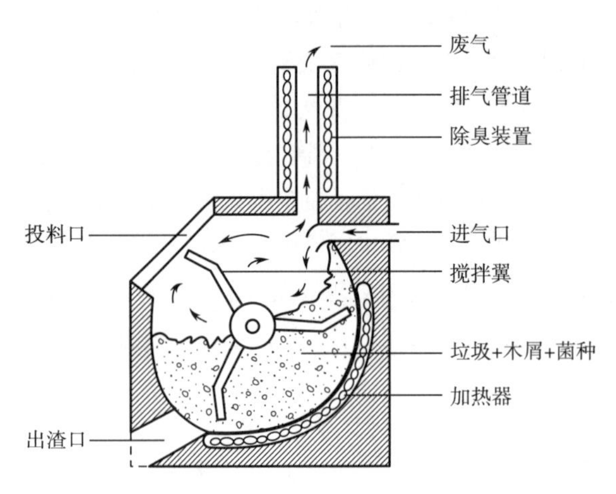

图 9-11 有机垃圾好氧生物反应器剖面图
（引自《微生物学教程》，第二版，周德庆，2002）

在该设备中，有机垃圾自投料口加入后，在搅拌的情况下，与腔体内拌有活性菌种的固体介质（木屑）充分混合。在 40~60℃和不断通入空气的条件下，多种活性菌能将大部分有机垃圾迅速分解成水、CO_2和氨等气体，可以从出气口排出，其中的氨需通过高温处理、溶于水中或被特殊微生物去除。最后仅剩余残留在木屑上可发挥高肥效的物质。能较好地达到垃圾处理中的减量化、无害化和资源化的要求。

三、 微生物与土壤改良

化肥大量使用，以及不合理的农业耕作措施，造成了土壤环境质量下降的问题，如土壤板结、土壤肥力下降、农作物品质变差等。为了解决此类问题，曾经有人提出以多施有机肥为主的土壤改良措施。但是，由于有机肥的养分分解释放缓慢，需用量大，加上我国南北气候、土壤类型及土壤温度、植被类型的差异分布，使该方法在实践中很难推广。因此，微生物土壤改良技术应运而生。

微生物土壤改良技术，是将有机肥与促使其中养分快速释放的微生物群体混合物施于土壤中。微生物在土壤中可快速、高效地分解有机质而加速自身的生长与繁殖，将空气中的分子态氮固定并转化为植物可以吸收的氨态氮，同时将土壤中磷、钾转化为易于为植物吸收利用的形式，以此来改良土壤；此外，在作物收获后，直接将有效微生物群体喷施在残茬上，辅以翻地，将残茬埋在地中，免受紫外线伤害，可使残茬分解，从而达到增加土壤肥力、改良土壤结构、充分保持土壤肥力的目的。

另外，微生物在修复被重金属污染的土壤方面具有独特的作用。其主要作用原理是：微生物能够改变金属存在的氧化还原状态，降低土壤中重金属的毒性；许多微生物与重金属具有很强的亲和性，能富集多种重金属；微生物可以改变根际微环境，从而提高植物对重金属的吸收和固定效率；利用微生物的氧化反应，如在高浓度重金属的污泥中，加入适量的硫，微生物即把硫氧化成硫酸盐，降低污泥的 pH，提高重金属的移动性。利用微生物（如细菌和真菌）可使甲基汞和离子态汞（Hg^{2+}）变成毒性较小且易于挥发的单质汞。

然而，微生物修复土壤存在局限性。一般微生物难以将污染物全部去除；微生物对环境的变化响应比较强烈，环境条件的改变能大大影响微生物修复效果；加入到修复土壤中的微生物可能会与土著菌群竞争或难以适应环境，从而导致实际作用效果不佳；同植物修复技术一样，微生物修复污染土壤的周期也相对较长。因此，可以与植物进行联合修复。

思考题

1. 在无氧呼吸过程中都用到了哪些含氮化合物？这些化合物为什么在环境中不能积累？

2. 何为富集培养基？请设计一种富集培养基从土壤中分离自生固氮菌。

3. 荧光细胞激活分选技术适合于下列哪种样品的分离？为什么？

（1）湖水；（2）土壤；（3）生物膜

4. 生物芯片技术是否可用于食品安全检测，有何优缺点？

5. 如何证明两种微生物之间是互生、共生关系？

6. 如何理解肠道微生物对于人类的重要性？

CHAPTER 10

第十章 应用微生物

本章学习重点

1. 抗生素的发酵生产菌株及发酵特点。
2. 工业酶的发酵生产菌株及酶分子修饰、酶的固定化等技术。
3. 能源微生物的种类、特点及实际应用。
4. 发酵乳制品中的微生物种类、特点及乳制品发酵工艺。
5. 食醋发酵过程中的主要功能微生物及食醋发酵工艺。
6. 白酒、啤酒、果酒等酒类的酿造过程及菌种的发酵特点。
7. 大豆发酵食品中的微生物种类、特点及酱油、豆酱、腐乳和豆豉等的发酵过程。
8. 食品的微生物质量的控制体系和标准。
9. 细菌抗原的种类和特点，细菌内毒素和外毒素的区别。
10. 现代免疫检测技术在食品微生物检测及食品安全中的应用。

第一节　工业微生物

工业微生物包括工业上所有常见和常用的微生物，可以利用它们生产各种对人类有用的产品，或革新某些工业生产加工技术。工业微生物生产的产品包括微生物菌体本身，如乳酸菌剂、活性干酵母等；也包括微生物产生的多种代谢产物，即初级代谢产物和次级代谢产物，如柠檬酸、氨基酸、酶制剂、抗生素等。工业微生物与现代育种技术和发酵控制技术紧密结合，对解决人类所面临的环境、能源、资源、人口和粮食等问题具有重要意义。

一、 有机酸的发酵

1. 柠檬酸发酵

柠檬酸（citric acid）又称枸橼酸，学名2-羟基丙烷三羧酸（2-hydroxy tricarboxylic acid），分子式$C_6H_8O_7$，相对分子质量192.13，是发酵法生产的最重要的有机酸。柠檬酸具有令人愉快的酸味，口感好，安全无毒，又是有机体的中间代谢产物，能被人体直接消化吸收，是食品工业最重要的酸味剂。

（1）柠檬酸发酵的生产菌种　许多微生物都能发酵产生柠檬酸。曲霉、青霉、毛霉、木霉属中的一些菌种能够利用淀粉质原料大量积累柠檬酸，例如黑曲霉（*Aspgerillus niger*）、棒曲霉（*Aspergillus clavatus*）、泡盛曲霉（*Aspergillus awamori*）、宇佐美曲霉（*Aspergillus usamii*）、淡黄青霉（*Penicillium luteun*）、橘青霉（*Penicillium citrinum*）、二歧拟青霉（*Paecilomyces divaricatum*）、梨形毛霉（*Mucor piriforms*）和绿色木霉（*Trichlderma viride*）等。假丝酵母、节杆菌和放线菌能够利用石油等烷烃或糖质原料为碳源生产柠檬酸，如解脂假丝酵母（*Candida lipolytica*）、解脂复膜胞酵母（*Saccharomycopsis lipolytica*）、季也蒙假丝酵母（*Candida guilliermondii*）和棒状杆菌（*Corynebacteria*）等。毕赤酵母、汉逊酵母和红酵母属菌种也能发酵正烷烃产生柠檬酸。其中，已经应用于工业生产的是黑曲霉和解脂假丝酵母。

黑曲霉是我国柠檬酸工业的主要生产菌种。早在20世纪30年代，我国科学家就开始了柠檬酸生产菌黑曲霉的选育和发酵技术的研究。目前，我国现有菌种适应性较强，深层发酵柠檬酸技术居世界前列。柠檬酸生产的发酵状态（深层、固体或浅盘）和原料（如糖蜜、淀粉水解糖、葡萄糖母液、淀粉、淀粉质原料、正烷烃类等）不同，采用的生产菌种也不同。

黑曲霉柠檬酸高产菌的生理特征：

①能耐高浓度的柠檬酸（15%以上），不利用和分解柠檬酸；

②耐高浓度葡萄糖，能产生和分泌大量的酸性α-淀粉酶和酸性糖化酶；

③能抗微量金属离子，尤其能抗较高浓度的Mn^{2+}，Zn^{2+}和Cu^{2+}；

④在深层液体发酵培养时，能形成大量的细小菌球体，菌球体直径为0.1mm，菌球量达10^4个/mL以上；

⑤在以葡萄糖为唯一碳源的合成培养基上，生长缓慢，生成小菌落，孢子形成能力弱；

⑥在生长繁殖期，细胞内具有较高水平的氨基酸和NH_4^+，在生长和产酸期，细胞内蛋白质、核酸水平低；

⑦菌丝体中含有低水平的甘油三酯和磷酸酯，细胞壁几丁质含量高，β-葡萄糖和聚半乳糖含量低；

⑧有很强的、不产生ATP的侧系呼吸链活性。

（2）柠檬酸的生物合成途径与调节机制　柠檬酸是微生物中枢代谢途径TCA循环中的一种有机酸。黑曲霉利用糖类发酵合成柠檬酸，葡萄糖是通过EMP、HMP途径降解生成丙酮酸，丙酮酸一方面氧化脱羧生成乙酰CoA，另一方面经CO_2固定化反应生成草酰乙酸，草酰乙酸与乙酰CoA缩合生成柠檬酸，总反应式为：

$$C_6H_{12}O_6+1.5O_2 \longrightarrow C_6H_8O_7+2H_2O$$

柠檬酸发酵的理论转化率为106.7%。

由于微生物细胞中合成的柠檬酸通常进一步经TCA循环生物合成其他有机酸，用以提供合成细胞物质的中间体或彻底氧化产生能量，因此，柠檬酸的积累需要严格的代谢调控（如图10-1所示）。

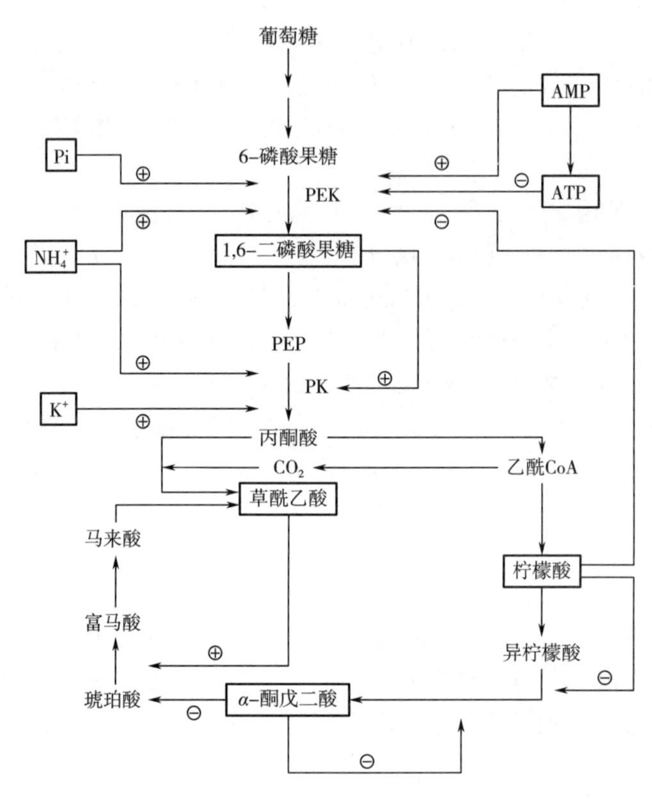

图 10-1 以葡萄糖为原料发酵生产柠檬酸的代谢途径和调节机理

⊕ 表示激活；⊖ 表示抑制

2. 乳酸发酵

乳酸（lactic acid），学名α-羟基丙酸（α-hydroxy-propionic acid），分子式 C_2H_5OCOOH，相对分子质量 90.08。乳酸分子中有一个不对称碳原子，具有旋光性。L-乳酸为右旋性，D-乳酸为左旋性，DL-乳酸为消旋性。乳酸是一种重要的有机酸，乳酸（尤其是L-乳酸）、乳酸盐及其衍生物广泛应用于食品、医药、饲料、化工等领域。近年来，作为可降解材料的聚L-乳酸日益受到重视，进一步拓宽了L-乳酸的发展前景。

（1）乳酸发酵生产菌种 乳酸生产菌种主要是一些细菌。其中，最主要为乳酸菌，该类菌多数呈杆状或球状，革兰氏阳性，是兼性厌氧菌或微需氧菌，过氧化氢酶阴性；大多数不运动，不形成芽孢；具有很强的耐酸性，pH3.5~9.6；最适生长温度因种属而异，20~45℃或37~40℃。工业上乳酸的生产菌种均采用同型乳酸发酵菌。最重要的工业用乳酸发酵菌种是德氏乳杆菌（*Lactobacillus delbeueckii*）。近年来，日本、法国和我国等国家开始开发嗜热芽孢杆菌和凝结芽孢杆菌等耐高温菌来生产L-乳酸，可避免杂菌污染提高产物光学纯度。

许多根霉（*Rhizopus*）也能够产生L-乳酸，如米根霉（*R. oryzae*）、黑根霉（*R. nigricans*）、爪哇根霉（*R. javanicus*）、上海根霉（*R. shanghaiensis*）和美丽根霉（*R. elegans*）等，其中最重要的生产菌是米根霉。米根霉具有淀粉糖化能力，经异型发酵途径合成L-乳酸；生长需要氧气，可利用无机氮，如尿素、硝酸铵、硫酸铵等，发酵生产乳酸的最适温度为30℃。

大肠杆菌（*E. coli*）也能够产生乳酸，*E. coli* 具有生长速度快、营养要求简单、易于高密度发酵、代谢网络清楚、遗传操作方法成熟和产物乳酸光学纯度高等优势。野生型 *E. coli* 细胞可以利用自身的D-乳酸脱氢酶（Ldh A）将糖酵解途径（EMP）中间产物丙酮酸转化为D-乳酸。由于野生型大肠杆菌不具有L-乳酸脱氢酶，通常情况下，L-乳酸很难在发酵液积累，当胞内有毒中间产物丙酮醛积累量增加时，菌体会通过醛脱氢酶A（Ald A）将丙酮醛转化为少量的L-乳酸，但是L-乳酸的含量极低，几乎无法检测。野生型大肠杆菌发酵糖类不仅产生乳酸，还会伴随着甲酸、乙酸、琥珀酸和丁二酸等多种有机酸和乙醇的产生，进而导致底物转化率低，乳酸分离纯化难度大等问题。因此，通过基因工程手段改造大肠杆菌生产乳酸是研究重点之一，理性地删除竞争代谢途径，并在平衡细胞物质代谢和能量代谢的基础上增强乳酸合成途径，从而快速获得生产性能优良的工程菌株。

（2）乳酸发酵机理　乳酸菌不能直接利用淀粉质原料，必须经过糖化作用转变为葡萄糖后才能发酵。乳酸菌利用葡萄糖生产乳酸有三条途径：通过EMP途径的同型乳酸发酵（homolactic fermentation）、通过HMP途径的经典异型乳酸发酵（heterolactic fermentation）和“双歧杆菌”异型乳酸发酵。大多数同型乳酸发酵的微生物都不具有脱羧酶，因此不会发生丙酮酸脱羧生成乙醛的反应，乳酸是唯一产物，1mol 葡萄糖可以生成2mol 乳酸，理论转化率100%。但由于发酵过程中微生物存在有其他生理活动，实际转化率不可能达100%。一般认为转化率在80%以上，即视为同型乳酸发酵。工业上采用德氏乳杆菌生产乳酸时转化率为90%。

有些乳酸菌因缺乏EMP途径中的醛缩酶和异构酶等，其葡萄糖降解必须依赖HMP途径。在以肠膜明串珠菌（*L. mesenteroides*）为代表的“经典”异型发酵途径中，发酵产物除乳酸以外，还有等摩尔的乙醇和CO_2。而在双歧杆菌的“双歧”途径中，可产生1.5mol 的乙酸，乳酸的理论转化率仅为50%。

米根霉能产生淀粉酶和糖化酶，可利用糖、淀粉或淀粉质原料直接发酵，发酵产物除L-乳酸以外，常伴随有乙醇、富马酸、琥珀酸、苹果酸、乙酸等，属于异型乳酸发酵类型，各产物之间的比例随菌种和工艺的不同而异。米根霉的糖代谢主要进行以下几种反应：

①正常呼吸：$C_6H_{12}O_6 + 6O_2 \longrightarrow 6CO_2 + 6H_2O$

②同化作用（生成菌体）：干菌体量的95%来自碳水化合物

③富马酸发酵：$C_6H_{12}O_6 + 3O_2 \longrightarrow C_4H_4O_4 + 2CO_2 + 4H_2O$

④酒精发酵：$C_6H_{12}O_6 \longrightarrow 2C_2H_5OH + 2CO_2$

⑤L-乳酸发酵：$C_6H_{12}O_6 \longrightarrow 2C_3H_6O_3$

若抑制反应①、③和④，乳酸的产率就可以提高。

总反应式：

$$2C_6H_{12}O_6 \longrightarrow 3C_3H_6O_3 + C_2H_5OH + CO_2$$

2mol 葡萄糖产生3mol 乳酸，理论转化率只有75%。其发酵机制如图10-2所示。

在好气条件下，合理添加营养盐和微量金属元素，异型乳酸发酵的转化率可达75%。

葡萄糖在大肠杆菌中的代谢流程如图10-3所示。由图可知，乳酸只是众多代谢中间产物中的一种。经过代谢改造的大肠杆菌不仅可以发酵葡萄糖高效地生产D-乳酸，还可以大量积累L-乳酸，同时葡萄糖的转化率通常超过90%。

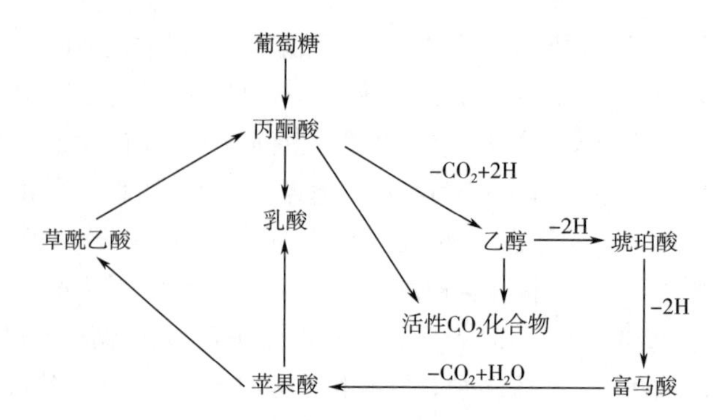

图 10-2　米根霉的乳酸合成途径

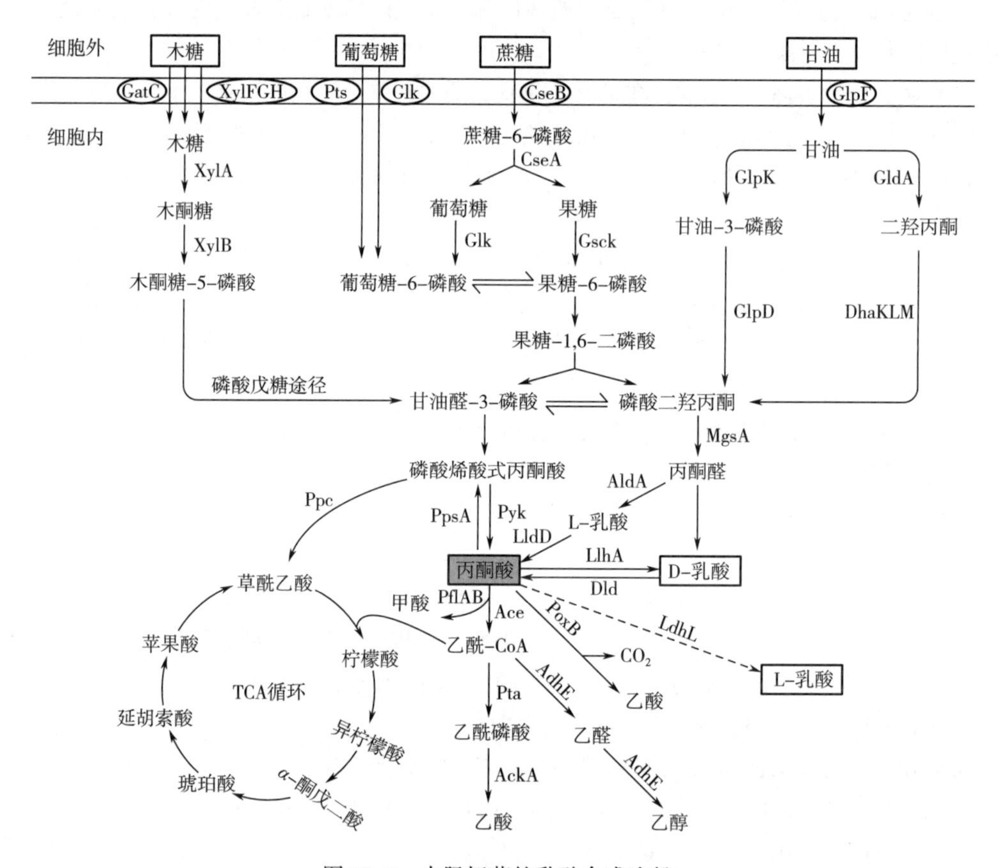

图 10-3　大肠杆菌的乳酸合成途径

3. 衣康酸发酵

衣康酸（itaconic acid）又称甲叉丁二酸、亚甲基琥珀酸，学名甲基丁烯二酸，分子式 $CH_2=C(COOH)-CH_2-COOH$，相对分子质量 130. 10，是一种不饱和的二元酸。由于衣康酸分子结构中具有 1 个非常活泼的甲叉基（$CH_2=C-$）和 2 个羧基（$-COOH$），因此衣康酸易于自身聚合以及与其他单体发生加成、聚合等化学反应形成高分子化合物，如化纤、合成树脂、塑料、橡胶、乳胶、除垢剂、黏合剂、药物、无毒食品包装材料等。衣康酸作为一种重要的化学合成工业原辅材料和中间体，已被广泛应用于化工、医药、造纸、纺织、印刷等领域。

（1）衣康酸的生产菌种　1929 年，日本学者木下广野分离到一种能利用糖类产生衣康酸的青绿色曲霉，定名为衣康酸曲霉（*Aspgerillus itaconicus*）。20 世纪 30 年代末，发现土曲霉（*Aspgerillus terrus*）也具有将葡萄糖发酵生成衣康酸的能力。1945 年，分离出适合表面发酵的土曲霉 NRRL265，不久又分离得到一株表面发酵和深层发酵均能适应的土曲霉 NRRL1960，该菌株成为后来人们研究的主要对象。迄今为止，还发现一些微生物菌种，如假丝酵母（*Candida species*）、红酵母（*Rhodotrorula*）、黑粉菌（*Ustilago jeae*）、桑卷担菌（*Helicobasidium mompa*）、查尔斯青霉（*Penicillium Charlesii*）和黑曲霉（*Aspgerillus niger*），也具有产生衣康酸的能力。但这些菌种目前尚处于研究阶段，未见有应用于工业化生产的报道。目前，衣康酸的工业生产菌种只有衣康酸曲霉和土曲霉，其中衣康酸曲霉仅适用于早期的表面培养，而土曲霉由于产量高、遗传性能稳定，被国外几乎所有利用深层发酵工艺生产衣康酸的企业所采用。国外工业上常用的土曲霉菌株有 NRRL1960，NRRL265，K26 等。国内工业上常用的土曲霉菌株由 NRRL1960 诱变得到：54-S-30；15-UV-17；A9001。

（2）衣康酸的生物合成机理　有关微生物合成衣康酸途径的研究报道很多，但其生物合成机理至今尚无统一认识。一般认为，衣康酸的生物合成途径有两条，一是葡萄糖经 EMP 途径和 TCA 循环合成柠檬酸之后，再脱羧生成衣康酸，途径如图 10-4（1）所示；二是直接由乙酰 CoA 和丙酮酸缩合成柠苹酸，再由柠苹酸失水生成衣康酸，途径如图 10-4（2）所示。

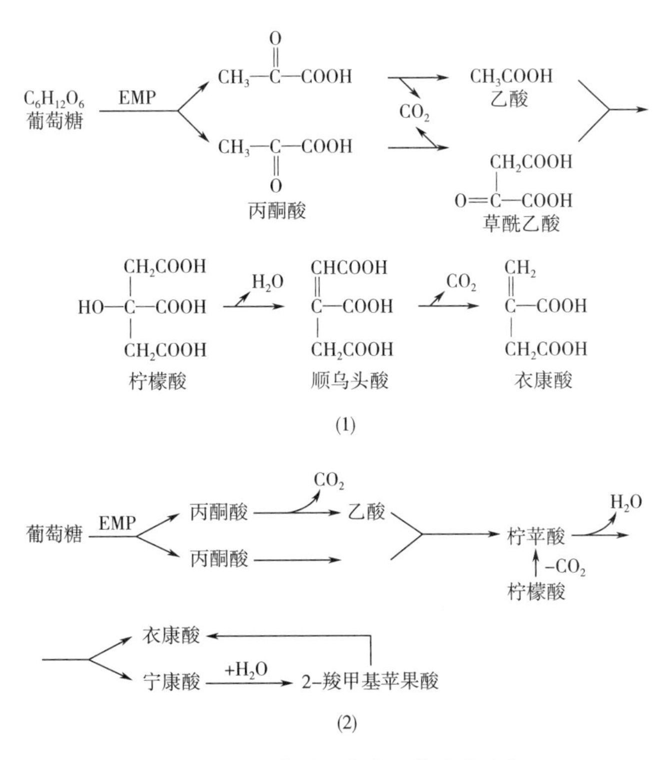

图 10-4　衣康酸可能的生物合成途径

上述两条途径实际是相互交叉的，第一条途径到柠檬酸时可脱羧形成柠苹酸而走第二条途径。但无论按哪条合成途径，总的反应式都为：

$$C_6H_{12}O_6 + 3/2O_2 \longrightarrow C_5H_6O_4 + CO_2 + 3H_2O$$

上述反应对糖的理论转化率为 72%。

自1929年发现微生物能发酵合成衣康酸以来，衣康酸发酵生产技术的研究逐渐引起人们的重视。20世纪80年代，衣康酸的研究得到迅速发展，到20世纪90年代，出现了衣康酸固定化连续发酵、补料分批发酵和淀粉原料边糖化边发酵等新工艺，发酵原料多样化，可利用淀粉（玉米淀粉、木薯粉、甘薯粉）、糖蜜、蔗糖，使衣康酸的生产技术水平得到显著提高，发酵3d，产酸率达8g/L以上，对糖转化率60%~70%。

4. 其他有机酸发酵

利用微生物发酵法生产的其他有机酸还有苹果酸、葡萄糖酸、酒石酸、曲酸、富马酸、2-酮基-D-葡萄糖酸等。表10-1所示为这些有机酸发酵的微生物菌种、原料、转化率和主要用途。

表10-1 微生物发酵法生产的其他有机酸

有机酸	微生物菌种	发展阶段	发酵原料	转化率/%	主要用途
苹果酸	黄曲霉	研究	葡萄糖	≥100	医药、食品
	毕赤酵母	研究	富马酸	62.5	
葡萄糖酸	黑曲霉	工业化	葡萄糖	90	医药
酒石酸	棒杆菌	研究			食品、化工
富马酸	根霉	工业化	葡萄糖	65	高分子材料
	假丝酵母	工业化	正烷烃	84	
2-酮基-D-葡萄糖酸	荧光极毛杆菌	工业化	葡萄糖	90	生产异维生素C
曲酸	米曲霉	工业化	淀粉		食品、化妆品、农业
丙酸	丙酸菌	工业化	乳糖、葡萄糖、淀粉	60	食品添加剂

二、 氨基酸和核苷酸发酵

1. 氨基酸

微生物在培养时能产生用于细胞生长所需的氨基酸。在野生型微生物中，细胞中合成的各种氨基酸含量由于受自身的代谢调节而保持在一个较低的水平，积累量很少，不能直接用于工业生产。氨基酸发酵属于典型的代谢控制发酵，图10-5所示为以葡萄糖为碳源时，细胞内各种氨基酸的代谢途径。

从图10-5可以看出，微生物细胞内氨基酸的合成具有以下特点：

（1）氨基酸的生物合成与EMP途径、HMP途径、三羧酸循环有十分密切的关系。除了组氨酸是以HMP途径的中间代谢产物5-磷酸核糖为起始物，芳香族氨基酸以HMP途径的赤藓糖-4-磷酸和EMP途径的中间产物——磷酸烯醇式丙酮酸为共同前体进行生物合成以外，其余氨基酸均以EMP途径或三羧酸循环的中间代谢产物为前体合成。

（2）某一类氨基酸往往有一个共同的前体。例如，谷氨酰胺族中四种氨基酸的共同前体为TCA循环的α-酮戊二酸，同样来源于TCA循环的草酰乙酸是天冬氨酸族氨基酸的共同前体；丝氨酸族中的丝氨酸、半胱氨酸和胱氨酸均以甘油酸-3-磷酸为起始物，丙氨酸族氨基酸的共

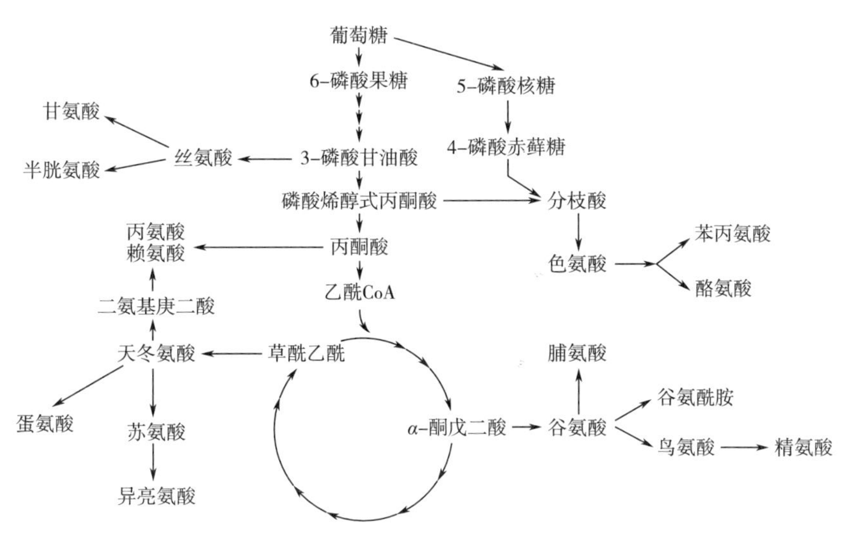

图 10-5　20 种氨基酸的生物合成途径

同前体是丙酮酸。

（3）一种氨基酸可能是另一种氨基酸的前体。例如，天冬氨酸是甲硫氨酸、苏氨酸和异亮氨酸的前体，谷氨酸可以进一步合成为谷氨酰胺、脯氨酸和精氨酸，半胱氨酸和甘氨酸则来源于丝氨酸。

因此，氨基酸的发酵需进行严格的代谢控制。但是，氨基酸发酵不仅受菌种生理特征的影响，发酵条件的控制对氨基酸的积累同样重要。例如谷氨酸发酵必须严格控制菌体生长的环境条件，当溶解氧、NH_4^+、pH、磷酸和生物素等环境条件改变时，会引起发酵发生转换，即由谷氨酸发酵转换为乳酸、琥珀酸、α-酮戊二酸、谷氨酰胺、*N*-乙酰谷酰胺、缬氨酸和脯氨酸等物质的发酵。表 10-2 列出了谷氨酸产生菌因环境条件改变引起的各种发酵转换。

表 10-2　谷氨酸产生菌因环境条件改变引起的发酵转换

环境条件	发酵产物转换
溶解氧	乳酸或琥珀酸 ←→ 谷氨酸 ←→ α-酮戊二酸 （通气不足）（适中）（通气过量，转速过快）
NH_4^+	α-酮戊二酸 ←→ 谷氨酸 ←→ 谷氨酰胺 （缺乏）（适量）（过量）
pH	谷氨酰胺，*N*-乙酰谷氨酰胺 ←→ 谷氨酸 （pH5~8，NH_4^+过多）（中性或微碱性）
磷酸盐	缬氨酸 ←→ 谷氨酸 （高浓度）
生物素	乳酸或琥珀酸 ←→ 谷氨酸 （过量）（限量）
生物素、醇类 NH_4Cl	脯氨酸 ←→ 谷氨酸 （生物素50～100μg/L，NH_4^+，6%乙醇1.5%~2.0%）（生物素亚适量）

2. 核苷酸发酵

核苷酸是一种多用途的物质，例如肌苷可以直接透过细胞膜进入细胞参与人体代谢，促进体内能量代谢和蛋白质合成，在医疗上广泛用于治疗心脏病、肝病等。鸟苷是抗病毒药物三氮唑核苷、无环鸟苷的合成原料。同时，核苷酸类物质还具有强化食品风味的功能，在食品工业中作为风味强化剂。此外，核苷酸在农业上也具有良好的应用前景，用核苷酸及其衍生物进行浸种、蘸根及喷雾，可以提高农作物的产量。

目前，工业上采用酵母 RNA 分解法和直接发酵法生产 5′-核苷酸。由于核苷酸是细胞合成 RNA 和 DNA 的基本结构单元，是核酸的中间代谢产物，在正常生理条件下这些产物的含量都保持在一定的生理范围内，不会过量积累。因此目前主要参照氨基酸发酵的成功经验，以代谢控制理论为依据，选育在遗传上解除了正常代谢调节机制的突变株来进行，是代谢控制发酵的又一典型代表。图 10-6 所示为枯草芽孢杆菌（*Bacillus subtilis*）中嘌呤类核苷酸的生物合成途径及调节机制。

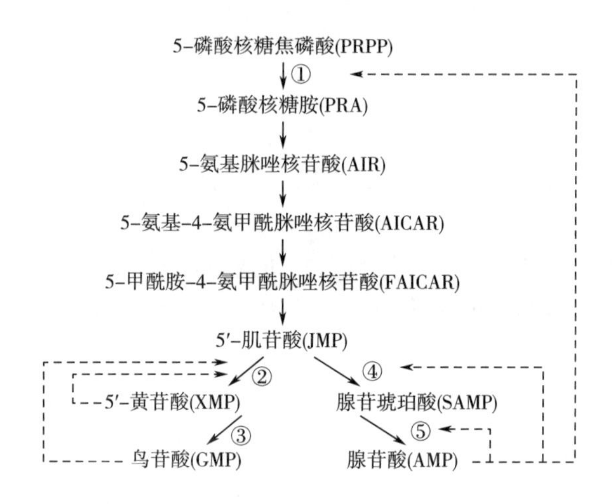

图 10-6 枯草杆菌中嘌呤类核苷酸的生物合成途径及其调节机制

①PRPP 转酰胺酶；②IMP 脱氢酶；③GMP 合成酶；④SAMP 合成酶；⑤SAMP 裂解酶

枯草杆菌通过 HMP 途径提供合成嘌呤核苷酸的基本前体物 5-磷酸核糖。要积累 GMP 或 AMP 的前体，就得尽可能抑制 EMP 途径，增强 HMP 途径，IMP 是合成 GMP 和 AMP 的直接前体。由于胞内 IMP 脱氢酶的活性要比 SAMP 合成酶的活性高 10~30 倍，IMP 主要转化为 GMP，即 GMP 较 AMP 优先合成。但是 IMP 脱氢酶受 XMP 和 GMP 的反馈控制，而 GMP 合成酶基本上不受 GMP 的影响，因此当 GMP 浓度较高时抑制 IMP 脱氢酶，IMP 就会转化为 AMP。GMP 和 AMP 合成途径中的关键酶 PRPP 转酰胺酶受 AMP 的强烈抑制，受 GMP 的抑制较弱。SAMP 合成酶受 AMP 系物质的反馈阻遏。大肠杆菌中，嘧啶类核苷酸的生物合成途径和调节机制如图 10-7 所示。

在 ATP 存在下，由 NH_3 与 CO_2 生成氨甲酰磷酸，氨甲酰磷酸在天冬氨酸转氨甲酰酶的作用下，与天冬氨酸结合生成氨甲酰天冬氨酸，经闭环后形成二氢乳氢酸，进而形成嘧啶环。乳清酸在 ATP 参与下，进一步与 PRPP 反应生成乳清苷酸，再经过脱羧反应生成 5′-UMP。5′-UMP 受磷酸核苷激酶催化，经磷酸化后依次生成 5′-UDP 和 5′-UTP，5′- UTP 在 CTP 合成酶的作用

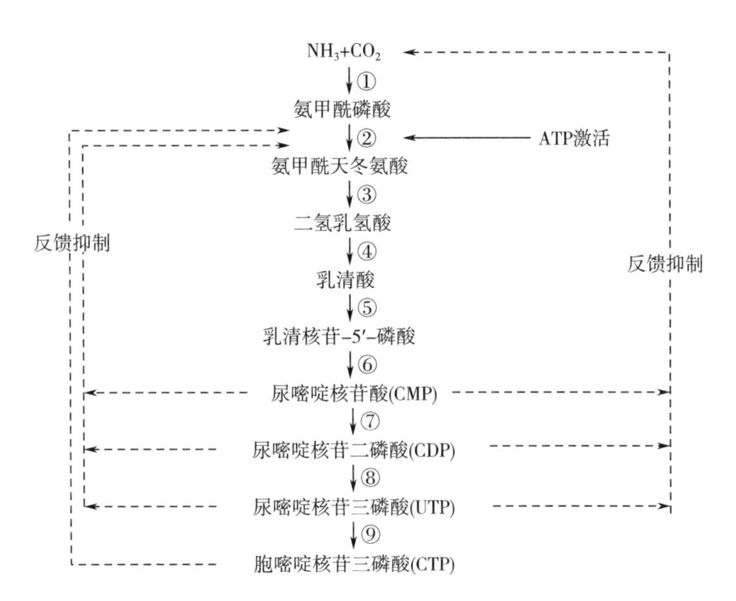

图 10-7　大肠杆菌中嘧啶类核苷酸的生物合成途径及其调节机制

①氨甲酰磷酸合成酶；②天冬氨酸转氨甲酰酶；③二氢乳清酸酶；④二氢乳清酸脱氢酶；⑤乳清酸转磷酸核糖酶；⑥乳清苷酸脱羧酶；⑦核苷单磷酸激酶；⑧核苷二磷酸激酶；⑨胞苷酸合成酶

下，加入谷氨酰胺的酰胺 N，转变为 CTP。在 ATP 存在的条件下，UTP 可和 NH_3生成 CTP。

在嘧啶核苷酸的生物合成途径中的第一个酶——氨甲酰磷酸合成酶是该途径中的关键酶。而且，由于该反应生成的氨甲酰磷酸既参与嘧啶核苷酸的合成，也参与精氨酸的合成，因此该酶受到精氨酸与尿嘧啶的双重调节。大肠杆菌的氨甲酰磷酸合成酶受尿嘧啶系核苷酸的反馈抑制，抑制强度是 UMP>UDP>UTP，同时此酶的合成还受到尿嘧啶和精氨酸的反馈阻遏。

嘧啶核苷酸生物合成的第二个关键酶是天冬氨酸转氨甲酰酶，它是一个典型的变构酶，受 CTP 的强烈反馈抑制，UMP、UDP 和 UTP 对该酶也具有抑制作用。dATP 和 ATP 则对它有激活作用，ATP 的存在对 CTP 的抑制具有拮抗作用。

目前，有关鸟苷酸直接发酵的研究很多，选育了不少突变株，但是由于 GMP 生物合成的特性，使得突变株的 GMP 产量普遍较低，达不到工业化生产的要求。而鸟苷发酵和 AICAR 发酵相对容易进行，因此，GMP 工业化生产主要采用上述第 2 条和第 3 条路线，即先经过发酵生产鸟苷或 AICAR，再采用化学合成法合成 GMP。

三、抗生素发酵

抗生素是目前最重要的工业微生物产品之一，也是微生物典型的次级代谢产物。抗生素的种类很多，结构多样，作用机制和抑菌谱各异，应用范围广泛。

1. 抗生素的生产菌种

（1）链霉菌（*Sterptomyces*）　链霉菌是抗生素的主要生产菌，它产生的主要抗生素见表 10-3。

表 10-3 链霉菌产生的主要抗生素

化学结构类别	抗生素	产生菌
β-内酰胺类抗生素	青霉素 N（Penicilline N）	利波曼链霉菌（*S. lipmanii*）
	7-甲氧基头孢菌素 C（Cephamycin C）	利波曼链霉菌（*S. lipmanii*） 带小棒链霉菌（*S. clavuligerus*） 卡特利链霉菌（*S. cattleya*）
	头霉素 A（Cephamycin A） 头孢菌素 C（Cephamycin B）	灰色链霉菌（*S. griseus*）
	噻烯霉素（Thienamycin）	卡特利链霉菌（*S. cattleya*）
	棒酸（Clavulanic acid）	带小棒链霉菌（*S. clavuilgerus*） 利波曼链霉菌（*S. lipmanii*）
	棒霉素（Clavulanmycin）	吸水链霉菌（*S. hygroscopicus*）
大环内酯类抗生素	红霉素（Erythromycin）	红色糖链霉菌（*S. erythraeus*）
	竹桃霉素（Oleandomycin）	抗生链霉菌（*S. antibioticus*）
	柱晶白霉素（Leucomycin）	北里链霉菌（*S. kitasatoensis*）
	交沙霉素（Josamycin）	那波链霉菌（*S. narbonensis*）
	螺旋霉素（Spiramycin）	产二素链霉菌（*S. ambofaciens*）
	麦迪霉素（Medecamycin）	生米卡链霉菌（*S. mycarofaciens*）
	阿维菌素（Avermectin）	除虫链霉菌（*S. avermitilis*）
	麦里多霉素（Maridomycin）	吸水链霉菌（*S. hygroscopicus*）
	泰乐菌素（Tylosin）	费氏链霉菌（*S. fradiae*）
	阿霉素（Adiamycin）	波塞链霉菌（*S. peucetius*）
四环类抗生素	金霉素（Chlortetracycline）	金色链霉菌（*S. aureofaciens*）
	土霉素（Oxytetracycline）	龟裂链霉菌（*S. rimosus*）
	四环素（Tetracycline）	金色链霉菌（*S. aureofaciens*）
	去甲基金霉素（Demethyltetracycline）	金色链霉菌（*S. aureofaciens*）
多肽类抗生素	放线菌素（Actinomycin）	抗生链霉菌（*S. antibioticus*）
	博来霉素（Bleomycin）	轮枝链霉菌（*S. verticillus*）
	阿沃菌素（Avoparcin）	纯白链霉菌（*S. candidus*）
	万古霉素（Vancomycin）	东方链霉菌（*S. orientalis*）
	佳制霉素（Beststin）	橄榄网状链霉菌（*S. olivoreticuli*）
氨基糖苷类抗生素	链霉素（Streptomycin）	灰色链霉菌（*S. griseus*）
	新霉素（Neomycins）	费氏链霉菌（*S. fradiae*）
	巴龙霉素（Paromomycin）	龟裂链霉菌（*S. rimosus*）
	大观霉素（Spertinomycin）	壮观链霉菌（*S. spertabilis*）
	核糖霉素（Ribostamycin）	核糖链霉菌（*S. ribosidificus*）

续表

化学结构类别	抗生素	产生菌
氨基糖苷类抗生素	卡那霉素（Kanamycin）	卡那霉素链霉菌（*S. kanamyceticus*）
	妥布霉素（Tobramycin）	黑暗链霉菌（*S. tenebrarius*）
	越霉素（Destomycin）	龟裂链霉菌（*S. rimofaciens*）
	春雷霉素（Kasugamycin）	春日链霉菌（*S. kasugaensis*）
	有效霉素（Validamycin）	吸水链霉菌（*S. hygroscopicus*）
多烯类抗生素	两性霉素 B（Amphotericin）	结节链霉菌（*S. nodosus*）
	制霉菌素（Nystatin）	诺尔斯氏链霉菌（*S. noursei*）
	纳他霉素（Natamycin）	褐黄孢链霉菌（S. gilvosporeus）
	杀假丝菌素（Candicidin）	灰色链霉菌（*S. griseus*）
聚醚类抗生素	拉沙菌素（Lasalocid）	拉沙里链霉菌（*S. lasaliensis*）
	盐霉素（Salinomycin）	白色链霉菌（*S. albus*）
	奈良霉素（Narasin）	金色链霉菌（*S. aureofaciens*）
	南昌霉素（Nanchangmycin）	南昌链霉菌（*S. nanchangesis*）
蒽沙类抗生素	利福霉素（Rifamycin）	地中海链霉菌（*S. mediterranei*）
核苷类抗生素	杀稻瘟素（Blasticidin）	灰色产色链霉菌（*S. griseochromogenes*）
	多氧菌素（Polyoxin）	可可链霉菌（*S. cacaoi*）
	金核霉素（Aureonuclemycin）	金色链霉菌（*S. aureofaciens*）
	庆丰霉素（Olinfengmycin）	金色链霉菌（*S. aures*）
其他类抗生素	氯霉素（Chloraphenicol）	委内瑞拉链霉菌（*S. venezuelae*）
	放线菌酮（Cycloheximide）	灰色链霉菌（*S. griseus*）
	林可霉素（Lincomycin）	林肯链霉菌（*S. lincolnesis*）
	新生霉素（Novobiocin）	雪白链霉菌（*S. niveus*）
	磷霉素（Posfomycin）	费氏链霉菌（*S. fradiae*）

（2）诺卡氏菌形放线菌（*Nocardioform actinomycetes*） 诺卡氏菌形放线菌中最重要的是诺卡氏菌（*Nocardia*）。诺卡氏菌生产的抗生素包括利福霉素、万古霉素、瑞斯托菌素（*Ristocetin*）、诺卡杀菌素（*Nocardicin*）、间型霉素（*Formycin*）和协间型霉素（*Cofomycin*）等。

拟无分枝酸菌（*Amycolatopsis*）属于诺卡氏菌形放线菌，能合成糖肽类抗生素，如万古霉素和瑞斯托菌素，也能产生胞壁菌素（*Muraceins*）。地中海拟无分枝酸菌（*A. mediterranei*）也是利福霉素的重要生产菌种，可被用于基因工程的宿主细胞。

（3）游动放线菌（*Atinoplanes*） 从游动放线菌分离的抗生素有120余种，包括氨基糖苷类、肽类、多烯类、核苷类及氯代杂环类化合物等。如由垣霉素游动放线菌（*A. teichomyceticus*）合成的游壁菌素（Teicoplanin）属于脂糖肽类抗生素，用于治疗革兰氏阳性细菌感染；指孢囊菌（*Dactylosprangium*）也属于游动放线菌，因指状的孢子囊而得名。从指孢囊菌分离得到的抗生素有30种左右，如泰国指孢囊菌（*D. thailandense*）合成的紫苏霉素

（Sisomicin）和*N*-甲酰基紫苏菌素（*N*-Formylsisomicin），由松崎指孢囊菌（*D. matsuzakiense*）产生的达地米星（Dactimicin）等。

另一类游动放线菌是小单孢菌（*Micromonospora*），其菌落与游动放线菌类似，并有同样的橘黄色，但小单孢菌不形成孢子囊。从小单孢菌分离得到的抗生素有300余种，如绛红小单孢菌（*M. purpurea*）产生的庆大霉素，伊尼奥小单孢菌（*M. inyoensis*）产生的西索米星（sisomicin），橄榄星孢小单胞菌（*M. olivosterospora*）生物合成的福提米星（Fortimicin）等。

（4）足分枝菌（*Maduromycetes*） 足分枝菌带有气生菌丝的营养菌丝分化时形成短链孢子或者孢子囊，孢子有些能运动，有些则不能。细胞水解后可以检测到马拉杜糖，细胞壁含有内消旋二氨基庚二酸。属于足分枝菌的马杜拉放线菌（*Actinomadura*）的孢子链比链霉菌短，孢子直径要超过菌丝，生长周期14~15d。马杜拉放线菌产生的抗生素有250种以上，最常见的是离子型聚醚，如由尤马马杜拉放线菌（*A. yumaensis*）生产的马杜拉霉素和天青马杜拉放线菌（*A. azurea*）产生的阳离子霉素。此外，经常可以在足分枝菌分离得到蒽环类的抗肿瘤抗生素，如玫瑰紫马杜拉放线菌（*A. roseoviolacea*）合成的洋红霉素和马杜拉放线菌ATCC39727合成的A-40926。

（5）芽孢杆菌属（*Bacillus*） 芽孢杆菌通常作为腐生菌生活在土壤中。由芽孢杆菌产生的抗生素一般属于多肽类抗生素。杆菌产生的多肽通常不是通过核糖体进行转录和翻译，而是由复杂的多酶体系催化合成。芽孢杆菌产生的多肽类抗生素的抗菌谱差别较大，多数对革兰氏阳性菌有效，但多黏菌素能抑制革兰氏阴性细菌，芽孢菌霉素（Iturins）则是抗霉菌剂。它们的作用机理也各不相同，如伊短菌素抑制聚核苷酶，杆菌肽阻碍肽聚糖的合成，而短杆菌肽则具有干扰细胞质膜的作用。

在抗生素生产的发展历史中，杆菌产生的多肽抗生素曾经起过重要作用。早在1939年就从短小芽孢杆菌（*B. brevis*）培养液中分离得到了短杆菌肽，至今仍用于外用抗菌剂的配制。芽孢杆菌也能够产生非肽类的抗生素。如环状芽孢杆菌（*B. cirulans*）产生氨基糖苷类抗生素丁酰苷菌素，巨大芽孢杆菌（*B. megaterium*）可以产生蒽沙大环内酯类抗生素Lucomycotrienin。

（6）假单胞菌属（*Pseudomonas*） 假单胞菌属是革兰氏阴性菌，杆状，直径1μm、长度1.5~5.0μm，能够借助鞭毛运动，好氧菌。假单胞菌的许多性质都与它所携带的大量质粒有关。在这些质粒中广泛分布着编码抗生素抗性的基因及降解芳香化合物的基因。真正产生抗生素的假单胞菌只有铜绿假单胞菌（*P. aeruginosa*）和荧光假单胞菌（*P. fluorescens*）两个种，所产生的抗生素一般是含氮的杂环化合物，如吩嗪衍生物碘菌素和绿脓菌素。从假单胞菌中分离得到的抗生素在其他微生物中也曾获得过，如环丝氨酸、磷霉素和氨霉素等。真正首次从假单胞菌分离得到并已经用于医药的只有两种抗生素：吡咯菌素和拟摩尼酸A。

（7）黏细菌（*Myxobacteria*） 黏细菌是一类能滑动的革兰氏阴性细菌，在饥饿条件下会形成称之为孢子果的复杂结构，成千上万个细胞聚集在一起，内中的营养细胞处于休眠期，并转化为黏孢子。黏细菌广泛分布在土壤、腐烂的植物和素食动物的粪便中。

在黏细菌次级代谢产物中，有许多是新发现的抗生素，如纤维素堆囊菌（*Sorangium cellulosum*）产生的大环内酯抗生素堆囊菌素和抗真菌能力的琥苍菌素（Ambruticin），珊瑚状黏球菌（*Myxococcus coralloides*）产生的珊瑚黏菌素等。

（8）青霉（*Penicillum*） 人类第一个工业化生产的抗生素是在青霉属中的点青霉（*Penicillus notatum*）中发现的，至今青霉素及其半合成青霉素仍是产量最大、用途最广泛的抗生素，因此青霉素在抗生素工业中具有特别重要的地位。青霉素的发酵水平也从刚开始的0.001g/L提高到了目前的50g/L以上，发酵效价提高了近50 000倍。

青霉属中分离得到的其他抗生素不多，比较重要的是*A. janczewskii*和*P. griseofulvin*生产的七肽类化合物灰黄霉素，临床用作外用抗霉剂。

（9）曲霉（*Aspergillus*） 曲霉生产的最重要的次级代谢产物是洛伐他汀，由金色土曲霉（*A. terreus*）生产，具有降低胆固醇的功能。洛伐他汀及其半合成产物辛伐他汀已经成为了医治心血管疾病的常用药。曲霉中构巢曲霉（*A. nidulans*）虽然能够产生青霉素，但活力不高，不能用于工业生产。

洋葱曲霉（*A. alliaceus*）能产生葱曲霉素，是一种非肽类的氨基酸衍生物，是缩胆囊肽的拮抗剂。从米曲霉（*A. oryzea*）和其他霉菌中分离的小肽Aspergillomarasmine对血管紧张素转化酶有一定的抑制活性。从构巢曲霉（*A. nidulans*）或皱瓣曲霉（*A. rugulosus*）分离得到的脂肽刺白菌素（Echinocandins）具有抗霉菌活性，其中脂肽刺白菌素B经化学改性后得到的Cilofungin抗霉菌剂有较好的临床应用前景。

（10）生产次级代谢产物的其他微生物 除了上面讨论的能够生产抗生素的主要微生物种属外，其他微生物也能够产生一些重要的抗生素。在细菌中，葡萄糖杆菌（*Gluconobacter*）SQ26445能够产生磺胺净素，属于磺酰基单环β-内酰胺类抗生素。农杆菌（*Agrobacterium*）、色杆菌（*Chromabacterium*）、纤维黏细菌（*Cytophage*）和曲挠杆菌（*Flexibacter*）的一些种也能产生磺胺净素。黄杆菌（*Flavobacterium*）和黄单胞菌（*Zanthomonas*）的某些菌株则能够产生头孢菌素C。

霉菌中的头孢霉（*Cephalosporium chrysogenum*）是最重要的头孢类抗生素生产菌种。除头孢类抗生素外，头孢霉生产的其他重要抗生素都属于聚酮类或萜类化合物，如浅蓝头孢霉菌（*C. caerulens*）合成的六酮类抗生素浅蓝菌素是脂肪酸生物合成的抑制剂。木霉属的*Trichoderma inflatu*是环孢菌素A的生产菌，环孢菌素A具有抗霉菌活性，更重要的用途是作为器官移植的免疫抑制剂。

2. 抗生素发酵生产的特点

抗生素属于次级代谢产物，在发酵工艺上较一般工业产品要复杂得多。其发酵具有以下特点：

（1）所用的微生物以“纯种”状态在具有通气搅拌的发酵罐中进行发酵。罐中的培养基和设备都必须在接种微生物前进行灭菌，整个发酵过程必须保持无杂菌污染。

（2）发酵过程中初级代谢和次级代谢两种不同的代谢途径交织在一起，合成途径非常复杂，如图10-8所示为青霉素G和头孢素C生物合成的可能途径。并且微生物都存在生长期和生产期两个截然不同的生理代谢阶段，即次级代谢产物的形成一般与微生物的生长不同步，当微生物生长速度减低或停止生长后，次级代谢产物才开始合成。

（3）发酵产物积累和基质消耗之间没有明显的化学计量关系。理论产量与实际产量往往相差甚远。

（4）发酵产物极其复杂。通常一种微生物可以发酵产生几个甚至几十个结构类似的副产物，需要经过一系列物理和化学方法对目的产物进行提取分离和精制。

（5）微量的金属离子（Fe^{2+}，Fe^{3+}，Mn^{2+}，Co^{2+}，Ni^{2+}等）和磷酸盐等无机离子对次级代谢产物的形成具有显著影响。

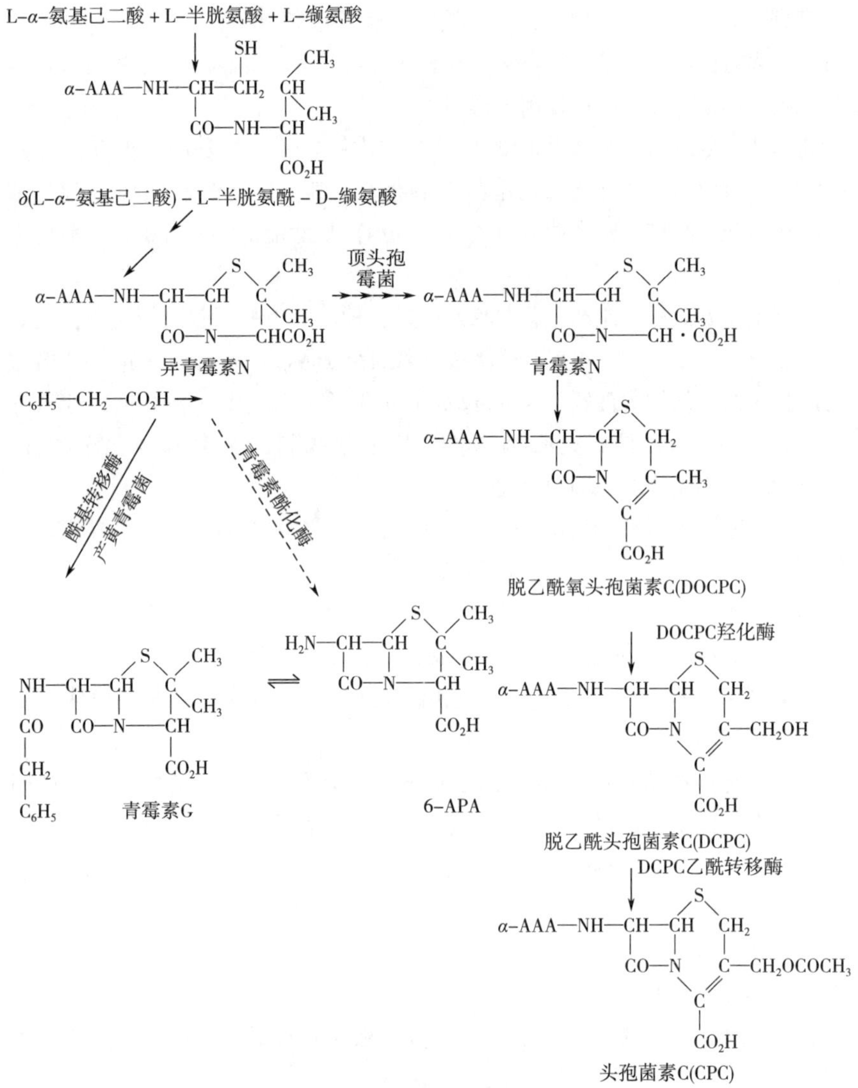

L-α-氨基己二酸 + L-半胱氨酸 + L-缬氨酸

δ(L-α-氨基己二酸) - L-半胱氨酰 - D-缬氨酸

异青霉素N

顶头孢霉菌

青霉素N

$C_6H_5—CH_2—CO_2H$

酰基转移酶 产黄青霉菌

青霉素酰化酶

脱乙酰氧头孢菌素C(DOCPC)

DOCPC羟化酶

青霉素G

6-APA

脱乙酰头孢菌素C(DCPC)

DCPC乙酰转移酶

头孢菌素C(CPC)

图 10-8　青霉素 G 和头孢素 C 生物合成的可能途径

（6）发酵过程更加难以控制。即使同一菌种，在同一厂家，也会因生产设备、原料来源等差别，使菌种的生产能力大不相同。

四、 酶制剂发酵

相对于高等生物，微生物作为酶制剂的来源具有明显的优越性，这是由微生物本身的特性所决定的。自然界中微生物种类繁多，有利于开发新型酶制剂资源，获得丰富的酶制剂品种。而且微生物适应性强、易变异，有利于通过改良菌种进而改善酶学性质，提高酶的产量。此外，微生物易培养、繁殖快及代谢能力强的特点，决定了工业酶制剂几乎都可以用微生物发酵法进行大规模生产，表 10-4 列出了酶制剂生产中常用的部分微生物。

表 10-4　　酶制剂生产常用的微生物

	菌种	产酶种类
细菌	枯草芽孢杆菌 *Bacillus subtilis*	中性蛋白酶、α-淀粉酶、β-葡聚糖酶、碱性磷酸酶、果胶酶、脂肪酶、纳豆激酶、纤维素酶等
	地衣芽孢杆菌 *Bacillus licheniformis*	α-淀粉酶、碱性蛋白酶、角蛋白酶、脂肪酶、果胶酶、葡聚糖酶、纤维素酶等
	大肠杆菌 *Escherichia coli*	谷氨酸脱羧酶、青霉素酰化酶、β-半乳糖苷酶、限制性核酸内切酶、DNA 聚合酶、DNA 连接酶、核酸外切酶、天冬氨酸酶、天冬酰胺酶等
丝状真菌	黑曲霉 *Aspergillus niger*	糖化酶、α-淀粉酶、酸性蛋白酶、果胶酶、葡萄糖氧化酶、过氧化氢酶、核糖核酸酶、脂肪酶、纤维素酶、橙皮苷酶、柚苷酶、β-葡萄糖苷酶等
	米曲霉 *Aspergillus oryzae*	糖化酶、蛋白酶、氨基酰化酶、磷酸二酯酶、核酸酶 P_1、果胶酶等
	青霉 *Penicillium*	葡萄糖氧化酶、苯氧甲基青霉素酰化酶、果胶酶、纤维素酶 C_X、5′-磷酸二酯酶、脂肪酶、葡萄糖氧化酶、凝乳蛋白酶、核酸酶 S_1、核酸酶 P_1 等
	木霉 *Trichoderma*	纤维素酶中的 C_1 酶、C_X 酶和纤维二糖酶、羟化酶等
	根霉 *Rhizopus*	糖化酶、α-淀粉酶、转化酶、酸性蛋白酶、核糖核酸酶、脂肪酶、果胶酶、纤维素酶、半纤维素酶、羟化酶等
	毛霉 *Mucor*	蛋白酶、糖化酶、α-淀粉酶、脂肪酶、果胶酶、凝乳酶等
放线菌	链霉菌 *Streptomyces*	葡萄糖异构酶、青霉素酰化酶、纤维素酶、碱性蛋白酶、中性蛋白酶、几丁质酶等
酵母菌	啤酒酵母 *Saccharomyces cerevisiae*	转化酶、丙酮酸脱羧酶、醇脱氢酶等
	假丝酵母 *Candida*	脂肪酶、尿酸酶、尿囊素酶、转化酶、醇脱氢酶、羟基化酶等

1. 微生物发酵产酶的方式及其特点

目前，酶的发酵生产根据微生物培养方式的不同，主要可以分为液体发酵法和固体发酵法。

(1) 液体发酵法　液体发酵是利用液体培养基进行微生物的生长繁殖和产酶。根据通气(供氧) 方法的不同，又分为液体表面发酵法和液体深层发酵法两种。

液体表面发酵法又称液体浅盘发酵法或液体静置培养法，此法无须搅拌，动力消耗少；缺点是培养基的灭菌需在单独的设备中进行。整个过程控制杂菌污染较难，而且发酵所需场地也比较大。

液体深层发酵是目前酶制剂生产的主要方式，其机械化强度高，劳动强度小，设备利用率高；液体深层发酵的液体流动性大，温度、溶氧、pH及营养成分等工艺条件容易控制，有利于自动化操作；采用了纯菌种发酵，发酵过程不易污染杂菌，所得产品纯度高、质量稳定；产品易于提取、精制，回收率高。

液体深层发酵法生产酶制剂的一般工艺流程如图10-9所示。

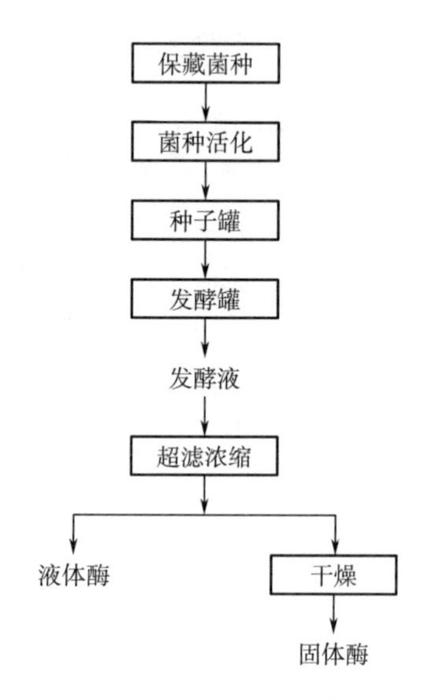

图10-9　液体深层发酵法生产酶的工艺流程

根据操作方式的不同，液体深层发酵主要有分批发酵、连续发酵和补料分批发酵三种类型。在液体深层发酵培养中使用的是液体深层通风培养发酵罐。通风发酵罐又称好气性发酵罐，通风方式主要有机械搅拌式、自吸式、气升式等。机械搅拌通风发酵罐在工厂中应用最为广泛，其又称为通用式发酵罐，可利用机械搅拌器的作用，使空气和发酵液充分混合，促使氧气在发酵液中溶解，从而满足微生物生长和发酵过程对氧气的需求；自吸式发酵罐是一种不需专门为发酵罐内导入压缩空气，在搅拌过程中可自动吸入空气的适用于好气发酵的发酵罐；气升式发酵罐是利用空气的动力使液体在循环管上升并沿着一定路线进行循环的发酵罐。

目前，发酵罐已有专业公司实现系列化生产，实验室一般使用1~50L发酵罐，中试生产一般使用50~5000L发酵罐，工业生产一般使用5000L以上发酵罐。

（2）固体发酵法　固体发酵是在固体或者半固体的培养基中接种微生物，在一定条件下进行发酵，以获得所需酶的发酵方法。我国传统的各种酒曲、酱油曲等都是采用这种方法进行生产的，其主要目的是获得所需的淀粉酶类和蛋白酶类，以催化淀粉和蛋白质的水解。固体培养发酵的优点是设备简单、操作方便、麸曲中酶的浓度较高，特别适用于各种霉菌的培养和发酵产酶；其缺点是劳动强度较大、原料利用率较低、生产周期较长，微生物大量繁殖时积蓄的热量不能迅速散发，造成培养基温度过高，抑制微生物繁殖，培养过程中对、pH、细胞浓度、培养基原料消耗和成分变化等的检测十分困难，不能进行有效调节。

固体发酵法生产酶制剂的一般工艺流程如图10-10所示。

根据设备及通风方式，固体发酵主要有浅盘法、转桶法和厚层通气法三种类型。固体发酵是在固体发酵反应器中进行，固体发酵反应器以基质运动状态分为两类，即静态固体发酵反应器和动态固体发酵反应器。

静态固体发酵反应器，其优点是物料可在发酵过程中处于静置状态，设备简单廉价、方便放大、操作方便、容易灭菌、能耗低；缺点是由于物料处于静置状态，无法准确控制物料的湿度和氧气，造成热量和氧气传递困难，导致基质内部温度、湿度不均，使菌体生长状态无法实现均匀和一致。静态固体发酵反应器有塔柱式、浅盘式和强制通风物料静态反应器等。塔柱式固体发酵主要应用于实验室研究与应用中，浅盘式固体发酵在小规模生产中应用，强制通风物料发酵适用于大规模静态固体发酵。

动态固体发酵反应器，其优点是物料处于间歇或者连续运动的状态，有利于基质内部传质和传热，设备自动化程度相对较高；缺点是设备零部件较多，结构紧凑复杂，造成灭菌困难和搅拌能耗较大。动态固体发酵反应器有转鼓式、旋转圆盘式、筒柱式。

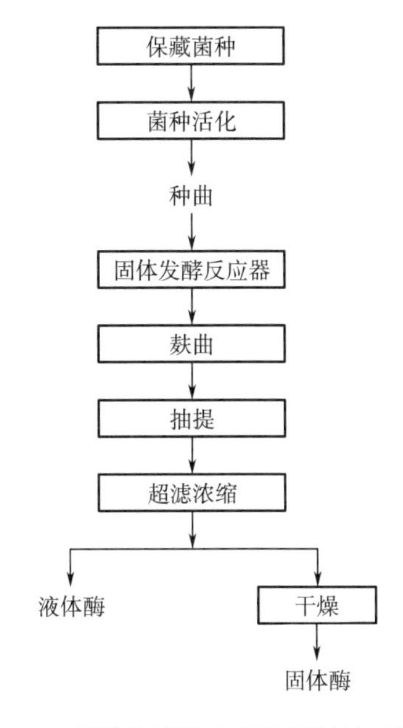

图 10-10　固体发酵法生产酶制剂的工艺流程

2. 利用固体和液体发酵法生产 α-淀粉酶

淀粉酶是可水解淀粉、糖原、糊精中糖苷键的一类酶的统称。淀粉酶是最早用于工业化生产，并且是迄今为止用途最广、产量最大的酶制剂产品之一。特别是 20 世纪 60 年代以来，随着酶法生产葡萄糖以及利用葡萄糖生产果葡糖浆的工业化，淀粉酶的需求量越来越大，占整个酶制剂总产量的 50% 以上。根据淀粉酶水解淀粉方式的不同，淀粉酶大致可分为四大类，分别为 α-淀粉酶、β-淀粉酶、葡萄糖淀粉酶和脱枝酶。其中，α-淀粉酶是一种内切酶，其能够从淀粉分子内部切开 α-1,4 糖苷键而使其水解，终产物为葡萄糖、麦芽糖、低聚糖、糊精等，因其产物的还原性末端葡萄糖参加 C_1 碳原子为 α 构型，故将其称为 α-淀粉酶。

α-淀粉酶可由微生物发酵生产获得，也可从植物和动物中提取。目前，工业上生产 α-淀粉酶主要是以微生物发酵法进行规模生产。可用于生产 α-淀粉酶的微生物有枯草芽孢杆菌、地衣芽孢杆菌、米曲霉、黑曲霉等。

细菌产的 α-淀粉酶大多采用液体深层发酵法生产（图 10-11），霉菌产的 α-淀粉酶大多采用固体发酵法生产（图 10-12）。

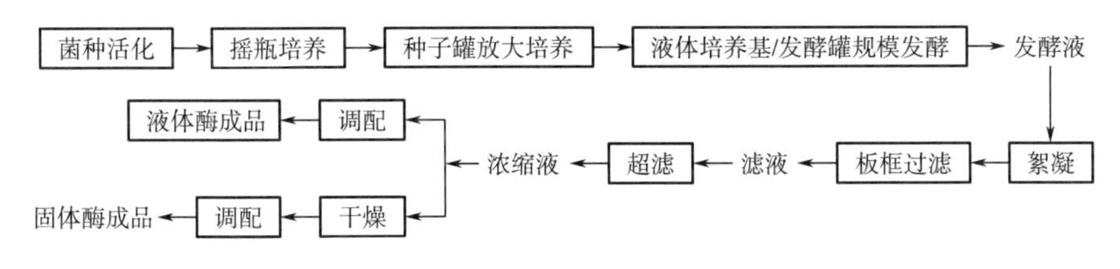

图 10-11　液体深层发酵生产 α-淀粉酶的工艺流程

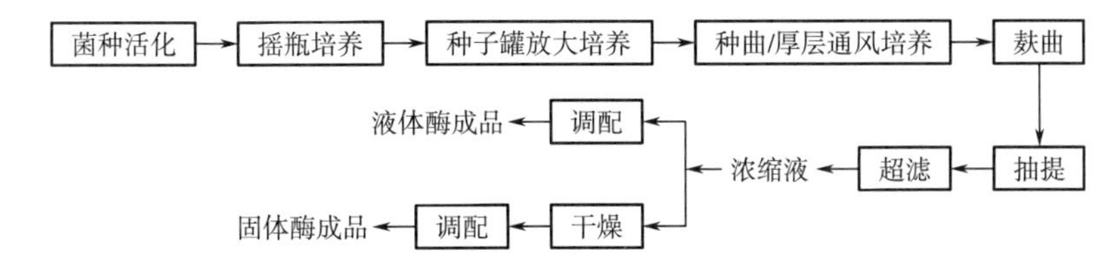

图 10-12　固体发酵生产 α-淀粉酶的工艺流程

第二节　能源微生物

人类的文明进步和社会生产力的发展使得人类对能源的需求越来越大，而严峻的能源形势日益成为全世界关注的焦点，利用现代科技发展生物能源，是解决未来能源问题的一条重要出路。微生物不仅有适应各种环境和条件的特殊功能，而且有利用不同原料生产甲烷、乙醇、氢和油脂等能源产品的独特作用。也可以利用能源性微生物直接使用生物能制造生物电池。

一、 甲烷发酵

1. 甲烷发酵微生物种类

甲烷产生菌的主要种类有甲烷杆菌属（*Methanobacterium*）、甲烷八叠菌属（*Methanosarcina*）、甲烷球菌属（*Methanoccus*）等。

2. 甲烷发酵机制

甲烷产生菌的作用机理是沼气发酵过程。该过程的第一阶段是复杂有机物如纤维素、蛋白质、脂肪等在微生物作用下降解成单糖、氨基酸等基本结构单元的液化阶段。第二阶段是将第一阶段产生的简单有机物经微生物作用转化成乙酸；第三阶段是在甲烷产生菌的作用下将乙酸转化为甲烷。

3. 甲烷发酵工艺

按照工艺的特点来分，目前采用的沼气发酵工艺有常规工艺和高效工艺两种。常规工艺简单、便于操作，但发酵速率低，消化不彻底，发酵时间较长，一般在中温条件下需要 7d 以上，而在常温条件少则需 15d，多则需 1 个月以上。高效工艺与常规工艺相比，具有对有机物消化彻底、沼气产量大、效率高（消化罐体积小，占地少）等优点。目前高效工艺的典型代表是上流式厌氧污泥床（UASB）和厌氧滤器（AF）组合成的工艺，其中又以后者在各地环卫工程中应用较多。

二、 燃料酒精发酵

1. 燃料酒精发酵微生物种类

燃料酒精产生菌的主要种类有酵母菌属（*Saccharomyces*）、裂殖酵母菌属（*Schizosaccharomyces*）、假丝酵母属（*Candida*）、球拟酵母属（*Torulopsis*）、酒香酵母属（*Brettanomyces*）、汉逊氏酵母属（*Hansenula*）、克鲁弗氏酵母属（*Kluveromyces*）、毕赤氏酵母属（*Pichia*）、隐球酵母属（*Cryptococcus*）、德巴利氏酵母属（*Debaryomyces*）、卵孢酵母属（*Oosporium*）、曲霉属（*Aspengillus*）等。

2. 燃料酒精的发酵机制

酵母菌在厌氧条件下可发酵己糖形成乙醇，其生化过程主要由两个阶段组成。第一阶段己糖通过 EMP 途径分解成丙酮酸，第二阶段丙酮酸由脱羧酶催化生成乙醛和二氧化碳，乙醛进一步被还原成乙醇。

发酵过程中除主要产物乙醇外，还生成少量的其他副产物，包括甘油、有机酸（主要是琥珀酸）、杂醇油（高级醇）、醛类、酯类等，理论上1mol葡萄糖可产生2mol乙醇，即180g葡萄糖产生92g乙醇，得率为51.5%，可是实际得率低于理论得率，因为酵母菌体的生长和繁殖约需2%的葡萄糖，另外还有2%的葡萄糖要用于形成甘油，0.5%的葡萄糖用于形成有机酸，0.2%的葡萄糖用于形成杂醇油。实际上只有约47%的葡萄糖转化成乙醇。

3. 酒精发酵工艺

酒精发酵由于所用原料不同，采用的工艺也不同，下面简要介绍淀粉质原料的酒精发酵工艺过程。淀粉质原料生产酒精分为原料预处理、原料蒸煮、液化和糖化、酒母制备、酒精发酵和蒸馏等工艺，工艺流程如下：

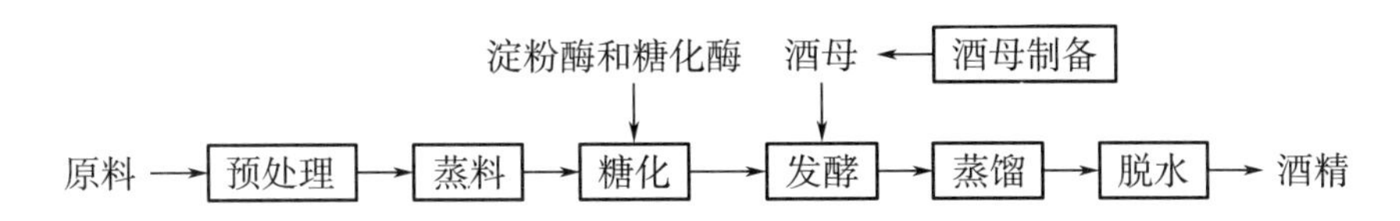

酒精发酵工艺有间歇发酵、半连续式发酵和连续式发酵三种类型。

半连续式发酵有主发酵和后发酵不同罐、主发酵和后发酵同罐两种方式。连续式发酵是全封闭自流式连续发酵，与间歇发酵相比，酵母菌发酵的各阶段都是在不同的发酵罐内进行，发酵中控制的pH、温度、酒精含量等都能相对稳定在酵母菌发酵所需的范围内，即酵母菌的生长、繁殖、代谢环境稳定，其发酵能力强。并且酵母菌的发酵几乎不存在适应期，糖化醪或糖蜜进入发酵罐就能进行发酵，使整个发酵周期缩短10~20h，能提高设备利用率20%~25%。

三、微生物制氢

1. 氢气发酵微生物的种类

氢气产生菌按照产氢机制的不同可以分成两类：光合产氢微生物和发酵产氢微生物。光合产氢微生物可以利用光能产生氢气，包括一些藻类和光合细菌。藻类主要是绿藻，有关光合细菌产氢的微生物主要集中在红假单胞菌属（*Rhodopseudomonas*）、红螺菌属（*Rhodomicrobium*）、红微菌属（*Rhodomicrobium*）、着色菌属（*Chromatium*）、荚硫菌属（*Thiopasa*）、外硫红螺菌属（*Ectothiorhodospira*）、绿菌属（*Chlorobium*）等7个属的20余个菌株。其中研究和报道最多的是红假单胞菌属，在该属中共有7个种的10多个菌株进行过产氢的相关研究。

发酵产氢的微生物可以在发酵过程中分解有机物产生氢气，包括梭菌属（*Clostridium*）、脱硫弧菌属（*Desulfovibrio*）、埃希氏菌属（*Escherichia*）、丁酸芽孢杆菌属（*Trdiumbutyricum*）、固氮菌属（*Azotobacter*）、柠檬酸细菌属（*Citrobacter*）、克雷伯氏菌属（*Klebsiella*）、肠杆菌属（*Enterobacter*）、鱼腥蓝细菌属（*Anabaena*）、产水菌属（*Aquifex*）、醋微菌属（*Acetomicrobium*）、甲烷球菌属（*Methanococcus*）等12个属的30多个菌株。其中研究比较多的是梭菌属、脱硫弧菌属和肠杆菌属。

2. 微生物产氢的机理

（1）光合法产氢的机理　在光合微生物产氢过程中，能够使质子还原为氢气的酶有固氮酶和氢酶两种。固氮酶是由两种蛋白质分子构成的金属复合蛋白酶，能催化还原氮气成氨，氢气作为副产物产生。

氢酶是微生物体内调节氢代谢的活性蛋白，氢酶又可分为吸氢酶和可逆性氢酶。氢酶在微生物中的主要功能是吸收固氮酶产生的氢气。可逆性氢酶的吸氢过程是可逆的，吸氢酶的吸氢过程是不可逆的。因此，从产氢需求出发，常构建吸氢酶基因缺陷的突变体以增加产氢的速率。

（2）微生物产氢方法

①光合微生物产氢：光能自养型微生物可直接利用光能产生氢气：光能⟶自养型微生物⟶氢气

先利用光能合成有机物后再借助光能分解有机物产生氢气。光能异养微生物利用有机物作为碳源，借助光能发酵产氢。

②厌氧发酵产氢：小分子有机酸、葡萄糖、硫化物等在厌氧微生物作用下分解产生氢气。

四、 微生物油脂

微生物油脂又称单细胞油脂，是从产油微生物中获取的一种新型脂质。目前，微生物油脂中具有高附加值的脂肪酸，如花生四烯酸（ARA）、亚麻酸（ALA）、二十二碳六烯酸（DHA）、二十碳五烯酸（EPA）等，是生产功能性食品的重要原料。同时微生物油脂富含饱和及低度不饱和的长链脂肪酸，且组成上与大豆油、棕榈油、菜籽油等植物油相似，是目前生物柴油生产的潜在原料。

1. 产油脂微生物种类

产油脂微生物包括酵母菌、霉菌、细菌和藻类，常见的有：浅白色隐球酵母（*Cryptococcus albidus*）、弯隐球酵母（*Cryptococcus albidun*）、茁芽丝孢酵母（*Trichospiron pullulans*）、斯达氏油脂酵母（*Lipomyces*）、产油油脂酵母（*Lipomy slipofer*）、类酵母红冬孢（*Rhodosporidium toruloides*）、胶黏红酵母（*Rhodotorula*）、土霉菌（*Asoergullus terreus*）、紫瘫麦角菌（*Claviceps-purpurea*）、高粱褶孢黑粉菌（*Tolyposporium*）、深黄被孢霉（*Mortierella isabellina*）、高山被孢霉（*Mortierella alpina*）、卷枝毛霉（*Mucor-circinelloides*）、拉曼被孢霉（*Mortierella ramanniana*）等霉菌，硅藻（*diatom*）和螺旋藻（*Spirulina*）等藻类。

这些微生物可以利用淀粉、味精、啤酒、鱼粉、酒精等生产的废水类原料积累油脂。

2. 微生物合成油脂机理

微生物产生油脂过程与动植物产生油脂过程相似，都是从乙酰 CoA 羧化酶催化羧化反应开始，然后经多次链延长，或再经去饱和作用等完成整个生化过程。在这个过程中，有两个主要催化酶，即乙酰 CoA 羧化酶和去饱和酶。其中，乙酰 CoA 羧化酶催化脂肪酸合成第一步，是第一个限速酶，此酶是由多个亚基组成的复合酶，结构中有多个活性位点，因此该酶能为乙酰 CoA、ATP 和生物素激活。去饱和酶是微生物通过氧化去饱和途径生成不饱和脂肪酸的关键酶，其生物学功能是保证生物膜的功能正常，即提供生物膜必需的流动性和基本的脂双层结构。

3. 微生物油脂的制备工艺

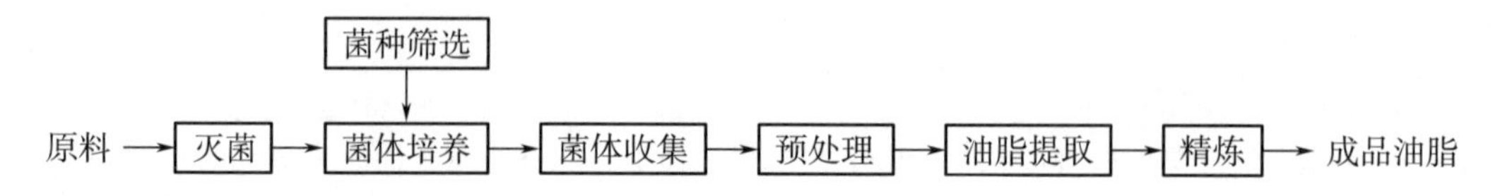

用于工业化生产油脂的菌株应具备如下条件：

①油脂积蓄量大，含油量应达 50% 左右，油脂生成率高，转化率不低于 50%；

②能适应工业化深层培养，装置简单；

③生长速度快，不易污染杂菌；

④风味良好，食用安全无毒，易消化吸收（食用油脂）。

菌体预处理：微生物油脂属于胞内产物，有些油脂与蛋白质或糖类呈结合态存在，由于细胞壁较为坚韧，所以在用有机溶剂浸提前需要对菌体进行预处理，常用的方法有掺沙共磨法、与盐酸共煮法、菌种自析法、蛋白质溶剂变性法、反复冻融法、超声波破碎法等。

五、 生物电池

1. 用于生物电池的微生物

生物电池的微生物包括脱硫弧菌（*Desulfovibrio desulfuricans*）、腐败希瓦菌（*Shewanella purefaciens*）、大肠杆菌（*Escherichia coli*）、铜绿假单胞菌（*Pseudomonas aeruginosa*）、地杆菌（*Geobacteraceae sulferreducens*）、丁酸梭菌（*Clostridium* bytyricum）、嗜甜微生物（*Rhodoferax ferrireducens*）、粪产碱菌（*Alcaligenes faecallis*）、鹑鸡肠球菌（*Enterococcus gallinanm*）等。它们在新能源开发、微生物传感器和水处理工艺方面有良好的应用前景。

2. 生物电池的工作原理

在阳极室的厌氧环境下，有机物在微生物作用下分解并释放出电子和质子，电子依靠合适的电子传递介体在生物组分和阳极之间进行有效传递，并通过外电路传递到阴极形成电流，而质子通过质子交换膜传递到阴极，氧化剂（一般为氧气）在阴极得到电子被还原，与质子结合成水（如图 10-13）。

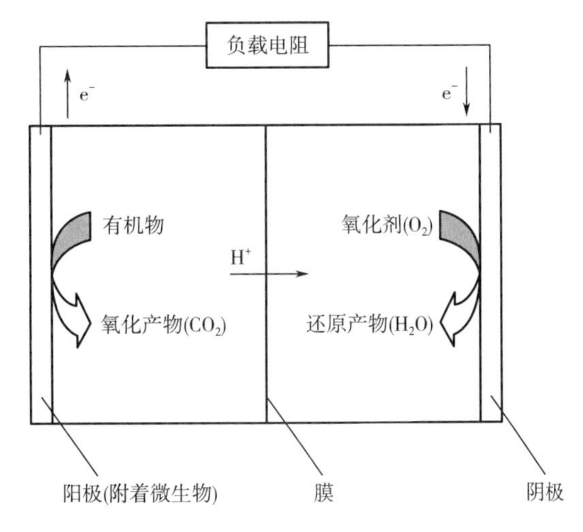

图 10-13　微生物燃料电池工作原理图

第三节　发酵食品微生物及其质量控制

一、 发酵食品中的微生物种类

发酵食品是在微生物作用下制得的一类品质和风味都非常独特的食品，自古以来深受我国人民喜爱。发酵食品和发酵工艺在我国有着悠久的历史，常见的发酵食品有发酵乳制品、豆制品、酒类产品、食醋和面包等。

传统食品发酵体系是由一种或多种微生物构成的独特微生态环境，其中的微生物被称为发酵食品的“灵魂”，与发酵食品的品质和风味有直接关系。同时，许多微生物在代谢过程中能够产生生物活性物质，如纤溶酶、抗氧化肽、多糖等，赋予发酵食品特殊的保健功能。

1. 发酵乳制品中的微生物及应用

在发酵乳制品中，乳酸菌主要有乳杆菌属（*Lactobacillus*）、链球菌属（*Streptococcus*）和双歧杆菌属（*Bifidobacterium*）。乳杆菌属中的典型代表种是保加利亚乳杆菌（*L. bulgaricus*）和嗜酸乳杆菌（*L. acidophilus*）；链球菌属中的典型代表种是嗜热链球菌（*St. thermophilus*）和乳酸链球菌（*St. lactis*）。双歧杆菌是1899年由法国学者Tissier从母乳喂养的婴儿粪便中分离出的一种严格厌氧的革兰氏阳性杆菌，末端常常分叉，双歧杆菌属内已报道的共有32个种。双歧杆菌是人体肠道有益菌群，它可定殖在宿主的肠黏膜上形成生物学屏障，具有拮抗致病菌、改善微生态平衡、合成多种维生素、提供营养、抗肿瘤、降低内毒素、提高免疫力、保护造血器官、降低胆固醇水平等重要生理功能。

原料乳经乳酸菌的发酵可以制成许多风味独特的发酵乳制品，如酸奶、酸乳饮料、干酪、酸性奶油等。

（1）凝固型酸乳的生产　凝固型酸乳的生产是以新鲜牛乳为主要原料，经过净化、标准化、均质、杀菌、接种发酵剂、分装后，通过乳酸菌（大多使用保加利亚乳杆菌和嗜热链球菌混合发酵）的发酵作用，使乳糖分解为乳酸，导致乳的pH下降，同时在乳酸菌产生的蛋白酶共同作用下，使酪蛋白凝固，发酵过程还产生醇、醛、酮等风味物质，再经冷藏和后熟制成乳凝状的酸牛乳。

工艺流程如下：

原料乳→净化→标准化→均质→杀菌→冷却→接种→分装→发酵→冷却→冷藏后熟→成品

（2）搅拌型酸乳的生产　搅拌型酸奶与凝固型酸奶的生产工艺基本相似，所不同的是：前者为先发酵，再搅拌，后分装；后者为先分装，后发酵，不搅拌。

工艺流程如下：

原料乳→净化→标准化调制→均质→杀菌→冷却→接种发酵剂→发酵→搅拌破乳→冷却→分装→冷藏后熟→成品

（3）酸性奶油的制作　目前都采用混合乳酸菌发酵剂生产酸性奶油。要求菌种产香能力强，而产酸能力相对较弱，因此，可将酸性奶油发酵剂菌种分为以下两类：一类是产酸菌种：主要是链球菌（*St. lactis*）和乳脂链球菌（*St. cremoris*），可将乳糖转化为乳酸；另一类是产香菌种，包括嗜柠檬酸链球菌（*St. citrovorus*）和丁二酮链球菌（*St. diacetilactis*），可将柠檬酸转化为丁二酮，赋予酸性奶油特有的香味。

工艺流程：

原料乳→离心分离→稀奶油→加碱中和→杀菌→冷却→接种发酵剂→发酵→物理成熟→添加色素→搅拌→排出酪乳→洗涤→加盐压炼→包装→成品

(4) 奶酪 奶酪是一种在牛奶或羊奶中加入少量乳酸菌和凝乳酶经发酵后，使奶中的酪蛋白凝聚，排除乳清，待成熟后制成的一种高营养的发酵乳制品。

工艺流程如下：

原料乳→ 标准化 → 杀菌 → 冷却 → 添加发酵剂 → 调整酸度 → 加氯化钙 → 加色素 → 加凝乳剂 → 凝块切割 → 搅拌 → 加温 → 排出乳清 → 成型压榨 → 盐渍 → 成熟 → 上色挂蜡 →成品

在制造奶酪的过程中，奶酪发酵剂分为细菌发酵剂与霉菌发酵剂两大类。霉菌发酵剂主要是采用对脂肪分解能力强的霉菌种类，有些酵母菌，如马克西努克鲁维氏酵母菌等在一些品种的奶酪中也有应用；细菌发酵剂主要由乳酸菌构成。其中主要有乳酸球菌属、嗜热链球菌属、明串珠菌属、片球菌属、肠球菌属的种或亚种及变种等。有时还要使用短杆菌属或丙酸菌属的菌株，使奶酪产品形成特有的组织状态。

在奶酪的生产过程中，凝乳酶作为一种关键性酶，不但在凝乳过程中起凝乳作用，同时又对奶酪的质构和特有风味的形成具有重要的作用。凝乳酶存在于哺乳动物的胃液中，能使乳中蛋白质凝聚成奶酪，而哺乳类以外的动物则很少存在凝乳酶。凝乳酶是一种酸性蛋白酶，最早发现于未断奶的小牛胃中。凝乳酶的等电点为4.45~4.65，最适 pH4.8 左右，最适温度为40~41℃。制作奶酪时的凝固温度通常为30~35℃，20~40min。动物凝乳酶主要是羔羊胃蛋白酶、小牛皱胃酶以及猪胃蛋白酶；植物凝乳酶主要是木瓜蛋白酶、无花果蛋白酶、菠萝蛋白酶、生姜蛋白酶、合欢蛋白酶、朝鲜蓟蛋白酶等；微生物来源的凝乳酶主要由40余种放线菌、细菌和真菌等微生物产生。目前，最有发展前途的是微生物凝乳酶，其优势在于微生物繁殖速度快、产量大，受气候、地域、时间的限制小，用其生产的凝乳酶成本较低、经济效益高且酶提取方便。

2. 食醋酿造过程中的微生物及应用

食醋是以淀粉质为原料，经过淀粉糖化、酒精发酵、醋酸发酵三个主要过程及后熟陈酿而酿制成的一种酸、甜、咸、鲜诸味协调的酸性调味品。用淀粉质原料发酵食醋基本上分三步进行：

(1)
$$\underset{\text{淀粉}}{(C_6H_{10}O_5)\,n} + n\,H_2O \longrightarrow \underset{\text{葡萄糖}}{n\,C_6H_{12}O_6}$$

(2)
$$\underset{\text{葡萄糖}}{C_6H_{12}O_6} \longrightarrow \underset{\text{乙醇}}{2C_2H_5OH} + CO_2\uparrow$$

(3)
$$\underset{\text{乙醇}}{C_2H_5OH} \longrightarrow \underset{\text{乙醛}}{CH_3CHO} \longrightarrow \underset{\text{乙酸（醋酸）}}{CH_3COOH}$$

食醋发酵过程中的主要功能微生物包括醋酸菌、乳酸菌、霉菌、酵母等。其中，霉菌的主要作用是降解蛋白质、多糖等大分子物质；酵母菌在酒精发酵阶段利用单糖产生乙醇，在醋酸发酵阶段，其自身发生自然降解，并释放出营养物质，供其他微生物利用；醋酸菌的主要功能是氧化糖和乙醇，可将乙醇氧化为高浓度的醋酸，同时还能生成大量的有机酸；食醋中的乳酸菌能够产生大量的乳酸，起到缓解食醋刺激的酸味、改善口感的作用；芽孢杆菌产生的具有高度活性的蛋白酶可以将蛋白质水解成氨基酸，这些氨基酸对食醋的风味和色泽起着重要的作用。

醋酸菌是食醋酿造过程中醋酸发酵阶段的主要微生物，用于酿醋的醋酸菌种大多属于醋酸杆菌属。细胞呈椭圆形杆状，革兰氏染色阳性，无芽孢，有鞭毛或无鞭毛，运动或不运动，其中极生鞭毛菌不能将醋酸氧化为 CO_2 和 H_2O，而周生鞭毛菌可将醋酸氧化成 CO_2 和 H_2O。发酵过程不产色素，液体培养易形成菌膜。化能异养型，能利用葡萄糖、果糖、蔗糖、麦芽糖、酒精作为碳源，可利用蛋白质水解物、尿素、硫酸铵作为氮源，生长繁殖需要的无机元素有 P、K、Mg。严格好氧，接触酶反应阳性，具有醇脱氢酶、醛脱氢酶等氧化酶类，因此除能氧化酒精生成醋酸外，还可氧化其他醇类和糖类生成相应的酸和酮，具有一定产酯能力。最适生长温度 30~35℃，不耐热。最适生长 pH 为 3.5~6.5。某些菌株耐酒精和耐醋酸能力强。不耐食盐，因此醋酸发酵结束后，添加食盐除调节食醋风味外，还可防止醋酸菌继续将醋酸氧化为 CO_2 和 H_2O。醋酸杆菌的分布很普遍，一般从腐败的水果、蔬菜、果汁、变酸的酒类等食品中都能分离出醋酸杆菌。

（1）食醋的酿制

食醋的酿造工艺基本相同，以甘薯干为主要原料酿制食醋的传统工艺为例加以介绍。

①糖化菌种的选择：适于酿醋的糖化菌种主要是曲霉属菌种，包括：黑曲霉 AS 3.4309、宇佐美曲霉 AS 3.758、甘薯曲霉 AS 3.324、米曲霉沪酿 3.040、米曲霉沪酿 3.042、米曲霉 AS 3.683 等。酿醋所用糖化剂的类型包括：大曲、小曲、麸曲、红曲、液体曲、淀粉酶制剂。

②酒母菌种的选择：酒母系指接种使用的并能够利用可发酵性糖类进行酒精发酵的酵母菌培养物。上海香醋使用 501 黄酒酵母；高粱酿醋及速酿醋选择南阳混合酵母（1308 酵母）。

③醋母菌种的选择：醋母系指生产中接种使用的并能够氧化酒精生成醋酸的醋酸菌培养物。目前我国食醋酿造使用最多的醋酸菌种是 AS 1.41 醋酸杆菌和沪酿 1.01 醋酸杆菌。

④操作方法：原料处理：甘薯干粉碎成粉，与细谷糠混合均匀，往料中进行第 1 次加水，随加随翻，使原料均匀吸收水分，150kPa 蒸汽压加压蒸料 40min。熟料取出后，过筛消除团粒，冷却。

添加麸曲及酒母：熟料要求夏季降温至 30~33℃，冬季降温至 40℃以下，进行第 2 次加水。加麸曲和酒母拌匀，醋醅含水量以 60%~62%为宜，醅温在 24~28℃。

淀粉糖化及酒精发酵：醋醅入缸后，室温保持在 28℃左右。当醅温上升至 38℃时，进行倒醅，经过 5~8h，醅温又上升到 38~39℃，再倒醅 1 次。此后，正常醋醅的醅温在 38~40℃间，每天倒醅 1 次，2d 后醅温逐渐降低。第 5d，醅温降至 33~35℃，表明糖化及酒精发酵已完成，此时，醋醅的酒精含量可达到 8%左右。

醋酸发酵：酒精发酵结束后，每缸拌入粗谷糠 10kg 以及醋酸菌种子 8kg。控制醅温在 39~41℃，不得超过 42℃。通过倒醅来控制醅温并使空气流通，一般每天倒醅 1 次，经 12d 左右，醅温开始下降，当醋酸含量达到 7%以上，醋酸发酵结束，应及时加入食盐拌匀，再放置 2d。

淋醋：淋醋是用水将成熟醋醅中的有用成分溶解出来，得到醋液。淋醋采用淋缸三套循环法：甲组淋缸放入成熟醋醅，用乙组淋缸淋出的醋倒入甲组缸内浸泡 20~24h，淋下的称为头醋；乙组缸内的醋渣是淋出过头醋的头渣，用丙组缸淋下的三醋放入乙组缸内浸泡，淋下的是二醋；丙组淋缸的醋渣是淋出了二醋的二渣，用清水放入丙组缸内，淋出的就是三醋，淋出三醋后的醋渣残酸仅 1%。

陈酿：陈酿是醋酸发酵后为改善食醋风味进行的贮存、后熟过程。有两种方法：一种是醋醅陈酿，将加盐成熟固态醋醅压实，上盖食盐一层，并用泥土和盐卤调成泥浆密封缸面，放置 20~30d；另一种是醋液陈酿，将成品食醋封存在坛内，贮存 30~60d。

灭菌及配制：调整食醋浓度、成分，使其符合标准，一般要加入 0.1%苯甲酸钠防腐剂。生醋加热至 80℃以上进行灭菌，灭菌后包装即得成品。

（2）果醋的生产　果醋是以水果或果品加工下脚料为主要原料，发酵酿制而成的一种营养丰富、风味优良的酸味调味品。它兼具水果和食醋的营养保健功能，是集营养、保健、食疗等功能为一体的新型饮品。果醋的生产工艺流程（见图 10-14）。

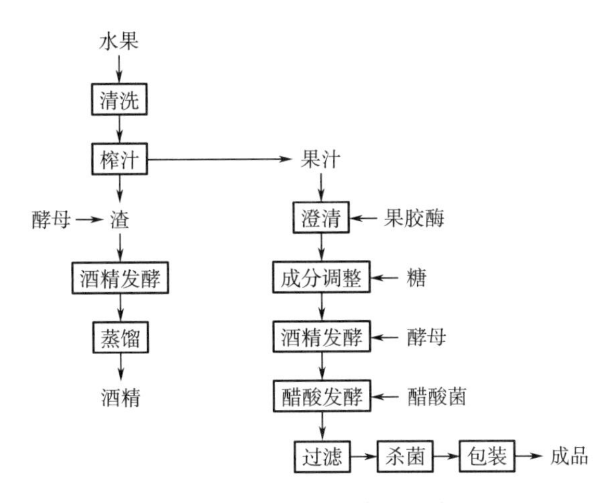

图 10-14　果醋的生产工艺流程

3. 酒类酿造过程中的微生物及应用

白酒、啤酒、果酒等酒类的酿造基本是利用酿酒酵母，在厌氧条件下进行发酵，将葡萄糖转化为酒精。酵母菌在自然界分布广泛，种类繁多，已发现共 56 个属 500 多种，是人类应用较早的一类微生物。

（1）微生物

①啤酒酵母（*Saccharomyces cerevisiae*）：属于典型的上面酵母，又称爱丁堡酵母，是广泛应用于啤酒、白酒酿造和面包制作的菌种。细胞呈圆形或短卵圆形，大小为（3~7）μm×（5~10）μm，通常聚集在一起，不运动。单倍体细胞或双倍体细胞都能以多边出芽方式进行无性繁殖，能形成有规则的假菌丝（芽簇），但无真菌丝。有性繁殖为 2 个单倍体细胞同宗或异宗接合或双倍体细胞直接进行减数分裂形成 1~4 个子囊孢子。啤酒酵母在麦芽汁固体培养基上的菌落呈乳白色，不透明，有光泽，表面光滑湿润，边缘略呈锯齿状。在麦芽汁液体培养基中培养，表面产生泡沫，液体变混，培养后期菌体悬浮在液面上形成酵母泡盖，因此称为上面酵母。啤酒酵母属化能异养型，能发酵葡萄糖、果糖、半乳糖、蔗糖、麦芽糖和麦芽三糖以及 1/3 的棉子糖，不发酵蜜二糖、乳糖和甘油醛，也不发酵淀粉、纤维素等多糖。兼性厌氧，最适生长温度 25℃，最适发酵 pH4.5~6.5。

②卡尔斯伯酵母（*Saccharomyces carlsbergensis*）：属于典型的下面酵母，最适温度 6.5~13℃，圆形、卵圆形、椭圆形，（3~5）μm×（7~10）μm，可同化葡萄糖、果糖、蔗糖、麦芽糖、麦芽三糖、半乳糖、棉子糖、蜜二糖。在麦芽汁琼脂斜面培养基上，菌落呈浅黄色，软质，具光泽，产生微细的皱纹，边缘产生细的锯齿状，孢子形成困难。在较低温度下经较长时间发酵，初期产气缓慢，酵母悬浮在发酵液内，然后很快凝结成块并沉积底部，形成紧密的沉淀。

③葡萄酒酵母：属于啤酒酵母的椭圆变种，简称椭圆酵母。常用于葡萄酒和果酒的酿造。葡萄酒酵母细胞呈椭圆形或长椭圆形，大小为（3~10）μm×（5~15）μm，不运动。单倍体细胞或双倍体细胞都能以多边出芽方式进行无性繁殖，形成有规则的假菌丝。在环境不利条件下进行有性繁殖。化能异养型，可发酵葡萄糖、果糖、半乳糖、蔗糖、麦芽糖、麦芽三糖以及1/3的棉子糖，不发酵蜜二糖、乳糖和甘油醛，也不发酵淀粉、纤维素等多糖。不分解蛋白质，不还原硝酸盐，可同化氨基酸和氨态氮。需要B族维生素和P，S，Ca，Mg，K，Fe等无机元素。兼性厌氧。葡萄酒发酵温度一般在15~25℃，发酵pH一般为3.3~3.5。耐酸、耐乙醇、耐高渗、耐二氧化硫能力强于啤酒酵母。葡萄酒发酵后乙醇含量达16%以上。

（2）应用

①啤酒酿造：啤酒酿造是以大麦、水为主要原料，以大米或其他未发芽的谷物、酒花为辅助原料；大麦经过发芽产生多种水解酶，然后借助这些酶将淀粉和蛋白质等大分子物质分解为可溶性糖类、糊精以及氨基酸、肽、胨等低分子物质制成麦芽汁；麦芽汁通过酵母菌的发酵作用生成酒精和CO_2以及多种营养和风味物质；最后经过过滤、包装、杀菌等工艺制成CO_2含量丰富、酒精含量仅3%~4%、富含多种营养成分、酒花芳香、苦味爽口的成品啤酒。

啤酒酿造工艺流程：

原料大麦→清选→分级→浸渍→发芽→干燥→麦芽及辅料粉碎→糖化→过滤→麦汁煮沸→麦汁沉淀→麦汁冷却→接种→酵母繁殖→主发酵→后发酵→过滤→包装→杀菌→贴标→成品。

②果酒酿造：果酒酿造是以多种水果如葡萄、苹果、梨、橘子等为原料，经过破碎、压榨，制取果汁；果汁通过酵母菌的发酵作用形成原酒；原酒再经陈酿、过滤、调配、包装等工艺制成酒精含量8.5%以上、含多种营养成分的饮料酒，即为果酒。

果酒酿造工艺流程：

水果→分选→洗涤→破碎→压榨→果汁→成分调整→添加SO_2、接种酒母→主发酵→后发酵→陈酿→冷、热处理→过滤→调配→灌酒→杀菌→贴标→成品

③面包加工：面包是一种营养丰富、组织膨松、易于消化的方便食品。它以面粉、糖、水为主要原料，利用面粉中淀粉酶水解淀粉生成的糖类物质，经过酵母菌的发酵作用产生醇、醛、酸类物质和二氧化碳；在高温焙烤过程中，二氧化碳受热膨胀使面包拥有多孔的海绵结构和松软的质地。

面包发酵剂菌种是啤酒酵母，具有发酵能力强、风味良好、耐热、耐酒精等特性。面包发酵剂类型有压榨酵母（compressed yeast）和活性干酵母（active dry yeast）两种。压榨酵母又称鲜酵母，是酵母菌经液体深层通气培养后再经压榨而制成。发酵活力高，使用方便，但不耐贮藏。活性干酵母是压榨酵母经低温干燥或喷雾干燥或真空干燥而制成。便于贮藏和运输，但活性有所减弱，需经活化后使用。

4. 大豆发酵食品中的微生物及应用

大豆发酵食品主要有酱油、豆酱、腐乳和豆豉等。

(1) 酱油酿造 酱油是用蛋白质原料（如豆饼、豆粕等）和淀粉质原料（如麸皮、面粉、小麦等），利用曲霉及其他微生物的共同发酵作用酿制而成的一种食品调味料。

酱油酿造主要由两个过程组成，第一个阶段是制曲，主要微生物是霉菌；第二个阶段是发酵，主要微生物是酵母菌和乳酸菌。

①霉菌：酱油生产中常用的霉菌有米曲霉（*Aspergillus oryzae*）、黄曲霉（*Aspergillus flavus*）和黑曲霉（*Aspgerillus niger*）等。用于酱油生产的曲霉菌株应符合如下条件：不产生真菌毒素；具有较高的产蛋白酶、淀粉酶、谷氨酰胺酶的能力；生长快速、培养条件粗放、抗杂菌能力强；不产生异味，制曲酿造的酱制品风味好。目前，我国较好的酱油酿造菌种有米曲霉 AS3. 863、米曲霉 AS3. 591，961 米曲霉、广州米曲霉、WS2 米曲霉、10B1 米曲霉等。

②酵母菌：一些耐高渗透压、耐盐性强的酵母，如鲁氏酵母（*Saccharomyces rouxii*）和嗜盐球拟酵母（*Torulopsis halophilus*），对酱油香气和风味的形成影响极大。耐盐酵母菌在发酵过程中，随着盐水浓度的增大而迅速增殖，并且能够进行酒精发酵，一些醇类物质的生成增加了酱油的风味。

③乳酸菌：乳酸菌在酱油的酿制过程中也起关键性作用。与酱油风味形成有关系的乳酸菌有嗜盐片球菌（*Pediococcus halophilus*）、酱油四联球菌（*Tetracoccus sojae*）、植物乳杆菌（*Lactobacillus plantarum*）等。嗜盐乳酸菌（*Lactobacillus*）在盐水发酵前期产生乳酸，使盐水酸化，利于形成特殊风味。

酱油酿造的工艺流程：

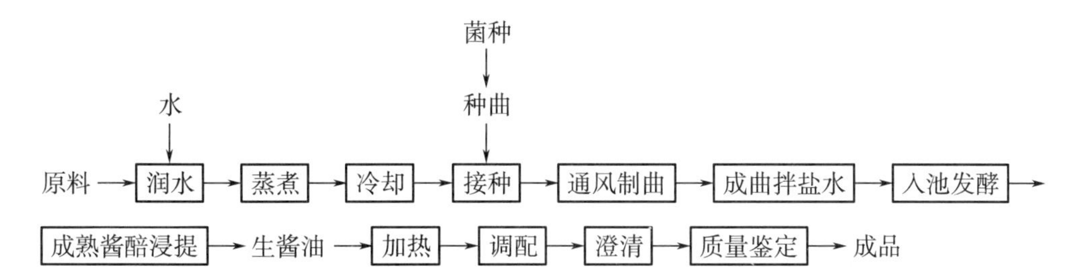

(2) 腐乳发酵 利用毛霉等微生物产生的蛋白酶将豆腐中的蛋白质分解成小分子的肽和氨基酸，脂肪酶可将脂肪水解为甘油和脂肪酸，形成细腻、鲜香的豆腐乳特色。

现在用于腐乳生产的菌种主要是霉菌，如腐乳毛霉（*Mucorsupu*）、鲁氏毛霉（*Mucor rouxianus*）、总状毛霉（*Mucor racemosus*）、华根霉（*Rhizopus chinensis*）等，但克东腐乳是利用微球菌（*Micrococcaceae pribram*），武汉腐乳是用枯草芽孢杆菌（*Bacillus subtilis*）进行酿造的。

腐乳生产的工艺流程：

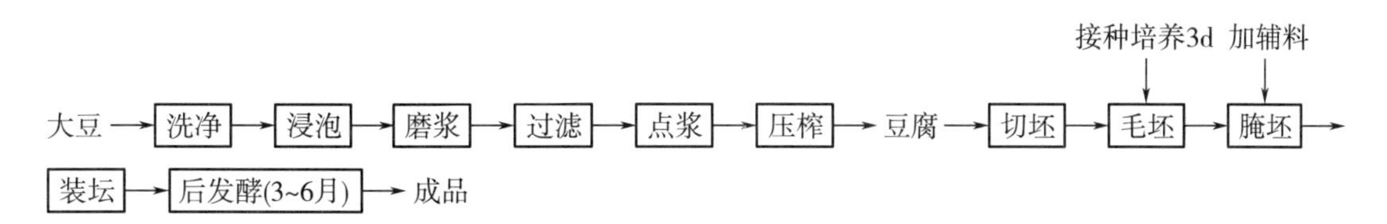

二、 污染食品的微生物种类

能引起食品变质的微生物种类很多，主要包括细菌、酵母菌和霉菌。

1. 细菌

一般细菌都有分解蛋白质的能力。其中分解能力较强的属种有：芽孢杆菌属（*Bacillus*）、梭状芽孢杆菌属（*Clostridium Prazmowski*）、假单胞菌属（*Pseudomonas*）、变形杆菌属（*Proteus*）等。分解能力弱的属种有小球菌属（*Pediococcus*）、葡萄球菌属（*Staphylococcus*）、八叠球菌属（*Sarcina*）、无色杆菌属（*Achromobacter*）、产碱杆菌属（*Alcaligenes*）、沙雷氏菌属（*Serratia*）、肠杆菌属（*Enterobater*）、埃希氏菌属（*Escherichia*）等。

绝大多数细菌都具有分解单糖或双糖的能力，某些细菌能利用有机酸和醇类，特别是利用单糖的能力极为普遍。能分解纤维素和半纤维素的细菌仅有少数菌株。细菌分解淀粉的种类不如分解蛋白质的种类多，其中只有少数能力较强菌株可分解淀粉，例如引起米饭发酵、面包发黏的主要菌种是枯草芽孢杆菌（*Bacillus subtilis*）、巨大芽孢杆菌（*Bacillus megaterium*）和蜡样芽孢杆菌（*Bacillus cereus*）等。

能分解果胶质的细菌有欧氏植病杆菌属（胡萝卜软腐病欧氏杆菌）、芽孢杆菌属（环状芽孢杆菌（*Bacillus circulans Jordan*）、多黏芽孢杆菌（*Bacillus polymyxa*）和梭状芽孢杆菌属（*Clostridium Prazmowski*）。

脂肪分解菌是指能产生脂肪酶，使脂肪分解为脂肪酸和甘油的细菌。一般来说，有强烈分解蛋白质能力的需氧菌中的大多数细菌同时也是脂肪分解菌。具有分解脂肪能力的细菌主要有假单胞菌属（*Pseudomonas*）、黄杆菌属（*Flavobacterium*）、无色杆菌属（*Achromobacter*）、产碱杆菌属（*Alcaligenes*）、沙雷氏杆菌属（*Serratia*）、小球菌属（*Pediococcus*）、葡萄球菌属（*Staphylococcus*）和芽孢杆菌属（*Bacillus*）等。

2. 霉菌

由于霉菌生长所需要的水分活度值（0.94~0.73）比细菌低得多，所以它能生长在含水量较低的食品上。许多的霉菌都具有很强的分解蛋白质的能力，如青霉属（*Penicillium*）、曲霉属（*Aspergillus*）、根霉属（*Rhizopus*）、毛霉属（*Mucor*）、木霉属（*Trichoderma*）和复端孢霉属（*Cephalothecium*）中的许多种。

大多数霉菌都有利用简单碳水化合物的能力，能分解纤维素的霉菌较少。纤维素分解能力最强的菌株是木霉属中的绿色木霉（*Trichoderma viride*），其次是曲霉中的黑曲霉（*Aspgerillus niger*）、土曲霉（*Aspergillus terreus*）、烟曲霉（*Aspergillus fumigatus*）。此外，青霉中的黄青霉（*Penicillium Chrysogenum*）、淡黄青霉（*Penicillium luteun*）等。

分解果胶质的霉菌中，活力最强的有黑曲霉（*Aspgerillus niger*）、米曲霉（*Aspergillus oryzae*）、灰绿曲霉（*Aspergullus glaucus*），其次是蜡叶芽枝霉（*Cladosporium herbarum*）、大毛霉（*Mucor mucedo*）等。

青霉属、曲霉属、毛霉属和镰刀霉属中的许多种都具有利用某些简单有机酸或醇类的能力。

能分解脂肪的霉菌比细菌多得多。常见的有黄曲霉（*Aspergillus flavus*）、黑曲霉（*Aspgerillus niger*）、烟曲霉（*Aspergillus fumigatus*）、灰绿青霉（*Aspergullus glaucus*）、脂解毛霉（*Mucor lipolyticus*）、白地霉（*Geotrichum candidum*）和芽枝霉（*Blastocladia pringsheimii*）等。

3. 酵母菌

与细菌和霉菌相比，酵母菌利用物质的能力要差很多。大多数酵母菌喜欢生活在含糖量高或含有一定盐分的食品上，但不能利用淀粉。大多数酵母菌具有利用有机酸的能力，而分解利用蛋白质、脂肪的能力很弱。少数酵母菌的蛋白酶、油脂酶活力较强，如解脂假丝酵母（*Candida lipolytica*）。

三、食品微生物学质量控制

1. 食品微生物质量

食品的微生物质量包括安全性、保存期限和一致性三个方面。安全性是指食品绝不能含有可能引起疾病的病原菌和/或毒素；保存期限是指食品不能含有在规定时间内就足以破坏其风味的较多微生物；一致性指不论是从安全性还是保存期限来讲，食品应具有始终如一的质量。在保存期内各批次的食品质量差别不显著。

2. 食品微生物学标准

区分食品合格与否需要运用微生物学标准。国际食品微生物学标准委员会（The International Commission on Microbiological Specifications for Foods，ICMSF）规定了三种不同的微生物学准则。

（1）微生物学标准（a microbiological standard）　是法律或规章规定的标准，是食品必须满足的要求，可由相关管理机构强行实施。

（2）微生物学规范（a microbiological specification）　是商业中运用的标准，是一种契约性的合格条件，消费者可以用它来判定产品的微生物学标准。

（3）微生物学的指导建议（a microbiological guideline）　用来监督产品或生产过程的微生物学的可接受性。它与标准及规范的区别在于它是建议性的，而非强制性的。

此外，ICMSF 还规定以下条款，也属于微生物学准则。

①食品原料来源和加工工艺声明：包括食品的产地、成分及加工工艺的说明，由于这些因素的不同会引起微生物类群的差异，也将造成不同的公众健康问题。

②所涉及的微生物或毒素的声明：包括能引起食品腐烂和对人体造成健康影响的方面。

③详细叙述用来检测及量化微生物或毒素的分析方法。

④确定从一批食品中或食品加工过程中某一环节上所取样品的数量和大小。

⑤适于产品和取样数量的微生物极限必须与这些产品合格的限度相符。

如果测试样品的数量增加，结果的可信度也会增加。为了准确确定一批产品的质量，必须采用科学的方法进行抽样和分析。

四、食品质量管理与控制体系

为了系统保障食品微生物的质量，就必须有严格的质量管理与控制体系。目前，在食品加工过程中采用了多种食品质量管理与控制体系，包括良好操作规范（Good Manufacturing Practice，GMP）、危害分析及关键控制点体系（Hazzard Analysis and Control of Critical Point，HACCP）、卫生标准操作程序（Sanitation Standard Operating Procedures，SSOP）等。食品质量控制体系采用一系列的规定、措施和方法，从标准上加以完善，从而全面保证食品的微生物质量。

1. 良好操作规范（GMP）标准

良好操作规范（GMP）是在食品加工过程中实施的一系列程序，规范食品加工的设备、车间布局、卫生措施、实验检测方法以及加工工艺等，确保终产品的质量符合标准。

良好操作规范（GMP）法规由专门的组织来制定。良好操作规范（GMP）法规被制造者用来作为生产优质产品的准则，也被用于生产监督中。

良好操作规范（GMP）的重点：

①确认食品生产过程安全性；

②防止异物、毒物、微生物污染食品；

③有双重检验制度，防止出现人为的损伤；

④标签的管理、生产记录、报告的存档以及建立完善的管理制度。

良好操作规范（GMP）的类别：

①由国家政府机构颁布的良好操作规范（GMP）；

②行业组织制定的 GMP，可作为同类食品企业共同参照、自愿遵守的管理规范；

③食品企业自订的 GMP，为企业内部管理的规范。

良好操作规范（GMP）可分为强制性 GMP 和指导性（或推荐性）GMP 两大类。强制性 GMP 是指食品生产企业必须遵守的法律规定，由国家或有关政府部门颁布并监督实施。指导性（或推荐性）GMP 由国家有关政府部门或行业组织、协会等制定并推荐给食品企业参照执行，但遵循自愿遵守的原则，不执行不属违法。

良好操作规范（GMP）在确保食品安全性方面是一种重要的保证措施。GMP 强调食品生产过程（包括生产环境）和贮运过程的品质控制，尽量将可能发生的危害从规章制度上加以严格控制。可以说，GMP 是执行 HACCP 体系的基础。

2. 危害分析及关键控制点（HACCP）体系

目前，在食品工业中，优质生产方法在很大程度上受危害分析及关键控制点（Hazzard Analysis and Control of Critical Point，HACCP）应用的管理。HACCP 通过引进一种更系统化、制度化的方法，利用食品微生物学的知识来控制微生物学指标，从而改善传统生产方法。HACCP 主要是质量保证的预防措施。它不仅仅是加工过程中质量管理的工具，而且贯穿于新产品开发到研制成功的整个过程。

在 1973 年，HACCP 被美国食品与药品管理局（FDA）通过，并应用于低酸性罐头食品的管理。到目前为止，HACCP 越来越广泛地应用于食品生产、食品加工和食品服务的各个方面以及从大型工业化生产到小型企业甚至作坊式食品生产的各个环节。在 HACCP 系统中，危害是风险的来源，主要包括能引起不良健康影响的、潜在的生物或化学或物理的因素，特殊的危害能通过极大风险来评价，例如肉类中毒比金黄葡萄球菌导致的食物中毒危害性更严重。风险是危害可能发生的一种估计，尽管肉毒梭菌对食品是非常严重的危害，但传染学证据表明它所拥有的风险性通常较低。

HACCP 系统最好由一个多元化的组织来执行。执行组织中包括微生物学家、过程监督人员、工程师和质量保证负责人。他们中的所有人都应该能提出自己的特殊见解，并应用自己的知识和经验来处理具体的工作。

HACCP 系统应该提供产品的详尽说明（如产品的组成和使用），并对产品加工的每一个细节过程进行评估。制定的加工流程图必须包括制造者管理的所有加工过程，甚至可超出这个范围。流程图可以包括从原料进入车间之前一直到产品最终消费的整个过程。如果最终消费对象包括婴儿、老年人或病人等易感人群，流程图就更需要进行反复确认。

流程图必须涵盖所有原材料、所有加工过程、产品放置和包装步骤的细节、完整的时间和温度记录、能影响微生物生长和存活的各种因素（如 pH 和水活度）的详细记录。另外，厂房布局、加工设备的设计和生产能力、存储设施、清洗和卫生措施对于风险评估也非常重要。一旦流程图完成，可以流程图为指导，在加工过程中进行每个过程的管理，并对每个单独的过程进行评估，由此来确保最终报告的准确性。

HACCP 系统主要包括危害分析（Hazard Analysis）、关键控制点（CCPs）的确定、CCP 管理标准的建立、CCP 的监督程序、超出一般 CCP 范围的危害管理、HACCP 系统的确认、记录的保存等程序。大多数 CCP 都是自身确定的，采用决策树（decision trees，图 10-15）可以帮助 CCP 的确定。

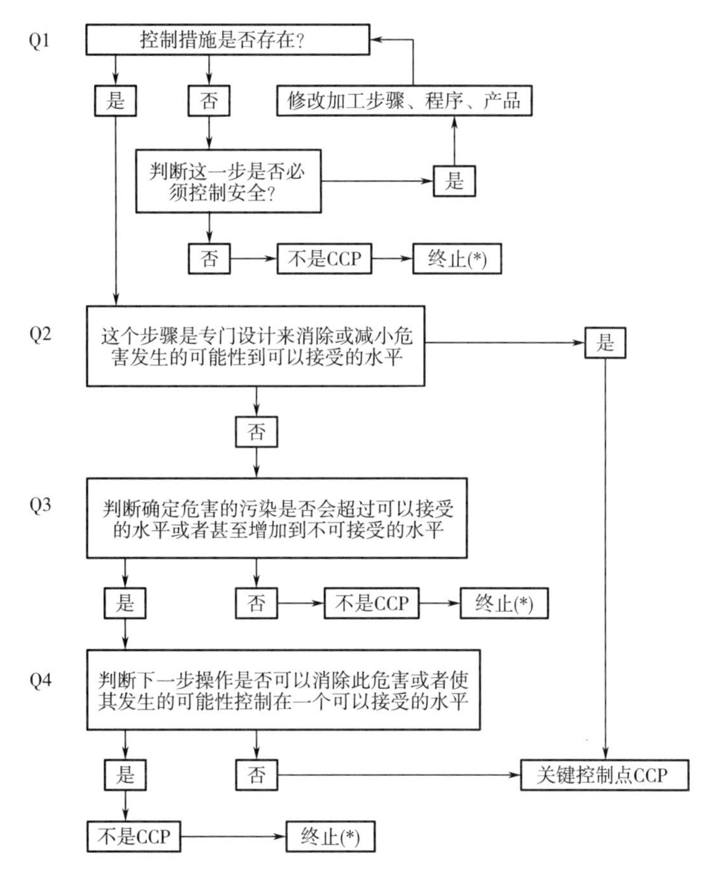

图 10-15　鉴别 CCPs 判断图的例子（按图中顺序解决问题）

* 对下一个危害进行分析

图 10-16 所示为已确定 CCP 的添加水果或坚果压榨物的酸奶生产流程图。微生物危害在这个过程中主要指病原菌及其毒素。最终产品酸奶的最适 pH3.9~4.2，低温保藏以阻止病原菌的生长。但产品的特性对微生物形成的毒素没有影响。最终产品的病原菌控制主要通过两种方式：巴氏灭菌和发酵降低 pH 至 4.3 以下，因此 CCP 就要求相应的生产环节达到这些目标。再如，原料乳中残留抗生素，则会阻碍发酵剂的起发，影响热处理时间、温度，以及发酵的温度和初始培养基的组成，因此原料牛奶中残留的抗菌素必须进行检测，这个关键控制点需要严格管理和监督。

而水果或坚果压榨物包含毒素的可能性是需要补充管理的一个方面。毒枝菌素可能成为

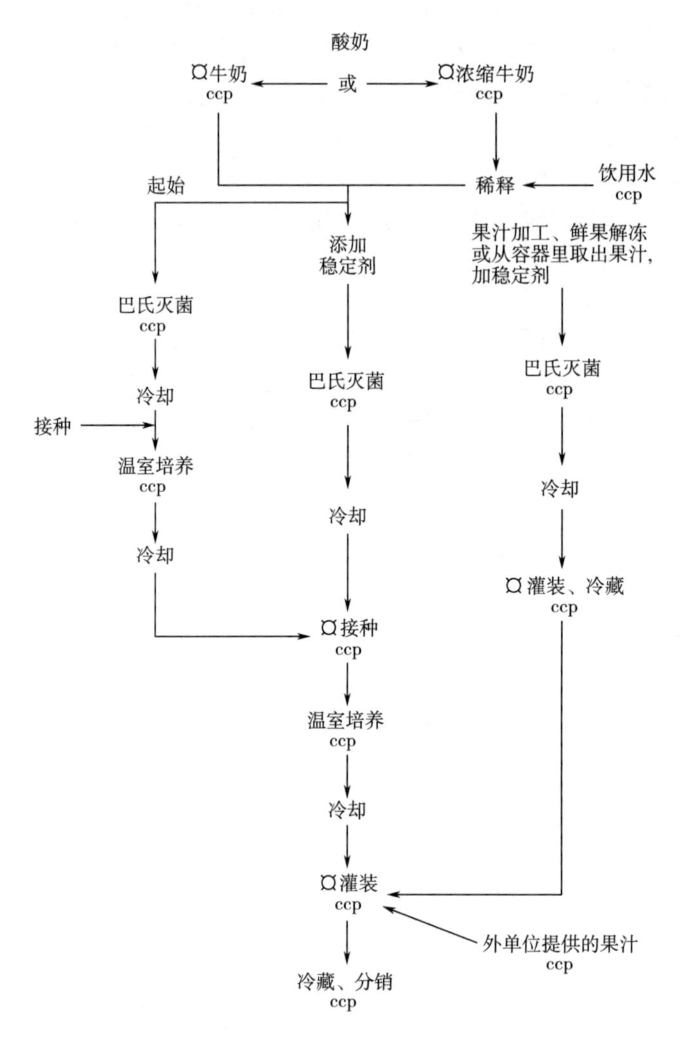

图 10-16　添加果汁的酸奶的加工流程图和关键控制点

ccp—关键控制点　¤—主要污染环节

关键控制点，而且水果压榨物的 pH 能影响微生物的生长和毒素的形成，为了控制产品的发酵过程，需要对水果压榨物进行特殊的热处理，并在使用前一直低温保藏。坚果压榨物由于它的高 pH，就更需要严格的控制。这些原料的提供者应该证明原料已经过煮沸处理，杀死了肉毒，并且确定用于生产的果实和坚果是优质的，不含毒枝菌素和黄曲霉毒素等对健康有影响的毒素。

目前，管理标准已经从理论性的概念转变为具体的法规，形成了一个质量体系。该体系通过所有生产过程的书面证明来进行确认，从产品研发到成品出厂、从原料购买到供应给消费者，整个过程中的质量都是严格管理的。在食品工业中，厂家越来越追求通过这些质量认证体系以确保产品质量和对消费者的承诺。

第四节 微生物与免疫

免疫学（Immunology）是研究抗原性物质、机体的免疫系统和免疫应答的规律和调节，以及免疫应答的各种产物和各种免疫现象的一门科学。人与动物机体依靠自身的免疫系统（immune system）产生免疫应答（immune respond），识别自身（self）和非自身（nonself）的大分子物质，以抵抗和消除病原微生物的侵袭作用，保持机体内外环境平衡。

具有免疫原性和反应原性的大分子物质才能称为完全抗原。决定抗原分子活性与特异性的是抗原决定簇。抗体是机体对抗原应答的产物，其本质是免疫球蛋白（immunoglobulin，Ig），也具有抗原性。免疫系统由免疫器官和免疫细胞所组成，是机体执行免疫功能的组织机构，是产生免疫应答的物质基础。机体通过特异性免疫和非特异性免疫抵抗病原微生物的感染作用。依据抗原、抗体的特异性反应而建立起来的免疫血清学技术，包括凝集性试验（如凝集试验、沉淀试验）、标记抗体技术（如荧光标记抗体技术、酶标记抗体技术）、中和试验和补体结合试验等，已广泛应用于疾病诊断等多个领域。通过人工接种疫苗方式，使机体产生主动免疫力，在传染病防治上具有重大意义。

一、抗原

1. 抗原概念

抗原（antigen）是一类能诱导机体发生免疫应答并能与相应抗体或T淋巴细胞受体发生特异性免疫反应的大分子物质，也称免疫原（immunogen）或完全抗原（complete antigen）。抗原具有免疫原性和反应原性。例如，大多数蛋白质、细菌细胞、细菌外毒素、病毒和动物血清等。

（1）免疫原性（immunogenicity） 免疫原性习惯上又称抗原性（antigenicity），是指具有刺激机体（人体或动物体）产生免疫应答能力（产生抗体或致敏淋巴细胞）的性质。

（2）反应原性（reactinogenicity） 是指抗原具有与免疫应答的产物发生特异性反应的特性，又称为免疫反应性（immunoreactivity）。

如果一种物质只具有反应原性而缺乏免疫原性则称为半抗原（hapten）或不完全抗原（incomplete antigen）。但半抗原与大分子蛋白质载体结合后可获得免疫原性。由此刺激机体产生的抗体，就可与该半抗原发生特异结合。

2. 抗原种类

（1）根据抗原的性质分类 根据抗原的性质可分为完全抗原和半抗原。依据半抗原与相应的抗体结合后是否出现可见反应，可分为简单半抗原和复合半抗原。简单半抗原分子量较小，无免疫原性，只有一个抗原决定簇，不能与相应的抗体发生可见反应，但能与相应的抗体结合，如抗生素、酒石酸、苯甲酸等。复合半抗原分子量较大，有多个抗原决定簇，能与相应的抗体发生肉眼可见的反应，如一些细菌的荚膜多糖、类脂、脂多糖等。

（2）根据抗原的来源分类 根据抗原的来源可将抗原分为：异种抗原、同种抗原、自身抗原、异嗜性抗原、外源性抗原与内源性抗原。

①异种抗原（heteroantigen）：与免疫动物不同种属的抗原，如微生物抗原、异种动物红细胞、异种动物蛋白。

②同种抗原（alloantigen）：与免疫动物同种属的抗原，能刺激同种而基因型不同的个体产生免疫应答，如血型抗原、同种移植物抗原。

③自身抗原（autoantigen）：动物的自身组织细胞、蛋白质在特定条件下形成的抗原，对自身免疫系统具有抗原性。

④异嗜性抗原（heterophileantigen）：是指与种属特异性无关，存在于人、动物、植物及微生物之间性质相同的抗原（交叉抗原）。

⑤外源性抗原与内源性抗原：被单核巨噬细胞等自细胞外吞噬、捕获或与 B 细胞特异性结合，而后进入细胞内的抗原均称为外源性抗原（exogenous antigen），包括所有自体外进入的微生物、疫苗、异种蛋白等，以及自身合成而释放于细胞外的非自身物质，如肿瘤相关抗原、口蹄疫病毒的 VIA 抗原等。在抗原提呈细胞（antigen presentingcell，APC）内合成的抗原，如病毒感染细胞所合成的、病毒抗原，肿瘤细胞内合成的肿瘤抗原，称为内源性抗原（endogenous antigen）。

（3）根据对胸腺（T 细胞）的依赖性分类　在免疫应答过程中，依据是否有 T 细胞参加，将抗原分为胸腺依赖性抗原和非胸腺依赖性抗原。

①胸腺依赖性抗原（thymus dependent antigen，TD 抗原）：这类抗原在刺激 B 细胞分化和产生抗体的过程中需要辅助性 T 细胞的协助。多数抗原均属此类，如异种组织与细胞、异种蛋白、微生物及人工复合抗原等。TD 抗原刺激机体产生的抗体主要是 IgG，易引起细胞免疫记忆。

②非胸腺依赖性抗原（thymus independent antigen，TI 抗原）：这类抗原直接刺激 B 细胞产生抗体，不需要 T 细胞的协助。如大肠杆菌脂多糖（LPS）、肺炎链球菌荚膜多糖（SSS）、聚合鞭毛素（POL）和聚乙烯吡咯烷酮（PVP）等。此类抗原的特点是由同一构成单位重复排列而成。TI 抗原仅刺激机体产生 IgM 抗体，不易产生细胞免疫记忆。

（4）根据抗原的化学性质分类　天然抗原依据化学性质可分为蛋白质、多糖等（表10-5）。

表 10-5　根据抗原的化学性质分类

抗原的化学性质	天然抗原
蛋白质	血清蛋白（如白蛋白、球蛋白）、酶、细菌外毒素、病毒结构蛋白等
脂蛋白	血清 α、β 脂蛋白等
糖蛋白	血型物质、组织相容性抗原等
脂质	结核杆菌的磷脂质和糖脂质等
多糖	肺炎球菌的荚膜多糖等
脂多糖	革兰氏阴性菌的细胞壁等
核酸	核蛋白等

（5）人工抗原 指通过人工构建的抗原物质，包括合成抗原与结合抗原两类。

①合成抗原：是依据蛋白质的氨基酸序列，用人工方法合成的蛋白质肽链或合成一段短肽后与大分子载体连接而成的抗原。合成抗原一方面可用于抗原结构、抗原特异性等免疫理论研究，另一方面可开发研制人工合成肽疫苗。

②结合抗原：是将天然的半抗原（如小分子的动、植物激素，药物分子，化学元素等）与大分子的蛋白质载体连接，使其具有免疫原性，用于免疫动物可制备针对半抗原的特异性抗体。

3. 抗原决定簇

抗原决定簇又称表位（eptitope），是指抗原表面决定其特异性的特定化学基团，是决定抗原反应性能呈现高度特异性的物质基础。由于抗原表面有抗原决定簇的存在，就使抗原能与相应的淋巴细胞上的抗原受体发生特异性结合，从而激活了淋巴细胞并引起免疫应答。一个抗原的表面可以有一种或多种不同的抗原决定簇。每一种抗原决定簇决定着相应的特异性。

抗原决定簇的分子是很小的，大体相当于相应抗体的结合部位，一般由5~7个氨基酸、单糖或核苷酸残基组成，例如糖蛋白抗原，每一决定簇有6个己糖残基；而核酸半抗原的决定簇则由6~8个核苷酸残基构成。凡能与抗体分子相结合的抗原决定簇的总数，称做抗原结合价（antigenic valence）。有的抗原的抗原结合价是多价的（例如甲状腺球蛋白有40个抗原决定族，牛血清白蛋白有18个，鸡蛋清分子有10个等），而另一些则是单价的（例如肺炎链球菌荚膜多糖水解后的简单半抗原）。

4. 主要的微生物抗原

（1）细菌抗原（bacterial antigen） 细菌的抗原结构比较复杂，一个菌由若干抗原组成，因此细菌是多种抗原成分的复合体。根据细菌的结构，抗原组成有鞭毛抗原、菌体抗原、荚膜抗原和菌毛抗原等。

①菌体抗原（somatic antigen）：又称O抗原，是革兰氏阴性菌细胞壁抗原，其化学本质为脂多糖（LPS）的多糖侧链，与外膜连接。LPS由类脂A、核心多糖和多糖侧链组成，过去将LPS等同于O抗原是不准确的。

②鞭毛抗原（flagllar antigen）：又称H抗原。鞭毛由鞭毛丝、鞭毛钩和基体三部分组成，其中鞭毛丝占鞭毛的90%以上，因此鞭毛抗原主要决定于鞭毛丝。不同种类细菌的鞭毛蛋白氨基酸种类、序列等可能有所不同，但均不含半胱氨酸和色氨酸。鞭毛抗原不耐热，56~80℃即被破坏。鞭毛、鞭毛蛋白多聚体的免疫效果好于鞭毛蛋白单体，并可产生IgG和IgM。鞭毛抗原的特异性较强，用其制备抗鞭毛因子血清，可用于沙门氏菌和大肠杆菌的免疫诊断。

③荚膜抗原（capsular antigen）：又称K抗原。荚膜由细菌菌体外的黏液物质组成，电镜下呈致密丝状网络。细菌荚膜构成有荚膜细菌有机体的主要外表面，是细菌主要的表面免疫原。荚膜抗原的成分为酸性多糖，可以是多糖均一的聚合体和异质的多聚体。各种细菌荚膜多糖互有差异，同种不同型间多糖侧链也有差异。也有荚膜成分不是多糖的，如炭疽杆菌和枯草杆菌是γ-D-谷氨酸多肽的均一聚合体。

④菌毛抗原（pili antigen）：抗原性很强，其特异性主要由细菌细胞外菌毛蛋白决定。

（2）病毒抗原（viral antigen） 各种病毒都有相应的抗原结构。一般有V抗原（viral antigen）、VC抗原（viral capsid antigen）、S抗原（soluble antigen，可溶性抗原）和NP抗原（核蛋白抗原）。

①V抗原：又称包膜抗原（envelope antigen）。有包膜的病毒均具有V抗原，其抗原特异性

主要是包膜上的刺突（spikes）所决定的。如流感病毒包膜上的血凝素（hemagglutinin，HA）和神经氨酸酶（neuraminidase，NA）都是V抗原。V抗原具有型和亚型的特异性。

②VC抗原：又称衣壳抗原。无包膜的病毒，其抗原特异性决定于病毒颗粒表面的衣壳结构蛋白，如口蹄疫病毒的结构蛋白VP1、VP2、VP3和VP4即为此类抗原，其中VP1能使机体产生中和抗体，可使动物获得抗感染能力，为口蹄疫病毒的保护性抗原。

（3）毒素抗原（toxin antigen） 破伤风杆菌、肉毒梭菌等多种细菌能产生外毒素，其成分为糖蛋白或蛋白质，具有很强的抗原性，能刺激机体产生抗体（即抗毒素）。外毒素经甲醛或其他方法处理后，毒力减弱或完全丧失，但仍保持其免疫原性，称为类毒素（toxoid）。外毒素和类毒素多是毒素抗原。

（4）保护性抗原（protective antigen） 微生物具有多种抗原成分，但其中只有1~2种抗原成分刺激机体产生的抗体具有免疫保护作用，因此将这些抗原称为保护性抗原，或功能抗原（functional antigen），如口蹄疫病毒的VP1、肠道致病性大肠杆菌的菌毛抗原K88、K99等和肠毒素抗原ST、LT等。

（5）超级抗原（super antigen，SAg） 超级抗原是存在于细菌和病毒中的一类抗原。该类抗原具有强大的刺激能力，只须极低浓度（1~10ng/mL）即可诱发最大的免疫效应，如一些细菌的毒素（葡萄球菌TSST′-1）和病毒蛋白（小鼠乳腺瘤病毒3′端LTR编码的抗原成分）。

（6）其他微生物抗原 真菌、寄生虫及其虫卵都有特异性抗原，但其免疫原性较弱，特异性也不强，交叉反应较多，一般很少用抗原性进行分类鉴定。

二、抗体

抗体（antibody，Ab）是高等动物体在抗原物刺激机体的B细胞后，由B细胞转化成浆细胞所产生的一类能与相应抗原在体内外发生特异结合的免疫球蛋白（Ig）。主要存在于血液的血清部分，人或动物血清经纯化可以得到5种类型的免疫球蛋白，被统一命名为IgC，IgA，IgM，IgD和IgE。含有抗体的血清称为抗血清或免疫血清。

1. 抗体的分子结构

5种免疫球蛋白的分子结构基本上都是相似的，都是由4条多肽链组成，其中两条相同的短链称为轻链（L链），两条相同的长链称为重链（H链），两条重链借二硫键连接起来，呈Y字形，两条轻链又通过二硫键连接在Y字的两侧，所以整个Ig分子结构是对称的（图10-17）。在多肽链的羧基（C）端，轻链的1/2与重链的3/4区域，氨基酸排列顺序比较稳定，称为不变区或稳定区（C区）；而在氨基（N）端，即轻链的另1/2与重链的1/4区域，氨基酸排列顺序可因抗体的种类不同而有所变化，这部分称为可变区（V区）。抗体多样性与特异性均由可变区反映出来，亦即体内的千百种不同的抗体都是由V区的氨基酸顺序的变化所致。在重链的C区还有一枢纽区，抗体分子可在此处发生转动而使形状改变。具有以上特征的一个Y形基本结构被称为Ig的“单体”。抗原结合点就在

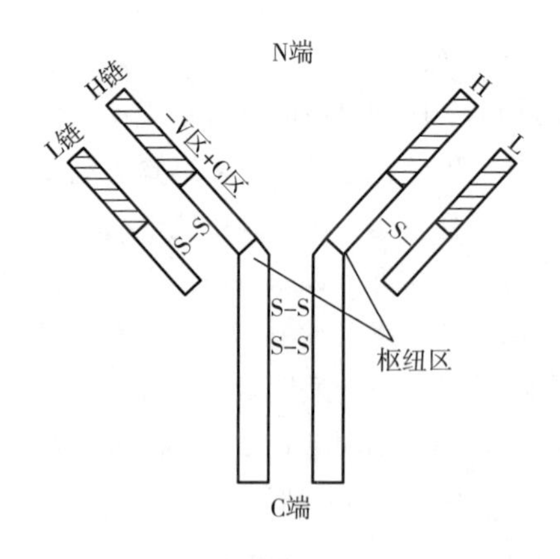

图10-17 免疫球蛋白（Ig）的基本结构图

可变区，因此每一个 Y 字形抗体分子具有两个抗原结合点，能与两个抗原决定基相结合，所以是二价抗体。

IgG 分子结构与上述结构一致，属于二价抗体。IgA 在人血清中主要是单体，故单体 IgA 又称为血清型 IgA；少数 IgA 是双体或三体，在分泌液中以双体占优势，故双体 IgA 又称分泌型 IgA。双体是由两个单体通过连接链（J 链）将其连接起来的，因此抗原结合价是 4 价。IgM 由 5 个单体组成，故又称巨球蛋白。因此 IgM 具有 10 个抗原结合点，为 10 价抗体，但事实上只能与 5 个抗原结合，原因尚不清楚。IgD 与 IgE 的结构与 IgG 相似。

2. 抗体的种类

（1）根据抗原的来源

①异种抗体（heteroantibody）：由异种抗原免疫产生的抗体均称为异种抗体，如各种微生物抗体、异种蛋白和细胞的抗体。大多数抗体均属于此类。

②同种抗体（alloantibody）：由同种属动物之间的抗原物质免疫所产生的抗体，如血型抗体，组织相容性抗原的抗体。

③自身抗体（autoantibody）：针对自身抗原所产生的抗体，如抗核抗体、抗自身 Ig 的抗体。

④异嗜性抗体（heterophile antibody）：由异嗜性抗原产生的抗体。

（2）根据有无抗原刺激

①天然抗体（natural antibody）：指无明显抗原刺激而天然存在于动物体内的抗体，如存在于人血清中的天然血型抗体，A 血型的人血清中有 B 型红细胞抗体，B 血型的人血清中有 A 型红细胞抗体。

②免疫抗体（immune antibody）：指自然感染或人工免疫所产生的抗体。

（3）根据与抗原是否产生可见反应

①完全抗体（complete antibody）：即二价抗体或多价抗体，与抗原结合后在特定条件下可出现可见的反应。

②不完全抗体（incomplete antibody）：指单价抗体，抗体分子只有一个抗原结合部位能与相应抗原结合，而另一个结合部位无活性。能与颗粒性抗原结合但不产生可见凝集反应。

此外可按免疫球蛋白的类型分为 IgG，IgM，IgA，IgE，IgD 抗体。过去根据抗原抗体反应的各种表现形式将抗体分为沉淀素、凝集素、溶解素、调理素、补体结合抗体、中和抗体等。

3. 抗体的免疫学功能

（1）中和作用　体内针对细菌外毒素或类毒素的抗体，和针对病毒的抗体，可对相应的毒素和病毒产生中和效应。毒素的抗体与相应的毒素结合可改变毒素分子的构型而使其失去毒性作用，毒素与相应的抗体形成的复合物容易被单核巨噬细胞吞噬。对病毒的抗体可通过与病毒表面抗原结合，而使其失去对细胞的感染性，从而发挥中和作用。

（2）免疫溶解作用　一些革兰氏阴性菌（如霍乱弧菌）和某些原虫（如锥虫），体内相应的抗体与之结合后，在补体的参与下，可导致菌体或虫体溶解。

（3）免疫调理作用　对于一些毒力比较强的细菌，特别是有荚膜的细菌，相应的抗体（IgG 或 IgM）与之结合后，则容易受到单核巨噬细胞的吞噬，若再活化补体形成细菌—抗体—补体复合物，则更容易被吞噬。这是由于单核巨噬细胞表面具有抗体分子的 Fc 片段和 C3b 的受体，体内形成的抗原—抗体或抗原—抗体—补体复合物容易受到它们的捕获。抗体的这种作用称为免疫调理作用。

（4）局部黏膜免疫作用　由黏膜固有层中浆细胞产生的分泌型 IgA 是机体抵抗从呼吸道、消化道及泌尿生殖道感染的病原微生物的主要防御力量，分泌型 IgA 可阻止病原微生物吸附黏膜上皮细胞。

（5）抗体依赖性细胞介导的细胞毒作用（ADCC）　一些效应性淋巴细胞（如 K 细胞），其表面具有抗体分子（如 IgG）的 Fc 片段的受体，当抗体分子与相应的靶细胞（如肿瘤细胞）结合后，效应细胞就可借助于 Fc 受体与抗体分子的 Fc 片段结合，从而发挥其细胞毒作用，将靶细胞杀伤。除了 K 细胞外，现在认为 NK 细胞、巨噬细胞等在抗体的参与下均具有细胞毒作用，此外 IgM 抗体也可介导一些亚群的 T 细胞的细胞毒作用。

（6）对病原微生物生长的抑制作用　一般而言，抗体与相应细菌结合后，不会影响细菌的生长和代谢，仅表现为凝集和制动现象。目前，发现只有霉形体和钩端螺旋体，其抗体与之结合后可表现出生长抑制作用。

抗体在体内有时可引起的免疫损伤，主要是介导Ⅰ型（IgG）、Ⅱ型和Ⅲ型（IgG 和 IgM）的变态反应以及一些自身免疫疾病。

三、 细菌毒素

细菌毒素分为外毒素和内毒素，均能引起一定的疾病。

（1）外毒素　病原细菌在其生命活动过程中产生并分泌到菌体外周围环境中的毒素称为外毒素。其化学组成为蛋白质，属于酶、酶原或毒蛋白。产生外毒素的细菌主要是革兰氏阳性菌，如白喉杆菌（*Corynebacterium diphtheriae*）、破伤风杆菌（*Clostridium tetani*）、肉毒梭菌（*Clostridium botulinum*）、金黄色葡萄球菌（*Staphylococcus aureus*）等。少数革兰氏阴性菌如痢疾志贺氏菌（*Shigella Castellani*）、霍乱弧菌（*Vibrio cholerae*）等也能产生。外毒素可选择作用于特定的组织器官，毒性作用强。例如肉毒毒素能阻断神经末梢释放乙酰胆碱，使眼和咽肌等麻痹，引起眼睑下垂、复视、斜视、吞咽困难等，严重者可因呼吸麻痹而死。又如白喉毒素对外周神经末梢、心肌等有亲和性，通过抑制靶细胞蛋白质的合成而导致外周神经麻痹和心肌炎等。

多数外毒素是蛋白质，具有良好的抗原性。在 0.3%～0.4% 甲醛液作用下，经一定时间处理，可以脱去毒性，但仍保有免疫原性，称为类毒素（toxoid）。类毒素注入机体后，可刺激机体产生具有中和外毒素作用的抗毒素抗体。类毒素和抗毒素在防治一些传染病中有实际意义，前者主要用于人工主动免疫，后者常用于治疗和紧急预防。

（2）内毒素　内毒素是存在于革兰氏阴性菌的细胞壁中的脂多糖，只有当细菌死亡菌体裂解或黏附于其他细胞时才从细胞壁上释放出来侵害机体，故称为内毒素。脂多糖结构复杂，相对分子质量很大（在 10000 以上），其化学组成因菌种不同而异，通常由 O-特异侧链、核心多糖和类脂 A 三部分组成，其中类脂 A 是主要毒性成分。人们熟知的痢疾杆菌（*Shigella Castellani*）、伤寒杆菌（*Salmonella enterica*）、沙门氏菌（*Salmonella*）、大肠杆菌（*Escherichia coli*）和奈瑟氏球菌（*Neisseriaceae*）等革兰氏阴性菌都能产生内毒素。

内毒素毒性比外毒素弱，不同病原菌产生的内毒素对人体引起的症状大致相同，表现为发高热、白细胞增多、出血性休克、血压下降及微循环障碍等。但内毒素的化学稳定性极强，在 250℃下干热灭菌 2h 才完全灭活。因此，在生物制品、抗生素、葡萄糖液和无菌水等注射用药物中严格限制其存在。然而内毒素能刺激机体的非特异性免疫增强，既是致病因子又可对机体发挥有益的生物学活性。

四、多克隆抗体和单克隆抗体

1. 多克隆抗体（polyclonal antibody，PcAb）

将由多种抗原成分组成的抗原物质，采用传统方法免疫接种实验动物后采集免疫血液，分离所得到的抗血清即为多克隆抗体。含有多种抗原成分的抗原物质（如细菌抗原、病毒抗原），进入机体后可激活许多淋巴细胞克隆，使机体产生可针对各种抗原成分或抗原表位的抗体，由此获得的抗血清是一种多克隆的混合抗体，具有高度的异质性。

2. 单克隆抗体（monoclona1 antibody，McAb）

单克隆抗体是指由一纯系B淋巴细胞克隆经分化、增殖后的浆细胞产生的单一特异性的免疫球蛋白，称为单克隆抗体。这种抗体的重链、轻链及其V区独特型的特异性、亲和力、生物学性状及分子结构均完全相同。采用传统免疫方法是不可能获得这种抗体的。Kohler和Milstein在1975年建立了体外淋巴细胞杂交瘤技术，用人工的方法将产生特异性抗体的B细胞与骨髓瘤细胞融合，形成B细胞杂交瘤，这种杂交瘤细胞既具有骨髓瘤细胞无限繁殖的特性，又具有B细胞分泌特异性抗体的能力，由克隆化的B细胞杂交瘤所产生的抗体即为单克隆抗体。单克隆抗体的问世，极大地推动了免疫学及其他生物科学的发展。

与多克隆抗体比较，单克隆抗体具有无可比拟的优越性，具有高特异性、高纯度、均质性好、亲和力不变、重复性强、效价高、成本低，并可大量生产等优点。单克隆抗体可广泛应用于血清学技术、免疫学基础研究、肿瘤免疫治疗、抗原纯化、抗独特型抗体疫苗研制等方面。

3. 基因工程抗体

利用基因工程技术来制备的抗体分子称为基因工程抗体，是分子水平的抗体。基因工程抗体可保留或增加天然抗体的特异性和主要生物学活性，去除或减少无关结构（如Fc片段），从而可克服单克隆抗体在临床应用方面的缺陷。目前已有的基因工程抗体包括嵌合抗体、重构型抗体、单链抗体、Ig相关分子和噬菌体抗体。

五、现代免疫检测技术

1. 免疫荧光法（immunofluorescence）

免疫荧光法是一种将免疫反应的特异性与荧光标记分子的可见性结合起来的方法，因常用荧光物质标记抗体，又称荧光抗体法。原理是某些荧光物质（荧光素）在一定条件下，可与抗体分子相结合，但不影响抗体与抗原相结合的特性。荧光抗体与相应抗原结合后，在荧光显微镜下观察到带荧光的抗原的存在与部位，可定位，也可用荧光计定量。常用的荧光素有异硫氰酸荧光黄（fluorescein isothiocyante，FITC）、罗丹明（1issamine rhodamine B，RB200）等。本法可在亚细胞水平上直接观察鉴定抗原，用于各类生物学研究和疾病的快速诊断。

免疫荧光法有直接法、间接法和补体法三种。

（1）直接法　滴加荧光标记的抗体于待检测的标本上，30min后，用缓冲溶液清洗，使没有结合的荧光抗体完全洗去，干燥后在荧光显微镜下检查，若有相应抗原存在，即与荧光抗体结合，便可以看到发荧光的抗原抗体复合物。本法的缺点是每检查一种抗原，必须制备与其相应的抗体。

（2）间接法　先将未标记的特异性抗体与抗原结合，然后再滴加荧光标记的抗免疫球蛋白

（或称抗抗体），阳性时可见有荧光的抗原—抗体—抗抗体复合物。本法的优点是制备一种荧光标记的抗抗体，可用于多种抗原、抗体系统的检查，既可测定抗原，也可用来测定抗体。

（3）补体法　补体法原理与间接法相似，不同之处是在用免疫血清处理标本时，加上新鲜豚鼠血清作为补体，使标本上的抗原形成抗原—抗体—补体复合物，然后再用抗豚鼠补体的荧光抗体染色，使上述复合物发出荧光。图 10-18 所示为免疫荧光抗体技术示意图。

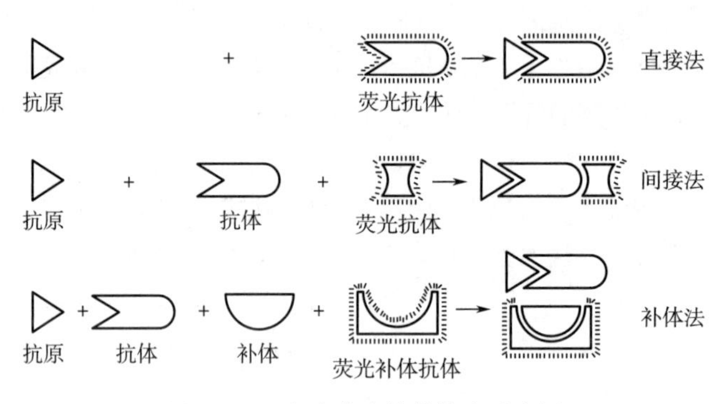

图 10-18　免疫荧光抗体技术示意图

直接法特异性高，但敏感性不如间接法。间接法和补体法敏感性高，但容易出现非特异性反应。总之，免疫荧光法是可以在细胞水平上直接观察和鉴定抗原或抗体及抗原抗体复合物的一种检测方法。

2. 酶联免疫吸附测定（enzyme linked immunosorbent assay，ELISA）

酶联免疫吸附测定的原理是利用酶与抗原或抗体结合后，既不改变抗原或抗体的免疫学反应特异性，也不影响酶本身的活性，在特异抗原抗体反应后，补加酶的相应底物，产生可见的不溶性有色产物。常用的酶为辣根过氧化物酶（horseradish peroxidase，HRP），其次有碱性磷酸酶等。

酶联免疫吸附测定可用于可溶性抗原或抗体的测定。其方法是将可溶性抗体或抗原吸附到聚苯乙烯等固相载体上，按照图 10-19 的方法进行免疫酶反应，最后可通过比色来定性或定量。酶联免疫吸附测定是目前应用最广泛的生物学技术之一。

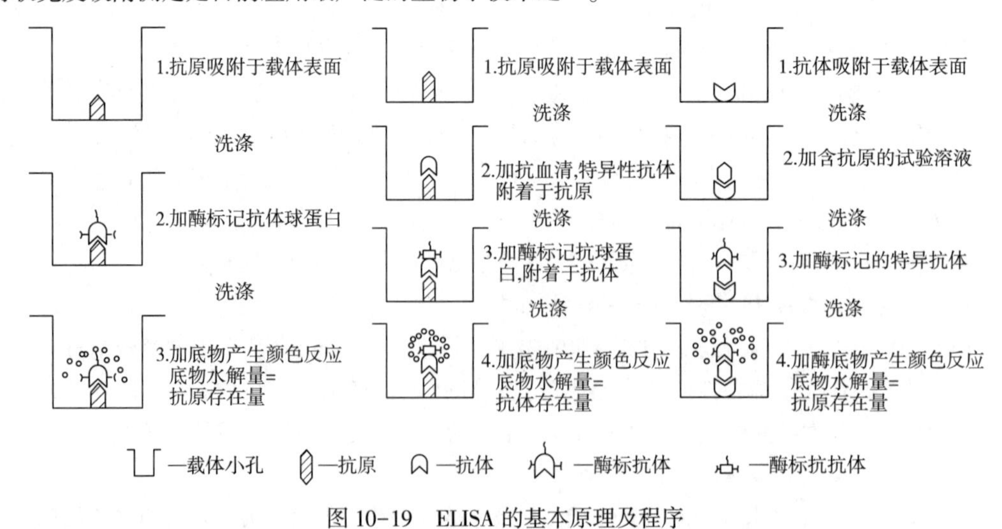

图 10-19　ELISA 的基本原理及程序

3. 放射免疫测定（radioimmunoassay，RIA）

放射免疫测定是一种以放射性同位素作为标记物，将同位素分析的灵敏性和抗原抗体反应的特异性这两大特点结合起来的测定技术。又分为放射免疫分析法和放射免疫测定自显影法。放射免疫技术灵敏度极高，能测得 $10^{-12}\sim10^{-9}$g 的含量，广泛用于激素、核酸、病毒抗原、肿瘤抗原等微量物质测定，但需特殊仪器及防护措施，并受同位素半衰期的限制。

4. 免疫印迹（immunoblot 或 westernblot）

免疫印迹是在用于 DNA 分析的 DNA 印迹（southern blot）技术基础上发展起来的蛋白质检测技术。其原理是将 SDS-PAGE 电泳的高分辨率与免疫反应的高度特异性相结合。待测样品经 SDS-PAGE 电泳分离后，转移到固相介质如醋酸纤维膜上，然后用标记抗体揭示特异抗原的存在。本方法广泛用于蛋白质样品分析研究。

思考题

1. 针对金黄色葡萄球菌的生理生化特性，请阐述如何选择金黄色葡萄球菌的增菌条件？如何验证食品中是否存在金黄色葡萄球菌？

2. 参与凝固性酸乳发酵的乳酸菌有哪些种类，各具有哪些特性？如何对凝固性酸乳中的乳酸菌进行定性和定量分析？

3. 采用黑曲霉发酵淀粉质原料生产柠檬酸时，可以采用哪些措施来提高柠檬酸的产量？

4. 蛋白酶在食品加工中有何应用？可应用于食品加工的酶和产酶菌株应具有什么特点？

5. 乙醇型发酵制氢是最近几年发现的一种新型制氢方法，这种方法不同于经典的微生物代谢过程中乙醇发酵，试论述两者的发酵机理。

6. 食品中的微生物污染来源有哪些方面，如何防止食品从原料、加工生产到入口前的过程中的微生物污染？

7. 如何利用现代免疫检测技术检测传统发酵食品中的有害微生物？

8. 可利用哪些方法对传统发酵食品中的微生物进行分析和检测，并进行活菌计数？

参考文献

[1] 路福平．微生物学．北京：中国轻工业出版社，2005.

[2] 周德庆．微生物学教程．3 版．北京：高等教育出版社，2011.

[3] 沈萍，陈向东．微生物学．8 版．北京：高等教育出版社，2016.

[4] 朱圣康，徐长法．生物化学．4 版．北京：高等教育出版社，2016．

[5] 周德庆．微生物学教程．2 版．北京：高等教育出版社，2002.

[6] 黄秀梨．微生物学．2 版．北京：高等教育出版社，2003.

[7] 邢来君，李明春．普通真菌学．北京：高等教育出版社，1999.

[8] 李阜棣，胡正嘉．微生物学．6 版．北京：中国农业出版社，2008.

[9] 童应凯．微生物学考研习题集．北京：化学工业出版社，2007.

[10] 刘志恒．现代微生物学．北京：科学出版社，2002.

[11] 曹军卫，马辉文．微生物工程．北京：科学出版社，2002.

[12] 林稚兰译．微生物学．2 版．北京：科学出版社，2004.

[13] 洪坚平，来航线．应用微生物学．北京：中国林业出版社，2005.

[14] 盛祖嘉．微生物遗传学．3 版．北京：科学出版社，2007.

[15] 林稚兰，罗大珍．微生物学．北京：北京大学出版社，2011.

[16] 特拉诺（Kathleen Park Talaro），切丝（Barry Chess）．微生物学基础．北京：高等教育出版社，2016.

[17] 邓子新，陈锋．微生物学．北京：高等教育出版社，2017.

[18] 刘慧．现代食品微生物学．2 版．北京：中国轻工业出版社，2013.

[19] 岑沛霖．工业微生物学．2 版．北京：化学工业出版社，2012.

[20] 董明盛，贾英民．食品微生物学．北京：中国轻工业出版社，2006.

[21] 杨汝德．现代工业微生物学教程．北京：高等教育出版社，2006.

[22] 沈关心．微生物与免疫学．5 版．北京：人民卫生出版社，2003.

[23] 侯红漫．食品微生物检验技术．北京：中国农业大学出版社，2010.

[24] 武汉大学，复旦大学生物系微生物．微生物学．2 版．北京：高等教育出版社，1987.

[25] 毕洁，王如刚．微核胞质分裂阻滞细胞（CB-MNT）方法学探讨和比较．首都公共卫生，2018，12（2）：109-111..

[26] 姜舟婷．生物大分子构象的理论与模拟．浙江大学，博士学位论文，2005.

[27] Prescott，L M，Harley J P，Klein D A. Microbiology，4th ed. New York：WCB McGraw-Hill，1999.

[28] Prescott，L M，Harley J P，Klein D A. Microbiology，5th ed. New York：WCB McGraw-Hill，2002.

[29] Prescott，L M，Harley J P，Klein D A. Microbiology，6th ed. New York：WCBMcGraw-Hill，2005.

[30] Prescott，L M，Harley J P，Klein D A. Microbiology，9th ed. New York：WCBMcGraw-Hill，2014.

[31] Madigan M T, Martinko J M, Stahl D A, et al. Brock Biology of Microorganisms 8th ed. Prentice Hall, 1997.

[32] Madigan M T, Martinko J M, Martinko, et al. Brock Biology of Microorganism 9th ed. Prentice Hall, 1999.

[33] Madigan M T, Martinko J M. Brock Biology of Microorganisms, 11th ed. New Jersey: Pearson Education, 2006.

[34] Madigan M T, Martinko J M. Brock Biology of Microorganisms, 14th ed. New Jersey: Pearson Education, 2015.

[35] Martin R. Adams, Maurice O. Moss. Food Microbiology, 3rd ed. The Royal Society of Chemistry, 2008.

[36] E. M. T. El-Mansi, C. F. A. Bryce, B. DahhouS. Sanchez et al. Fermentation Microbiology and Biotechnology 3rd ed. New York, CRC Press is an imprint of theTaylor & Francis Group, 2012.

[37] Nedkov I, Slavov L, Angelova R, et al. Biogenic nanosized iron oxides obtained from cultivation of iron bacteria from the genus *Leptothrix*. Journal of Biological Physics, 2016, 42 (4): 587-600.

[38] Kunoh T, Hashimoto H, Suzuki T, et al. Direct Adherence of Fe (III) Particles onto Sheaths of *Leptothrix* sp. Strain OUMS1 in Culture. Minerals, 2016, 6 (1): 4.

[39] Munk AC, Copeland A, Lucas S, et al. Complete genome sequence of *Rhodospirillum rubrum* type strain ($S1^T$) . Standards in Genomic Sciences. 2011, 4 (3): 293-302.

[40] Nduka Okafor. Modern Industrial Microbiology and Biotechnology. Science Publishers, 2007.

[41] Florian Hegler, Nicole R. Posth, Jie Jiang, et al. Physiology of phototrophic iron (II) - oxidizing bacteria: implications for modern and ancient environments. FEMS Microbiology Ecology, 2008, 66 (2): 250-260.

[42] Rashmi Saini, Rupam Kapoor, Rita Kumar, et al. CO_2 utilizing microbes-A comprehensive review. Biotechnology Advances, 2011, 29: 949-960.

[43] Bar-Even A, Noor E, E. Lewis N, et al. Design and analysis of synthetic carbon fixation pathways. PNAS, 2010, 107: 8889-8894.